제 2 판

지구환경

물, 공기 그리고 지화학적 순환

Elizabeth Kay Berner
Robert A. Berner 지음
박미옥 · 김태진 · 류종식 · 최원식 옮김

Σ 시그마프레스

지구환경 : 물, 공기 그리고 지화학적 순환, 제2판

발행일 | 2023년 8월 18일 1쇄 발행

지은이 | Elizabeth Kay Berner, Robert A. Berner
옮긴이 | 박미옥, 김태진, 류종식, 최원식
발행인 | 강학경
발행처 | (주) 시그마프레스
디자인 | 우주연, 김은경
편 집 | 김문선, 김은실, 윤원진
마케팅 | 문정현, 송치헌, 최성복, 김성옥

등록번호 | 제10-2642호
주소 | 서울특별시 영등포구 양평로 22길 21 선유도코오롱디지털타워 A401~402호
전자우편 | sigma@spress.co.kr
홈페이지 | http://www.sigmapress.co.kr
전화 | (02)323-4845, (02)2062-5184~8
팩스 | (02)323-4197

ISBN | 979-11-6226-451-5

Global Environment, 2nd Edition

* 책값은 책 뒤표지에 있습니다.

이 성과는 2022년도 정부(환경부)의 재원으로, 한국환경산업기술원(KEITI)의 「미세먼지관리 특성화대학원 전문인력 양성사업」의 지원을 받아 수행된 연구임

역자 서문

과거 어느 때보다 지구 기후 변화에 대한 관심과 우려가 심화되고 있는 시기에, 지구 과학의 상호 관계를 수권, 대기권, 임석권과 생물 간에 총체적으로 이해하기 위한 저자의 노력이 결실을 맺은 저서로 세상에 나온 지 10여 년 만에 역서로 내놓게 되었다. 저자는 지구과학에 대한 현상을 가능한 한 수식이나 복잡한 전문지식을 최소화하면서, 이해를 돕고자 하는 의식적인 노력으로 지구과학의 세분화된 분야를 전공하는 학생들에게 도움이 될 수 있도록 교육의 경험을 바탕으로 이 책을 만들었다. 개정판에서는 자료를 보충하고 최근 연구결과로 보강하였다.

이 책의 강점은 전 지구적인 환경 데이터를 산업화 이전과 이후로 나누어 제시하고, 대륙별 시간에 따른 변화를 제시하고 있으며 인간 활동에 의한 교란의 영향과 결과를 보여준다. 더 나아가 미래에 대한 예측을, 대양에 대한 공급과 제거 원인의 자연과 인간 교란에 의한 요인으로 불균형이 심각한 주요 성분과 생물 관련 성분에 대한 우려와 함께 제시한다. 미국과 유럽의 산업 활동에 의한 산성비의 심각한 재해를 수십 년에 걸친 규제와 노력으로 어떻게 해결하고자 했는지에 대한 사례를 보여주며, 실제 지구환경이 악화를 개선해나갈 수 있다는 가능성도 제시한다.

개별적인 나무보다 큰 숲을 보는 시각을 보여주고자, 전 지구적인 유기적 연결과 자연적인 순환뿐 아니라 인간이 만들어낸 공해와 같은 교란까지 더해진 변화를 지질시대에 걸친 시간의 스케일로 조망해본다. 이러한 저자의 의도는 지구과학을 전공하면서 대기과학, 해양학 및 지질학 분야까지 수준 높은 관련 분야 지식을 학습하고, 미래에 기여할 수 있는 역할을 꿈꿔 볼 수 있는 기회를 제공할 것이다. 네 명의 역자는 분야별 전공에 맞춰 가능한 한 번역을 원문에 충실하면서도 쉽게 읽을 수 있도록 용어 및 문장을 다듬는 노력을 기울였다. 모쪼록 그동안 원서를 써왔던 교수님들과 학생들에게 좀 더 쉽게 이 책의 내용을 전달하는 데 도움이 되길 바란다. 이 책의 역자들은 도움을 준 모든 분들과 소중한 의견을 주신 강효진 교수님과 박계헌 교수님께

고마운 마음을 전한다. 전상규, 김로운 학생도 표와 그림 번역을 마무리하는 작업에 도움을 주었다. 특히 ㈜시그마프레스의 문정현 부장, 편집부의 김은실 차장, 김문선 사원에게 감사드린다. 마지막으로 부경대학교 BK 사업단과 부경대학교 미세먼지관리 특성화대학원 사업단으로부터 출판에 큰 도움을 주신 것에 심심한 감사를 드린다.

역자 대표 박미옥

차례

1 지구환경 입문 : 물순환, 에너지 순환, 대기 순환, 해양 순환

2 대기화학 : 온실효과와 오존홀

3 대기화학 : 빗물, 산성비, 그리고 황과 질소의 대기 순환

4 화학적 풍화 : 광물, 식생과 수화학

5 강

6 호수

7 연안 해양환경 : 하구

8 해양

지구환경 입문 : 물순환, 에너지 순환, 대기 순환, 해양 순환

서론

이 책에서 우리는 땅과 바다 및 대기 사이를 순환하고 있는 암석과 물 그리고 생명체들을 구성하는 주된 성분들을 살펴보고자 한다. 즉, 이들 순환들이 자연에서 어떻게 이루어지고 있는 것인지 또한 인간들의 활동에 의해 어떻게 교란되었는지를 지구 표면의 지화학적 관점에서 접근해본다. 지구 전체를 대상으로 하는 이러한 접근 방식에서는 지구 표면의 지화학적 순환에 가장 중추적인 역할을 담당하고 있는 물과 공기가 특별한 주목을 받게 된다. 물은 인간들이 첨가한 오염물질들을 머금은 채, 비의 형태로 대기로부터 지상으로 떨어진다. 인간들이 방출한 기체나 고체들은 대기 중으로 유입되어 대기 조성 및 기후의 변화를 초래하며, 또한 대기의 흐름은 이런 오염물질들을 광범위한 지역에 퍼뜨린다. 땅 위에 있던 물이 암석에 포함된 광물들과 반응하여 발생되는 **화학적 풍화작용**에 의해 물의 화학 조성이 변하고 또한 토양이 만들어진다. 식물들은 대기와 토양 사이에 원소들을 순환시킨다. 육지에 존재하던 물은 인간들에 의해 가속화된 침식으로 생긴 부유물이나 용존 오염물질들을 수반한 채로 결국 강으로 흘러 들어간다. 강물은 궁극적으로 다양한 화학적 및 생물학적 과정이 일어나는 바다로 유입된다. 대체로, 이러한 물과 공기의 흐름들이 지구 표면의 전반적인 화학적 및 물리적 조건들을 유지하는 역할을 맡고 있다.

이 책의 전반에 걸쳐 우리는 물과 공기에 의해 운반되는 주요 구성성분들에 관심을 집중하게 될 것이다. 여기에는 수소와 산소는 물론 소듐, 포타슘, 칼슘, 마그네슘, 규소, 탄소, 질소, 황, 인, 염소 등이 포함된다. 우리는 이러한 원소들의 순환 과정 중 일부가 인간들에 의해 교란된 결과로 초래된 온실기체, 산성비, 부영양화된 호수 및 해양산성화 등에 대해 알아보게 될 것이다.

반면에, 납이나 수은과 같은 미량원소 내지는 살충제 등의 인공화합물들 역시 지화학 및 환경의 측면에서 분명히 거론되어야 할 필요가 있기는 하나, 이 책에서는 이런 부분까지 다루지는 않을 예정이다. (이러한 환경적 문제점들에 대해서 자세히 알고 싶은 독자들이라면 Laws 2000 또는 Mackenzie 2011 등을 참조) 결국, 지구 전체를 아우르는 화학적 순환들이 과연 어떻게 작동되고 있는 것인지 그리고 이런 순환들이 암석, 물, 공기, 생물체 등에 어떤 영향을 미치는지를 이해하고자 노력하는 지구화학자들의 관점이 바로 이 책의 접근 방법이다.

이 장에서는 지구의 기후 변화 및 화학적 변화에 중요한 역할을 담당하는 대기와 바다에 초점을 맞추어, 이들의 순환이 어떻게 작동되고 있는지 살펴보기로 하자. 또한 지구의 물과 에너지 순환이 기상학과 해양학에서 어떤 역할을 담당하는지에 대한 논의도 포함될 예정이다. 결국, 이 장은 제2장에서 다루어질 대기의 온실효과, 제3장의 산성비, 그리고 제8장의 해양화학을 접근하기 위한 디딤돌이라 하겠다.

지구의 물순환

주요 수괴

태양계에서 표면이 엄청난 물로 덮여 있는 항성은 지구뿐이며 대략 지표의 70%가 물에 잠겨 있다. 그리고 물은 지구 표면의 온도와 압력에 따라 물, 얼음, 그리고 수증기의 삼상으로 존재한다. 반면에 지구와는 달리 몹시 춥고 건조한 화성의 경우에는 얼음과 수증기의 두 형태로만 나타난다.

물은 지구 표면의 가장 풍부한 물질로 삼상을 모두 합할 경우 그 부피가 $1,444 \times 10^6$ km^{3}에 달한다. 표 1.1에서 보듯이 지구상의 물의 거의 대부분인 97%는 바닷물에 있으며 나머지 3%만이 육상 및 대기에 존재한다. 대기 중에 수증기의 형태로 존재하는 물의 비율은 전체의 0.001%에 지나지 않으나, 물순환의 관점에서는 대단히 중요할 역할을 담당하고 있다.

육상의 담수 중 약 2/3는 빙상이나 극지의 만년설 또는 빙하와 같은 얼음의 형태로 존재하며, 나머지 약 1/3이 지하수나 호수 물 또는 강물을 이루고 있다. 즉, 지구 전체에 있는 물 중에서 약 1%만이 인간들이 가용할 수 있는 물의 공급원인 셈이다. 이제 지구 표면 근처에 존재하는 물이 다양한 저장소들 사이에서 어떻게 움직이고 있는지 살펴보도록 한다.

물의 흐름

물은 하나의 저장소에 머물러 있지 않고 끊임없이 이동하는데 이를 물순환이라 한다. 이 순환은 그림 1.1에 잘 나타나 있다(더 상세한 논의는 제5장 또는 Penman 1970, Baumgartner and Reichel 1975, NRC 1986, Chahine 1992 참조). 물은 바다나 육지에서 증발하여 대기로 유

표 1.1 지구 표면의 물의 분포

저장고	부피 $10^6 km^3 (10^{18} kg)$	전체 퍼센트
해양	1,400	96.95
혼합층	50	
수온약층	460	
심층	890	
빙붕[a]	0.7	0.048
만년설과 빙하[b]	0.09	0.006
빙상[a]	27.6	1.9
그린란드	2.9	
남극	24.7	
지하수	15.3	1.06
호수	0.125	0.009
강	0.0017	0.0001
토양 수분	0.065	0.0045
대기 전체[b]	0.0155	0.001
육상	0.0045	
해양	0.0110	
생물권	0.002	0.0001
(대략적) 총합	1,444	

출처 : NRC 1986; Berner and Berner 1987; Lemke et al. 2007.
[a] Lemke et al. 2007.
[b] 물의 부피로 환산된 수증기의 양.

입된 후 얼마 지나지 않아 눈이나 비가 되어 떨어지게 된다. 이런 수증기가 대기에 머무르는 시간은 약 11일 정도에 지나지 않는다. 육지에 떨어진 물의 일부는 강물이나 호수 물이 되기도 하고 일부는 지하수가 되었다가 끝내는 강이나 호수 또는 바다로 유입되며, 나머지는 육지에서 곧바로 증발되어 직접 대기로 되돌아간다. 바다의 경우, 강수량보다는 증발량이 좀 더 많은데 이 차이는 육지에서 흘러 들어오는 물로 채워진다. 그림 1.1은 각 흐름들의 규모를 단위 시간당 운반되는 수량으로 보여주고 있다.

지구 표면의 물의 총량은 늘 일정하다고 여겨지는 까닭에 증발량과 강수량은 평형을 이루어야 한다. 지구 전체의 연간 강수량 및 증발량은 $0.506 \times 10^6\ km^3/yr$로 동일하지만, 어떤 특정한 지역으로 한정해서 보면 일반적으로 강수량과 증발량이 차이를 보인다. 육지의 경우에는 연간 강수량($0.108 \times 10^6\ km^3/yr$)이 연간 증발량($0.071 \times 10^6\ km^3/yr$)에 비해 많은 반면, 해양의 경우에는 증발량($0.435 \times 10^6\ km^3/yr$)이 강수량($0.398 \times 10^6\ km^3/yr$)을 초과한다. 이 두 수량의 차이는 $0.037 \times 10^6\ km^3/yr$인데, 이는 그림 1.1에서 보듯이 바다로부터 대기로 증발되는 수증기의 총량과 육지에서 바다로 유입되는 강물의 총량은 같다. 그리고 비록 매우 소량이기는 하나 직접 바다로 유입되는 지하수도 존재하는데, 대략 $0.0022 \times 10^6\ km^3/yr$로 추산된다(Korzun et al. 1977).

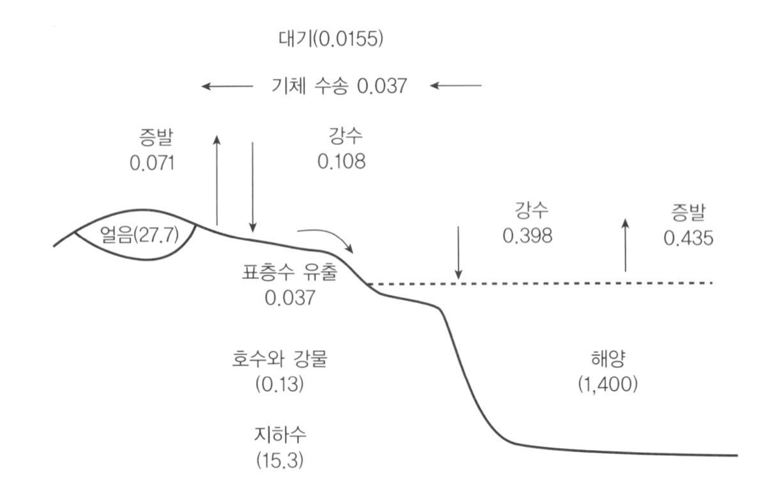

그림 1.1 물순환. 괄호 안의 숫자는 각 저장소의 수량으로 그 단위는 10^6 km^3, 즉 10^{18} kg이고, 그냥 숫자는 연간 물흐름으로 그 단위는 10^{18} kg/yr이다(NRC 1986의 표 1.1과 제5장에서 인용).

위의 그림 1.1에 제시된 숫자들은 그 정확도에 있어서 오류의 가능성을 내포하고 있다. 왜냐하면 강수량을 측정한다는 것 자체가 쉬운 일이 아닐뿐더러, 해상에서 실제 강수량을 측정한 경우가 많지 않고, 바다에서의 증발량 계산은 필연적으로 모델링을 통해서 얻어질 수밖에 없기 때문이다. 그리고 육상에서의 증발량 계산의 근거 역시 실제적인 측정에 의한 결과가 아니라 단지 육지의 강우량의 총합에서 바다로 유입되는 수량을 뺀 숫자에 불과하다. (최근에 벌어진 대기의 수증기 평형 또는 열평형 등을 이용하여 증발량을 측정하고자 한 몇몇 시도들에 대해서는 뒤의 '복사 평형 및 에너지 평형' 절을 참조하기 바란다.)

어떤 수괴의 수량이 늘 일정하다는 가정을 할 경우, 물의 체류시간이라는 개념을 수립할 수 있다. 수괴의 전체 수량을 일정 기간 동안 유입(유출)되는 물의 양으로 나눈 것을 체류시간이라고 정의하게 되면, 이는 달리 말해서 하나의 물 분자가 그 수괴에서 머무는 평균시간을 의미하는 것으로 해석할 수 있다. 해양의 경우, 그 총량이 $1{,}400 \times 10^6$ km^3/yr이고(그림 1.1 참조) 연간 바다로 유입되는 강물의 수량이 0.037×10^6 km^3/yr라고 한다면 그 체류시간은 약 38,000년이 된다. 이렇게 긴 체류시간은 결국 유입량에 비해 바닷물의 양이 엄청나게 많다는 것을 의미한다. 이와는 대조적으로, 증발에 의해 대기로 유입된 수증기의 체류시간은 약 11일에 지나지 않는다. 그리고 호수, 강, 빙하 또는 얕은 지하수의 경우 그 체류시간은 이 두 극단값의 사이에 위치하게 되는데, 다양한 변수들이 존재하는 까닭에 어떤 특정한 수괴의 평균 체류시간을 간단하게 알아내는 일은 쉽지 않다.

강수 및 증발의 지역적 차이

그림 1.1에 나온 숫자들은 단지 대륙과 해양의 강수량 및 증발량에 관한 평균값을 나타낸다. 하지만 아래의 그림 1.2에서 볼 수 있듯이 육지의 지역별 연간 평균 강수량은 천차만별이다.

비나 눈이 내리기 위해서는 대기 중에 충분한 수증기가 있어야 하며, 또한 이 수증기가 응결될 수 있을 만큼 추운 높이까지 끌고 올라갈 상승기류가 요구된다. 그래야 비로소 강수작용이 시작된다(제3장 참조). 강수량에서 증발량을 뺀 순수 강수량이 가장 많은 곳은 그림 1.3에 나와 있는 것처럼 북위 10°와 남위 10° 사이의 적도 부근, 그리고 태풍과 같은 왕성한 대기의 움직임이 빈번히 발생하는 남북위 35°와 60° 사이의 지역이다. 대기가 안정되어 있는 남북위 15°와 30° 사이의 아열대 지역, 그리고 역시 안정된 대기와 저온에 의한 매우 낮은 습도량을 지니고 있는 극 부근은 가장 적은 순수 강수량을 보인다. (하지만 그린란드나 남극과 같은 극지방에서는 상대적으로 증발량보다 강수량이 좀 더 많은 까닭에 얼음 벌판이 만들어지기도 한다.) 그리고 아마존강, 자이르강, 오리노코강 등의 열대 지역 하천들 그리고 미시시피강이나 중국의 황허와 같은 중위도의 강들의 예에서 볼 수 있듯이, 비가 많이 내리는 대륙 지역의 경우는 지표수 또한 엄청나다.

지구 표면의 증발량 역시 지역에 따라 큰 차이를 보인다. 증발이라는 현상이 발생하기 위해서는 태양의 복사열이라는 열원이 필요하고 또한 대기의 낮은 습도 및 증발될 물의 존재가 필

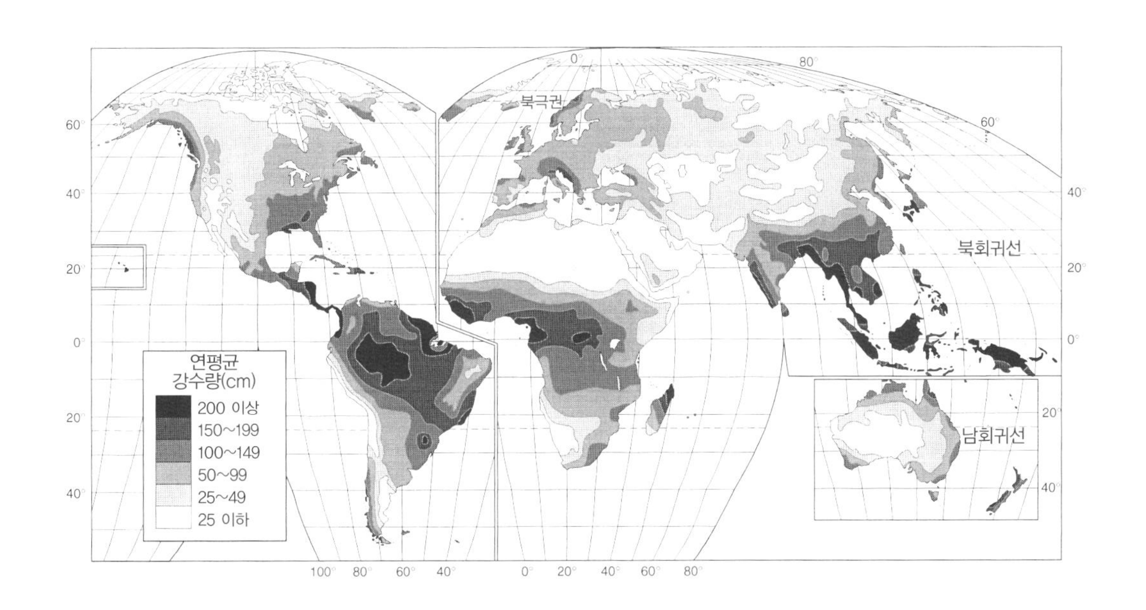

그림 1.2 연간 평균 강수량(McKnight 1996에서 인용).

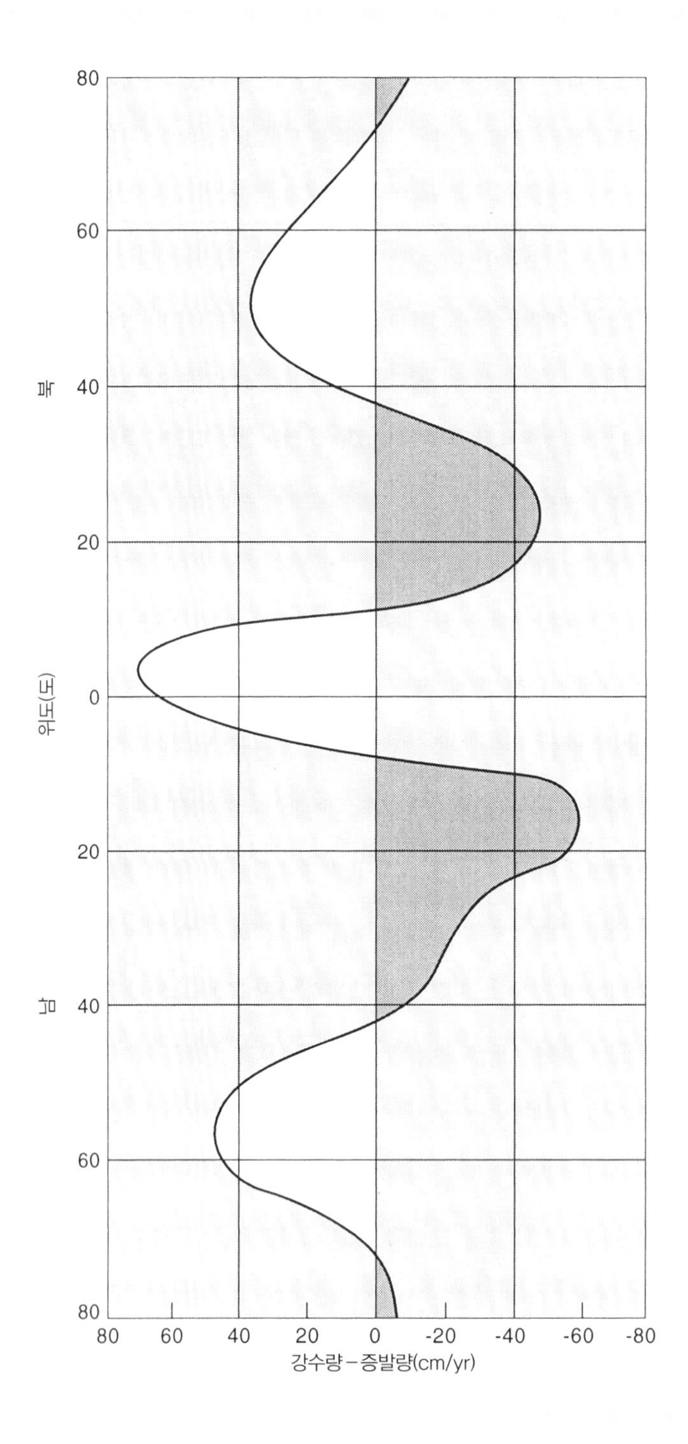

그림 1.3 위도에 따른 순수 강수량(즉, 강수량과 증발량의 차이). +값은 강수량이 증발량보다 많은 경우이고, – 값은 증발량이 강수량보다 많은 경우이다.

출처 : Peixoto and Kettani 1973.

요하다. 건조한 지역에서는 증발률은 높은 반면에 증발할 물 자체가 제한적이다. 그림 1.3에서 보듯이, 남북위 15°에서 30° 사이의 아열대 위도 지역은 대체로 증발량이 강수량을 초과한다. 그 결과로 여러 대륙에 걸쳐 이러한 위도상의 지역에서는 거대한 사막들이 생성되었다. 그 좋은 예로는 아프리카의 사하라 사막과 오스트레일리아의 여러 거대한 사막들을 들 수 있다. 예상과는 좀 다르게 지구상에서 최대의 증발이 일어나는 곳은 멕시코만류가 흐르고 있는 아열대 해양 지역인데, 여기에서는 겨울 동안 북쪽으로 흐르는 난류가 차갑고 건조한 대기와 만나 200 cm/yr 이상이라는 엄청난 증발률을 보인다. 증발이 활발하게 일어나는 해수의 경우, 수분은 줄어드는 반면에 용존염은 그대로 남게 되므로 자연스럽게 염분도가 상승하게 된다. 이를 보여주는 가장 뚜렷한 예로 지중해를 들 수 있는데, 이곳의 해수는 다른 바닷물에 비해 두드러지게 높은 염분을 보인다(제7장 참조).

에너지 순환

서론

이 절에서는 물순환, 대기 순환, 그리고 해양 순환의 원동력인 지구의 에너지 순환을 다루고자 한다. 대기 중의 수증기는 체류시간이 평균 약 11일 정도에 불과하다. 그러나 그동안 수증기 분자는 평균적으로 대략 1,000 km 정도의 거리를 이동한다고 알려져 있는데, 이러한 움직임은 지구의 에너지 순환에 의해 제어된다(Peixoto and Kettani 1973). 한편, 이 에너지 순환은 대기 중의 수증기에 의해 지대한 영향을 받는다. 결국, 지구의 에너지와 물의 순환은 서로 밀접하게 연관되어 있으며 상호 간에 큰 영향을 미친다(에너지 순환에 관한 더 상세한 정보는 Ingersoll 1983; Ramanathan 1987; Trenberth et al. 2009의 자료를 참조).

복사 평형 및 에너지 평형

지구 표면의 주된 에너지원들은 표 1.2에 요약되어 있다. 전체 에너지원의 99.98%를 차지하는 탓에 더할 나위 없이 중요한 태양의 복사열은 대기 및 해수 순환에 절대적 영향을 끼친다. 그런

표 1.2 지구의 주요 에너지원

공급원	에너지 플럭스(cal/cm^2 · min)	총 에너지 플럭스의 백분율
태양 복사선	0.5[a]	99.98
지구 내부로부터의 열 공급	0.9×10^{-4}	0.018
조석 에너지	0.9×10^{-5}	0.002

출처 : Hubbert 1971; Flohn 1977.

[a] 그림 1.4에서 볼 수 있듯이 지구로 유입되는 태양광에너지는 0.5 cal/cm^2·min 정도이며 이는 달리 표현하자면 341 Watts/m^{2}이다 (1 W = 0.2389 cal/sec)(Trenberth et al. 2009에서 인용).

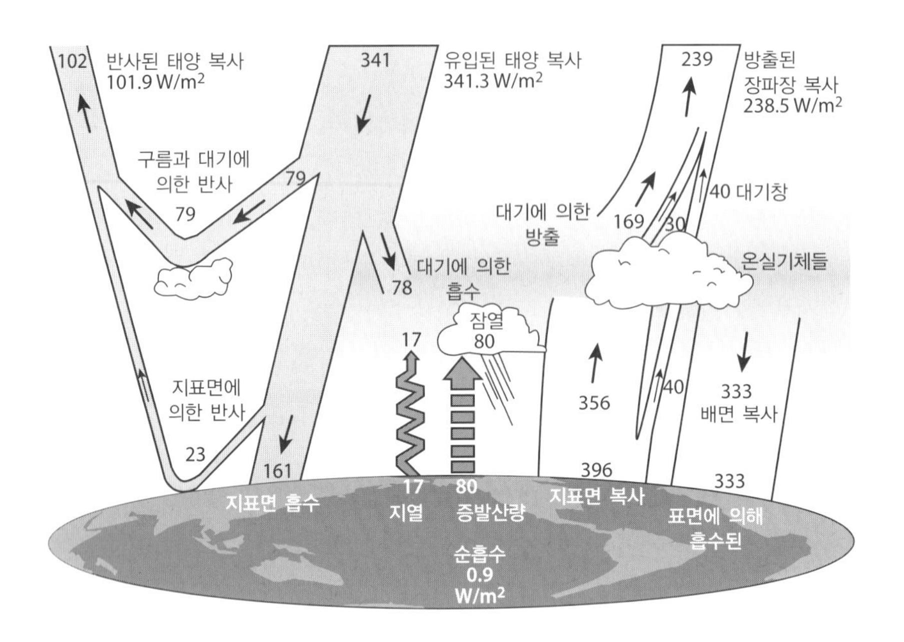

그림 1.4 2000년 3월에서 2004년 5월 사이의 연평균 복사열 및 열평형(단위 : W/m^2). 4 μm 이하의 파장을 갖고 있는 단파장 태양 복사는 그림 왼쪽에, 그리고 4 μm 이상의 파장을 갖고 있는 장파장 지구복사는 오른쪽에 표현되어 있다.
출처 : K. E. Trenberth et al. 2009; ⓒ Copyright 2009 American Meteorological Society.

까닭에 여기에서 우리는 태양의 복사열이라는 한 가지 에너지원에 초점을 맞추어 논의하고자 한다. 유입되는 태양의 복사열은 먼저 대기의 상층부에 도달한 다음 그 하층부에서 반사 혹은 흡수되거나 또는 다른 형태의 에너지로 변환된다. 복사에너지가 다른 여러 형태의 에너지로 변화되는 과정들은 지구의 복사 평형 및 에너지 평형이라는 측면에서 그림 1.4에 잘 나타나 있다.

위의 그림 1.4 상단에 나와 있듯이, 지구 대기의 상층부에 도달하는 (주로 4 μm 이하의 단파장) 태양 복사에너지는 341 W/m^2 정도이며, 이 중 102 W/m^2 정도는 대기나 구름 혹은 지표면에 의해 반사되고 나머지 239 W/m^2는 지구가 발산하는 4 μm 이상의 장파장 복사에너지 형태로 유출되어 지구 전체 에너지의 평형을 이루게 된다. 이런 사실은 위성관측을 통해 증명된 바 있는데, 만약 그렇지 않다면 지구는 급속히 더워지거나 추워질 수밖에 없다(Ramanathan 1987). 하지만 시기에 따라서는 미세한 불균형에 의해 초래되는 지구의 온도 변화가 전혀 없지는 않다. 실제로 지난 2만 년 동안 북반구의 중위도 지역에서 광범위하게 벌어졌던 빙하작용과 해빙작용과 같은 큰 기후 변화는 그 좋은 증거라고 할 수 있다.

그림 1.4의 좌측에 표현되었듯이, 단파장의 태양에너지 반사량(약 102 W/m^2)은 지구에 도달하는 태양에너지 총량(약 341 W/m^2)의 30% 정도이다. 그리고 이 반사율을 지구의 알베도

(albedo)라고 부르기도 하는데, 이는 즉 외계에서 지구를 바라볼 때 지구가 얼마나 밝게 빛나는지를 말하는 척도라고도 할 수 있다. 그리고 이 102 W/m^{2}의 반사량 중에서도 79 W/m^{2}가량은 구름이나 대기에 의해서 반사되며, 나머지 23 W/m^2 정도만 지구의 표면에서 직접 반사되어 외계로 방출된다. 결국 지표면의 가열 정도는 구름에 의해 얼마나 가려져 있는지에 따라 크게 영향을 받는다고 할 수 있다. 유입되는 태양에너지의 나머지 70%인 239 W/m^{2}는 지구에 흡수되거나, 아니면 지표면 또는 다양한 대기 성분들로부터 4 μm 이상의 장파장 복사광선으로 방출된다.

6,000°C라는 엄청난 온도를 지닌 태양이 방사하는 햇빛의 대부분은 4 μm 이하의 단파장 대역에 속하는데, 그중에서도 0.4~0.7 μm 사이의 가시광선 대역의 빛들이 가장 많다. 이런 가시광선 중 상당 부분이 대기를 통과하여 궁극적으로는 지표에 도달한다. 이 사실이 중요한 이유는 바로 광합성을 하는 유기체들의 생존이 이 햇빛에 달려 있기 때문이다. 이와는 대조적으로, 생물에 유해한 0.4 μm 이하의 자외선 대역 광선들은 거의 대부분이 대기 상층부의 오존 또는 O_2에 의해 흡수되어 생명체들이 보호되고 있다. (자외선 흡수라는 막중한 역할을 맡고 있는 오존층이 인간들의 잘못으로 점점 고갈되어 간다는 심각성에 대해서는 제2장을 보기 바란다.) 한편, 지구로 유입되는 장파장 즉 적외선 대역의 태양광들은 대기 중의 수증기나 CO_2 또는 구름 속의 물방울에 의해 흡수된다. 그런 까닭에 태양광 중에서 이렇게 대기에 흡수되는 대역의 빛들은 지표면에 도달하는 양이 줄어들게 되는 모습을 그림 1.5에서 볼 수 있다. 전체적으로 볼 때, 지구에 도달하는 약 341 W/m^{2}의 일사량으로부터 대기의 오존층이나 수증기 또는 CO_2가 흡수하는 78 W/m^2 그리고 구름에 의해 반사되는 102 W/m^{2}를 제외하면 총량의 47%, 즉 161 W/m^2 정도만이 실제로 지구 표면에 도달하여 흡수된다(그림 1.4; Trenberth et al. 2009).

지구에 흡수된 태양에너지 중 일부는 지구 표면으로부터 외계 혹은 대기로 방출되는데, 태양에 비해 훨씬 차가운 표면 온도를 지닌 지구는 태양과는 달리 4 μm 이상의 장파장 광선들을 방출한다. [평균 지표면 온도는 15°C(Ramanathan 1987)에 불과한 지구로부터 유출되는 적외선의 최대치는 대략 10 μm 대역인 점이 그림 1.5에 잘 나와 있다.] 대기 중의 수증기나 CO_2 및 그보다 양이 적은 메탄가스 등과 같은 기체들은 이러한 대역의 적외선 에너지를 매우 잘 흡수한다. 그런 까닭에 지구 표면에서 방출되는 적외선 에너지의 대부분은 이들에게 흡수되어 실제로 외계로 빠져나가는 에너지는 미미한 편이다. 그 결과, 그림 1.5에서 보듯이 지구를 빠져나가는 에너지 스펙트럼과 15°C의 흑체(black body)가 발산하는 에너지 스펙트럼은 상당한 차이가 있다.

지구 표면에서 방출되는 장파장의 적외선 에너지 396 W/m^2 중에서 333 W/m^{2}는 대기 중의 수증기 혹은 다른 기체들에 의해 흡수된 뒤 다시 지구 표면으로 되돌아 내려와 다시 흡수됨으로써 지구를 덥히게 된다. 구름 역시 장파장 방출 에너지의 방출량을 줄여서 지구를 데우는 역할을 한다. 왜냐하면 구름의 하층부는 더운 지구 표면에서 올라오는 열을 흡수하는 반면 구

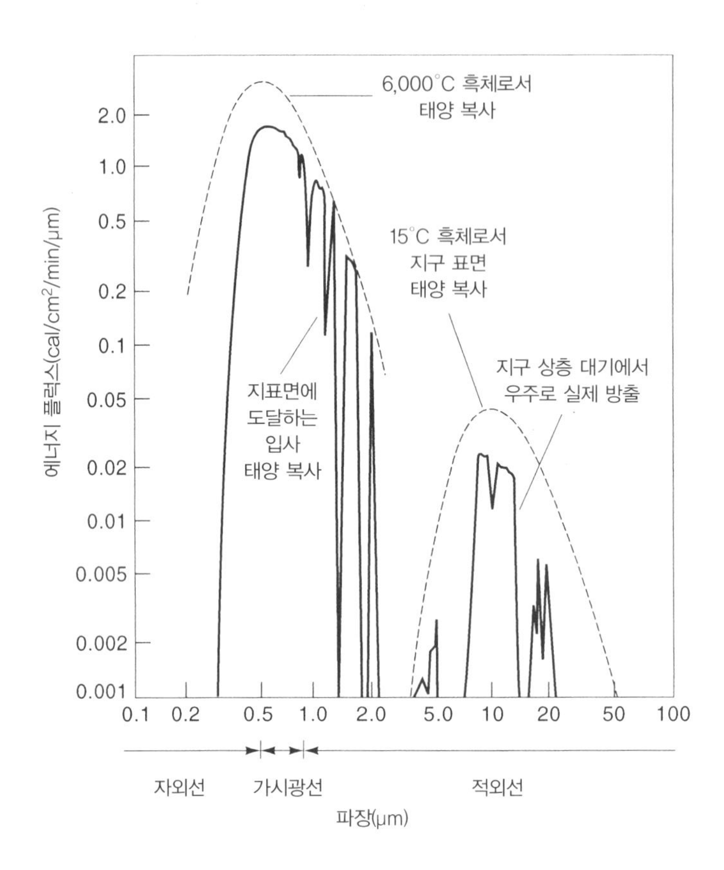

그림 1.5 태양에서 지구 표면으로 유입되는 태양광 및 지구 대기의 상층부에서 방출되는 광선의 파장에 따른 분포도. 여기에서 점선으로 표시된 그래프는 태양 및 지구와 동일한 온도를 지닌 흑체를 가정했을 때 이들로부터 방출되는 에너지 스펙트럼을 나타낸다. (참고로 흑체는 해당 온도에서 최대치의 에너지를 방출한다.)
출처 : Sellers 1965.

름의 상층부에서는 낮은 온도에서 외계를 향해 열을 방출하기 때문이다. 그렇지만 구름은 앞서 언급된 바대로 유입되는 태양열을 반사하는 역할을 또한 하기 때문에, 전체적으로 볼 때 구름의 존재는 지구를 데우는 것보다는 식히는 효과를 보인다(Meehl et al. 2007 및 제2장 참조).

대기 중의 수증기와 CO_2가 유입되는 태양광선은 통과시켜 지표에 도달하도록 하는 반면에 지구가 발산하는 대부분의 장파장 광선은 흡수한 뒤 다시 지표로 되돌려 보내는 역할을 한다는 사실은, 마치 온실의 유리창과 흡사한 면이 많다는 점에서 대기의 **온실효과**라고 불린다. 온실이란 유리창을 통해 유입되는 태양광은 투과시키되 장파장의 광선이 유출되는 것은 차단함으로써 실내를 따듯하게 유지하는 설비이다. IPCC 2007에 따르면, 온실효과 덕분에 지구의 표면이 30°C 정도 더 덥게 유지되는 것으로 알려져 있다. 그런데 최근에 들어서는 화석연료의 연소로 발생되는 이산화탄소 및 다른 온실기체들이 점차 증가됨에 따라 온실효과가 더욱 강화되어 지구가 방출하던 에너지가 비정상적으로 많이 차단되는 결과로 초래되는 지구온난화에 대한 우려가 심각하게 대두되고 있다(제2장 참조).

지구 표면의 온도가 일정하게 유지되려면, 도달하는 일사량(161 W/m^2)과 유출되는 방출량이 동일해야만 한다. 그림 1.4에서 보듯이, 이 방출량은 ① 지구 표면에서 방출되는 장파 복사의 총량(396 W/m^2)으로부터 대기의 온실기체들에 의해 차단되었다가 다시 지표로 되돌아오는 부분인 333 W/m^2를 제외한 양, 즉 63 W/m^2, ② 상승기류를 타고 올라가는 현열속(fluxes of sensible heat)에 의해 방출되는 양, 즉 17 W/m^2, 그리고 ③ 증발산에 의한 잠열의 형태로 방출되는 양, 즉 80 W/m^2의 세 가지로 구분할 수 있다. 이 세 가지 방출량의 총합은 [63 + 17 + 80 = 160 W/m^2]이므로 일사량인 161 W/m^2에 비하면 1 W/m^2만큼 적다. 이 차이가 바로 인간들의 활동에 의해 야기된 것으로 여겨지는 지구온난화의 주된 이유라고 보는 것이다.

물이 증발하여 대기 중의 수증기로 바뀌면 이 수증기에 열(에너지)이 내재된다. 이 열을 **잠열**이라고 부르는데, 추후에 물이 응결되어 비나 눈이 되면 이 에너지가 방출되어 대기를 데우게 된다. 대부분의 경우 응결이 일어나는 장소는 증발이 발생한 곳과는 멀리 떨어져 있는 까닭에 대기 속 수증기의 움직임은 열의 이동을 수반한다. 앞에서 거론되었듯이, 지구 표면에 흡수된 일사량(161 W/m^2) 중에서 80 W/m^2 정도가 물의 증발에 이용되는데, 이 에너지는 잠열속의 형태로 육지 및 해양의 표면에서 대기로 방출된다(그림 1.4 참조). 이 잠열속이 바로 물순환을 일으키는 원동력이다.

대기로 발산되는 잠열속을 측정할 수 있다면 전 지구적 증발률을 도출해낼 수 있다. 우선, 지구 표면의 평균 온도인 15°C 상태에서 물 1 m^3를 수증기로 변환하기 위해서는 2.46×10^9 joules의 에너지가 필요하다. 지구 표면적 전체인 510×10^6 km^2에 걸쳐 80 W/m^2, 즉 80 $joule/sec^1 \cdot m^2$에 해당하는 잠열을 생성하는 에너지 소산을 일으키기 위해서는 다음의 식에 의해 도출되는 증발률이 필요하다(Miller et al. 1983; Budyko and Kondratiev 1964; Trenburth et al. 2009).

$$[(80\ joule/sec^1 \cdot m^2) \times (510 \times 10^{12}\ m^2) \times 3.15 \times 10^7\ sec/yr]/2.46 \times 10^9\ joule/m^3 = 5.22 \times 10^{14}\ m^3/yr$$

5.22×10^{14} m^3/yr는 바로 1년 동안의 총증발량이 522,000 km^3임을 뜻하는데, 이 부피는 (지구의 물평형이라는 개념을 상정하고) 총증발량은 측정된 총강수량과 동일하다는 가정하에서 추산된 연간 총증발량 506,000 km^3와 대동소이하다(그림 1.1 참조).

일사량의 차이 : 대기 및 해양의 열엔진

지표가 흡수하는 일사량은 적도에서 극지방으로 위도가 높아질수록 감소한다. 지구의 해양 순환 및 대기 순환은 바로 이 위도에 따른 가열 정도의 편차에 의해 일어나게 되는데, 이 두 종류의 순환이 물순환의 대부분을 담당한다.

유입되는 태양에너지의 위도에 따른 편차는 두 가지 요인에 의해 비롯된다. 첫째, 지구의 형상이 공 모양인 까닭에 태양광선이 지표에 도달하는 입사각이 곳에 따라 달라진다는 점을 들 수 있다. 예를 들자면, 적도 부근은 수직 각도인 90°에 가까운 입사각을 보이는 반면 극지방의 경우는 수평 각도인 0°와 비슷한 입사각으로 도달하기 때문이다(그림 1.6 참조). 동일한 양의

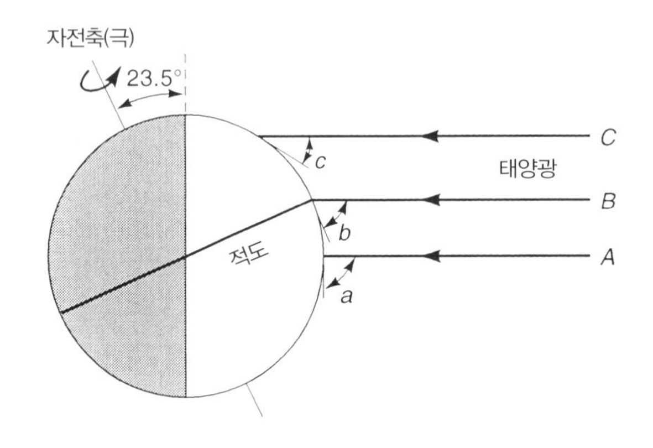

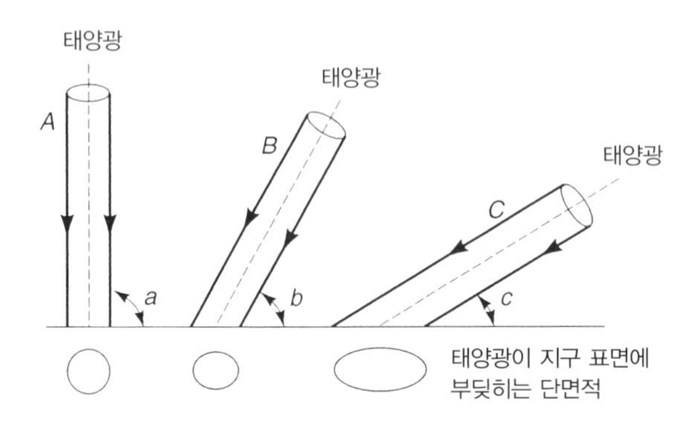

그림 1.6 위도에 따른 태양광의 입사각의 차이를 보여주는 개념도. 고위도로 갈수록 태양광의 입사각이 작아지게 되며, 그 결과 더 넓은 지표에 도달한다. 즉, 같은 양의 에너지가 더 넓은 면적에 분산되는 셈이므로 입사각이 0°에 접근할수록 지표의 태양강도는 낮아진다(이 그림은 북반구의 겨울 상황이다).

출처 : Miller et al. 1983.

햇빛이 더 넓은 지역을 비추는 극지방과 같은 고위도의 경우, 단위 면적당 일사량은 상대적으로 적을 수밖에 없다(그림 1.6의 C 상황을 A나 B에 비교해보기 바란다). 그리고 태양광이 대기층을 통과할 때 에너지의 흡수 또는 반사가 일어나는데, 고위도로 갈수록 햇빛이 점점 더 두꺼운 대기층을 통과해야 지표에 도달하게 되어 더 많은 에너지의 감소가 일어난다.

둘째 요인으로는 일조시간의 변화를 들 수 있다. 태양 주변을 공전하는 지구의 궤도를 확장한 평면인 황도면을 기준으로 지축이 23.5° 정도 기울어져 있는 탓에 지표에 도달하는 태양광의 입사각이 연속적으로 변하게 되며 그 결과로 일조시간 및 계절의 변화가 일어난다(그림 1.7 참조).

북반구의 겨울철에는 북극 주변의 지역은 항상 지구의 그림자 영역에 들어가기 때문에, 지구가 자전하며 한 바퀴를 완전히 돌더라도 햇빛을 전혀 볼 수 없다. 그 결과 태양광에 의한 가열은 생기지 않는다. 반면에, 이 시기의 남극 주변에는 비록 입사각이 매우 낮기는 해도 하루 종일 햇빛이 비친다. 하지만 계절이 지나 남반구의 겨울, 즉 북반구의 여름이 돌아오게 되면,

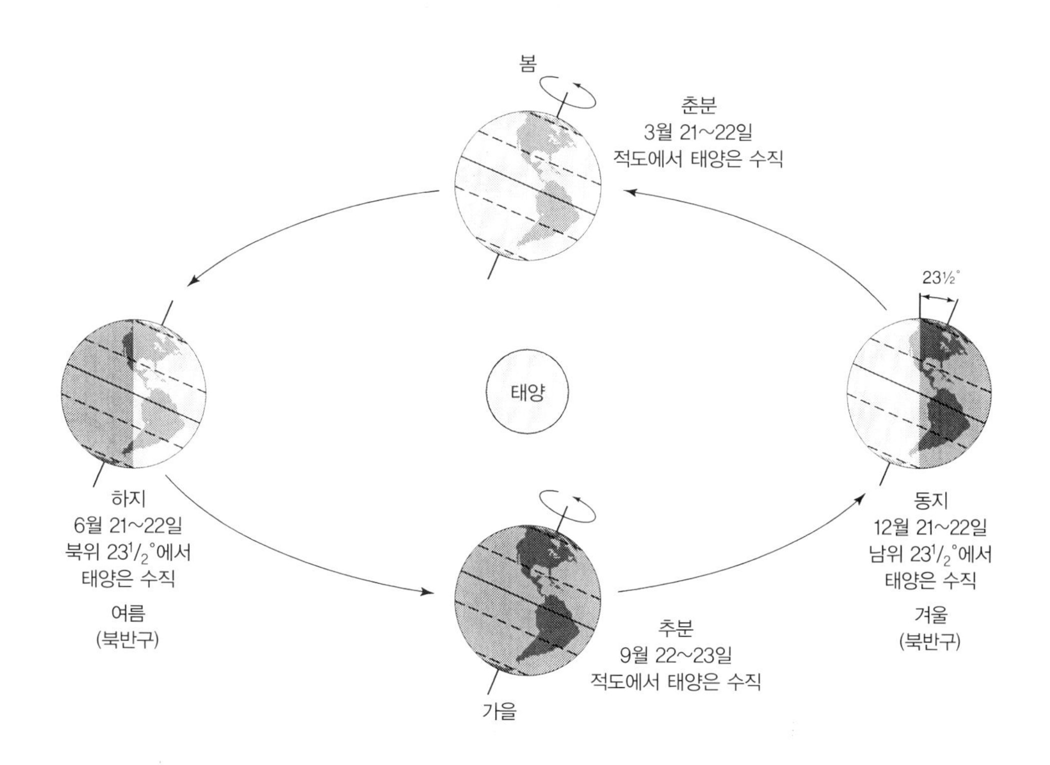

그림 1.7 태양 주위를 궤도공전하는 지구의 모습. 이 그림은 북반구의 계절 변화 및 일조시간의 차이를 설명해주는 것으로 남반구의 경우와는 반대이다.

출처 : Lutgens and Tarbuck 1992, fig. 2~3, p. 29로부터 보완.

반대로 남극 지역은 24시간 내내 암흑 속에 갇히게 된다. 이와는 대조적으로, 적도 부근의 저위도 지역은 일조시간의 차이가 거의 없는 탓에 계절의 변화를 크게 겪지 않는다. 중위도 지역들에서는 이 두 극단의 사이에 해당하는 계절적 변화가 일어나는데, 상대적으로 위도가 낮을수록 고위도에 비해 단위 면적당 연평균 일사량을 더 많이 받는다.

위도에 따른 태양광의 입사각의 차이 그리고 일조시간의 계절적 변화 때문에, 각 위도의 일사량은 심한 편차를 보인다. 이런 현상은 북반구나 남반구에 동일하게 적용된다. 그런데 북반구의 경우에는 육지가 대부분인 반면 남반구는 바다가 대부분이라는 점과 또한 육지와 바다의 반사율(albedo)이 차이를 보이는 점을 고려하면, 이 두 반구에 도달하는 일사량이 다를 것으로 예상된다. 하지만 이 두 반구의 연평균 반사율이 거의 같다는 사실이 위성 측정에 의해 알려져 있다. 그 이유는 바로 반사율을 결정하는 주된 요인이 지구 표면의 효과보다는 구름의 영향이 훨씬 절대적이기 때문이다(Ramanathan 1987).

지구에서 발산되는 장파 복사 역시 위도에 따른 편차를 보이기는 하지만 그 차이가 그다지 크지는 않다. 그림 1.8에서 볼 수 있듯이, 지구 표면의 관점에서 흡수된 일사량과 반대로 방출되는 장파 복사량의 차이는 복사 불균형을 초래한다. 위도 35°에서 극지방 사이의 지역에서는

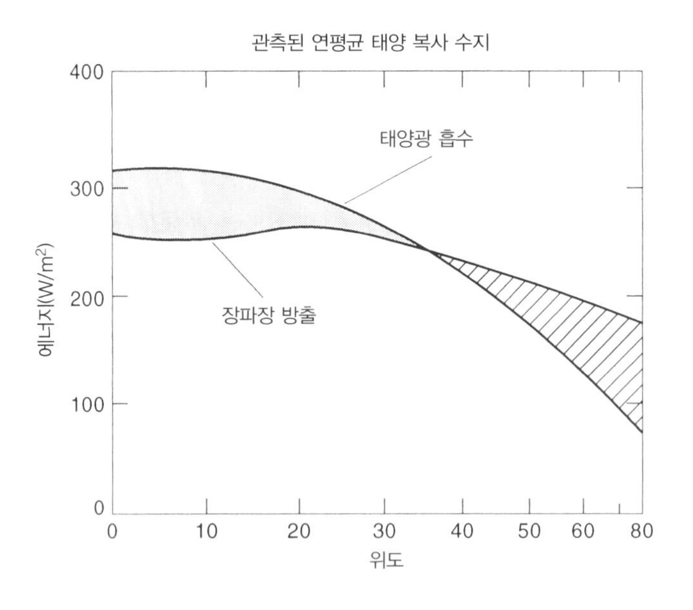

그림 1.8 위성 관측을 통해 얻어진 태양 복사 흡수량 및 장파 복사 방출량의 위도별 연평균 추정값. 북반구와 남반구의 차이는 거의 없으며, 왼쪽의 회색 부분은 순가열(net heating)을 그리고 오른쪽의 빗금 부분은 순냉각(net cooling)을 표시한다.

출처 : Ramanathan 1987, fig. 3, p. 4076, Ellis and Vonder Haar 1976.

(장파 복사량이 일사량보다 크므로) 열의 순손실이 발생하고, 위도 35°에서 적도 사이의 아열대 및 열대 지역에서는 (일사량이 장파 복사량보다 크므로) 열의 순이익이 발생한다. 한편, 극지방의 추위나 열대 지역의 더위가 점점 더 심해지는 것을 방지하기 위해서는 저위도로부터 고위도로 열이 이동해야만 한다. 이를 해결해주는 작용들이 바로 대기 및 해양의 순환이다. 달리 말하자면, 대기와 해양이 위도에 따른 일사량의 차이에 의해 작동되는 '열엔진'의 역할을 하는 셈이다. 이와는 대조적으로, 남반구와 북반구는 서로 유사한 위도별 열평형 구역들로 이루어져 있기 때문에 적도를 가로지르는 열의 이동은 일어나지 않는다(Ramanathan 1987).

적도로부터 양극으로 열이 이동되는 방법은 세 가지를 들 수 있다. (1) 해류에 의한 더운 물의 이송, (2) 바람, 즉 대기 순환에 의한 더운 공기의 이동, 그리고 (3) 대기 순환에 의한 수증기 형태의 잠열의 이동 등이다. 자오선 방향의, 즉 지구의 저위도에서 고위도 방향의 열이동은 위도 30° 부근에서 가장 활발하게 일어난다(Ramanathan 1987). 북반구의 경우 해류 순환을 통한 열이동과 대기를 통한 열이동은 그 크기가 거의 비슷하다고 여겨지고 있으나 상세한 이동 형태는 아직 잘 알려져 있지 않다(Chahine 1992).

바람에 의해서 비롯된 난류에 의해 열은 대략 위도 20° 지역으로부터 극 방향으로 이동된다. 잘 알려진 예로는 북대서양의 멕시코만류 또는 북태평양의 쿠로시오해류 등을 들 수 있다. 극 방향으로 이동되는 따듯한 해수는 (특히 겨울 동안) 고위도 지역의 대기에 온기를 공급함으로써 비교적 따뜻한 겨울 날씨를 보인다. 즉, 서유럽의 경우는 멕시코만류 덕분에, 한국의 남부 및 일본의 경우는 쿠로시오해류 때문에 비교적 따뜻한 겨울을 나게 된다.

대기는 더운 공기 또는 잠열의 형태로 열을 극지 방향으로 전달한다. 이런 더운 공기의 원천은 복사량의 최대 잉여를 보이는 남북위 10° 사이의 열대 지역이다. 열대 대기는 현열 그리고 수분의 응결 시 방출되는 잠열에 의해 가열된다. (열대 지방은 강수량이 증발량을 초과하는 지역이다.) 그 뒤를 이어 (증발량이 강수량을 초과하는) 위도 15°와 30° 사이의 아열대 지역을 거치면서 훨씬 더 많은 양의 잠열이 수증기 형태로 대기에 주입된다. 바로 이곳으로부터 잠열의 본격적인 극 방향 이동이 시작되게 된다. 잠열은 궁극적으로 응결에 의해 방출되는데, 이 과정을 거치면서 활발한 폭풍 활동이 발생하는 위도 30°와 50° 사이 지역의 대기를 데우게 된다. 실제로 대기 순환에 의해 이동되는 열에너지의 30%는 구름 내부에서 응결을 통해 발생한 잠열에 의해 공급된다(Chahine 1992).

한편 유입되는 일사량의 약 0.7%라는 아주 적은 부분이 해류, 바람, 파도 등의 운동에너지로 변환된다. 이 양 자체로는 그다지 대단하게 여겨지지는 않을지라도, 대기 및 해수의 순환을 아우르는 물순환의 관점에서 볼 때에는 매우 중대한 의미를 지니는 에너지원이라는 점을 주목할 필요가 있다. 이제부터 이러한 순환들을 살펴보도록 하자.

대기 순환

앞에서 언급된 바와 같이, 대기 순환은 위도에 따른 열불균형에 의해 발생된다. 그런데 만약 이 순환이 단순히 열에 의해 비롯되는 것이라면, 적도로부터 더운 공기가 상승한 뒤 고공에서 극 방향으로 흘러가게 될 것이다. 그리고 이동하면서 이 공기는 점차 냉각되어 결국 극지방에 쌓이게 될 것이다. 그런데 순환을 완수하기 위해서는 반대로 지표면을 따라 극지방에서 적도로 향하는 찬 공기의 흐름이 있을 수밖에 없다. 즉, 열에 의한 대칭적인 폐쇄회로가 북반구 및 남반구에 각각 존재해야만 한다. 지구의 자전 개념까지도 포함된 이러한 순환 개념은 조지 해들리(George Hadley)에 의해 1735년에 최초로 제안된 바 있다. 하지만 실제적인 순환은 몇 가지 요인들 탓에 이 제안보다는 매우 더 복잡하게 이루어진다는 사실이 밝혀졌다.

연평균 바람의 모습을 보여주는 전반적인 대기 순환의 개요가 그림 1.9에 묘사되어 있는데, 바람들이 단순히 남북 방향, 즉 자오선 방향으로만 부는 게 아니라는 점에 주의를 기울일 필요

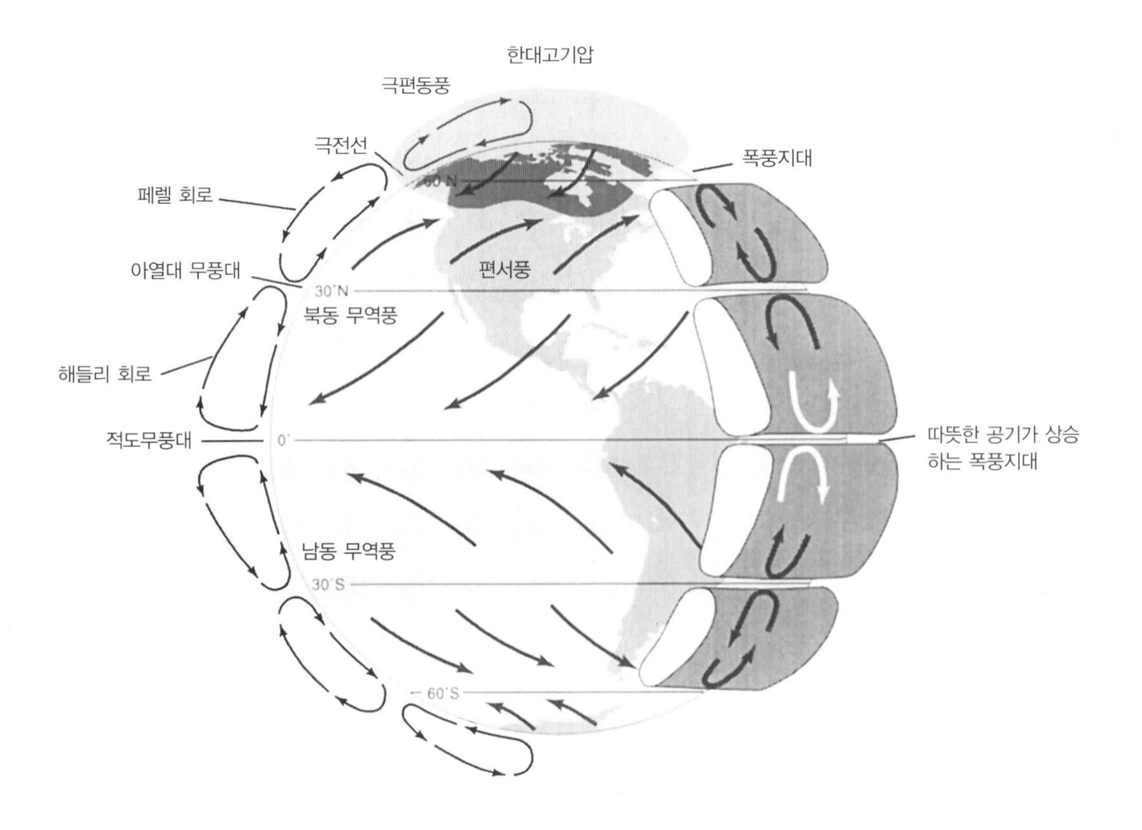

그림 1.9 전반적인 대기 순환의 개요도.
출처 : Lutgens and Tarbuck 1992 (fig. 8-3, p. 170)의 변형.

가 있다. 그 이유는 바람들이 지구의 자전에 의해 꺾이기 때문이다. 움직이는 물체의 방향을 휘게 하는 힘을 전향력 또는 코리올리 힘이라고 부르는데, 그 영향으로 기단의 방향이 북반구에서는 오른쪽으로, 반대로 남반구에서는 왼쪽으로 틀어지게 된다. 즉, 실제적인 대기 순환의 전반적인 형태는 위도에 따라 몇 개의 소규모 순환으로 분산되어 일어난다는 점에서 앞서 언급된 단순한 해들리 순환과는 차이를 보인다. 보다 쉬운 이해를 위해, 일단 북반구에 초점을 맞추어 설명을 하겠지만 남반구의 경우 역시 전향력의 방향이 반대라는 점만을 고려하면 동일한 현상이라고 이해하면 된다(순환과 관련해서 이 책에서 거론되지 않는 더 자세한 내용은 Lutgens et al. 2009 혹은 Barry and Chorley 1998 등과 같은 기상학 또는 기후학 관련 책들을 참조하기 바란다).

적도의 고온다습한 공기는 상승하는 과정에서 응결에 의한 잠열이 발산하며, 그 결과로 엄청난 강수가 발생한다. 이 지역은 적도무풍대라고 불릴 정도로 지상풍의 세기가 미미하다. 위로 올라간 대기는 고공에서 북쪽으로 움직이다가 위도 30° 정도에서 하강한다. 대부분의 습기를 열대 지역에서 상실한 이 하강 기류는 몹시 건조해진 탓에, 가열될 경우 습기를 빨아들일 힘이 더욱 왕성해진 상태이다. 이 덥고 건조한 공기에 의해 초래되는 지표면의 엄청난 증발의 산물이 바로 위도 15°와 30° 사이에 위치하는 아열대 사막들이다. 하강한 공기는 남쪽으로 이동하면서 바다에서 습기를 흡수하는 한편 전향력의 영향으로 오른쪽으로 꺾이게 된다. 이런 표면 근처의 바람을 북동 무역풍이라고 부른다. 이 북동 무역풍은 적도에 도달하면서 남반구에서 불어오는 남동 무역풍과 만나게 되는데 그런 연유로 이 지역을 열대 수렴대(ITC)라고 칭한다. 이와 같이 적도에서 서로 만나게 되는 공기들이 상승하게 됨으로써 하나의 회로를 완성하게 되는데, 이러한 저위도의 지역적 대기 순환을 '해들리 회로'라고 부른다(원래 해들리는 지구 전반적인 대기 순환이 이런 방식으로 일어나는 것이라고 예측한 바 있다).

북위 30° 근방에서는 또 다른 하강 기류가 존재하는데, 지표 부근에 도달한 후에는 남쪽이 아니라 북쪽을 향해 흘러간다. 이 대기 순환은 페렐 회로라고 불린다. 이 북향의 바람은 우측으로 밀리면서 결국 남서에서 북동 방향으로 진행하는 편서풍을 형성한다. 이 편서풍의 흐름은 북극으로부터 북위 50° 부근까지 밀려 내려오는 차가운 기단과 마주칠 때까지 계속 진행된다. 이 충돌 지점을 특별히 극전선 또는 한대전선이라고 부르는데, 이곳에서는 불안정한 대기, 폭풍 활동, 또는 풍부한 강수가 쉽게 관찰된다. 그리고 이 경계선으로부터 고속의 기류인 제트류가 생성되기 시작한다. 남쪽에서 올라온 더운 공기는 극지방에서 내려온 찬 공기와 마주치면서 상승하여 고공에 도달한 뒤에는 방향을 틀어 남쪽으로 향함으로써 결국 페렐 회로가 완성된다. 한편 남쪽으로 부는 극편동풍은 극전선 부근에서 응결을 통해 발산되는 잠열에 더해 남쪽에서 올라온 따듯한 공기로부터 전달받은 열 덕분에 상승을 시작하고 고공에 도달한 뒤에는 다시 극 방향으로 선회를 함으로써 극 회로를 완성한다.

북반구 중위도 지역의 편서풍은 지구의 자전 탓으로 매우 심한 난기류를 마주치기도 한다. 대기 상층부에서 편서풍은 더운 공기를 지상에서 대기 최상층까지 운반하는 파동인 행성파

(planetary waves)를 형성한다(Ingersoll 1983). 대기 하층부에서 이 행성파는 지구의 서쪽에서 동쪽으로 이동하는 일련의 폭풍의 형태로 나타난다. 이러한 폭풍들에 의해 더운 공기는 극 방향으로 옮겨지고 동시에 찬 공기는 적도 방향으로 움직이게 되는 동시에 강수에 의한 열 발산이 일어난다.

해양 순환

서론

해양 순환을 이해하기 위해서는 바닷물을 두 가지 층으로 구분하여 살펴보는 게 도움이 된다. 수심 약 50~300 m 사이의 바람에 의해 쉽게 교란되어 위아래로 잘 섞이는 탓에 **혼합층**이라고도 한다. 한편 더 차갑고 잘 섞이지 않은 표층수 아래의 해수, 즉 심층수는 수심이 깊어질수록 높은 밀도를 보이는데, 이 밀도에 의한 몇 개의 층으로 나뉘어져 있다. 그림 1.10에서 보듯이,

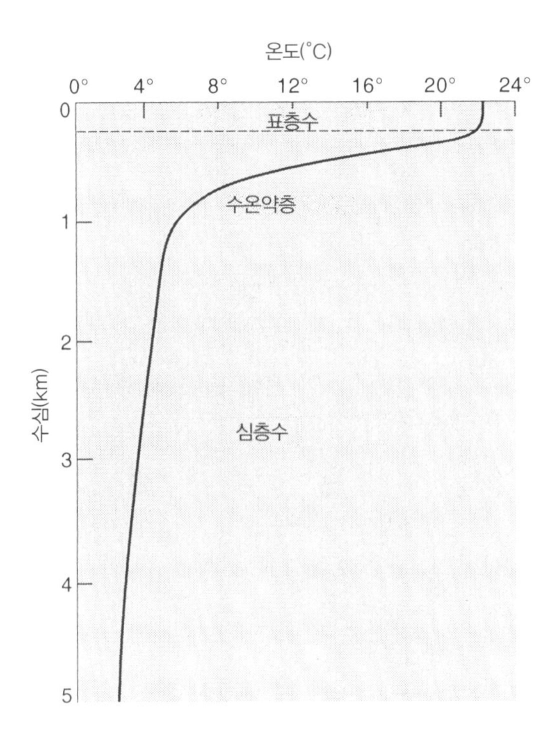

그림 1.10 (저위도와 중위도 바다의) 수심에 따른 수온의 변화. 수온약층에 의한 표층과 심층의 수직적 구분을 잘 보여준다.

표층수와 심층수는 수심에 따른 수온의 변화가 급격히 일어나는 약 1 km 두께의 **수온약층**을 경계로 하여 잘 구분되는데, 이 수온약층의 존재로 인해 표층수와 심층수 사이의 교류는 쉽게 이루어지지 않는다. 심층 중에서 수온약층 아래의 부분은 **심해대**(abyssal zone)라고 한다. 표층수의 부피는 전체 해수량의 3.5%에 지나지 않고, 나머지 해수의 1/3가량은 수온약층에 그리고 2/3는 심해대에 존재한다(표 1.1 참조).

해양 표면에서의 해수 순환은 대부분 바람에 의해 일어나기 때문에 풍성 순환이라고도 한다. 한편, 깊은 바다의 해수 순환은 수온 및 염분도의 차이에서 기인되는 바닷물의 밀도차로부터 비롯되는 까닭에 **열염 순환**이라고도 부른다. 이 두 가지의 해수 순환을 하나씩 살펴보기로 한다.

풍성 순환

얕은 바다의 순환은 탁월풍들에 의해 발생된다. 한편, 탁월풍들은 지구 표면에 도달하는 태양열의 불균형에서 비롯된다. 그 순환 형태는 그림 1.11에 묘사된 몇 개의 환류(current gyre)로 요약할 수 있다. 이 환류들은 위도 10° 부근으로부터 시작하여 45° 부근까지 극 방향으로 진행하는데, 탁월풍들에 의해 가해진 힘에 의해 북반구에서는 시계방향으로(반대로 남반구에서는 시계반대방향으로) 회전한다. 각 환류는 서쪽에서는 좁고 강한 극 방향 해류가 생기고 동쪽에서는 훨씬 약한 해류가 생긴다. 이런 서안 강화 현상이 가장 두드러지게 보이는 예가 바로 대서양의 멕시코만류와 태평양의 쿠로시오해류이다.

만약 바닷물이 단순히 바람에 의해서만 움직이는 것이라면, 그 순환 형태는 그림 1.11에 보이는 모습과는 달라야 한다. 지구 전체의 관점에서 보이는 표층수의 이동에는 바람의 힘뿐만 아니라 지구의 자전 또는 육지와의 마찰 등의 다른 요인들도 작용한다. 실제로 바람과 해수의 상호작용은 매우 복잡하므로 이 책에서는 개론적이 부분만을 다루기로 한다. (더 상세한 내용은 Pickard and Emery 1982 또는 Pedlosky 1990에 첨부된 해양물리학 관련 참고문헌들이나 Knauss 1997 등의 일반해양학 교재 참조)

환류의 기원에 대한 이해를 돕기 위해서는 북대서양의 경우를 살펴보는 게 적절하다. 이 해역의 탁월풍은 북위 40°와 50° 사이에서 서쪽에서 불어오는 편서풍과 북위 15°와 30° 사이에서 동쪽에서 불어오는 무역풍이다. 앞에서 본 것처럼, 표층수는 바람의 방향을 따라서만 흐르는 게 아니라 전향력에 의해 약간 오른쪽으로 치우치게 되는데 이를 에크만류(Ekman flow)라고도 한다. 그 결과로, 북대서양의 중심부인 아열대 수렴대(subtropical convergence)에서는 남북 양측으로부터 해수의 수렴이 발생하게 된다. (사르가소해는 아열대 수렴대의 좋은 예이다.) 이렇게 쌓인 물은 가라앉게 되고 수면 바로 아래에서 남 또는 북으로 되돌아간다. 이렇게 회귀하는 과정 중에도 전향력 덕분에 우측으로 힘을 받게 되어 북쪽에서는 강한 동향류를, 반대로 남쪽에서는 강한 서향류를 이루게 된다. 지형류에 속하는 이런 해류들은 환류의 북동쪽에서는 유럽 대륙을 만날 때까지 그리고 남서쪽에서는 북미 대륙을 만날 때까지 진행된다. 육지

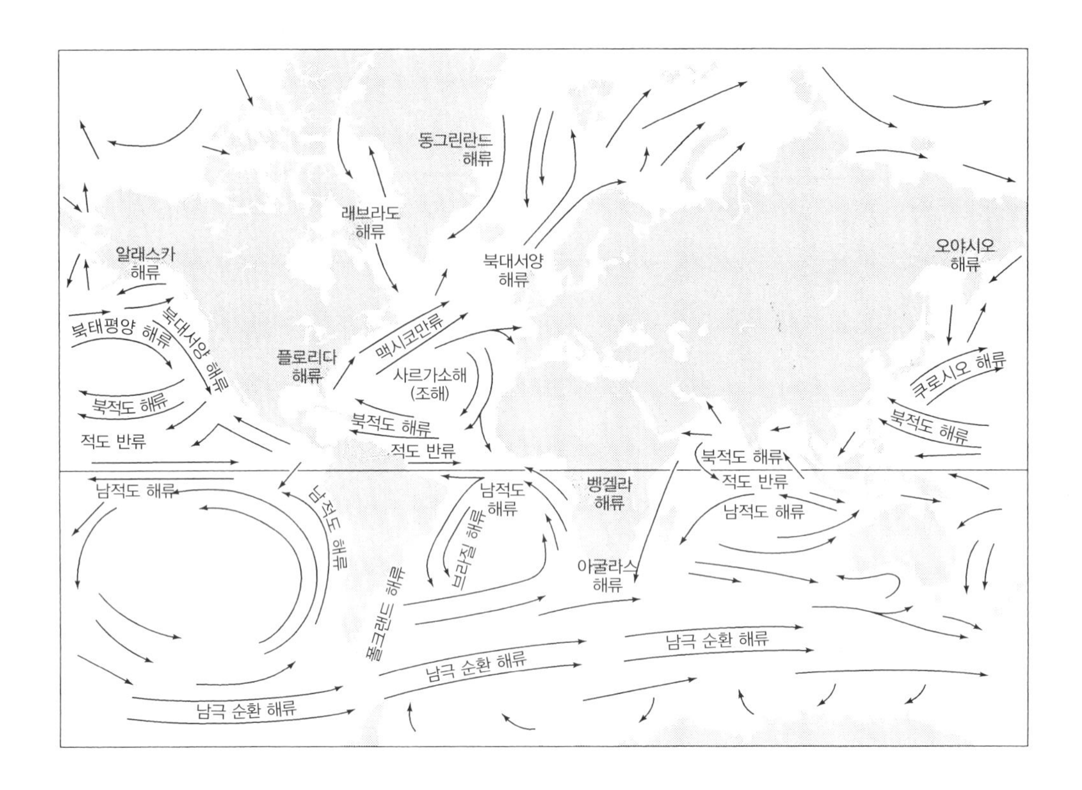

그림 1.11 대양의 표층 해류.
출처 : Drake et al. 1978, fig. 6.1, p. 88.

와 만난 해류는 휘어질 수밖에 없는데, 대륙을 따라 흐를 때 받게 되는 많은 마찰력 때문에 전향력의 영향이 줄어든 해류는 물이 쌓여 수압이 높아진 곳에서 물이 줄어들어 수압이 낮아진 곳으로 이동한다. 그 결과로 유럽 부근에서는 북에서 남으로 흐르는 해류를 형성하고, 북미 부근에서는 남에서 북으로 흐르는 해류, 즉 멕시코만류가 된다. 이런 형태로 시계방향의 환류가 완성된다.

그림 1.11에서 볼 수 있듯이, 다른 대양들의 경우 역시 조금 전 살펴본 북대서양의 환류와 유사한 형태의 움직임을 보인다. (물론 남반부의 경우는 전향력이 해류 진행 방향의 왼쪽으로 작용하는 까닭에 환류들이 시계반대방향으로 회전한다는 차이가 있다.) 북반구의 대서양에서는 압력 3배가 중첩되어 서쪽 부분의 해류가 더 강해진다(전향력의 차이에 의해 남쪽에서 북쪽으로 감소함).

또 다른 눈에 띄는 표층해류는 강한 편서풍에 의해 서쪽에서 동쪽으로 남극 전체를 감싸고 흐르는 남극 순환 해류(Antarctic Circumpolar current)이다.

연안 용승

풍성 순환의 특별한 사례라고 할 수 있는 연안 용승은 해양의 생물학적 생산성에 지대한 영향을 미친다(제8장 참조). 주요한 용승들은 비교적 폭이 넓으면서도 세기가 약한 표층해류가 적도 방향으로 흐르는 대륙의 서쪽에서 흔히 발생한다. 해안과 평행하게 적도를 향해 부는 바람은 표층수를 먼 바다 쪽으로 밀어내는 결과를 낳는데, 이런 현상을 에크만 수송(Ekman drift)이라고 부른다. 이런 에크만 수송에 의해 북반구의 경우는 바람 방향의 우측으로(남반구의 경우는 반대인 좌측으로) 해류가 움직이게 된다. 이렇게 표층수가 연안에서 먼 바다 쪽으로 이동하게 되면, 그 빈자리를 채우기 위해 영양염이 많이 포함되어 있는 깊은 바다의 물이 상승하게 된다(그림 1.12 참조). 그 결과로 이런 지역은 플랑크톤의 생산성이 높은 동시에 물고기 등의 다양한 해양생물들이 많이 서식하게 된다. 대표적인 용승 해역으로는 페루 및 칠레, 서아프리카의 돌출부, 남서아프리카의 나미비아, 그리고 캘리포니아의 연안들을 꼽을 수 있다.

용승은 또한 대양의 한가운데에서 표층수가 바람 등에 의해 밀려가는 발산(divergence) 현상

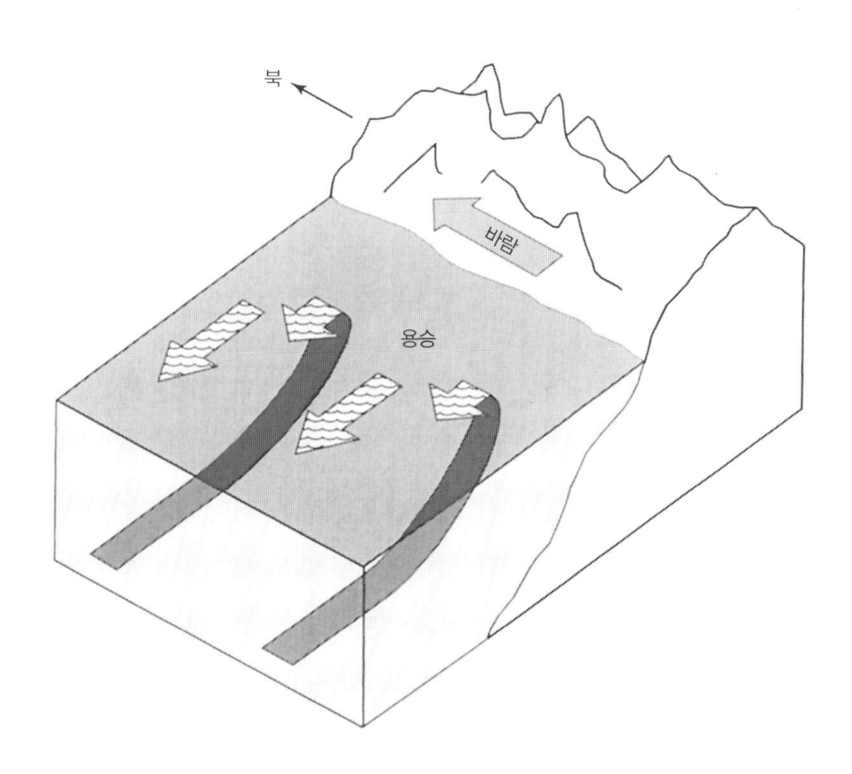

그림 1.12 에크만 수송의 결과로 발생하는 용승(남반구에서 북쪽, 즉 적도 방향으로 바람이 부는 경우).
출처 : Turekian 1976.

이 일어나는 해역에서도 발생한다. 이 경우 역시 밀려간 표층수의 자리로 밑에 있던 바닷물이 상승하게 되는데, 이렇게 연안이 아닌 해역에서 용승이 일어나는 곳으로는 태평양 동부의 적도 부근, 남극해 주변, 그리고 북반구의 고위도 해역들을 들 수 있다(Kennett 1982).

열염 순환

수백 미터 깊이의 바다에서는 직접적인 바람의 영향을 받지 않는 대신, 온도와 염분도의 차이에서 비롯되는 밀도차에 의한 순환이 일어난다(이런 심층 해양에서의 순환은 Pickard and Emery 1982, Warren 1981, Gordon 1986, Drake et al. 1978, Knauss 1997 등을 참조한 것이다). 담수의 경우는 4°C에서 최고 밀도를 보이는 데 반해, 바닷물의 경우는 특정한 온도에서 밀도의 최대치를 보이지 않고 그저 수온이 낮을수록 밀도가 꾸준히 증가한다(제6장 참조). 또한 염분이 높을수록 바닷물의 밀도는 증가한다. 전반적으로 볼 때, 수심이 깊은 해수는 밑으로 내려갈수록 높은 밀도를 보이는 여러 수층으로 이루어져 있다. 그리고 이런 밀도차에 의한 성층 현상, 즉 밀도 성층이 발생하는 주된 이유는 바로 수심이 깊어질수록 수온이 더 차가워지기 때문이다. 한편 해수의 수직적 이동은 이렇게 형성된 밀도 수층들에 의해 크게 제약을 받게 된다. 달리 말하자면, 바닷물은 밀도차를 보이는 수직 방향으로 움직이기보다는 등밀도선을 따라 이동하려는 경향이 짙다. 그런 탓에, 심해의 순환은 주로 수평적이라 할 수 있다.

심해의 밀도 성층 및 수층 간의 밀도 차이는 해수면의 여러 현상에서 비롯된다. 표면에서는 가열, 냉각, 증발, 담수의 유입, 해빙의 형성 등에 의해 밀도의 변화가 생기게 된다. 고위도로 이동하는 표층수는 밀도가 높아지게 되는데, 그 이유로는 ① 증발작용에 의해 수온이 낮아지는 동시에 염분이 높아지거나, ② 현열을 빼앗기며, ③ 결빙작용을 들 수 있다(결빙 과정 중에 용존염들은 얼음 외부로 밀려 나오게 되는 까닭에 그 주변 해수의 염도가 높아지게 되므로 밀도 또한 상승한다). 고위도 대서양의 일부 해역에서는 겨울철에 때때로 표층수가 그 밑의 해수보다 밀도가 더 높아지게 되어 가라앉게 되는데, 바로 이런 과정을 통해 심층수가 상부의 물로 보충된다. 일단 심해에 도달한 해수는 일정한 수온과 온도를 유지한 상태로 대양 전체에 걸쳐 횡적 이동을 보이는 심해 순환에 합류한다.

대서양의 성층 모습과 심해 순환의 사례가 그림 1.13에 잘 나와 있다. 이 그림에서 각각의 수괴는 특징적인 온도와 염분을 보인다. 특히, 수심이 깊은 바다의 경우는 북대서양 심층수(North Atlantic Deep Water, NADW)와 남극 저층수(Antarctic Bottom Water)라는 두 차가운 수괴가 주를 이룬다. 멕시코만류의 표층수가 북극을 향해 전진하는 동안 증발에 의해 점차 열을 빼앗기다가 북극에 가까운 그린란드 부근의 노르웨이해에 도달하게 되면 결빙작용이 시작된다. 그 결과로 주변 해수의 밀도가 높아져서 침강을 시작하게 되고 이어서 깊은 수심에 도달하면 남쪽으로 흐르게 되는데, 이런 현상을 북대서양 심층수의 발원이라고 볼 수 있다. 이 심층수는 나중에 캐나다 부근의 래브라도해에서 침강한 해수와 합류하고 나중에는 적도를 지나

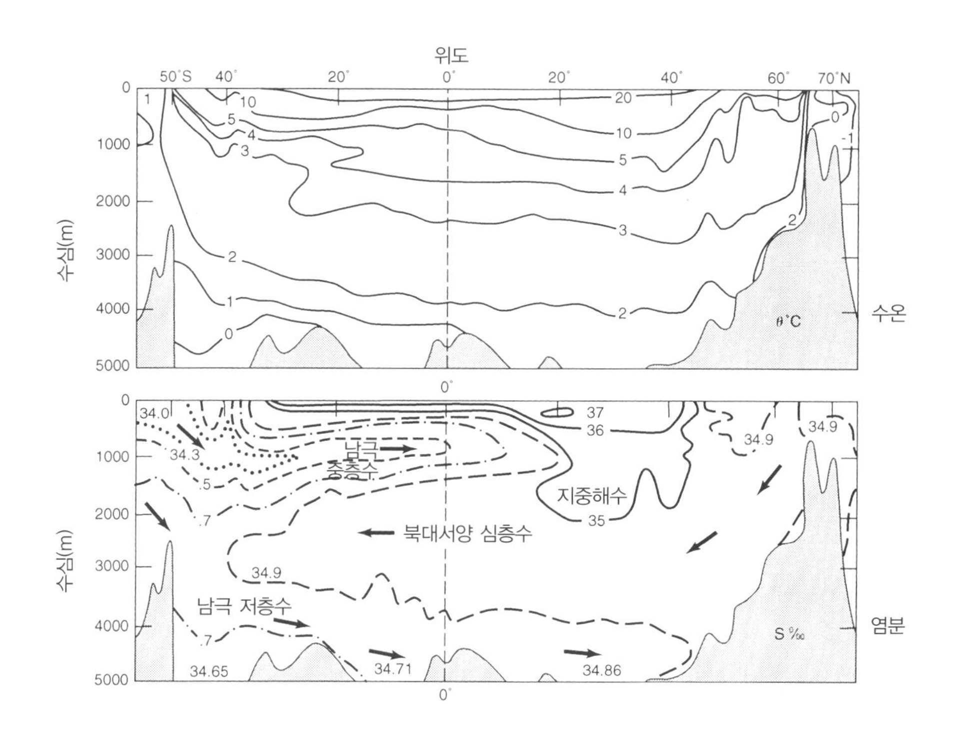

그림 1.13 대서양 서쪽의 해구에서 보이는 해수의 온도 및 염분 분포의 남북 수직 단면도.
출처 : Pickard and Emery 1982, Bainbridge 1976.

남하한다. 그리고 남극 부근의 웨델해에서는 해수의 냉각 및 겨울철 해빙 형성에 의해 더욱 고밀도의 수괴인 남극 저층수가 생성되는데, 이 물은 침강 후 북쪽으로 향한다. 그리고 남극의 훨씬 북쪽에 있는 남극 수렴대에서 남극 중층수가 형성되기는 하나 이 물은 밑에 자리 잡고 있는 북대서양 심층수와 남극 저층수에 비해 밀도가 낮은 탓에 해저까지 내려가지는 못하고 중간 깊이에 위치한다.

중층수가 발생하는 또 다른 해역으로 지중해를 들 수 있다. 강렬한 증발작용의 결과로 염분 및 밀도가 꽤 높아진 지중해의 바닷물이 지브롤터해협을 통과하여 대서양에 도달하면서 곧 침강을 시작한다. 하지만 북대서양 심층수를 만나게 되면서 침강을 멈추게 된다. 즉, 심층수를 뚫고 해저까지 하강하지는 못한다. 이는 지중해에서 유입된 수괴가 북대서양 심층수에 비해 염분이 높기는 하지만 동시에 온도도 높기 때문이다. 즉, 염도차에 의한 밀도 상승의 효과보다는 온도차에 의한 밀도 하강의 효과가 더 크기 때문에 결국은 저밀도 상태를 유지하기 때문이다. 동일한 이유로, 저위도의 표층수들도 염도는 높지만 표층에 머무는 현상을 그림 1.13의 아래 부분에서 볼 수 있다. 지중해에서 빠져나온 해수는 대서양을 가로질러 서쪽으로 흐르다 궁극적으

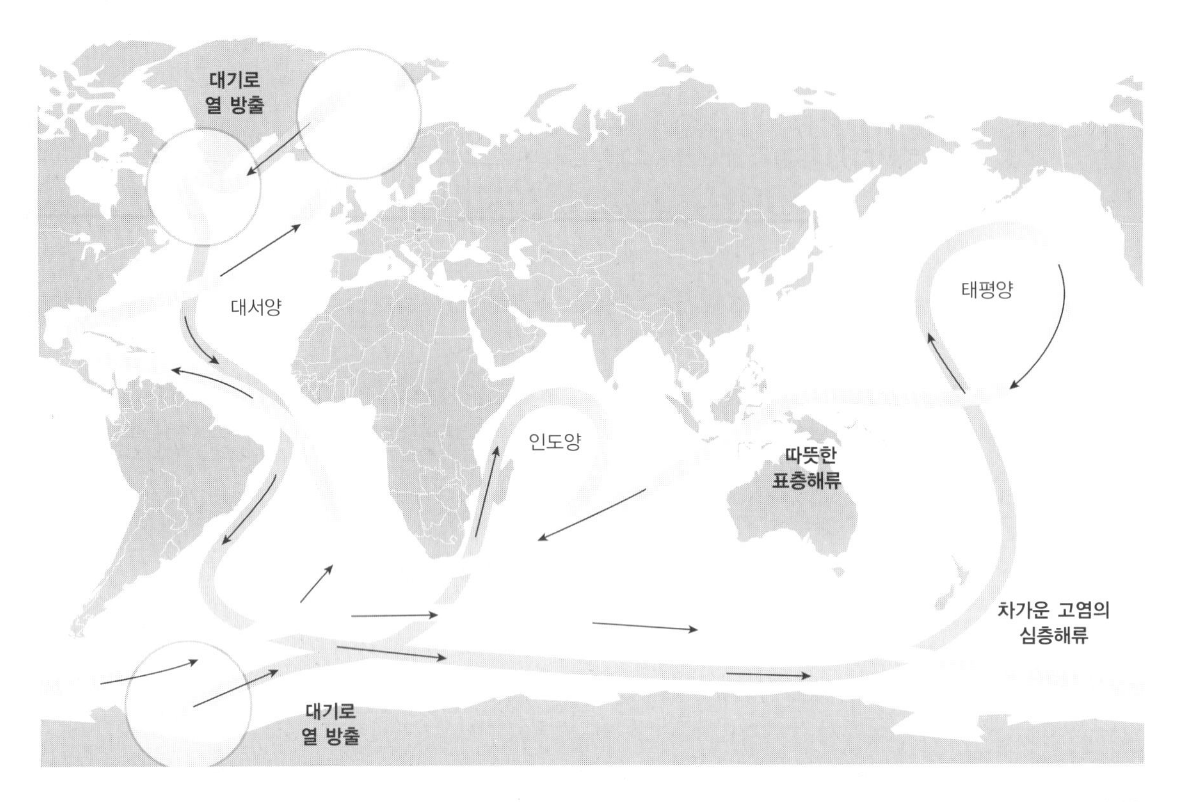

그림 1.14 지구의 열염 순환. 심층수 순환(짙은 선)은 북대서양 심층수, 즉 NADW의 침강에서 비롯된다. NADW는 노르웨이해에서 침강을 시작하는 표층수에 더해 그 옆의 래브라도만에서 가라앉는 물이 합쳐진 결과이다. 이 두 해역은 침강수의 냉각에 의한 대기 방향으로의 열 방출이 많이 발생하는 곳으로도 유명하다. 이렇게 힘이 강화된 해류는 깊은 수심에서 대양분지의 서쪽 언저리를 따라 남하하면서 남대서양으로 흘러간 뒤 웨델해에서 침강하는 남극 저층수와 만나게 된다(해수의 냉각에 의해 또 다른 '열원'이 됨). 이어서 이 심층수는 인도양과 태평양의 심해로 흘러간다. 모든 대양은 용승에 의해 표층수의 보충이 이루어진다. 그뿐만 아니라, (그림에서 옅은 선으로 표현된) 수온약층에서의 온수의 회귀 순환에 의해서도 북대서양의 표층수가 채워진다. 또한 남미대륙 남쪽의 드레이크해협을 통과하여 대서양으로 되돌아오는 해류(return circulation)도 표층수를 보충하는 역할을 한다.
출처 : Intergovernmental Panel on Climate Change (IPCC) 2001.

로는 북대서양 심층수와 합류하여 남쪽으로 향한다(Gordon 1986).

그림 1.14에 묘사된 대양 전반에 걸친 해류의 횡적인 이동을 보여주는 심층수 순환은 스토멜(Stommel)에 의해 1958년에 처음 제안되었다(이런 심층수 순환은 실제의 관측에 의해 완전하게 파악된 것이라기보다는 주로 이론적인 모델링에 근거한 학설로 이해되어야 한다). 북대서양 심층수는 발원지에서 침강한 뒤 강력한 심층해류가 되어 북대서양의 서쪽 해안을 따라 남진을 계속한다. 이 심층수는 대서양의 남쪽 해역에서 세차게 북진하는 남극 저층수와 마주치게 되면서 이 두 해류가 합류하여 동진을 시작한다. 그리고 이 심층해류는 남극해를 통과한 뒤 인도양 및 태평양의 심해로 흘러간다(Gordon 1986, Warren 1981). 결국 심층수의 발원지는 지구상에 단지 두 곳뿐인데, 이 두 해역 모두 대서양에 위치한다는 점이 특이하다.

대기와 맞닿은 해수의 경우 화학 조성이 변화될 수 있다(제8장 참조). 그러나 열염 순환에 합류된 심층수는 오랜 기간 대기와의 접촉이 제한된다. 심층수의 체류시간(즉 대기와의 접촉이 막히는 평균시간)은 대서양의 경우는 약 200~500년이고, 태평양의 경우는 1,000~2,000년에 달한다.

해저를 횡단하는 심층수는 (1 m/yr 정도에 불과한 매우 느린 속도로) 서서히 위로 상승한다. 이런 느린 속도이지만 광범위한 용승에 더해, 국소적이긴 하나 훨씬 힘찬 용승이 연안 및 먼 바다에서 드물지 않게 발생한다는 사실은 이미 앞에서 살펴본 바 있다. 용승 이외에도, 북대서양 심층수의 생성에 필요한 새로운 표층수의 직접적인 공급원이 두 가지 더 존재한다. 즉, 남미대륙의 밑에 위치한 드레이크해협을 통과해 남대서양으로 유입되는 차가운 표층해류 및 수온약층의 수심을 따라 북대서양으로 유입되는 따듯한 해류를 말한다(이 해류는 그림 1.14에 옅은 선으로 표현되어 있다).

기후에 지대한 영향을 미치는 북대서양의 열염 순환 및 북대서양 심층수(NADW)의 생성 속도는 상당한 주목의 대상이 되어왔다. NADW 생성 과정의 변화가 지난 18,000년 동안 벌어진 급격한 기후 변화의 원인일 수 있다는 학설도 있으며(예 : Street-Perrott and Perrott 1990), 제2장에 거론될 온실기체에 의한 지구 온도의 상승이 향후의 NADW의 생성 속도를 변화시킬 수도 있다는 주장도 존재한다(예 : Gates et al. 1992, Broecker 1987). 온실기체에 의한 온도 상승에 의해 NADW의 생성 속도가 느려질 수 있고, 그 결과로 남쪽에서 올라오는 표층해류의 유입이 감소하는 동시에 향후 고위도 북대서양의 온실온난화에 대한 반응이 지체될 수 있다(Manabe et al. 1991). NADW의 생성은 표층수의 온도 및 염도의 변화에 민감하게 반응한다. 그런데 이 해역에서의 염도 변화는 주변의 얼음이 녹으면서 추가되는 담수(Street-Perrott and Perrott 1990) 또는 해류의 변화에서 비롯된다(Shaffer and Bendtsen 1994). Lozier 등(2010)은 바람 또는 와동(oceanic eddy circulation) 등의 자연적인 변동에 의해서도 열염 순환이 영향을 받는다는 점을 강조한 바 있다.

CHAPTER

2

대기화학 : 온실효과와 오존홀

전 지구적인 주요 환경문제를 논의하고 빗물의 화학 과정을 올바로 이해하기 위해서는 공기의 화학적 성질의 여러 측면을 탐구할 필요가 있다. 공기는 다양한 기체와 부유입자의 혼합체이고 최근 수십 년간 인간 활동은 공기의 조성을 교란하여왔다. 이러한 교란으로 인해 온실효과, 오존홀, 입자층에 의한 태양빛의 산란으로 인한 냉각과 온난화 등과 같은 환경문제가 발생하고 따라서 이러한 주제에 대한 논의가 이어져 왔다. 이 장에서는 이 책의 일반적인 접근 방식에 따라 전 지구적 또는 큰 규모의 지역적 문제들을 중심으로 살펴보고자 한다.

대기의 기체

공기는 전체 부피의 99.9%가 질소, 산소, 아르곤의 세 가지 기체로 구성된다. 이들 주요 기체는 대기에서의 체류시간이 매우 길기 때문에 다양한 불활성 기체(헬륨, 네온, 크립톤 등)와 함께 전체 대기층에서 서로 일정한 비율로 존재하고 이 비율은 인류 역사의 시간 스케일 동안 일정하게 유지된다. 그러나 자연 현상이나 인간 활동에 의해 대기 중으로 방출되는 다른 기체들은 방출되는 속도에 따라 구성 비율의 변화가 발생하는데, 특히 인간 활동에 의한 배출은 지역 및 전 세계적으로 대기 중 농도 변동에 중요한 영향을 끼친다. 주요한 한 예는 화석연료 사용으로 인해 지난 세기에 걸쳐 발생한 CO_2의 증가이다. 이 주제는 이 장의 뒷부분에서 상세히 다루고 있다. 공기를 구성하는 주요 기체들의 농도는 표 2.1에 제시되어 있다.

대기를 구성하는 주요한 두 가지 기체인 N_2와 O_2는 매우 긴 대기 중 체류시간으로 인해서 인류 역사의 시간 스케일 내에서 인간 활동에 의해 영향을 받지 않는다. 예를 들면, 대기로부터 모든 O_2를 제거하기 위해서는 현재의 연료 사용률을 가정했을 때 80,000년 이상 화석연료를 태워야 한다. 더 큰 규모에서 보면 자연적인 과정인 전 지구적 광합성(O_2 생성)과 호흡(O_2 소모)은 거의 완전하게 균형을 이룬다(0.4%의 차이 내에서). 만약 인간 활동이 광합성을 완전히 중지시키고 현재와 같은 속도로 호흡만이 지속된다면(이는 극단적이고 매우 비현실적인 시나리오지만) 대기에서 모든 O_2를 소비하기 위해서는 역시 80,000년 이상이 걸릴 것으로 예상된다. 이와 유사하게, 전 지구적 탈질화 과정(denitrification)으로 인한 N_2의 생성(제3장 참조)이 내일부터 멈추고 질소 고정(nitrogen fixation, 제3장 참조)이 현재와 같은 속도로 진행된다면 대기에서 모든 N_2를 제거하는 데 9,000,000년 이상이 소요될 것이다.

대기 중에서 상대적으로 미량으로 존재하지만 인간 활동에 의해 직접적인 영향을 받는 기체들은 이산화탄소(CO_2), 메탄(CH_4), 아산화질소(N_2O), 암모니아(NH_3), 오존(O_3), 일산화탄소(CO), 이산화황(SO_2), 산화질소(NO_x로 표시하는 NO_2 + NO의 집합체) 등이다. 이들 기체는 모두 인간 활동의 결과로 대기 중 농도가 증가하여왔다. 또한 이들 기체 중 이산화탄소, 메탄, 아산화질소는 (대기 중 체류시간은 수년의 규모로) 가장 오랜 체류시간을 가지기 때문에 임의의 순간에는 농도가 전 지구적 공간에 대해서 상대적으로 균일하다. 또한 이산화탄소, 메탄, 아산화질소는 온실효과에 기여하는 기체들이기 때문에(제1장 참조) 이 장에서는 이들 기체에 초점을 맞춘다. SO_2, NO_2, NH_3는 특히 산성비와 같이 빗물의 조성에 영향을 주기 때문에 황과 질소 대기 순환의 관점에서 제3장에서 다룬다.

중요한 대기 기체인 수증기는 표 2.1에서 빠져 있는데 이는 수증기의 농도가 0.01% 이하에

표 2.1 해수면 고도에서 대기 구성 기체의 농도

기체	대기 중 부피 %
질소(N_2)	78.084
산소(O_2)	20.942
아르곤(Ar)	0.934
이산화탄소(CO_2)	0.039
네온(Ne)	0.0018
헬륨(He)	0.0005
메탄(CH_4)	≈ 0.0002
이산화황(SO_2)	0~0.0001
크립톤(Kr)	0.0001
수소(H_2)	≈ 0.00005
아산화질소(N_2O)	≈ 0.00003
일산화탄소(CO)	≈ 0.00001
이산화질소(NO_2)	0~0.000002
암모니아(NH_3)	≈ 0.000001
오존(O_3)	0~0.000001

출처 : Turekian(1972)과 Walker(1977)로부터 수정. CO_2는 2010년 기준으로 갱신(Tans, P. 2010, www.esrl.noaa.gov/gmd/ccgg/trends); O_2는 2010년 기준으로 갱신; N_2O 319 ppb(2005); CH_4 1,774 ppb(2005).

서 3.0%까지 시간적, 공간적으로 모두 매우 변동이 크기 때문이다. 수증기는 전 지구적 에너지 순환에 주는 영향으로 제1장에서, 빗물 형성에 미치는 영향으로 제3장에서 광범위하게 논의되는 주제이므로 이 장에서는 온실기체로서의 영향에 대해 간략히 다룬다.

이산화탄소

현재와 미래의 CO_2, 지표면 탄소 순환

이산화탄소는 대기에서 네 번째로 풍부한 기체이지만 전체 대기 부피의 0.039% 정도만을 차지한다(표 2.1). CO_2는 다음의 두 가지 이유로 중요하다. 첫째는 지구에서 방출하는 적외선(장파) 복사를 강하게 흡수하여 다시 지구로 재복사함으로써 지구 표면의 온도를 유지하는 데 도움을 주는 것이고(온실효과 – 제1장 참조), 둘째는 생명과 지구의 생지화학 순환에서 지배적인 원소인 탄소의 원천이기 때문이다.

1958년부터 하와이의 마우나로아 관측소(Mauna Loa Observatory)에서 대기 중의 CO_2 농도를 관측하여왔다. 대기 중의 CO_2 농도는 약 6 ppm 정도의 진폭을 가지는 뚜렷한 연중 진동을 보이는데, 이는 봄과 여름에는 과잉 광합성으로 인한 식물의 CO_2 흡수가 우세하고 가을과 겨울에는 과잉 호흡으로 인한 CO_2 방출이 우세한 육상 생물학적 순환의 결과이다. (북반구에 육지가 더 많고 따라서 육상 생물권이 더 크기 때문에 계절적 농도 변동 폭은 남반구보다 북반구에서 더 크게 나타난다.) 그림 2.1을 보면, 북반구에서의 이러한 연중 농도 진동에 더하여 연평균 농도가 1958년의 315 ppm에서 2010년의 389 ppm까지 증가한 양상이 뚜렷하게 나타난다. 특히, CO_2의 농도는 과거보다 최근 10년간의 증가 속도가 더욱 빨라졌다(1960~2005년의 연평균 증가 속도 1.4 ppm/yr 대비 1995~2005년까지의 평균 증가 속도는 1.9 ppm/yr)(Forster et al. 2007). 마우나로아에서의 2000~2009년 평균 증가 속도는 약 2.0 ppm/yr이었다. 많은 다른 해양 측정지점에서의 CO_2 농도는 마우나로아에서의 측정값과 일치하는 결과를 보인다.

그림 2.2(Forster et al. 2007)는 대기 중 CO_2 증가와 화석연료 연소의 증가, 대기 중 O_2 및 $^{13}C/^{12}C$ 비율의 감소 사이의 연관성을 잘 보여준다. 그림 2.2a는 하와이와 뉴질랜드에서의 CO_2 농도 증가를 보여준다. CO_2의 증가는 주로 화석연료(석탄과 석유)의 연소에 의한 CO_2 배출이 주요한 원인이다. 시멘트 생산도 CO_2를 배출하지만 그 양은 훨씬 적다. 1970~2005년 기간의 화석연료 연소와 시멘트 생산의 합산 기여도 추정값은 그림 2.2b에서 보여주고 있다. 전 지구적인 CO_2 배출은 2000년 이후 급격하게 가속되었다. 1990년대의 배출 증가 속도는 1.1%/yr이었는데 2000~2006년 기간에는 연간 3.3%로 증가하였다. 2008년까지 화석연료에 의한 배출은 평균 8.7±0.5 Gt-C/yr(Le Quéré et al. 2009)이었는데, 2007년에 비해서는 2%가, 2000년에 비해서는 29%가 증가한 값이다. 이러한 CO_2 배출 증가는 세계 경제의 성

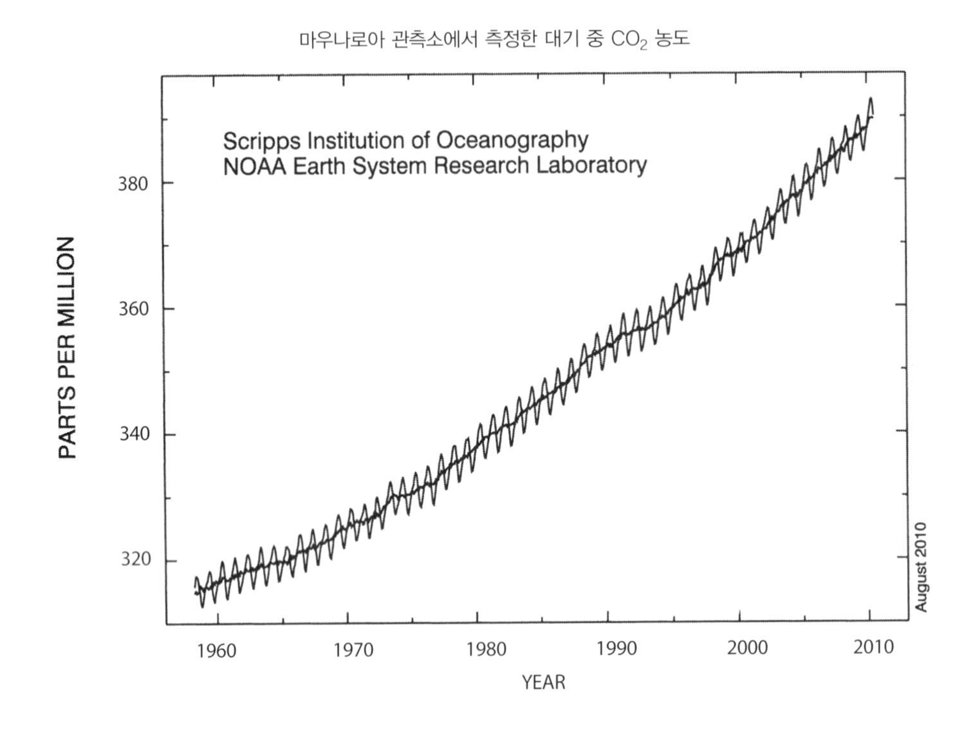

그림 2.1 1958~2010년까지 하와이 마우나로아에서의 월평균 대기 중 CO_2 농도. 농도의 연중 진동은 주로 북반구에서 식물의 광합성과 호흡의 연중 순환에 의해 설명될 수 있다(주의 : 1 ppm CO_2 = 2 Gt-C이고 1 Gt-C = 10^9 tons C이다). 이 측정은 1958년 3월 NOAA 시설을 이용하여 스크립스 해양연구소의 C. D. Keeling 교수에 의해 처음으로 시작되었다. NOAA는 1974년 5월 이후 스크립스 연구소에서 수행하는 측정과 병행하여 자체 측정을 시작하였다.

출처 : Pieter Tans 2010, NOAA/ESRL, www.esrl.noaa.gov/gmd/ccgg/trends/co2_data_mlo.html.

장과 단위 에너지 사용당 더 많은 탄소 사용(이를 **탄소집약도**라고 한다)이 원인이다(Canadell et al. 2007a; Raupach et al. 2007). 대부분의 화석연료 배출이 북반구에서 발생하기 때문에 남북간의 대기 중 CO_2 농도 구배(gradient)가 나타나며 이는 화석연료 배출과 상관성을 보인다.

화석연료의 CO_2 배출량 증가와 함께 최대 연료 배출원도 석유에서 석탄으로 변화하였다. 석탄의 전체 CO_2 배출량 기여도는 1990~2000년 기간 동안 37%에서 2008년에는 40%로 증가한 반면, 석유는 41%(1990~2000년 기간)에서 2000년에 36%로 감소하였다(Le Quéré et al. 2009). 거의 모든 석탄(93%)은 전력 발전에 사용된 반면, 대부분의 석유(72%)는 교통과 운송부문에서 사용된다(U.S. Energy Inforamtion Administration, 2009). 석탄은 석유보다 단위 에너지 사용당 더 많은 CO_2를 생산한다.

인간에 의한 토지 사용(토지피복)의 변화, 산림 벌채, 식물에 저장되어 있는 유기탄소의 산화 또는 연소 역시 인위적인 CO_2 배출의 원인이다. 2000~2008년 사이에 토지 사용의 변화에 의한 순 CO_2 배출 속도는 1.4±0.7 Gt-C/yr이었고 이는 주로 열대우림 지역에 의한 영향이었다. 2008년까지 토지 사용 변화에 의한 배출 속도는 1.2 Gt-C/yr로 거의 일정하였다(Le Quéré et al. 2009).

그림 2.2a는 대기 중 산소 농도의 변화 양상을 함께 보여주고 있다. O_2와 CO_2는 광합성 때문에 상호 간 밀접한 연관성이 있는데, 이는 광합성이 대기 중의 CO_2를 제거하면서 O_2를 만들기 때문이다. 또한 화석연료 연소는 산소를 소비하여 대기 중의 산소를 제거하는 한편 CO_2를 배출한다. 따라서 대기 중 O_2 농도는 화석연료 연소로 인해 CO_2 농도가 증가함에 따라 감소하여왔다. 그러나 Manning과 Keeling(2006)은 O_2 농도가 CO_2 농도의 증가 속도보다 더 빠른 속도로 감소하고 있음을 보였고, 이는 화석연료 사용으로 배출된 CO_2를 해양이 제거하고 있음(oceanic sink)을 나타낸다. 그림 2.2b는 대기 중 CO_2에서의 $^{13}C/^{12}C$ 비율이 화석연료 배출이 증가함에 따라 더욱 감소하고 있음을 보여준다. 화석연료 배출에서의 $^{13}C/^{12}C$ 동위원소 비는 자연적으로 현재 존재하는 대기 중 CO_2가 갖는 값보다 매우 작기 때문에 $^{13}C/^{12}C$ 동위원소비의 감소는 화석연료 배출의 증가와 관련이 있다.

그림 2.3은 주로 화석연료 연소로 인해 발생한 지표면 탄소 순환의 교란을 요약하여 보여준다. 자연적인 지표면 탄소 순환은 광합성, 호흡, 토양에 의한 배출 및 흡수, 강을 통한 바다로의 탄소 수송, 그리고 바다와 대기의 CO_2 교환 등으로 이루어진다. 2000~2008년 평균값으로 살펴보면, 화석연료 연소로 인한 탄소배출은 7.7±0.5 Gt-C/yr(Le Quéré et al. 2009)이고 토지 사용 변화에 기인한 배출량 1.4 Gt-C/yr을 더한 2008년 연간 총 CO_2 배출량은 9.1 Gt-C/yr이다.

대기 중에 남아 있는 CO_2 중 인간의 화석연료 사용과 시멘트 생산에 기인한 CO_2의 분율을 CO_2의 공기 중 분율(airborne fraction)이라고 한다. 1959~2008년 사이에 평균적으로 매년 전체 인위적인 CO_2 배출(화석연료 + 토지 사용 변화)의 43%가 대기에 남았다(Le Quéré et al. 2009). 그러나 이 분율은 매년 변화가 크다. 최근 50년간, CO_2의 공기 중 분율은 40%에서 45%로 증가하였는데 이는 탄소 흡수원(sink)에 의한 CO_2 흡수가 감소하였기 때문이다.

탄소 순환의 정량화가 비교적 잘 이루어진 1990년대에는 화석연료의 공기 중 분율이 약 45%였다(표 2.2 참조). Takahashi(2014)에 의하면 산업화 시작(약 1750년 또는 1800년, CO_2 농도 280 ppm) 이후부터 2004년(CO_2 농도 380 ppm)까지 대기 중 CO_2는 화석연료로 인한 CO_2 배출로 추정한 값의 약 50%만 증가하였다(CO_2 1 ppm 증가는 2.12 Gt-C/yr의 배출량과 동일). 이는 화석연료 사용으로 배출된 CO_2의 약 50%가 대기가 아닌 다른 곳에 저장되었다는 것을 의미하는데 이를 '실종된 CO_2'라고 부른다(여기서는 화석연료에 의한 CO_2만을 다루고 토지 사용 변화에 의한 인위적인 CO_2 배출은 뒤에서 다룬다). 최근 대기 중 CO_2의 증가는 대부분 화석연료 배출량의 증가 때문이다(표 2.2 참조).

실종된 CO_2를 흡수할 수 있는 주요한 두 저장소가 있는데 모두 대기보다 저장소 크기가 크고 수년에서 수백 년의 시간 규모로 빠르게 대기와 CO_2를 교환한다. 이는 바로 해양과 토양을

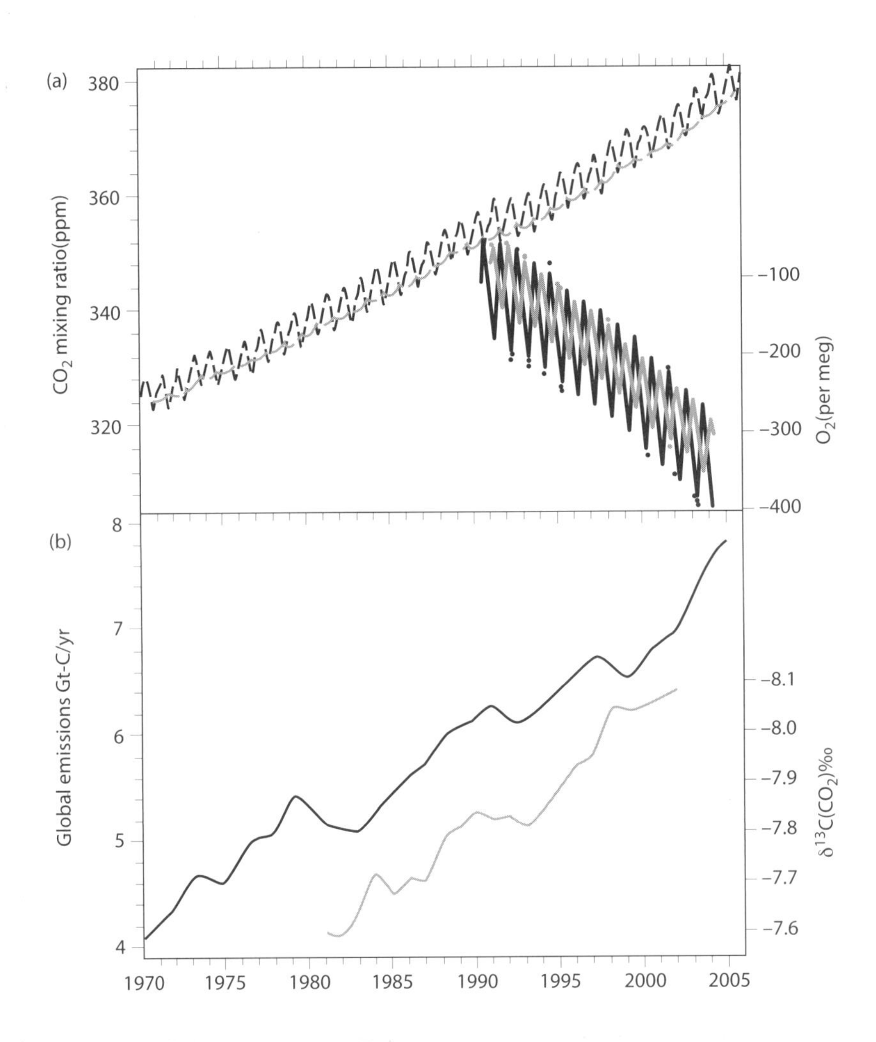

그림 2.2 1970~2005년 동안의 CO_2 농도와 배출. (a) 왼쪽 y축 : 하와이 마우나로아(19° N; Keeling and Whorf 2005; 검은 점선)와 뉴질랜드 베링헤드(41° S; Manning et al. 1997의 방법을 따른 결과; 회색 점선)에서의 월평균 CO_2 농도. 오른쪽 y축 : 대기 중 O_2 농도 per meg[100만분의 1 기준(part-per-million)의 O_2/N_2 표준으로부터의 편차로 유도된 농도]를 의미하며 측정지는 캐나다 앨러트(82° N; 두꺼운 검은 선)와 오스트레일리아의 케이프그림(Manning and Keeling 2006; 두꺼운 회색 선).
(b) 왼쪽 y축(검은 선) : 화석연료 연소와 시멘트 생산에 의한 지구 평균 CO_2 연간 배출량(기가 톤/년; Gt$=10^{15}$ tons). 2003년까지의 자료 출처는 CDIAC 웹사이트(Marland et al. 2006)이고 2004년과 2005년 배출량은 World Energy의 BP Statistical Review(BP 2006) 자료를 이용하여 CDIAC 자료의 외삽으로 계산. 오른쪽 y축(회색선) : 1981~2002년 동안 마우나로아에서 포집한 CO_2에서 측정된 연평균 $^{13}C/^{12}C$ 동위원소 비(Keeling et al. 2005). 동위원소 자료는 교정 표준으로부터의 편차 $\delta^{13}C(CO_2)$(per mil)로 표현.

출처 : Forster et al. 2007의 그림 2.3a와 2.3b에서 차용(Climate Change 2007. The Physical Science Basis. Working Group I Contribution to the Fourth Assessment Report of the Intergovernmental Panel on Climate Change, Cambridge University Press. p. 138)

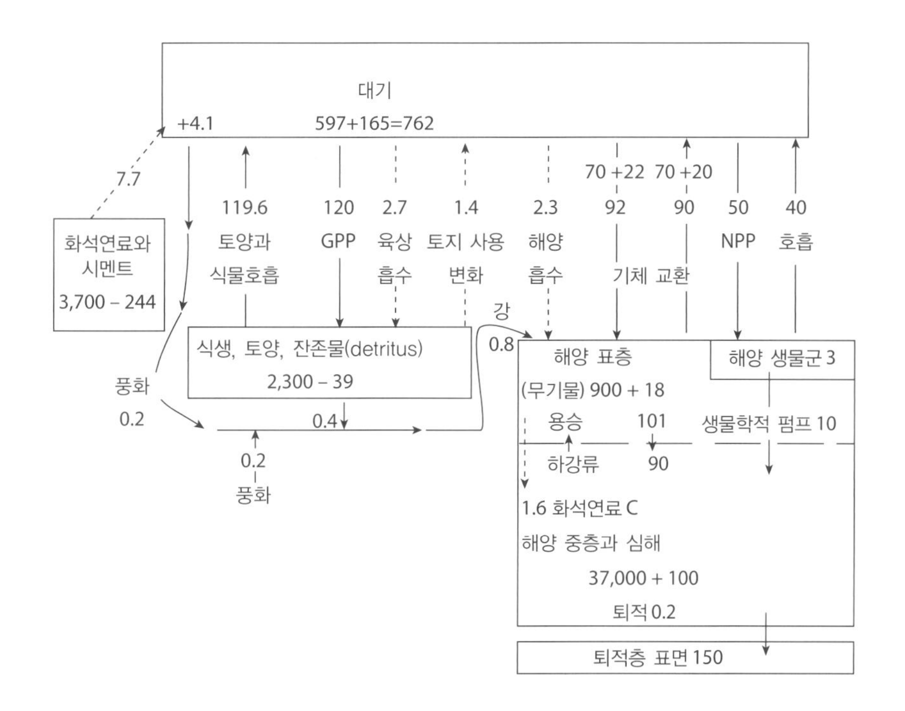

그림 2.3 지표면 탄소 순환. 각 저장소는 10^{15}g-C = 10^{9}t-C = 1 Gt-C의 단위를 가지고 각 저장소들 사이의 플럭스(flux)는 Gt-C/yr의 단위를 가짐(점선 화살표로 표현한 플럭스는 인간 활동에 의한 연간 플럭스, 실선 화살표는 자연적 플럭스를 나타냄. 1Gt-C = 1 Pg-C). 각 저장소 안의 첫 번째 숫자는 인류 출현 전의 저장소 크기를 나타내고 두 번째 숫자는 인간에 의해 변화한 저장소 크기를 의미함. 대기 저장소에서 +4.1은 대기에서의 연간 저장(storage)을 나타냄. 저장소로 들어가거나 빠져나가는 인위적인 탄소의 연간 플럭스는 Le Quéré(2009)의 결과이고(표 2.2 참조) 2000~2008년 기간의 평균값임. 저장소 크기와 변화량 및 자연적 플럭스는 Denman 등(2007)의 그림 7.3(p. 515)에 제시된 결과임. 보다 자세한 결과는 위의 참고문헌을 참조. 대기 저장소는 대기 중 농도 385 ppm에 상응하는 크기임(1 ppm CO_2 = 2 Gt-C). 해양과 대기의 C(탄소) 순환에서 기체 교환(gas exchange, 자연적과 인위적의 합)과 NPP(net primary productivity, 순 일차생산) 플럭스는 Bishop(2009)의 결과임. GPP = gross primary terrestrial productivity(육상 총일차생산).

포함한 육상 생물권이다. 그림 2.3에 나타나 있듯이 대기와 함께 이들 저장소는 지표에서의 탄소 순환에 포함되어 있고 인류 역사의 시간 규모로 작동한다(Berner 2004). 탄산염 암석과 매장되어 있는 유기물은 훨씬 큰 탄소 저장소이지만 지질학적 시간 규모에서 중요하고 이들로부터의 플럭스는 매우 느려서 인류의 시간 규모에서는 중요하지 않다. 하지만 이들은 지질학적 시간 규모에서 CO_2가 어떻게 변하여왔는지를 규명하는 데에는 중요하기 때문에 장기간의 지질학적 탄소 순환을 설명하는 다음 절에서 다룰 것이다.

해양은 빠르게 CO_2를 교환하는 저장소들 중에서 가장 큰 저장소이고 화석연료에서 배출되는 CO_2 탄소(CO_2-C)의 실종된 CO_2 대부분이 해양에 저장되는 것으로 추정된다. 해양에서 탄소는 주로 용존 중탄산염 이온(bicarbonate ion, HCO_3^-)과 탄산염 이온(carbonate ion,

CO_3^{2-})의 형태인 무기탄소로 존재한다. 대기 중 CO_2가 해수면으로 유입되면 다음과 같은 반응이 발생한다.

$$CO_2 + CO_3^{2-} + H_2O \rightarrow 2HCO_3^-$$

따라서 대기 중 CO_2는 HCO_3^- 이온으로 변환되고 해양에 저장되며, CO_2를 흡수하는 해양의 역량은 이용 가능한 CO_3^{2-} 이온의 양에 의해 결정된다.

표층 해양(수심 75 m 이내)은 대기와의 CO_2 교환이 잘 이루어진다. 표층 밑에는 수온약층(thermocline, 1,000 m 두께)이 존재하고, 이 층에서는 대기 CO_2와의 교환이 수십 년의 시간 규모로 발생한다. 수온약층 밑에는 심해(deep sea)가 있고 이 층은 대기와 단절되어 있어서 대기 CO_2와의 교환이 수백 년에서 천 년 정도의 시간 규모로 매우 천천히 일어난다(Broecker et al. 1979; 제1장의 해양 구조 참조). 따라서 수십 년의 시간 규모에서는 단지 표층 해양(일부 특정 해역에서는 1,000 m까지 확장)에서 대기 중 CO_2를 흡수한다. 극지방의 표층 해수에 녹은 CO_2는 침강해서 심해수가 되어(deep sea formation) 심해로 직접 이동하기도 한다.

과잉 이산화탄소(excess CO_2)가 해양에 저장되는 또 다른 방법은 **생물학적 펌프**(biological pump)로 알려져 있다(Sarmiento 1993a; Bishop 2009). 이는 표층 해양의 식물 플랑크톤이 광합성을 하면서 CO_2를 흡수하는 것을 의미한다. 플랑크톤이 죽으면 잔해의 일부가 침강하여 심해로 이동하고 이곳에서 다시 CO_2로 분해된다. 이 CO_2는 대기와의 빠른 교환이 발생하지 않는 심해에 녹아 있게 된다. 결과적으로 생물학적 펌프는 대기에서 심층 해양으로의 순 CO_2 수송을 초래한다. 생물학적 펌프에 의한 수송은 생물학적 생산이 강하게 발생하는 연안에서도 일어날 수 있으며 이를 통해 유기탄소가 대륙붕에서 보다 깊은 바다로 수송된다. 해양 유기물의 생산은 CO_2보다는 영양염의 이용 가능성에 의해 영향을 받기 때문에(제8장 참조), 대기 중 CO_2 증가가 필연적으로 생물학적 펌프에 의한 CO_2 수송 속도의 증가를 의미하지는 않는다. 생물학적 펌프 속도를 증가하고 화석연료 연소에 의해 발생한 과잉 CO_2의 해양 수용성을 높이기 위한 수단으로 추가적인 영양염, 특히 철을 남극해에 인위적으로 공급하는 것이 제안된 적도 있지만(Martin et al. 1990), 이 제안은 논란의 여지가 있는 것으로 판명되었다.

인위적인 CO_2 흡수의 증가는 해양 산성도를 증가시키고 높아진 산성도가 생물학적 펌프의 효율성을 감소시킬 수 있다. 입자상 $CaCO_3$(특히 cocoliths)는 입자상 유기탄소의 침강속도를 증가시키는 바닥짐(ballast)으로 작용한다. $CaCO_3$가 적으면 입자상 유기탄소(예를 들면 죽은 플랑크톤의 잔해)가 더 천천히 침강하기 때문에서 입자상 유기탄소에서 용존 무기탄소로의 전환이 더 얕은 바다에서 발생한다. 이로 인해서 생물학적 펌프가 느려지고 표층 해수의 CO_2 농도를 증가시킨다. 만약 CO_2가 표층으로 더 빨리 되돌아가면 대기로부터 CO_2를 흡수하는 해양의 역량이 감소한다. 산성도가 높아지면 탄산칼슘(calcium carbonate, $CaCO_3$)의 형성을 느리게 할 수도 있고 그렇지 않을 수도 있기 때문에 표층에서 증가한 CO_2가 생물학적 펌프에 미치는 전체적인 영향은 아직 확립되어 있지 않다(Bishop 2009).

표 2.2 연간 평균 인위적 탄소 순환 플럭스(Gt-C/yr)(Pg-C/yr)

	2008년	2000~2008년 평균	1990~2000년 평균
배출원			
화석연료 및 성분	8.7±0.5	7.7±0.5	6.4±0.4
토지이용 변화	1.2	1.4±0.7	1.6±0.7
총량	9.9±0.9	9.1	8.0
흡수원			
대기	3.9[a]	4.1±0.1	3.1±0.1
해양	2.3	2.3±0.5	2.2±0.4
대륙	4.7	2.7±1.0	2.6±0.9
총량	10.9	9.1	7.9

출처 : 2008년 결과는 Le Quéré et al.(2009), 2000~2008년 결과는 Le Quéré(2009), 1990~2000년 결과는 Denman et al.(2007).
주의 : 화석연료와 토지이용 변화로 인한 배출은 경제와 산림파괴(deforestation) 통계에 기반. 대기 중 CO_2는 측정 결과. 육지와 해양의 흡수는 1990~2000년 관측에 기반하여 추정하였고, 2000~2008년 해양의 흡수는 다수의 모델 결과 평균값을 사용하고 동 기간 육상의 CO_2 흡수는 질량 균형을 맞추도록 추정. 2008년 플럭스는 독립적으로 추정하였고 질량 균형을 고려하지 않았음.
[a] 2008년 대기 중 CO_2 농도는 385 ppm으로, 인위적 배출로 1.8 ppm 증가.

해양 생물의 광합성으로 인해 대기에서 제거된 CO_2 중 일부는 최종적으로 해저 퇴적물에 퇴적된다. 그러나 퇴적된 CO_2의 대부분은 유기체의 부패 과정에서 빠르게 방출되고 매우 적은 양만이 궁극적으로 매장됨으로써 해양-대기 시스템으로부터 영구적으로 제거된다. 계산에 따르면 퇴적물 매장은 아마도 인위적인 CO_2를 제거하는 주요한 기작은 아닌 것으로 보인다(Berner 1982).

전 지구적으로 해양이 연간 흡수하는 인위적인 CO_2의 평균 추정값은 2000~2008년 동안 2.3±0.5 Gt-C/yr이다(Le Quéré 2009)(표 2.2 참조). 해양에 의한 CO_2 흡수 추정값들은 방법에 따라 다양한 불확실성을 갖고 있는 여러 방법들을 사용해도 상당한 일관성이 있다. 해양에 의한 CO_2 흡수를 추정한 방법들은 O_2/N_2 비율에 기반한 방법(Manning and Keeling 2006), 해수의 연령과 대기 CO_2 기록에 따른 염화불화탄소 측정에 기반한 방법(McNeil et al. 2003), 10개의 해양 일반 순환 모델로부터 얻은 해양 순환과 혼합에 관한 정보와 해양에서의 인위적 CO_2 추정에 기반한 방법(Mikaloff Fletcher et al. 2006), 결합 해양-대기 역전(joint ocean-atmosphere inversion), 해양 표층의 pCO_2와 기체 교환(Takahashi et al. 2002), 해수의 $^{13}C/^{12}C$ 비율 변화(Quay et al. 2003) 등이 있다. Canadell 등(2007a)은 해양 일반 순환 모델과 기후와 CO_2 농도 측정값을 사용한 생지화학 모델을 결합하여 1959~2006년 동안 해양의 CO_2 흡수를 추정하였고, 그 결과로 연간 해양의 CO_2 흡수량을 2.2±0.4 Gt-C/yr으로 제시하였다.

양의 되먹임(positive feedback) 작용으로 인해 해양이 인위적 CO_2를 흡수하는 효율성을 감소시킬 수 있다는 우려가 있다. 대기 중 CO_2 증가로 인해서 해양 표층에서 용해된 CO_2가 증가하면 해수 중 탄산염 농도가 감소함과 동시에 pH가 감소하게 된다(해양 산성화). 해양의 pH

는 1750년 이후로 약 0.1정도 감소하였다(Denman et al. 2007)(제8장 참조). 탄산염이 감소하면 완충 효과(buffering)가 줄어들어 해양의 CO_2 흡수가 감소할 수 있다. 또한 해양 산성화는 해양 생물에 영향을 미친다. 산성화는 많은 해양 생물의 패각(shell)을 형성하는 아라고나이트(aragonite)와 방해석(calcite)의 침전을 어렵게 만든다. 예를 들면, 바다가 더 산성이 되면(탄산염의 농도가 낮아지면) 산호초를 형성하는 산호는 껍질을 만들기 어려워지고 해저에서 탄산칼슘의 용해가 증가하게 된다(Feely et al. 2004).

더 따뜻한 기후에서는 해양 순환이 느려지고 이로 인해 인위적 CO_2를 포함하는 표층 해수의 수직적 침강 역시 느려지면서 표층수가 아직 인위적 CO_2와 접촉하지 않은 바닷물로 대체되는 속도가 감소할 수 있다. 이 역시 인위적 CO_2의 해양 흡수를 감소시킨다.

얼마나 많은 인위적 CO_2-C가 궁극적으로 해양에 의해 흡수될까? 인간은 1850~2006년 동안 화석연료와 시멘트 생산을 통해 이미 약 330 Gt-C를 배출하였다(Canadell et al. 2007a). IPCC business-as-usual 시나리오(Nakicenovic et al. 2000)는 2100년까지 화석연료와 산림파괴에 의해 약 1,600 Gt-C를 배출할 것으로 추정한다. 에너지 생산에 사용할 수 있는 화석연료 탄소는 약 5,000 Gt-C 정도로 여겨진다. 이 중 대부분이 석탄이고 석유(250 Gt-C)와 천연가스(200 Gt-C)가 일부 포함되며 이것은 향후 수 세기에 걸쳐서 배출될 것으로 예상된다(Rogner 1997). 일부 모델은 육상 생물계가 2100년 이후로는 더 이상 CO_2의 흡수원으로 작용하지 않을 것이고 오히려 1,000 Gt-C를 배출할 것으로 예상한다(Cox et al. 2000). Denman 등(2007)은 대기 중 CO_2 증가분의 약 50%가 30년 안에 해양에 의해 제거될 것이고 추가적으로 30%가 수 세기 안에 제거될 것으로 추정한다. Archer(2005)는 해양과 해저 탄소 순환 모델을 이용하여 대기와 해양 사이의 평형에 도달하는 300년 후까지는 탄소의 대부분이 해양에 흡수되지만, 그 이후로는 해양의 흡수가 감소할 것으로 추정되고, Archer는 또한 1,000년이 지나면 화석연료 배출의 규모에 따라서 화석연료로 배출된 탄소의 67~83%가 바다에, 나머지는 대기에 분포할 것으로 추정한다.

Sabine 등(2004)은 무기탄소 측정과 추적자 기반 기술에 근거하여 1800~1994년 기간 동안의 화석연료 배출 중 약 118 Gt-C가 바다에 저장되었음을 추정하였다(이는 화석연료 배출 약 244 Gt-C의 절반에 해당). 또한 이 118 Gt-C는 장기적으로 잠재적인 해양 저장능력(약 350 Gt-C)의 1/3에 해당하는 것으로 추정하였다.

바다 이외의 큰 탄소 저장소이자 가능성이 있는 CO_2 흡수원은 산림 및 육상 생물권(550 Gt-C)과 토양 및 생물 잔재(1,500 Gt-C)이다. 육상 생물권과 토양은 대기와 연간 100 Gt-C 정도의 탄소를 빠르게 교환하고, 이는 앞에서 언급한 대기 중 CO_2 농도의 연간 변동(계절적 변동)을 야기한다. 그러나 육상 생물권은 토지이용 변화 또는 산림파괴를 통한 CO_2-C의 배출원으로 작용하기도 하고 연료 배출 CO_2의 흡수원으로 작용하기도 한다.

산림파괴와 생물연소(biomass burning)(예 : 산불)를 포함한 토지이용 변화로부터 대기로 배출되는 탄소의 규모는 잘 알려져 있지 않다. 현재 토지이용 변화는 대부분 열대 지역에서 화전으로 인한 배출이 차지하고 있지만 이러한 정보는 아직 신뢰성이 높지 않다. 이러한 CO_2 배출은 2차적인 식생의 재성장과 토양 CO_2의 재건에 의한 CO_2 흡수에 의해 부분적으로 상쇄된다. Le Quéré 등(2009)은 토지이용 변화에 의한 순 CO_2 배출을 재추정하였다. 1990~2005년 기간의 연간 순 CO_2 배출의 평균값은 1.5±0.7 Gt-C/yr이고 이는 열대 지역의 산림파괴에 의한 영향이 지배적이다. 이 수치는 전체 인위적인 CO_2 배출의 20%에 해당한다. 2008년의 토지이용 변화에 의한 CO_2 배출은 1.2 Gt-C/yr으로, 화석연료 연소에 의한 CO_2 플럭스는 8.7 Gt-C/yr로 평가되었고, 토지이용 변화에 의한 배출은 전체 인위적 탄소 플럭스 9.9 Gt-C/yr의 12%를 차지한다. 토지이용 변화에 의한 배출은 지속적으로 증가하는 화석연료 배출에 비해 해마다 거의 일정하다. 토지이용 변화에 의한 배출량을 평가한 대부분의 다른 추정치(예 : Canadell et al. 2007a)도 이 추정치와 유사하다. 토지이용 변화에 의한 CO_2 배출은 미래에는 감소할 것으로 예측된다.

이제 표 2.2를 보면, 2008년 연간 화석연료 배출은 8.7 Gt-C/yr이고 토지이용 변화에 의한 배출은 1.2 Gt-C/yr로 전체 인위적 배출은 9.9 Gt-C/yr이다. 전체 연간 CO_2 제거량 10.9 Gt-C/yr 중에서, 대기는 3.9 Gt-C/yr, 해양은 2.3 Gt-C/yr, 육지 흡수원은 4.7 Gt-C/yr을 차지한다. 배출원과 흡수원이 독립적으로 산출되었기 때문에 배출과 흡수가 반드시 균형을 이루는 것은 아니다(즉, 배출원 + 흡수원이 0이 되지 않는다). 이는 다양한 추정 방법에서의 오차가 있기 때문이다. '잔차'는 여러 배출과 흡수의 합계와 0과의 차이를 의미한다. Le Quéré 등(2009)은 잔차가 '기후 변동성에 대한 육상 식생의 지역적인 반응'에 의해 야기된 토지이용 변화 배출의 이상(anomaly)에 기인한 것으로 믿으며, 이는 모델에서는 잘 포착되지 않는다.

열대 생물계(biomass)는 산림파괴(토지이용 변화)에 의한 탄소배출의 배출원이면서 동시에 교란되지 않은 열대 우림 지역에서는 상당한 탄소의 흡수원이다. Denman 등(2007)에 따르면, 열대 우림 지역에서의 탄소 흡수량 측정과 이를 전 세계적으로 외삽한 결과에 근거한 열대 생물계의 연간 흡수량은 1.2±0.4 Gt-C/yr이다. Lewis 등(2009)은 산림 인벤토리로부터 열대 우림에서의 연간 탄소 저장량을 1.3 Gt-C/yr로 추정하고 대기 중 CO_2의 증가로 인해서 열대 우림에서의 탄소 저장량이 증가하고 있음을 제시하였다. 북반구 산림의 연간 탄소 흡수 추정치는 1992~1996년 기간의 1.5 Gt-C/yr(Stephens et al. 2007)에서 1.7 Gt-C/yr(Denman et al. 2007)까지 다양하다. 북반구에서는 기존 농경지에서 산림으로의 전환이 증가하여왔으며, 새로 조성된 산림은 70년 미만의 연령을 가지기 때문에 지속적으로 생물량을 축적하고 있다. 북반구의 CO_2 흡수원에 열대 생물계를 추가하면 전체 육상 흡수원은 연간 2.7~3.0 Gt-C/yr이 된다. 이는 Le Quéré(2009)가 2000~2008년 기간에 대해 추정한 평균 2.7±1.0 Gt-C/yr에 비해 다소 많다. Stallard(1998)는 인공 저수지 퇴적물에서의 육상 탄소 흡수량을 0.6~1.5 Gt-C/yr로 추정하였고, 북방 한대 산림이 지구온난화로 인해 북쪽으로 확장하고 있어서 인위적 CO_2의 흡수원이 추가될 것으로 제시하였다.

육상 생물계의 흡수량은 다음과 같은 다양한 원인으로 인해 매년 변화한다.

(1) 기후 조건의 변화 : 적도 해류의 변화에 기인한 엘니뇨 등과 같은 전 지구적 기후 변화는 생물계의 흡수를 평균보다 적게 만들고 이는 대기 중 CO_2 농도를 약 1.0 ppm 높인다(Sarmiento 1993b).
(2) 화산 폭발 : 1991년 피나투보 화산 폭발은 북반구의 온도를 낮추었고 생물계의 호흡량을 줄이고 순 흡수량을 늘리게 되어 결과적으로 화산 폭발 2년 후에 대기 중 CO_2 농도가 1.5 ppm 감소하였다(Sarmiento 1993b).
(3) 가뭄 : 1998~2003년 북아메리카에서의 가뭄은 생물계 CO_2 흡수를 감소시켰다. 이 변화는 열대 생물계 변화에 대한 관측이 부족하다는 점에 더하여 육상 생물계의 흡수량 평가를 더욱 어렵게 만들었다.

육상 생물계의 탄소 저장량은 일반적으로 다음과 같은 많은 과정들에 의해 영향을 받는다(Canadell et al. 2007b).

(1) CO_2 비옥화(fertilization)는 더 높은 대기 중 CO_2 농도 조건에서 증가하는 식물 성장을 의미한다. CO_2 농도가 2배가 되면 식물 성장은 10~25% 증가하지만 이는 적절한 영양분(특히 질소)과 물의 적절한 공급이 전제된다. 현재 CO_2 증가는 1% 이하의 생물 성장의 증가를 일으키기 때문에 이를 탐지하는 것은 어렵다. CO_2 비옥화는 열대 지방(이 효과에 의문을 제기한 Lewis et al. 2009 참조)과 연령이 낮은 숲에서 가장 중요할 것으로 보인다. (그러나 북아메리카의 숲에서 이런 효과에 대한 증거가 일부 제시되었다. 아래 참조.)
(2) 대기오염으로 증가한 대기의 질소 침착(deposition)은 유럽과 미국 동부와 같이 질소가 부족한 산림에서 식물 성장의 증가에 중요하다. 질소의 배출원은 자동차로부터의 화석연료 연소, 생물연소, 질소 비료의 휘발이 있다.
(3) 고위도에서 식물 성장 계절이 길어지면 식물 성장이 증가하지만 이는 뜨겁고 건조한 여름 기간 성장의 제약과 부분적으로 상쇄된다.
(4) 물이 충분하다면 미생물에 의한 토양 호흡 또한 따뜻해지면 증가한다. Cox 등(2000)은 탄소-기후 모델을 이용하여 육상 생물권이 2050년까지는 탄소의 흡수원으로 작용하겠지만, 그 이후로는 온난화로 인한 토양 호흡의 증가로 인해 탄소 배출원으로 변화할 것을 예측하였다.
(5) 열대 초원(사바나)이나 삼림의 자연적인 산불은 CO_2를 배출하는데 이는 열과 가뭄으로 유발될 수 있다.
(6) 영구 동토층에는 900 Gt-C가 포함되어 있는데, 고위도에서 지구온난화로 인해 영구 동토층이 녹으면 이 탄소가 방출될 잠재성이 있다. 이탄지대(이탄이 축적된 내륙의 습지) 토양은 400 Gt-C를 포함하고 습지가 마르면 이 탄소가 배출될 수 있다.

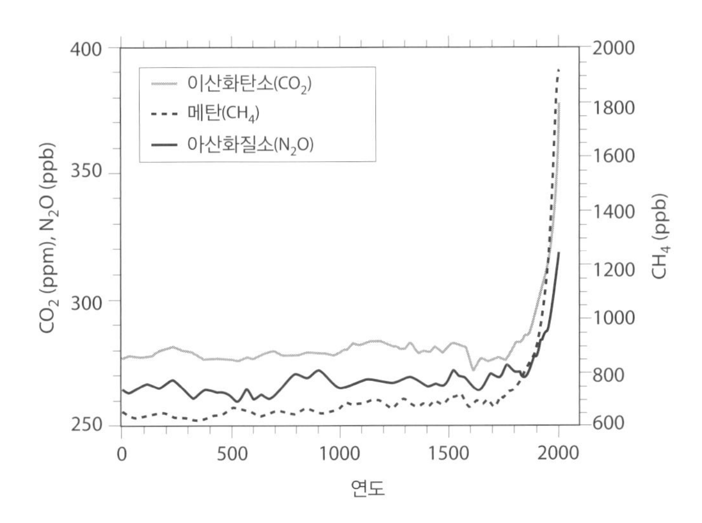

그림 2.4 서기 0년 이후 온실기체의 농도 증가. CO_2와 메탄(CH_4)의 농도는 1700년대까지는 상대적으로 일정하였다가 인간의 활동으로 인해 그 이후에 급격히 증가하여왔다. 아산화질소(N_2O) 농도는 약 1750년 이후부터 증가하기 시작하여 1950년 이후에 급격한 증가를 보였다.

출처 : Forster et al. 2007(FAQ 2.1, fig. 1, p. 135). In Climate Change 2007. The Physical Science Basis. Working Group I Contribution to the Fourth Assessment Report of the Intergovernmental Panel on Climate Change. Cambridge University Press.

하와이 마우나로아 관측소에서 대기 중 CO_2 농도의 연간 계절적 진동의 진폭이 증가하는 것으로 보인다(그림 2.1 참조). 이를 토대로 일부에서는 대기 CO_2가 증가함에 따라 육상 생물권의 크기가 커지는 것으로 생각한다. 이는 'CO_2 비옥화 효과'의 한 예로 생각할 수 있다. 이로 인한 생물권의 성장은 CO_2 저장 능력의 향상을 이끌 수 있다. CO_2 농도의 계절적 진동 폭의 증가는 1970년대 초반부터 1990년대까지 나타났고, 이는 따뜻한 계절 동안 북아메리카 산림의 탄소 흡수에 의한 것이 분명하다. 북아메리카에서 가뭄이 발생한 1998년부터 2003년까지 계절적 진동 폭이 감소한 후에, 2004년 다시 미국에서 비가 내리면서 증가하기 시작하였다(Buermann et al. 2007). 그러나 지구온난화로 인해 일반적으로 가뭄은 악화될 것으로 보인다.

미래의 대기 중 CO_2 농도 증가를 예측하고 과거 200년 동안 CO_2의 생물권과 화석연료의 기여도를 추정하기 위해서는 인간의 간섭이 있기 전에 대기 중 CO_2 농도가 어느 정도였는지를 알아야 한다. 남극 얼음에 갇힌 기포의 CO_2 농도를 측정함으로써 산업혁명 이전의 수천 년 동안 CO_2 농도는 약 275~285 ppm 범위였음을 밝혀냈다(Forster et al. 2007). 인위적인 CO_2 상승이 시작되기 전에 대기 중 CO_2의 평균 농도는 280 ppm이었고, 280 ppm은 '산업화 이전 값'으로 간주된다. 1750년 이후 CO_2 농도는 약 100 ppm이 증가했고, 증가한 농도의 대부분은 지난 세기 동안 발생했다. 그림 2.4는 최소한 지난 1,700년 동안은 자연적인 CO_2의 변화가 지난 세기의 인간에 의해 증가한 변화에 비해 매우 미미함을 보여준다.

과거의 CO_2 농도

과거 백만 년 동안 자연적인 CO_2 변동은 과거 1,700년 동안의 변동보다 훨씬 컸다. 예를 들면, 남극 얼음 깊숙이 묻혀 있는 기포에서의 CO_2 측정을 통해 65만~43만 년 전의 기간에 CO_2 농도가 180~260 ppm 범위에서 변화하였음을 발견하였다(Siegenthaler et al. 2005b). Petit 등(1999)은 과거 42만 년 전 이후 CO_2 농도는 180~280 ppm 사이에서 변화하여 농도 범위가 약간 커졌음을 제시하였다(그림 2.5). Fischer 등(1999)은 빠른 대기 중 CO_2 농도 증가와 온도 변화가 마지막 빙하기의 끝에 발생하였음을 발견하였는데 이는 대략 CO_2 농도가 200 ppm이었던 1만 8,000년 전과 280 ppm으로 증가하였던 1만 1,000년 전 사이이다. 또한 Siegenthaler 등(2005b)은 온도의 지시자인 중수소 농도 기록으로부터 65만 년과 39만 년 전 사이에는 CO_2 변화와 온도 변화 사이에 1,900년의 지연이 발생했음을 발견하였다. Fischer 등(1999)은

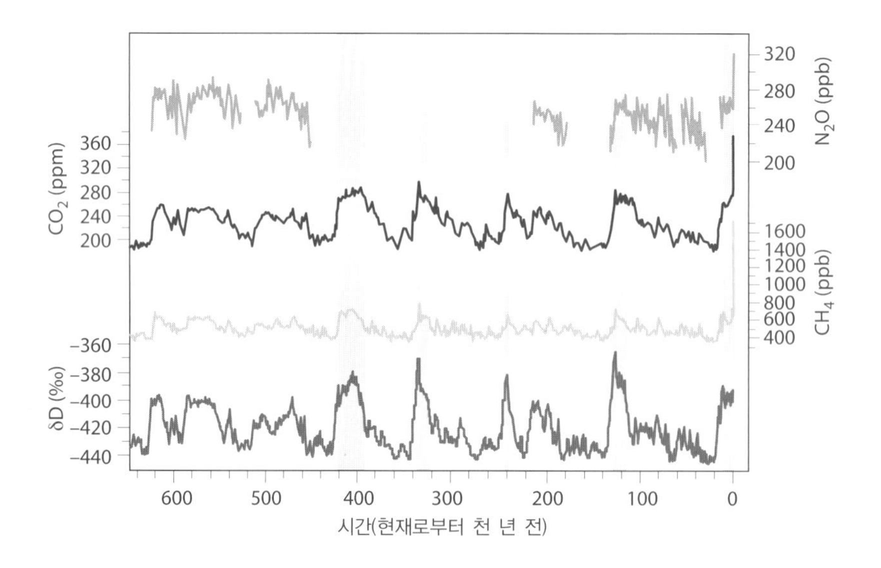

그림 2.5 남극 빙하에 갇힌 공기 방울로부터 획득한 과거 65만 년 동안의 빙하기-간빙기 얼음 코어(ice core) 자료. 곡선은 당시 온도의 지시자로 사용되는 중수소(del D)와 온실기체인 이산화탄소(CO_2), 메탄(CH_4), 아산화질소(N_2O) 농도의 변동을 보여준다. 음영으로 표현된 구역은 현재와 과거 간빙기의 온난한 기간을 나타낸다.

출처 : Solomon et al. 2007, Technical Summary, fig. TS1. In Climate Change 2007. The Physical Science Basis. Working Group I Contribution to the Fourth Assessment Report of the Intergovernmental Panel on Climate Change. Cambridge University Press. (그림 TS.1은 다음의 참고문헌으로부터 자료를 사용한 그림 6.3을 각색하여 작성. Petit et al. 1999, Indermuhle et al. 2000, EPICA community members 2004, Spahni et al. 2005, Sigenthaler et al. 2005a, b).

가장 최근의 빙하기-간빙기 전환 기간에 CO_2 농도 변화가 남극 온난화 발생 600±400년 후에 뒤따랐다고 결론지었다. 온도와 CO_2 농도 변화 사이의 시간적 지연에 대한 몇 가지 원인들이 다음과 같이 제시되었다.

(1) 해양의 CO_2 흡수는 낮은 온도에서 증가하고 따뜻한 온도 기간에는 감소함(양의 되먹임).
(2) 심해와 대기 사이의 해양 혼합은 약 1,000년의 시간이 소요됨.
(3) 탄소를 저장하고 대기로의 배출을 조절하는 육상 생물권은 빙하기의 도래와 쇠퇴에 의한 온도 변화에 따라 번성하고 시들해짐.
(4) 빙하작용이 증가하면 해수면이 낮아지고 이로 인해 대륙붕에 축적된 유기탄소가 노출되어 호흡을 통해 CO_2를 방출함. 또한 저위도에서 노출된 대륙붕은 육상 생물량이 늘어날 수 있는 장소를 제공함.

CO_2와 온도의 변화 사이의 시간적 지연이 CO_2에 의해 야기된 온실효과가 중요하지 않다는 의미로 해석되어서는 안 된다. Siegenthaler 등(2005b)은 추정된 시간적 지연이 "빙하기-간빙기의 시간 규모에 비해서 작으며, 이 시간적 지연이 CO_2와 온도 사이의 강한 결합, 또는 빙하기 사이클의 큰 관측 온도 변화에 대한 증폭 요소로서 CO_2의 중요성에 대해 의문을 제기하는 것은 아니"라고 주장하였다. CO_2 농도의 변화는 지구 궤도 매개변수의 변화로 인한 지구와 태양 사이의 거리 변화에 의해 발생하는 온난화를 증폭시킨다. 또한, 산업화 이전의 지난 65만 년에 걸친 기간 동안 대기 중 CO_2 농도는 300 ppm을 넘지 않았다. 그리고 CO_2의 변화율과 온도(중수소로 측정)의 연계성(coupling)은 동일 기간 동안 크게 변하지 않았다. 따라서 CO_2 농도 수준과 남극 기후 사이에는 일정한 대응 관계가 있는 것으로 보인다.

수백만 년의 더 긴 시간 규모에 대해서도 CO_2 농도는 더욱 넓은 범위로 변화하였다. 이 변동은 장기적 또는 지질학적 탄소 순환의 자연적인 섭동(perturbation)의 결과이다(Berner 2004). 이 탄소 순환은 해양-대기-생물권의 지표면 순환으로부터 탄소를 암석으로 제거하고 암석으로부터 다시 탄소를 되돌리는 것 등이다(그림 2.6). 주요 과정의 하나는 칼슘(Ca)과 마그네슘(Mg) 규산염이 풍화작용을 거치면서 CO_2를 흡수하고(제4장 참조), 이 과정에서 발생한 용해된 Ca, Mg 및 중탄산염(bicarbonate)이 바다로 이동하며, 바다에서는 Mg가 현무암의 Ca와 교체되고, Ca와 중탄산염이 탄산칼슘(calcium carbonate)의 형태로 해저에 침전되는 것이다(제8장 참조). 이렇게 제거된 CO_2는 지각 깊은 곳에서 탄산염(carbonate)의 열분해를 통해서, 그리고 화산과 그보다 작은 규모인 온천이나 분출구로부터의 분출을 통해 대기와 해양으로 되돌아간다. 다른 지질학적 탄소 순환의 주요 과정은 유기물(대표적으로 죽은 유기체의 잔해)이 퇴적물에 매장되고, 그 후에 융기에 의한 지각 상승으로 대기에 노출된 오래된 탄소질 암석의 산화적 풍화와 깊숙이 매장된 유기물의 열분해 과정이다.

다양한 연구자들이 모델을 이용하여 장기적 탄소 순환에 따른 과거 CO_2 농도를 계산하였

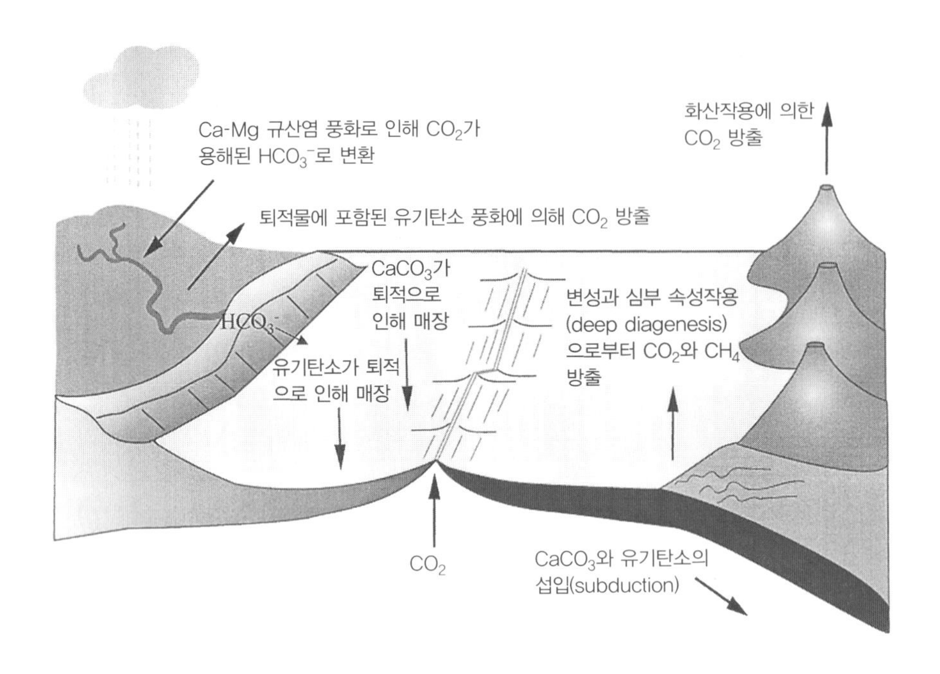

그림 2.6 지질학적 또는 장기간의(백만 년) 탄소 순환.

다. 시간에 따른 CO_2 농도에 영향을 주는 많은 요소들이 모델에서 고려되었는데(Berner 2004 참조), 그 요소들은 풍화에 의한 암석의 CO_2 흡수에 영향을 미치는 과거 육지 온도, 강우량, 대륙의 크기와 위치 등의 변화, 산맥 융기와 동반된 침식을 통한 암석의 노출, 그리고 육상 식물의 진화를 포함한다. 화산과 변성작용에 의한 전 지구적 CO_2 분출 속도의 변화는 판구조적 활동성의 변화를 추적함으로써 설명할 수 있다. 모델링의 중요한 측면은 과도한 변동에 대항하여 CO_2를 안정화시키는 음의 되먹임(negative feedback)의 존재인데, 이것이 고려되지 않는다면 모델은 온실효과로 인해 바다가 얼어붙거나 땅을 가열하여 굽는 결과를 생산할 것이다. 대기 온실효과와 연관된 두 가지 주요한 되먹임 과정이 그림 2.7에서 보여진다. CO_2의 증가(예를 들면, 화산 활동의 증가)는 온도 증가에 따른 풍화작용의 증가로 인한 CO_2 흡수가 증가하면서 그 영향이 일부 상쇄된다. 즉, 온도의 증가는 전 지구적 물순환을 가속시킴으로써 강우를 증대시키고(제1장 참조), 높은 온도와 증가한 강우량은 암석 풍화 속도를 가속시킨다.

GEOCARBSULF 모델(Berner 2006)의 최신 개정(2008) 결과를 그림 2.8에서 보여준다. 4억 년에서 2억 7,000년 전(데본기, 석탄기, 페름기) 사이의 CO_2 농도의 큰 감소는 육상 식물의 번성(대부분 나무)으로 설명될 수 있다. 토양산(soil acids)을 분비하고 물순환을 촉진함으로써 식물은 암석 풍화를 매우 강화시킬 수 있다(제4장 참조). 따라서, 육상 식물의 번성은 Ca

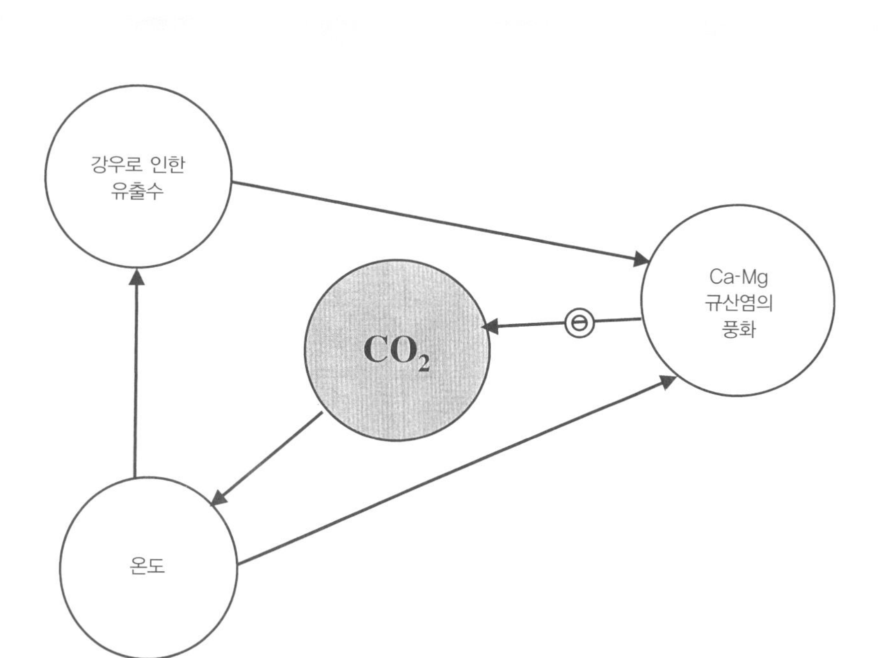

그림 2.7 풍화에 의한 대기 중 CO_2 농도에 대한 음의 되먹임을 보여주는 개요도. 동심원이 없는 화살표는 양의 반응(예 : CO_2 농도가 증가하면 온도가 증가하는 것처럼)을 보여주고, 동심원을 포함한 화살표는 음의 반응(예 : 풍화가 강화되면 CO_2 농도가 감소)을 나타낸다. 동심원 화살표가 홀수 개인 닫힌 고리(loop)는 음의 되먹임을 의미하고 동심원이 없거나 짝수 개의 동심원 화살표는 양의 되먹임이나 강화를 나타낸다(강화는 여기서 다루지 않음).

와 Mg 규산염(silicate) 암석의 풍화를 강화시키고 유기물의 매장을 증가시킴으로써 CO_2 흡수를 가속시켰던 것이다. 식물에서 유래된 유기물이 매장되면 상대적으로 생분해가 되기 어려운 목질소(리그닌, lignin) 때문에 퇴적암에 석탄과 석탄질의 탄소류 물질(coaly carbonaceous matter)을 형성한다. 석탄기와 페름기에는 지구 역사상 가장 많은 유기물이 매장되었고 이는 이 시기의 석탄이 가장 풍부한 것으로 증명된다.

기타 온실기체 : 메탄, 아산화질소

과거 수십 년간의 측정을 통해서 특히 메탄(CH_4), 아산화질소(N_2O), 염화불화탄소(CFCs, chlorofluorocarbons)와 같은 특정 미량기체의 대기 중 농도가 CO_2와 함께 증가하였음을 알 수 있다(그림 2.9). 이들 미량기체의 증가 역시 인간 활동에 기인하였을 것이다(CFCs는 인간에 의해서만 배출되는 기체이며 오존홀과 관련한 것은 이 장의 뒤에서 다룬다). 이들 기체는 적외선을 매우 잘 흡수하기 때문에(실제 단위 농도당 흡수 효율은 CO_2보다 훨씬 높음) 대기의 온

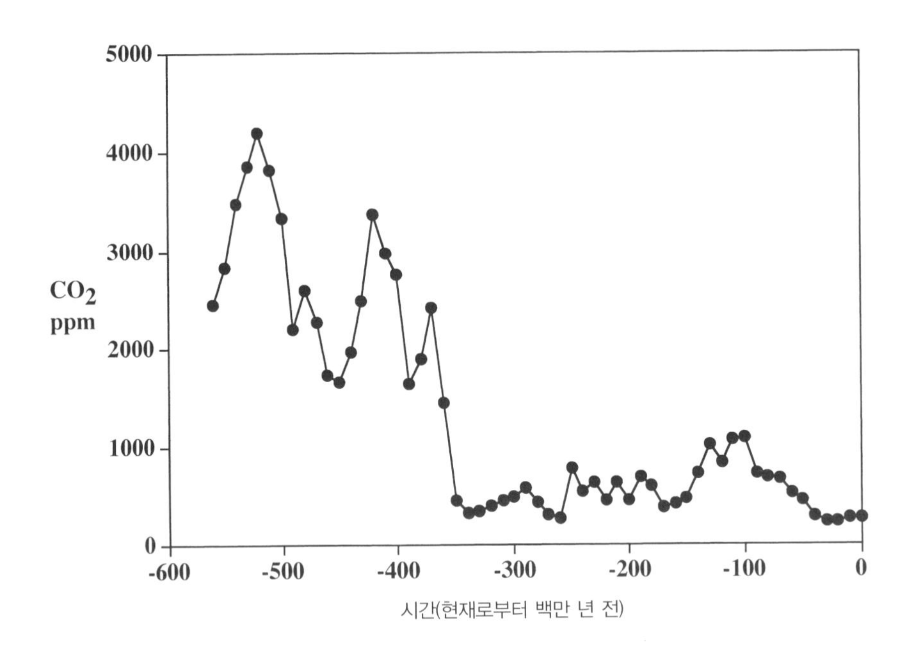

그림 2.8 과거 5억 5,000만 년 동안 시간에 따른 CO_2 농도 변화(현생 이언, eon).
출처 : Berner 2008. 계산 방법은 Berner 2004 참조.

실효과를 강화시킨다. 장파 복사의 흡수 효율이 높기 때문에 복사강제력(radiative forcing)으로 알려진 지구 표면 온도 증가에 기여하는 메탄과 다른 미량기체의 복합적인 효과는 CO_2의 효과와 거의 동등하다(표 2.3). CFCs에 의한 지구온난화는 CFCs에 의해 발생하는 성층권 하부의 오존 손실에 따른 음의 순 복사강제력(냉각을 의미)에 의해 일부 상쇄됨을 주목하라. 이것이 오존 또한 온실기체인 이유이다.

CO_2 다음으로 중요한 온실기체는 메탄(CH_4)이며, 이 기체 역시 과거 수십 년간 농도가 증가하여왔다. 강화된 온실효과에 대한 메탄의 기여도는 대기에 갇힌 전체 에너지 플럭스의 16%를 차지한다(표 2.3). 메탄의 대기 중 농도는 2007년 기준 약 1.77 ppm(parts per million)이고, 극지역의 얼음 코어에 갇힌 공기 방울에 대한 메탄 연구는 과거 150년 동안 농도가 2배 이상 증가한 것으로 제시하였다(표 2.3).

메탄의 배출원은 표 2.4에 요약한 것처럼 가장 큰 개별 배출원인 자연적인 습지부터 아주 작은 자연적 배출원인 흰개미까지 다양하다. 전체 인위적 배출원의 합은 전체 자연적 배출원보다 크다. 인위적 배출원에는 소와 같은 반추동물의 소화관으로부터의 배출이 가장 크고 그 뒤로는 논, 생물연소, 폐기물 처리장, 화석연료 생산(석탄 채굴과 천연가스), 산업 등과 같은 배출원들이 비슷한 규모로 뒤따른다. 메탄의 총배출량은 대기 중 농도의 측정과 제거 속도의 추산을 통

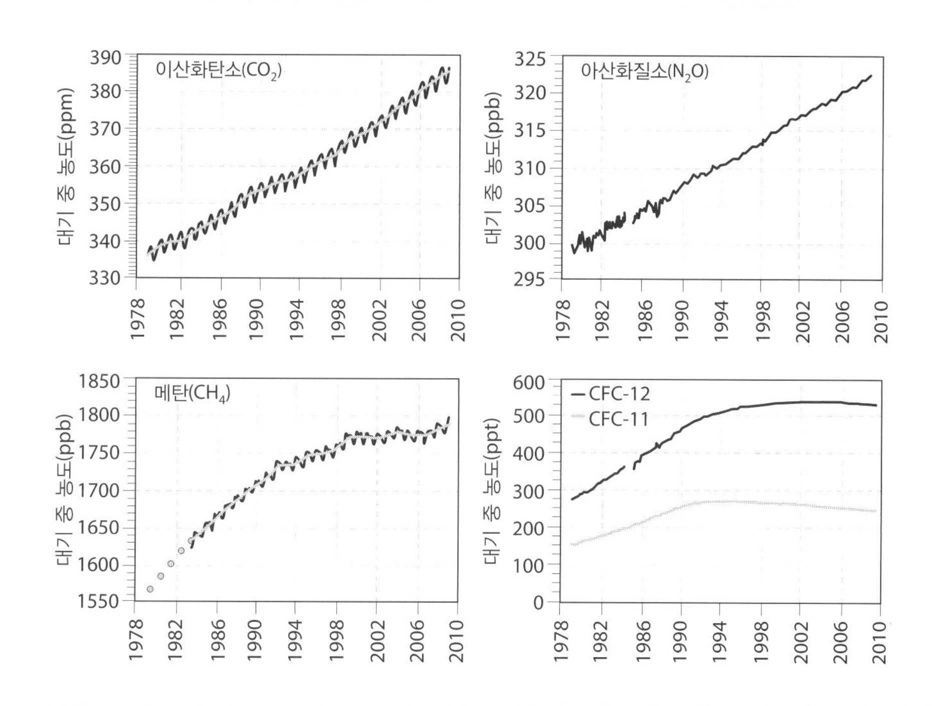

그림 2.9 1978년부터 2009년까지 NOAA 플라스크 포집 측정망에서 획득한 주요 장기 체류 온실기체(CO_2, 메탄, 아산화질소, CFC-12와 CFC-11) 농도의 시간에 따른 변화.

출처 : NOAA 2007, The NOAA Greenhouse Gas Index (AGGI). 2009. Fig 2. http://www.esrl.noaa.gov/gmd/aggi.

해 상당히 잘 알려져 있다. 그러나 다양한 개별 배출원의 정확한 규모는 잘 알려져 있지 않다(최신 배출량 추산은 표 2.4 참조). 화석연료 생산을 제외한 모든 배출은 범람된 토양이나 동물(소나 흰개미 등)의 소화관 안에 사는 미생물이 섬유소(cellulose)와 같은 탄수화물을 무산소 발효하는 과정이 포함된다. 1990년과 1992년에 대한 메탄 배출량 추산은 2006년에 대한 추정치보다 적다는 것에 주목하자. 그림 2.9 역시 메탄 농도가 1990년부터 2009년까지 100 ppb (parts per billion) 증가하였음을 보여준다.

메탄의 지질학적 배출원도 있는데, 이는 유기물이 풍부한 퇴적물, 진흙 화산, 지열 방출과 같은 지각의 지열 공급원과 박테리아로부터 스며 나오는 것이다. 이러한 지질학적 배출원의 규모는 40~60 Tg-CH_4/yr(Etiope 2004), 45 Tg-CH_4/yr(Kvenvolden and Rogers 2005)에서 18 Tg-CH_4/yr(Houweling et al. 2006)로 추산된다.

최근 실험실 측정에 근거하여 호기성(유산소) 조건에서 살아 있는 식물로부터의 CH_4 배출이 제안되었고(Keppler et al. 2006; Keppler et al. 2008), 이로부터의 추정 배출량은 처음의 더 큰 수치에서 10~60 Tg-CH_4/yr로 축소되었다(Kirschbaum et al. 2006). 그러나 다른 연

표 2.3 미량기체의 산업화 이전 농도보다 초과된 농도에 의해 추가적으로 갇힌 적외선 복사 강도 ΔQ(양의 복사강제력)

미량기체	산업혁명 전의 농도 1,750 ppm	농도[a] 2,007~2,005 ppm	ΔQ (watts/m^2)	전체 ΔQ 중 차지하는 비율(%) ΔQ	수명 (년)[b]
이산화탄소	~280	384	1.66±0.17	55%	
메탄	0.715[c]	1.774	0.48±0.05	16%	9
아산화질소	0.270	0.319	0.16±0.02	5%	114
성층권 수증기[d]			0.07±0.05	2%	
총할로겐탄소[e]			0.34±0.03	11%	65~130
CFC 12			(0.17)		100
CFC 11			(0.063)		45
CFC 113			(0.024)		85
대류권 오존[f]	–	–	0.35	12%	짧음
성층권 오존 손실[g]	–	–	−0.05±0.10	−2%	
총합			3.01		

출처 : Solomon et al. 2007, chap. 2 and table 2.1, p. 141.
[a] 2007 CO_2는 Raupach et al. 2007; rest 2005.
[b] IPCC 2007; CO_2의 제거는 긴 시간 규모에 걸쳐 진행되는 일련의 과정을 포함.
[c] 얼음 코어 자료; 얼음 코어 범위(과거 65만 년 전까지)는 0.32~0.79.
[d] 메탄의 산화로부터 생성된 성층권 수증기.
[e] CFCs뿐만 아니라 HCFCs도 포함(Solomon et al. 2007 Table 2.1, p. 141 참조).
[f] 대류권 O_3 ΔQ 범위는 0.25~0.65.
[g] 1750~2006년 기간 동안 CFCs에 의한 성층권 오존층 붕괴에 기인한 음의 순 복사강제력.

구자들(Dueck et al. 2007; Beerling et al. 2008)은 Keppler의 결과를 아직 입증하지 못하여서(Hopkin 2007), 이에 대한 추가 연구가 요구된다(Dueck and van der Wherf 2008). 따라서, 여기서는 메탄 수지(budget)에 녹색 식물을 메탄의 공급원으로 포함하지 않는다. 녹색 식물의 메탄 생산은 메탄 수지에서 습지 배출의 일부를 차지할 것이다(Houweling et al. 2006).

가장 크고 잘 알려진 메탄의 제거원(sink)은 대기 중에서 OH 반응기(radical)에 의한 산화이고 대부분 대류권에서 이루어진다. 다른 제거는 토양에 서식하는 미생물에 의해 CH_4가 산화됨으로써 이루어진다(Whalen and Reeburgh 1992). 메탄의 적은 일부는 성층권에서 없어지고 있다. 이에 따른 메탄의 대기 중 체류시간은 약 8.9년이다(Dlugokencky et al. 2003).

1982년부터 시작하여 대기 중 메탄의 연간 증가율은 연간 15 ppb(연간 1%)에서 1999~2006년의 평균 0.2 ppb로 감소하였다(0.2 ppb는 0.6 Tg-CH_4/yr과 같다. 1 ppb당 2.78 Tg-CH_4의 변환 비율 사용). 이 감소된 증가율은 1999년부터 2006년까지 평평해진 대기 중 메탄 농도 곡선에 나타난다(그림 2.9). 왜 메탄의 농도 증가 속도가 이렇게 감소하였을까? 소멸량에 대한 초과 배출량이 대기에 존재하는 메탄의 양을 결정하기 때문에 이는 대기 중 배출원과 제거원(표 2.4)이 거의 균형을 이루었다는 것을 의미한다. OH에 의한 산화가 메탄

표 2.4 대기 중 메탄의 배출원과 제거원(Tg-CH_4/yr)

	Wang	Mikaloff Fletcher table 1	Mikaloff Fletcher table 3	Bosquet	Watson 1990, 1992
배출원					
자연의					
습지	176	145	231	147	86
흰개미	20	20	29	23	15
해양	10			19	7.5
메탄하이드레이트	4	5	0	0	4
소계	*200*	*180*	*260*	*189*	*112.5*
지질학적인[a]	18				
인간 활동에 의한					
반추동물	83	93	91	90	60
논	57	60	54	31	45
생물연소	41[b]	52	88	38	30
매립/쓰레기	49	50	35	55	23
석탄 채굴[c]	30	38	30	47	
천연가스	47	57[c]	52[c]	63	75[e]
바이오연료	0	0	0	12	
소계	*307*	*350*	*350*	*336*	*233*
총배출원	**507**	**530**	**610**	**525**	**346**
제거원					
대류권 OH	428	511[d]	507	485	353
성층권 손실	30	40	40	0	353
토양 제거	34	30	30	21	23
총합 제거량	**492**	**581**	**577**	**506**	**376**
대기 증가분	15				19

출처 : 모델 결과 — Wang et al. 2004; Bosquet et al. 2006; Mikaloff Fletcher et al. 2004(표 1: 과정 기반; 표 3: del^{13}C 모델에 의한 역추적); Watson IPCC 1990, 1992, 과정에 기반.

[a] Houweling et al. 2006.

[b] 바이오연료 포함.

[c] 산업 포함.

[d] IPCC 2001, IPCC 2007에 개정.

[e] 석탄 채굴과 천연가스.

의 주요 제거 과정인데 연구 결과에 의하면 대기 중 OH의 양은 크게 변화하지 않았기 때문에 총 메탄 배출량은 감소해왔어야 한다(Solomon et al. 2007). 이러한 대기 중 메탄 농도의 유지는 화석연료 배출량의 감소(특히 구 소련의 천연가스 배출량 감소)와 같은 여러 가지 요인이 대기 중 메탄의 짧은 수명(8.9년)과 결합하여 나타난 것으로 보인다(Dlugokencky et al. 2003). 그러나 CH_4 증가율은 매년 큰 변동성을 나타낸다. 예를 들면, 엘니뇨는 온난하고 건조한 조건을 야기하고 이로 인해 생물연소(biomass burning)가 증가하며 습지와 쌀농사로부터의 배출이 증가하여 대기 중 메탄의 농도를 증가시킨다(특히 1998년 엘니뇨에서). Bosquet 등(2006)

은 1999~2006년 기간에 대기 중 메탄 농도가 상당히 안정적이었음을 발견하였는데, 그 원인을 인위적인 메탄 배출의 증가가 온도와 물에 매우 민감한 습지 배출의 감소에 의해 상쇄된 것으로 제시하였다.

대부분의 모델들은 지구온난화로 인해 메탄의 습지 배출이 증가하는 것으로 예측하였다. Rigby 등(2008)은 2007년을 기점으로 10년 만에 모든 관측소에서의 대기 중 메탄 농도가 다시 증가하였음을 제시하였고, 그 원인을 이해하기 위해 메탄 배출 속도의 증가와 가장 큰 메탄의 제거원인 OH(hydroxyl radical) 농도 감소의 상대적 중요성을 평가하였다. Rigby 등(2006)은 측정과 모델링을 통해 북반구에서 OH 농도가 약간 감소한 것과 함께 메탄의 농도가 증가하였음을 제시하였다. OH 농도가 감소한 원인은 OH의 주요 제거원인 일산화탄소(CO)가 산불의 증가와 온도, 수증기, 운량(cloud cover)의 변화에 의해 증가하였기 때문인 것으로 판단하였다. 2007년의 메탄 배출 증가는 아시아의 경제 발전과 온난화로 인한 북극 습지에서의 배출 증가에 기인하였을 가능성이 높다(NOAA 2007). 2007년의 온도는 많은 습지가 위치하고 있는 시베리아에서 특이하게 높았다.

메탄하이드레이트(methane hydrate)는 메탄의 매우 농축된 형태이지만 저온 고압의 조건에서만 안정하게 존재하고 기후에 민감하여 온난화가 진행되면 메탄의 배출이 발생하는데, 고위도 동토층의 지하 수백 미터 깊이에 많은 양의 메탄이 메탄하이드레이트의 결정 형태로 갇혀 있을 것으로 예상된다(Kvenvolden 1988; MacDonald 1990). 만약 지구온난화가 지속된다면, 메탄하이드레이트는 궁극적으로는 메탄의 형태로 배출되겠지만 매장 깊이와 온난화에 의해 공급된 열이 지하로 전도되는 데 걸리는 시간을 고려하면, 메탄하이드레이트에 의한 메탄 배출은 수 세기 정도는 지연될 것이다. 대륙 주변부의 수심 약 300~600 m 깊이의 해양 퇴적층에도 메탄하이드레이트가 있으며 이는 거대한 메탄의 저장소이다(500~2,500 Gt-C)(Reeburgh 2007). 해양의 메탄하이드레이트 또한 해양의 온도가 높아지면 메탄으로 배출될 수 있다.

얼음 코어 자료(그림 2.5)는 간빙기의 따뜻한 기간에 CO_2와 CH_4의 농도가 증가하고 빙하기에는 감소하는 경향이 있다. 그러나 현재의 메탄 농도는 과거 65만 년 전까지 거슬러 올라가는 얼음 코어에서 확인되는 것보다 훨씬 높다. 얼음 코어에서 나타난 농도는 400~600 ppb의 범위를 보이며 773 ppb를 초과한 적이 없는 반면(Spahni et al. 2005), 현재의 농도 1,770 ppb는 산업혁명 이후의 메탄 농도의 증가가 자연적으로 이루어진 것이 아님을 확인시키는 증거이다(Solomon et al. 2007). 현재 농도는 분명하게 과거 1만 년 기간 중에서 유례없이 높다. 수백만 년 시간 규모의 과거 빙하기 동안 전 지구적 습지 넓이의 변화로 인해 대기로의 메탄 배출량이 크게 변화하였다. 이는 수천 ppb 정도의 대기 중 메탄 농도를 변화시킬 수 있다(Beerling et al. 2009).

아산화질소(N_2O)는 중요한 온실기체일 뿐만 아니라 성층권 오존 파괴와 연관이 있다(이 장 뒷부분의 '오존과 오존홀' 참조). N_2O는 토양과 바다에서 다양한 미생물에 의한 질소(N) 순환

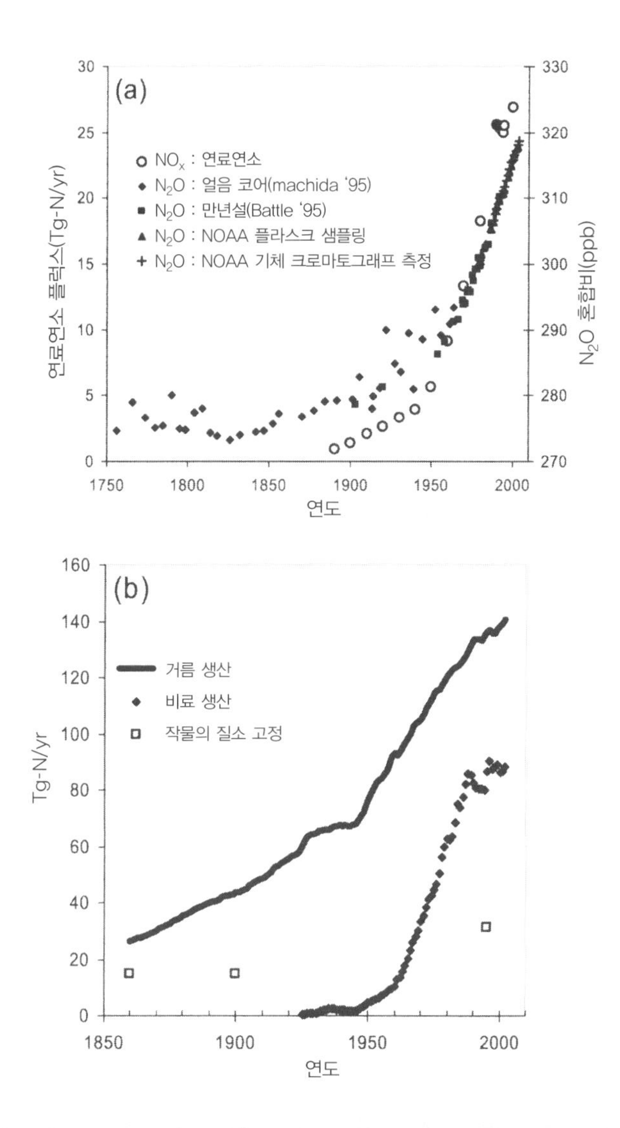

그림 2.10 (a) 1750년부터 2005년까지 연료연소로 인한 NO_x 배출량과 대기 중 N_2O 혼합비(mixing ratio)의 변화. (b) 1850년 이후의 다양한 농업 N 생산량의 추정치 : 거름(분뇨) 생산, 비료 생산, 작물의 질소 고정(N fixation)

출처 : Denman et al. 2007, fig. 7.16, p. 545. Climate Change 2007. The physical Science Basis. Working Group I Contribution to the Fourth Assessment Report of the Intergovernmental Panel on Climate Change. Cambridge University Press.

변환으로부터 생성되어 새어 나온다(Nevison et al. 2007). 자연적 배출원은 호기성 토양에서의 탈질화 과정이며 이는 열대우림 지역에서 주로 나타나지만 온대 산림에서도 발생한다.

대기 중의 N_2O 농도는 산업혁명 전인 1750년에는 약 270 ppb였으나 2005년에는 319 ppb로 증가하였고(Denman et al. 2007)(표 2.3과 그림 2.10a), 가장 급격한 증가는

표 2.5 1990년대 아산화질소(N_2O)의 배출원과 제거원

배출원 또는 제거원	$Tg\text{-}N_2O\text{-}N/yr$	
자연적인 배출원	Denman et al.	Davidson
자연 초목하의 토양	6.6	
해양	3.8	
대기 화학	0.6	
자연적 총합	*11.0*	
인간 활동에 의한 배출원		
축산 분뇨[a]		2.8±2.5
농업	2.8	
간접적인 비료[a] 방출 – 대기 침적		2.2
강, 하구와 연안역	1.7	
바이오매스와 바이오연료의 소각	0.7	0.5
화석연료의 연소와 산업 공정들	0.7	0.8
질소의 대기 침적	0.6	
인간의 분뇨	0.2	
인간 활동에 의한 총합	*6.7*	6.3
총배출원	**17.7**	
제거원		
성층권 내에서의 광분해	12.5±2.5*	
대기 중 증가	3.5**	
총제거원	**16.0**	

출처 : **배출원**(sources) – Denman et al. 2007; Davidson 2009(1860~2005년). **제거원**(sinks) – *Denman et al. 2007; **Hirsch et al. 2006(0.7 ppb N_2O 증가에 근거하여); 1 ppb = 4.8 Tg-N(Kroeze et al. 1999).

[a] Davidson(2009)은 인간의 하수를 포함한 하류와 풍하 생태계로부터의 간접 배출량 포함.

1950년 이후에 나타났다. 또한 N_2O 농도는 과거 30년간 연간 0.8 ppb/yr 또는 0.26%/yr의 속도로 선형적으로 증가해왔다(Forster et al. 2007). 얼음 코어의 N_2O 농도는 산업혁명 이전의 11,500년 동안 228 ppb에서 10 ppb 이내로 변화하였고(Solomon et al. 2007), 현재의 농도에 도달한 적은 없었다(Spahni et al. 2005).

인위적 배출원은 전체 N_2O 배출의 거의 40%를 차지한다(표 2.5). 농업에 의한 질소(N) 순환 교란은 가장 큰 인위적 배출원이며, 여기에는 비료 생산을 위한 질소 고정(N fixation), 농경지의 경작 및 시비(fertilization), 토지이용 변화, 가축 사육 증가가 포함된다. 거름(분뇨)과 비료 생산을 포함하는 농업용 질소 생산량의 몇몇 추정치가 그림 2.10b에 나타나 있다. 1850년부터 1950년까지 거름 생산은 대기 중 N_2O 농도 증가와 비례하여 증가하였다. 1950년 이후에는 비료 생산이 대기 중 N_2O의 증가와 비례하여 급격하게 증가하였다. 20세기에는 농경지가 보다 집중적인 토지이용과 함께 확장되었다(Denman et al. 2007). Davidson(2009)은 모델링을 통해 1860년과 2005년 사이에 거름 질소의 2%와 비료 질소의 2.5%가 N_2O로 변환되었음을 추정하였다.

두 번째로 큰 인위적 N_2O 배출원은 강과 하구(Kroeze et al. 2005)와 연안 바다이다(Naqvi et al. 2000; Nevison et al. 2004). 연안 지역으로 N의 과잉 공급은 부영양화를 야기하고, 이로 인해 표층수에서는 높은 식물 플랑크톤 생산성과 해저층에서는 박테리아에 의한 유기물질 분해로 인해 산소 고갈이 나타난다. 인위적 질산염은 연안 해역으로 흘러 들어가며, 여기서 해저의 낮은 수증 산소가 탈질화(denitrification)를 촉진하고 N_2O를 방출한다. 인도 대륙붕에서는 넓은 영역에 걸쳐 연안 N_2O 생성의 증가가 관측되어 왔다(Naqvi et al. 2000).

이 외에도 많은 인위적인 N_2O 배출원이 존재한다(생물연소, 화석연료 연소, 대기에서의 침전, 인간의 배설 등)(표 2.5 참조). N_2O는 성층권에서 광화학 분해(photolysis)에 의해 제거된다. 이 과정은 N_2O를 NO로 산화시키고, NO는 오존과 반응하여 NO_2를 생성하면서 오존을 파괴한다(이 장 뒷부분의 '오존과 오존홀' 참조). N_2O의 대기 중 수명은 약 120년이고(Nevison et al. 2007), 질소 순환에서 인간에 의해 변화하는 유일한 긴 수명의 미량기체이다. 인위적 질소 중 약 2%가 N_2O로 배출되는 것으로 알려졌다(Nevison et al. 2007). NO_x와 NH_3와 같은 다른 N 기체들은 대기 중에서 수 시간에서 수일 정도로 매우 짧게 머무른다. N_2O-N의 대기 중 증가 속도는 1999~2001년 기간에 3.5 Tg-N/yr 또는 0.7 ppb/yr이다(Hirsh et al. 2006). [1 ppb의 대기 중 N_2O = 4.8 Tg-N_2O-N(Kroetze et al. 1999)].

기타 온실기체 : 할로겐 기체와 대류권 오존

할로겐 기체들은 오존 파괴의 잠재력을 가질 뿐만 아니라 0.34 Wm^{-2}의 온난화 효과(복사강제력)를 가지는 강력한 온실기체이다(표 2.3). 이들 기체 중 대부분은 염화불화탄소(일명 CFCs, chlorofluorocarbons)이고 일부 수소불화탄소(HCFCs, hydrofluorocarbons)도 포함된다. CFCs와 HCFCs는 모두 인위적인 기원을 가지고 몬트리올 의정서에 따라 오존 파괴 기체로서 단계적으로 생산이 중단되고 있다. 1991년부터 시작된 단계적 퇴출로 인해 1996년까지 3개의 주요 CFCs의 생산과 소비가 중단되었다. 결과적으로 가장 중요한 기체인 CFC 12의 대기 중 농도 증가가 멈추었고, CFC 11과 CFC 113은 점차 감소하고 있다(그림 2.9 참조). 이 기체들은 수명이 매우 길고(CFC 12는 100년), 따라서 농도가 매우 천천히 감소한다(표 2.3 참조). (HCFCs와 같은) 다른 할로겐 기체들 역시 강한 온실기체이고 2030년까지 단계적으로 퇴출될 것이다.

오존 역시 중요한 온실기체이다. 성층권 하부와 대류권 상부에서의 오존 농도 변화는 대류권-지표면 시스템의 복사강제력을 변화시킬 수 있다(Solomon et al. 2007). 대류권 상부에서의 오존 농도 증가는 대류권-지표면 시스템에 0.35 W/m^2의 양의 복사강제력(온난화)을 야기한다(표 2.3). 다른 한편, 1750년에서 2005년 사이에 성층권 하부에서의 CFCs에 의한 오존 파괴로 인해 −0.05 W/m^2의 냉각이 발생하였다(표 2.3). 성층권 오존 파괴와 오존홀 및 오염물질로서의 대류권 오존에 대한 주요 논의는 이 장의 뒷부분에서 다룬다. 하부 성층권과 대류권 상부의 오존 변화에 의한 효과를 결합하면 0.3 W/m^{2}의 순 온난화 효과가 발생한다.

인위적 요인들에 의한 복사강제력

지구의 기후는 입사하는 태양 에너지에 의해 결정되며, 이는 지구 대기와 표면에 의한 에너지 반사 및 흡수와 방출에 의해서 변형된다(제1장 참조). 대기와 지구 표면의 속성은 인간에 의해 변화되어 왔고, 이러한 방식으로 지구의 에너지 수지(energy budget) 역시 변화하면서 기후를 변화시킬 수 있다. 이러한 인위적인 변화는 우주로 방출되는 지구 복사를 흡수하는 온실기체의 증가, 지구 표면에서의 반사율 변화, 그리고 에어로졸(매우 작은 대기 중의 입자와 물방울)의 증가를 포함한다. 에어로졸은 입사하는 태양 복사를 반사하거나 흡수하고 구름의 속성을 변화시킨다(에어로졸은 이 장의 뒷부분에서 추가로 다룬다). 이러한 변화들은 기후 시스템의 복사강제력을 유발한다. 복사강제력은 지구-대기 시스템에서 들어오고 나가는 에너지 균형을 변화시키는 요인들의 영향을 정량화한 척도이며, 또한 기후 변화를 일으키는 요인의 잠재력을 나타내는 지시자이다(Solomon et al. 2007). 복사강제력은 °C당 W/m^{2}로 표현하며(W = Watts), 양의 복사강제력은 온도를 증가시키고 음의 복사강제력은 지구를 냉각시킨다.

긴 수명을 가지는 모든 온실기체의 복사강제력을 종합하면 2.63 ± 0.26 W/m^{2}에 달하고, 이는 그림 2.11에 요약한 것처럼 오존(+0.3 W/m^2)과 함께 지구온난화를 유발하는 가장 잘 알려져 있고 지배적인 요인이다. 개별적인 기체에 의한 복사강제력은 앞의 표 2.3에서 제시하였다.

에어로졸의 직접 효과는 인위적인 에어로졸에 의해 들어오는 태양 에너지를 흡수하거나 반사하는 것이며, 인위적인 에어로졸에는 황산염, 화석연료 유기탄소, 화석연료 블랙카본(black carbon), 질산염, 그리고 광물 먼지(mineral dust) 등이 있다('에어로졸' 절의 표 2.8 참조). 인위적인 에어로졸은 또한 구름 물방울의 핵 형성에 영향을 주면서 간접적인 구름 반사율(알베도) 효과를 일으킨다. 즉, 많은 양의 에어로졸은 구름의 반사율을 증가시킨다.

또한, 아직 상대적으로 잘 정량화되지 않은 많은 (주로 음의 또는 냉각의) 인위적인 복사강제력이 있다. 산림을 벌목하여 농지로 바꾸는 것과 같은 토지피복의 변화는 지면 알베도(또는 표면 반사율)를 증가시킨다. 농작지에 반사율이 매우 큰 표면인 눈이 쌓이게 되면, 특히 반사율이 작은 표면인 숲과 비교하여 알베도의 변화가 매우 커진다(Forster et al. 2007). 토지이용의 다른 변화도 운량, 지표면 거칠기, 지면 온도, 물 수지 균형 등의 변화를 통해 지역 기후에 영향을 줄 수 있다.

화석연료나 생물의 불완전 연소로 발생하는 블랙카본이 눈 표면에 침전하면 눈 표면의 높은 반사율이 감소한다. 이 효과에 의한 양의 복사강제력은 0.1 ± 0.1 W/m^{2}이다(Forster et al. 2007). 표면 알베도 효과(토지이용 변화와 눈 위에 쌓인 블랙카본)와 에어로졸 효과를 모두 합하면 약 $-1.1\ W/m^2$ 이다(그림 2.11 참조).

전체 순 인위적 복사강제력은 1.6(0.6~2.4) W/m^2이다. 이 수치는 양의 복사강제력(온난화)을 가지는 온실기체와 오존의 효과와 음의 강제력(냉각)을 가지는 에어로졸, 표면 알베도, 구름 알베도(다음 절 참조) 효과를 종합한 것이다. 다양한 항목들을 단순히 직접 더하는 방법으로는 최적의 추정치와 부정확도의 범위를 구할 수 없는데 이는 특정 항목들이 가지는 비대칭적인 부정확도의 범위 때문이다. 따라서 최적의 추정치와 부정확도 범위는 몬테 카를로 기법(Monte Carlo technique)으로 구한다(Solomon et al. 2007).

지구 평균 순 양의 복사강제력으로부터 사람들은 지구 평균 지면 온도가 선형적으로 증가할 것으로 추측할 수 있다(Solomon et al. 2007). 그러나 다양한 기후적 효과들로 인해서 지구 표면 온난화는 공간적으로 달라진다. 예를 들면, 고위도는 해빙 알베도의 되먹임 효과 때문에 기후 변화에 대한 반응이 더 크다. 또한 바다는 열적 관성이 더 크기 때문에 육지보다 반응이 느리다. 에어로졸에 의한 강제력은 북반구에서의 농도가 더 높아서 변화가 심하고 모델링을 통해 계산하기가 더 어렵다.

인위적인 복사강제력 외에도 1750년 이후로 0.12(0.06~0.30) W/m^2의 자연적인 태양 복사에너지 변화가 발생하였다(Solomon et al. 2007; 그림 2.11 참조). 이는 1610년 이후(마운더 극소기, Maunder Minimum), 태양 복사에너지의 장기 변동을 재평가함으로써 발생하였다. 또한 화산 폭발과 같은 간헐적인 사건에 의한 태양 복사에너지의 자연적 변화도 있는데, 1991년 피나투보(Pinatubo)와 1883년 크라카타우섬(Krakatau)에서의 화산 폭발이 대표적이다. 화산 폭발로 인해 반사율이 큰 황산염 입자가 성층권 하부로 주입되어 수년간 머무르면서 지구 표면으로 들어오는 태양 복사가 $-3\ W/m^2$ 감소하였고, 이로 인해 지구의 온도가 1~2°C 냉각되었다(Forster et al. 2007).

복사강제력의 기후 효과 : 기후 민감도, 지구온난화, 수자원 변화

Solomon 등(2007)은 평형 기후 민감도라는 용어를 사용하였는데, 이는 "CO_2 농도가 산업화 이전 농도의 2배로(550 ppm) 유지되어 평형에 도달하였을 때 예상되는 지구 평균 온난화 정도"를 나타낸다. 여기서 CO_2 농도란 CO_2 상당 농도(CO_2-equivalent concentration)이며, 이는 모든 온실기체 농도 등에 의한 복사강제력과 동일한 복사강제력을 가지는 CO_2 농도를 의미한다. Solomon 등(2007)은 "가장 정확한 기후 민감도의 추정치는 약 3°C(2~4.5°C)이다. 기후 민감도가 1.5°C 이하로 나타날 가능성은 매우 낮다"라고 제시하였다. 이 추정치는 관측값에 의해 제한된 대기-해양 대순환 모델(atmosphere-ocean general circulation models, AOGCMs) 결과에 기반하였다.

수증기는 가장 중요한 온실기체이다. 대류권 상층에서의 수증기 농도가 상대적으로 낮지만,

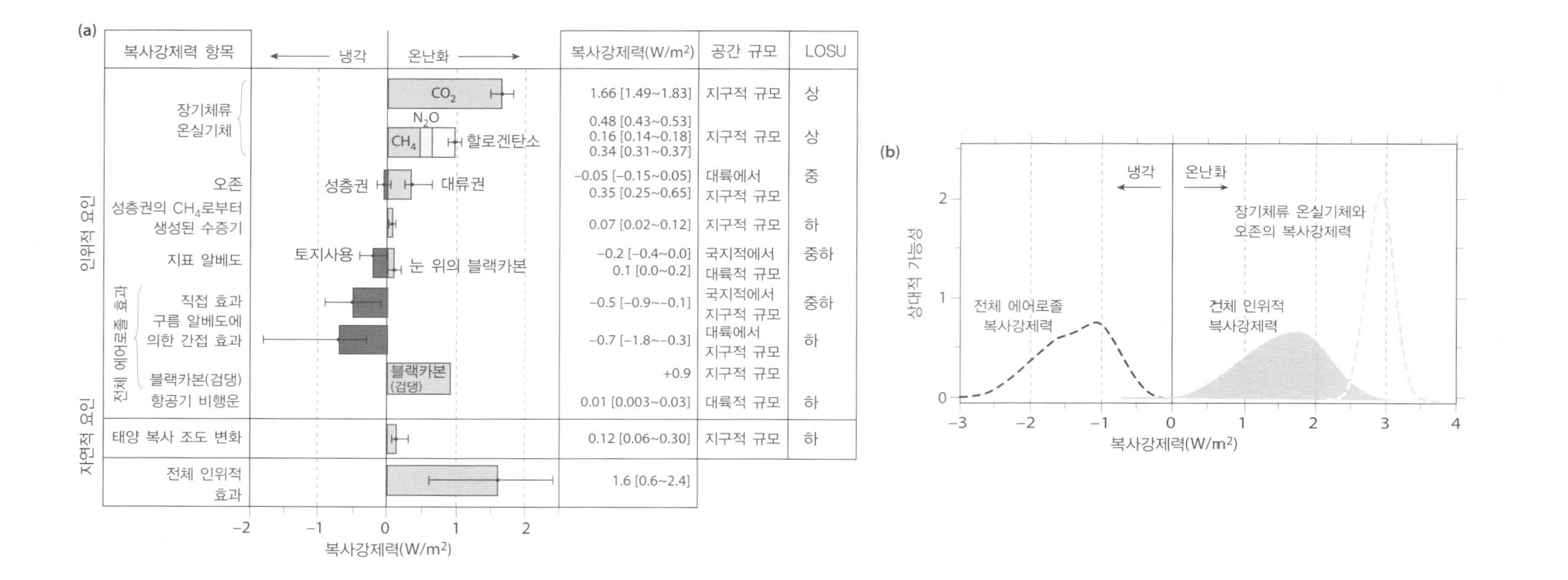

그림 2.11 지구 평균 복사강제력.

(a) 1750~2005년 기간의 지구 평균 복사강제력. 복사강제력(radiative forcing, RF)은 다양한 온실기체, 에어로졸 및 기타 메커니즘에 의해 흡수된 장파 복사(단위 m^2당 Watts)를 의미한다. 양의 복사강제력은 지구온난화를, 음의 복사강제력은 냉각을 발생시킨다. 최적의 추정치와 불확도 범위는 개별 항목을 단순히 더하는 것으로는 얻을 수 없는데 그 이유는 일부 요인들이 비대칭적인 불확도 범위를 갖기 때문이다. 따라서, 추정치는 몬테 카를로 기법(Monte Carlo technique)을 사용하여 계산되었다. LOSU는 level of scientific understanding(과학적 이해 수준)의 약자이다. 또한 블랙카본(black carbon) 에어로졸에 의한 복사강제력(대기 꼭대기에서)은 +0.9 W/m^2이다(Ramanathan and Feng 2009). 그림에 나타난 블랙카본은 전체 순 인위적 복사강제력(total net anthropogenic)에는 포함되지 않는다.

출처 : Solomon et al. 2007, Technical Summary, fig. TS5, p.32. In Climate Change 2007. The Physical Science Basis. Working Group I Contribution to the Fourth Assessment Report of the Intergovernmental Panel on Climate Change. Cambridge University Press.

주의 : IPCC(2007)의 기후 민감도는 °C당 약 1.25 W/m^2(Ramanathan and Feng 2009).

(b) (a)에 제시된 모든 인위적인 요인의 복사강제력을 종합한 지구 평균 복사강제력 확률 분포. 다음과 같은 세 가지 사례를 제시한다. 즉, 모든 인위적 RF 항의 합(진한 회색으로 채워진 곡선), 온실기체와 오존의 RF만 고려(연한 회색 파선), 에어로졸의 직접 효과와 구름 알베도 RF만 고려(검은색 파선). 지표면 알베도, 비행운, 성층권 수증기의 RF는 전체 곡선에는 포함되었으나 그 외에는 포함되지 않았다.

출처 : Forster et al. 2007, fig. 2.20B, p. 203. In Climate Change 2007. The Physical Science Basis. Working Group I Contribution to the Fourth Assessment Report of the Intergovernmental Panel on Climate Change. Cambridge University Press.

수증기는 '자연적인' 온실효과에 매우 중요한 기여를 한다. 대기 중 수증기 농도는 지구가 따뜻해질수록 증가하며, 증가한 농도는 다시 온난화를 가속하는 양의 되먹임(수증기 되먹임) 작용을 한다. 사실, 수증기는 가장 큰 양의 되먹임 작용을 갖는다. 따라서 수증기 자체로 온실기체 증가에 의한 온난화 효과를 2배로 증가시킨다. 그러나 열대 지역에서는 온도 감률의 변화가 온도 증가를 일부 상쇄하여서 수증기와 온도 감률을 함께 고려한 되먹임 효과는 온실기체 강제력에 기인한 기후 민감도를 50%까지 증가시킨다. (온도 감률은 고도의 증가에 따른 온도 감소율이다.) 이는 CO_2가 2배 증가하면 온도는 약 4°C 올라감을 의미한다(Randall et al. 2007).

온난화를 강화시키는 몇몇 다른 되먹임 효과는 다음과 같다.

(1) 지표면 온도가 증가하면 고위도에서 지면을 덮고 있는 얼음과 눈을 녹이고 이들의 면적이 감소한다. 눈과 얼음 표면의 감소는 지구 알베도를 감소시킨다(제1장 참조). 얼음과 눈은 식생이나 맨땅보다 태양 복사에너지를 훨씬 더 강하게 반사한다. 따라서, 지구 알베도 감소는 태양 복사에너지의 흡수 증가와 함께 발생하여서 지면의 온도를 추가적으로 증가시킨다.

(2) (특히 고위도에서) 토양의 온도가 올라가면(Schlesinger 1991; Kvenvolden 1988), 토양에서의 미생물 활동이 활발해지고, 이는 부패에 의한 추가적인 CO_2 방출을 발생시킨다.

다른 되먹임 효과도 중요하고 고려되어야 한다. 구름의 효과는 복잡하다. 높은 고도에 있는 구름(고층운)의 순 효과는 대기 꼭대기에서 우주로 나가는 지구 복사를 감소시킨다(온난화 효과). 반면에 낮은 고도의 구름(저층운)은 지구로 들어오는 태양 복사에너지를 더 반사한다(냉각 효과). 1980년에서 1999년까지 구름에 의한 지구 연평균 복사강제력은 $-22.3\ W/m^2$였다(즉, 냉각)(Meehl et al. 2007). 지구온난화로부터 구름의 되먹임 효과는[즉, 운량(cloud coverage), 구름 고도, 물 함량의 변화에 기인한 반사율 변화] 기후 모델의 불확도를 확대하는 원인이다. 한 연구에서는(Clement et al. 2009) 온실기체가 증가하면 태평양의 대부분에서 저고도 운량이 감소함을 제시하였다(즉, 저층운의 양의 되먹임 효과 – 온난화). 모델들 사이에 기후 민감도의 차이가 발생하는 것은(즉, CO_2 농도가 2배가 될 때 증가하는 온도) 주로 구름의 되먹임(특히 저층운) 효과에서 차이가 나타나기 때문이다.

관측된 온도의 변화와 대기 대순환

지구 평균 지표면 온도는 특히 1950년부터 증가하여왔다. 1850~1899년부터 2000~2005년까지 온도는 0.76°C±0.19°C 증가하였다(그림 2.12 참조). 서로 다른 시간 간격에 대한 선형적 온도 증가율에 주목해보면, 최근 25년간의 온도 증가율(0.177°C/10년)이 50년간의 온도 증가율(0.128°C/10년)에 비해 훨씬 크다. 온도 증가율은 그래프에서 보여지듯이 약 150년 동안 가속되어 왔다. 지구온난화 정도는 지역에 따라 변화한다. 땅 위에서의 지면 온도는(0.27°C/10년) 바다 위에서의 온도보다(0.13°C/10년) 더 큰 증가율로 데워졌다. 또한 온난화는 북반구 고위도에서 가장 강하게 발생한다(Solomon et al. 2007). 예를 들면, 1965년에서 2005년 사이에 북위 65° 북쪽 지역에서는 지구 평균 온도 증가의 2배까지 온도가 높아졌다(Lemke et al. 2007). 온도가 가장 높았던 두 해는 1998년과 2005년으로 기록되어 있다.

지구온난화로 인한 극한 온도의 변화가 예상된다. 가장 분명한 변화는 1951~2003년 기간에 모든 지역에서 추운 밤의 횟수가 감소한 것이다. 또한 열파(heat wave)는 20세기 후반기에 더 오래 지속되었다. 2003년 여름에는 서유럽과 중앙유럽에서 1780년 이후로 가장 더운 열파를 기록하였다.

지면 온도의 증가는 성층권 온도의 감소(1979년 이후 0.3~0.6°C/10년의 속도로)와 함께 나타났다. 성층권 온도 감소는 화산 폭발로 인한 일시적이고 반복적인 온도 증가에 의해 중단되기도 하였다. 대서양과 남극 전선 제트 기류가 극지역 쪽으로 이동하면서 양 반구에서 중위도 편서풍이 강해지는 것과 같은 대기 대순환의 장기적인 변동 역시 발생하였다. 북반구에서 더 강한 편서풍은 대양에서 대륙으로의 흐름을 변화시키고, 이는 겨울 폭풍 경로의 변화와 그

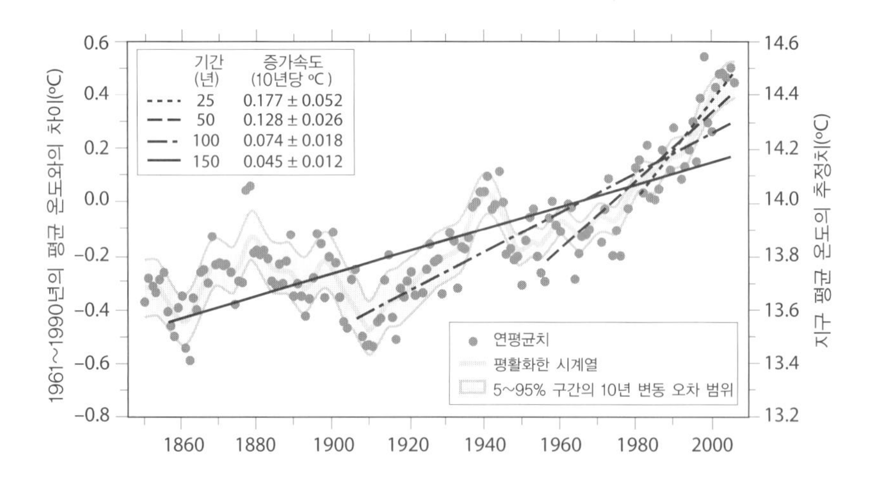

그림 2.12 지구 연평균 지표면 온도(검은 점)와 선형 회귀선. 왼쪽 y축은 1961~1990년 평균에 대한 상대적인 온도 이상치(anomalies)를 나타내고 오른쪽 y축은 온도의 추정치를 나타낸다(모두 °C). 선형적 온도 증가율은 최근 25년, 50년, 100년, 150년에 대해 제시하였다(기간에 대한 부호는 범례에 제시). 옅은 회색의 부드러운 곡선은 10년 변동을 나타내고 옅은 회색 음영은 10년 변동의 90% 오차범위를 나타낸다. 1850~1999년부터 2001~2005년까지 전체 기간에 대한 온도 증가는 0.76°C±0.19°C이다(FAQ 3.1, fig. 1. Climate Change 2007: The Physical Science Basis).

출처 : Solomon et al. 2007, Technical Summary, fig. TS.6, p. 37. In Climate Change 2007. The Physical Science Basis. Working Group I Contribution to the Fourth Assessment Report of the Intergovernmental Panel on Climate Change. Cambridge University Press.

에 따른 중위도와 고위도에서의 강수와 온도 경향성 변화에 중요한 요인이다. 편서풍의 강화는 북대서양에서 대기 순환 변동성 패턴의 변화, 즉 북대서양 진동(North Atlantic Oscillation, NAO) 또는 북반구 극진동(North Annualr Mode, NAM)의 변화에 따른 것이다. 북대서양 진동(NAO)은 아이슬란드 저기압과 아조레스(Azores) 고기압의 강도와 이들 사이에 발생하는 편서풍의 강도를 측정한 것이다. NAM은 겨울철 북극에서 발생하는 지면 저기압 패턴의 진폭과 강한 중위도 편서풍의 주기적 변동성(fluctuation)을 나타낸다. NAO와 NAM의 양의 위상(phase)에서 대기압이 대서양 중앙에서 더 강해질 때 강한 편서풍이 따뜻하고 강수량이 많은 기단을 북유럽으로 밀어낸다. 1968년부터 1997년까지 NAO/NAM의 경향과 증가된 변동성은 내부적인 변동성에서 예상한 것보다 더 컸고 이는 지구온난화와 연관이 있다고 제안되었다(Solomon et al. 2007).

태평양에서는 ENSO(El Niño Southern Oscillation, 엘니뇨 남방진동)가 해양-대기 변화를 지배한다. 북태평양의 해수면 온도의 척도인 태평양 10년 진동(Pacific Decade Oscillation, PDO)의 위상 변화와 관련된 1976~1977년의 기후 변화로 인해 엘니뇨 현상의 빈도가 증가하였다. 엘니뇨로 인해 페루 지역의 서태평양에 따뜻한 수괴가 형성된다. 북아메리카에서는 ENSO 변화로 인해 북아메리카 서부 지역이 동부 지역보다 더 따뜻해져서 구름이 더 많아지고 습해진다(Solomon et al. 2007). 또한 1998년 평균 기온은 2005년까지 기록상 가장 높았다(1997~1998년은 엘니뇨 해였다). 엘니뇨는 또한 홍수와 가뭄과 같은 극단적인 물순환(hydrologic cycle)을 유발한다. 이러한 관측된 변화와 지구온난화 사이에는 연관성이 있는 것으로 보인다.

물순환에서 관측된 변화 : 수증기, 강수, 하천 흐름, 폭풍

1988년부터 2004년까지 대류권의 수증기는 1.2±0.3%/10년의 속도로 증가하여왔다(Solomon et al. 2007). 이는 온도 증가로부터 예측된 것이다. 수증기는 온실효과에 기여하기 때문에 수증기가 증가하면 지구온난화에 중요한 되먹임 효과가 나타난다. Willett 등(2007)은 비습(specific humidty, 특정 공기 부피에서 수증기와 공기의 비율)이 20세기 후반에 주로 인간의 영향으로 크게 증가하여왔음을 제시하였다. 그들은 비습의 관측값과 기후모델을 사용하여 이러한 결론을 내렸는데, 더 높은 비습은 더 많은 강우와 더 집중적인 강우, 그리고 더 강력한 열대성 저기압을 발생시키는 경향이 있기 때문에 중요하다.

결과적으로 모델은 온도의 증가는 지구 평균 강우를 약간 증가시키는 것으로 예측하였다(Emori and Brown 2005; Zhang et al. 2007). 모델은 또한 고위도에서는 강우가 더 많이 발생하는 반면, 아열대 지역에서는 지역적으로 강우의 분포가 변화하면서 강우가 감소할 것으로 예측하였다. 그러나 서로 다른 지역에서의 강우의 변화가 서로 상쇄되는 경향이 있기 때문에 전 지구적으로 인위적으로 발생한 강우의 변화를 탐지하는 것은 어렵다. 강우 변화는 온도

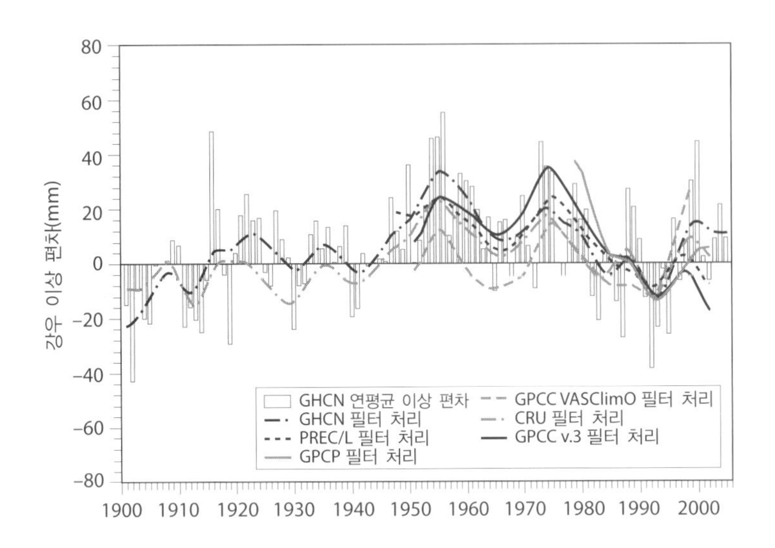

그림 2.13 1900~2005년의 전 지구 연평균 육상 강우 이상치 시계열. 많은 다양한 데이터 세트를 취합한 GHCN 데이터 세트의 결과이며 자세한 사항은 원본 참조.

출처 : Trenberth et al. 2007, fig. 3.12, p. 37. In Climate Change 2007. The Physical Science Basis. Working Group I Contribution to the Fourth Assessment Report of the Intergovernmental Panel on Climate Change. Cambridge University Press.

변화보다 지역별로, 계절별로 변동성이 더 큰 경향이 있다. Zhang 등(2007)은 1925년에서 1999년까지 육지에서의 강우에 대한 인위적 강제력을 예측하기 위해 모델을 사용하였고, 모델 결과를 관측값과 비교하였다. 그들은 인간에 의한 강제력이 북반구 중위도의 육지 강우가 증가한 것과 북반구 아열대와 열대 지역에서의 가뭄뿐만 아니라 남반구 아열대와 열대 지역의 강우가 증가한 것에 기여하였다고 결론지었다.

관측된 지구적인 연평균 육지 강우의 이상치(anomalies)가 그림 2.13에 제시되어 있다. 이러한 변화는 1900년부터 1950년대 중반까지는 전반적으로 증가하였다가 1990년대 초반까지는 감소하였고, 그 후 다시 증가하는 경향을 나타내어 시간에 따라 지속적인 증감을 보이지는 않았다. 전 지구적 강우의 변화는 다양한 지역이 서로 다른 큰 이상치를 나타내기 때문에 해석하기가 어렵다.

20세기에 전 지구적 온도와 강우의 변화에 따른 하천 흐름의 전 지구적 변화 양상을 예측하기 위해 모델들을 사용하였고 그 결과를 관측값과 비교하였다(Milly et al. 2005). 관측과 예측에서 하천 유출량(runoff)이 감소한 지역은 사하라 사막 이남의 아프리카, 남부 유럽, 남아메리카 남부, 오스트레일리아 남부와 북아메리카의 중위도 서부였다. 하천 유출량이 증가한 지역은 남아메리카 남부의 라플라타 분지(LaPlata basin), 북아메리카 남동부 · 중부 · 북동부 끝 지역,

아프리카 남동부, 오스트레일리아 북부, 유라시아 남부였다.

기후 모델은 21세기에 미국 남서부에서 더 건조한 기후를 예측하였고, 이는 현재 진행되고 있어야 한다(Seager et al. 2007). Barnett 등(2008)은 1950년에서 1999년까지 미국의 메마른 서부 지역에서 산악 강우와 수리학적 순환이 변하였음을 보였다. 이들은 수문학과 전 지구 기후 모델을 이용하여 겨울철 눈보다 더 잦은 강수, 더 이른 눈 녹음, 봄철에 증가하고 여름철에 더 감소한 강물 흐름, 온난화 등과 같은 기후 관련 수리학적 변동의 60%가 온실기체와 에어로졸의 인위적인 변화에 기인하였음을 제시하였다. 이러한 변화들과 함께 향후 이 매우 건조한 지역에서는 물이 부족해질 것이다.

Barnett과 Pierce(2008)는 또한 1922년에는 콜로라도강이 미국 서부 주(state)들로 갈라질 때 연평균 유량이 풍부하였으나, 많은 해에 걸쳐 점차 감소하여왔고 미드 호수(Lake Mead)와 포웰 호수(Lake Powell)는 적재 수량의 50% 정도만 채워져 있음을 지적하였다. 지구온난화로 인해 향후 30년 또는 50년 이내에 콜로라도강 흐름의 10~30%가 감소할 것으로 예상되는데, 이것이 실제로 발생한다면 미드 호수와 포웰 호수의 수위가 너무 낮아져서 수량 감소가 발생한 후 10년 이내에 중력에 의한 하류로의 흐름이 멈출 수 있다.

1970년 이후 북대서양에서는 더 강한 열대성 저기압(허리케인)의 발생 빈도가 증가하여왔으며 이는 높아진 열대 해수면 온도와 연관이 있다. 허리케인은 더 파괴적이고 더 오래 지속되며 더 강한 강도를 가지는 경향을 보인다. 열대성 저기압의 전체 발생 수와 경로의 변화는 ENSO와 10년 변동성에 기인한다. 그러나 북대서양 허리케인의 수는 또한 1995년부터 2005년까지 증가하였다. 이들의 기록은 1970년 이후 인공위성을 이용하면서 훨씬 정확해졌다.

인위적 에어로졸이 더 많아졌는데 에어로졸이 많아지면 더 많은 구름 응결핵과 구름 물방울을 만들어내면서 구름의 수명을 늘린다. 그 이유는 더 작은 구름 물방울로 인해서 이슬비 억제, 구름의 물 함량 증가, 구름 고도 증가를 야기하는 것처럼 쉽게 비가 내리지 않기 때문이다. 구름 수명 증가는 물의 순환을 변화시킨다. 또한 에어로졸은 태양 복사를 흡수하여 대류권을 데우고 구름을 없애기도 한다.

얼음, 해수면 높이, 바다 등에서 관측된 변화

지구온난화로 인해서 지구 표면의 얼음, 눈, 얼어붙은 땅이 녹았다. 표 2.6에는 해수면 변화에 대한 얼음 손실의 주요 기여도를 요약하였다. 눈과 얼음의 변화가 지구 표면에 큰 영향을 미치는 이유는 다음과 같다. (1) 맨땅이나 나무에 비해 큰 반사율(알베도)로 인해 지면이 냉각된다. (2) 얼음이 물로 상변화하면서 잠열을 흡수한다. (3) 빙하 얼음과 눈은 많은 지역에서 중요한 담수원이다(앞 절의 콜로라도강에 대한 토의 참조).

1965년부터 2005년까지 전 지구 평균 온도 상승률에 비해 고위도에서의 온도 상승이 약 2배 빠르기 때문에(Lemke et al. 2007), 그린란드와 남극의 빙상(ice sheets)은 지구 평균보다

표 2.6 관측된 해수면 변화에 대한 얼음 손실과 열적 팽창의 기여도

얼음 손실의 종류	해수면 변화 1993~2003년 해수면 등치 (mm/yr)	완전 용해 후 잠재적인 해수면 상승 (in meters)
빙하와 만년설	0.8 ± 0.2	0.26 ± 0.11
그린란드 빙상	0.2 ± 0.1	7
남극대륙 빙상	0.2 ± 0.35	57
얼음 손실에 의한 해수면 상승의 총합[a]	**1.2 ± 0.4**	
해빙		0
육상의 눈(북반구)		0.001~0.01
계절에 따라 어는 지면		0
동토층		0.03~0.10
해양의 열팽창	1.6 ± 0.5	
알려진 요인들에 의한 해수면 상승의 총합	**2.8 ± 0.7**	
실제 위성관찰에 의한 해수면 상승	**3.1± 0.7**	

출처 : Lemke et al. 2007, pp. 374–75; Solomon et al. 2007, p. 50.

주의 : 360 Gt ice loss = 1 mm/year 해수면 상승(Shepherd and Wingham 2007).

[a] 가우시안 오차 합산(Gaussian error summation).

더 큰 온난화를 겪었다. 빙상은 해수면을 급격하게 변화시킬 수 있는 물의 주요 저장소이다. 만약 그린란드와 남극의 빙상이 모두 녹으면, 해수면은 64 m 상승할 것이다(그린란드의 빙상이 7 m, 남극의 빙상이 57 m 상승에 기여)(Lemke et al. 2007). 내륙에 내리는 눈으로 형성된 얼음은 중력에 의해 해안 쪽으로 이동하고, 여기서 녹거나 빙산(iceburg)으로 갈라져 바다로 들어간다. 과거에는 얼음의 이동속도는 빠르게 변하지 않는다고 가정하였고, 따라서 지구온난화의 주요 효과는 바다가 온난해지면서 증가한 강설량 변화와 표면 얼음이 녹는 속도가 빨라지는 것으로 생각되었다. 그러나 여름철 그린란드에서 얼음 흐름 속도가 빠르게 상승한다는 것이 관측되었다. 또한 떠다니는 빙붕(ice shelves)이 이들에게 얼음을 공급하는 빙하의 흐름을 막는 역할을 함으로써 빙붕의 붕괴를 가속화하는 것이 관측되었다. 이 두 요인이 모두 빙상에서 더 빠르게 얼음을 녹인다는 우려를 일으켰다(Alley et al. 2005; Lemke et al. 2007).

그린란드 빙상의 서쪽 융삭(ablation) 지역에 대한 최근의 위성 관측에 의하면(van de Wal et al. 2008) 여름철 얼음이 녹은 물이 기반암에 대해 윤활작용을 하여 빙상의 가장자리에서 빙상의 흐름을 가속화하였지만, 연평균 이동 속도는 어느 정도 일정하고, 어떤 지역에서는 오히려 느려졌거나 우려할 정도로 빨라지지는 않았다. 따라서 얼음이 녹는 것과 얼음의 이동속도 사이의 양의 되먹임이 계절적으로 작용하기 때문에 적어도 향후 수십 년간은 지구온난화가 얼음을 녹이는 속도를 크게 가속시키지는 않을 것으로 보인다. 현재까지는 연구자들은 이것이 중요하다고 결론 내릴 수는 없다.

Venke Sundal 등(2011)은 눈 녹음에 의해 유발된 그린란드 빙상 흐름의 가속이 효율적인

빙하 아래의 배수 흐름에 의해 상쇄되고, 더 따뜻한 해의 여름에 이 빙상 흐름이 더 느려진다는 것을 발견하였다. 빙상은 단순히 기저의 윤활작용에 의해서만 흐르는 것이 아니고, 산 위의 빙하와 같이 빙하 아래의 배수 흐름이 필요하다. 따라서 얼음이 녹는 것이 빙상의 속도에 미치는 영향을 이해하기 위해서는 빙하 아래의 배수 흐름에 대해서 더 잘 이해하는 것이 중요하다. 그러므로 기후 변화에 대한 빙상의 반응과 이것이 해수면 변화에 기여하는 바는 여전히 불확실하다.

그린란드와 남극 빙상이 녹는 것에 대한 두 번째 영향이 있다. 해양 심층수가 형성되는 곳이 그린란드 근처인데, 이곳에서 차고 염분이 높은 표층수가 해저로 가라앉으면서 남쪽의 따뜻한 표층수가 북쪽으로 이동할 수 있도록 공간을 만들어주기 때문에 북유럽을 따뜻하게 하는 북대서양 컨베이어 벨트가 작동한다(해양 순환에 대한 논의는 제1장 참조). 침강은 표층수의 염분(따라서 밀도)에 따라 일부 결정되기 때문에 밀도가 낮은 담수의 유입은 표층 해수를 더 가볍게 만들고 침강을 멈추게 할 수 있다. 침강이 멈추면 대서양 컨베이어 벨트가 멈추게 될 것이다. 이는 북유럽으로의 해양에 의한 열 이동(heat transport)과 기후에 매우 큰 영향을 미칠 것이다(Vellinga and Wood 2002; Alley 2004). 심층수 형성은 남극 근처에서도 발생한다.

지구온난화는 여러 과정을 통해서 점진적인 해수면 상승을 야기하고 있다(표 2.6 참조). (1) 그린란드와 남극 빙상의 얼음과 눈이 부분적으로 천천히 녹으면서 물이 해양으로 유입되며(연간 0.4 mm/yr의 해수면 상승), 이러한 해양으로의 물 유입은 알래스카, 미국 북서부 내륙, 캐나다 남서부, 파타고니아와 같은 산악 빙하와 만년설이 녹으면서도 발생한다(연간 0.8 mm/yr). (2) 해양의 가열로 인해 해수가 팽창된다(연간 1.6 mm/yr). 현재까지 알려진 지구온난화에 의한 전체 해수면 상승 속도는 1993~2003년 기간 동안 2.8 mm/yr이다(Solomon et al. 2007). 인공위성을 통해 측정된 해수면 상승 속도는 3.1 mm/yr였다. 해수면은 과거 100년 동안 1~2 mm/yr의 속도로 상승하였고, 그중 0.5±0.2 mm/yr가 해수의 팽창에 의한 상승률이고 나머지가 주로 육상의 빙하가 녹으며 발생한 상승 속도이다(Alley et al. 2005). 그림 2.14에서 1870년부터 2000년까지의 해수면 상승을 보여준다. 이러한 상승률은 매우 낮은 해안 지역은 침수되었어야 함을 보여준다. 해수면 상승이 강의 범람 또는/및 열대 폭풍과 함께 발생하여 그 효과가 파괴적으로 상승될 때 실제 큰 문제가 발생한다(예를 들면, 방글라데시 또는 뉴올리언스에서의 카트리나 허리케인의 경우).

지질학적 과거에 빙상 축소가 빙상의 성장보다 더 빠르게 발생하였다. 예를 들면, 21,000년 전 마지막 빙하기 정점의 끝에서 지구 궤도와 자연적인 온실기체의 변화로 인한 지구온난화로 빙하가 녹았고, 해수면이 평균 10 mm/yr의 속도로 상승하였다. 심지어 19,000년 전과 14,500년 전에 해수면 상승 속도가 50 mm/yr에 달하는 사건이 두 번이나 발생하였다(Alley et al. 2005). 또한 125,000년 전 마지막 간빙기 동안 전 지구적 해수면은 4~6 m 더 높았다(Jansen and Overpeck 2007). 비록 남극해에서는 뚜렷한 경향성을 보이지 않았지만, 북극해에서는 해빙의 연평균 면적이 1978년 이후로 2.7%/10년의 속도로 감소되었다(Solomon et

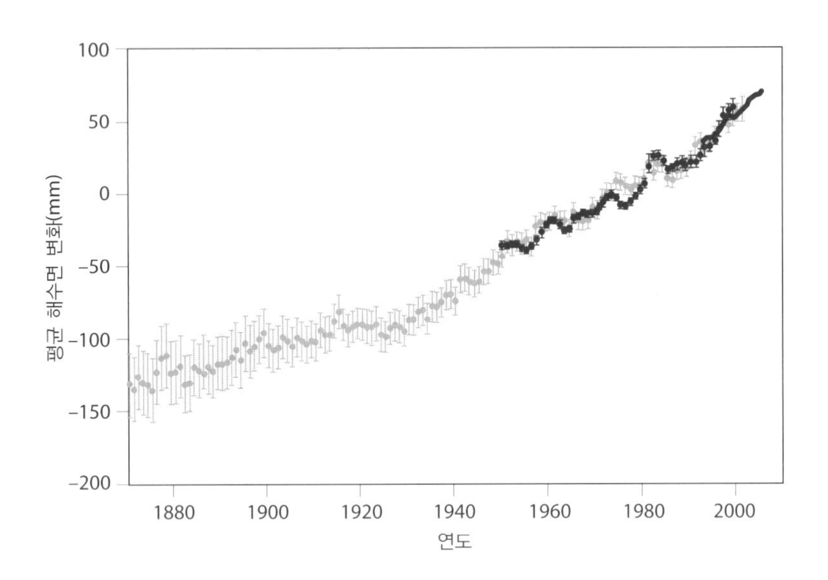

그림 2.14 1870년부터 2000년까지 지구 평균 해수면 상승(mm). 오차 막대는 90% 신뢰구간을 나타낸다.

출처 : Bindoff et al. 2007, fig. 5.13, p. 410. In Climate Change 2007. The Physical Science Basis. Working Group I Contribution to the Fourth Assessment Report of the Intergovernmental Panel on Climate Change. Cambridge University Press.

al. 2007). 그러나 이러한 변화는 알베도에는 큰 영향을 주지만 해수면에 미치는 영향은 없다.

인공위성을 통해 1966년 이후로 북반구 육지에서는 눈 표면이 특히 봄철에 감소해왔음을 관측하였다. 또한 미국 서부에서는 산맥에 쌓여 있는 눈덩이의 양이 감소하였는데, 이는 담수 공급의 감소를 의미한다. 캐나다 북극, 알래스카, 시베리아, 티베트, 유럽에서는 1980년대 이후 영구 동토층과 계절에 따라 얼어붙는 땅 역시 감소하여왔다.

해양은 따뜻해지고 있다. 표층에서부터 700 m 깊이까지의 전 지구적 해양 평균 온도는 1961년부터 2003년 사이 0.1°C까지 증가하였다. 아한대 바다의 염분은 감소하였고, 열대와 아열대 바다의 얕은 부분에서의 염분이 증가하였다. 태평양에서의 염분은 감소한 반면, 대서양과 인도양에서의 염분은 증가하였다(Bindoff et al. 2007).

미래 기후 변화 예측

향후 20년 동안 10년당 0.1°C의 평균 표면 온도 증가가 예상된다. 이 수치는 이 기간 태양 특성의 변동이나 지구를 냉각시키는 화산 폭발이 없다는 가정으로 도출되었다(Solomon et al. 2007). 이러한 온난화 속도는 향후 수십 년 동안 해양의 열적 팽창 자체만으로도 1.3±0.7 mm/yr 속도의 해수면 상승을 동반할 것이다(빙하와 그린란드 빙상이 녹으면 해수면 상승 가속).

온도 예측은 **평형 기후 민감도**로 이루어지는데, 이는 CO_2 농도가 산업화 이전 농도의 2배가 될 때(CO_2 doubling; CO_2 = 550 ppm) 복사 평형을 이루면서 예상되는 전 지구 평균 온난화 정도를 의미한다. 평형 기후 민감도는 약 3°C이며 2.0~4.5°C의 범위를 갖지만 1.5°C 이하일 가능성은 희박하다(Solomon et al. 2007). 온난화는 육지와 해양이 흡수하는 CO_2의 양을 감소시키고, 대기 중에 남아 있는 인위적인 배출량을 증가시킨다. 모델 예측에서 가장 큰 부정확도는 구름(특히 낮은 구름)의 영향이다. IPCC(2007)의 기후 민감도는 1°C 증가에 해당하는 복사강제력이 1.25 W/m^2임을 나타낸다(Ramanathan and Feng 2009).

CO_2가 배가되는 데 대한 온도 변화의 IPCC 추정값은 지질학적 연대 동안 다양하게 변화한 CO_2가 기후에 미치는 영향을 분석한 결과를 통해 독립적으로 확인할 수 있다. 과거 4억 2,000만 년 기간에 대해 수백 개의 독립적인 온도 대리인자(proxy)를 통한 추정치와 장기간 탄소 순환의 온도에 대한 의존성을 모델링함으로써 얻은 CO_2 농도를 비교해보면, CO_2 농도 2배 증가(CO_2 doubling)에 대한 온도 변화를 2.8°C로 설정할 때 가장 좋은 일치성을 보여주었다. 이 연구는 또한 CO_2가 배가되는 데 대해 온도가 1.5°C 이하로 반응한 경우는 지질학적 과거에서 매우 희박하였음을 발견하였다.

많은 모델들이 1980~1999년에 비해서 2090~2099년에 전 지구 평균 온도가 평균 2.8°C 증가할 것으로 예측하였다. 모델들의 예측값은 1.8~4.0°C의 범위를 보였으나, 대부분의 모델들은 2.4~2.8°C 범위의 값을 제시하였다. 21세기의 온도 변화는 육지와 북반구 고위도 겨울에 가장 컸고, 해안에서 내륙으로 갈수록 증가하였으며, 수증기 증발이 공기를 식히기 때문에 건조한 지역에서 더 컸다. 모델을 통해 위와 같은 온도 변화가 발생하였을 때 예측된 평균 해수면 상승은 0.2~0.5 m 범위로 평균 0.34 m였다. 이 중 70~75%는 해양의 열적 팽창에 인한 것이고 나머지는 얼음이 녹음으로 인해 발생한 것이다. 남극은 얼음이 녹기에는 너무 온도가 낮아서 얼음이 녹는 것은 대부분은 그린란드 빙상과 빙하, 만년설에서 발생한다. 앞에서도 언급했듯이, 빙붕(ice shelves)이 사라지면 육지의 얼음 흐름 속도가 빨라진다는 증거가 있지만, 여름에 얼음이 녹은 물이 증가하는 것이 연평균 얼음 흐름 속도에 어느 정도로 크게 기여하는지에 대해서는 과학적 동의가 이루어지지 않았다. 만약 더 많은 얼음이 녹고, 해수면이 표면 온도 증가에 대해 선형적으로 상승하면, 해수면 상승의 예측 상한선에 0.1~0.2 m가 추가될 것이다(Solomon et al. 2007).

모델들은 또한 앞서 설명한 북대서양 컨베이어 벨트(때때로 meridional overturning circulation 또는 MOC라고 불림)가 가벼워진 고위도 표층수로 인해서(증가한 강수와 얼음이 녹음으로 인해 더 따뜻해지고 염분이 감소하기 때문에) 21세기를 거치며 느려질 것으로 예측한다. 그러나 21세기에 컨베이어 벨트가 어느 순간 갑자기 멈추지는 않을 것으로 보인다(Solomon et al. 2007).

모델들은 또한 더 심한 악기상 사건들이 발생할 것으로 예측한다. 열파(heat wave)는 특히 열대 지역에서 더 자주 더 강하게 발생하고 더 오래 지속될 것으로 예측된다. 더 높은 해수면 온도는 더 강한 열대성 폭풍(허리케인과 태풍)을 더 자주 발생시킬 것이다.

눈으로 덮인 지면은 감소하고 영구동토층의 더 깊은 깊이까지 녹을 것으로 예측된다. 강우 패턴은 특히 북반구에서는 더 많아진 수증기로 인해 저위도에서 극 방향으로의 수증기 이동이 증가하면서 고위도(> 50°)에서는 강우가 증가하는 방향으로 변할 것으로 예상된다. 이 패턴은 아열대 지역에서의 강우를 감소시킨다. 남아시아와 동남아시아에서는 여름 몬순 기간에 더 많은 강우량이 예상된다(Solomon et al. 2007).

대기 중 CO_2 증가로 인해 바다 표층은 더 산성화가 될 것이다. 최근 200년간 인위적으로 배출된 CO_2의 40%가 바다에 흡수되었고, 이는 해양의 pH를 낮추고 방해석(calcite)과 아라고나이트(aragonite)와 같은 탄산염 광물(mineral)이 침전되는 것을 어렵게 만든다(제8장 참조). 이러한 미네랄은 많은 해양 생물의 껍질과 골격의 주요 구성성분이며 산호초를 구성하기 때문에 해양의 산성화는 많은 해양 생물에 해롭다(Zeebe et al. 2008). 산호, 유공충(foraminifera), 석회질의 플랑크톤을 포함하는 많은 해양 생물에서는 pH가 0.2~0.3단위 감소하면 석회화가 억제된다. 미래에 해수에서의 화학 과정 변화를 결정하는 핵심 변수는 인위적인 CO_2의 배출량과 시간의 규모이다.

이미 인위적으로 배출된 온실기체에 의한 기후 변화는 대체로 온실기체의 대기 중 수명에 달려 있다. 예를 들면, 메탄의 대기 수명은 짧지만(약 10년 이내), N_2O는 약 한 세기 동안 대기 중에 존재한다. CO_2의 제거 시간은 상당히 변화가 크지만, 대기와 육상의 저장소에서 해양으로 CO_2가 이동하는 것은 느리고 대기에서 CO_2를 제거하는 데에는 수천 년이 걸릴 수 있다. 메탄의 수명이 짧다고 해도 동토층이 녹으면서 방출되는 메탄의 양이 증가하면서 미래에 농도가 증가할 수 있다. 비록 온실기체 배출이 2100년에 멈춘다고 하여도, 온도는 그 후 100년 안에 약 0.5~0.6°C 증가하고 해양의 열팽창은 200년 동안 지속되어 2300년까지 0.3~0.8 m의 해수면 상승이 예상된다(1980~1999년 대비)(Solomon et al. 2007). 또한 그린란드 빙상은 지속적으로 상승한 온도로 인해 계속 녹을 것이다.

에어로졸

에어로졸(aerosol)은 대기 중에 떠다니는 고체나 액체로 된 작은 입자(particles)이며, 크기는 분자 몇 개가 뭉친 크기부터 반지름 20 μm까지 범위가 매우 넓다. 여기서는 태양 복사를 반사하는 에어로졸의 역할이 강조되지만, 제3장에서는 산성비의 형성과 황과 질소 순환에서의 이들의 역할을 살펴볼 것이다. 에어로졸에 의한 직접 복사강제력은 이들이 단파(태양) 복사와 장파(지구) 복사를 반사 또는 흡수하기 때문에 발생하며, 이로 인해서 지구-대기 복사 평형이 이동한다. 에어로졸의 특성에 따라 어떤 것은 지구를 냉각하고 또 다른 것들은 지구를 데운다.

표 2.7 대기로 직접 방출되거나 대기에서 생성되는 반지름 20 μm 이하의 입자 플럭스(단위는 Tg/yr, Tg=10^{12}g)

공급원	플럭스	출처
자연적 공급원		
광물 먼지		
육상으로부터의 먼지 합계	1,700 Tg	Jickells et al. 2005
해양으로의 플럭스	450 Tg	Jickells et al. 2005
해염		
해양으로부터의 플럭스	16,300 ± 200%	Textor et al. 2005
생물기원의 입자들	50 Tg	Ramanathan et al. 2001
자연적인 유기탄소	2.5~44.5 Tg-C	Tsigaridis & Kanakidou 2003
화산성 입자들(짧은 체류시간)	15~90 Tg	Jaenicke 1993
인간 활동과 자연적 공급원		
개방된 바이오매스 소각에 의한 검댕(soot)	3.4 Tg-C	Bond et al. 2004
화석연료 연소의 검댕	4.4 Tg-C	Bond et al. 2007
화석연료 유기탄소	8.7 Tg-C	Bond et al. 2007
바이오매스 소각 유기탄소	33.9 Tg-C	Bond et al. 2004
황산염 에어로졸		
대류권 공급원		
생물기원 DMS로부터(2001년)	26 Tg-S	Penner et al. 2001
화산성(7%)	9 Tg-S	Halmer et al. 2002
화석연료로부터(2000년)	55 Tg-S	Stern 2005
바이오매스 소각으로부터(2%)	2 Tg-S	Andreae & Merlet 2001
성층권 공급원		
피나투보 화산 폭발로부터(1991년)	(40) Tg-S	Ramanathan et al. 2001

주의 : Ramanathan 등(2001)은 많은 HNO_3가 이미 존재하고 있는 입자에 침전되는 것으로 제시하여 질산염(nitrate)은 포함되지 않았다.

입자 또는 에어로졸의 주요한 발생원이 표 2.7에 제시되어 있다. 입자의 플럭스는 아직 정확하게 알려지지 않아 대략적인 추정치로 제시되었지만 입자의 주요 발생원이 자연적이라는 것은 명확하다(대부분 토양 먼지와 해염으로 구성).

인위적인 에어로졸은 화석연료 연소로 인해 발생하는 황산염(sulfate), 유기탄소(organic carbon), 블랙카본(black carbon)으로 구성된 산업 발생 에어로졸뿐만 아니라 질산염(nitrate)과 광물 먼지(mineral dust), 그리고 생물연소(biomass burning)로부터의 에어로졸도 포함한다. 모든 에어로졸로부터 발생하는 전체 인위적 복사강제력은 -1.2 W/m^{2}이다(Solomon et al. 2007; 표 2.8 참조). Ramanathan과 Feng(2009)은 인위적 에어로졸의 전체 복사강제력을 -1.4 W/m^{2}로 추정하였다. 인위적 에어로졸에 의한 전체 복사강제력이 음수(즉, 냉각)이고 온실기체에 의한 온난화와 크기가 비슷하기 때문에, 에어로졸이 온실기체 효과를 상쇄하는 경향이 있다(다양한 원인에 의한 복사강제력을 비교한 그림 2.11과 그림 2.16 참조). 온실기체로 인한 온난화와 대기의 에어로졸 효과에 관해 우리의 지식이 어떻게 발전해왔는지에 대한 훌륭

표 2.8

A. 인간 활동에 의한 에어로졸 복사강제력(1750~2005년까지, W/m²); (+) 온난화; (-) 냉각	
직접적인 에어로졸 복사강제력 총합	**−0.5 ± 0.4**
황산염 에어로졸	−0.4 ± 0.2
화석연료 유기탄소	−0.05 ± 0.05
화석연료 블랙카본(검댕)	+0.2 ± 0.15
생물연소 에어로졸	+0.03 ± 0.12
질산염 에어로졸	−0.1 ± 0.1
산업적인 광물 먼지	−0.1 ± 0.2
에어로졸의 간접효과인 구름 알베도 효과에 의한 복사강제력	**−0.7 (−0.3~−1.8)**
총합 인간 활동에 의한 에어로졸 복사강제력	**−1.2 W/m²**

출처 : Solomon et al. 2007, Technical Summary, IPCC, p. 29−30; Forster et al. 2007, table 2.12.

B. 블랙카본과 비블랙카본 에어로졸 복사강제력	
비블랙카본의 합계(직접효과와 간접효과)	RF = −2.3 W/m²
블랙카본의 합계(직접효과)	RF = 0.9 W/m²
블랙카본과 비블랙카본의 합계	RF = −1.4 W/m²

출처 : Ramanathan and Carmichael 2008; Ramanathan and Feng 2009, 2005년은 1750~2005년과 동일; Chung et al. 2005.
주의 : Bellouin 등(2005)에 의하면, 인공위성 측정에 기반한 2002년 전체 전 지구 평균 에어로졸 복사강제력은 −1.9±0.3 W/m².

한 논의가 Ramanathan과 Feng(2009)에 실려 있으니 참조하기 바란다.

에어로졸 구름 효과

에어로졸은 구름에 많은 영향을 미친다(그림 2.15에 요약; Lohmann and Feitcher 2005 참조). 인위적 에어로졸에 의해 형성된 물방울 구름의 간접적 '구름 알베도 효과'는 IPCC(2001)에서 '1차 간접효과(first indirect effect)'를 참조하거나 Twomy 효과(Forster et al. 2007; 그림 2.15 참조)를 참조하라. 에어로졸 농도가 높아지면 구름 알베도를 증가시키는 경향이 있다. 이는 더 많은 에어로졸이 더 많은 구름 응결핵(cloud condensation nuclei, CCN)을 생성하고, 더 많은 CCN은 더 많은 수의 구름 물방울을 만들며, 증가한 구름 물방울이 태양 복사를 더 많이 반사하기 때문이다. 간접적 구름 알베도 효과는 −0.7 W/m²(−0.3에서 −1.8)의 복사강제력을 가지는 것으로 평가된다.

에어로졸이 구름에 미치는 두 번째 간접효과는(IPCC 2001) 구름 수명 효과(cloud lifetime effect) 또는 Albrecht 효과로(Albrecht 1989) 불린다. 에어로졸에 의해 야기된 이 구름 수명 효과는 복사강제력 평가에는 고려되지 않는데, 그 이유는 이것이 강우를 억제하거나, 구름 고도가 증가하거나, 구름 수명을 늘리면서 물의 순환, 특히 강우에 변화를 주기 때문이다.

에어로졸이 구름에 미치는 '반직접적 효과(semidirect effect)'도 있는데, 이는 대류권 에어로졸이 단파 복사를 흡수하고 이로 인해 대류권이 데워지면서 '구름 증발(cloud burn-off)'이 나

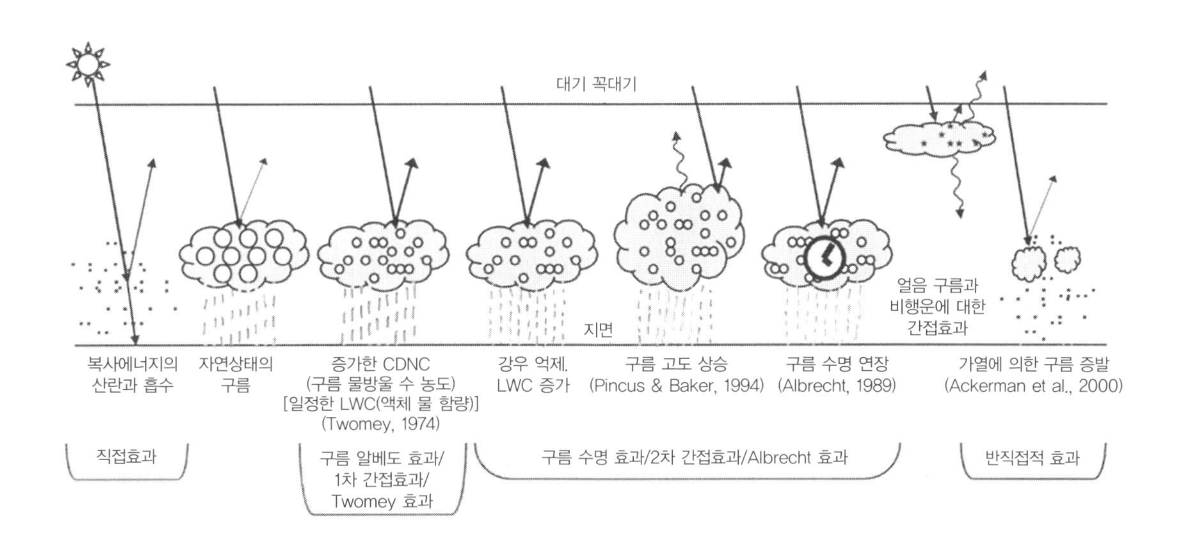

그림 2.15 에어로졸에 의한 구름 효과와 연관된 복사 과정. 작은 검은 점은 에어로졸 입자를 나타내고, 큰 하얀색 원은 구름 물방울을 나타낸다. 직선은 들어오거나 반사되는 태양 복사를 나타내고 물결선은 지구 복사를 나타낸다. CDNC는 구름 물방울 수 농도(cloud droplet number concentration)을 의미한다. 자연적인 에어로졸만 존재하여 구름 응결핵으로 작용한 교란되지 않은 구름에는 더 큰 구름 물방울이 생성되지만, 자연적인 에어로졸과 인위적인 에어로졸이 함께 존재하여 구름 응결핵(CCN)으로 작용한 교란된 구름은 더 많은 수의 더 작은 구름 물방울을 가지게 된다. 회색의 수직 파선은 강우를 나타내고, LWC는 액체 물 함량(liquid water content)을 의미한다.

출처 : Forster et al. 2007, fig. 2.10, p. 154. In Climate Change 2007. The Physical Science Basis. Working Group I Contribution to the Fourth Assessment Report of the Intergovernmental Panel on Climate Change. Cambridge University Press.

타나 구름이 축소되기 때문이다(Ackerman et al. 2000b).

에어로졸의 종류

대기에는 에어로졸 또는 입자의 주요 종류가 두 가지 있는데, (연소로부터 발생한 인위적 입자, 바람에 날린 먼지 입자, 해염, 식물의 미세한 파편 등과 같이) 대기 중으로 직접 배출되는 1차 입자와 배출된 기체들이 대기 중에서 응축되어 생성되는 2차 입자가 있다. 기체에서 입자로의 변환(gas-to-particle conversion)은 미세입자(< 1 μm)를 생성하는 반면, 직접 배출되는 입자는 대부분 조립하다(> 1 μm).

화학조성에서는 에어로졸은 몇 가지 부분, 즉 (1) 수용성 이온(황산염, 질산염, 암모늄과 여러 가지 해염기원 이온 등), (2) 불용성 무기 원소(규산염 산화물 등), (3) 탄소질 물질(수용성이거나 불용성인 유기물) 등으로 구성된다. 형태적으로는 에어로졸은 건조한 고체인 먼지 입자부터 때로는 (높은 상대습도에서) 해수 물방울인 해염 입자까지 다양하다. 대부분의 대륙 기원 에어로졸은 수용성과 불용성 성분의 혼합물(혼합 입자)인 반면, 대부분의 해양 에어로졸들은 환원된 황산화물 기체로부터 생성된 황산염과 해염으로 구성되어 수용성이다(Junge 1963; Fitzgerald 1991).

기체 배출

미세한 2차 에어로졸은 대기로 배출된 기체로부터 생성된다. 이들은 화석연료 연소로 배출되는 이산화황(SO_2), 화산으로부터 배출되는 황 기체들, 생물학적 기원의 디메틸황화물(dimethyl sulfide, DMS)로부터 형성되는 황산(sulfuric acid)을 포함한다. 이 황산 에어로졸이 암모니아와 반응하면서 $(NH_4)_2SO_4$와 NH_4HSO_4를 형성한다. 또한 질소를 포함하는 질소산화물 기체들의 배출로부터는 질산염이 형성되고, 생물성 기원의 기체들이 산화되면서 형성되는 유기 에어로졸이 있다. 이러한 2차 에어로졸은 지구의 열수지와 대기의 황 및 질소순환에 모두 중요한 역할을 한다.

황산염 에어로졸

황산염 에어로졸은 인위적 에어로졸의 복사강제력(표 2.8 참조)이 야기하는 순 냉각의 80%를 차지할 정도로 기여도가 높다. 황산염 에어로졸은 대기로 배출된 인위적인 SO_2 기체가 황산으로 변환되면서 생성되는 미세한 2차 에어로졸이다. 황산염 에어로졸은 수용성(흡습성, hygrscopic)이기 때문에 낮은 상대습도에서도 황산으로 변환되고, 크기는 0.1~1 μm의 범위를 가진다. 따라서, 이들은 좋은 구름 응결핵(CCN)으로 작용할 수 있다. 황산 에어로졸은 부분적으로 또는 전적으로 암모니아에 의해 중화되고, 액체로 존재하거나 부분적으로 고체화될 수 있다.

인위적 황산염의 주요 발생원은 화석연료 연소로부터 배출되는 SO_2이고 생물연소의 기여도는 상대적으로 적다(Forster et al. 2007). Stern(2005)에 의하면, 1980~2000년 기간 동안 지구 전체 SO_2 배출량은 연간 73 Tg-S/yr에서 55 Tg-S/yr로 감소하였다. 또한 주요 SO_2 배출 지역은 미국, 유럽, 러시아, 북대서양에서 동남아시아와 인도, 태평양으로 변화하였다. 이러한 변화는 결과적으로 생성되는 황산염 에어로졸의 위치를 변화시킬 것이다.

인위적인 황산염 에어로졸은 주로 태양 복사를 산란하거나 반사시키면서 $-0.4\pm0.2\ W/m^2$의 복사강제력을 가지는 것으로 평가되는데(Forster et al. 2007; Haywood and Boucher 2000), 이로 인해 지구 지면과 대기를 냉각시킨다(Ramanathan 2001).

황산염의 인위적인 발생원은 전체 황산염 생성의 65%를 담당하고, 그중 63%는 화석연료 연소가 차지하고 2%는 생물연소로부터 발생한다(표 3.7 참조; Haywood and Boucher 2000). 황산염의 자연적인 발생원도 존재한다. 즉 DMS(디메틸황화물)로부터 생성되는 황산염이 12%, 화산 기원 황으로부터의 생성이 10%를 차지한다. 해양의 식물 플랑크톤은 DMS 기체를 배출하는데, 이 기체가 대기로 이동하여 SO_2로 산화되고 그중 일부가 황산염 에어로졸로 변환된다. 앞에서 언급한 것처럼 황산염 에어로졸은 CCN의 수를 증가시킬 수 있고, 따라서 구름 물방울의 수를 늘릴 것으로 짐작할 수 있다. 이는 구름 알베도를 증가시키고 지구를 냉각한다. 전체 해양 면적의 25%를 덮는 해양 층운(marine stratus clouds)은 이러한 알베도의 증가에 특히 민감하다. DMS로부터 생성되는 자연적 황산염의 양은 2000년 기준 약 20 Tg-S/yr에 이르는 것으로 추정된다(Brimblecombe 2003; 제3장 참조). 해양으로부터의 DMS 플럭스는 CO_2 배가에 의한 지구온난화로 인해 3%까지 증가할 것으로 보인다. 이렇게 증가한 DMS 플럭스는 황산염 에어로졸을 증가시키고, 구름 물방울 수를 증가시켜서 구름 알베도를 $-0.05\ W/m^2$ 변화시킬 것이다(Bopp et al. 2004).

화산 파편은 전 지구적으로는 전체 입자 생성에 작은 부분을 차지하지만, 화산 물질 분출은 일시적으로 발생하는 경향이 있기 때문에 큰 폭발 직후에는 매우 극적인 영향이 있다. 예를 들어, 1883년 동인도 제도의 크라카타우(Krakatau) 화산 폭발로 대략 25,000 Tg의 물질이 대기로 방출된 것으로 추산된다. 이는 연간 화산 물질 배출량의 약 300배이다(Goldberg 1971).

화산에 의해 배출된 입자들은 규산염 광물과 황산 에어로졸로 만들어진 미세하게 분할된 재로 구성된다. 화산의 황산 에어로졸은 화산 분출 기둥(plume)에 포함된 SO_2 기체의 산화로 생성된다. 이례적으로 강한 화산이 분출할 때는 황산 에어로졸이 성층권까지 도달할 수 있으며, 성층권에 유입된 입자들은 강우가 없기 때문에 훨씬 더 오래 체류하면서 이들이 성층권에서 제거될 때까지 수년 동안 지구를 냉각시키는 역할을 하기도 한다. 크라카타우 화산(1883년), 엘치촌(El Chichón, 1982년), 그리고 최근의 피나투보(Pinatubo, 1991년) 화산이 이런 경우를 잘 보여주었다. Hansen 등(1992)은 피나투보 화산 폭발로 유입된 에어로졸로 인해 전 지구 평균 표면 온도가 $-0.5°C$ 변화하였음을 계산하였다. 성층권에서 황산 입자에 의한 추가적인 영향은 오존 파괴 반응에 참여한다는 것이다(Solomon et al. 1993; Tolbert 1994; 이 장 뒷부분의 '오존과 오존홀' 참조). 화산 에어로졸은 태양 복사를 흡수할 수도 있으며, 이는 성층권 일부를 데우고 성층권 바람 패턴을 변화시킬 수 있다(Kerr 1993).

블랙카본 에어로졸

블랙카본(black carbon)은 화석연료나 생물연소의 불완전 연소로 발생하는 1차 에어로졸이다. 블랙카본은 원소탄소(elemental carbon, EC)와 응축된 유기물로 구성된 검댕에서 빛을 흡수하는 성분을 의미한다. Bond 등(2007)은 2000년 전체 블랙카본의 배출을 8 Tg-C/yr로 추정하였다. 블랙카본의 배출원은 화석연료[디젤연료(1.9 Tg-C/yr)와 석탄(1.0 Tg-C/yr)]와 동물 배설물, 숯, 농업 잔재물과 목재를 포함한 바이오연료(biofuel, 1.5 Tg-C/yr)이다. 또한 개방된 공간에서의 생물연소(사바나 연소, 작물 잔재물 연소와 산불)도 3.4 Tg-C/yr으로 추정된다(Bonde et al. 2004).

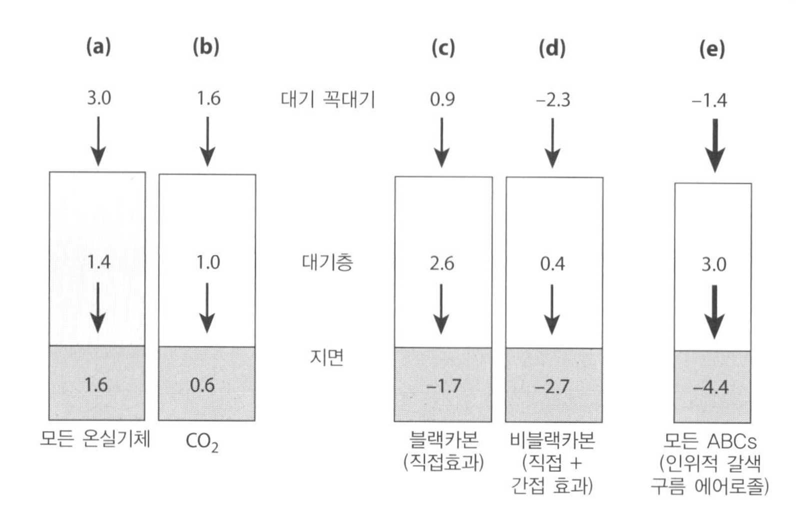

그림 2.16 온실기체(green house gases, GHGs)와 대기 중의 갈색 구름(ABCs)의 지구 평균 복사강제력 비교. (+)는 온난화, (−)는 냉각. 대기 상자(위 상자) 위의 숫자는 대기 꼭대기(top-of-the-atmosphere, TOA)에서의 강제력을 나타내고, 대기 상자 안의 숫자는 대기의 복사강제력이다. 아래 상자 안의 숫자는 지구 표면에서의 강제력이다. TOA 강제력은 지구 표면과 대기의 복사강제력의 합이다. 강제력의 수치는 2005년에 대해 온실기체의 증가 때문에 발생한 복사강제력의 변화를 나타내고 이것은 산업화 이전부터 현재까지의 복사강제력과 같다. TOA에서의 강제력은 Solomon 등(2007)에서 차용하였고, 대기와 지구 표면에서의 수치는 Ramanathan과 Feng(2009)에서 수행한 대기수송모델(atmospheric transfer model) 결과를 Chung 등(2005)에서 사용한 분석을 통해 유도한 것이다. 복사강제력 부정확도는 (a)와 (b)에 대해서는 ±20%이고 (c)~(e)는 50%이다.

(a) 모든 온실기체에 대한 강제력(GHGs : CO_2, CH_4, N_2O, 할로겐 기체, 오존), (b) CO_2에 대한 강제력, (c) BC(블랙카본) 에어로졸의 직접 복사강제력[Chung 등(2005)의 에어로졸 모델을 BC에 대해 운용한 결과], (d) 앞의 모델을 non-BC(비블랙카본) 에어로졸에 대해 운용한 결과(직접 및 간접 복사강제력), (e) 모든 인위적 갈색 구름(ABCs) 에어로졸에 대한 복사강제력으로 BC 에어로졸과 non-BC 에어로졸을 모두 포함.

출처 : Ramanathan and Feng(2009, fig. 8, p. 44)으로부터 수정되었고, Ramanathan and Camichael(2008, fig. 2)을 변형하였음.

대기에서 블랙카본은 지면−대기−구름 시스템에서 반사된 태양 복사를 흡수하고, 직접 들어오는 태양 복사도 흡수하여 지면에 도달하는 것을 방해한다. 이 두 과정은 대기의 하부를 2.6 W/m^2만큼 온난화한다(그림 2.16c 참조). 그러나 블랙카본이 지면에 도달하는 복사를 감소시키기 때문에 지면에 대해서는 −1.7 W/m^2만큼의 냉각작용을 한다. 따라서 지구 대기 꼭대기에서 하부 대기의 온난화와 지표면의 냉각에 대한 종합적인 효과는 0.9 W/m^2만큼 온난화하는 것이다(그림 2.16c)(Ramanathan and Carmichael 2008; Ramanathan and Feng 2009). 블랙카본에 의한 0.9 W/m^2만큼의 양의 복사강제력은 1.6 W/m^2인 CO_2 다음으로 두 번째로 큰 지구온난화 원인에 해당한다(그림 2.16과 그림 2.11, 표 2.3 참조). Hansen과

Nazerenko(2004)는 눈에 포함된 블랙카본의 효과 0.3 W/m^2를 (간접효과를) 포함하여 총 0.8 W/m^2의 블랙카본 복사강제력을 추정하였다.

대기 중의 갈색 구름(atmospheric brown clouds, ABCs)은 블랙카본 에어로졸과 황산염, 질산염, 유기 입자 등과 같은 다른 에어로졸로 구성되어 있다. ABCs는 인도, 중국 동부, 중부 아프리카, 멕시코, 아메리카 중부, 브라질, 페루에서 발생한다. ABCs에 있는 블랙카본은 복사에너지를 흡수하고 지구를 데우며(0.9 W/m^2), 다른 에어로졸(황산염, 유기물과 기타 에어로졸)은 태양 복사를 반사시키고 냉각한다(−2.3 W/m^2). 따라서 대기 꼭대기에서 ABCs에 의한 (블랙카본과 기타 에어로졸의 종합적인) 전체 복사강제력은 −1.4 W/m^2로 그림 2.16에 나타난다. 에어로졸이 없다면 지구 표면은 1.3°C까지 더 더워질 것이다(Ramanahan and Carmichael 2008; Ramanathan and Feng 2009).

유기탄소 에어로졸

유기탄소 에어로졸은 생물연소와 화석연료 연소, 자연적인 생물기원의 배출 등에 의해 생성된다. 유기 에어로졸은 1차 에어로졸로서 대기로 직접 배출되기도 하고 유기 기체(volatile organic carbons, VOCs)가 응축함으로써 2차 에어로졸로 형성되기도 한다. 전체 인위적인 유기탄소 배출은 33.9 Tg-C으로 평가된다. 생물연소는 인위적인 유기탄소 에어로졸의 74%를 차지하며, 연간 25.1 Tg-C/yr을 배출한다(Bond et al. 2004). Bond(2004)에 의하면, 2000년에 바이오연료(biofuel)와 화석연료로부터 발생한 전체 유기탄소 에어로졸의 양은 8.7 Tg-C/yr였다. 이 에어로졸의 발생원은 바이오연료(6.1 Tg-C/yr), 석탄(1.3 Tg-C/yr), 액체연료(디젤과 더 가벼운 연료)(1.3 Tg-C/yr)이다. 인위적인 유기 에어로졸로부터의 복사강제력은 대부분 산란이나 약한 흡수로 발생하며 전체적으로는 -0.05 ± 0.05 W/m^2이다(Solomon et al. 2007).

자연적인 생물기원의 유기물(주로 탄화수소류)은 식물에 의해 대기로 직접 배출되거나 휘발성 유기탄소(VOCs)로부터 2차 에어로졸로 만들어진다. 자연적인 대륙의 1차 유기탄소 배출량은 매우 클 것으로 예상되지만 아직 잘 알려지지 않았다(Denman et al. 2007). Kanakidou 등(2005)은 자연적인 생물기원의 2차 유기 에어로졸 생성량이 30 Tg-C/yr일 것으로 추정하였다. 해양 또한 특히 플랑크톤 대번식 기간에 생물기원의 유기물 발생원이다.

생물연소 에어로졸

생물연소 에어로졸은 유기탄소, 블랙카본, 질산염 및 황산염 같은 무기물의 혼합체로 구성된다. 생물연소 배출은 통제되지 않고 변화가 크다. 생물연소는 남아프리카와 남아메리카에서는 계절에 따라 발생하고, 사바나(savannah) 연소, 작물 잔재물 연소, 산불도 포함한다. 남아프리카에서 발열성과 생물연소 에어로졸에 대한 연구가 수행되어 왔다. 맑은 날 생물연소 에어로졸에 의한 복사강제력은 음의 값을 가지지만, 에어로졸이 구름 위로 들려 올려지면 태양 복사의 반사가 구름이 덮인 지역 위에서 감소하여 복사강제력이 양의 값을 가지게 된다. 종합적인 생물연소에 의한 복사강제력은 +0.03±0.12 W/m^{2}이다(Forster et al. 2007).

질산염 에어로졸

질산암모늄(ammonium nitrate) 에어로졸은 황산염이 완전히 중화되고 여분의 암모늄이 존재하면 형성된다. 따라서 질산염에 의한 직접적 복사강제력은 대기 중의 NO_x뿐만 아니라 암모늄의 농도에 따라 달라진다. 현재와 미래에 유럽과 북아메리카의 산업 지역에서 황산염 에어로졸을 생성하는 SO_2 배출의 감소가 이루어질 것이고, 이로 인해 이들 지역에서 질산염 에어로졸이 더욱 중요해질 것이다(Feng and Penner 2007). 질산염의 발생원(제3장 참조) 때문에 질산염 에어로졸은 전원 지역보다 산업 지역에서의 농도가 높다. 화석연료 연소(자동차를 포함)의 증가와 비료 사용의 증가 및 농업의 집중화로 인해 NO_x 배출이 증가하여왔다.

질산염과 암모늄 에어로졸은 강한 친수성의 성질을 가져서 물을 흡수하여 일반적인 대기 환경에서 액체 방울을 형성한다. 질산염은 또한 고체(dust) 에어로졸에 의해 흡수되기도 한다. 질산염 에어로졸의 복사강제력은 −0.10±0.10 W/m^{2}이다(Forster et al. 2007).

광물 먼지 에어로졸

지구적 규모에서 대부분의 광물 먼지는 북아프리카 서해안 지역, 중동 지역, 중앙아시아와 남아시아, 인도의 북서부(인더스강 계곡), 중국의 황토 지역을 포함하는 북반구의 '먼지 벨트(dust belt)'에서 발생한다(Prospero et al. 2002). 이 지역은 북위 약 15~30°에 위치하는데, 이 위도 대에서는 대기 대순환에 의해 건조한 공기가 하강하는 지역이어서 지면의 온도가 높아 강한 증발이 발생하면서 아열대 사막 벨트를 형성한다(제1장 참조). 남반구에서는 먼지가 잘 발생하지 않는다. 먼지의 발생원은 강우량이 20~25 cm 이내인 건조한 지역, 고지대에 인접한 저지대, 우기에만 일시적인 얕은 강이나 호수 등이 생성되거나 증발로 인해 염분이 침적된 평원(salt flats)과 관련이 있다. 이러한 지역에는 일반적으로 이전에 침수되어 바람에 운반될 수 있는 깊고 미세한 충적 퇴적층이 있다.

아프리카의 차드(Chad) 호수 지역에 있는 보델레(Bodele) 저지대는 세계에서 가장 강력한 먼지의 발생원이다. 이 지역의 남단에 있는 차드호는 6,000년 또는 8,000년 전에는 훨씬 더 컸다. 이 지역의 먼지는 겨울철 거대한 열대 북대서양 먼지 기둥(plume)의 원인이고, 이 기둥은 먼지를 남아프리카로 운반한다. 이 지역은 상대적으로 인구가 희박하다.

Forster 등(2007)은 토양 또는 광물 먼지의 단지 0~20% 정도만이 인간에 의해 발생한 것으로 가정한다. 이러한 인간에 의한 먼지의 복사강제력은 $-0.1 \pm 0.2\ W/m^2$으로 평가된다. 미국에 있는 인위적인 토양 먼지의 발생원은 농업, 과도한 방목, 비포장 도로, 시멘트 생산, 그리고 건설이 있다. Tegen 등(2004)은 농업 먼지는 전체 먼지 발생의 10% 미만을 차지하는 것으로 추정하였다. 캘리포니아 남동부에 있는 오웬 호수 주변 지역은 과거에는 캘리포니아 남부의 물 공급원이었으나 현재는 염분 평원(salt flats)으로, 큰 먼지 발생원이다. 유타의 그레이트 솔트레이크 지역은 한때 훨씬 더 큰 빙하 호수였으나 지금은 보너빌 염분 평원(Bonneville Salt Flats)을 형성하여 자연적인 먼지 발생원이 되었다.

전 세계적인 먼지 발생원의 일부는 인간의 영향을 상당히 받는다(Prospero et al. 2002). 아랄해와 카스피해 지역은 농업 용수를 위한 물줄기 전환 때문에 먼지의 발생원이 되었다. 유사하게 비옥한 집중 경작지인 중국 북부의 황토 지역은 황허에서 운반된 퇴적물뿐만 아니라 강력한 먼지의 공급원을 생산한다. 몽골의 고비 사막은 하와이에 있는 마우나로아(Mauna Loa) 꼭 대기에 황사 폭풍을 일으키는 태평양의 중요한 먼지 공급원이다. 또한 인류 초기 농업 지역이었던 티그리스강과 유프라테스강 유역은 자연적으로 훨씬 더 건조한 기후로 전환되었다.

광물 먼지는 토양과 암석 파편으로 구성된다. 자연적인 풍화작용에 의해 암석이 부서져 미세한 토양과 광물 먼지가 생성된 다음, 바람에 의해 운송된다. 일반적으로 바람에 의해 부유한 먼지는 석영(SiO_2), 운모 및 점토 광물[수화 양이온 알루미늄규산염(hydrous cation aluminosilicates), 점토 광물에 대한 보다 자세한 설명은 제4장 참조]의 황갈색 응집체로 구성된다(점토 광물은 일부 풍화에 의해 형성됨). 광물 먼지가 황갈색인 이유는 이들이 산화철을 풍부하게 함유하고 있기 때문이다.

알루미늄(Al), 철(Fe), 규소(Si)는 거의 유일하게 토양 먼지에서 발생하기 때문에 에어로졸에 이들이 존재한다는 것은 토양 먼지에서 기원하였음을 강하게 지시하는 것이다. 알루미늄은 토양 먼지의 지시자로서 가장 일반적으로 사용된다. 또한 에어로졸에서 Ca 같은 다른 토양 원소와 Al의 비율을 토양, 암석 및 지구 지각에서 이미 알려져 있는 비율과 비교함으로써 해당 원소의 농축 정도를 결정한다. 일반적으로 바람에 의해 날린 에어로졸에서 원소 비율은 지각 암석의 비율과 유사하다(Rahn and Lowenthal 1984). 토양 먼지의 원소 비율은 또한 먼지의 기원을 유추하는 데 사용될 수 있다. 빗물에서의 주요 수용성 이온 중 Ca, K, Na는 주로 토양 먼지에서 유래한 반면, SO_4와 Cl은 때때로 국지적인 배출원이 중요하다(제3장 참조).

바람에 의해 부유한 광물 입자는 대륙에서 발생하지만, 바다 위에서도 상당한 농도로 관측이 된다. 예를 들면, 북대서양에서는 사하라 사막의 먼지 폭풍으로 발생한 0.1~20 μm 크기 범위의 입자의 기여도가 크다(Junge 1972). Jickells 등(2000)은 사막 먼지의 평균 크기가 약 2 μm이고 몇 주 동안 대기 중에서 이동할 수 있다고 제시하였다. 태평양 상공에서는 고비 사막과 중국의 농경지와 같은 아시아 대륙 기원의 먼지가 장거리(10,000km) 이동을 할 수 있다. Biscaye 등(2000)은 유라시아에서 오염으로 발생한 먼지와 자연적으로 발생한 먼지가 편서풍을 통해 태평양을 가로질러 북아메리카의 서해안으로 운반될 뿐만 아니라 더 멀리까지 이동하여 북아메리카의 동해안까지 도달할 수 있음을 강조하였다. 유라시아 먼지는 그린란드 얼음 코어에서도 발견된다. Jickells 등(2005)은 해양으로 운반되어 퇴적되는 토양 먼지의 플럭스를 450 Tg/yr로 추정하였다. 대륙 전체의 총 먼지 발생량은 1,700 Tg/yr로 훨씬 더 크다(표 2.7 참조).

이 대륙기원 먼지에서 수용성을 가지는 부분은 외해에서 철과 인과 같은 영양소의 중요한 공급원이 될 수 있다. 철을 필요로 하는 특정 식물성 플랑크톤(시아노박테리아)은 해양의 질소 화학에서 중요한 역할을 하며, 철은 광합성과 호흡에도 중요하다(Falkowski et al. 1998). 아마존 분지의 식생은 사하라 사막에서 운반되어 온 사하라 먼지를 인(phosphorus) 공급원으로 사용하며(Olem et al. 2004), 이는 하와이 제도에서도 그렇다(Chadwick et al. 1999; 제7장 참조).

해염 에어로졸

해염은 바다에서 발생하며 대기의 입자 구성에 큰 기여를 한다. 파도가 깨지면서[또는 '백파(white caps)'에서] 발생하는 작은 공기 방울이 터지며 해염 입자를 형성한다. 바다 위에서는 해염 입자가 '조립자'(0.5~20 μm)의 주요 부분을 차지한다. 반면, 더 작은 입자(< 0.3 μm)의 대부분은 DMS(dimethyl sulfide)에서 황산염으로 변환되는 것 또는 오염에 의해 배출된 SO_2가 산화되어 황산염으로 변환되는 것으로부터 생성된다. 전 지구적으로 연평균 해염의 플럭스는 약 16,300 Tg + 200%이다(Textor et al. 2005).

해염 에어로졸은 구름을 형성하고 강우가 발생하는 데 중요하다(제3장 참조). 또한 해양 대기 경계층에서의 해염 에어로졸은 매우 친수적인 성질을 가지고 대부분 물로 구성되어 있는데, 이 물에서 SO_2가 오존에 의해 산화되는 과정을 통해 황산염이 생성된다(Sievering et al. 1992). (SO_2는 해양에서 배출된 DMS로부터 생성된다.)

에어로졸에 의한 지면차광화

검댕의 블랙카본(BC) 에어로졸은 직사 태양 복사(가시광선)를 흡수하여 지표면에 도달하는 태양 복사의 양을 감소시키는데, 이로 인해서 **지구차광화**(surface dimming, 또는 지면차광화)가 발생한다. 블랙카본은 -1.7 W/m^{2}의 지면 복사강제력을 유발한다(그림 2.16c). 블랙카본 에어로졸에 의한 복사강제력은 황산염, 질산염, 유기 에어로졸과 같은 비블랙카본(non-BC) 에어로졸에 의해 강화된다(비블랙카본 에어로졸의 복사강제력은 -2.7 W/m^2)(그림 2.16d). 블랙카본 에어로졸과 비블랙카본 에어로졸의 전체 전 지구적 연평균 지면 복사강제력은 2001~2003년 기간에 약 -4.4 W/m^{2}이다(그림 2.16c와 2.16d 참조)(Ramanathan and Charmichael 2008; Ramanathan and Feng 2009). 이 복사강제력은 -5.2 W/m^{2}의 지구차광화를 유발하는데, 이 수치는 지면 복사강제력을 $(1-A_s)$로 나눈 값이다(A_s는 지면 알베도로

0.15). 지면차광화는 지역마다 다르지만, 연료연소나 생물연소로부터 블랙카본 에어로졸의 농도가 높은 북인도양과 남아시아와 같은 핫스팟(hot spots)에서는 5~10% 더 커질 수 있다.

에어로졸과 물순환

더 긴 시간 지속되는 구름을 생성하는 황산염 에어로졸의 효과는 강우량을 감소시킬 수 있다. 황산염 에어로졸은 태양 복사를 산란하면서 지표면에 도달하는 태양 복사를 감소시킨다. 결과적으로 발생하는 지면 냉각에 의해 지면에서의 물 증발이 감소하고, 따라서 수증기의 공급이 감소하면서 강우량이 감소한다. 대기질을 개선하기 위한 노력으로 황산염 에어로졸을 대기에서 제거하면 10년 안에 지구 평균 온도가 0.8°C 올라가고 강우가 3% 증가하는데, 이는 황산염 에어로졸에 의해 상쇄되었던 온실기체의 온난화 효과가 나타나기 때문이다(Brasseur and Roeckner 2005).

블랙카본 에어로졸은 지구로 들어오는 태양 복사를 흡수하고, 이는 지면에 도달하는 복사에너지를 감소시키며 지면을 냉각한다. 그러나 블랙카본은 태양 복사를 흡수함으로써 대기를 데우며, 고도 약 2~6 km에서 이 온난화 효과가 가장 크다. 지면을 냉각함과 동시에 그 위의 대기를 더 따뜻하게 함으로써 대기는 더욱 안정하게 되고, 안정한 대기는 또한 강수량을 감소시킨다(Ramanathan et al. 2001). 이러한 에어로졸 효과를 모두 고려하면 물순환은 더 약해지고, 더 약한 몬순(monsoon) 순환, 가용한 담수량의 감소와 가뭄이 나타날 것이다. 또한 블랙카본 에어로졸은 더 많은 구름 물방울을 생성하여서 구름의 반사율을 증가시키고 강수의 효율성을 감소시킬 것이다. 이런 효과들은 생물연소와 화석연료 소비로 발생한 에어로졸에 의해 만들어진 갈색 연무(brown haze)가 지속되는 남아시아에서 주목받았다.

Rmanathan 등(2007a)과 Ramanathan과 Carmichael(2008)에 의해 수행된 최근의 측정 결과는 대기 중의 갈색 구름(brown clouds)에 포함된 블랙카본에 의한 가열이 고도 2~6 km에서 정점을 이루는 높은 고도에서 온난화의 주요한 원인임을 나타내었는데, 이는 대기 하층에서 온실기체가 일으키는 온난화의 기여도와 거의 비슷하다. 종합한 효과로 인해 10년당 0.25°C의 온난화가 발생하고, 이는 블랙카본의 대기 가열이 발생하는 높은 고도에 위치한 히말라야-티베트에서 관측된 빙하의 감소를 설명하기에 충분한 온난화 속도이다. 대기 중의 갈색 구름은 생성되는 핫스팟으로부터 플룸의 형태로 대륙을 건너 해양으로 수송된다.

블랙카본 에어로졸과 눈 표면

눈 위에 침전된 블랙카본은 지면 알베도를 감소시킬 수 있고 특히 일사량이 많은 봄철에 더 많은 태양 복사를 흡수하여 눈을 녹일 수 있다. Flanner 등(2009)은 이 과정을 지면 흑화(surface darkening)라고 지칭하였고, 이는 그림 2.11에 0.1 W/m^{2}의 복사강제력을 가지는 눈 위의 블랙카본으로 나타내었다(Solomon et al. 2007에서 수정). Hansen과 Nazarenko(2004)는 눈 위의 블랙카본과 알베도 효과에 대한 복사강제력으로 0.3 W/m^2을 제시하였다. 눈 위의 블랙카본에 의한 흑화는 대기의 높은 곳에서 블랙카본에 의한 흡수로 인해 지면에서 손실된 에너지보다 더 많은 에너지 취득의 효과를 가진다. 따라서 Flanner 등(2009)에 의하면 전체적으로 블랙카본은 설원(snow pack)에 태양 에너지를 공급하여 녹이는 역할을 한다. 이렇게 블랙카본에 의해 설원이 빠르게 녹는 것은 유기 에어로졸에 의해 발생하는 것과 거의 같은 정도로 특히 봄철 블랙카본과 CO_2의 농도가 높은 유라시아에서의 눈 손실을 발생시킨다. 설원을 녹이는 세 번째로 가능성 있는 요인은 블랙카본 에어로졸에 의한 대류권의 가열인데 이는 또한 설원의 온도를 높인다. 눈 위에서 쌓인 태양 복사를 흡수하는 사막 먼지는 블랙카본과 유사하게 눈을 녹일 수 있고, 흡수를 통해서 대기 하부의 온도를 올릴 수 있다.

설원의 눈을 녹이는 것과 유사한 요인으로, 블랙카본은 북극 해빙이 녹는 것과 쇠퇴하는 것에 부분적으로 기여할 수 있다(Hansen and Nazarenko 2004).

오존과 오존홀

대기 중에서의 농도는 매우 적지만, 오존(O_3)은 지구의 생명체에 긍정적인 면과 부정적인 면 모두 중요한 영향을 미친다. 긍정적인 측면에서 성층권의 오존은 태양으로부터 유입되는 유해한 자외선(ultraviolet, UV) 복사를 흡수하여 생명체를 위협하는 UV의 방패 역할을 한다(예를 들면, 과도한 UV 복사는 식물의 광합성을 방해하고 인간의 피부암 발생을 증진한다). 부정적인 측면으로는 대류권의 오존은 화석연료 연소의 결과로 생성되는 오염물질이다. 이러한 오존의 양면성으로 인해서 오존의 논의는 두 부분, 즉 성층권의 오존과 대류권의 오존으로 나누어질 수 있다.

성층권 오존 : 오존홀

대부분의 오존은 성층권에 존재한다. 여기서 오존은 주로 산소(O_2)의 광분해 결과로 생성된다. 산소는 매우 풍부하게 존재하기 때문에 성층권으로 들어오는 태양 복사에너지의 많은 부분이 산소 분자의 결합을 깨뜨려서 산소 원자를 생성하는 데 사용된다(Cicerone 1987). 하나의 산소 원자는 이어서 산소 분자(O_2)와 반응하여 O_3를 생성한다.

$$O_2 + h\nu \rightarrow O + O$$
$$O + O_2 + M \rightarrow O_3 + M$$

여기서 $h\nu$는 자외선 복사를 나타내고, M은 N_2나 O_2와 같은 임의의 불활성 제3자(third-body) 기체 분자이며 O와 O_2가 반응을 위해 충돌하면서 발생하는 과도한 모멘텀을 흡수하여 반응이 일어날 수 있게 만드는 역할을 한다.

오존은 많은 다양한 반응들에 의해서 없어진다. 가장 간단한 제거 반응은 자연적으로 발생하는 오존의 광분해이며, 다음에 표현된 반응을 통해 해로운 UV 복사를 흡수한다.

$$O_3 + h\nu \rightarrow O + O_2$$
$$O + O_3 \rightarrow 2O_2$$

이에 따른 전체 순 반응은 다음과 같다.

$$2O_3 + h\nu \rightarrow 3O_2$$

오존의 농도는 생성과 제거 반응 속도 사이의 균형에 의해서 결정되고, 이 농도 수준과 결과적으로 자외선을 흡수하는 오존의 능력은 오존의 제거 속도가 증가할수록 감소하게 된다. 오존의 제거는 위에서 보여진 광분해 외에도 수많은 과정을 통해서 속도가 빨라질 수 있다. 모든 추가적인 반응들은 촉매반응이다. 다른 말로 하면, 어떤 분자가 오존과 반응함으로써 오존의 제거를 가속시키지만 (일련의 반응을 통해) 재생산되면서 이 촉매 역할을 하는 분자는 소모되지 않는 것이다. 주요한 촉매 분자들은 성층권에서 오랜 기간 존재하는 기체들이며, 염화불화탄소(chlorofluorocarbons, CFCs)(Cicerone 1994), 브롬 화합물(메틸브로마이드와 할로겐)(Cicerone 1994; Mano and Andrae 1994), 그리고 N_2O와 CH_4를 포함한다. N_2O와 CH_4 모두 자연적으로도 생성되지만, 인간 활동에 의해 대기로의 배출이 증가되어 왔다. CFCs는 냉각기, 에어로졸 스프레이, 발포단열재 등의 구성 요소로 제조되면서 모두 인위적으로 배출된다. 브롬 화합물은 자연적으로도 배출되고 인위적으로도 배출된다.

CFCs는 남극의 성층권에서 오존을 파괴함으로써 우리에게 잘 알려진 '오존홀(ozone hole)'을 발생시킨다는 점에서 특별한 관심을 받는다(Rowland, 1989; Solomon 1990; Anderson et al. 1991; Stolarski et al. 1992). 일반적으로 남극 위의 성층권에서는 길고 어두운 남반구 겨울이 지나 봄이 되면서 태양빛에 의해 오존의 광분해가 발생할 때 오존 농도의 감소가 나타나며, 10월 초에 오존의 손실이 최고조에 이른다. 이후 (12월 초까지) 남극 공기가 남반구 북쪽의 공기와 섞이면서 오존 농도가 회복된다. 10월에 나타나는 O_3의 최소 농도는 1980년대 들어서 1970년대에 비해 급격하게 감소하였다. 이 현상은 그림 2.17에서 보여진다. 즉, '구멍(hole)'은 더 깊어지고 면적은 더 넓어져서 경계가 남아메리카까지 닿았다. 이 오존 농도 감소는 주로 CFCs가 성층권 하부에서 Cl 원자를 제공하기 때문에 발생하였다.

염소 원자는 CFCs의 광분해로 형성되며, 쉽게 오존과 반응하여서 일산화염소(chlorine monoxide, ClO)를 생성한다. 그 뒤에 일련의 반응을 거치면서 Cl은 재생되어 촉매 역할을 한다. 단순화한 일련의 반응 단계는 다음과 같다.

$$2Cl + 2O_3 \rightarrow 2ClO + 2O_2$$

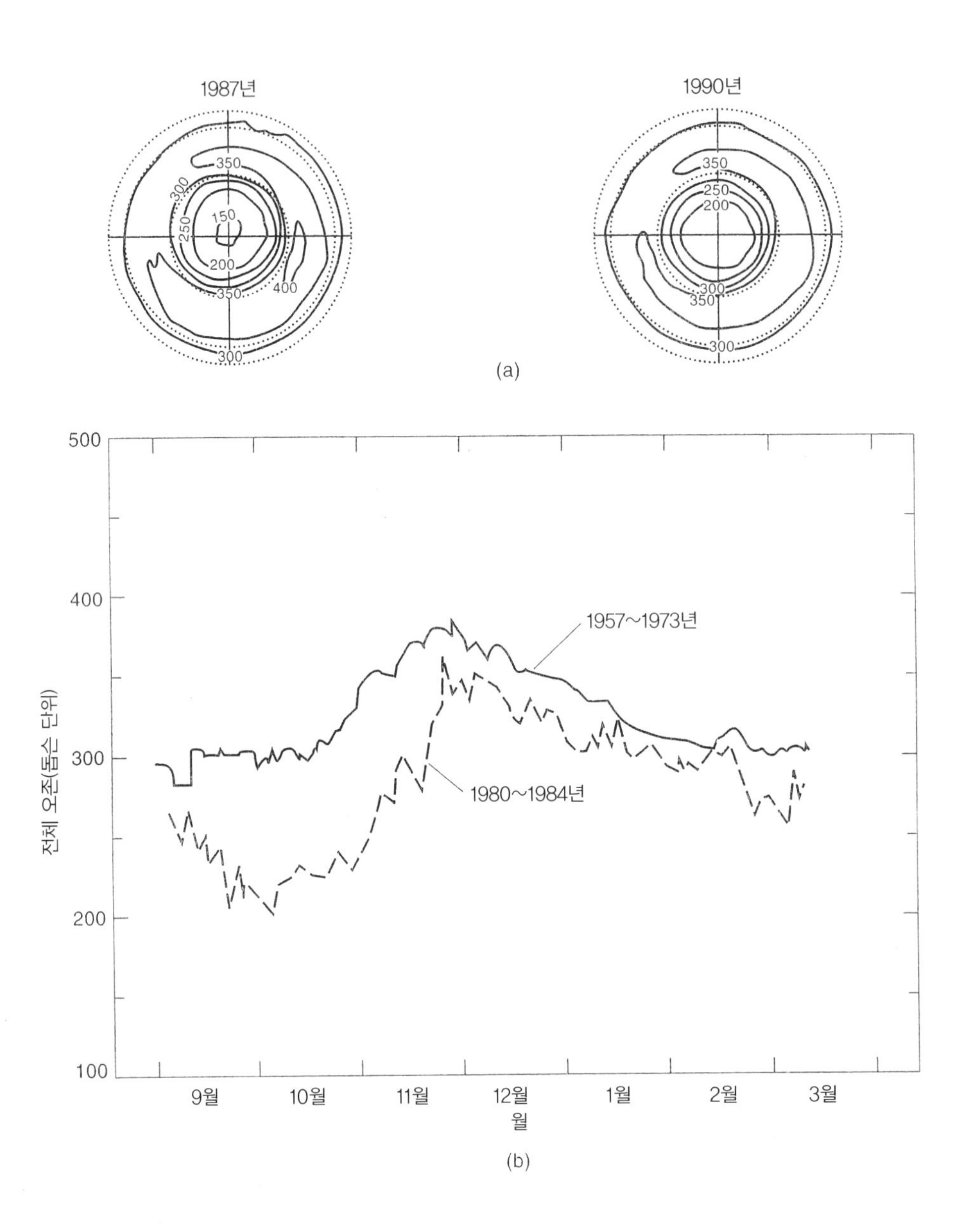

그림 2.17 남극 오존홀의 형성.
(a) 1987년과 1990년 10월에 Nimbus 7 위성의 TOMS(Total Ozone Measuring Spectrometer) 자료의 극지역에 대한 정사영 투사로부터 획득한 남극 오존홀 지도. 남극은 지도의 중심에 있고 적도, 남위 30°, 남위 60°는 점선으로 그려진 원으로 표시된다. 그리니치는 위쪽으로 향하고, 등치선의 단위는 돕슨(Dobson unit)이다.
출처 : Stolarski et al. 1992, fig. 1, p. 343.
(b) 할리베이(Halley Bay)에서 다른 두 기간에 대한 (돕슨 단위의) 오존의 계절적 변화. 9월에 발생하여 10월에 낮은 농도로 유지되면서 11월까지 지속되는 오존의 빠른 감소와 1980년대 오존의 10월 최소 농도가 더욱 낮아진 현상에 주목하라.
출처 : Solomon 1990, fig. 2, p. 348.

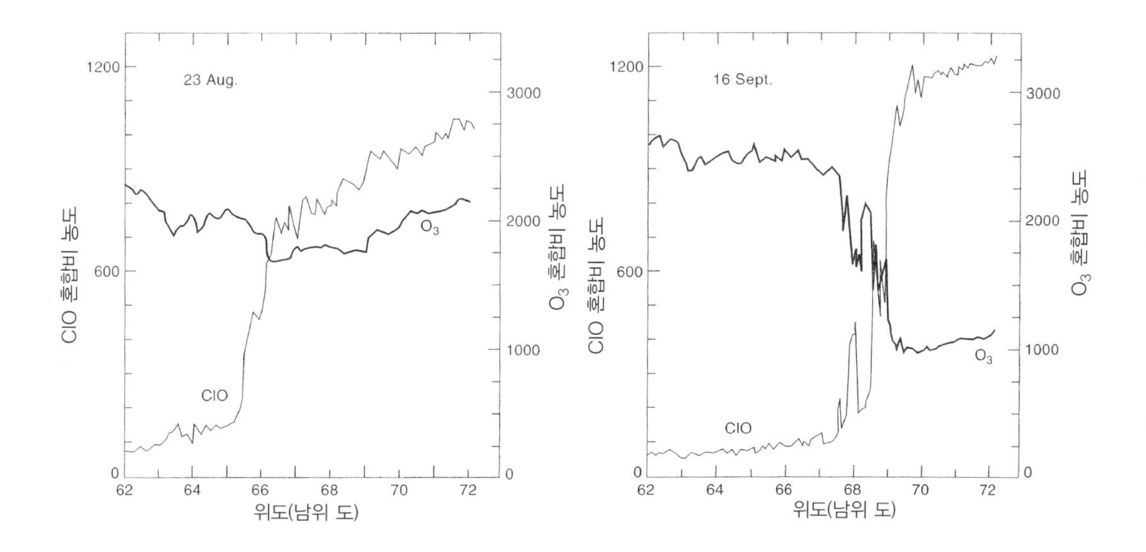

그림 2.18 남극 극소용돌이를 지나면서 나타나는 ClO와 O_3 사이의 역상관성 발생 과정(1987년 8월 23일에서 9월 16일까지). 이 상관관계는 Cl과의 반응을 통한 오존 파괴가 ClO를 생성하기 때문에 발생한다.

출처 : Anderson et al. 1991, fig. 5, p. 43.

$$ClO + ClO \rightarrow Cl_2O_2$$
$$Cl_2O_2 + h\nu \rightarrow 2Cl + O_2$$

이에 따른 전체 순 반응은 다음과 같다.

$$2O_3 + h\nu \rightarrow 3O_2$$

이 반응들은 오존의 소실과 함께 ClO의 축적을 동반하기 때문에 오존홀이 발생하는 기간에 남극 극소용돌이(polar vortex) 안에서 이 두 물질 농도 사이에는 역상관관계가 나타나는 경향이 있다(그림 2.18). 이 역상관성을 이용하여 북극에서도 증가한 ClO 농도가 오존의 손실에 대한 척도로 사용되기도 한다.

Br 원자 또한 촉매로서 오존을 파괴할 수 있다. 성층권에서 Br 원자는 Cl 원자에 비해서 훨씬 농도가 낮지만, 오존 파괴에는 더 효과적이고 Cl 원자와 결합하면 오존홀에서 오존 파괴의 약 25%를 담당한다(Cicerone 1994; Anderson et al. 1991; Solomon 1990). 중요한 일련의 반응은 다음과 같다.

$$Br + O_3 \rightarrow BrO + O_2$$
$$Cl + O_3 \rightarrow ClO + O_2$$

$$BrO + ClO + light \rightarrow Br + Cl + O_2$$

메틸브로마이드(methyl bromide, CH_3Br)는 가장 풍부한 성층권 Br 원자의 발생원이다. CH_3Br은 생물연소와(Mano and Andrae 1994) 농업용 살충제(훈증제)의 사용으로부터(훈증 살충제는 미국에서는 금지될 예정)(Cicerone 1994), 그리고 자연적인 해양 플랑크톤으로부터(Khalil et al. 1993) 동일한 정도로 발생된다. 다른 Br의 발생원으로는 할로겐 혼합물(CF_3Br과 CF_2BrCl)이 있다. 성층권에서 N_2O의 분해로 발생하는 NO와 NO_2도 유사한 촉매반응을 일으킨다. 오존 화학에 대한 보다 자세하고 유용한 토의는 Graedel과 Crutzen(1993)의 141~148쪽을 참조하기 바란다.

Cl(과 Br)의 촉매반응은 그 자체적으로는 매우 제한적인 정도만로 발생하고, 실제로 남극에서 발생하는 대규모 오존 파괴는 극성층운(polar stratospheric clouds, PSC's)이 존재하기 때문임이 밝혀졌다(Toon and Turco 1991). 염소 원자는 CH_4와 NO_2와 같은 일반적인 대기 구성 성분과 쉽게 반응하여 HCl과 염소질산염(chlorine nitrate, $ClNO_3$)을 형성하는데, 이들은 Cl 원자가 추가적으로 오존과 반응하여 오존을 제거하는 기능을 비활성화시키기 때문에 Cl의 저장소 역할을 담당한다. 그러나 얼음 또는 $HNO_3 \cdot H_2O$로 구성된 극성층운이 HCl과 $ClNO_3$의 분해를 촉진시키는 얼음 표면을 제공하여서 염소 원자가 오존을 계속 파괴할 수 있도록 만든다. 이 구름의 존재는 왜 오존홀이 지구 전역에서 발생하지 않고 극성층운을 형성할 만큼 온도가 낮은 극도로 추운 겨울철 남극 상공에서 제한적으로 발생하는지를 설명한다. 북극은 특정한 일부 해에만 극성층운을 형성할 만큼 온도가 낮아진다(아래 토의 참조).

1987년부터 2007년까지 남극 오존홀은 더 깊고 오래 지속되었으며, 오존홀의 넓이는 상당히 일정하게 유지되었다(그림 2.19와 2.20 참조). 오존은 돕슨 단위(DU)로 측정된다. 돕슨 단위는 지상에서 대기 꼭대기까지 단위 면적당 수직적인 공기 기둥에 들어 있는 전체 오존 분자를 나타내는 농도 단위이다. 오존홀의 면적은 220 DU 농도를 이은 선으로 둘러쌓인 지구의 면적을 나타낸다. (220 DU는 1979년 이전에는 남극에서 전체 오존 농도가 220 DU보다 낮게 관측된 적이 없었기 때문에 결정되었다.)

1991년에 발생한 피나투보 화산의 폭발로 오존이 감소되었는데, 이는 극성층운이 존재하지 않았지만 화산 활동에 의해 성층권의 액체상 황산 에어로졸이 형성되어서 극성층운처럼 표면 반응이 발생할 수 있도록 입자상 물질을 제공하였기 때문이다(Solomon et al. 1993). 또한, 극성층운(PSC's)이 성층권의 황산염 에어로졸로부터 형성될 수 있을 것으로 생각된다(Tolbert 1994). 1991년 6월 피나투보 화산의 분출로 황산 에어로졸이 성층권 하부로 유입되었고, 그 이후 남극의 극소용돌이에 갇혔다. 이 에어로졸은 1992년 10월에 발생한 오존홀을 강화하였고, 오존 농도는 비정상적으로 낮은 105 DU가 관측되었다(Lathrop et al. 1993). 1993년 10월에 남극 오존홀에서 약 70%의 오존이 사라졌는데 이는 기록적인 수치이며 1992년부터 추세가 이어지고 있었다. 최소 오존 농도는 1993년 기록된 85 DU이고(Newman 1994; Lathrop

그림 2.19 남극대륙의 남극점 측정소에서 돕슨 분광측정기(Dobson spectrophotometer)로 측정한 10월 15~31일 기간의 평균 전체 수직적인 오존 농도(돕슨 단위의 전체 오존 농도)의 1961년부터 2007년까지의 시계열.

출처 : NOAA 2007, Southern Hemisphere Winter Summary. http://www.esrl.noaa.gov/gmd/dv/spo_oz/ozdob.html.

et al. 1993) 이것이 그때까지 기록된 역대 최소 농도이다.

오존홀은 1980년대 후반부터 2002년을 제외하고는 남극대륙에서 매년 봄에 발생하고 있다(그림 2.19 참조). 2002년에는 역학적인 이유로 갑작스럽게 성층권이 따뜻해지면서 오존홀이 발생하지 않았다(Denman et al. 2007). 2004년에는 이례적으로 작은 오존홀이 발생하였는데 이 또한 남극 소용돌이(vortex)의 급격한 변화 때문이었다(WMO 2006). 남극 오존홀의 연평균 깊이와 크기는 성층권 하부의 온도가 얼마나 낮은지에 따라 결정된다(NASA 2008). 2006년에 가장 큰 오존홀 중 하나가 발생했을 때, 이례적으로 낮은 온도와 매우 높은 오존 파괴 물질의 농도가 유지되었다. 2007년의 오존홀은 온도가 충분히 낮지 않아서 평균적인 규모였다(그림 2.20 참조). 2008년과 2009년 오존홀은 2007년과 규모가 비슷하였다.

제한적인 성층권 오존 고갈과 ClO의 축적이 북반구의 북극에서도 발생한다. 북극 소용돌이는 남극보다 작고 북극의 온도는 충분히 낮지 않아서, 1990년대의 몇 년 정도와 2005년 봄을

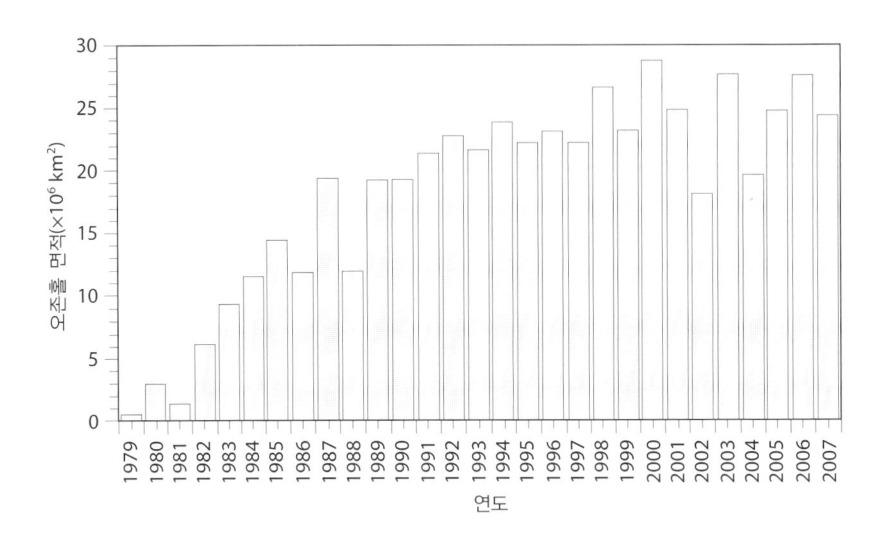

그림 2.20 10월 1일에서 11월 30일까지(전체 오존이 220 돕슨 단위보다 낮은) 남극 오존홀의 연 최대 넓이(백만 km^2의 단위). Nimbus-7에 장착된 SBUV와 NOAA 극궤도위성에 장착된 BBUV/2 장비로 1979년부터 2007년까지 측정되었다.

출처 : NOAA 2007, Southern Hemisphere Winter Summary. http://www.cpc.ncep.noaa.gov/products/stratosphere.

포함하여(Weatherhead and Andersen 2006) 어떤 일부 연도에만 극성층운이 형성될 수 있었다. 2005년 봄에는 가장 큰 오존 손실이 발생하여 121 DU를 기록하였다. 추운 북극 겨울은 시간에 따라 점점 더 추워지고 있고, 인위적인 할로겐 물질에 의한 오존 파괴가 발생하기에 더 유리한 환경으로 변화하고 있다. 이는 극성층운을 형성하기에 충분히 낮은 온도의 북극 소용돌이(Arctic vortex) 대기의 부피와 상관성이 있다(Rex et al. 2006).

성층권의 오존이 손실되면 잃어버린 오존에 의해 흡수되었어야 할 여분의 UV 복사에 의해 발생하는 피부암의 빈도가 증가한다. 오존의 손실은 대기로 배출된 CFCs에 의한 ClO의 축적과 관련이 있기 때문에 전 세계적으로 CFCs를 금지하는 노력이 이루어졌다. 일련의 국제 협정, 즉 몬트리올 의정서와 그 개정들이 1989년부터 오존 파괴 물질의 사용과 생산을 감소하도록 하였다. 오존을 파괴하는 염소와 브롬의 척도인 상당 성층권 염소(equivalent stratospheric chlorine, EESC)는 1996년부터 1998년까지 정점을 찍고 1990년대 후반부터 2000년대 초반까지 감소하기 시작하였으며, 2050년까지 꾸준히 감소할 것으로 예상된다(그림 2.21 참조).

EESC의 감소로 인해서 남극 대륙에서 1980년 이전 수준으로 오존 농도가 회복되었다는 초기 징후를 탐지하고자 하는 시도가 있었다(Weatherhead and Andersen 2006). 최근 자료에 의하면 수직적인 오존의 총량(total column ozone abundance)은 1990년대 후반까지 감소하

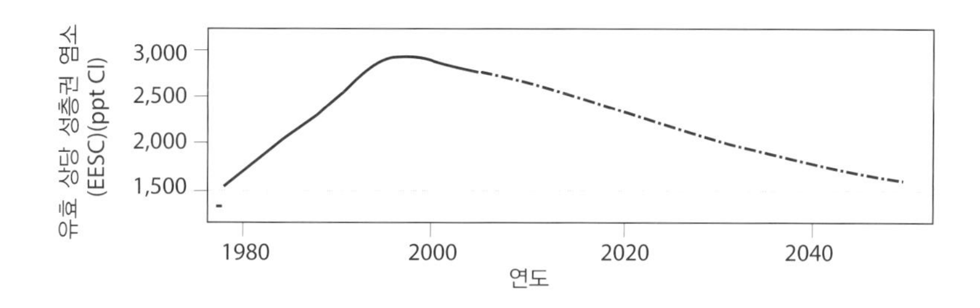

그림 2.21 오존을 파괴하는 성층권 염소 농도의 시간에 따른 감소 추세. 1979년부터 2005년까지 parts per trillion (ppt)의 농도 단위로 측정된 상당 성층권 염소(EESC)의 변화 경향(검은 선)은 몬트리올 의정서와 그 이후의 개정으로 인해 대기 중 염소의 양이 성공적으로 감소되고 있음을 보여준다. (EESC는 오존 파괴 염소와 브롬의 척도이다.) 파선은 현존하는 국제 협정이 준수된다는 가정하에 2050년까지 예상되는 염소의 양을 보여준다. 최대 EESC는 1996~1998년에 발생하였던 것으로 평가된다.

출처 : Weatherhead and Andersen 2006, fig. 1a, p. 40으로부터 수정.

였다가 1998년부터 2006년까지 세계 대부분의 지역에서 그대로 유지되거나 약간 증가하였다(이는 극지역이 아니라 남위 60°와 북위 60° 사이의 오존에 대한 것이다). 성층권의 오존 손실이 개선된 것이 오존 파괴 물질이 감소했기 때문인지 자연적인 변동성인지(자연적인 변동성도 상당히 큼) 확실하지는 않다. 예를 들어, 11년의 태양 활동 주기가 변해서 태양 활동이 강해지면 오존을 증가시킬 수 있다. 그러나 오존 파괴에 기여하는 극성층운의 형성을 돕는 더 추운 겨울의 작용처럼, 일부 짧은 기간의 태양 활동 이벤트는 오존을 파괴할 수 있다. 화산 폭발은 황산염 에어로졸을 형성함으로써 오존 파괴를 촉진시킨다. 모델 예측에서의 또 다른 문제점은 오존 손실의 화학 과정과 미량 기체의 농도에서의 불확실성이다. 대기 역학은 대류권계면의 고도를 높이거나(오존 농도 감소 야기), 북대서양과 북극 진동을 변화시킴으로써(오존 농도 증가 야기) 오존의 양에 영향을 준다. 기후 변화는 현재와 미래의 대기 역학에 영향을 미칠 수 있다. Weatherhead와 Andersen(2006)은 기후 변화 때문에 미래의 오존 회복은 온도, 대기 수송 및 미량 기체 농도 등이 변화하는 대기 환경에서 이루어질 수 있다고 지적한다. 따라서 오존이 1980년 이전 수준으로 회복될 것 같지는 않다.

오존 손실이 가장 큰 남극대륙의 남극점 상공에서는 오존 파괴 화학 물질이 여전히 존재하고 남극 오존홀이 계속 발생할 것으로 예상되기 때문에, 향후 수십 년간은 오존 양에 대한 개선이 거의 감지되지 않을 것으로 예상된다. 남극의 오존 양은 약 2060~2075년까지는 1980년 이전 수준으로 회복되지 않을 것으로 예측된다(WMO 2006). 오존홀의 크기와 깊이는 해마다 성층권 하부의 온도가 얼마나 낮은지에 따라 크게 달라진다.

북극에서 전체 기둥 오존 양의 증가는 성층권 온도와 대기의 역학적 변화에 따라 달라지며,

이로 인해 오존의 회복(증가)이 더 빨라질 수도 있고 더 늦어질 수도 있다. 심각한 수준의 오존 파괴는 극성층운이 형성될 정도로 온도가 충분히 낮아지면 발생하는데, 북극에서 이러한 낮은 온도는 남극에 비해 흔하게 발생하지 않는다.

건강에 미치는 영향 외에도, 성층권 오존의 손실은 다른 온실기체에 의해 발생하는 지구온난화 효과와 상쇄되는 경향이 있다. Forster 등(2007)에 의하면, 1750~2005년 기간에 성층권 오존의 손실로 인해 -0.05 ± 0.1 W/m^{2}의 복사강제력 감소가 발생하였다. 그러나 인간 활동에 의해 생성된 대류권 오존에 의한 복사강제력은 +0.35 W/m^2 증가하여 성층권의 복사강제력 감소보다 큰 영향을 미친다(Forster et al. 2007; 다음 절 참조).

대류권 오존 : 대기오염

대류권의 오존은 0.35 ± 0.15 W/m^{2}의 복사강제력을 가지는 세 번째로 중요한 온실기체이다(Forster et al. 2007; Denman et al. 2007; 표 2.3 참조). 대류권 오존의 관측은 제한적으로 이루어졌기 때문에, 복사강제력은 모델 결과이다. 또한 대류권에서 오존은 성층권에서와는 달리 인간, 동물, 식물에 악영향을 미치는 오염물질이다. 오존은 화석연료 연소로부터 발생하는 광화학 대기오염(스모그)의 주요한 구성 성분이다. 오존은 질소 산화물(NO_x)의 존재하에 메탄(CH_4), 일산화탄소(CO), 비메탄 휘발성 유기탄소화합물(nonmethane volatile organic carbon compounds, NMVOCs)의 혼합물로부터 생성되는데, 이들 모두는 자동차와 산업 활동 및 생물연소에 의한 연소 과정 중에 배출된다(Dentener et al. 2006; Stevenson et al. 2006). OH 라디칼(hydroxyl radical)에 의해 촉발되는 광화학 반응의 결과로 NMVOCs는 반응성이 큰 유기 라디칼(organic radicals)로 변환되고, 이 유기 라디칼이 대기 중의 산소(O_2)와 반응하여 유기 퍼록실 라디칼(organic peroxyl radicals)을 생성한다.

다음의 두 가지 일련의 반응들이 오존을 생성한다. 하나는 CO와 OH 라디칼의 반응을 포함한다(Prinn 2003). 다른 하나는 유기 퍼록실 라디칼($RO_2\cdot$)을 포함하는 반응들이다. 두 경우 모두 질소 산화물은 촉매의 역할을 한다. 예를 들면, $RO_2\cdot$을 포함하는 단순화된 반응들은 다음과 같다(NRC 1991; Prinn 2003).

$$RO_2\cdot + NO \rightarrow NO_2 + RO\cdot$$

$$NO_2 + h\nu \rightarrow NO + O$$

$$O + O_2 + M \rightarrow O_3 + M$$

따라서 전체 순 반응은 다음과 같다.

$$RO_2\cdot + O_2 \rightarrow O_3 + RO\cdot$$

여기서 $h\nu$는 자외선 복사이고 $RO_2\cdot$는 퍼록실 라디칼을 나타내며, M은 O와 O_2가 반응을

표 2.9 2000년 기준 전 지구적 대류권 오존 수지(budget)(단위 : Tg/yr).

공급원	$Tg\text{-}O_3$/yr
오염을 일으키는 화학적 형성	5,100
성층권에서 대류권으로의 유입	550
합계	5,650
제거원	
화학적 파괴	4,650
건성 침적	1,000
합계	5,650
대류권에서의 총량	340 $Tg\text{-}O_3$
수명	22일

출처 : Stevenson et al. 2006, 26개 모델의 결과, 오차는 10~30%(또한 Denman et al. 2007, table 7.9, p. 549 참조).

위해 충돌하면서 발생하는 과도한 모멘텀을 흡수하여 반응이 일어날 수 있게 만드는 불활성 제3자 분자이다.

대기 중의 NMVOCs는 침엽수에서 방출되는 기체 등과 같이 자연적인 과정으로 발생하지만, 도심 환경에서는 석탄과 석유의 불완전 연소로부터 발생하는 탄화수소 기체(hydrocarbon gases)와 유기용제와 같은 유기화학물의 사용과 생산으로 인한 배출의 영향이 크다. 질소 산화물은 자연적으로 생성되기도 하지만, 자동차 엔진과 용광로 내에서 N_2와 O_2의 고온 반응을 통해 인간에 의해서 배출된다(제3장 참조). 그러므로, 도심 환경에서 과도한 수준의 NMVOCs와 NO_x를 생산함으로써 과도한 수준의 O_3이 생성된다.

생물연소는 주로 저개발 국가에서 인간에 의한 대류권 오존 오염의 주요 원인이다(Crutzen and Andreae 1990; Cicerone 1994; Levine 2003). 생물연소로 인한 배출은 매우 변동성이 크고, 일반적으로 개발도상국에서 배출량이 크다(Forster et al. 2007). 일산화탄소(CO) 및 질소산화물(NO_x)과 같이 생물연소에 의해 배출되는 기체들은 오염된 도시 스모그에서 발생하는 것과 유사한 광화학 반응을 통해 생물연소 발생지의 풍하(downwind) 지역에서 O_3를 생성한다. 대류권 오존의 또 다른 발생원은 성층권과 대류권 사이의 교환이다(표 2.9 참조).

대류권 오존은 건성 침적(dry deposition)과 화학반응에 의해 제거된다. 화학적인 오존의 제거는 주로 (광분해 후에) 물과의 반응과 HO_2(hydrogen peroxide) 및 OH 라디칼($HO_x = HO_2 + OH$)과의 반응으로 발생한다. 대류권에서 오존의 수명은 약 22일 정도이고 평균적인 양은 340 $Tg\text{-}O_3$이다(Stevenson et al. 2006). 오존은 성층권 오존층을 통과하여 대류권에 도달한 적은 양의 자외선에 의해 유발된 복잡한 광화학 반응을 통해 생성되고 소멸된다. 대류권 오존 화학에 대한 보다 자세한 내용은 Prinn(2003)을 참조하기 바란다.

CO, 탄화수소, NO_x와 같은 오존의 주요한 전구기체(precursors)는 화석연료 연소, 생물연소, 토지사용과 같은 인간 활동에 의해 생산되고 농도가 증가하여왔다. 이들 전구기체들은 자연적으로도 발생할 수 있다. 그러나 오존을 파괴하는 반응에 관여하는 기체들도 부분적으로는 인위적으로 발생한다. 더 따뜻한 기후는 수증기 농도를 증가시키고 화학 반응 속도와 성층권–대류권 교환 속도를 변화시키며 번개와 토양에 의한 NO_x 발생량을 변화시키는 것을 포함한 다양한 방법으로 오존 농도에 영향을 미칠 것이다(Stevenson et al. 2006).

(특히 대류권 상층에서) 대류권 오존은 1800년 이후로 증가해오고 있으며, 북반구 중위도에서 1970년부터 1991년까지 10년마다 10%씩 증가하였다(Stolarski et al. 1992). 오존 농도는 10 ppb에서부터 500 ppb까지 변화한다(Prinn. 2003). 현재 전 세계적으로 많은 지역이 고농도 오존에 노출되어 있다. 26개 모델과 세 가지의 다른 배출 시나리오를 통해 미래 지구 표면에서의 오존 농도를 예측하였다(Dentener et al. 2006). 현재의 대기질 관리법 체계를 적용하면, 지표면 오존은 2030년까지 1.5 ± 1.2 ppb만큼 증가할 것으로 예상된다. IPCC의 A2 고배출 시나리오를 적용하면, 2030년까지 5 ppb, 2100년까지는 20 ppb의 오존 농도 증가가 예상된다(Prather et al. 2003). 현재 실현 가능 기술을 사용한 최대 배출 감축 시나리오를 적용한 낙관적인 경우에만 -2.3 ± 1.1 ppb 감소가 가능하다.

도시의 대기오염으로부터 발생한 고농도의 오존은 이와 유사하지만 더 적은 영향을 미치는 고농도 산화제(NO_2, NO_3, H_2O_2 등)와 함께 호흡기에 대한 악영향으로 인간의 건강에 심각한 문제를 일으킨다. 이 때문에 미국 정부는 도시 공기에 대한 최대 농도 수준을 설정하였다(NRC 1991). 이러한 고농도의 발생을 막을 수 없을 때, 스모그 주의보/경보가 발령된다. 단기간의 고농도 오존도 인간뿐만 아니라 식생에 악영향을 미친다. 공기괴는 광분해에 의해 오존이 제거되기 전에 오존의 농도를 유지하면서 빠르게 이동할 수 있기 때문에 대도시 주변의 전원환경에서 도시의 오존에 영향을 받는 작물과 나무 등에 문제가 발생한다.

CHAPTER

3

대기화학 : 빗물, 산성비, 그리고 황과 질소의 대기 순환

서론

이전 장에서 우리는 온실효과를 통해 기후에 영향을 미치는 대기 중의 기체들과 에어로졸에 대해 토의하였고, 대기오염에 관여될 뿐만 아니라 지표면에 도달하는 유해한 자외선을 차단하는 역할을 하는 미량기체인 오존의 중요성에 대해서도 살펴보았다. 이 장에서 우리는 빗물의 조성에 영향을 주는 기체들과 에어로졸에 초점을 맞춰 살펴보고자 한다. 황과 질소를 포함하는 많은 기체들은 대기오염을 발생시킨다. 이 장에서는 황과 질소의 대기 순환과 인간이 이 순환과 대기에서의 화학 과정을 변화시키는 데 어떠한 역할을 하는지에 대해 많은 지면을 할애할 것이다.

공기의 중요한 구성 요소 중의 하나는 물이며, 물은 수증기(95%)와 구름으로 떠 있다가 결국 비와 눈으로 지표면으로 떨어지게 되는 작은 물방울들로 되어 있다. 어떻게 수증기가 비나 눈으로 변환되는가? 그리고 그동안 어떠한 화학적 변화를 겪는가? 우리는 종종 아주 순수한 형태로서의 빗물을 생각하지만, 사실 빗물은 단순히 H_2O로만 구성되지 않는다. 빗물은 대기를 통해서 이동하면서 흡수한 수많은 물질이 녹아 희석된 용액인데, 그러면 어떻게 이러한 구성요소들이 빗물에 녹게 되는가에 대한 질문이 생긴다.

빗물의 본질적인 중요성 외에도, 빗물의 화학은 지화학 순환에서도 중요하다. 강우는 지표면으로 다양한 원소들을 제공하는 주요 원천이고, 그 구성 성분에 대해 잘 알고 있어야만 빗물 유입의 중요성을 확인할 수 있다. 이와 유사하게, 호수, 강 또는 지하수에서 어떠한 원소의 농도에 대해 암석의 풍화나 생물학적 과정이 미치는 영향을 결정하려면, 우리는 먼저 지표면에 도달하는 빗물에서 이 원소의 농도를 정확하게 알아야 한다.

빗물(눈)의 형성

대기 중의 수증기가 어떻게 강수로 변환되어 지표면에 도달하는가? 이 절에서 우리는 수증기 자체에 대한 논의를 시작으로 이 문제를 다룰 것이다.

대기 중의 수증기

일정 부피의 공기 안에 존재하는 수증기의 양은 장소와 지역에 따라 변한다. 공기 중에 있는 수증기의 양을 표현하는 한 가지 방법은 **절대습도**(absolute humidity) 또는 단위 부피의 공기에 포함된 수증기의 질량(g)으로 표현되는 수증기 밀도이다(g/m^3). [비슷한 것으로는, 절대습도로부터 계산할 수 있는 1 kg의 건조 공기당 포함된 수증기의 질량(g)을 나타내는 **혼합비**(mixing ratio)가 있다.] 대기의 수증기 용량에 대해 일반적으로 사용되는 다른 표현은 **수증기압**(water vapor pressure)이며, 이는 전체 대기압 중에서 수증기압이 차지하는 부분압을 의미한다. 수증기는 공기에서 미량으로 존재하는 요소이기 때문에 수증기의 부분압은 대기압에 비해 훨씬 작다(지표면에서 대기압의 평균 약 2%).

단위 부피의 공기는 포화된 수증기가 액체로 응결(condense)되거나 얼음으로 승화(sublimate)되기 전까지만큼의 수증기를 보유할 수 있다. **포화수증기압**(saturation vapor pressure) 또는 수증기의 응축 또는 승화가 일어나기 전까지 공기가 함유할 수 있는 최대 수증기의 양은 그림 3.1에 나타난 것처럼 온도의 함수이다. 그림에서 보여지는 것처럼, 특정 온도에서 수증기로 포화된 공기가 냉각되면 공기는 과포화되어 물이 응결(또는 승화)된다. 주어진 공기괴가 얼마나 포화에 가까운지를 보여주는 척도가 일기예보에 자주 등장하여서 우리에게 친숙한 용어인 **상대습도**(relative humidity)이다. 상대습도는 실제 수증기압과 같은 온도에서의 포화수증기압 사이의 비율이며, 일반적으로 백분율로 표현된다(이에 대한 추가 논의는 Lutgens et al. 2009 참조).

온도는 대기의 고도가 높아질수록 감소하기 때문에(평균 −6.5°C/km의 감률로), 응결 및 승화로 인해서 수증기 함량도 고도에 따라 감소한다. 이것은 그림 3.2에 나와 있다. 지상에서 약 10 km 고도까지 수증기 양과 온도가 지속적으로 감소한다. 이 고도에는 하층 대기 혹은 **대류권**(troposphere)과 상층 대기 혹은 **성층권**(stratosphere) 사이의 경계인 **대류권계면**(tropopause)이 나타난다. (대류권계면의 높이는 극지방에서의 약 5 km부터 적도에서의 15 km까지 변화한다.) 대류권계면까지 이동한 공기는 대류권을 통과하면서 이미 대부분의 습기(수증기)를 응결과 승화로 잃어버렸기 때문에, 성층권의 공기는 매우 적고 거의 일정한 양의 수증기를 함유한다(그림 3.2 참조). 이러한 방식으로 대류권 상부에서의 최저 온도가 물이 지구로부터 우주로 빠져나가는 것을 막는 올가미 역할을 한다(제1장 참조).

지구 전체 대기에서의 총수증기의 질량은 13×10^{15} kg이다(이 양은 여전히 지구 전체 물의

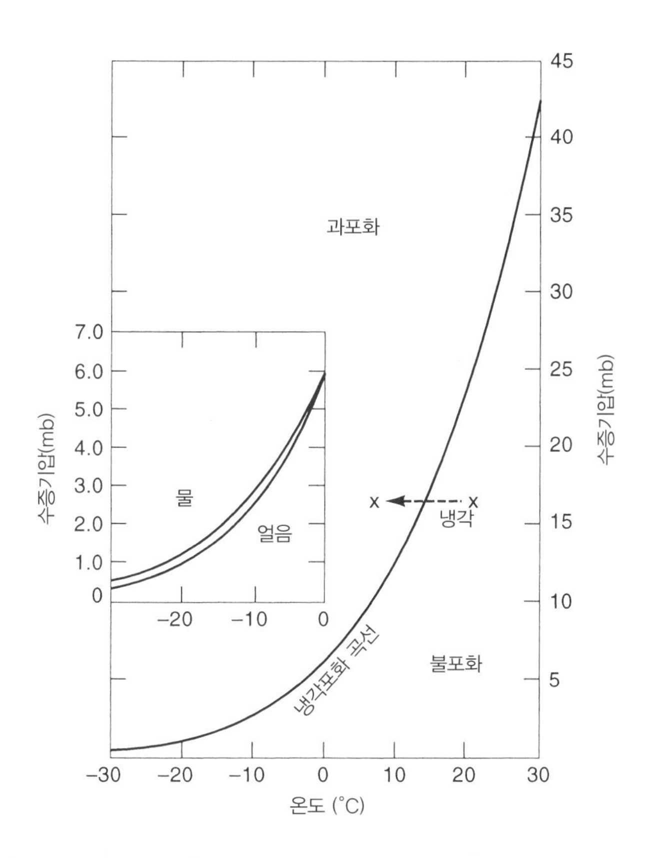

그림 3.1 온도(°C)에 따른 밀리바(millibar, mb)로 표현된 순수한 공기의 포화수증기압(1 mb = 10^3 dynes/cm^2). 파선 화살표는 동일한 수증기압을 가지는 공기가 냉각되면서 불포화에서부터 포화로 상태가 변화하는 것을 보여준다. 삽화 : 0°C 이하에서 물과 얼음 위에서의 포화수증기압(mb).

출처 : Byers 1965로부터 발췌한 Berner and Berner 1996.

양의 0.001%밖에 되지 않는다. 표 1.1 참조). 만일 수증기가 지면 위에 골고루 균질하게 퍼져 있다면, 단위 제곱미터 면적에 대해 지표면부터 10 km(대략 대류권계면)까지 공기 기둥에 존재하는 수증기의 양은 평균 25 kg/m^2이며, 이를 모두 빗물이나 눈으로 떨어뜨려 지면에 모은다면 2.5 cm 높이의 물에 상응한다. 그러나 공기 중의 수증기 양은 온도의 변화로 인해서 위도에 따라 북극의 5 kg/m^2부터 45°N에서 20 kg/m^2을 거쳐 적도에서는 45 kg/m^2까지 변화한다. 이러한 수치는 계절에 따라서도 변화한다. 미국 내륙에서의 평균 대기 물함량은 역시 온도의 변화 때문에 겨울의 9 kg/m^2에서 여름의 27 kg/m^2까지 변화한다(Miller 1977).

제1장에서 언급했듯이, 대기 중 수증기의 평균 체류시간(residence time)은 약 10일에 불과하다. 이것은 수증기 분자가 지구 표면에서 증발하고부터 비나 눈으로 강수되기까지 평균적으로

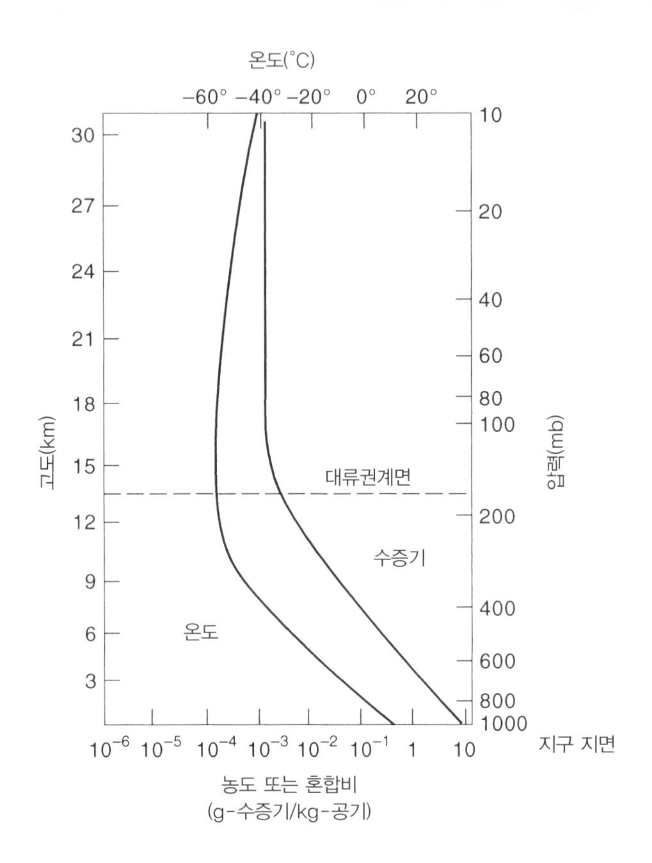

그림 3.2 대기에서 고도에 따른 수증기 농도(혼합비)와(Newell 1971) 온도(°C)의 감소(자료는 Miller et al. 1983에서 인용). 대류권계면의 대략적인 높이는(이는 위도에 따라 변화) 파선으로 표현되어 있다. 압력은 밀리바 단위이다(1 mb = 10^3 dynes/cm^2).

출처 : Berner and Berner 1996.

대기에서 보내는 시간의 길이이다. 이러한 빠른 회전율은 비에 의해 '세척제거(washed out)' 될 수 있는 대기 오염 물질을 제거하는 데 중요하다. 그러나 이 정도의 체류시간이 공기의 이동거리를 제한할 수 있을 정도로 짧은 것은 아니다. 대기 바람의 속도 때문에 수증기는 10일 동안 아주 먼 거리까지 수송될 수 있다. 예를 들어, 온대 위도에서 수증기 이동 거리는 평균 약 1,000 km 정도 된다(Peixoto and Kettani 1973).

빠르게 수송되기 때문에 주어진 면적의 육지를 통과하는 수증기의 양은 매우 많을 수 있다. 예를 들어, 1949년 여름 동안 미국 멕시코만 연안을 가로지르는 평균 수증기 유입량은 같은 기간 동안 미시시피강의 흐름보다 거의 10배나 높았다(Benton and Estoque 1954). 그러나 육지를 통과하는 수증기의 대부분은 강수를 통해 손실되지 않는다. Benton과 Estoque(1954)는 연평균 기준으로 태평양에서부터 동쪽으로 미국 본토와 캐나다 전체를 가로질러 통과하는 수증기의 단지 63%만이 강수로 육지에 전달되는 것으로 제시하였다. 이보다 더 작은 비율을 가지는 지역도 많으며, 러시아의 유럽 쪽 지역의 경우는 40%, 미시시피 유역은 20%, 애리조나는 11%에 불과하다(Sellers 1965). [애리조나의 경우처럼 강수에 의한 제거 비율이 낮으면 건조한 지역에서는 국지적인 문제를 발생시키며, 이에 구름씨뿌리기(cloud seeding)와 같은 방법을 통해 더 많은 수증기를 강수로 전환하려는 노력이 있어왔다. 이것은 아래의 구름 형성에 대한 절에서 논의된다.] 수증기의 대규모 수송 때문에 대부분의 대륙에서 발생하는 강수는 그 지역에서 국지적으로 증발된 물에서 기원하지 않는다.

응결

대기에서 수증기가 빗물로 상변화하는 것은 두 가지 과정으로 이루어진다. 첫째는 수증기가 물방울을 형성하기 위해 **응결**해야 하는 것이다(또는 얼음 결정으로 **승화**). 이를 구름 또는 안개 형성(cloud or fog formation)이라고 한다. 그러나 응결이 반드시 강수 또는 물방울이나 눈송이가 되어 떨어지는 것은 아니다. 구름 물방울이 비로 땅에 떨어지기 위해서는 증발하지 않고 땅에 떨어질 만큼 충분히 무겁고 커져야 한다. 물이 비로써 제거되기 전에 대기에서 보내는 시간은 평균 11시간인 반면, 구름의 평균 수명은 약 1시간 정도이다. 따라서 구름은 실제로 비를 형성하기 전에 여러 번 증발하고 응결하는 과정을 반복한다(Pruppacher 1973).

응결이 발생하기 위해서는 공기가 수증기에 의해 과포화되어야 하지만 이것만으로는 불충분하다. 응결 과정이 시작되기 위해서는 응결핵이 필요하다. 응결핵은 에어로졸로 공기 중에 떠다니는 수많은 작은 물체 중 하나일 수 있고, 대표적인 것으로는 토양 먼지 입자, 연소 과정의 산물, 그리고 해염 입자가 그 역할을 한다(에어로졸에 대한 보다 자세한 논의는 제2장 참조). 응결핵이 전혀 없는 공기에서 응결이 발생하기 위해서는 상대습도가 800% 이상이 되어야 하지만, 실제 대기환경에서는 상대습도가 102%를 초과하는 경우는 없다(Miller et al. 1983). 이는 응결핵이 물방울 형성을 촉진하고 이러한 응결핵이 언제나 존재하기 때문이다.

공기 중의 응결핵의 종류가 다르면 물의 응결 효율이 달라진다. 가장 먼저 더 큰 입자가 더 좋은 응결핵 역할을 하는데, 이는 더 큰 입자가 '더 평평한' 표면을 갖고 있어 응결에 더 효율적인 환경을 제공하기 때문이다. 물을 잘 흡수하고, 물에 잘 녹는 물질인 **흡습성**(hygroscopic) 입자가 최고의 응결핵 역할을 한다. 큰 흡습성 입자는 매우 효율적이어서 상대습도가 100% 미만인 환경에서도 응결을 시작할 수 있다(Pruppacher 1973). 예로는 바다 비말(sea spray)에서 발생하는 NaCl, 화석연료 연소에서 나오는 H_2SO_4 및 HNO_3, 해양의 DMS으로부터 생성되는 H_2SO_4가 있다. 흡습성 입자는 물에 잘 용해되고 고농도에서는 물의 포화증기압을 낮추기 때문에 100% 미만의 상대습도에서도 응축이 시작될 수 있다[그러나 물이 계속 응결되면서 염(salts)의 농도가 희석되기 때문에 응결이 계속 진행되기 위해서는 여전히 100% 이상의 상대습도가 필요함]. 따라서 흡습성 응결핵이 비흡습성 핵보다 응결을 위해서 훨씬 낮은 수증기 과포화도를 필요로 하기 때문에 물방울 형성에 더 효율적이다.

바다에서의 응결핵은 바다 비말 및 환원된 형태의 황 기체의 산화에서 형성된 흡습성 입자가 지배적이다. 육지에서는 흡습성과 비흡습성 입자 모두 응결핵이 될 수 있으며, 비흡습성 입자는 토양과 연소로부터 발생한다. 육지에서는 모든 종류의 입자들이 바다보다 농도가 높고, 특히 큰 입자들의 농도가 높아서 물에 대한 경쟁이 일어나며, 결과적으로 바다보다 양은 더 많지만 크기가 더 작은 물방울로 구성된 구름을 형성한다. 바다에서는 수는 적지만 매우 효율적인 흡습성 입자가 존재하여서 상대적으로 큰 물방울이 생성된다. 더 큰 구름 물방울은 더 쉽게 강우를 형성하기 때문에(아래 참조), 바다(및 연안 지역)에서의 강우 발생이 육지에서보다 상대적으로 더 쉽다(더 자세한 논의는 Hobbs 1993 참조). 이런 과정이 해양 에어로졸이 효율적으로 제거되는 것과 해양 및 해안에서 발생하는 빗물에서의 높은 해염 함량을 설명할 수 있다(Junge 1963).

승화

수증기는 온도가 충분히 낮으면 물방울을 만드는 대신 승화 과정을 통해 얼음 결정으로 변환할 수도 있고 이는 구름의 윗부분에서 종종 발생한다. 그러나 초기의 얼음 결정이 생성되는 것이 물방울보다 훨씬 더 어렵기 때문에 승화가 일어나려면 0°C보다 훨씬 낮은 온도가 필요하다. 얼음이 형성되기 위해서는 얼음에서 발견되는 것과 유사한 원자 간 간격을 가짐으로써 결정 성장을 촉진할 수 있는 핵이 필요하다. 주로 토양으로부터 발생한 점토 광물과 같은 소수의 물질만이 이 목적에 적합하다. 흡습성 입자와 연소 생성물은 응결에서 핵으로 작용하는 것에 비해서 승화에서의 중요성은 훨씬 떨어진다. 결정화를 일으키는 데 필요한 과냉각의 정도는 구름마다 다양하며, 얼음이 결정화되기 위해서는 약 −10°C보다는 낮아야 한다. 온도 −10°C와 −20°C 사이에서는 얼음 결정과 물방울로 구성된 구름이 형성되는 반면, −20°C 미만에서는 얼음 구름만 존재한다. 후자의 예로는 권운(cirrus)으로 알려진 성긴 줄기 형태로 높은 고도에서 발생하는 얼음 구름이 있다.

비(와 눈)의 형성

대부분의 구름에서 물방울의 지름은 평균 약 5~10 μm 정도이고 가장 큰 물방울의 지름이 약 20 μm 정도이다. 구름 안의 지속적인 상승기류로 인해서 이러한 물방울이 땅으로 낙하하기에는 크기가 너무 작다. 빗물로 떨어지기 위해서는 평균 지름이 약 1,000 μm 정도로 충분히 커질 수 있는 과정이 필요하다. 이렇게 성장하기 위해서는 이미 존재하고 있는 구름 물방울에 추가적으로 수증기가 응결되는 것은 효율적인 과정이 아니다. 대신 가장 일반적으로 알려진 빗물 형성 과정은 충돌−병합(collision-coalescence) 작용과 얼음 결정 성장 후 용융(ice crystal growth followed by melting) 작용이다. 눈의 형성에는 얼음 결정 성장이 주된 작용을 한다.

충돌-병합 작용은 평균 크기보다 다소 큰 물방울이 낙하하기 시작하고 떨어지는 과정에서 작은 물방울들과 충돌하면서 이들과 합체하여 크기가 성장하는 것이다. 물방울들은 성장할수록 더 빨리 떨어지게 되고 더 많은 충돌이 발생한다. 수많은 충돌 후에(약 100만 번), 빗물 크기의 물방울이 만들어진다. 만약 어떤 물방울이 충분히 커지면, (저항력에 의해) 두 개의 방울로 쪼개질 수 있고, 이 두 개의 물방울은 또 다른 작은 물방울과의 충돌-병합을 통해 각각 성장할 수 있다. 계속 이어지는 이러한 분열과 성장은 연쇄반응을 일으켜 궁극적으로 비를 형성하게 된다. 이 과정은 육상보다 평균적으로 더 큰 구름 물방울로 구성되어 있어서 낙하에 이은 연쇄반응이 시작되기 쉬운 바다에서 특히 효과적이다. 또한 공기괴가 너무 따뜻하여(−10°C 이상) 얼음 결정을 형성할 수 없는 곳에서 발생할 수 있는 과정이며(Mason 1971), 처음에 얼음 결정으로 성장한 후 녹아서 형성된 빗방울의 크기를 확대하는 과정을 설명하기도 한다.

얼음 결정 성장[또는 베르셰론(Bergeron) 과정]은 약 −10°C에서 −20°C의 온도에서 물방울과 얼음 결정이 함께 존재하는 구름의 상부 또는 더 차가운 부분에서 발생한다. 이러한 온도에서는 물의 포화수증기압이 얼음의 포화수증기압보다 크다. 즉, 일정량의 수증기를 포함하는 공기가 물에 대해서는 포화 또는 심지어 불포화 상태라고 하더라도, 얼음 위에서는 과포화 상태가 될 수 있다(이 경우 승화가 일어날 것이다)(그림 3.1 참조). 결과적으로 얼음 결정은 공존하는 물방울의 희생으로 성장하게 된다(물방울의 증발로 생성된 추가 수증기가 얼음 결정으로 승화). 궁극적으로 얼음 결정은 충분히 커져서 떨어지기 시작한다. 만약 이들이 떨어지는 중간에 녹으면 비가 형성되고, 만약 녹지 않으면 눈이 형성된다. 만약 얼음이 매우 빠르게 성장한다면 우박으로 떨어지게 될 것이다(비, 눈, 우박 형성에 대한 보다 자세한 논의는 Lutgens et al. 2009와 Pruppacher 1973 참조). 대륙 위에서의 구름 물방울은 더 작기 때문에 육지에서의 비는 얼음 결정 성장 후 용융과 충돌-병합에 의한 성장 과정에 의해 형성된다.

강우량이 부족한 지역에서는 인공적인 방법에 의해 비를 만들어내는 시도가 이루어져 왔다. 이러한 구름씨뿌리기(cloud seeding)는 위에서 논의된 두 가지 주요 강우 형성 과정에 기반하여 진행되는 것이다. 때때로 요오드화은(silver iodide)이나 고체 이산화탄소(드라이아이스)와 같은 인공적인 얼음 결정핵을 차가운 구름의 상층부에 뿌림으로써 떨어지기에 충분할 정도로 큰 크기의 얼음 결정을 생성하도록 유도한다. 다른 상황에서는 흡습성 응결핵(예를 들면, $CaCl_2$)이나 큰 물방울을 구름에 투입하여 충돌-병합 과정을 통해 비가 형성될 수 있도록 유도하기도 한다.

구름 형성에서의 공기의 움직임

공기 중의 수증기가 땅으로 떨어지는 강우로 바뀌는 구름 안에서의 과정들을 고려할 때, 보다 큰 규모의 공기 움직임이 중요하다는 사실을 알 수 있다. 공기가 포함할 수 있는 수증기의 양은 냉각이 되면서 감소할 것이기 때문에 기본적으로 공기괴의 온도가 낮아져야 한다(그림 3.1 참조). 냉각은 직접적으로도 또는 간접적으로도 일어날 수 있다. 직접 냉각은 차가운 지면이나 수면 위로 더 따뜻한 공기가 이동하면서 발생하는 반면, 간접 냉각 또는 **단열 냉각**(adiabatic cooling)은 공기괴가 수직적으로 상승할 때 발생한다. 공기의 압력은 고도에 따라 감소하기 때문에 상승하는 공기괴는 팽창하고, 이 팽창으로 인해 온도가 감소한다. 단열 냉각의 예는 한랭전선이 다가오면서 따뜻한 공기를 한랭전선 위로 밀어 올리는 것과 공기괴가 산을 넘어갈 때 상승하면서 **산악 강우**(orographic rainfall)가 발생하는 것이 있다.

습윤한 공기가 이러한 메커니즘 중 하나로 냉각되면 상대습도가 증가하고, 과포화가 발생하면 공기 중에 존재하는 입자 주위에서 응결이 진행될 수 있다. 공기의 움직임 역시 구름에서 비를 형성하는 것에 관여한다. 공기의 움직임은 비가 내리는 위치와 속도, 그리고 습윤한 공기의 유입량과 비로 전환되는 양에 영향을 준다. 따라서 우리의 주요 관심사가 빗물의 화학 조성에 영향을 줄 수 있는 구름 내에서의 응결 및 강우 형성 과정이라고 하더라도, 공기의 움직임에 의한 습윤한 공기의 냉각이 이러한 과정에 필수적이라는 사실을 무시해서는 안 된다. 지구의 특정 지역은 이러한 효과 때문에 다른 지역보다 더 많은 강우가 발생한다(제1장 참조).

비의 화학적 조성 : 일반적인 특성

표 3.1은 강우에 존재하는 주요 용존 원소의 구성을 보여주고 있다. 이 결과에서 보여주듯이 빗물은 약산성(pH 4~6)으로 용존 염류가 리터당 매우 적은 양으로 희석되어 함유되어 있는 특성이 나타나는데, 이러한 희석은 비가 형성되는 방식에 의해서 발생하게 된다. 지표수에 존재하는 물 분자는 증발에 의해 용존 염류가 분리된 후 대기 중으로 이동하게 되며, 결과적으로 이렇게 이동한 수증기는 강우를 만들게 된다. 이러한 전반적인 기작은 자연 환경에서 증류를 통한 물의 정화와 비슷하다고 할 수 있다. 그렇다고 이런 빗물이 완벽하게 순수한 물이 된다고 할 수는 없는데, 대기 중에 존재하는 입자 또는 기체들이 빗물에 녹게 됨으로써 빗물에 존재하는 여러 화학적인 조성 및 pH가 다양하게 나타날 수 있기 때문이다. 이 절에서는 빗물에 존재하는 다양한 화학적 조성을 표를 통해 간략하게 요약하고, 이어지는 절에서는 각각 주요 원소의 기원을 자세히 다루려고 한다. 일반적으로 빗물에서 얻어진 데이터에서는 (1) 용존 화합물의 농도, (2) 이러한 화합물의 상대적인 양(이온 비율)을 고려하게 된다.

빗물에 녹아 있는 화학 성분은 다양한 기원을 통해 존재할 수 있다(표 3.2 참조). 일반적으로 이런 화학 성분들을 (1) 주로 대기 중 입자로부터 유래하는 성분(Na^+, K^+, Ca^{2+}, Mg^{2+}, Cl^-)과 (2) 주로 대기 기체들로부터 유래하는 성분(SO_4^{2-}, NH_4^+, NO_3^-)과 같이 크게 두 그룹으로 나누어지지만, 결국 대기 중에 존재하는 이러한 입자들과 기체들은 다양한 기원을 통해 대기 중에 존재한다. 빗물 속에 녹아 있는 주된 화학 성분들의 특정 농도 범위는 표 3.3에 나타나 있다.

표 3.1 세계 강우의 구성 성분(mg/L)

지역	Na^+	K^+	Mg^{2+}	Ca^{2+}	Cl^-	SO_4^{2-}	NO_3^-	$NH4^+$	pH	출처
유럽 해안 지역										
S.W. Sweden coast 1967~1969	1.96	0.27	0.36	0.84	3.48	4.9	2.0	0.91	4.65	Granat 1972
S. Norway coast (오염지역) 1972	11.0	0.59	1.58	0.90	20.38	7.87	3.35	0.43	4.15	Likens et al. 1979
W. Ireland coast (청정지역) 1967	21.3	0.94	2.59	1.52	36.42	6.29	0.06	0.02	5.8	Likens et al. 1979
World average coastal										
(<100 km 내륙)	3.45	0.17	0.45	0.29	6.0	1.45	—	—	—	Meybeck 1983
Inland Eurasia										
W. Sweden 1956 (청정지역)	0.16	0.12	0.10	0.70	0.36	1.39	0	0	5.4	Likens et al. 1979
N. Sweden 1967~1969	0.30	0.20	0.12	0.64	0.39	2.0	0.31	0.12	—	Granat 1972
S.& c. Sweden 1973~1975	0.35	0.12	0.17	0.52	0.64	3.31	1.92	0.56	4.3	Granat 1978
S. Norway 1974~1975 (오염지역)	0.21	0.12	0.15	0.16	0.39	2.5	1.61	0.39	4.32	Likens et al. 1979
Belgium 1967~1969	0.97	0.23	0.36	1.32	1.95	6.0	2.23	0.48	4.42	Granat 1972
France 1969	0.92	0.16	0.39	0.68	2.13	2.8	1.9	0.29	4.8	Granat 1972
Switzerland 1977	0.18	0.27	0.11	0.82	0.82	4.0	3.1	0.003	4.47	Zobrist & Stumm 1980
N. Europe 1955~1956 (average)	2.05	0.35	0.39	1.42	3.47	2.19	0.27	0.41	5.47	Carroll 1962
USSR [구름 전선에서 평균 강우(pptn)]	0.4	0.2	0.3	0.4	0.8	2.7	0.2	0.5	—	Petrenchuk 1980
USSR–European (pptn = 57 cm)	2.4	0.7	0.5	2.0	1.8	5.7	0.8	0.6	5.9	Zverev & Rubeikin 1973
USSR–Asian (pptn = 45 cm)	1.55	0.7	0.2	2.1	1.5	4.35	0.7	0.8	6.0	Zverev & Rubeikin 1973
USSR–European:										
North	1.6	0.5	0.4	0.7	2.5	4.4	0.6	0.7	5.4	Petrenchuk & Selezneva 1970
Northwest	1.2	0.7	1.4	1.2	1.4	7.4	0.7	0.9	5.2	Petrenchuk & Selezneva 1970
U. Lena R., Russia	1.0	—	0.55	1.0	1.4	1.7	—	—	—	Gordeev & Siderov 1993
L. Lena R., Russia	0.9	0.3	1.0	1.2	3.2	2.0	—	—	—	Gordeev & Siderov 1993

표 3.1 세계 강우의 구성 성분(mg/L)(계속)

지역	Na^+	K^+	Mg^{2+}	Ca^{2+}	Cl^-	SO_4^{2-}	NO_3^-	NH4$^+$	pH	출처
기타 지역										
S.E. Australia (average)	2.46	0.37	0.50	1.20	4.43	미량	—	—	—	Hutton and Leslie 1958
Jabiru, Australia	0.09	0.035	0.014	0.012	0.27	0.25	0.2	0.031	4.89	Post & Bridgman 1991
								(.43 유기 성분)		
Barrington, Australia (60 km coast)	0.44	0.86	0.073	0.22	0.85	0.42	0.45	0.13	5.8	Post & Bridgman 1991
								(.43 유기 성분)		
Katherine, N. Australia, 1980~1984	0.10	0.04	0.02	0.03	0.27	0.19	0.25	0.05	4.74	Likens et al. 1987
Bankipur, India (몬순; 강우 100 cm)	0.47	0.23	0.23	1.4	0.92	0.63	—	—	—	Handa B.K., 1971
Tavapur, India (70 km from Bombay)	2.4	0.16	0.32	1.4	4.4	1.3	—	0.13	6.15	Sequeira 1976
Japan (average)	1.1	0.26	0.36	0.97	1.2	4.5	—	—	—	Sugawara 1967
Beijing, N. China	3.24	1.57	—	3.68	5.59	13.11	3.11	2.54	6.8	Zhao & Sun 1986
Tianjiin, N. China	4.03	2.31	—	5.74	6.5	15.25	1.81	2.26	6.26	Zhao & Sun 1986
Chonqing, S. China	0.39	0.58	—	2.01	0.54	13.58	1.33	1.47	4.14	Zhao & Sun 1986
Guiyang, S. China	0.23	0.37	—	2.98	0.32	16.56	0.59	1.15	4.02	Zhao & Sun 1986
Kampala, Uganda (near L. Victoria)	1.7	1.7	—	0.05	0.9	1.8	1.7	0.63	7.9	Visser 1961
Ivory Coast, Africa	0.3	0.26	0.05	0.26	1.033	0.84	1.26	—	4.2	Lacaux et al. 1987
Greenland (ice and snow)	0.007	—	—	0.007	0.02	0.12	—	0.006	—	Busenberg & Langway 1979
Iceland MYRI 1982~1983	0.74	0.19	0.08	0.2	0.91	1.03	—	—	5.5	Gilason & Eugster 1987
Marine										
Pacific Ocean (34°46'N 177°15'W)	24.0	1.0	—	4.3	43.0	8.0	—	—	—	Gambell & Fisher 1966
Hawaii (near ocean)	5.46	0.37	0.92	0.47	9.63	1.92 (0.57)[a]	0.2	0.1	4.8	Eriksson 1957
N. Atlantic Ocean (120 miles off N.C.)	2.8	—	0.2	0.2	5.1	1.2 (0.61)[a]	0.2	0.1	—	Gambell & Fisher 1964

표 3.1 세계 강우의 구성 성분(mg/L)(계속)

지역	Na^+	K^+	Mg^{2+}	Ca^{2+}	Cl^-	SO_4^{2-}	NO_3^-	$NH4^+$	pH	출처
북서 대서양 지역										
Westward source	2.41	0.2	0.24	0.19	4.58	1.50 (0.87)[a]	0.42	0.07	4.66	Galloway et al. 1983
Eastward source	3.62	0.2	0.38	0.19	6.46	1.22 (0.29)[a]	0.26	0.045	5.07	Galloway et al. 1983
Bermuda 1955~1956	7.23	0.36	—	2.91	12.41	2.12	0.10	0.10	—	Junge & Werby 1958
Bermuda 1980~1981	3.38	0.17	0.41	0.19	6.2	1.74 (0.88)[a]	0.34	0.04	4.8	Galloway et al. 1982
S. Atlantic (250 km off Brazil)	5.34	0.18	0.73	0.17	10.26	2.87 (1.53)[a]	—	—	—	Stallard & Edmond 1981
S. Atlantic (85 km off Brazil)	2.99	0.17	0.39	0.15	5.01	2.38 (1.63)[a]	—	—	—	Stallard & Edmond 1981
Amsterdam Is., Indian Ocean 1980~1987	6.18	0.14	0.72	0.24	11.28	1.79	0.10	0.04	5.08	Moody et al. 1991
남아메리카										
Amazon R. Basin (mean)	0.285	0.039	0.029	0.044	0.49	0.49	0.13	—	5.03	Stallard & Edmond 1981
Over Amazon R. (670 km 내륙)	0.50	0.020	0.036	0.028	0.87	0.64	0.19	0.002	4.71	Stallard & Edmond 1981
Over Amazon R. (1,700 km 내륙)	0.23	0.039	0.024	0.056	0.30	0.55	0.25	0.007	5.32	Stallard & Edmond 1981
Over Amazon R. (1,930 km 내륙)	0.21	0.035	0.034	0.060	0.41	0.70	0.18	0.00	4.97	Stallard & Edmond 1981
Over Amazon R. (2,050 km 내륙)	0.12	0.094	0.012	0.056	0.24	0.56	—	—	5.04	Stallard & Edmond 1981
Over Amazon R. (2,230 km 내륙)	0.23	0.012	0.012	0.008	0.39	0.28	0.056	—	5.31	Stallard & Edmond 1981
Peru (대서양에서 3,000 km)	0.039	0.039	0.020	0.184	0.12	0.18	—	—	5.67	Stallard & Edmond 1981
Venezuela (해안 근처)	2.2	0.6	0.7	1.14	2.6	2.2	0.2	0.3	—	Lewis 1981
Venezuela (San Carlos rain forest; 강우 400 cm)	0.04	0.03	0.01	0.01	0.09	0.14	0.16	0.04	4.81	Galloway et al. 1983
Torres del Paine, Chile	0.43	0.055	0.052	0.024	0.78	0.211	0.031	0.013	5.31	Likens et al. 1987

표 3.1 세계 강우의 구성 성분(mg/L)(계속)

지역	Na^+	K^+	Mg^{2+}	Ca^{2+}	Cl^-	SO_4^{2-}	NO_3^-	NH4$^+$	pH	출처
미국 해안 지역										
Bodie Is., N.C. 1955~1956	7.16	0.1	1.3	1.02	15.8	3.41	0.59	—	5.4	Gambell & Fisher 1966
Cape Hatteras, N.C. 1955~1956	4.49	0.24	—	0.44	6.9	1.22	0.04	0.01	—	Junge & Werby 1958
Cape Hatteras, N.C. 1962~1963	4.36	0.1	0.59	0.41	8.2	1.97	0.23	—	5.4	Gambell & Fisher 1966
N.J. Pine Barrens 1970~1972	1.39	0.32	0.23	1.10	2.82	5.09	0.39	—	—	Means et al. 1981
Stevensville, Nfld., 1955~1956	5.16	0.32	—	0.78	8.85	2.16	0.29	0.05		Junge & Werby 1958
Menlo Park, Calif. 1957~1959	2.0	0.25	0.37	0.79	3.43	1.39	0.16	—	6.0	Whitehead & Feth 1964
Tatoosh Is., Wash.(청정지역)	14.30	0.59	0.73	22.58	3.40	0.38	0.02	—		Junge & Werby 1958
Coastal Wash.	1.81	0.12	0.22	0.08	3.49	0.73	0.14	0.04	5.1	Vong et al. 1988
Brownsville, Tex. 1955~1956	22.3	1.0	—	6.5	22.0	10.68	0.13	0.01	—	Junge & Werby 1958
San Diego, Calif. 1955~1956	2.17	0.21	—	0.67	3.31	3.35	1.5	0.05	—	Junge & Werby 1958
U.S. coastal (average)	3.68	0.24	—	0.58	4.83	2.45	—	—	—	Whitehead & Feth 1964; (자료는 Junge & Werby 1958)
미국 내륙(과 캐나다)										
N.E. U.S. average 1978~1979 :										
All	0.36	—	—	—	0.40	2.81	1.58	0.31	4.2	Pack 1980
Noncoastal	0.32	—	—	—	0.29	2.70				
N.E. U.S. 1965~1968 (average)	0.27	0.16	0.11	0.60	0.45	4.3	0.34	0.22	4.4	Pearson & Fisher 1971
Hubbard Brook, N.H. 1975~1987 (average)	0.08	0.04	0.02	0.07	0.22	2.08	1.46	0.15	4.24	Butler & Likens 1991
Ithaca, N.Y. 1977~1987	0.05	0.04	0.02	0.11	0.21	2.78	1.88	0.30	4.18	Butler & Likens 1991
Whiteface Mt., N.Y. 1977~1987	0.04	0.05	0.02	0.09	0.17	2.07	1.31	0.24	4.34	Butler & Likens 1991
Penn. State, Pa. 1977~1987	0.07	0.05	0.02	0.14	0.24	3.14	1.93	0.32	4.15	Butler & Likens 1991
Charlottesville, Va. 1977~1987	0.12	0.05	0.02	0.07	0.32	2.44	1.49	0.50	4.27	Butler & Likens 1991
N.C. & Va. average 1962~1963	0.56	0.11	0.14	0.65	0.57	2.18	0.62	0.1	4.9	Gambell & Fisher 1966
Gatlinburg, Tenn., 1973	0.05	0.07	0.03	0.20	0.15	3.19	1.24	0.19	4.19	Cogbill & Likens 1974
Tallahassee, Fla., 1978~1979 :										
N. air	—	0.16	—	0.37	—	1.69	—	—	4.4	Tanaka et al. 1980
S. air	—	0.10	—	0.38	—	0.65	—	—	5.3	
Average	—	0.12	—	0.38	—	1.09	—	—	—	

표 3.1 세계 강우의 구성 성분(mg/L)(계속)

지역	Na^+	K^+	Mg^{2+}	Ca^{2+}	Cl^-	SO_4^{2-}	NO_3^-	$NH4^+$	pH	출처
Central Illinois 1978~1987	0.07	0.05	0.03	0.26	0.24	3.03	1.66	0.39	4.27	Butler & Likens 1991
Oxford, Ohio 1975~1987	0.07	0.06	0.03	0.17	0.22	2.95	1.54	0.34	4.24	Butler & Likens 1991
Huron, S.D., 1980~1981	0.07	0.04	0.07	0.35	0.16	1.27	1.48	0.76	5.75	NADP (Stensland & Semonin 1984)
Glasgow, Mont., 1955~1956	0.40	0.26	—	1.72	0.17	2.62	0.71	0.24	—	Junge & Werby 1958
Grand Junction, Colo., 1955~1956	0.26	0.17	—	3.41	0.28	4.76	0.98	0.26	—	Junge & Werby 1958
Columbia, Mo., 1955~1956	0.33	0.31	—	2.82	0.15	3.6	0.6	0.17	—	Junge & Werby 1958
Tewaukon, N.D., 1978~1979	0.27	0.23	0.27	1.05	0.20	1.74	1.59	0.86	5.27	Munger 1982
Itasca, W. Minn., 1978~1979	0.20	0.17	0.23	0.69	0.15	1.53	1.24	0.60	5.0	Munger 1982
Hovland, E. Minn.,1978~1979	0.14	0.13	0.13	0.40	0.10	1.89	1.18	0.67	4.67	Munger 1982
Amarillo, Tex., 1955~1956	0.22	0.23	—	2.7	0.14	1.86	0.68	0.05	—	Junge & Werby 1958
Tom Green Co., Tex., 1972~1973	0.86	0.15	0.05	0.14	0.61	3.17	1.5	1.5	5.98	Miller 1974
Bishop, Calif., 1972~1973	0.84	0.42	0.08	0.67	0.64	2.26	1.03	0.47	6.1	Miller 1974
Ely, Nev. 1955~1956	0.69	0.22	—	3.28	0.3	2.84	1.44	0.35	—	Junge & Werby 1958
Albuquerque, N.M., 1955~1956	0.24	0.18	—	4.74	0.09	2.39	0.86	0.09	—	Junge & Werby 1958
Tesuque Mtn., N.M., 1975~1976	0.07	0.12	0.08	0.70	0.33	3.29	1.12	—	5.0	Graustein 1981
Santa Fe, N.M., 1975~1976	0.06	0.08	0.15	3.62	0.33	2.95	0.99	—	6.7	Graustein 1981
U.S. inland (average)	0.40	0.20	0.10	1.4	0.41	3.0	1.20	0.30	—	(상동)
U.S. (average) 1955~1956	0.90	0.23	[0.15]	1.0	1.13	2.02	0.70	—	—	Garrels & Mackenzie 1971; Lodge et al. 1968
Poker Flat, Alas. (N. of Fairbanks)	0.02	0.02	0.002	0.002	0.09	0.35	0.12	0.02	5.0	Galloway et al. 1982
Experimental Lakes Area, Ont.	0.19	0.13	0.11	0.45	0.35	4.32	0.11	0.38	5.0	Schindler et al. 1976
Haney, B.C., 1972~1973	0.3	0.1	0.1	0.2	0.6	1.3	0.7	0.1	4.5	Feller & Kimmins 1979

[a] 괄호 안의 숫자는 과잉 황산염 농도. 본문 참조.

표 3.2 빗물에 포함된 이온들의 기원

이온	해양으로부터 유입	육상으로부터 유입	오염에 의한 유입
Na^+	해염	토양 먼지	생물연소
Mg^{2+}	해염	토양 먼지	생물연소
K^+	해염	생물기원 에어로졸, 토양 먼지	생물연소, 비료
Ca^{2+}	해염		시멘트 제조, 연료 연소, 생물연소
H^+	기체반응	기체반응	연료 연소
Cl^-	해염	–	석탄 연소, 소각로
SO_4^{2-}	해염, 생물로부터의 DMS	DMS, 생물학적인 부패로부터의 H_2S, 화산, 토양 먼지	연료 연소, 생물연소
NO_3^-	N_2 + 번개	생물학적인 부패로부터의 NO_2, N_2 + 번개	자동차 매연, 연료 연소, 비료, 생물연소
NH_4^+	생물학적 활동으로부터의 NH_3	생물학적 부패로부터의 NH_3	NH_3 비료, 쓰레기 부패(연소)
PO_4^{3-}	생물기원 에어로졸	토양 먼지	생물연소 비료
HCO_3^-	대기 중 CO_2	대기 중 CO_2, 토양 먼지	연료 연소 CO_2
SiO_2, Fe, Al	–	토양 먼지	개간작업

출처 : Junge 1963; Mason 1971; Miller 1974; Granat et al. 1976; Stallard and Edmond 1981.

최종적으로 빗물로서 지표면으로 떨어지는 물방울의 조성은 구름 응결핵 에어로졸의 조성과 응결 과정 및 물방울이 지표면으로 떨어질 때 물과 반응하는 용해성 미량 기체성분의 조성에 의해 결정된다. 구름 내에서 발생하는 반응으로 인한 기작을 성우제거(rainout)라 하며, 구름보다 아래에서 비가 내리는 도중 반응에 의한 기작을 세척제거(washout)라 한다. 기체는 또한 구름 외부 에어로졸 입자에 의해 응결된 물의 표면에서도 용해된다.

성우제거에 의해 빗물 속에 존재하는 원소들의 시간적 변화는 거의 없거나 조금 증가할 것이다. 반대로, 세척제거에 의한 원소들은 시간이 지남에 따라 공기가 점점 깨끗해지기 때문에 빗

표 3.3 육상과 해양 강우에서 나타나는 주성분 이온들의 특정 농도(mg/L)

이온	대륙의 비	해양과 연안의 비
Na^+	0.2~1	1~5
Mg^{2+}	0.05~0.5	0.4~1.5
K^+	0.1~0.3[a]	0.2~0.6
Ca^{2+}	0.1~3.0[a]	0.2~1.5
NH_4^+	0.1~0.5[b]	0.01~0.05
H^+	pH=4~6	pH=5~6
Cl^-	0.2~2	1~10
SO_4^{2-}	1~3[a,b]	1~3
NO_3^-	0.4~1.3[b]	0.1~0.5

[a] 청정 대륙 지역의 농도 : K^+ = 0.02~0.07, Ca^{2+} = 0.02~0.20, SO_4^{2-} = 0.2~0.8.

[b] 오염 지역의 농도 : NH_4^+ = 1~2, SO_4^{2-} = 3~8, NO_3^- = 1~3.

물 속에서 농도가 급격히 감소할 것이다(Junge 1963). 소나기는 세척제거가 우세하다. 세척제거에 의해 시간에 따라 농도가 감소하는 것은 항상 육상에 많은 이온들(Ca^{2+}, K^+, NO_3^-)에서 생기고, 이런 이온들은 지면에 가까운 대기의 하층부에 농축되어 있다. 반대로 해양 에어로졸로부터 기원한 화학종(Cl^-, Na^+, Mg^{2+})의 경우 연안 근처에서는 대기의 하층부에 농축되어 있어서 세척제거가 나타나지만, 해양 에어로졸이 대기를 통해 흩어지는 내륙에서는 세척제거가 발생하지 않는다(Stallard 1980).

빗물의 Cl^-, Na^+, Mg^{2+}, Ca^{2+}, K^+

빗물에 녹아 있는 Cl^-, Na^+, Mg^{2+}, Ca^{2+}, K^+의 공급원은 해양(해염 에어로졸), 육상(토양 먼지, 생물 배출), 인위적 배출(산업, 생물연소) 등이 있다(표 3.2 참조). 해양 공급원의 중요성은 해안으로부터의 거리에 따라 변화하며 육지에서는 낮은 농도로 상당히 일정하게 유지된다. '이온의 계층적 분포'는 해양의 해염과 대륙(육상의 또는 오염의) 공급원의 상대적 중요성에 따라 다음과 같이 나타난다.

$$Cl^- = Na^+ > Mg^{2+} > K^+ > Ca^{2+} > SO_4^{2-} > NO_3^- = NH_4^+$$

거의 해양 공급 거의 육지 공급

주요한 양이온 중에서 Na^+는 해양의 영향을 받은 빗물에서 우세하게 나타나는 반면, Ca^{2+}는 내륙의 빗물에서 우세한 양이온이다. 음이온과 양이온을 모두 고려하면 해양과 가까운 지역에서는 빗물은 기본적으로 NaCl 용액이지만 내륙으로 갈수록 빠르게 $CaSO_4$ 용액으로 변화한다. 또한 건조한 지역을 제외하고는 해양의 영향을 받은 빗물이 육지에서의 전형적인 빗물보다 용해된 염의 총함량이 더 크다.

주요한 이온의 비율은 강우 조성과 해염의 조성을 비교하기 위해 사용될 수 있다. 제8장에 제시된 해수에서의 Na^+ 농도에 대한 해염의 중량 비율을 표 3.4에 나타내었다. 알려진 해수의 비율을 사용하여 해염 이온이 강우 조성에 미치는 기여도는 (해수로부터 에어로졸이 형성되는 과정 중에 분리되지 않는다고 가정하면) 모든 Na^+ 또는 Cl^-(기준 이온)과 다른 이온들의 비율이 해염으로부터 파생된다고 가정함으로써 계산할 수 있다. 해염에서의 비율보다 큰 이온의 농도를 초과 이온(excess ion) 또는 비해염 이온(non-sea-salt ion)이라고 부른다. 예를 들면 SO_4^{2-}에 대해서는 다음과 같이 표현할 수 있다.

$$\text{excess } SO_4^{2-} = [SO_4^{2-}] - \{\{[SO_4^{2-}]/[Cl^-]\}_{sw} \times [Cl^-]\}$$

여기서 [ ]는 농도를 나타내고, sw는 해수를 의미한다.

인위적인 오염물질이 해양성 공기와 혼합되면 산성화된 해염 에어로졸에서 Cl^-이 부족해진

표 3.4 해수와 해양 및 육지의 강우에서 Na^+에 대한 중량 비율로 표현한 주요 성분 조성

		빗물						
			북대서양					
	해수 H_2O	남대서양	서	동	태평양	버뮤다	하와이	암스테르담[a]
Na^+	1.00	1.00	1.00	1.00	1.00	1.00	1.00	1.00
Cl^-	1.797	1.92	1.90	1.78	1.7	1.83	1.76	1.83
SO_4^{2-}	0.252	0.266	0.622	0.337	0.333	0.515	0.352	0.290
Mg^{2+}	0.12	0.137	0.100	0.105	–	–	0.168	0.117
Ca^{2+}	0.038	0.032	0.052	0.052	0.179	0.056	0.086	0.039
K^+	0.037	0.034	0.083	0.055	0.042	0.05	0.068	0.023

출처 : 해수에 대한 값은 제8장 참조, 빗물의 자료는 표 3.1 참조.
[a] 암스테르담섬.

다(Keene et al. 1986; Graedel and Keene 1995). 질소 기체는 해염 에어로졸과 반응하여 휘발성 HCl 기체와 입자상 $NaNO_3$를 생성한다.

$$HNO_3(g) + NaCl(p) \rightarrow HCl(g) + NaNO_3(p)$$

유사한 반응이 황산 에어로졸에 대해서도 발생한다.

$$H_2SO_4(p) + 2NaCl(p) \rightarrow 2HCl(g) + Na_2SO_4(p)$$

해염 에어로졸의 8~10%는 인위적인 오염물질과의 반응 때문에 HCl로 증발한다(Graedel and Keene 1995).

전 지구적으로 해염 에어로졸은 Cl의 주된 공급원이고 대륙에서 50~60 Tg-Cl의 염소 침적량을 차지한다. 산업적 HCl 배출원, 정화기 미장착 석탄 화력 발전소, 정화기 미장착 쓰레기 소각장 또는 분출하는 화산에서 아주 근접한 지역을 제외하고는 다른 어떤 Cl 공급원도 중요하지 않다(Graedel and Kerr 1995). [정화(scrubbing)를 통해 Cl과 S를 제거한다]. 총 인위적인 Cl의 배출량은 3 Tg/yr이고 화산의 Cl 배출량은 2 Tg/yr이다.

일반적인 빗물의 Cl 농도는 Graedel과 Kerr(1995)에 요약되어 있다. 해양에서 내리는 비에는 5~10 mg/L의 범위로 평균 약 8 mg/L 농도를 보인다. 조립질 해양성 에어로졸은 상대적으로 대기 중 수명(1~2일)이 짧기 때문에 대류권에서 조립질 에어로졸 농도와 연관된 입자상 Cl의 농도는 해안에서부터 육지로의 거리가 증가할수록 빠르게 감소한다(Eriksson 1959; Junge 1963). 그림 3.3은 미국에서 내륙으로 갈수록 감소하는 염화물(Cl 화합물)의 농도를 보여준다.

아마존 분지에서 강우에 포함된 염화물의 농도 역시 대서양 해안으로부터 내륙으로의 거리가 멀어질수록 급격히 감소한다. 해안으로부터 1,200 km 내륙에서는 농도가 0.35 mg/L까지 감소한 후 유지되는데(Stallard and Edmond 1981), 이 수치는 일반적인 미국 내륙의 값보다

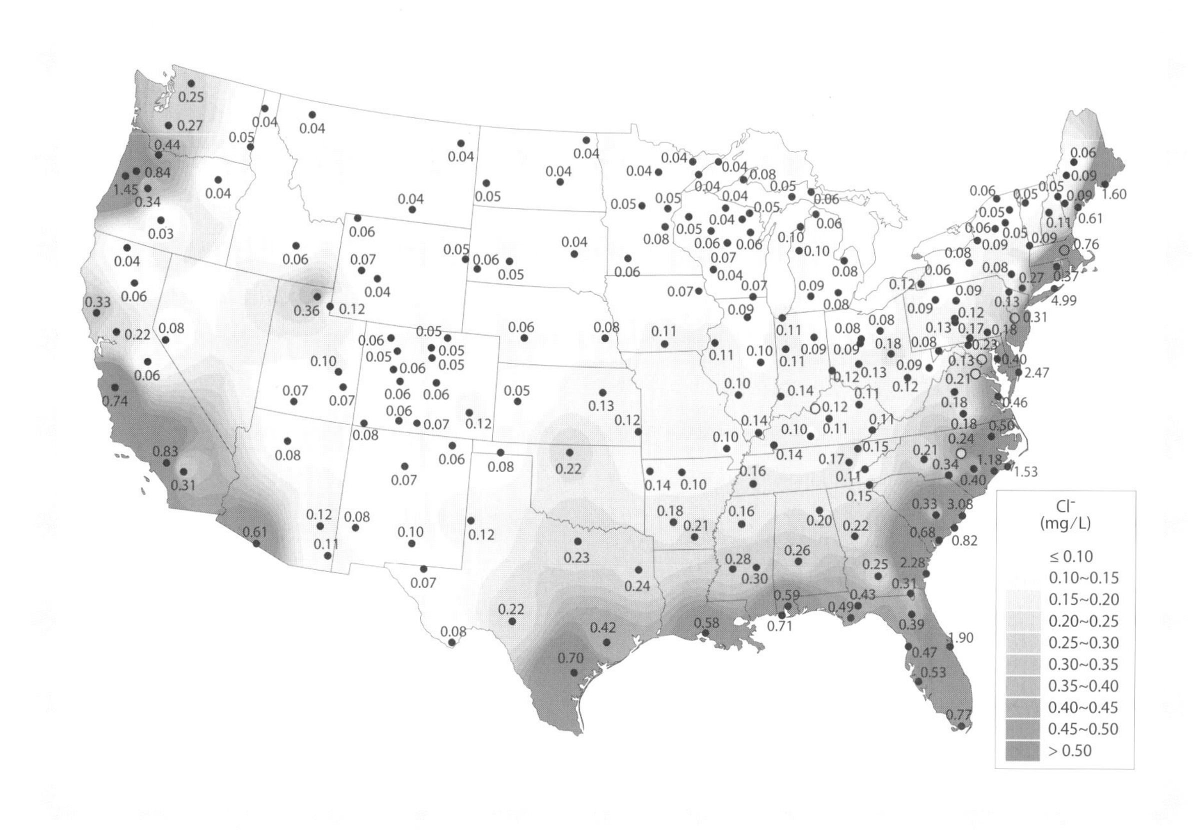

그림 3.3 2007년 미국의 강우에서 나타난 염화물 농도(단위 : mg/L Cl^-).
출처 : National Atmospheric Deposition Program (NRSP-3)/National Trends Network 2007.

다소 높으며 이후 점차 감소한다. 이 지역에서 해양의 기여도가 더 크고 내륙으로 더 깊게 관통하는 이유는 아마존 분지에서는 우세한 바람이 대서양에서 불어오는 반면, 미국 동부에서는 내륙으로부터 불어오는 바람이 우세하기 때문인 것으로 예상된다.

아쉽게도 해양에서 이루어진 해양성 강우의 측정이 많지는 않지만, 버뮤다, 하와이, 암스테르담섬(인도양)과 같은 바다의 섬에 내리는 빗물의 조성은 해양성 비 에어로졸과 매우 유사하다. 표 3.4에서 볼 수 있듯이, 해양과 섬의 강우에서 관측된 Cl/Na 비율은 해염의 비율과 유사하다. 남대서양(Stallard and Edmond 1981)과 암스테르담섬(Galloway et al. 1982)의 강우에서 나타난 Na^+에 대한 Mg^{2+}, Ca^{2+}, K^+의 비율은 해염의 비율과 매우 유사하다. 다른 섬들과 해양의 강우에서는 대륙성 양이온(Ca^{2+}, Mg^{2+}, K^+)에 의해 약간씩 다양한 영향을 받은 것으로 나타났다. 대부분의 해양과 섬들의 강우에서 나타난 SO_4/Na 비율은 해염의 비율보다 높게는 2배 이상까지 컸는데, 이는 아마도 대륙에서 운송된 황산염 오염이나 해염 이외의 해양성 황산염 공급원 때문일 것이다(아래의 '비에서의 황산염' 절 참조).

연안 해역의 빗물에서 Na^+에 대한 Cl^-와 Mg^{2+}의 비율은 해염의 비율과 가깝지만, Ca^{2+}와 K^+의 비율은 대륙으로부터의 다양한 유입으로 인해 해염보다 클 수 있다. 바닷물의 Cl/Na 비율은 육지 쪽으로 들어가면서 종종 변화가 발생한다. 그 이유는 (1) 해염 성분의 분할 차등 제거(factionation-differential removal) 때문이거나, (2) 육상 기원 이온들이 비에 추가되었거나(특히 토양 입자 Na이 비율을 낮출 수 있음), (3) 인위적인 Cl^-의 유입 때문일 수 있다(Cl/Na 비율을 높일 수 있음).

Stallard와 Edmond(1981)는 탁월풍이 대서양으로부터 불어오고 오염이 거의 없고 토양의 먼지가 적은 아마존 분지에서 내륙 빗물의 Cl/Na 비율(그리고 Cl/Mg 비율)은 심지어 2,000 km 내륙에서조차도 해염의 비율과 유사함을 발견하였다. 이는 공기괴가 내륙으로 이동하면서 해양 성분의 분할(fractionation)에 의해서는 주요한 변화가 발생하지 않는다는 것과 앞의 설명 (1)은 별로 중요하지 않음을 확인해준다.

해양이 미국 내륙의 빗물에 미치는 영향은 상당히 적다. 우세한 바람은 서풍이고 이 바람은 미국 서부 해안을 따라 해양의 공기를 내륙으로 이동시키지만, 대부분의 해양 에어로졸은 태평양 해안의 산맥 위에서 성우제거(rainout)와 세척제거(washout)되기 때문에 내륙으로 이동되지 않는다. 미국의 동부 해안에서는 비록 겨울에는 폭풍이 멕시코만으로부터 올라오며 해양 공기를 들여오기는 하지만, 우세한 바람이 특히 여름에는 대륙에서 대서양으로 불어 나간다. 미국은 또한 아마존 분지보다 상당히 먼지가 많다. 이러한 모든 요인들이 미국 빗물에서의 농도 비율을 해염의 비율과 상당히 다르게 만든다. Junge와 Werby(1958)는 강우의 Cl/Na 비율을 측정하여 미국 해안에서는 빗물에서의 비율이 해수의 비율(1.8)과 유사였지만 내륙으로 갈수록 빠르게 감소하여 500마일 내륙에서는 0.5~0.8에서 평준화되는 것을 발견하였다. 미국 내륙에서 빗물의 Na 중 1/2에서 2/3는 토양 입자에서 기원한 것으로 보인다.

그림 3.4는 소듐 농도 지도를 보여준다. 특히 아마도 Na가 풍부한 먼지의 좋은 공급원으로 생각되는 그레이트 베이슨(Great Basin)에 있는 고농도 Na^+ 지역, 상대적으로 Na^+가 풍부한 화성암의 건조하고 먼지가 많은 지역(대부분의 퇴적암 위), 그리고 염분이 많은(Na가 풍부한) 마른 호수 바닥이 많은 지역에 주목할 필요가 있다(Grambell 1962). 토양 입자가 Na의 기원이라는 추가적인 증거는 그림 3.4에서 보여진 애리조나 남부의 고농도 Na이다. Gambell과 Fisher(1966)는 노스캐롤라이나와 버지니아의 강우에서 과잉 Na^+(excess Na^+), 과잉 Ca^{2+}, 과잉 Mg^{2+}(Cl^- 대비 해염에서의 비율을 초과한 양) 모두 유사한 월 변동 패턴과 공간적 분포 양상을 보임을 발견하였는데 이는 이들 세 이온이 공통의 토양 입자 기원을 가지는 것을 암시한다.

강우에 있는 모든 Cl이 해염으로부터 유래하지는 않는다. 일부는 염소를 함유한 기체들로부터 오기도 한다. HCl 및 다른 기체들과 같은 대기 중 인위적인 Cl의 공급원에는 석탄 연소, 소각로에서 폴리비닐 염화물의 소각, 자동차 배기가스 및 제련소 등이 포함된다(Graedel and Keene 1995; Paciga and Jervis 1976). Graedel과 Keene(1995)은 연안과 해양의 강우에서

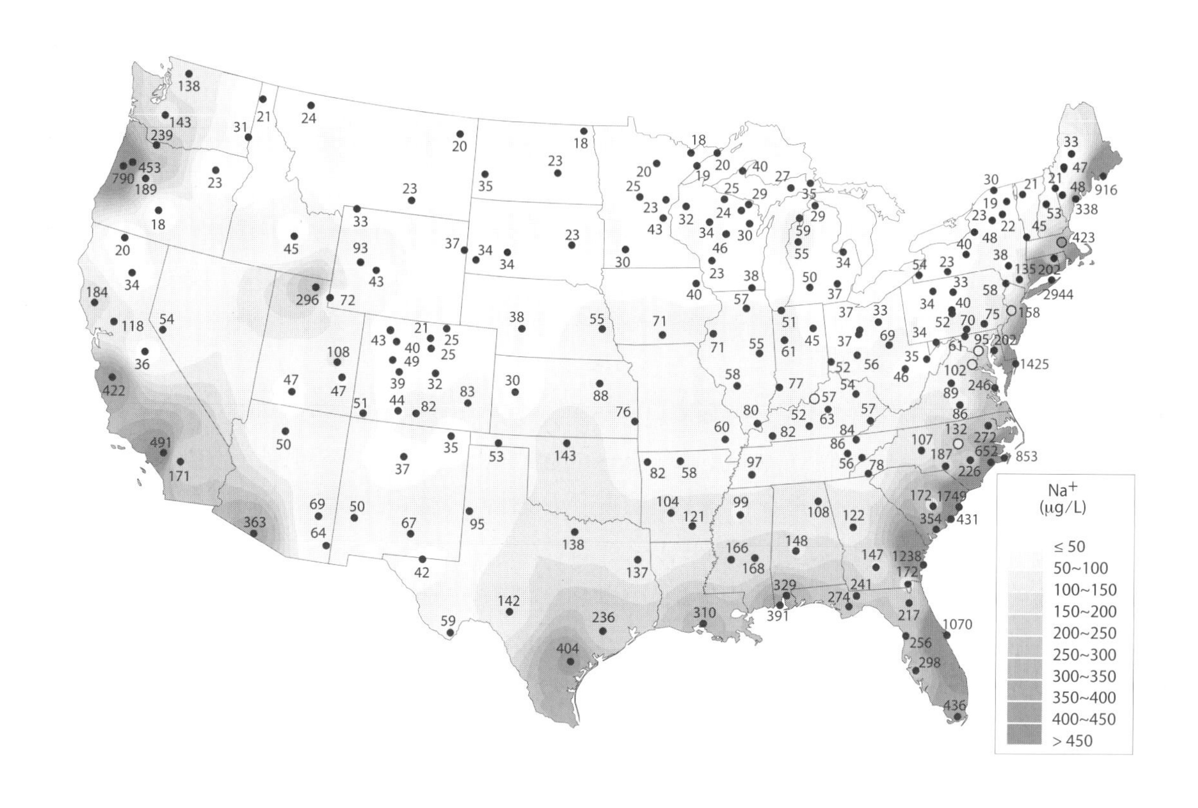

그림 3.4 2007년 미국 강우의 소듐 농도(mg/L Na^+).
출처 : National Atmospheric Deposition Program (NRSP-3)/National Trends Network 2007.

비해염(non-sea-salt) Cl^-의 농도를 평균 0.017 mg/L으로 추산하였다. 또한 이들은 기준으로 삼는 물질(Na^+)이 보존되지 않기 때문에 대륙 강우의 비해염 Cl^- 계산의 신뢰성이 떨어진다고 생각하였다. 1960년대와 1970년대 뉴햄프셔의 허버드 브룩(Hubbard Brook)에서는 석탄 연소로 추정되는 오염이 주요한 염화물 공급원이었다. 그러나 1980년대와 1990년대에는 강우에서 Cl의 농도가 감소하였고 해양기원 Cl이 지배적이었다(Lovett et al. 2005).

대서양에서 불어오는 바람이 주풍인 유럽의 강우에서 Cl/Na 비율은 해양의 영향이 상당히 더 크게 작용하여 미국 내륙의 값보다 큰 2.3~1.3의 범위를 보인다. 그러나 Cl 오염 때문에 산업 지역에서는 해염의 비율보다 훨씬 큰 Cl/Na 비율이 나타나기도 한다. 오염성 Cl 때문에, 대부분의 연구자들은 강수에 대한 해염의 기여도를 결정하는 데 Cl이 아닌 Na를 기준으로 삼는 경향이 있다(Graedel and Keene 1995). 그러나 Na를 기준으로 해염의 기여도를 결정하는 것 또한 토양 입자에 의한 Na의 큰 변동성 때문에(특히 내륙과 청정 해양에서조차도) 문제가 발생할 수 있다. 따라서 해염의 기여도를 결정하는 데 있어서 해염에 비해 상대적인 Cl의 부족량 문제를 해결하는 것은 어렵다(Graedel and Keene 1995).

해염에서 Ca/Cl의 비율은 Na/Cl 비율의 4%에 불과하기 때문에 대륙의 강우에서 Ca^{2+}에 대한 해염의 기여도는 매우 작다. 대신에 Ca^{2+}는 주로 토양 입자의 $CaCO_3$가 용해되어 나타난다. 탄산칼슘은 빗물에 녹아서 다음의 반응에 의해 HCO_3^-와 Ca^{2+}의 형태로 존재한다.

$$H^+ + CaCO_3 \rightarrow Ca^{2+} + HCO_3^-$$

이러한 방식으로 빗물의 산성도가 중화된다. H_2SO_4와 같은 강산은 (SO_2가 대기 중에 존재할 때) 이러한 중화 과정을 통해 SO_4^{2-}와 같은 산성 음이온과 CO_2가 생성된다.

$$H_2SO_4 + CaCO_3 \rightarrow CO_2 + H_2O + SO_4^{2-} + Ca^{2+}$$

빗물의 Ca^{2+}는 또한 $CaSO_4$(석고, gypsum) 토양 입자로부터 유래하고 드물게 $CaCl_2$로부터 발생하기도 하지만 이들 모두 산성도를 중화시키는 데는 중요하게 작용하지 않는다(Butler et al. 1984).

일반적으로 Ca^{2+}는 미국 내륙의 강우에서 가장 주요한 양이온이다. 그림 3.5는 2006년 미국의 강우 중의 Ca^{2+} 농도 분포를 보여주고 있다. 최대 Ca^{2+} 농도는 (1) 서부와 남서부의 건조한 지역에서 발견되는데 이곳은 지표면에서 토양수의 지속적인 증발로 인해 $CaCO_3$가 표토층의 주요한 구성분이며, 바람에 날린 토양 입자가 일반적인 곳이다(토양 입자는 평균적으로 약 200~400마일까지 풍하 지역으로 이동할 수 있음). 또한 (2) 바람이 강한 중서부 대초원 지역에서도 석회질 토양에서의 경작으로 인해 최고 농도가 나타난다. 건조한 지역에서 높은 농도의 Ca^{2+}(및 다른 이온)가 나타나는 것은 적은 강우량과 빈번하지 않은 강우 때문이다.

Likens 등(1998)은 1963~1993년 동안 뉴햄프셔 허버드 브룩에서의 방대한 강우 기록에 대해 논의하였다. Junge와 Werby(1958)가 1955~1956년 이 지역에서 최초로 측정한 Ca^{2+} 농도는 0.5 mg/L였다. 1963~1966년 동안 Likens 등은 Ca^{2+} 농도가 0.26 mg/L까지 절반 정도 감소하였음을 발견하였다. 이 농도는 0.09 mg/L Ca^{2+}가 된 1975~1976년까지 계속해서 빠르게 감소하였다. 그때부터 1992년까지 농도는 평균 약 0.08 mg/L로 비교적 일정하게 유지되었다(Likens et al. 1998). Hedin 등(1994)은 허버드 브룩에서(다른 미국 지역과 유럽에서도) 염기성 양이온(Ca, Mg, K, Na 포함)의 지속적인 감소를 발견하였고, 이러한 감소는 특히 Ca^{2+}와 Mg^{2+}에 대해 도심과 산업 지역의 공급원에서 오염성 입자 배출의 감소 때문인 것으로 제안하였다(이러한 염기성 양이온의 감소는 빗물의 pH를 낮출 것이다). 이러한 차이는 풍속이나 강우 효과와는 관련이 없는 것으로 보인다.

Ca^{2+}는 석탄 연소와 시멘트 제조에 의한 오염으로 생성될 수 있다. 석탄은 약 0.4% 칼슘과 3% 황을 포함하지만, 일반적으로 연소 후에 공기 중에서 구성 원소가 분리된다. 칼슘은 재에 포함되어 있고 배출원 근처에서 강우에 포함되어 떨어지는 반면, 황은 SO_2 기체로 방출되고 넓은 지역으로 확산된다. Pearson과 Fisher(1971)는 미국 북동부 지역 도심의 강우에서 고

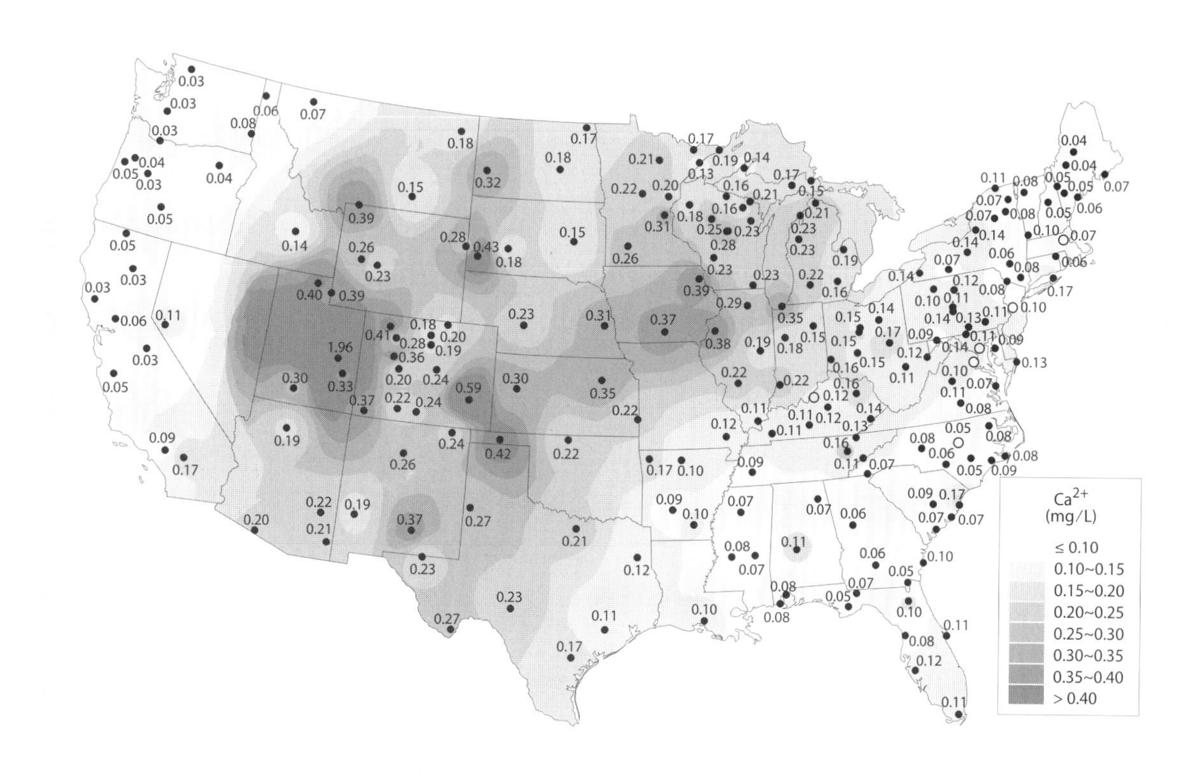

그림 3.5 2007년 미국 강우의 칼슘 농도(mg/L Ca^{2+}).
출처 : National Atmospheric Deposition Program (NRSP-3)/National Trends Network 2007.

농도의 Ca^{2+}와 SO_4^{2-}가 발생하는 경향이 있고 이들 이온이 영국의 산업화 지역의 강우에서도 상관성이 있다는 것에 주목하였다. Whitehead와 Feth(1964)는 캘리포니아 멘로 파크(Menlo Park)에서 강우의 Ca^{2+}가 석고 가공과 시멘트 제조로 발생하는 산업 오염 때문에 발생하였다고 제시하였다. 오대호-세인트 루이스 분지와 그 외 다른 지역에서도 생길 수 있는 빗물 중의 국지적으로 높은 Ca^{2+} 농도의 또 다른 원인은 얼음을 녹이기 위해 $CaCl_2$를 살포한 도로 근처에 설치된 강우 포집기에 $CaCl_2$가 포함되었기 때문이다(Barrie and Hales 1984).

그림 3.6은 미국 강우에서 Mg^{2+}의 농도 분포를 보여준다. 해염에서 Mg의 농도는 Na 농도보다 약 10배 정도 낮다. 그러므로, 2,000 km 내륙에서까지 해염의 Mg/Cl 비율이 발견되는 아마존 분지와 같은 연안 지역이나 해양의 영향을 강하게 받는 지역을 제외하고는 해염은 Mg의 중요한 공급원은 아니다(Stallard and Edmond 1981). 북아메리카 내륙의 강우에서 마그네슘은 칼슘과 상관성이 있는데, 이는 아마도 두 이온 모두 유사하게 토양 입자를 공급원으로 갖기 때문으로 보인다(Munger and Eisenreich 1983). 바람에 의한 토양 입자 공급이 강하여 고농도가 나타나는 건조한 서부와 남서부 지역을 제외한 북미 내륙의 강우에서 대부분의 Mg 값

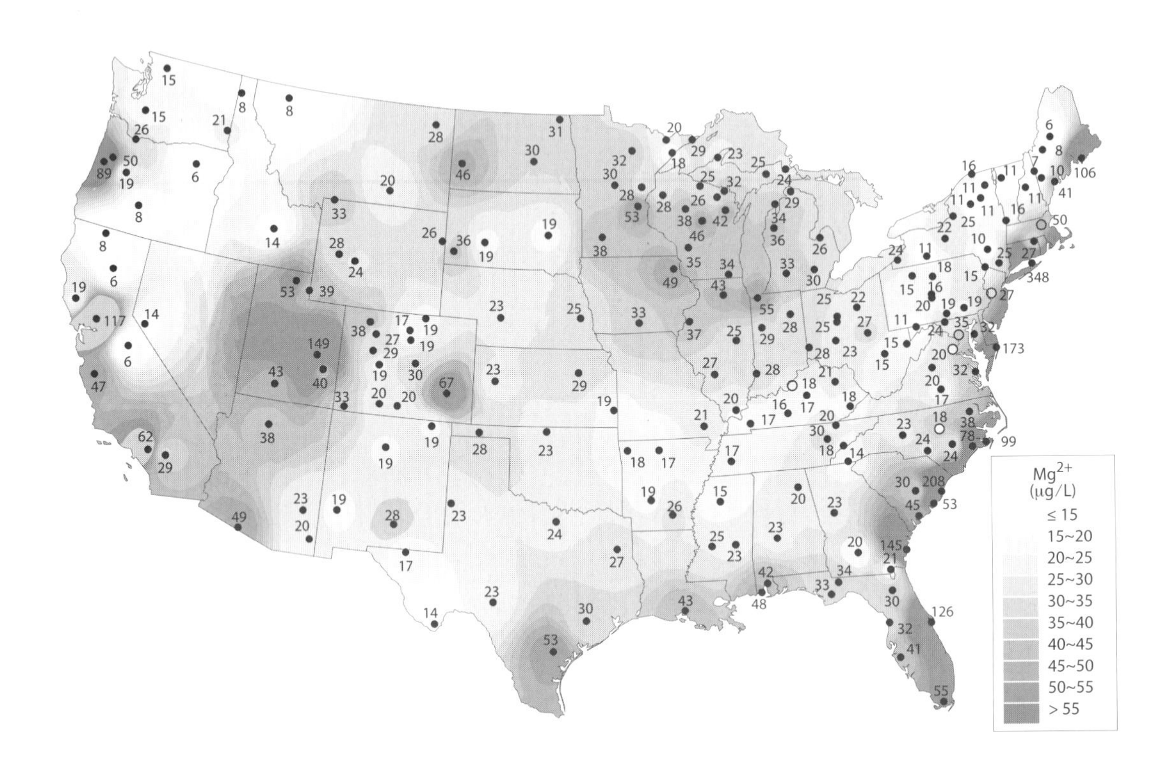

그림 3.6 2007년 미국 강우의 마그네슘 농도(mg/L Mg^{2+}).
출처 : National Atmospheric Deposition Program (NRSP-3)/National Trends Network 2007.

은(Lodge et al. 1968; 표 3.1 참조) 약 10~30 mg/L 정도이다. 이 값들은 해마다 변화하는 가뭄의 영향으로 쉽게 증가할 수 있다.

1955~1956년에는 미국 강우에서의 포타슘은 미국 전역에 걸쳐서 농도가 낮았고, Ca보다 훨씬 적은 변동성을 보이면서 상당히 균질하게 분포하였다(Junge and Werby 1958). 유럽 내륙의 강우에서 포타슘 농도는 미국과 유사하였지만, 아마존 내륙의 강우에서 K 농도는 미국과 유럽 농도의 약 1/4 정도로 낮았다(표 3.1 참조). 염화물 함량을 기준으로 해염은 미국 내륙 강우 중 K의 약 10% 정도만 차지한다. 반면에 훨씬 낮은 K 농도를 가지는 아마존의 강우에서는 해염이 차지하는 비중이 약 25% 정도까지 된다. 2007년 미국 강우에서 포타슘의 배경 농도는(그림 3.7 참조) 20~40 mg/L 정도이고 동부 해안 지역(해염으로부터)과 텍사스, 캔자스 서부와 네브래스카, 콜로라도 동부의 먼지가 많은 일부 지역에서 높은 값을 보인다.

대륙의 강우에서 K의 비해양성 기원은 다양하며, 여기에는 (1) 토양 입자의 용해, (2) 토양 입자의 K에 들어가는 K-함유 비료, (3) 꽃가루, 씨 및 기타 생물성 에어로졸, (4) 특히 열대 지역에서의 산림 연소가 포함된다. 이러한 공급원의 상대적인 중요성은 지역에 따라 크게 달라

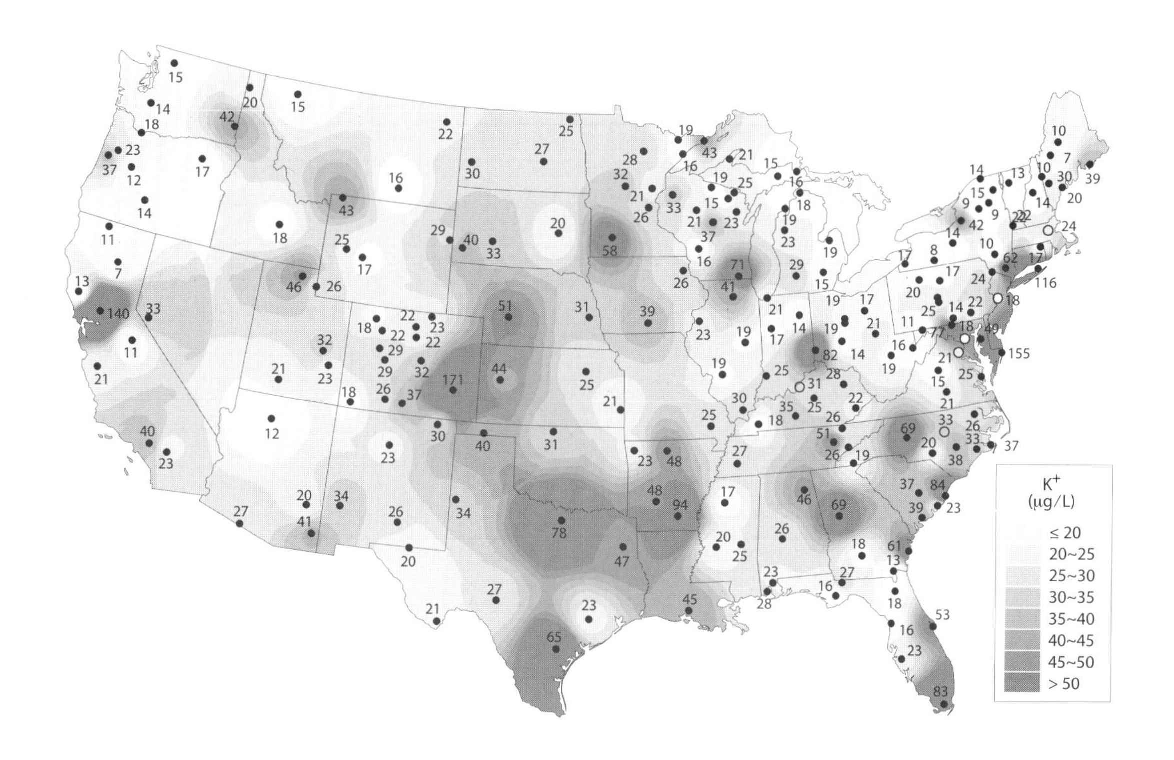

그림 3.7 2007년 미국 강우의 포타슘 농도(mg/L K^+).
출처 : National Atmospheric Deposition Program (NRSP-3)/National Trends Network 2007.

진다.

전 세계적으로 K 비료 사용은 1960년대부터 정점에 도달한 1980년대 후반까지 증가하였다. 이후 1990년대에는 상대적으로 일정하지만 다소 낮은 수준으로 감소하였다. 질소 비료는 반대로 상당히 증가하여왔다(그림 3.24 참조). Junge(1963)는 미국 내륙의 강우에서 평균 Na/K 비율(1.7)은 해염의 비율(27)보다는 토양의 비율(0.5)에 가깝다고 지적하였고, 포타슘의 기원은 용해된 토양 입자임을 제시하였다. 유사하게 미국 내륙의 Mg/K의 비율은 해염보다 토양의 비율에 더 가깝다(표 3.5 참조). Gillette 등(1992)은 미국 서부의 넓은 지역에서 K^+가 토양 조성의 20~30%까지 차지한다는 것을 보여준다.

Munger(1982)는 농경 초지(노스다코타 북부)부터 혼합림(미네소타 동부)까지 600 km를 횡단하는 선 위에 있는 세 지점에서 강우의 K^+, Ca^{2+}, P를 측정하였고, 빗물에서의 농도가 가을에 가장 높은 농경 초지 지역에서 평균 농도가 가장 높았다는 점에서 K가 Ca를 뒤따른다는 것을 발견하였다. K와 Ca의 농도는 산림 지역으로 갈수록 급격히 감소하였다. 이 경향성은 바람에 침식된 부분적으로 K 비료에 영향을 받은 농경지의 토양 입자가 아마도 K와 Ca의 지배

표 3.5 미국 강우에서의 값과 비교하여 K^+에 대한 질량비로 표현된 에어로졸의 다양한 공급원에서의 조성

공급원	Na/K	Mg/K	Ca/K	S/K	Al/K
빗물					
미국 내륙[a]	1.66	0.81	9.3	7.4	–
미국 동부 내륙[a]	1.0	0.83	4.2	9.6	–
미국 서부 내륙[a]	2.1	0.79	12.6	5.7	–
토양					
미국 평균[b]	0.52	0.4	1.04	–	2.5
동부 미국[b]	0.35	0.31	0.43	–	4.5
서부 미국[b]	0.6	0.46	1.06	–	3.2
미국의 화성암(미성숙–성숙)[c]	0.5~0.3	1.0~0.3	2.0~0.7	0.05	–
전 세계 토양 평균[d]	0.46	0.36	1.0	0.05	5.1
지각암석[e]	1.1	0.81	1.4	0.01	3.2
평균적인 퇴적암 대지[f]	0.34	1.1	4.7	0.26	3.0
해수[g]	27.0	3.2	1.0	2.25	–
속씨식물[d]	0.09	0.23	1.29	0.24	0.04
나무(미국)[h]	0.01	0.25	2.0	–	0.03
농작물(미국)[h]	0.001	0.12	0.14	–	0.003
열대 식생을 태운 토양재 : 줄기와 풀[i]	0.42	0.25	0.8	0.2	–
도시의 에어로졸					
토론토[j]	0.75	1.6	6.1	–	2.4
시카고[k]	0.5	1.13	2.5	–	1.25

[a] 표 3.1.
[b] Shacklette et al. 1971.
[c] Bohn et al. 1979.
[d] Bowen 1966.
[e] Mason 1966.
[f] Holland 1978.
[g] 표 8.1.
[h] Connor & Shacklette et al. 1975.
[i] Lewis 1981.
[j] Paciga & Jervis 1976.
[k] Gatz 1975.

적인 공급원임을 지시한다. 산림 지역에서는 K 농도가 더 낮고 봄철 강우에서 가장 높은 농도가 발생하며 꽃가루와 씨앗에 기인한 P의 농도 변동과 유사하다.

사하라 토양 입자는 열대 북대서양 에어로졸의 수용성 K의 상당한 부분을 차지하지만(일반적으로 5~10%, 최대 38%까지), 지배적인 K의 공급원은 여전히 해염이다(Savoie and Prospero 1980). 이는 바람에 의한 입자가 대양을 건널 정도로 먼 거리를 이동할 수 있기 때문에 빗물의 조성에 기여할 수 있음을 보여준다(Junge 1972).

생물성 에어로졸은 또 다른 가능한 K의 공급원이다. 제4장에서 언급한 것처럼, 식물은 잎 표면에서 노폐물을 배출하고 이것은 입자의 형태로 대기로 빠져나간다. 이를 통해 빗물의 K^+

와 SO_4^{2-}에 공급할 수 있는 수용성 염(K_2SO_4)을 생성한다. Lawson과 Winchester(1979)는 이러한 식물 삼출물이 입자의 배출이 매우 제한적인 습하고 울창한 숲이 우거진 남아메리카 아마존 분지의 조립질 에어로졸에서 K(P와 S와 관련된)의 존재를 설명한다고 생각한다. Stallard와 Edmond(1981)는 또한 아마존 분지 내륙 강우에서의 K가 주로 식물 삼출물에서 기인한다고 생각하였고, 대기에서 관측된 에어로졸의 K 농도와 유사한 농도가 강우에서도 나타날 것이라고 지적하였다. 코트디부아르에서 Crozat(1979)에 의해 관측된 생물성 에어로졸에서의 수용성 K의 농도는 강우에서의 농도로 변환하면 40 mg/L 정도가 된다. 생물성 에어로졸의 형성은 높은 온도와 습도, 열대 환경에서 활발해지는데, 이런 환경은 미국에는 일반적이지 않다. 그러나 Graustein(1981)은 뉴멕시코에서의 연구 결과를 증거로 K가 국지적으로 나무에 의해 대기로 배출되어 강우에서 나타난다는 것을 제시한다.

아마존 분지, 베네수엘라, 코트디부아르와 같은 열대 지역에서는 토지를 개간하기 위해 건조 기간 동안 산림 연소가 이루어지고 이를 통해 강우의 K가 공급될 수 있다. 육지에서 바다로 부는 바람에 의해 이 과잉 K가 바다에서도 관측된다. Lewis(1981)는 베네수엘라 해안에서 우기가 시작되면서 산림 연소로 발생한 미세 입자가 상당히 씻겨 나가고, 이로 인해 빗물에서 K^+, Ca^{2+}, SO_4^{2-}, Na^+, Mg^{2+}의 고농도가 나타나며 계절이 진행되면서 다시 급격히 감소함을 발견하였다. 열대 지방과는 대조적으로 북아메리카에서는 그 빈도가 훨씬 낮아서 산림 연소가 빗물의 조성에 미치는 영향이 미미하다.

기체와 비

대기에 존재하는 물방울과 빗물은 그 크기가 작기 때문에 대기와 기체교환이 나타날 수 있을 정도의 상대적으로 넓은 표면적을 가지고 있다. 그 결과, 대기 기체는 응결 과정(성우제거)과 빗물이 지상으로 떨어지는(세척제거), 두 과정 모두에서 빗물에 녹게 된다. 세척제거의 경우 구름 아래에 존재하는 기체의 농도가 구름 안에 존재하는 기체의 농도보다 높거나, 구름 안에서 진행 중인 반응이 완료되지 않았을 때 발생할 수 있다.

기체가 빗물에 녹을 수 있는 양은 (1) 대기 중 기체의 분압 또는 농도와 (2) 물에 대한 기체의 용해도에 의해 결정된다(용해도는 온도의 함수이다). 분압은 혼합되어 있는 각각의 기체들이 가지는 압력을 말하며, 그러므로 대기 중 모든 기체들이 가지는 각각의 분압의 합은 대기의 압력과 같다. 총압력에서 분압의 비는 공기 중에 존재하는 한 기체가 총부피에서 어느 정도를 차지하고 있는지와 동일하다. 대기에 존재하는 여러 기체들이 차지하는 부피 비는 제2장의 표 2.1에 제시되어 있다. 이 자료를 통해 25°C의 온도와 특정 대기의 총압력에서, 평형상태일 때 수용액 내에 존재할 수 있는 대표적인 기체들의 농도는 다음과 같다. 질소(N_2) : 13.5 mg/L, 산소(O_2) : 6.7 mg/L, 이산화탄소(CO_2) : 0.5 mg/L.

일부 기체들은 물에 녹을 뿐만 아니라 녹기 이전 또는 이후에 물 또는 다른 기체들과 반응하여 새로운 화학종을 형성한다. 이런 기체들로는 이산화탄소(CO_2), 암모니아(NH_3), 이산화황(SO_2), 이산화질소(NO_2), 그리고 염화수소(HCl)가 있다. CO_2, SO_2, NO_2, HCl의 경우 H_2CO_3(탄산), H_2SO_4(황산), HNO_3(질산), HCl(염산)과 같은 산을 형성하며, 반면에 NH_3는 NH_4OH(수산화 암모늄)과 같은 염기를 생성한다. (이들 반응에 대한 자세한 내용은 이 장의 뒤에서 설명함.) 황산, 질산, 그리고 염산은 강산으로 H^+, SO_4^{2-}, NO_3^-, Cl^-로 완전히 해리하고, 반면 탄산과 수산화 암모늄은 평형상태에 도달한 후 일부만이 해리한다.

$$H_2CO_3 \leftrightarrow H^+ + HCO_3^-$$

$$NH_4OH \leftrightarrow NH_4^+ + OH^-$$

어느 쪽이든, SO_4^{2-}, NO_3^-, Cl^-, HCO_3^-, NH_4^+, H^+ 이온이 결과로서 나오게 되며, 이들이 빗물에서 주된 성분이 된다.

비에서의 황산염 : 대기 황의 순환

표 3.1에서 보이는 것과 같이, 황산염(SO_4)은 해양성 비의 거의 모든 곳에서 가장 풍부하게 나타나는 이온이다. 또한 황산염은 세계적인 대기 오염의 주요 지표이자 산성비 형성의 주요 원인이다. 게다가 황산염 에어로졸은 기후를 냉각시키는 효과를 가지므로 지구온난화를 일부 완화시킨다. 이들의 관측은 빗속 황산염 농도에 영향을 줄 수 있는 자연적인 과정과 인위적인 과정, 그리고 일반적인 대기 황 오염에 대한 고찰을 필요로 한다. 궁극적인 목표는 황의 대기 순환에서 주요 플럭스의 정량적인 추정치를 예측하는 것이다.

빗속 황산염의 가장 큰 두 기원은 (1) 해염 에어로졸과 (2) 화석연료의 연소에 의한 이산화황이다. 그 외 다른 중요한 기원으로는 (3) H_2S, $(CH_3)_2S$와 같은 황 기체의 생물학적 환원, (4) 생물연소, 그리고 (5) 화산 활동에 의한 이산화황의 방출 등이 있다. 해염 에어로졸은 상대적으로 큰 입자 형태($>1\ \mu m$)로 대기 중으로 유입된 다음 이후 미세한 에어로졸로 변환되고 최종적으로는 비에서 황산염으로 변한다. 해염 에어로졸을 제외한 다른 유입은 기체형태로 유입된다.

해염성 황산염

황산염은 해수의 주된 성분이다. 그러므로, 빗물에 존재하는 해염기원 황산염의 양은 우리가 이미 알고 있는 해수 SO_4^{2-}/Cl^-의 비(0.14)와 빗물에 존재하는 Cl^-의 농도 측정을 통해 결정할 수 있다. 오염된 지역에서는 비해염성(산업활동에 의한) 기원의 Cl^-가 과도하게 존재하고 일부 Cl^-가 HCl 기체로 제거될 수도 있기 때문에, 이를 대신하여 해수 SO_4^{2-}/Na의 비와 빗물에서 측정한 Na의 농도를 대신 사용하기도 한다. 해염에서 SO_4/Cl 비(또는 SO_4/Na 비)의 사용은 해수와 해염 입자 사이에 분별(fractionation)이 없다는 것을 전제로 한다. 해염성 황산염을 총 황산염에서 뺐을 때 빗속에 남은 황산염의 양을 과잉 황산염(excess sulfate) 또는 비해염성 황산염[non-sea-salt (NSS) sulfate]이라 한다.

대기를 순환하는 해염성 황산염의 양은 아직까지도 잘 알려져 있지 않다. 10,000~30,000 Tg/yr(1 Tg = 10^6 metric tons = 10^{12} g)의 총 해염 생성량을 근거로 Brimblecombe(2003)는 바다를 통한 해염성 황산염의 생성량은 대략 260~770 Tg-SO_4-S/yr로 추정하였다. 이들의 대부분은 다시 바다에 떨어지지만, 일부 10% 정도는 육지에 떨어진다(Warneck 1999).

육지, 특히나 내륙에 떨어지는 황의 대부분은 해염 에어로졸에 의해 나타나는 것이 아니다. 바다 비말(sea spray)은 바다에서 침적되는 황의 주된 기원이지만, 여기에서조차도 황의 상당량은 디메탈황화물과 같은 다른 기원을 통해 온다(뒤쪽의 '생물학적 황 환원' 절 참조).

도시화가 상당히 진행된 지역에서 내리는 빗물에 포함된 많은 양의 황산염은 화석연료(석탄과 석유)의 연소로 인해 대기 중으로 방출된 이산화황 기체가 황산염으로 산화되면서 생성된다. SO_2은 연소 과정에서 석탄에 존재하는 황철석(pyrite, FeS_2)과 석탄, 석유에 모두 존재하는 유기 황화합물과 같은 황 오염물질의 산화에 의해 형성된다. 2000년 미국에서 인위적인 이산화황–황의 60%는 석탄발전소를 통해 방출되는 것으로 나타났다. 그 외 석유 정제와 제련은 26%를 차지했으며, 자동차를 통한 배출은 10%를 차지했다(표 3.6 참조). 이는 56%의 오염성 질소 산화물이 자동차에서 오는 것과 상반되는 결과이다.

미국에서 황의 배출

어떠한 화석연료를 이용하여 에너지를 획득하는지에 따라 황의 배출량은 크게 달라질 수 있다. 대부분의 석탄은 석유(0.3~0.8%), 천연가스(0.05%)와 비교하여 높은 황 함유율을 가지고 있다(무게당 평균 2%)(Möller 1984). 이는 석유나 천연가스에 없는 황철석이 석탄에는 많이 함유되어 있기 때문이다. 그림 3.8은 1940~2000년 사이 미국의 SO_2 배출량 변화를 보여준다. 미국에서 SO_2 배출은 1970년대 초 정점을 찍은 후 점차 감소하여 나중에는 1940년보다 낮아지게 되었으며, 2000년의 배출량은 9 Tg-SO_2-S/yr로 나타났다(Smith et al. 2005). 미국에서 SO_2 배출량 감소의 원인은 황을 상대적으로 적게 함유한 석탄의 사용과 배출 저감 정책 때문이다. 미국에서 SO_2 배출량의 저감은 대형 발전시설에 대한 대기오염방지법에 의해 1970년에 시작되었고 이는 1990년에 더욱 강화되었다(Driscoll et al. 2001). SO_2는 대기와 비에서 황산을 형성하기 때문에 황 배출량의 감소는 비의 산성도를 감소시켰고 대기의 시점(visibility)을 향상시키는 결과를 낳았다. 하지만 질소 산화물(NO_x) 배출에 의해 생성되는 질산은 여전히 문제로 남아 있다(뒤쪽에서 서술한 '빗물 속의 질산염 : 인간 활동에 의한 공급원' 절 참조).

그림 3.8에 보이는 바와 같이 유럽의 SO_2 배출량은 1960년에서 1980년 사이에 증가하였

표 3.6

A. 2000년 미국에서 SO_2-S의 방출량

공급원	Tg-S/yr	총 %
석탄을 쓰는 발전소	5.2	60
열(상업과 주택의)	0.3	3
산업(제련[a]과 금속 정제)	2.3	26
차량	1.0	10
총합	8.8	

출처 : Smith et al. 2005.
[a] 제련은 0.8 Tg-S.

B. 1990년 미국에서 SO_2-S의 기원

석탄	75%
유류	13%
산업	8%
생물	1%
기타	2%

출처 : Smith et al. 2001.

고, 1980년에서 2000년까지는 급격한 감소가 나타났다. SO_2 배출량을 줄이기 위한 첫 번째 합의가 1985년에 있었으며, 그 뒤 더 많은 S의 배출량과 N의 저감을 위한 추가적인 합의가 이루어졌다(Evans et al. 2001). 유럽에서의 배출량은 1980년 18 Tg-S에서 2005년 6 Tg-S로 감소하였다(Ferrier et al. 2001). 산성화의 영향을 가장 많이 받은 남부 스웨덴과 남부 노르웨이에서 황산염의 침적은 1980~1985년에 정점을 보였으며, 2000년에는 정점 대비 60%까지 감소하였고, 모델 예측 결과 2016년에는 75%까지 감소할 것으로 나타났다(Wright et al. 2005). 북부 유럽과 중부 유럽에서 황산염 침적량이 정점을 보인 1980년대 초에는 침적량이 100 kg/ha/yr보다 더 크게 나타났다(ha : 헥타르)(Prechtel et al. 2001).

2000년 SO_2-S의 전 세계적 총배출량은 55 Tg-S/yr으로 나타났다(Stern 2005). Smith 등(2001)은 이를 68 Tg-S로 예측하였는데 이는 실제 총배출량을 월등히 넘어선 수치이다. 황의 전 지구적 순환에서 화석연료는 황의 가장 큰 유입원이다. 1850년에서 2000년 사이 기간 동안 얻어진 인위적 기원 SO_2-S의 전 지구적 배출 경향을 그림 3.9에 나타내었다(Stern 2005). 황의 배출량은 화석연료의 사용으로 급격히 증가하였다. 전 지구적 배출량은 1989년에 74 Tg-S으로 정점을 보인 후 급격히 감소하였는데, 이는 특히 1980년 황 배출량의 60%를 차지했다가 2000년에 34%가 된 미국과 유럽의 배출량 감소가 주된 원인이었다. 황의 주된 배출은 과거 미국, 유럽, 러시아에서 현재 동남아시아, 인도양과 태평양에 밀접한 국가들로 바뀌고 있다. 이들 지역의 경우 1980년 26%를 차지하던 비중이 2000년에는 46%로 급증하였다(Smith et al. 2001). 동남아시아의 개발도상국들의 경우 화석연료 소비량은 증가하였으며(주로 석탄), 황의

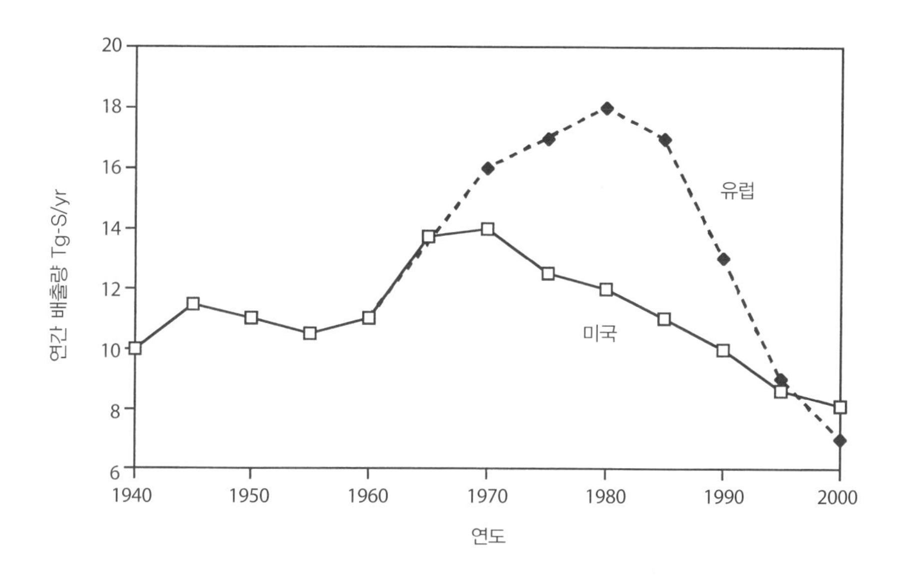

그림 3.8 미국, 유럽에서 시간에 따른 SO_2-S의 배출량 변화(Tg-S/yr)

출처 : 1940~1975년의 미국 데이터는 Gschwandtner et al. 1986. 1980~2000년의 미국 데이터는 S. J. Smith et al. 2001. 유럽의 데이터는 Ferrier et al. 2001.

배출량 저감 정책 또한 비교적 늦게 시행되었다(Smith et al. 2001).

2000년 전 세계를 통틀어 황을 가장 많이 배출한 곳은 중국이었으며, 앞으로도 그럴 것이다. 하지만 황의 배출 저감 정책으로 인해 배출량은 1996년 정점을 보인 이후 감소하고 있으며, 이는 아시아에서 총 황 배출량의 감소로 이어졌다. 아시아는 2000년에 가장 배출량이 많은 지역이었으나, 현재는 다시 1987년에 정점을 보인 동유럽과 1974년에 정점을 보인 미국으로 다시 바뀌고 있다. Smith 등(2005)은 전 지구적 황 배출량을 2050~2080년경 25 Tg-S/yr로 예측하였다. 이는 1940년대 중반 마지막으로 나타난 총배출량과 비슷한 수치이다. 2000년에 전 지구적 황의 배출량을 55.6 Tg-SO_2-S(생물연소도 포함)로 추정한 Dentener 등(2006)은 2030년 황의 배출량과 침적량이 아시아를 제외한 다른 지역에서는 현재 추세로 유지될 것이라 예측하였다.

이산화황 기체는 대기 중에서 건성 침적 또는 황산염으로 변환되어 제거되기 전까지 2~7일의 체류시간을 가진다(예 : Tanaka and Turekian 1991; Lelieveld 1993). 게다가 황산염 입자는 대기 중에서 7~12일을 추가적으로 머물게 된다. 이렇게 대기 중 황은 침적으로 인해 제거되기 전까지 먼 거리를 이동하고, 따라서 대기 중 이산화황의 생성에 의한 영향은 넓은 범위에 걸쳐서 나타날 수 있으며, 종종 오염원으로부터 1,000 km까지 도달하게 된다. 공기 중의 SO_2와 빗물에 함유된 황산염으로 인한 인근 지역의 오염을 피하기 위해, 미국의 발전소들은 더

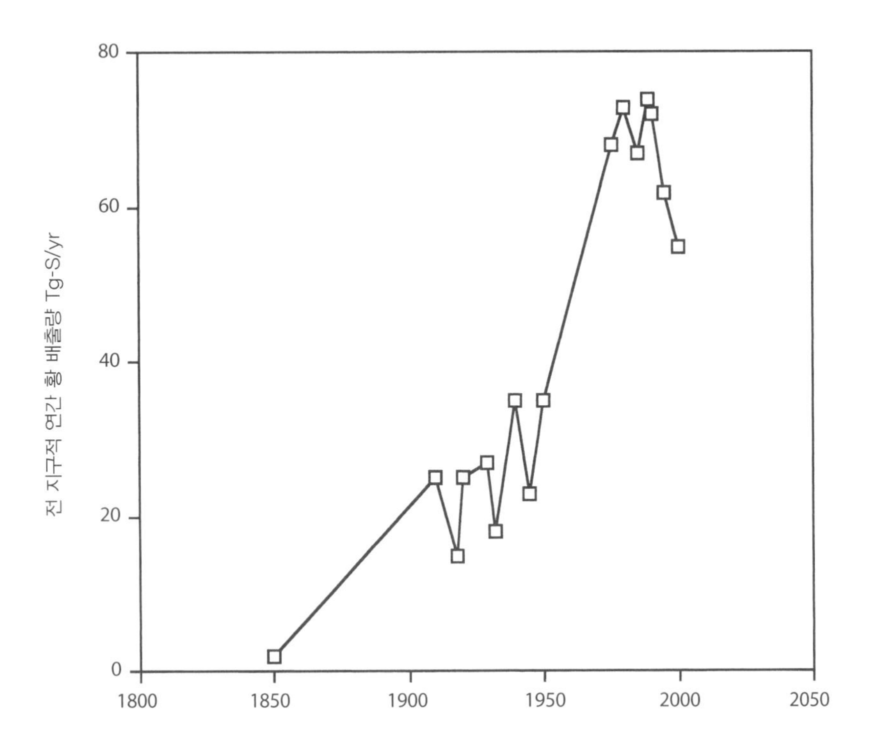

그림 3.9 1850~2000년 사이 나타난 인위적 기원 황의 전 지구적 배출량(Tg-SO_2-S/yr)
출처 : Stern 2005.

욱 높은 굴뚝을 만들었다. 하지만 높아진 굴뚝 덕분에 인근 지역의 SO_2 농도는 감소하였으나, SO_2와 황산염이 순풍을 타고 더 먼 곳까지 이동할 수 있게 되었다.

미국 중서부의 산업시설과 발전소로부터 배출된 황 오염물질은 미국 북동부까지 도달할 수 있었다. 미국 동부 뉴잉글랜드의 연구 지역 세 곳에서 얻어진 연간 황산염의 평균 침적량은 미국 중서부의 오하이오강 계곡과 동부 지역의 연간 황산염의 배출량과 연관되어 나타났으며(그림 3.10a와 3.10b)(Likens et al. 2001), 1980년부터 1998년까지 침적량과 배출량은 모두 하락하였다. 빗속 황산염 농도 또한 침적량을 포함한 다른 요인의 영향을 받았다. 스칸디나비아에서 비에 포함된 오염성 황산염의 대부분이 중부 유럽과 영국 동부에서 유래한 것으로 나타났다.

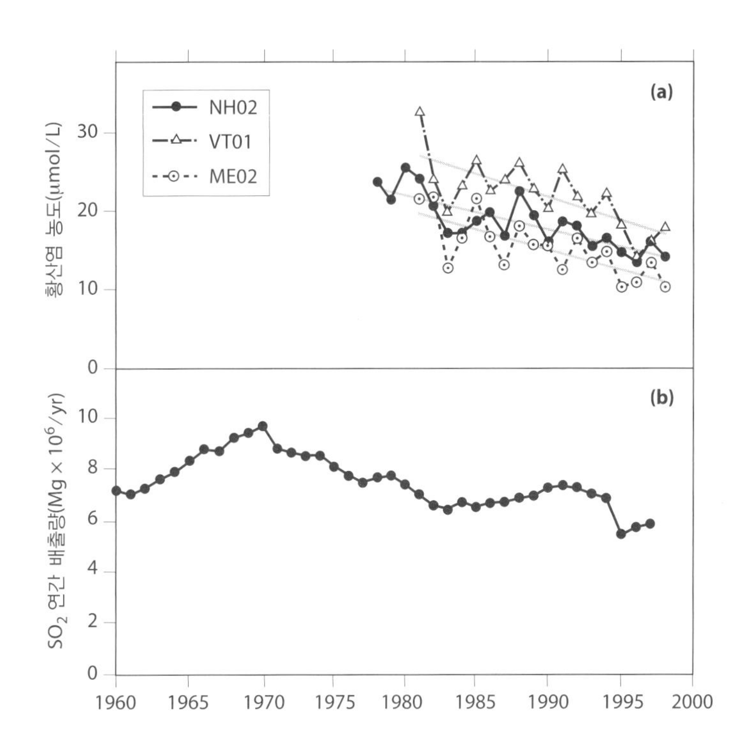

그림 3.10 (a) HBEF(Hubbard Brook Experimental Forest, 허버드 브룩 실험림)의 강우에 존재하는 황산염의 연간 농도. NH02(1978~1998년), VT01(1981~1998년), ME02(1981~1998년)는 각각 측정 정점을 의미함. (b) 1960~1997년 미 동부, 중서부의 기원지에서 SO_2의 연간 배출량.

출처 : G. E. Likens et al. 2001, fig.1b,c.

빗물에서 황산염으로 전환되는 이산화황

SO_2 기체가 황산염(SO_4^{2-})으로 전환(산화)되는 과정은 주로 빗물 속 반응 또는 건성 침적에 의해 나타난다. 첫 번째로 대기 중의 SO_2 기체가 중성의 하이드록실 라디칼(OH radical)과 기체상으로 반응하는 중간단계를 거친 후(아래의 반응에서 . . .으로 나타냄), 황산 에어로졸을 형성한다(NRC 1983).

$$SO_2 + OH \rightarrow . . . \rightarrow H_2SO_4 \text{ (기체상에서의 반응)}$$

두 번째 과정에서는 SO_2가 구름의 물방울(또는 액상 에어로졸 입자들)에 용해된 후 H_2O_2와 반응하여 빠르게 황산으로 전환된다(Rodhe, Crutzen, and Vanderpol 1981).

$$SO_2 + H_2O_2 \rightarrow . . . \rightarrow H_2SO_4 \text{ (구름 물방울에서의 액상반응)}$$

또한, 구름의 물방울에 존재하는 이산화항은 O_3와 반응하여 H_2SO_4를 형성할 수도 있다(Charlson et al. 1992). 황산염은 또한 이미 존재하는 입자들에서 응축 성장(condensational growth)을 통해 형성될 수 있다(Penner et al. 2001). 여름철 중위도에서 이산화황의 평균 산화시간은 Tanaka와 Turekian(1991)에 의해 7일로 추정되었다. Lelieveld(1993)는 이산화황의 평균 체류시간을 액상 전환(총산화의 85%)의 경우 2일, 그리고 기체상에서의 전환은 최소 8일 정도로 추정하였다. 반대로, 황산염 에어로졸은 대류권에서 일반적으로 수 주간의 수명을 가지는 것으로 나타났다(Jansen et al. 2007).

황산(H_2SO_4)은 물에 잘 녹고 수소 이온과 황산염 이온으로 완전히 해리되는 강산이다.

$$H_2SO_4 \rightarrow 2H^+ + SO_4^{2-}$$

이런 방식으로 H_2SO_4은 산성비의 형성에 기여한다(뒷부분의 산성비와 관련된 내용을 참조). SO_2의 산화가 항상 H_2SO_4를 생성하는 것은 아니다. 오염된 공기에 암모니아가 함께 존재할 경우, 이는 황산과 반응하여 H^+ 이온을 소비하여 pH를 높이는 황산암모늄(ammonium sulfate) 입자를 형성한다.

$$2NH_3 + 2H^+ + SO_4^{2-} \rightarrow (NH_4)_2SO_4$$

$$NH_3 + 2H^+ + SO_4^{2-} \rightarrow (NH_4)HSO_4$$

질산암모늄(ammonium nitrate)은 황산암모늄과 비슷한 방식으로 형성된다. 기체상 NH_3의 약 50%가 기원된 지점으로부터 약 50 km 내에서 침적되기 때문에(Ferm 1998 from Driscoll et al. 2001), 암모니아의 황산암모늄, 질산암모늄으로의 전환은 대기에서 암모니아의 수명을 크게 늘려 500 km보다 더 먼 거리까지 이동할 수 있게 한다. 암모늄 이온(NH_4^+)은 질소 침적이 먼 지역에까지 나타날 수 있도록 하는 중요한 역할을 한다. 예를 들어 미국 뉴햄프셔에서 총 질소 침적량의 30% 정도가 암모늄 이온으로 존재했다. 그 외 $CaCO_3$과 같은 물질들 또한 황산을 중화시킬 수 있다(황산암모늄과 산 중화와 관련한 보다 자세한 설명은 각각 비에서의 질소와 산성비에 관한 부분을 참조하기 바란다).

이산화황은 강우에 의해 직접적으로 제거될 수 있다(구름과 안개 내에서의 제거). 미국 북동부 고지대에서 황과 질소의 총침적량의 25~50%가 이런 과정을 거친다고 추정되었다(Anderson et al. 1999).

생물학적 황 환원

디메틸황화물(DMS) 또는 $(CH_3)_2S$는 해양에서 해양 식물 플랑크톤(주로 조류)에 의해 생성, 방출되는 기체상의 황화합물이다. 바다에서 공기로 방출되는 DMS의 플럭스는 해수면에서의 DMS 농도와 풍속에 따라 다양하게 나타난다. Lana 등(2011)은 17.6~34.4의 범위와

28.1 Tg-S/yr의 해양 DMS 플럭스를 추정하였다. 이는 Brimblecombe(2003), Stevenson 등(2006), 그리고 Haywood와 Boucher(2000)가 추정한 값인 20 Tg-S/yr보다 다소 큰 수치이다. Kettle과 Andreae(2000)는 10.7~25.0 Tg-S/yr의 범위, 19.0 Tg-S/yr의 평균값을 추정하였으며, Brimblecombe(2003)는 5.0 Tg-S/yr이 연안으로부터 유래할 것이라 추정하였다.

DMS는 SO_2로 산화된 다음 황산염 에어로졸과 MSA(methane sulfonic acid)로 산화될 수 있다. 그 결과 DMS 가스와 황산염 에어로졸의 농도는 해수면에 높은 태양 복사 플럭스가 존재하거나 연안 용승 해역과 같이 생물학적 생산성이 높은 곳에서 높게 나타난다. 높은 생물학적 생산성이 나타나지 않는 대양에서의 DMS 플럭스는 고위도(최대 50°)에서 가장 높게 나타나고, 겨울철에 가장 낮게 나타난다. 멀리 떨어진 해양 대기에서, 황산염이 풍부한 구름 응결핵(cloud condensation nuclei)은 DMS가 산화되어 나타나는 SO_2로 형성된다(Andreae and Crutzen 1997).

육지로부터 대기로 유입되는 생물학적 기원의 환원된 형태의 황(DMS, H_2S, COS)의 자연적인 유입량은 정확히 측정하기 어렵다. Bates 등(1992)은 전 지구적인 육상기원 황에 대한 배출 목록(inventory)을 작성하여, 0.35 Tg-S/yr의 낮은 총배출량을 추정하였다. 육상기원의 생물학적 황의 배출원으로는 초목, 토양과 경작지, 그리고 습지 등이 포함된다. 해안 갯벌 또한 해수 황산염이 박테리아에 의해 환원되어 형성되는 생물학적 H_2S의 공급원이다. 대조적으로 Brimblecombe(2003)는 1 Tg-DMS-S가 대륙으로부터 방출되고 5 Tg-DMS-S가 연안 지역에서 방출되는 것으로 추정하였다.

기타 황 발생원 : 생물연소, 화산 활동, 토양 먼지

Andreae와 Merlet(2001)은 특히 열대 지역에서 생물 또는 산림 연소에 의한 황산화물 배출량을 3.5 Tg-SO_2-S/yr로 산출하였다. 여기에는 아프리카 남부와 서부나 오스트레일리아와 같은 지역에서 발생하는 사바나와 초원의 화재(1.1 Tg/yr), 아마존 분지와 같은 열대 지역에서 발생하는 산림 벌채용 연소(0.76 Tg/yr), 기타 지역의 산림 연소(0.64 Tg/yr), 인도와 같은 지역에서 바이오연료로 사용되는 목재(0.74 Tg/yr), 농업 잔재물과 숯불을 태우는 것(0.24 Tg/yr)이 포함된다. 생물연소는 인위적인 발생이 주를 이루고 장거리 이동으로 인해서 열대의 넓은 지역에 영향을 준다. Haywood와 Boucher(2000)는 화석연료 배출 황(S)에 대한 생물연소 배출 황(S)의 비율이 2~72% 정도인 것으로 추정하였다. 전 지구적 인위적인 황 배출량을 55.2 Tg-S로 본다면(Stern 2005), 생물연소에 의한 황 배출량은 1.5 Tg-S/yr이 될 것이다.

Halmer 등(2002)은 100년 동안의 자료에 근거하여 분화 및 휴지기 동안의 화산 활동에 의한 SO_2-S 유입이 7.5~10.5 Tg-SO_2-S/yr 정도라고 산출하였다. 폭발적인 분출은 화산 SO_2-S의 60%를 생성하며, 섭입대(subduction zone) 위의 화산은 화산 배출 황의 70~80%를 생성한다. 화산의 약 75%가 북반구에 존재한다. 화산활동에 의한 SO_2와 기타 S이 풍부한 기체들은 황산염으로 변환되며, 황산염은 입사하는 태양 복사를 후방 산란함으로써 직접적으로 구름의 반사율과 체류시간을 증대시켜 간접적으로 기후를 냉각한다.

바람에 의해 부유된 먼지는 $CaSO_4$(석고, gypsum)로서 강수 속의 황산염 발생에 기여한다. 건조한 지역의 토양 표층은 예전에 강수로 생성된 토양수가 증발함으로써 비에 녹아 있던 $CaSO_4$를 함유한다. 그리고 건조하기 때문에 황산염을 함유하고 있는 먼지가 바람에 의해 날리게 된다. 대부분의 토양 입자는 크기가 커서 대기 중 체류시간이 짧다. 그러나 지역적 또는 국지적 규모의 건조한 지역에서는 먼지가 아마도 빗물에 포함된 황산염의 중요한 발생원이 될 수 있다. 미국 서부의 건조한 지역에서 빗물의 높은 황산염 농도는 아마도 $CaSO_4$ 먼지에 기인할 것이다(Junge 1963). 물이 없어지면서 물의 면적이 상당히 축소된 러시아의 아랄해에서는 먼지로 인한 심각한 환경 문제를 안고 있다(Brimblecombe 2003). 빗물에 있는 $CaSO_4$ 기원 황산염에 대한 다른 대안적인 설명은 흡습성의 물방울에서 바람에 의해 날린 $CaCO_3$와 H_2SO_4의 반응이 발생하여 생성된다는 것이다. Savoie 등(1989)은 무역풍을 타고 바베이도스로 운반되는 사하라 먼지와 관련된 비해염 황산염이 이 반응으로 인해 인위적인 기원을 가짐을 발견하였다. 원래 사하라 먼지는 $CaSO_4$를 함유하고 있지 않다. 건조한 지역에서는 비가 중요하지 않기 때문에 우리는 전 세계적으로 $CaSO_4$ 먼지가 비에 있는 황산염의 중요한 공급원이 아니라고 가정한다.

육상에서의 황 침적

대기 중 황의 총량을 구체화하기 위해서는 비를 통해 어느 정도의 황산염이 지표면으로 운반되는지를 알 필요가 있다. 빗속 황산염의 농도는 시간과 장소에 따라 매우 다양하게 나타난다(표 3.1 참조). (빗속에서 자주 나타나는 낮은 농도의 황산염을 정확히 측정하기 위한 분석에는 문제점도 있다.) 보통 육상에서 나타나는 과잉 황산염의 농도 범위는 $< 1\sim10$ mg-SO_4/L이며, 오염이 발생할 경우 더 높은 농도가 나타난다. 오염되지 않은 오지의 빗속에서 나타나는 과잉 황산염의 배경농도는 0.5~0.6 mg-SO_4/L로 추정되었으며(Kramer 1978; Granat et al. 1976), 실제 아마존의 빗속에서는 0.5 mg-SO_4/L가 측정되었다(Stallard and Edmond 1981). 이 농도 값은 북미 또는 유럽에서 나타나는 농도와 비교하면 확연히 낮으며, 이를 통해 오염의 영향으로 인한 SO_4를 확인할 수 있다. 중부 유럽의 오염된 빗속에서 검출된 SO_4의 농도는 3.36 mg/L-SO_4로 나타났다(Rodhe et al. 2002).

강우에 의한 황의 침적('습성' 침적) 외에도, 황의 '건성' 침적 또한 나타난다. 이산화황 기체는 물, 식물, 토양, 그리고 다른 표면에 흡착 또는 직접적으로 용해된다. 또한 황산염 입자는 공기에서 가라앉거나, 식물에 직접적으로 포집될 수도 있다(건성 침적). 황의 순환에서 이들의 플럭스 규모는 이런 침적을 직접 측정하기 어렵기 때문에 정확한 평가가 어렵다. 육상에서 이산화황 기체의 건성 침적은 지표의 특성, 기상 효과, 그리고 대기 중 이산화황 농도로부터 영향을 받는다(NRC 1983). 건성 침적은 기체의 배출기원지 부근에서 크게 나타나며, 기원지에서 멀어질수록 습성 침적과 비교하여 더 빠르게 감소한다. 이산화황의 연간 건성 침적은 미국 코네티컷의 뉴헤이븐에서 방사성 동위원소를 이용하여 측정되었으며, 총침적의 25%가 건성 침적으로 나타났다(Tanaka and Turekian 1994). Lovett(1994)의 경우 미국 전역의 10개 지역에서 황의 건성 침적이 총침적의 9~59%로 나타난다고 추정하였으며, Likens 등(2001)은 미국 뉴햄프셔주 허버드 브룩에서 20~40%를 건성 침적으로 추정하였다. Dentener 등(2006)은 모델링을 통해 총침적량의 40~70%가 건성 침적이라 추정하였다. 이산화황의 건성 침적은 기원지로부터 멀어질수록 감소하기 때문에 매우 떨어진 지역에서는 매우 적은 침적량이 나타날 것으로 여겨진다.

Dentener 등(2006)은 모델링을 통해 황산염의 51%가 대양, 8%는 연안, 그리고 41%는 육상에 침적된다고 추정하였다. 북부 햄프셔에서의 SO_x-S(SO_2 + SO_4^{2-})의 평균 침적량은 전 세계적인 침적량과 비교하여 3.5배에 육박했으며, 남부 햄프셔는 1.5배에 달했다. 그림 3.11은 2000년에 SO_x의 침적량이 크게 나타난 지역들을 보여준다. 동유럽이 가장 크며, 그 뒤로 동아시아(중국)와 일본이 따르고 있다. 이전에 이미 언급했듯이 황의 배출(그리고 그 결과로 나타나

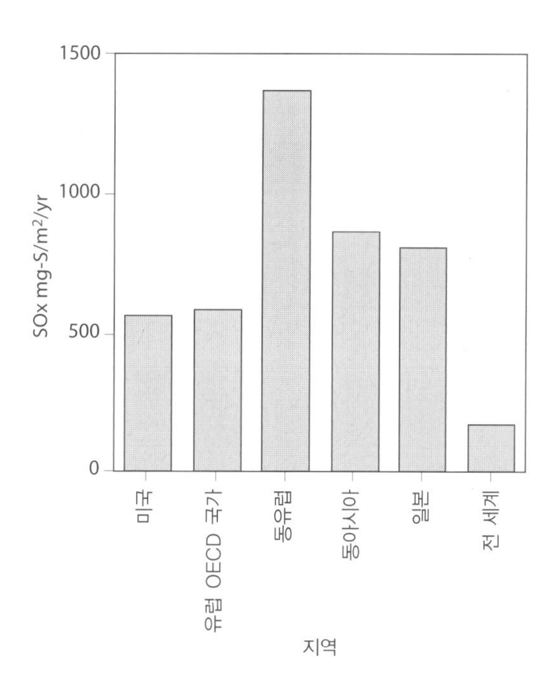

그림 3.11 세계 여러 곳에서 나타난 SO_x(SO_2+SO_4^{2-})의 침적량(mg-S/m²/yr)

출처 : Dentener et al. 2006.

는 침적)은 미국과 서유럽의 OECD 국가의 경우 감소하였다.

미국에서 인위적인 황 침적

미국 동부에서 SO_2의 주요 배출원은 중서부 지역에 있으며, SO_2도 황산염 입자로 전환된다. SO_2와 SO_4는 모두 편서풍을 타고 동쪽과 북동쪽으로 500 km 이상 운반되어, 그곳에서 비에 의한 황산염 침적을 발생시킬 수 있다. 그림 3.12(Lynch et al. 2000)에서는 미국 동부에서 1983~1985년부터 1995~1997년까지 SO_4의 연간 습성 침적량 감소가 매우 명백함을 보여준다. 미국 동부의 중서부 배출원 지역에서 황 배출량의 감소가 있었고, 그에 따라 HBEF(Hubbard Brook Experimental Forest, 허버드 브룩 실험림)(그림 3.10 참조)와 NADP(National Acid Deposition Program)에서 발표한 지도에 표시된 북동부 측정 지역들에서도 벌크 침적물(bulk deposition)에서 황산염 농도의 감소가 발생하였다. 1997년부터 2007년까지는 미국에서 SO_4 침적의 변화가 덜 명확하고, 켄터키와 테네시에서 주로 황산염 침적의 감소가 발생하였다(그림 3.12b와 그림 3.13을 비교해보면 알 수 있음).

Shannon(1999)은 1980년부터 1995년까지 미국에서 SO_2의 연간 배출량과 황산염의 습

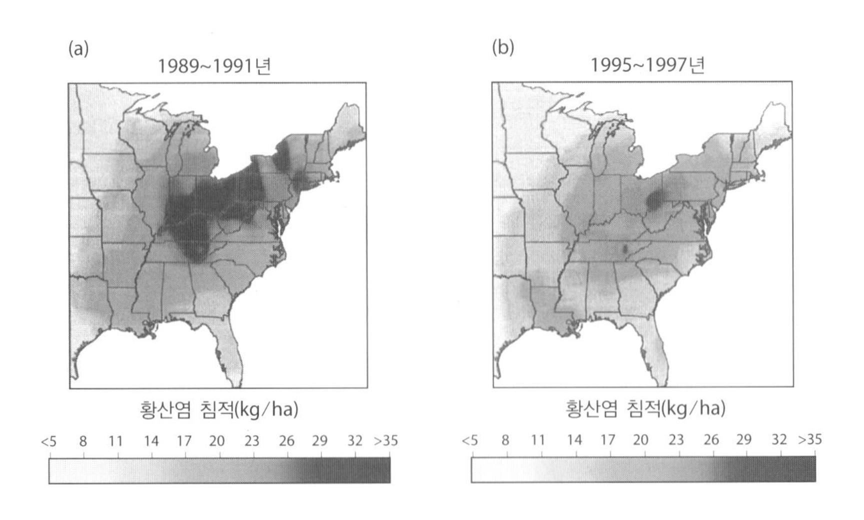

그림 3.12 미국 동부에서 평균 연간 SO_4^{2-} 습성 침적량(단위 : kg-SO_4^{2-}/ha/yr). (a) 1980~1991년과 (b) 1995~1997년.

주의 : 10 kg-SO_4/ha/yr = 1 g-SO_4/m^2/yr

출처 : Lynch et al. 2000. Changes in sulfate deposition in eastern USA following implementation of Phase I of Title IV of the Clean Air Act Amendments of 1990. Atmospheric Environment 34, Fig. 4, p. 1677. ⓒ Copyright 2000 with permission from Elsevier.

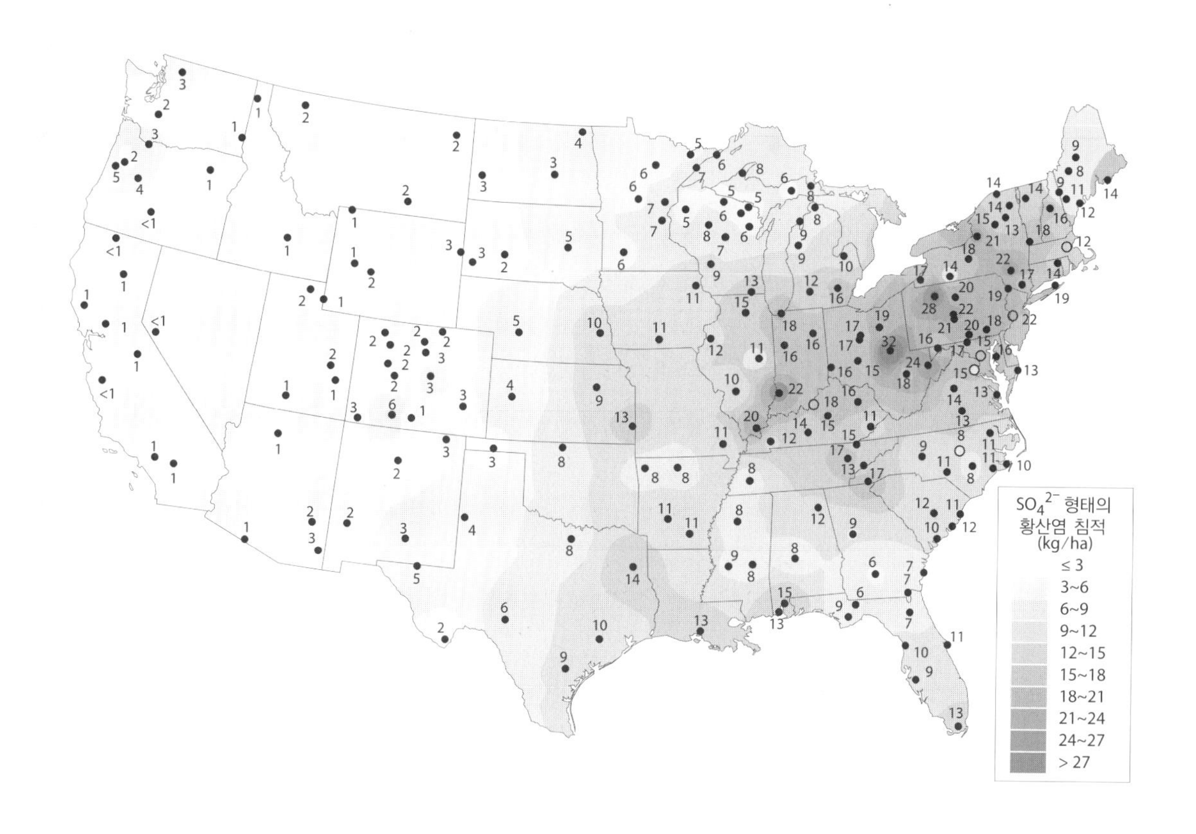

그림 3.13 2007년 미국 NADP network 측정지에서 황산염 이온의 습성 침적량(단위 kg-SO_4^{2-}/ha/yr).
출처 : National Atmospheric Deposition Program (NRSP-3)/National Trends Network 2007.

성 침적에 대한 지역적 추세를 연구하였다. 그는 미국과 캐나다에서 SO_2 배출량이 1980년과 1995년 사이에 전체적으로 28% 감소한 반면, 황산염 침적량은 미국 전체로는 29%가 감소하였고, 동부의 중서부 지역 북쪽에서는 35%가 감소했음을 발견했다. SO_2 배출량의 연간 감소율은 1980년부터 1982년까지 12%였고, 1983년부터 1991년까지는 배출량의 변화가 거의 없었으며, 1992년부터 1995년까지는 SO_2가 매년 15%까지 감소하였다. 대부분의 지역에서 황산염의 습성 침적량이 SO_2 배출량보다 상대적으로 빠르게 감소했지만, 기울기는 1에 상당히 가깝다.

대기 중 황의 순환 : 인간에 의한 교란

전 지구적 대기 중 황의 총량은 그림 3.14와 표 3.7에 간략히 제시되어 있다. 해염을 제외하고 전 지구적으로 요약할 경우(육상과 바다의 합), 대기 중 기체상으로 유입되는 자연적인 배출

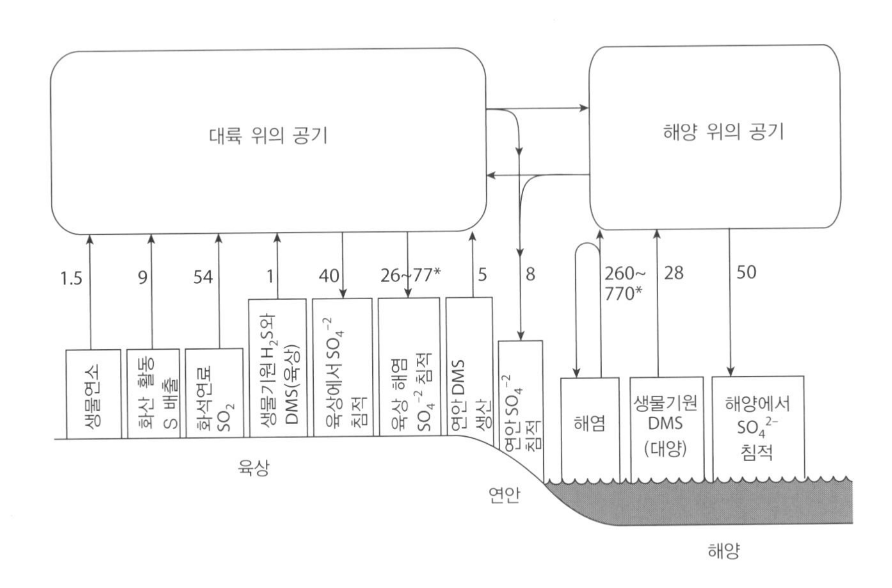

그림 3.14 대기 중 황의 순환. 플럭스 값의 단위는 Tg-S/yr(Tg = 10^{12} g)이다. 별표(*)는 해염의 농도를 참조하여 나타낸 것이다. 기원은 표 3.7 참조.

은 43 Tg-S/yr(44%)이며(주로 해양 생물 환원 황과 화산 활동으로 기인한 황), 인위적인 황은 55.2 Tg-S/yr(56%)이다(대부분이 인위적으로 나타나는 생물연소). 즉, 대기 중 기체상의 총유입은 ~98 Tg-S/yr이다.

Dentener 등(2006)은 2000년에 발생한 인위적 배출과 생물연소로부터 기인한 황산염의 침적을 55.6 Tg-S/yr로, 거기에 화산 활동에 의한 배출과 생물기원 황(DMS)을 합한 총황산염의 침적량을 90 Tg-S/yr로 추정하였다. 23개의 대기수송모델을 이용한 평균 침적량을 보게 되면 총황산염의 51%가 외양으로, 41%는 연안으로, 그리고 8%가 육상으로 침적되는 것으로 나타났다. 그림 3.14는 Dentener 등(2006)이 추정한 침적량을 토대로 총유입량(98 Tg-S/yr)을 다시 대양, 육상, 연안으로 세부적으로 나누어 나타낸 그림이다(전 지구적 평균 황산염의 침적량은 160 mg-S/m^2/yr이다). Smith 등(2001)은 2000년 전 지구적 인위적인 황의 배출량을 68 Tg-S로 추정하였다. 하지만 황산염의 배출은 감소하고 있으며, 시나리오에 따르면 2050~2080년경에는 25 Tg-S으로 감소할 것으로 추정되었다(Smith et al. 2005). 대륙의 식생 지역에서 황산염 침적의 5분의 1 정도는 이산화황 기체의 건성 침적이며 만약 황산염 입자의 농도가 높을 경우 이 건성 침적률은 더 높아진다. 바다의 경우 습성과 건성 침적의 균형은 잘 알려져 있지 않다.

바다 비말에 의한 입자상 황산염의 육상 침적은 26~77 Tg-S/yr으로 주로 연안 지역에서 나

표 3.7 대기 중 황의 순환(그림 3.14 참조). 플럭스 단위는 Tg-S/yr

	플럭스	출처
기체로서의 유입		
화석연료 연소(생물연소 플럭스 약 1.5 포함)[1]	55.2	Stern 2005(2000년 기준) Haywood & Boucher 2000
화산기원의 방출[2]	9±1.5	Halmer et al. 2002
해양 생물기원의 황 기체 DSM[3]	28.1	Lana et al. 2011
연안의 황 방출 DSM	5	Brimblecombe 2003
생물기원의 환원된 육상 황(H_2S, DMS)	1	Brimblecombe 2003
기체상 황의 유입 총합	98	
침적(해염 제외)		
황산염 침적 장소(자연 + 인간 활동 기원)[4]		
해양으로 침적 = 51%		
연안역에 침적 = 8%		
육상에 침적 = 41%		
자연적 식생 = 31%		
농업 및 도시 지역 = 10%		
육상에 침적된 바다 비말(입자성)[5]	26~77	Brimblecombe 2003

[1] 화석연료 연소에 대한 생물연소의 비율 2~72%에 근거(Haywood & Boucher 2000). Andreae와 Merlet(2001)은 생물연소 플럭스를 3.5로 추정.
[2] 100년 평균.
[3] 대부분 4/80 이후의 자료로부터.
[4] 침적 비율은 모델 결과에 근거(2000년 기준). 모델에서는 인류기원 유입량 55.6 Tg-S/yr, DMS 유입량 20 Tg-S/yr, 전체 황 침적량 90 Tg-S/yr로 가정(Dentener et al. 2006).
[5] 해염에 의해 발생한 10,000~30,000 Tg-S로부터 260~770 Tg-SO_4-S가 해양에서 생성. 이 중 10%가 육상에 침적(Brimblecombe 2003).

타난다. 이는 바다에서 해염으로 인해 생성되는 총황산염의 10%를 차지한다(Brimblecombe 2003).

질소의 경우와 같이, 대기 중 황의 구성과 플럭스 대한 오염물질의 영향은 인간 활동이 황 순환에서 얼마나 중요한 부분을 차지하는지 보여준다. 황의 순환과 관련한 대기 오염은 전 지구적인 문제일 뿐만 아니라 지역적인 문제 또한 될 수 있다. 오염은 또한 육상의 물과 바다에 존재하는 황에 영향을 준다. 하지만 인위적 기원 황의 분포는 전 세계적으로 매우 불균등하게 나타난다. 많은 양의 황이 침적되는 지역으로는 순서대로 동유럽, 동아시아, 일본, 서유럽, 그리고 미국이 있다. 그리고 특히 미국과 서유럽은 현재 황 배출이 감소하고 있다.

인위적인 황의 유입은 환경적으로 황의 순환에 다음과 같은 영향을 끼치게 된다.

(1) 인위적인 SO_2 기체의 방출과 SO_2 기체로부터 생긴 대기 중의 황산염 입자에 의해 나타나는 산성비와 산성 침적은 낮은 pH를 가진다.

(2) 황산염 에어로졸은 대기의 알베도(반사율)를 증가시켜 지구를 냉각시킬 수 있으며 온실

기체에 의한 지구온난화를 어느 정도 상쇄한다.

(3) 황산염 에어로졸은 대기의 시정(visibility)을 감소시킨다. 하지만 황산염 에어로졸의 수명은 대류권에서 불과 몇 주 정도밖에 되지 않는다. 황산염 에어로졸과 관련해서는 다음 주제에서 설명하도록 하겠다.

황산염 에어로졸의 복사강제력

제2장에서 에어로졸에 대해 논의한 바와 같이, 인위적인 황산염 에어로졸은 햇빛을 산란시키거나 반사시키고, -0.4 ± 0.2 W/m^{2}의 복사강제력을 갖는 것으로 추정된다(Forster et al. 2007; Haywood and Boucher 2000). 따라서 지구를 냉각시킨다. 이것은 온실기체로 인한 지구온난화를 부분적으로 상쇄한다(Anderson et al. 2003 참조). 모델 결과에 의하면 전 지구적 황 배출량과 인위적인 대기 중의 황산염 양(대기 중 질량, 그림 3.15 참조) 사이에는 전체적으로 선형적인 관계가 있다. SO_2의 일부만이 SO_4(약 70%)로 산화되기 때문에 인위적인 황산염 양은 SO_2 방출 강도보다 느리게 증가한다. 또한 온실기체와 달리 에어로졸은 대류권에서 수명이 몇 주밖에 되지 않는다.

그림 3.16에는 1980년부터 1998년까지 유럽 네트워크인 EMEP의 18개 측정 지점에서 관측된 황산염 농도의 감소를 보여준다. 미국과 유럽의 SO_2 배출량 감소로 인해 황산염 에어로졸의 전 지구적인 복사강제력(RF, radiative forcing)은 아시아의 황산염 양 증가에도 불구하고

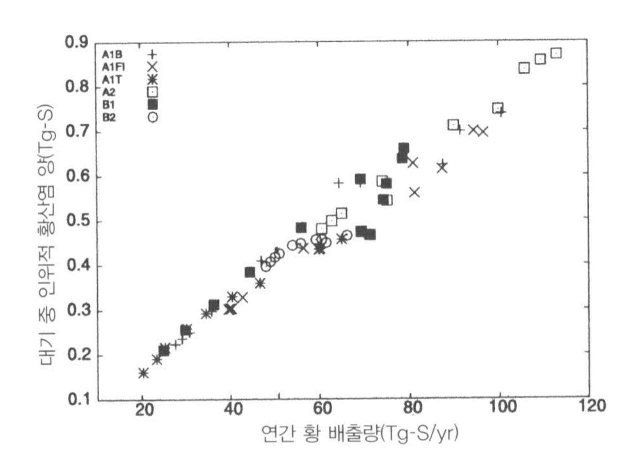

그림 3.15 다양한 IPCC-SRES 배출량 모델에서 계산된 전 지구적 연평균 황산염 양(대기 중 질량, Tg-S)과 인위적인 황 배출량(Tg-S/yr) 사이의 선형적 관계.

출처 : Pham et al. 2005, fig. 3.

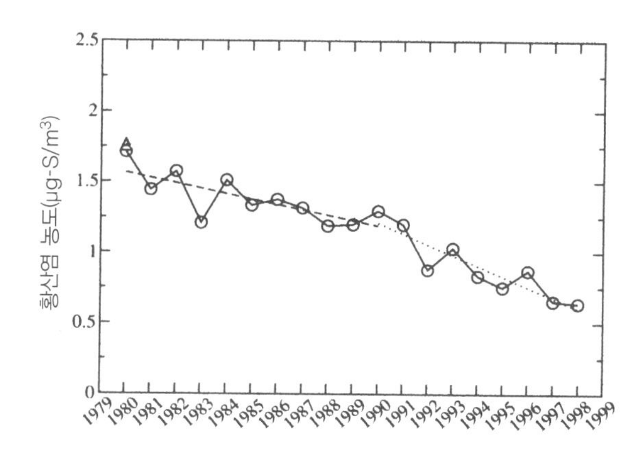

그림 3.16 유럽의 EMEP 네트워크 18개 측정지점에서 1980년부터 1998년까지 관측된 연평균 황산염 에어로졸의 농도(μg-S/m^3). 파선은 1980~1990년 구간의 측정값에 대한 회귀선이고 점선은 1990~1998년 구간에 대한 회귀선이다.
출처 : Boucher and Pham 2002, fig. 4.

1980년부터 1990년까지 상당히 일정하였다. 복사강제력 효율성은 전 지구적 RF(W/m^2)에 대한 인위적인 SO_4 양(g/m^2)의 비율이다. 황산염 에어로졸의 직접효과에 대한 복사강제력 효율은 150 W/g이다. 1990년 SO_4 직접효과에 대한 RF인 −0.42 W/m^2는 0.47 Tg-S의 황산염 양에 대해 계산되었다(Pham et al. 2005). 하지만 황산염 에어로졸의 복사강제력 추정치는 앞선 Forster 등(2007)에 의한 추정치 오차 막대에서 볼 수 있듯이 변화가 매우 크다. 자연적으로 생성되는 황산염의 양은 0.19 Tg-S/yr이다.

대기 중 질소 순환과 빗물 속의 질소

질소는 식물과 동물에게 필수 영양소이자(그러므로 생지화학적 순환에 매우 강하게 관련되어 있다) 동시에 주요한 오염물질이기도 하다. 대기 중에 기체 형태로 존재하며, 가장 풍부한 질소 기체는 원소형 질소(N_2)기체, 아산화질소(N_2O), 이산화질소(NO_2), 일산화질소(NO), 그리고 암모니아(NH_3)이다. 일산화질소와 이산화질소는 묶어서 NO_x로 일컬어진다. 질소는 대기 중에 매우 많은 다른 형태들로 존재하기 때문에, 또한 매우 많은 공급원들로 인해, 우리는 이 절에서 어떤 질소가 대기로부터 혹은 대기로 이동한 속도 및 한 형태에서 다른 형태로 변환되었는지에 대해 살펴볼 것이다. 다시 말해서, 대기 중 질소 순환에 대해 논의할 것이며, 특히 빗물과 반응하는 기체들, 즉 이산화질소, 암모니아처럼 질소의 상호 변환에 대해 관심을 가질 것이다.

질소, 질소 고정, 탈질화와 총질소 플럭스

원소형 질소(N_2)는 부피로 볼 때, 대기 중 거의 80%에 달할 정도로 가장 풍부한 질소 기체이지만, N_2 형태의 질소는 질소 원자 사이의 강한 결합 때문에 화학적 반응성이 거의 없다. **질소 고정**이란 N_2를 수소, 탄소 그리고/또는 산소와 결합시킴으로써 반응성이 있고 생물학적으로 이용 가능한 화합물로 전환하는 것을 의미한다. 이러한 화합물들은 **반응성 질소(Nr)**라고 한다. 질소는 생명에게 매우 필수 불가결한 영양소이기에, 고정은 매우 중요한 과정이다.

주요한 육상 질소 고정 과정들을 표 3.8에 싣고, 정량적으로 평가하였다. 생물학적 고정에서 N_2는 해양 생물들, 특히 남조류(시아노박테리아)에 의해서 그리고 육상에서는 콩과 식물들이나 이끼에 의해서 단백질과 다른 필수적인 유기화합물들을 만들기 위해 수소, 탄소, 그리고 산소와 결합한다. 이것이 가장 주요한 자연적인 질소 고정 과정이다. 그러나 식물에 의한 질소 고정의 약 25%가 콩류의 경작에 의해 발생하는데, 이 콩들은 탁월한 질소 고정자 역할을 하는 뿌리 미생물을 가지고 있다(Galloway et al. 2008; Gruber and Galloway 2008). 일부의 대기 중 질소는 번갯불에 의해 발생하는 고온의 열에 의해 자연적으로 고정되기도 한다(이를 통해 빗물에서의 NO_x와 NO_3^-가 일부 형성된다). 인간들도 산업 분야에서 질소 비료를 생산함으로써 질소를 고정하고, 또한 내연 기관과 발전소에서 질소 기체와 산소 기체를 고온에서 가열함으로써 질소를 고정한다. 질소 고정의 마지막 공급원은 자연적으로 발생하기도 하지만 대부분 인간에 의해 발화된 산불(생물연소)이다.

인간에 의한 질소 고정량은 자연적인 질소 고정량의 약 2배이기 때문에, 인간은 대기 중 질소 순환을 크게 변화시켜 왔다. 그러나 인간에 의한 질소 고정의 약 20%만이 대기로 직접 고정된 질소를 배출하는 화석연료나 산불과 같은 생물연소에 의한 것이다. 인간 활동에 의한 질소 고정의 나머지는 동식물의 생지화학적 순환에 관련되어 있으며, 대기 중 질소에 대한 이러한 고정의 영향은 더욱 복잡하고, 정량화하는 것도 더 어렵다.

Galloway 등(2008)에 의해 지적된 바와 같이, 인간에 의해 만들어진 반응성 질소의 양은 매우 크게 증가되어 왔으며, 특히 최근 들어 1860년에 15 Tg-N/yr로부터 1995년에 156 Tg-N/yr 그리고 2005년에 187 Tg-N/yr로 증가했다. 그리고 2050년에는 200 Tg-N/yr까지 증가할 것으로 예상하고 있다(Galloway et al. 2004). 바이오연료 사용의 증가는 더욱더 많은 반응성 질소를 생산할 것이다. 브라질의 사탕수수나 미국의 옥수수 같은 바이오 연료의 생산은 많은 비료 사용이 요구되며, 브라질에서 사용된 질소의 70%는 식물이 아닌 환경에, 예를 들면 N_2O의 형태로 잔류한다(Galloway et al. 2008). 향후 목재 바이오연료를 사용하게 된다면 더 적은 질소를 환경으로 배출하게 될 것이다.

이렇게 고정된 질소는 **탈질화** 과정이나 박테리아에 의한 질산염 환원 과정을 통해 다시 대기 중으로 방출되는데 이러한 과정은 대기 중 질소의 농도를 유지하기 위해서 반드시 필요하다. Seitzinger 등(2006)에 의해 산출된 탈질화 과정에 의한 질소 플럭스를 표 3.9에 나타내었다

표 3.8 육상의 주요 반응성 질소 플럭스(Nr)(단위는 Tg-N/yr, Tg = 10^{12} g). 플럭스는 따로 언급이 없다면 1990년대 기준

과정	자연의		인간 활동에 의한	출처
육상 질소 고정				
육상(생물의)	110			(1)
농작물에 기인한 고정(2005)			40	(2)
비료(2005)(Haber-Bosch)			98	(1)(2)
산업(2005)			23	(1)(2)
			161	
화석연료 연소				
질소 산화물 질소(NO_x-N)(2005)			25	(1)
암모늄 질소(NH_4-N)(1990년대)			2.5	(3)
생물연소				
질소 산화물 질소(NO_x-N)			5.9	(4)
암모니아-질소(NH_3-N)			5.4	(3)
육상 고정 총합	110		200	
육상기원의 고정된 질소 총합		310		
	자연의		**인간 활동에 의한**	
농업과 에너지에 의해 고정된 반응성 질소 총합(2005)			187	(2)
번개에 의한 질소 고정	5			(1)
탈질화 반응	**자연의**	**양쪽 모두**	**인간 활동에 의한**	
육상 :				
N_2로 탈질화 반응	100		15	(1)
N_2O로 질산화 + 탈질화 반응	8		4	(1)
육상기원 토양으로부터 탈질화 반응	—	124	—	(5)
담수로부터 탈질화 반응 (강물, 호수, 육상의 H_2O)	—	110	—	(5)
강에 의한 육상으로부터 N 손실	**자연의**	**양쪽 모두**	**인간 활동에 의한**	
호수로 강물 유입 + 내륙 건조 지역	—	11	—	(6)
연안역으로 강물 유입		48	—	(6)
연안역으로 강물 유입(1995)	—	66	—	(5)
해양으로 강물 유입	30		50	(1)
해안으로 강물 유입 (아무것도 외양에 이르지 못함)		50~80		(9)
2000년 전 지구적 질소 침적(NO_y + NH_x)		105		(2)(8)
2050년 예측된 전 지구적 질소 침적			200	(9)
해양으로 반응성 질소 침적(2000)	13		54	(10)

출처 : (1) Gruber and Galloway 2008, (2) Galloway et al. 2008, (3) Van Ardenne et al. 2001, (4) Jaegle et al. 2005, (5) Seitzinger et al. 2006, (6) Boyer et al. 2006, (7) Seitzinger et al. 2005, (8) Dentener et al. 2006, (9) Galloway et al. 2004, (10) Duce et al. 2008.

주의 : Nr = 반응성 N = NH_3 + NO_x + (유기 N) = 생물이 사용할 수 있는 N; 탈질화 = 반응성 N이 생물이 사용할 수 없는 N_2로 변환되는 과정; 질산화 = 암모니아가 아질산염(NO_2)으로, 그 후에 질산염(NO_3)로 산화되는 과정; Haber-Bosch 과정으로 NH_3 비료 생성; '신규 N' = 대기로부터의 침적 + 질소 고정.

표 3.9 연간 탈질화 양

전 지구적 탈질화 총합		
육상기원의 토양		124 Tg-N
담수 시스템		110 Tg-N
강하구(Estuaries)		8 Tg-N
대륙붕 퇴적물		250 Tg-N(204 Tg은 해양기원, 나머지는 육상기원)
해양의 산소 최소층		81 Tg-N(56 Tg은 해양기원, 나머지는 육상기원)
총합		474 Tg-N
육상 질소 공급원의 탈질화		
육상기원의 토양		124 Tg-N
담수		110 Tg-N
지하수	44 Tg-N	
호수와 저수지	31 Tg-N	
강	35 Tg-N	
해양(육지로부터)		79 Tg-N
강하구	8 Tg-N	
대륙붕 퇴적물	46 Tg-N[a]	
해양의 산소 최소층	25 Tg-N	
육상기원의 질소의 탈질화 총합		313 Tg-N
해양 질소 공급원의 탈질화		
대륙붕 퇴적물		204 Tg-N
해양 산소 최소층		56 Tg-N

출처 : Seitzinger et al. 2006.

[a] 출처 : 강 11 Tg, 대기 8 Tg, 강하구 27 Tg.

(Gruber and Galloway 2008의 결과는 표 3.8에 제시). 육상기원의 질소 공급원의 탈질화 과정에서 보면, 가장 큰 탈질화 과정은 육상의 토양(124 Tg-N/yr)에서 일어나고, 그다음으로는 질소가 실린 물이 토양을 통해서 흘러 들어온 담수 시스템(110 Tg-N/yr)이다. 담수 시스템은 지하수 강물, 그리고 호수를 포함한다. 물은 다음에 하구역에 도달하며, 이곳에서는 상대적으로 적은 양의 탈질화 과정이 일어난다(8 Tg-N/yr). 강과 하구역에 의해 질소를 공급받는 대륙붕 퇴적층은 박테리아를 먹여 살릴 유기물 함량이 높고, 탈질화에 매우 중요한 장소이다(육상기원 46 Tg-N/yr과 해양에서 형성된 204 Tg-N/yr). 강물에 실려 수송된 육상기원의 질소의 남은 부분은 이곳에서 대기에 의해 수송된 일부(46 Tg-N/yr 모두)와 함께 분해된다고 여겨진다. 상당량의 해양에서 생산된 질소(204 Tg-N/yr)는 대륙붕 퇴적층에서 탈질화되며, 이로써 이 해역을 가장 커다란 전 지구적 탈질화의 장소로 만들어준다. 강물에 의해 운송된 어떠한 육상기원의 질소도 외양까지 도달할 것으로 여겨지지 않는다(Duce et al. 2008; Seitzinger et al. 2006). 적은 양의 육상기원의 질소는 대기에 의해 외양까지 운반되고 열대 동태평양과 남태평양 그리고 아라비아해에 발생하는 최저 산소 해역에서 분해된다.

탈질화와 질소 고정에 대한 값은 불확실도가 높고, 전 세계적으로 탈질화가 질소 고정과 균형을 이루고 있는지 아닌지에 대해 말하기 어렵다. 그러나 (자연적이거나 인간에 의한) 새로 고정된 육상 질소의 총량이 약 310 Tg-N/yr라고 가정한다면(표 3.8), 육상기원 질소의 탈질화 총량은 대략 균형을 이룬 것으로 보인다. 과연 우리 인간의 농업과 에너지 수요가 질소 고정을 증가시킬 때, 탈질화의 총량이 질소 고정과 균형을 유지할 수 있는지가 문제이다(Seitzinger et al. 2006; Galloway et al. 2008).

탈질화 작용은 생물의 1차 생산에 사용될 수 있는 질소를 제거한다. 탈질화 작용의 장소 또한 물속의 N/P의 비율에 영향을 미친다. P(인)는 담수에서 제한 영양염인 경향이 있고, N(질소)는 연안 해양 환경에서 종종 더 제한적이다. 탈질화 작용의 정도는 N : P 비율을 변화시킬 잠재력을 가지며, 따라서 특히 하구와 연안 해역에서 1차 생산력과 가능한 경우 부영양화에 영향을 줄 수 있다(Seitzinger et al. 2006)(제6, 7, 8장 참조).

질소 순환 – 인간 활동에 의한 변화와 기후

우리는 이미 인간에 의한 질소 고정이 증가하고 있다는 것을 알고 있다. 전 지구적 질소에 대한 인간 활동에 의한 변화는 대기로부터 반응성 질소의 공급과 제거를 3배 내지 5배 증가시켰다(Denman et al. 2007). 영향을 받은 주요 질소 기체들은 아산화질소(N_2O), NO_x[nitric oxide (NO) and nitrogen dioxide (NO_2)], 그리고 암모니아(NH_3)이다.

아산화질소(N_2O)는 온실기체의 온난화에 네 번째로 큰 기여를 하고, 제2장에서 광범위하게 논의되었다(Nevison et al. 2007, Kroeze et al. 2005, Naqvi et al. 2000 참조). N_2O는 전 지구적 질소 순환에 인간에 의한 변화의 추적자로 사용될 수 있으며, 이는 N_2O가 유일하게 오래 체류하는 질소 기체이기 때문이다(체류시간은 약 120년). 인간 활동에 의한 질소의 약 2%는 N_2O로 새어 나간다고 여겨진다(Nevison et al. 2007). 과거 60,000년 동안 N_2O, CO_2와 기후는 긴밀하게 연관성을 보이는 경향이 있고 N_2O는 추운 기간 동안 낮은 경향을 보였다(Gruber and Galloway et al. 2008).

대조적으로 NO_x는 수 시간에서 수일간의 짧은 체류시간(수명)을 가졌다(Holland et al. 2005). 제2장에서 지적한 대로, NO_x의 생산의 증가는 N_2O의 증가를 반영한다. 대기 중 N_2O 증가는 인간 활동에 의한 질소 공급원에 대한 증가를 동반하며, 특히 보다 큰 비료 생산과 사용, 그리고 더 많은 목축으로 야기된 농업에 의한 질소 순환의 교란을 동반한다. 제3장에서 우리는 짧은 체류시간을 갖는 질소 기체들, 빗물의 주요한 성분들인 NO_x와 NH_3에 집중할 것이다. NO_x와 NH_3의 침적은 모두 육상에 질소를 더해주고, 전 지구적 질소 순환에 영향을 준다(Gruber and Galloway 2008; Galloway et al. 2008; Galloway 2004; Vitousek et al. 1997). 그리고 질소는 종종 제한 영양염이기 때문에 탄소 순환에 영향을 주는 1차 생산력을 증가시킨다. 과잉 질소는 또한 빗물과(Driscoll et al. 2001) 호수의 산성화뿐 아니라 수괴의 부영양화 혹은 과비옥화에 기여한다.

NO_x는 또한 간접적으로 (1) 지구온난화의 세 번째 큰 기여 인자인 오존의 생성에 역할을 함으로써, 그리고 (2) 온실기체인 메탄(CH_4)의 수명을 단축시키는 반응을 함으로써(Denman et al. 2007) 기후에 영향을 준다.

대기로의 NO_x-N의 유입량은 약 47 Tg-NO_x-N/yr(표 3.10 참조)이며, NH_3-N의 대기로의 유입량은 약 48 Tg-NH_3-N/yr(표 3.13 참조)로서, 합한 유입량은 약 95 Tg-NO_x-N/yr이다. 빗물 속의 질소의 형태는 NO_x(NO와 NO_2)로부터 질산염(NO_3^-)과 암모니아로(NH_3)부터 생성된 암모늄이온(NH_4^+)을 포함한 고정된 질소 기체들로부터 유래된다.

대기 중 NO_x와 빗물의 질산염

대기 중 NO_x는 자연적인 과정과 인간 활동 모두로부터 배출된다(표 3.10 참조). 대부분의 빗물에 포함된 질산염은 질소 산화물 기체(NO_x)로부터 생성된다. 즉 이산화질소(NO_2)로부터 직접적으로, 산화질소(NO)로부터 간접적으로 생성된다.

산화질소(NO)는 2,000°C 이상의 고온에서 공기에 포함된 질소와 산소의 반응에 의해 형성된다. 이 과정은 번개와 연소 과정을 통해서 발생하고 다음과 같이 요약될 수 있다.

$$N_2 + O_2 \rightarrow 2NO\text{(nitric oxide)}$$

산화질소는 상당히 반응성이 강해 대기 중에서 쉽게 오존(O_3)이나 과산화물 기체(peroxides,

표 3.10 NO_X-N의 플럭스 : 2000년의 대기 중 질산염 순환(Tg-N/yr)(Tg = 10^6 metric tons = 10^{12}g)

육상 유입 공급원		플럭스	출처
*번개		5	Gruber & Galloway 2008; Stevenson et al. 2006
아산화질소(N_2O)로부터 전환 – 성층권		1	Olsen et al. 2001
암모니아(NH_3)의 전환		(≤3)	Denman et al. 2007
일산화질소(NO)의 토양 생산		8.9	Jaegle et al. 2005
비료를 준 농업 토양	3.5±1		
*자연 토양	5.4		
바이오매스와 바이오연료 연소		5.8	Jaegle et al. 2005
화석연료 연소와 산업		25.6	Jaegle et al. 2005
전체 육상 유입(총배출)		46.3	
해양 – 대기 교환		**플럭스**	**출처**
해양 방출 총합(2000)		52	Duce et al. 2008
인간 활동에 의한 해양 방출	38		Duce et al. 2008
해양 침적 총합(2000)		23	Duce et al. 2008
인간 활동에 의한 해양 침적	17		Duce et al. 2008

* 별표로 표시된 자연적 공급원은 27%이고 인위적인 공급원은 73%.

HO_2 또는 organic peroxides)와 반응하여 NO_2를 형성한다.

$$NO + O_3 \rightarrow NO_2 + O_2$$

또는

$$NO + HO_2 \rightarrow NO_2 + OH$$

NO_2는 공기 중에서 다시 OH와 반응하여 (촉매적으로) 질산(nitric acid)을 생성한다(HNO_3) (Logan 1983).

$$NO_2 + OH \rightarrow HNO_3$$

이렇게 형성된 질산은 강우(또는 표면 침적)로 제거된다. 질산은 강산이고 빗물에 완전히 용해되어 NO_3^-와 H^+를 형성한다.

$$HNO_3 \rightarrow H^+ + NO_3^-$$

이런 과정을 통해 질산은 빗물의 pH를 낮출 수 있다. Warneck(1999)에 의하면 공기 중에서 NO_x로부터의 HNO_3 변환은 약 하루 정도로 상당히 빠르게 발생하고 HNO_3는 공기 중에서 빗물 또는 표면 침적에 의해 약 5일 정도 후에 제거된다.

NO_x 기체(그리고 빗물의 NO_3^-)의 주요한 자연적 공급원 중 하나는 번개이다. 번개는 공기를 충분히 가열하여 질소와 산소의 반응을 통해 산화질소(NO)를 형성할 수 있게 만들고, 위에서 제시한 반응을 통해 궁극적으로 NO_2를 형성한다. Gruber와 Galloway(2008)는 전 지구적 NO_x-N의 생성률을 약 5 Tg-N/yr로 추정하였다. 이에 대한 다른 추정값은 1.1~6.4 Tg-N/yr 범위를 가진다(Denman et al. 2007).

또다른 NO_x의 주요 공급원은 미생물 과정에 의한 NO의 토양 생성이며, 이는 생물학적 질소 순환을 포함한다(그림 3.17 참조). 여기서는 이에 대해 짧게 다루고 질소 순환에 대한 보다 자세한 내용은 제5장과 8장에서 논의하도록 한다. N_2 고정(N_2 fixation) 및/또는 광합성에 의한 NO_3^-, NO_2^- 또는 NH_4^+ 흡수를 통해 형성된 유기 질소(organic nitrogen)는 유기체가 죽으면 토양과 퇴적물에서 박테리아에 의해 분해되고, 이 과정을 통해 암모니아가 토양 내 용액으로 떨어져 나온다. 암모니아는 대기 중으로 배출되거나, NH_4^+의 형태로 용액에 남아있는데 여기서 용해된 NO_2^-와 NO_3^-로 산화될 수 있다(nitrification). 이렇게 생성된 질산염은 이어서 식물에 의해 흡수될 수도 있고, 토양의 박테리아에 의해 N_2와 N_2O 기체로 탈질화(denitrification, 질산염 환원)되어 대기 중으로 배출될 수 있다. 이것이 질소 순환에서의 일반적인 경로이다. 그러나 때때로 토양 미생물에 의한 NH_4^+에서 NO_3^-로의 변환(nitrifcation)은 불완전하고 대신에 NH_4^+의 일부는 NO(와 N_2O) 기체로 변환되기도 한다. 요약하면, 모든 토양 과정의 결과로 N_2, NH_3, NO 및 N_2O 기체가 모두 대기로 배출된다.

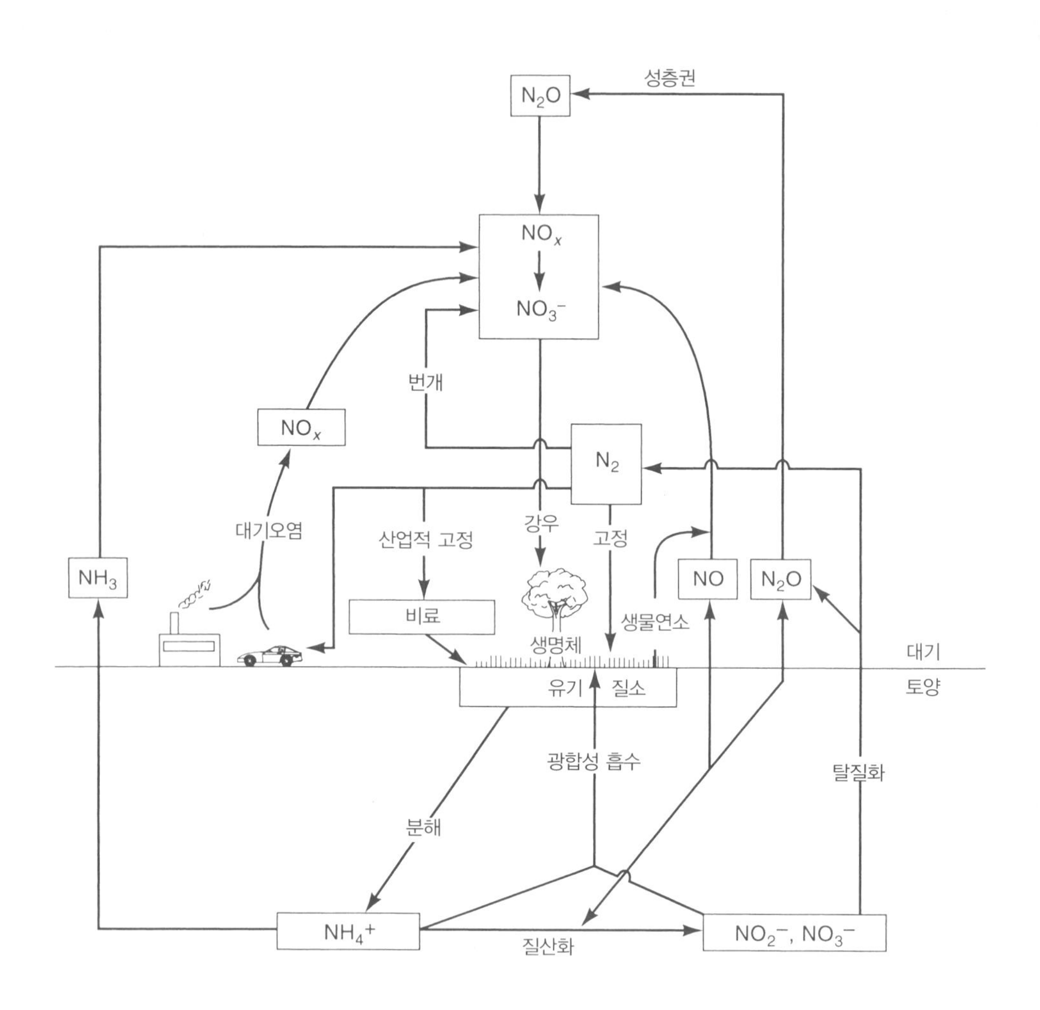

그림 3.17 NO_x와 빗물의 NO_3^-의 공급원을 강조한 대기-토양 질소 순환.

2000년 기준 토양의 NO 배출은 부분적으로 자연적으로 발생하고(5.4 Tg-N/yr), 나머지는 비료 사용에 의한 농업 토양에서 인위적 활동에 의해 발생한다(3.5 Tg-N/yr)(Jaegle et al. 2005).

NO 기체의 생성과 배출에 대한 한 가지 기작(메커니즘)은 토양에서 박테리아에 의한 NH_4^+ 산화(nitrification)의 부산물로(N_2O와 함께) 발생하는 것이다(그림 3.13 참조).

NO_x의 두 가지 소규모 공급원은 (1) 성층권에서 N_2O가 광화학 산화를 거쳐 NO와 NO_2로 변환하는 것과 (2) 대기 중에서 화학적 산화를 통해 암모니아가 NO_x로 변환하는 것이다. 탈질화 또는 암모니아의 산화 과정을 통해 대기로 방출되는 아산화질소(N_2O) 기체는 화학적으로 반응성이 낮다. 그러나 성층권에서는 강한 태양 복사에 의해 NO로 산화된다. NO는 오존(O_3)

과 반응하여 NO_2를 형성하고, 대류권으로 돌아가 빗물에서 질산염으로 전환될 수 있다. 그러나 N_2O의 분해로부터 발생하는 NO_x의 양은 단지 약 1 Tg-N/yr에 불과하기 때문에(Olsen et al. 2001) N_2O는 빗물 질산염의 주요한 공급원은 아니다. 성층권에서 N_2O 분해 반응이 중요한 것은 NO_2 또는 질산염 생성 때문이 아니라 (N_2O로부터 생성된) NO가 NO_2로 변환되는 과정에서 발생하는 성층권에서의 오존 파괴이다. 성층권 오존은 해로운 태양의 자외선 복사가 지표면에 도달하는 것을 차단하기 때문에 성층권의 오존이 파괴되면 지표면으로 더 많은 자외선(UV) 복사가 도달하게 된다(제2장 참조).

위에서 언급한 것처럼 토양 N 순환을 통해 NH_3 또한 대기로 방출된다. 그러나 대기 중 NH_3의 산화 역시 NO_x의 공급원으로는 중요하지 않다. Denman 등(2007)은 3 Tg-NH_3-N 이하의 질소가 NH_3 산화를 통해 생성되는 것으로 평가하였다.

빗물 속의 질산염 : 인간 활동에 의한 공급원

전반적으로, 주로 토양의 질소 산화물 생성과 번개와 같은 자연적인 과정들이 전체 NO_x-N의 약 25%를 차지한다. 나머지 75%는 인간 활동에 기인한 공급원, 즉 화석연료 연소, 생물연소, 그리고 비료를 사용한 농경지 토양 등으로부터 유입된다. 인간은 의심할 여지 없이 주로 자동차 엔진이나 발전소에서 화석연료의 연소에 의한 NO_x-N의 생산을 통해 빗물 속의 가장 커다란 질산염의 공급원을(총량의 55%) 제공한다. 질소 산화물 기체들은 대기의 질소와 산소 간의 고온 반응에 의해서 만들어진다(위 참조).

표 3.11은 1998년 미국에서 질소 산화물 공급원으로서 다양한 화석연료 연소 분야의 상대적 중요성을 보여준다. 1998년에 미국에서 교통 및 수송(transportation)이 전체 화석연료 NO_x의 53%를 기여했으며, 이는 1985년 미국 내 교통 및 수송이 기여한 45%, 그리고 1979년 미국과 캐나다 내 교통 및 수송이 기여한 40%보다 상승한 수치이다(Berner and Berner, 1996). 발전소 공급원은 1998년에 오로지 42%만을 생성했다(Howarth et al. 2002). 이는 발전소에 의해 대부분 생산되며 차량 배출의 영향은 단지 10% 정도인 SO_2와 비교된다(표 3.7 참조).

미국에서 1940년부터 2000년까지 NO_x의 생산을 그림 3.18에 나타내었다. 미국의 NO_x 배출은 1940~1973년까지 차량 증가와 천연가스 화력발전소 사용 때문에 3배로 증가했다(Gschwandtner et al. 1986). NO_x는 1970년 대기오염방지법(Clean Air Act)이 제정된 이후 감소하지 않은 유일한 주요 대기 오염물질이다. 이는 산업적인 NO_x는 감소한 반면에 자동차로

표 3.11 1998년 미국에서의 NO_x 배출원(전체 미국의 NO_x-N 생산은 1997년 기준 6.9 Tg-N)

53% 교통 및 수송
42% 발전소
5% 산업

출처 : Howarth et al. 2002.

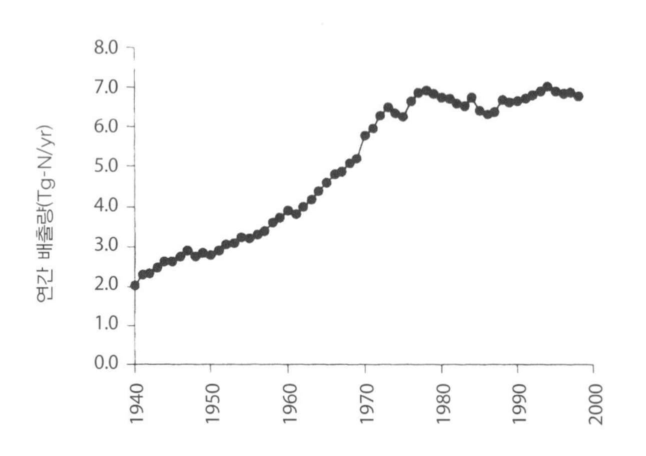

그림 3.18 미국의 1940~2000년 동안 대기로의 NO_x 배출량.
출처 : Howarth et al. 2002, fig. 1, p. 89.

인한 증가(1970년 이후 10% 상승)와 그에 따른 총 운행 거리가 늘어났기 때문이다. NO_x-N의 생산은 1970년대 후반에 약 7 Tg-N/yr으로 정점을 찍었고, 2000년에도 거의 그 수준에 머물렀다. 1997년 미국에서 NO_x-N의 침적량은 5.6 Tg-N/yr이었으며(Howarth et al. 2002), 이는 1997년 미국 NO_x-N 생산량 추정치인 6.9 Tg-N보다 1.3 Tg-N 적은 수치이다. 이 숫자가 상당히 정확하다고 가정하면, 이는 미국에서 대기로부터 침적된 대략 1.3 Tg-NO_x-N이 바다로 수송된 것을 의미한다. 미국 동부에서 높은 배출량과 우세한 편서풍 때문에, 북대서양으로 NO_x-N의 운반이 가능할 것으로 보인다(Duce et al. 2008 참조).

교통과 수송으로 인한 화석연료 연소 NO_x의 주요 공급원은 도심 지역이다. 따라서 도시의 대기 중 NO_x 농도가 시골 지역보다 훨씬 더 높은 경향이 있다. 그러나 인간에 의한 NO_x의 과도한 유입으로 인해 생성된 질산염은 훨씬 넓은 지역으로 퍼져 나가는데, 이는 현대 발전소가 더 인구가 적고 외딴 지역에 분산되어 건설되며 더 높은 굴뚝을 가지고 있기 때문이다. 이런 방식으로 질소 산화물 오염물질은 SO_2처럼 도시화되지 않은 지역에도 분산된다. 게다가 NO_x가 질산(HNO_3)으로서 대기 중에서 제거되기 전에 체류시간이 대략 6일 정도 되기 때문에 그 기간 동안 상당한 확산이 가능하다(Warneck 1999).

오염물질인 질소 산화물과 관련된 반응은 기온 역전으로 인해 자동차 배기가스가 축적되는 **광화학 스모그**에서 특히 잘 나타난다. 강한 햇빛이 있는 경우, 자외선에 의한 NO_2의 광해리는 오존(O_3)의 형성을 초래한다(제2장 참조). 이는 폐에 자극적이며 식물에도 해롭다. 광화학 스모그 생성은 남캘리포니아 지역의 특징이지만, 미국 남서부 및 여러 지역에서도, 특히 여름철에 문제가 되고 있다.

표 3.12 2000년 화석연료 연소에 의한 질소 산화물(NO_x)의 배출량(바이오연료 포함) ($Tg-NO_x-N/yr$), $Tg = 10^{12}g$

지역		방출	
		2000년	1986년
미국		6.4	7.5[a]
유럽		4.9	4.5
(구) 소련(USSR)			5.0
아시아		8.9	5.0
동아시아	5.2		
일본	0.7		
동남아시아/인도	3.0		
전 세계 총합		25.6	24.3

출처 : L. Jaegle et al. 2005 (table 2). 1986년 자료는 Hameed & Dignon 1992.
[a] 북미.

2000년에는 전 세계적으로 화석연료 연소로부터 25.6 $Tg-NO_x-N$이 생산되었다(Jaegle et al. 2005)(표 3.12 및 그림 3.19 참조). 이는 1986년 총 24.3 $Tg-NO_x-N$보다 약간 더 많다 (Hameed and Dignon 1992). 그러나 아시아(동아시아, 일본, 동남아시아/인도)가 차지하는 비중은 1986년 전체 배출의 21%에서 2000년 35%로 증가했다. 이는 주로 중국에서 자동차

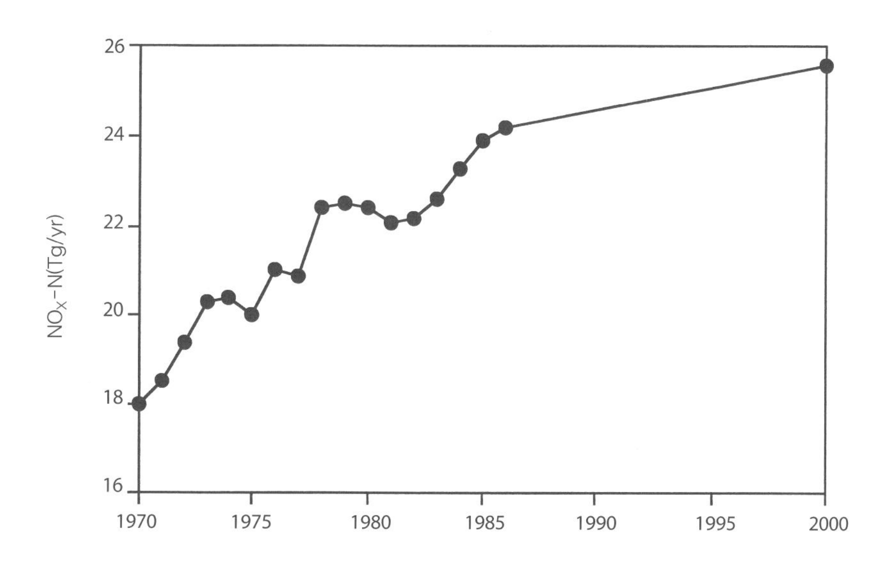

그림 3.19 1970년부터 1986년까지 화석연료 연소에 의한 전 세계적 NO_x-N의 배출량(출처 : Hameed and Dignon 1992). 2000년 NO_x-N 배출량은 25.6 Tg-N/yr(Jaegle et al. 2005, table 2).

사용이 크게 증가했기 때문일 수 있다. 유럽의 배출은 2000년에 총배출의 19%에 불과하였으나 1986년에는 유럽과 러시아가 차지한 비중이 39%였다. 미국은 31%(1986년)에서 약간 감소하여 26%(2000년)로, 여전히 가장 큰 개별 공급원이다. 아시아에서의 배출 증가는 1980년대 중반에 시작되었으며(Hameed & Dignon 1992), 미국과 유럽(러시아 제외)에서의 배출 감소는 1979년에 시작되었다.

또 다른 대기 중 NO_x의 공급원은 총배출의 13%를 차지하는 생물연소(biomass burning), 산불과 초원 화재이며, 이들의 대부분은 남아메리카와 아프리카와 같은 열대 지역에서 인간이 경작지 개간을 위해 인위적으로 일으킨 것이다. 이런 영향으로 NO_x는 열대 대서양뿐만 아니라 인도양과 태평양에서도 나타난다. 또한 개발도상국을 중심으로 일부 목재가 연료로 사용된다. 건기 동안 열대 지역에서 대규모로 발생하는 식생의 연소는 공기 중에 질소 산화물을 축적하고, 이 질소 산화물은 건성 침적에 의해 제거되거나 우기의 시작과 함께 질산의 형태로 강우에 의해 제거된다. 이로 인해서 남아메리카, 아프리카, 오스트레일리아에서 측정된 강우의 pH 값은 4.3~4.8 사이이다(Crutzen and Andreae 1990; Lewis 1981). 생물연소로 배출되는 NO_x와 탄화수소는 전원 지역의 광화학 스모그 형성으로 이어진다(화석연료 연소에서 생성되는 것과 유사). 광화학 스모그는 오존의 생성을 야기함으로써 열대 지역에서 건기 동안 높은 농도의 오존이 축적된다. 생물연소로부터 대기로 방출되는 NO_x-N의 양은 5.8 Tg/yr(Jaegle et al. 2005)으로 추정된다. 생물연소의 절반 이상은 사바나와 초원 화재로 인한 것이다(Andreae and Merlet 2001).

강우에서 질산염 침적과 질산염-질소 순환

미국 북동부 뉴햄프셔주의 허버드 브룩에서 질산염의 침적은 오하이오강 계곡(Ohio River valley) 주변의 주들(일리노이, 인디애나, 오하이오, 펜실베이니아, 테네시)의 NO_x 배출에 강하게 영향을 받는다. 이들 주는 미국 전체 NO_x 배출의 20%를 차지한다. 이들 주에서 1992~1994년부터 1995~1997년까지 SO_2 배출이 25% 감소하였지만 NO_x 배출은 단지 3%만이 감소하였다. NO_x가 제거되기 전의 체류시간이 6일이기 때문에 NO_x의 장거리 이동이 가능하다. 그림 3.20은 허버드 브룩에서 1960년부터 1995년까지 강우(bulk precipitation)에서의 질산염 농도를 보여준다. 질산염의 농도는 장기적으로 뚜렷한 변화 경향성이 없이 평평한 곡선을 나타낸다(Driscoll et al. 2001). 이는 1980년대부터 1995년까지 NO_x 배출량의 변화가 없는 것을 반영한다.

그러나 그림 3.21(Butler et al. 2005, figure 1)은 1991년부터 2001년까지 전체 미국 동부 지역에서의 NO_x 배출량을 보여준다. 자동차 배출은 전체 NO_x 배출의 절반을 차지하고 전력사업(electric utility)은 1/4을 차지한다. 전기 발전의 NO_x 배출은 감소하였지만, 도로 및 비도로 차량 배출의 증가로 이 효과는 상쇄되었다. 전체적으로 1991년부터 2001년까지 미국에서

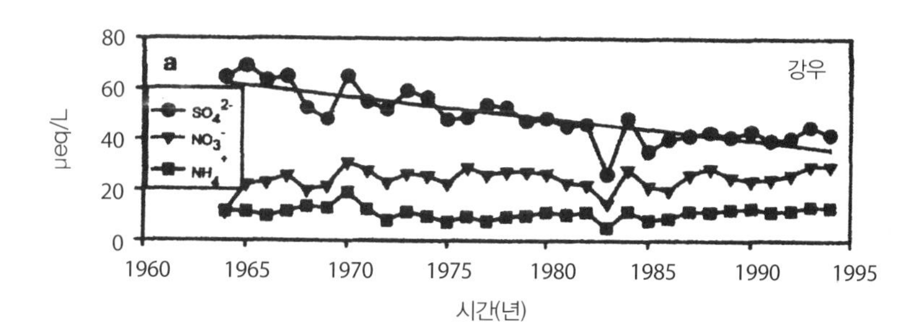

그림 3.20 1960년부터 1995년까지 뉴햄프셔주 허버드 브룩의 강우(bulk precipitation)에서의 황산염, 질산염, 암모늄의 농도(단위 : μeg/L).

출처 : Driscoll et al. 2001, fig. 2a, p. 183.

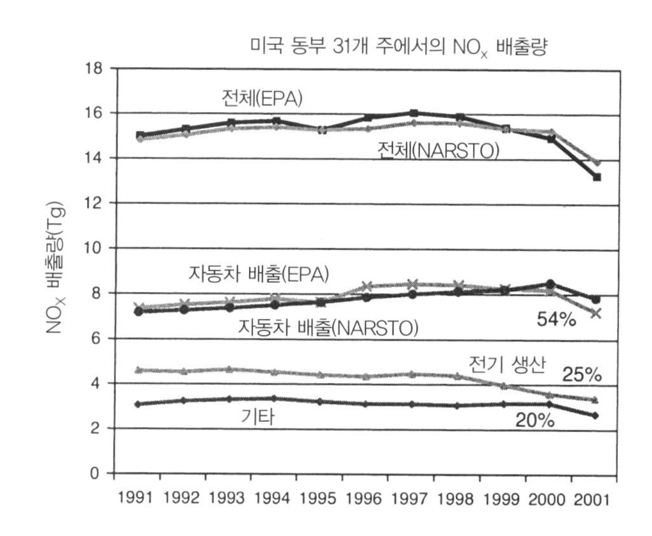

그림 3.21 1991년부터 2001년까지 미국 동부 31개 주에서의 NO_x 배출량(단위 : Tg). 이는 미시시피강의 동쪽 또는 (양쪽) 경계에 걸친 모든 주를 포함한다. 전체 NO_x 배출량은 자동차, 전력사업, 그리고 기타(주로 산업) 부문으로 구분하였다.

출처 : EPA (2001a, 2002, 2004a) and "corrected" NARSTO values (after Butler et al. 2005, fig. 1).

NO_x 배출은 17% 감소하였지만, Butler 등은 NO_x 배출량 감소가 차량 배출 감소의 과대평가로 인해 아마도 7% 정도일 것이라고 주장한다. 그럼에도 불구하고, NO_x 배출량이 50%까지 변화한다고 해도 질산(HNO_3) 농도는 36% 정도 변화하는 데 그친다(Butler et al. 2005). 교통

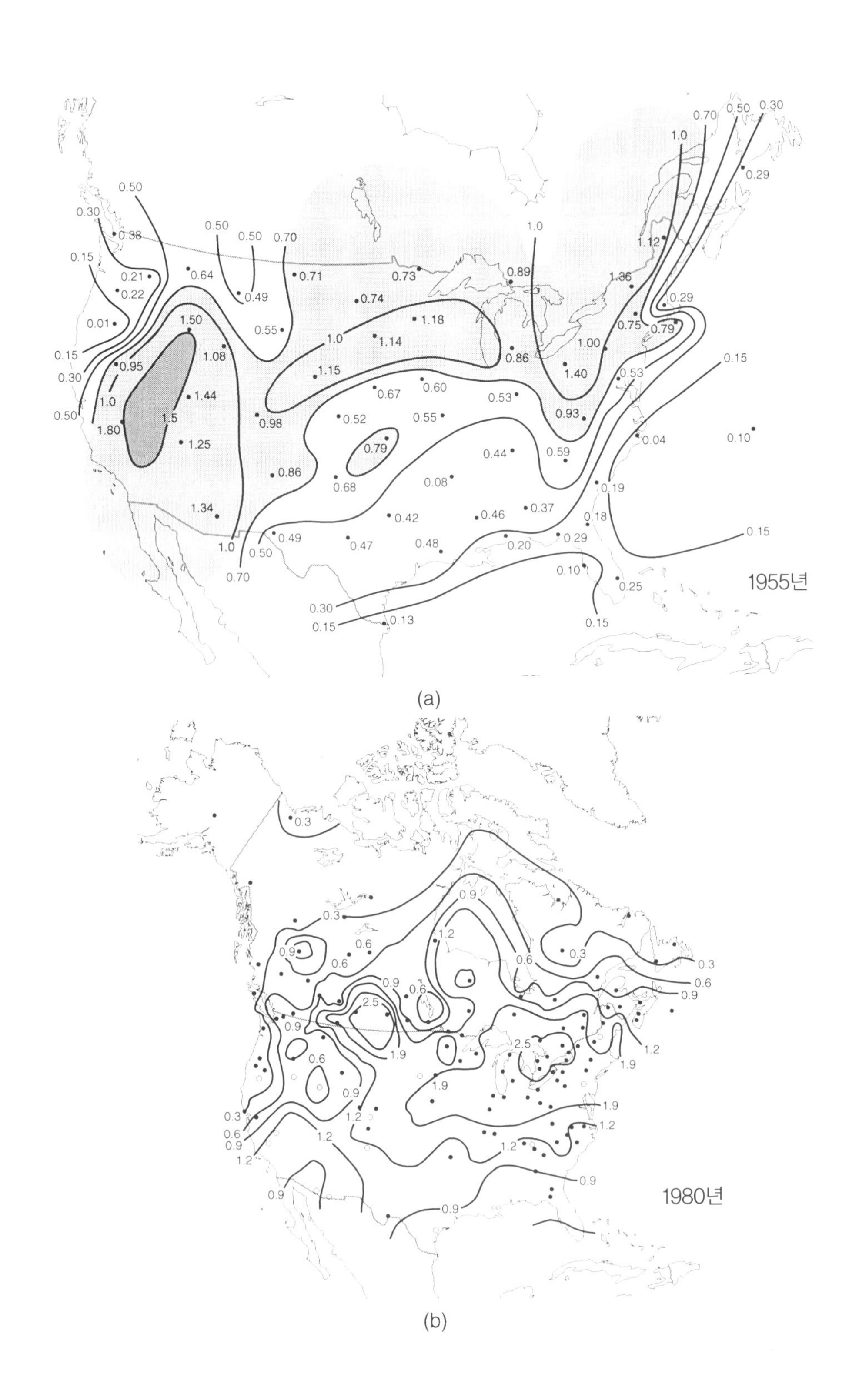
0.70
0.50
0.30
1.0
0.29
0.50
0.30
0.38
0.50
0.50
0.70
1.0
1.12
0.15
0.21
0.64
0.71
0.73
0.89
1.36
0.22
0.49
0.74
0.29
0.01
1.50
0.55
1.18
0.75
0.79
1.0
1.14
1.00
0.15
1.08
0.86
0.15
0.30
0.95
1.15
1.40
0.53
1.0
1.44
0.67
0.60
0.53
0.50
1.5
0.98
0.52
0.55
0.93
1.80
0.79
0.04
0.10
1.25
0.44
0.59
0.86
0.08
0.68
0.19
1.34
0.42
0.46
0.37
0.18
0.49
0.47
0.48
0.20
0.29
0.15
1.0
0.50
0.70
0.10
0.25
1955년
0.30
0.15
0.13
0.15
(a)
0.3
0.9
0.3
1.2
0.9
0.6
0.6
0.3
0.6
0.3
0.6
0.9
0.9
0.6
2.5
0.9
0.9
1.9
2.5
1.2
0.6
1.9
1.9
0.9
1.9
0.3
1.2
1.2
0.6
0.9
1.2
1.2
1.2
0.9
0.9
0.9
1980년
(b)

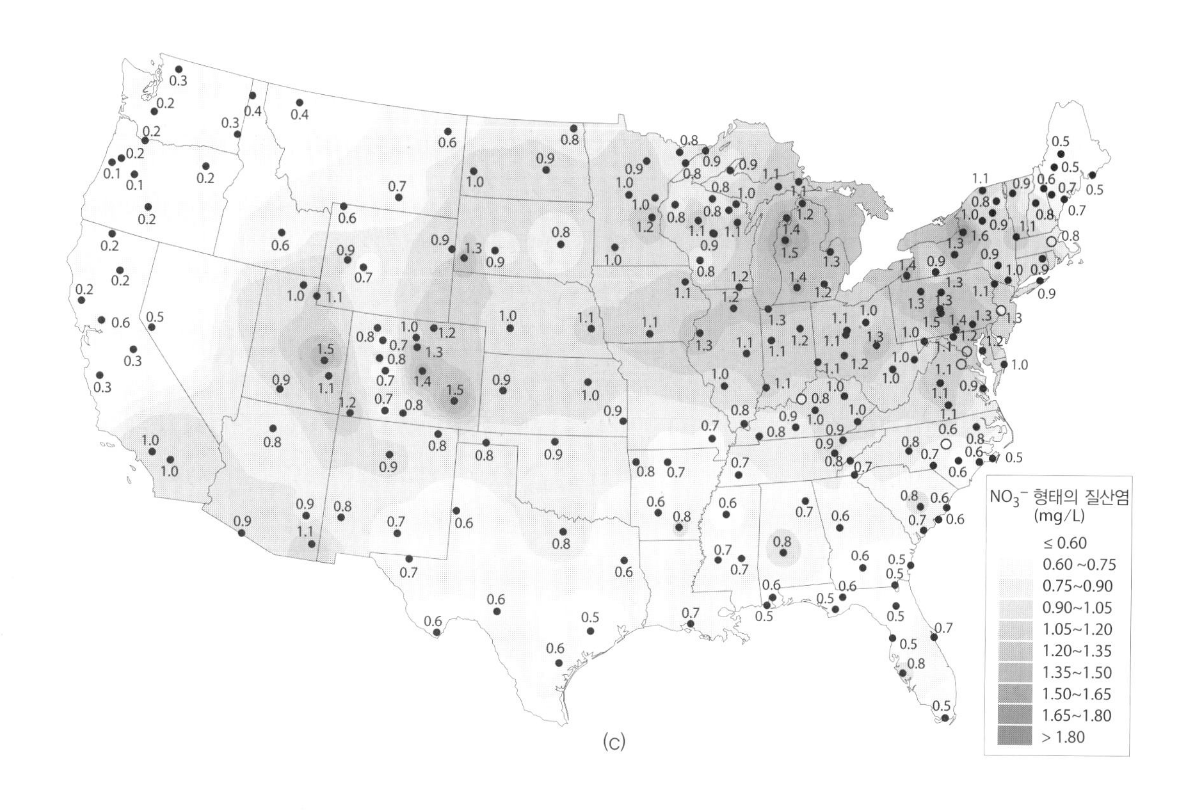

그림 3.22 미국 대륙에서 빗물에 용해된 질산염 농도와(mg/L NO_3^-) 시간에 따른 변화.
(a) 1955년 7~9월의 평균 농도.
출처 : C. E. Junge 1958, p. 244.
(b) 1980년 북아메리카에서의 평균 농도. 채색되지 않은 원은 자료가 20주 이하인 측정소를 나타냄.
자료 출처 : NADP 2007, Figs. (a)와 (b)는 Berner and Berner 1996 (fig. [b] after J.A. Logan 1983, p. 1079).
(c) 2007년 미국에서 빗물의 질산염 농도(mg/L NO_3^-).
출처 : National Atmospheric Deposition Program (NRSP-3)/National Trends Network, 2007.

(운송)이 중요한 NO_x 배출원이기 때문에 전력사업 배출에서의 제어가 SO_2 배출은 효과적으로 감소시켰지만 NO_x 배출의 감소에는 큰 도움이 되지 못했다. 질산염 농도의 작은 변화와 황산염 농도의 큰 감소로 인해 산성비에 대한 기여도는 질산이 황산에 대해 상대적으로 커졌다(Driscoll et al. 2001; 자세한 논의는 뒷부분의 '산성비' 절 참조).

1955년부터 1980년까지 미국 동부 전역에서 강우의 질산염이 전반적으로 증가한 것도 역시 알 수 있다. Pack(1980)은 1978~1979년에 미국 동부에서 평균 NO_3^- 농도가 1.6~1.7 mg/L이었는데, 이는 1955~1956년의 평균 NO_3^- 농도 0.7 mg/L 수준에 비해 증가한 것임을 밝혔다. 미국 동부에 대해 그림 3.22a(1955~1956년)와 그림 3.22b(1980년)를 비교하면, 농도 분포 경향성은 유사하지만 오대호 지역의 최고 농도 등치선이 1955~1956년 1.0 mg/L NO_3에서 1980년 2.5 mg/L로 증가한 것을 알 수 있다.

2007년(그림 3.22c) 미국 빗물에서의 NO_3^- 최대 농도는 1.5~1.6 mg/L였는데, 이는 1980년에 나타난 NO_3^- 최대 농도인 2.5 mg/L(그림 3.22b)보다 낮다. 그러나 미시간부터 뉴욕주 서부와 펜실베이니아 서부를 통과하는 넓은 지역에서 빗물의 NO_3^- 농도는 1.2~1.5 mg/L 사이의 분포를 보인다. 유사하게 높은 농도를 보이는 다른 두 지역은 콜로라도의 덴버와 유타의 솔트레이크시티 주변이다. 그림 3.18(Howarth et al. 2002)에서 본 것처럼 미국에서 화석연료 연소로 인한 NO_x 배출량은 2000년에 여전히 6.9 Tg NO_3^--N/yr였으며, 이 수치는 1980년 이후 큰 변화가 없었다.

표 3.1은 다양한 지역에서 빗물의 질산염 농도를 보여준다. 인간에 의해 오염되지 않았을 것으로 예상되는 대륙의 외딴 지역에서는 질산염 관측이 제한적으로 이루어졌다. 대륙의 내륙에서 빗물의 질산염 최소 농도(0.1~0.2 mg/L NO_3)는 알래스카의 포커 플랫(Poker Flat), 베네수엘라(Galloway et al. 1982), 아마존 분지(Stallard and Edmond 1981)에서 나타났다. 태평

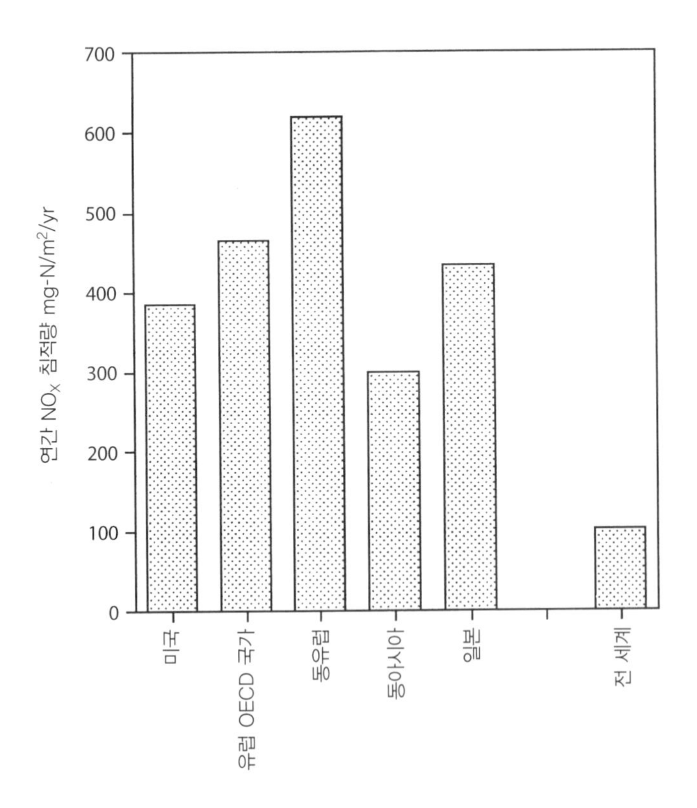

그림 3.23 2000년 NO_x 침적량(단위 : mg-NO_x-N/m^2/yr).

자료 출처 : Detener et al. 2006.

양에서 들어오는 공기괴의 영향을 직접적으로 받는 미국 북서부 지역에서의 평균 질산염 농도가 0.2 mg/L이기는 하지만(표 3.1 참조, 그림 3.22c), 청정 대륙에서의 더 일반적인 농도는 아마도 평균 0.5~0.6 mg/L NO_3 정도일 것으로 생각된다(그림 3.22c 참조). 유럽과 북아메리카(특히 미국)에서는 일반적으로 높은 화석연료 연소량을 반영하여 빗물에서의 질산염 농도가 훨씬 높다. 그림 3.23은 2000년에 동유럽에서 가장 큰 NO_x-N 플럭스가 발생하였고, 서유럽(OECD)에서 두 번째로 높았으며, 일본과 미국이 세 번째와 네 번째를 차지하였음을 보여준다.

빗물의 암모늄 : 대기 중 암모늄-질소 순환

암모늄(NH_4^+)은 빗물에서 발견되는 질산염(NO_3^-) 이외의 다른 주요한 질소 함유 이온이다. 암모늄 이온은 다음과 같은 암모니아 기체(NH_3)와 물의 부분적 반응으로 발생한다.

$$NH_3 \text{ gas} + H_2O \leftrightarrow NH_4^+ + OH^-$$

이 반응은 수산화 이온(hydroxyl ion, OH^-)을 생성함으로써 빗물의 pH를 높이고 CO_2, NO_x 및 SO_2의 산성 효과를 부분적으로 상쇄하는 경향이 있다. 암모니아는 이러한 역할을 하는 유일한 대기 중의 기체이다. Junge(1963)는 다른 기체가 없다면 공기 중 평균 농도 3 $\mu g/m^3$의 NH_3로 인해 빗물의 pH가 약 8.5로 높아질 것으로 계산하였다.

그러나 빗물의 pH는 대부분 4~6이기 때문에 암모니아는 분명히 빗물의 pH를 결정하지는 못하고, 산성 기체인 CO_2, NO_x 및 SO_2의 역할이 더 중요하다. 사실, 대부분의 빗물은 산성이기 때문에 NH_3가 빗물에 매우 잘 녹으며 주로 NH_4^+로 전환된다(위의 반응은 또한 왜 알칼리성 토양이 NH_3를 방출하고 산성 토양은 NH_3를 흡수하는 경향이 있는지 보여준다. 아래 참조). NH_3 기체는 NH_4^+로 전환되기 전에 약 6일 동안 대기 중에 존재하고(Warneck 1999), 일단 NH_4^+가 형성되면 약 5일 후에 비로 제거된다.

대기 중 암모니아의 배출원으로는 농업 배출원이 지배적이다. 농업 배출원에는 (1) 가축 분뇨의 박테리아 분해, (2) 비료로부터의 방출, (3) 토양에 있는 자연적인 질소 유기물의 박테리아 분해가 포함되며, 다른 배출원으로는 (4) 석탄 연소(석탄은 유기 질소 화합물을 포함), (5) 생물연소 및 바이오연료(biofuel), (6) 인간 배설물의 분해가 있다. 자연 토양에서의 박테리아 분해를 제외하고는 모든 배출원이 인위적인 배출원이다(표 3.13 참조).

육지에서 대기 중 암모니아의 가장 큰 배출원은 가축 배설물의 분해이다. Beusen(2008)에 의하면 가축 폐기물로부터의 플럭스는 약 21 Tg-NH_4-N/yr로 추정된다(표 3.13). 동물 소변의 요소(urea)는 영국(Healy et al. 1970)과 유럽(Buijsman et al. 1987)에서 공기 중 NH_3의 주요 배출원이다.

토양에 요소와 암모늄 비료를 첨가하면 암모니아가 대기 중으로 배출될 수 있다. 토양 질소는 NH_3의 형태가 아니라면 미생물에 의해 환원된다. 이로 인해 11 Tg-NH_3-N/yr가 배출된

표 3.13 암모니아 플럭스 : 대기 중 암모니아 순환(단위 : $Tg\text{-}NH_3\text{-}N/yr$)(Denman et al. 2007 참조)

대기로의 육상 유입			
공급원		**방출**	**출처**
농업			Beusen et al. 2008 (for 2000)
가축 폐기물		21.0	Beusen et al. 2008 (for 2000)
비료 방출		11.0	Beusen et al. 2008 (for 2000)
자연 식생하에서의 토양 손실		2.4	Bouwman et al. 1997, 2002
화석연료 연소 + 산업		2.5	Van Ardenne et al. 2001 (for 1990)
생물연소 + 바이오연료		8.5	Andreae & Merlet 2001 (for late 1990s)
생물연소 + 바이오연료		(5.4)	(Van Ardenne et al. 2001)
인간 배설물		2.6	Bouwman et al. 1997, 2002
육상 유입 총합		48.0	
대기로의 해양 유입			
해양 암모니아 방출 총합		64.	Duce et al. 2008 (for 2000)
인간 활동에 의한 방출	53.		Duce et al. 2008 (for 2000)
해양의 자연적 방출	8.		Bouwman et al. 1997, 2002

다(Beusen et al. 2008; 표 3.13 참조). 비료 암모니아의 배출은 토양이 건조하고 따뜻하며 높은 pH를 가질수록 활발해진다. 비료 질소가 휘발되어 암모니아로 배출되는 비율은 비료의 유형에 따라 다르지만 약 5~10% 정도이다(Warneck 1999). 그림 3.24는 1960년부터 2000년까지 전 세계의 비료 소비량을 보여준다. 질소 비료 사용량은 1960년과 1990년 사이에 거의 3배가 증가하였고 그 이후로는 변동성이 크다. 아시아에서는 미래에 비료의 사용이 빠르게 증가할 것으로 예상된다. 2000년 전 세계 비료 소비량은 81.73 Tg-N(Fixen and West 2002)이었다. 가장 큰 소비국은 중국(28%)이었고 인도, 서유럽, 미국이 각각 13% 정도를 차지하였다. 미래에는 더 많은 비료 사용으로 인해 더 많은 NH_3가 대기 중으로 배출될 것으로 보인다. 미국의 비료 소비량은 2000년에 10.7 Tg-N(Fixen and West 2002)이었다. 이는 Howarth(2002)의 1997년에 대한 추정치(11.2 Tg-N)보다 약간 작지만 매우 유사하다.

비료가 투입되지 않은 토양에서 박테리아가 천연 유기물을 분해함으로써 발생하는 NH_3 배출은 특히 청정 지역에서 자연적인 NH_3의 유일한 공급원이다. 이 배출원은 연간 2.4 $Tg\text{-}NH_3\text{-}N$로 적은 양을 차지한다(Van Ardenne et al. 2001). 측정된 토양의 NH_3 플럭스는 매우 변동성이 크고, 따뜻하고 건조한 알칼리성 토양에서 더 커진다(높은 pH에서 NH_4^+에서 NH_3로 전환되기 때문에).

암모니아는 석탄 연소의 산물 중에서는 매우 소량으로 배출된다. 사실 연소가 잘 이루어진다면 석탄은 NH_3를 배출하지 않고(Stedman and Shetter 1983), 대신에 모든 질소는 NO_x로 배출된다. 화석연료 연소로부터 NH_3의 추정 배출량은 2.5 $Tg\text{-}NH_3\text{-}N/yr$ 정도로 작다(Van Ardenne et al. 2001). 더 많은 NH_3가, 특히 전체 연소의 80%가 발생하는 열대 지역에서 생물연소와 바이오연료 연소로부터 배출된다. Andreae와 Merlet(2001)은 1990년대 후반 생물

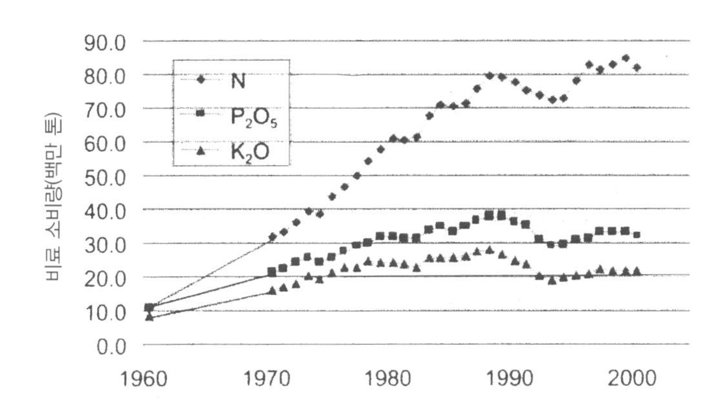

그림 3.24 1960년부터 2000년 기간의 세계 비료 소비량. 그래프는 질소 비료, 인 비료, 포타슘 비료를 포함한다.
출처 : Fixen and West 2002, p. 169.

연소로부터의 암모니아 플럭스를 8.5 Tg-NH_3-N로 추정하였고(표 3.13 참조), 여기에는 개발도상국의 사바나와 초원 화재와 바이오연료로부터의 기여도가 중요하였다.

2000년 대양의 외해에서는 64 Tg-NH_3-N(+30%)가 배출되는 것으로 추정되며 이 중 53 NH_3-N(또는 80% 이상)는 인위적인 배출으로 보인다(Duce et al. 2008과 제8장 참조). 해양의 연안에서는 강으로부터 인위적인 N이 유입되지만, 이 질소가 외해에 도달하는 경우는 극히 드물다(Duce et al. 2008). 연안 해양에서의 배출은 하구에 대해 논의하는 제7장에서 다시 논의된다. 해양 대기에서 형성된 NH_3 기체의 대기 중 수명은 6시간 정도로 매우 짧아서 해양에서 유래된 NH_3가 대륙으로 도달하기는 어렵다.

빗물의 암모늄

대륙 위의 빗물 속 NH_4^+ 농도는 0.01~1.0 mg/L NH_4^+(표 3.1 참조)이다. 농업 관련 공급원은 계절에 따라 변하고, 봄과 여름에 최대치를 보인다. 이는 여러 다른 연구자들이 지적한 것처럼, 따뜻한 날씨에 빗물 속의 NH_4^+ 농도(와 공기 중의 NH_3 농도)를 설명하는 데 도움이 된다(Junge 1963; Freyer 1978; Lenhard and Gravenhorst 1980).

Junge(1963)는 미국 강우 중 암모늄(NH_4^+)의 평균 농도가 1955~1956년에 일반적으로 0.1~0.2 mg/L이었다고 밝혔다(그림 3.25a). 1972~1973년에 Miller(1974)는 NH_4^+ 농도가 크게 증가했으며, 황산염이나 질산염에 비해 모두 상대적 증가폭도 훨씬 컸다는 것을 발견했다. 1980년 북미의 빗물 속 암모늄(NH_4^+) 농도들도(그림 3.25b) 1955~1956년에 관측된 농도 분포 패턴과(그림 3.25a) 유사하였으나, 빗물의 수소 이온(H^+), 질산염 이온(NO_3^-) 그리고

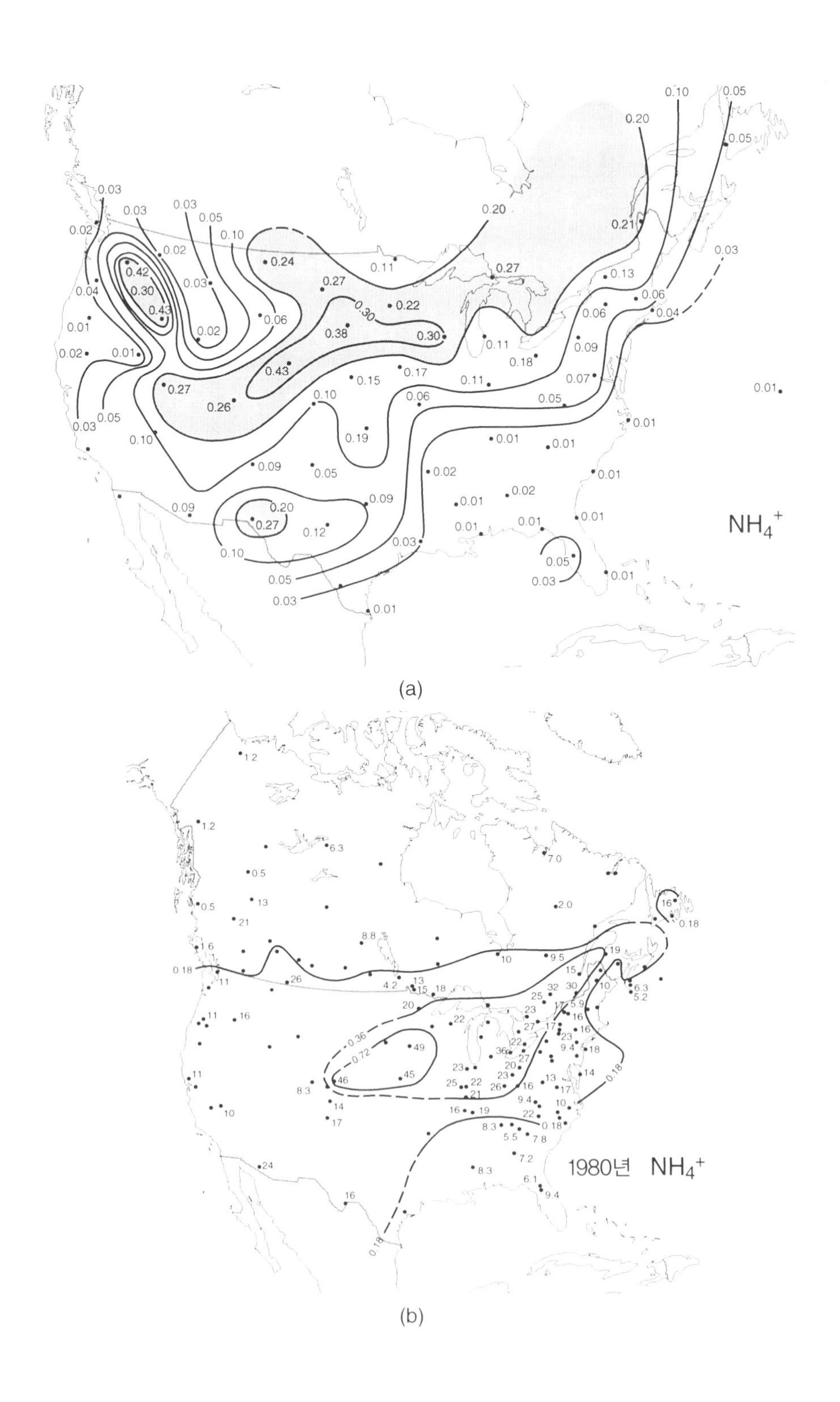

(a)

(b)

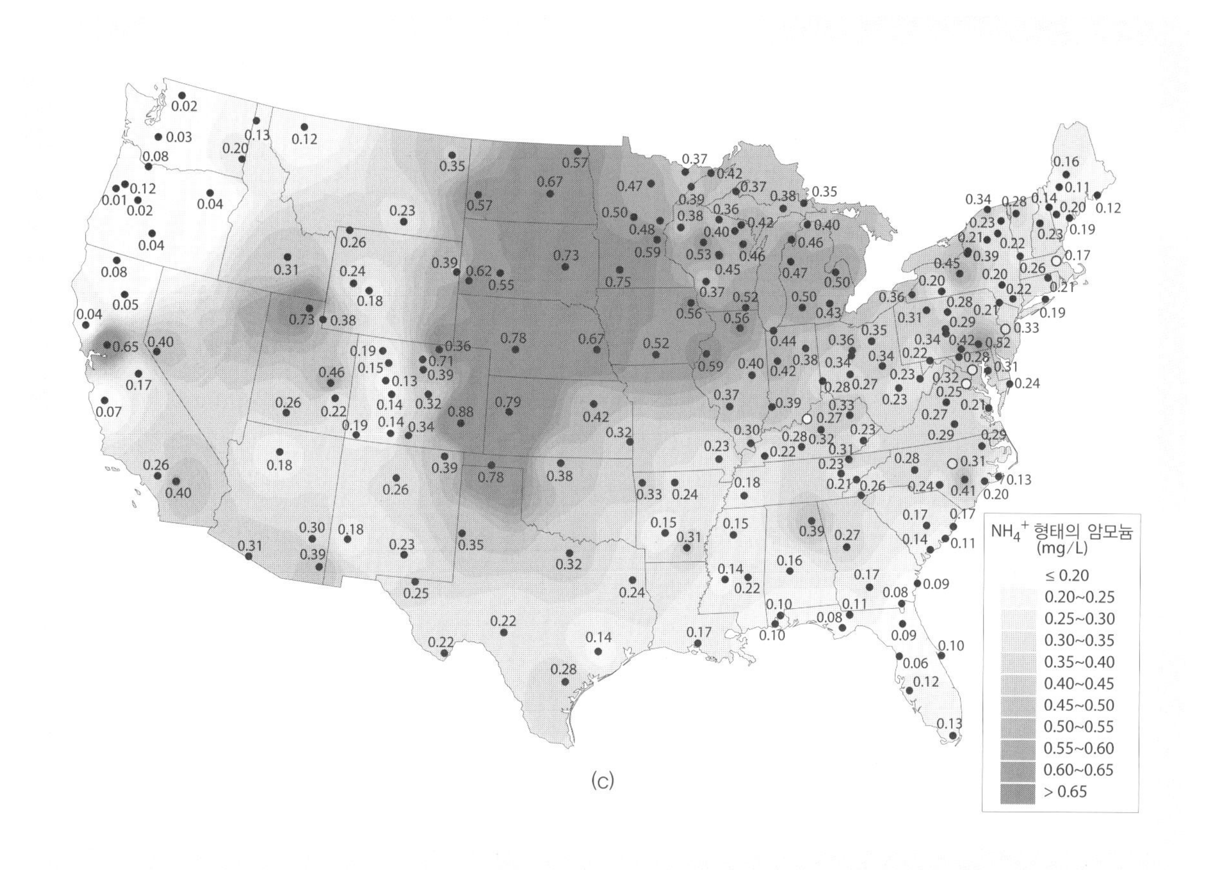

그림 3.25 (a) 미국 내륙 빗물에서의 암모늄(NH_4^+) 농도(단위는 mg-NH_4^+/L이고 1955년 7~9월 수치).
출처 : Berner and Berner 1996. After C. E. Junge 1958, p. 242.
(b) 1980년 북아메리카 강우에서 강우량 가중치를 둔 연평균 암모늄 농도(NH_4^+). 개별 포인트의 단위는 mmol/L, 굵은 등치선의 단위는 mg/L.
출처 : Berner and Berner 1996. After Barrie and Hales 1984.
(c) 2007년 미국 대륙의 빗물에서의 암모늄 농도(mg/L NH_4^+).
출처 : National Atmospheric Deposition Program (NRSP-3)/National Trends Network, 2007.

황산염 이온(SO_4^{2-})에서 관측된 것과는 다른 패턴을 보였다. 암모늄 농도는 미국 북부 평원 지역에서 가장 높은데(> 0.72 mg/L), 이 지역은 많은 가축 사육장(큰 암모늄 공급원)이 있거나 그 풍하 지역이다(Barrie and Hales 1984). 최대 농도를 가진 등치선(0.72 mg/L)은 1955년에 비해 2배 이상이다. 게다가 0.36 mg/L 등치선에 의해 나타내는 면적의 농도는 1955~1956년 농도(0.1 mg/L)의 3배 이상이다. 이러한 빗물 속 암모늄 이온의 증가는 1962년부터 1975년까지(NRC 1979) 미국 암모니아 생산(주로 비료에 사용된)이 3배로 증가한 것과 상관성이 있는 것으로 보인다.

그림 3.25c는 2007년 빗물의 암모늄 농도를 보여준다. 대체로 빗물의 암모늄 농도는 1972~1973년(그림 3.25b) 이후로 대부분 전국에서 0.25~0.45 mg/L NH_4까지 상당히 증가

해왔다. 중서부 지역에는 두드러진 농도의 핫스팟이 존재하며 그 농도는 0.6~0.8 mg/L NH_4에 달한다. 이와 유사한 농도가 북다코다에서 오클라호마에 걸쳐서, 그리고 텍사스 북부에서도 나타난다. 텍사스 북부 지역의 농도는 아마도 가축 사육장 공급원에 의해 영향을 받았을 것이다. 왜냐하면 미국 미시시피 유역에서 질소 비료로부터 배출되는 암모니아는 분뇨 거름에 의해 배출되는 양의 10% 미만이었기 때문이다(Goolsby et al. 1999, Driscoll et al. 2001에서 인용). 북서부 태평양 연안과 플로리다에 암모니아 농도가 0.02~0.08 mg/L로 낮은 두 지역이 있다.

대기로 방출된 암모니아의 약 반 정도는 공급원으로부터 50 km 이내에 축적된다. 그러나 (이 장에서 후반부에서 논의하는 것처럼), 만약 암모니아가 이산화황(SO_2) 또는 산화 질소(NO_x)와 반응한다면, 황산암모늄(ammonium sulfate) 또는 질산암모늄(ammonium nitrate) 에어로졸이 형성될 수 있고, 이러한 에어로졸들은 빗물이나 건성 침적으로 제거되기 전에 500 km 이상 수송될 수 있다(Driscoll et al. 2001). 우세한 바람들은 주로 서부에서 동부 쪽으로 불기 때문에 중서부에서 황산암모늄 또는 질산암모늄은 뉴잉글랜드와 캐나다에서 빗물 속에 도달하게 된다. 예를 들면, 뉴햄프셔의 HBEF(Hubbard Brook Experimental Forest, 허버드 브룩 실험림)에서의 bulk 침적물에 존재하는 용존 무기질소의 약 30%는 암모늄 때문이다(그림 3.20a 참조).

그러므로 황산암모늄 또는 질산암모늄 에어로졸 형성의 순 효과는 암모늄을 더 넓은 지역으로 확산시키는 것이며, 아마 암모니아 기체의 공급원으로부터 먼 지역에 빗물을 통해 영양염 암모늄-질소(NH_4^+-N) 농도를 증가시키는 것이다. 황산염 에어로졸은 영양염 질소를 멀리 떨어진 해양과 육상 지역으로 운송하는 역할을 한다. 게다가, 기체 상태의 암모니아를 에어로졸의 암모늄 이온으로 전환함으로써 암모니아 기체를 생물학적 질소 순환으로부터 근본적으로 제거한다.

대기 중 암모니아는 빗물의 pH를 높이는 경향이 있음에도 불구하고, 암모늄 이온(NH_4^+)이 토양에 도달하면 산성화를 일으킨다. 토양의 미생물은 암모늄을 질산염으로 산화시키고, 이는 토양과 지하수를 모두 산성화시킬 수 있다(Driscoll et al. 2001).

반응성 질소의 침적

질소는 필수 영양염이기 때문에, 질산염-질소와 암모늄-질소를 합한 침적의 양이 중요하다. 그림 3.26은 미국에 대한 질소의 습성(건성) 침적을 보여주며, 이는 자동차와 발전소에서 화석연료의 연소로부터 주로 공급된 질산염 질소(NO_3-N)와 농경 활동으로부터 온 암모늄 질소(NH_4-N)를 합한 것이다. N 침적은 대평원으로부터 중서부를 지나 뉴욕과 펜실베이니아까지 관통하는 구역에서 높다. 질산염(NO_3) 침적은 뉴욕주, 펜실베이니아, 오하이오 그리고 시카고 지역에서 최대치를 보이는 반면, 암모늄(NH_4) 침적은 뉴욕주, 펜실베이니아, 미국 중서부 그리고 대평원에서 최대치를 보였다.

그림 3.27에서 나타난 바와 같이, Dentener 등(2006)은 미국에서 총 질소 침적을 (습성과

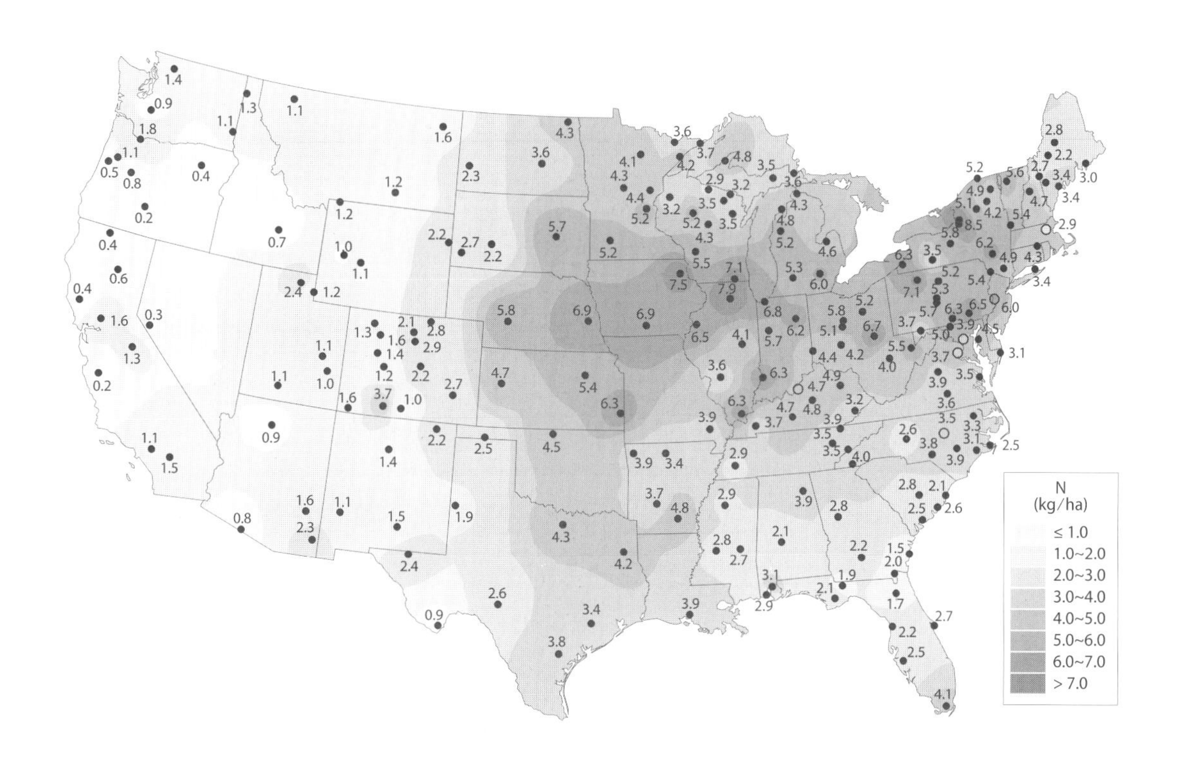

그림 3.26 미국에서 2007년 질산염과 암모늄으로부터 무기 습성 침적량 kg/ha N.
출처 : National Atmospheric Deposition Program (NRSP-3)/National Trends Network, 2007

건성 침적을 포함해) 모형화하였다. 질소 침적은 NH_4-N으로부터보다 NO_3-N으로부터 더 많이 생겼다. 그림 3.25는 상당한 질소 침적을 받고 있는 모든 다른 세계의 지역에서, 암모늄 침적이 질산염 침적을 능가한다는 것을 보여준다. 암모늄은 유럽에서 질산염보다 더 큰 빗물의 질소에 대한 공급원이다(3.5 Tg-NH_4-N 대 3.3 Tg-NO_x-N; van Egmond et al. 2002).

인간 활동에 의한 것이 아닌 질소 침적률은 대략 0.5 kg/ha/yr이다. 질소 침적에 대한 '임계하중'은 약 1,000 mg-N/m^2/yr 혹은 10 kg-N/ha/yr이며, 한계를 넘는 침적은 환경에 문제가 되는 것이 발견되어 왔는데 이는 제한 영양염인 질소의 과다비옥화 때문이기도 하고 또 질소의 산성화에 기여하는 것 때문이다(Dentener et al. 2006; Gruber and Galloway 2008). Dentener에 의한 습성과 건성 질소 침적 모델링에 의하면, 전 세계의 자연 식물상의 11%는 임계점을 넘어서는 질소 침적을 받는다. 가장 많이 영향을 받는 지역은 동유럽(식물상의 80%), 남부 아시아(60%), 일본(50%), 동아시아(40%), 동남아시아와 서유럽(양쪽 모두 30%), 그리고 미국(20%)이다. 결정적 임곗값을 넘는 질소를 받는 전 세계의 비율은 미래에 증가할 것으로 예견되고 있다.

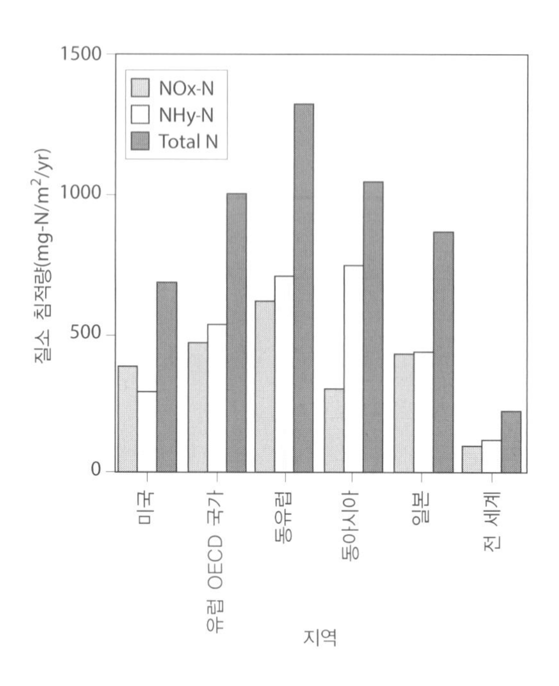

그림 3.27 전 세계로부터 그리고 다양한 세계 지역으로부터 2000년 육상 모델에 의한 총 습성과 건성 질소 침적량 (mg-N/m^2/yr)

출처 : Dentener et al. 2006.

산성비

NO, NO_2, SO_2와 HCl 기체들은 빗물에 존재하는 NO_3^-, SO_4^{2-}, Cl^-의 농도 변화들을 유발시킬 뿐만 아니라, 또한 수소 이온(H^+)을 만들고 그 결과 **산성비**(acid rain)를 만들게 된다. 산성비는 이러한 기체들이 존재하지 않았을 경우보다 더 강한 산성의 빗물이며, 대부분 경우 그 기원은 대기오염으로부터 온 것이다. 이 절에서 우리는 산성비가 만들어지는 과정과 빗물의 산성도에 영향을 주는 요인들에 대해 논의하고자 한다. 이 토의 과정 전체에 걸쳐 우리는 산성도를 pH라는 용어로 표현할 것이다. 한 용액의 pH는 수소 이온 농도의 음의 로그 함수로 정의된다. 즉 다른 말로 하면 다음과 같다.

$$pH = -\log [H^+] = \log (1/[H^+])$$

여기서 괄호는 단위 리터당 몰수로 나타낸 농도를 의미한다. [더 정확히 말하면, 수소 이온 농도는 정상적으로 표현하면 **활동도**(activity)로 표현되지만, 활동도의 사용은 이 책의 범위를 넘어선다.] pH 값이 7보다 큰 값을 갖는 용액들은 염기성(알칼리성)이라고 일컫고, 역으로 pH가 7 이하인 용액들은 산성이라고 한다. 여기서 우리는 빗물의 pH가 7 이하로 떨어질 수 있는지에 대해 관심을 가질 것이다. 상당한 오염이 있을 때 pH는 7보다 훨씬 낮게 된다. 그러나 오염을 논하기에 앞서 오염이 없을 때, 즉 자연적인 빗물의 pH는 어떠한지 알아보는 것이 유익할 것이다.

자연적인 빗물의 pH

아무런 용존 물질을 갖지 않은 순수한 물은 pH 값 7을 가져야만 한다, 이 경우에 중성(neutral)이라고 한다(산성도 염기성도 아닌). 그러나 자연 빗물은 순수한 물이 아니다. 우선 대기 중 이산화탄소가 빗물에 용해되어 평형을 이루면 빗물은 pH 5.7 정도의 약한 산성이 된다. 이는 이산화탄소(CO_2)가 물(H_2O)과 반응하여 그 결과 탄산(H_2CO_3)을 형성한 결과로서 이후 탄산은 수소와 중탄산염 이온(HCO_3^-)으로 부분적으로 해리한다(더 이상의 중탄산염 이온의 탄산염 이온과 수소 이온으로의 해리는 빗물의 pH에서는 무시할만하다).

$$CO_{2gas} \leftrightarrow CO_{2soln}$$
$$O_{2soln} + H_2O \leftrightarrow H_2CO_3$$
$$H_2CO_3 \leftrightarrow H^+ + HCO_3^-$$

여기서 쌍방향 화살표는 화학평형으로 가는 부분적 반응을 의미한다. 마지막 두 반응들로부터 이산화탄소는 물과 반응하여 수소 이온(H^+)과 중탄산염 이온(HCO_3^-)을 같은 양만큼 형성한다는 것을 알 수 있다. 위 반응들에 대한 평형의 표현을 사용하고, 수소 이온과 중탄산염 이온의 농도가 같다는 것을 이용함으로써, 쉽게 평형에서 수소 이온 농도를 계산할 수 있다(Garrels and Christ 1965 참조).

$$[H^+] = 2.1 \times 10^{-6} \text{ moles per liter} = 10^{-5.67}$$

이는 pH 5.7에 해당하는 값이다. 대기 중 이산화탄소의 농도는 어디에서나 동일하기 때문에, 만약 다른 어떤 반응도 없다면 자연적인 빗물의 pH는 5.7에 가깝다고 기대할 수 있으며, 즉 이는 약한 산성이 될 것이다. (이 값으로부터 pH 0.1 정도의 작은 차이는 온도와 압력의 변화에 따른 CO_2 흡수의 차이에 따라 발생할 수 있음을 주목하고, 또한 화석연료 연소 때문에 대기 중 이산화탄소는 시간이 지남에 따라 증가해왔음을 주목하라.)

많은 경우에, 자연(오염되지 않은) 빗물의 pH는 5.7보다 더 높거나 낮다. 자연 빗물은 일반적으로 pH 값이 5.7 이하이며, 이 경우에 산성비의 범주에 들어간다. 이것은 생물기원의 환원형 황화 기체들의 산화로부터 자연적으로 발생하는 황산의 존재 때문일 수 있다. Charlson과 Rodhe(1982)는 청정 지역에서도 이론적으로 평균 pH 5.0이 나타날 수 있으며, 이는 자연적 황 기체의 방출 때문이라고 제안했다(암모니아나 탄산칼슘처럼 중화시킬 물질이 부족한 곳. 아래 참조). 그러나 생물기원의 황 기체 공급원이 균일하지 않기 때문에 자연적인 pH값에 상당한 변동이 생길 수밖에 없다. 게다가 질산(HNO_3)처럼 다른 산들 또한 pH에 영향을 준다. 천연 기체 상태의 생물기원 황의 방출은 주로 해양에서 발생하며(20 Tg-S/yr; Brimblecombe 2003), 이러한 기체들이 황산으로 변환되기 때문에 청정 해양에서도 자연적으로 낮은 pH 값이 나타날 것으로 예상된다. 대륙의 생물기원 황의 공급은 작은 것으로(1 Tg-S/yr; Brimblecombe 2003) 보이며, 주로 열대 지역에 존재한다. 그러므로 열대 지역은 생물기원의 황으로부터 자연적인 대륙성 산성비가 나타날 수 있는 지역이다. 화산성 이산화황(SO_2) 또한 지역적인 황산에 의한 산성비의 지역적인 천연 공급원이기도 하다.

초산이나 개미산처럼 약한 유기산들은 일부 지역에서 자연적인 산성도의 추가적인 공급원이 될 수 있다(Galloway et al. 1982; Keene and Galloway 1986; Talbott et al. 1988; Keene and Galloway 1988). 이러한 산들은 자연적인 육상의 생물기원 방출 혹은 해수 표면으로부터의 생물기원 방출로부터 유래할 수 있다고 알려진 바 있다. 유기산들은 분명히 대기에서 하루 혹은 더 짧은 수명을 가지고 있다. 그러나 유기산들도 인간 활동에 의한 기원인 자동차 배기가스 그리고 바이오매스(생물량) 연소로부터 올 수 있으며, 이는 열대 지역에서 유기산의 중요한 공급원이기도 하다(Crutzen and Andrae 1990). 후자의 경우, 유기산들은 대기오염으로부터 기원한 것으로 여겨진다. 그러나 개미산과 초산은 황산이나 질산과 같은 강산보다 환경에 끼치는 영향이 덜한 편이다. 이는 유기산들은 미생물들에 의해 탄산으로 쉽게 산화되기 때문이다(Andreae et al. 1988).

염산도 산성도를 높이는 역할을 할 수 있으며, 특히 해양의 비에서 그런 편인데, 염산은 해염 에어로졸과 강산과의 반응이나, 아니면 오존과 해염 에어로졸의 반응으로 생긴다. 화석연료 혹은 바이오매스 연소로부터 만들어진 연소 생성물들은 증발을 높이는 것으로 보인다(Keene et al. 1990).

5.7보다 큰 pH를 갖는 자연 강우는 세계적 기준에서 덜 평범한 상황이고, 주로 건조 지역(대기 오염이 없는)들에서 바람에 날려온 $CaCO_3$의 농도가 높은 먼지가 녹은 결과로 인해 발생한다(Kramer 1978).

$$CaCO_3 + H^+ \rightarrow Ca^{2+} + HCO_3^-$$

이 반응은 수소 이온을 소비하는 것뿐만 아니라, Ca^{2+}와 HCO_3^-들을 생성함으로써 중화를 일으킨다. 이는 $CaCO_3$와의 반응과 유사하지만, FeOOH 먼지(dust)를[일명 '갈색 먼지(brown dust)'(Kramer 1978)] 포함함으로써 빗물의 pH를 높일 수 있다. 앞서 언급한 것처럼, 과도한 해염 농도를 포함하는 빗물에서의 칼슘 이온은 종종 비가 $CaCO_3$ 먼지와 반응했던 것을 보여준다. 대부분의 미국 서부 지역의 비에서 칼슘 이온(Ca^{2+})의 농도는 $CaCO_3$ 먼지에 의해 황산(H_2SO_4)의 중화가 예측되는 것과 같이 황산염 이온(SO_4^{2-})의 농도에 따라 변한다

(Gillette et al. 1992). 그러나 미국에서는 산성비가 도처에서 나타나기 때문에, '염기성 비'를 만들어내는 지점까지의 중화(반응)가 잘 생기지 않는 것이 확실하다. 1985년에 미국 대륙에서 가장 높은 pH를 가진 비는 먼지가 많은 서부 지역에서조차 겨우 5.7로 나타났다. 그러나 2007년에는 6.0 이상의 pH를 가진 비가 여러 서부 지역에 있었고, 북부 유타주에서는 6.4에 이른 곳도 있었다. 풍부한 $CaCO_3$ 먼지가 없는 미국 동부의 비에서, 수소 이온 농도는 황산염 이온(SO_4^{2-}) 농도에 따라 변한다.

육지 위에 오염되지 않은 비에서 자연적인 산성의 중화반응은 암모니아(NH_3) 기체와의 반응에 의해서 일어날 수 있다. 생물학적 부패나 농업 활동 등으로부터 암모니아가 대기로 방출되는 지역에서, 다음 반응에 의해서 pH 값에 약간의 증가가 충분히 일어날만하다.

$$NH_3 + H^+ \rightarrow NH_4^+$$

예를 들면, Charlson과 Rodhe(1982)는 황산염 에어로졸이 없는 경우, 대륙 지역에서 보이는 가장 낮은 농도(0.13 $\mu g/m^3$)의 암모니아(NH_3)가 CO_2를 가진 비의 pH를 5.7에서 6.2까지 올릴 수 있다고 계산하였다. 이와 대조적으로, 황산염 에어로졸이 존재하는 경우 보통은 산성(도)을 효과적으로 중화시킬 암모니아는 충분하지 않다. 멀리 떨어진 북태평양(Quinn et al. 1990)에서 해양의 방출 플럭스는 NH_3-N와 DMS-S의 몰 비율이 1.2 : 1로서, 이는 DMS로부터 파생된 황산의 산성을 모두를 중화시키는 데 필요한 2 : 1 비율에 비해 낮다. 또한 오염으로 온 암모니아와 황산이 관련될 때, 보통 완전한 중화반응을 위한 암모니아는 불충분하다.

산성을 중화시키는 데 있어서 암모니아와 토양 먼지의 상대적 중요성은 지역에 따라 변한다. 그러나 평균적으로 미국에서 산성 중화의 약 1/3 정도가 암모니아에 의해 이루어진다(Munger and Eisenreich 1983). 그러나 암모니아 기체 또는 미세한 NH_4^+ 에어로졸은 $CaCO_3$을 포함한 거친 토양 먼지보다 더 멀리 이동할 수 있기 때문에, 암모니아의 중화 효과는 공급원으로부터 더 먼 지역에 영향을 줄 수 있을 것이다. $CaCO_3$ 먼지와 암모니아와 함께 높은 농도의 황산염 농도(4.39 mg/L)가 있는 중국의 베이징에서 pH는 6.2였으며, 이는 만약 중화반응이 없었다면 약 3.5 정도로 평가되었던 것에 비해 높은 값이다(Galloway et al. 1987). 이정도 상대적으로 높은 pH 값을 가진 비는 더 큰 암모니아 방출과 더 많은 $CaCO_3$ 먼지를 가진 알칼리성 토양이 있는 다른 건조한 지역에서나 볼 수 있는 것이다(Rodhe et al. 2002 참조).

바다 위에서는 알칼리성인(중탄산염과 붕산염으로부터) 해염 에어로졸이 해양 강우의 산성을 약간 중화시킬 수도 있다. 빗물 속 해염 에어로졸의 농도가 클 때($Na > 3.0$ mg/L), 본래의 pH를 약 0.05 pH 정도 높일 가능성도 있다(Galloway, Knap, and Church 1983; Pszenny, MacIntyre, and Duce 1982).

오염으로부터의 산성비

여기에서 산성비는 이산화탄소 이외의 다른 산성 기체들과의 반응으로 인해 pH가 5.7 이하인 값을 갖는 비로 정의한다. 그 산성 기체들은 SO_2, NO_2, NO_x, 그리고 (어느 정도 적은 범위로) HCl이며, 이 기체들은 대기와 비구름에서 각각 황산, 질산, 그리고 염산을 형성한다(빗물의 황산염과 질산염에 관한 단락 참조) 전반적인 반응들은 다음과 같다.

$$SO_2 + OH \rightarrow \ \dots \rightarrow H_2SO_4 \text{ (sulfuric acid)}$$
$$SO_2 + H_2O_2 \rightarrow H_2SO_4 \text{ (sulfuric acid)}$$
$$NO_2 + OH \rightarrow HNO_3 \text{ (nitric acid)}$$
$$HCl_{gas} \rightarrow HCl \text{ (hydrochloric acid)}$$

빗물 속의 이러한 산들이 수소(H^+) 이온을 만들어내는 해리 반응으로 이어진다.

$$H_2SO_4 \rightarrow 2H^+ + SO_4^{2-}$$
$$HNO_3 \rightarrow H^+ + NO_3^-$$
$$HCl \rightarrow H^+ + Cl$$

그러므로, 인간 활동에 의해 점점 더 많은 전구물질인 기체들이 대기에 더해질수록 점점 더 많은 수소 이온이 만들어지고 빗물의 pH는 낮아진다. 이것은 왜 많은 지역에서 강우의 pH가 시간이 지남에 따라 감소하여왔는지를 설명하는 데 도움이 된다.

유럽의 산성비

산성비는 1950년대 초기에 북서부 유럽에서 처음으로 알려졌다. Barrett과 Brodin(1955)은 남부 스웨덴에서 강우의 pH 값이 4~5를 보이며, 중앙과 서부 유럽으로부터 오염된 대기가 남쪽으로부터 이동하여 들어오는 겨울에 가장 낮은 pH를 보인다는 것을 발견했다. 높은 산성도를 갖는 지역의 중심은 1950년대 말 베네룩스 3국(벨기에, 네덜란드, 룩셈부르크)에서 1960년대 말 독일과 남부 프랑스, 동부 영국제도, 남부 스칸디나비아로 확산되었다. 1974년에는 북서부 유럽 대부분이 산성 강우($pH < 4.6$)를 받고 있었다(Likens 1976). 1985년에 이르러 좀 더 자세한 정보들이 알려진 후, 가장 높은 산성도(< 4.3)는 남부 스칸디나비아, 서부 독일, 체코공화국과 폴란드에서 있었던 것으로 나타났다.

스칸디나비아에서 산성비를 만들어내는 이산화황(SO_2)과 이산화질소(NO_2) 기체들의 큰 부분은 멀리 떨어진 북부의 중앙 유럽과 영국의 산업 활동에 의한 것들이었다. 인간 활동에 의해 생긴 SO_2와 그 결과로 만들어진 황산염은 대기 중에 수일간 남아 있을 수 있기 때문에, 잉글랜드와 루르(Ruhr) 계곡으로부터 온 대기 중 SO_2과 황산염은 비에 씻겨 없어지기 전까지 스웨덴에 도달할 수 있었다(Bolin 1971).

유럽 강우의 산성도는 주로 SO_2 기체로부터 만들어진 황산(H_2SO_4)에 의한 것이지만, NO_x로부터 만들어진 질산(HNO_3)도 또한 중요하다. 1980년에 북부 유럽의 산성비에 대한 질산염 대 황산염의 상대적인 기여도는 이들의 상대적인 방출에 기준해서 1 : 3.8이다.

1950년대에서 1970년대 초까지, 스웨덴 강우의 황산염 이온 농도는 약 50%까지 증가했으며, 이는 같은 시기에 북부 유럽에서 인간 활동에 의한 방출량의 증가와 일치한다. 1972년부터 1986년까지 스웨덴 강우에서 황산염 이온 농도는 40% 감소하였고, 이는 스웨덴 강우에 기여하는 북부 유럽의 이산화황 방출량 감소와 일치한다(Leck and Rodhe 1989). 1986년에서 1995년까지 북부/중앙 유럽에서 이산화황 방출은 63% 감소하였고, 강우에서 황산염 이온 농도가 40% 감소했다(Stoddard et al. 1999). 1999년 스웨덴 예테보리(Gothenburg)에서 유럽의 또 다른 배출 저감 대책이 결정되었다. 만약 이 정책이 100% 효과를 발휘하면 이미 1980년에 비해 낮아진 1990년 배출 수준 대비 황 배출은 53%까지 저감될 것이고, NO_x 배출은 41%, NH_3 배출은 17%까지 저감될 것으로 기대된다(Evans et al. 2001).

황산염과 비교하면, 질산염은 1950년대 말부터 1970년대 초기까지 유럽 강우에서 2배로 증가했으며, 이는 같은 시기에 NO_x 방출이 2배로 증가한 것과 상응하는 것이다(Rodhe, Crutzen, and Vanderpol 1981). 그러나 Rodhe와 Rood(1986)는 유럽의 NO_2 배출량에 큰 변화가 없었던 1974~1984년 기간에 스웨덴 강우에서 질산염의 추가적인 증가도 없었음을 발견하였다. 대부분의 유럽이 그러했으며, 영국에서는 1979년부터 1993년 사이에 질산염 침적이 감소하지 않았다(Stoddard et al. 1999).

대부분 유럽의 표층수들은 1980년부터 2000년까지 황산염 오염 농도에서 저하가 나타났다. 그러나 질산염은 추세가 뚜렷하지 않고 변동성이 컸으며, 측정지의 50% 이상에서는 어떠한 경향성도 나타나지 않았다. 음이온들의 감소 때문에 산성화되었던 담수 측정지의 약 60%는 산성 중화 수용 능력[acid-neutralizing capacity(ANC)]의 증가를 보였다. 산성 중화 수용 능력(ANC)이란 염기성 양이온(Ca^{2+}, Na^+, Mg^{2+}, K^+)들의 합과 산성의 양이온(SO_4^{2-}, Cl^-, NO_x)들의 합에 대한 차이다. 대략 ($SO_4 + NO_x$)의 합계 배출 감소의 절반은 증가한 ANC로 나타난다. 황산염 감소는 염기성 양이온(주로 Ca^{2+})의 감소에 의해 부분적으로 상쇄된다. 또한 pH의 증가와 용존 알루미늄(Al)의 감소가 있었다. 산성화로부터의 회복은 체코와 슬로바키아에서 가장 강력했고, 스칸디나비와 영국에서 중간 정도이며 독일에서 가장 약한 편이었다(Evans et al. 2001).

일반적으로, 체코/슬로바키아처럼 황산염에 대한 축적 능력이 거의 없는 얇은 층의 토양을 가진 지역들은 황산염 침적이 감소하면 표층수의 ANC(그리고 pH)가 가장 빨리 반응하였다. 황산염을 저장하고 있는 두껍고 풍화된 토양들을 가진 독일과 같은 지역은 강물과 호수로 황산염을 배출해서 산성도가 떨어지는 것이 느려진다(Prechtel et al. 2001).

1955~1985년까지 미국에서의 산성비

미시시피강의 동부에 있는 미국의 대부분 지역은 pH 값이 4.6 이하인 산성비를 가졌으며, 적어도 1950년대 중반 이후로 pH 4.5 이하의 아주 낮은 산성도를 가진 비가 내린 지역도 있었다. 그러나 이산화황(SO_2) 배출 저감을 위해 대기오염방지법(Clean Air Act)을 시행한 1970년 이후까지 산성비의 세기나 분포 면적은 증가했다. 산성비가 내리는 지역은 1955~1956년부터 1972~1973년까지 점차 더 넓어졌으며, 뉴욕-뉴잉글랜드 지역의 비는 더욱더 산성이 높아져 갔다. 1985년 자료는 pH 4.2 이하의 산성비에 의해 영향을 받는 중앙 '황소의 눈(bull's-eye)' 지역과 중서부와 동부 미국 전체 그리고 pH < 5를 가진 비를 받는 동부 캐나다 지역을 보여준다(그림 3.28 참조).

미국 동부와 중서부 주에서 비의 산성도는 일반적으로 약 2/3가 황산에 의한 것이고 약 1/3이 질산에 의한 것이다. 미국 비의 산성도와 SO_2와 NO_x의 오염 배출량 간에 좋은 상관관계가 있다. 1975~1987년 기간에 걸쳐, 동부와 중서부 미국에서는 SO_2와 NO_x 배출량을 합해서 총 18%를 저감하였다. 이러한 배출량 저감은 이 지역에서 강우 전반에 수소 이온 농도의 18%를 저감시키는 결과를 낳았다(Butler and Likens 1991).

강우에 존재하는 황산과 이산화황 배출 간의 일반적인 상관관계는 미국 동부와 서부에서 모두 잘 알려져 왔다. 그러나 미국 동부와 중서부 지역에서 NO_x 배출과 강우의 NO_3 농도 사이의 상관성은 좋지 않았다(Butler and Likens 1991). 강우의 질산염은 매우 변동이 심한 농도들을 보이며, HNO_3가 대기 중에서 황산에 비해 더 빨리 생성되고 제거되기 때문에 질산의 장거리 수송은 황산보다 중요하지 않다.

Hedin 등(1994)은 지난 25년에 걸쳐서 허버드 브룩(Driscoll et al. 1989 참조)을 포함한 미국 동부 지역에 내린 비에서 기본적인 양이온들의 가파른 감소를 확인했다. 이 감소는 같은 기간 동안 황산염의 감소의 50~100%와 같았다. 이것은 SO_4의 감소로 인해 기대되는 산성도의 감소가 염기성이 더 약한 양이온에 의한 중화로 인해 증가하는 산성도에 의해 부분적으로 상쇄되었다는 것을 의미한다. Hedin 등은 바람에 의해 발생하는 먼지의 양에 영향을 줄 수 있는 강우량이나 풍속의 변화를 관측하지 못하였기 때문에 양이온의 감소가 아마도 인간 활동에 의한 입자상 물질 배출 감소와 연관이 있을 것으로 결론지었다. 그러나 Stensland와 Semonin(1982)은 1950년대부터 1970년대까지 중서부와 서부 지역의 양이온 감소에 주목했으며, 이 변화가 기후가 더 습하게 변화함으로써 바람에 의한 먼지의 발생이 적어졌기 때문이라고 주장하였다.

애디론댁(Adirondacks)의 화이트 마운틴(Whiteface Mountain), 그리고 이타카, 뉴욕, 남부 중앙 온타리오(NRC 1983)처럼 청정 지역에서의 연구들은 강우에서 산성도(그리고 H_2SO_4와 HNO_3)의 대부분의 공급원이 남서부와 매우 멀리 떨어진 오하이오 계곡과 기타 중서부 산업단지 지역이었음을 보였다. 그러나 일반적으로 오염물질들은 넓은 지역에 걸쳐서 매우 잘 섞

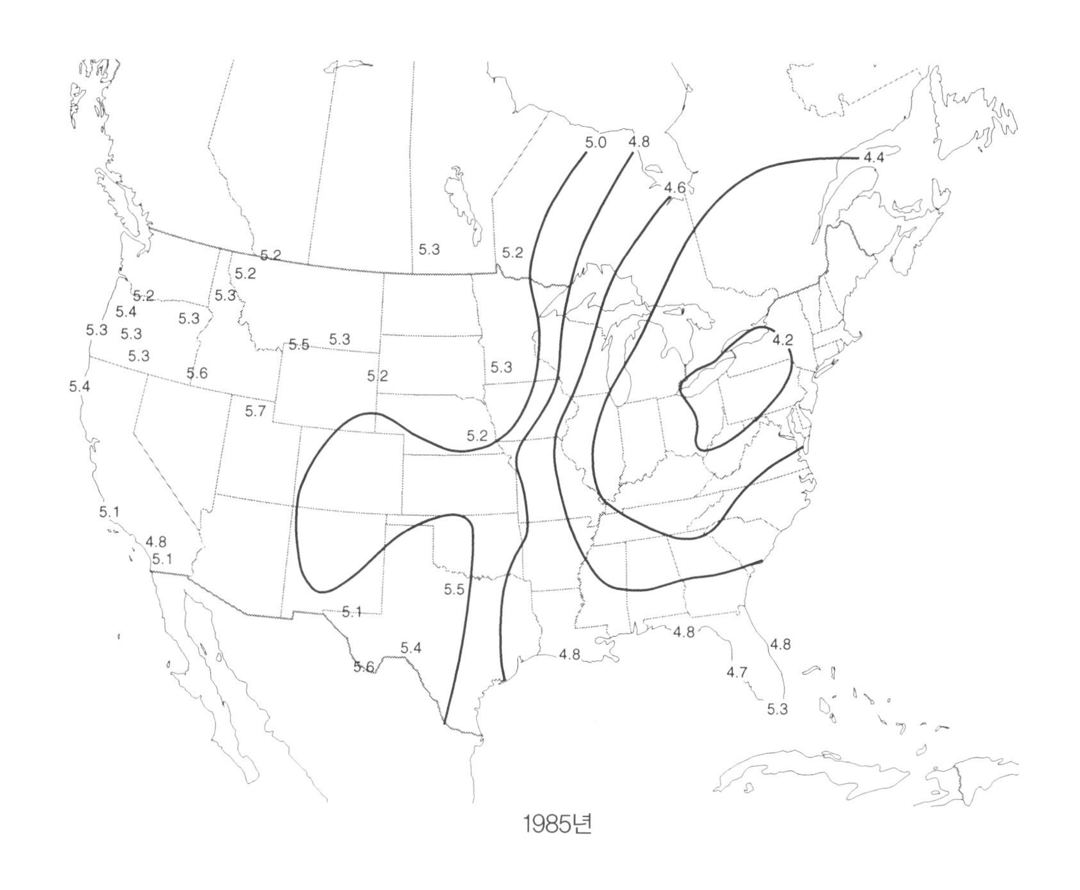

그림 3.28 1985년 미국 연간 강우의 pH 평균값의 윤곽선.

출처 : Berner and Berner 1996. After World Resources 1988–89, p. 337, fig. 23.3; A.R. Olsen. September 1987. 1985 Wet deposition temporal and spatial patterns in North America, Pacific Northwest Laboratory, Rockland, Wash.

이기 때문에(직선거리에서 1,000 km까지), 미국 동부에서 장거리 수송에 의한 영향과 지역 공급원에 의한 영향을 구별하는 것은 어렵다.

1985년 미국 서부에서 비의 평균 pH는 약 5.2~5.3이었다. 일반적으로, 미국 서부는 동부에 비해 더 많은 알칼리성 먼지를 가지고, ($SO_4 + NO_3$)의 70%는 Ca에 의해 중화되었다(Gillette et al. 1992). 그러나 먼지는 이벤트성으로 산발적으로 생성되며 비균질하게 발생한다. 그러므로 황산과 질산에 의한 더 심한 산성비가 특히 콜로라도 로키산맥과 같은 미국 서부 지역의 일부에서 발생한다. 유사하게 새크라멘토와 샌프란시스코의 풍하 지역인 시에라네바다(Sierra Nevada)산맥에서 질산염과 황산염과 연관이 있는 pH를 가진 산성비가 발생하였다.

1980~2007년까지 미국에서 산 축적에 대한 변화

1990년 대기오염방지법 개정안(Clean Air Act amendments) Title IV의 1단계는 1995년 1월에 시행되었다. 석탄 연소를 사용하는 공익사업 공장들로부터의 SO_2 배출은 제한되었고, 그에 따라 1993~1994년 배출 대비 1995~1997년 말 동안 황 배출이 38% 감소하였다(Lynch et al. 2000). 황산염의 습성 침적은 10~25% 감소하였다(미국 동부의 넓은 지역에 걸쳐서 평균 2.4~4.0 kg/ha 감소)(그림 3.12). 질산염 침적은 대체로 변화가 없었다. 황산염 농도의 저감은 강우의 수소 이온 농도(산성도)를 낮추었고, 이는 염기성 양이온의 감소에 의해 일부분 상쇄되었다(Hedin et al. 1994). H^+ 이온 침적의 감소는 그림 3.29에 나타내었다. 그림 3.12와 3.29에 있는 지도의 패턴 사이의 좋은 상관관계는 SO_2 배출량 감소의 중요성을 보여준다.

1960년부터 1995년까지 미국 북동부 강우의 pH가 높아지는 것(또는 산성도가 낮아지는 것)은 질산염보다 황산염에 의해 더 많은 영향을 받았다. 이것은 뉴햄프셔 허버드 브룩의 측정 결과에서 잘 보이는데, 이곳에서는 위와 같은 기간에 pH가 상승하는 것이(산성도가 감소하는 경향) 강우에서 황산염 농도가 감소하는 경향과 일치한 반면, 질산염의 농도는 변동 경향성을 보이지 않았다. 따라서 1980~1995년 기간에 허버드 브룩에서는 황산염이 산성도의 주요한 결정 요인이었다. 그러나 산성도는 Ca과 Mg처럼 염기성 양이온들의 농도들에 의해서도 (부분적으로 중성화된) 영향을 받는다(Hedin et al.1994).

그림 3.30은 2007년 미국 빗물의 pH를 보여준다. 이 그림은 앞서 그림 3.28에 보인 이전

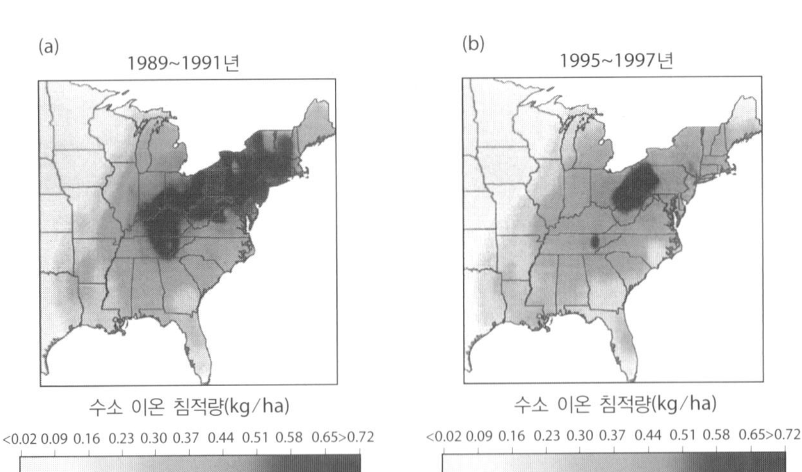

그림 3.29 국가 대기 침적 프로그램(National Atmospheric Deposition Program)으로부터 측정한 값에 기반한 (a) 1989~1991년과 (b) 1995~1997년 동안 미국 동부 지역 주에서 연평균 습성 수소 이온 침적량(kg/ha).

그림 3.30 이 그림은 2007년 미국의 빗물에서 수소 이온 농도를 pH 스케일로 보여준다. 이 pH 분포는 그림 3.28에 나타난 1985년에 대한 지도와 비교할 수 있다.

출처 : National Atmospheric Deposition Program (NRSP-3)/National Trends Network, 2007.

의 지도와 비교할 수 있다. 1985년에 그림 3.28에 보이는 펜실베이니아주 서부와 오하이오주 동부에 위치한 '황소의 눈' 지역의 pH 값은 4.2 이하를 보였었는데, 2007년에는 이 지역의 pH가 4.4로 증가하였다(한 지점에서는 4.3). 일반적으로 2007년에 미국 북동부 지역과 테네시주 동부 및 서버지니아주(West Virginia)의 pH는 4.5~4.6 이하였고, 미국의 남동부 지역은 4.6~4.8 이하였다. 미시시피강의 동쪽만 보면 1955년에는 pH가 5.6 이하였으나 1972년에는 4.5 이하(Berner and Berner 1996)로 매우 낮았고, 1985년에는 < 4.6, 그리고 2007년에는 < 4.7로 서서히 증가해왔으나 1955년 수준으로 회복하지는 못했다. 2007년에 질산염의 산성도에 대한 기여도는 평균적으로 과거에 비해 커졌지만 여전히 황산염이 지배적인 역할을 한다.

세계의 다른 지역에서의 산성비

화석연료 연소로 확실히 추적 가능한 전 세계의 산성비는 유럽과 동부 북아메리카에만 국한된 것이 아니다. 중국 남부의 큰 면적 또한 pH < 4.5를 가진 매우 강한 산성비를 가졌다(Rodhe et al. 2002). 중국의 산성비는(Zhao and Sun 1986; Galloway et al. 1987; Seip et al. 1999) 주로 점차 사라져 가고 있는 작은 아궁이나 가정용 난로, 그리고 중국의 상업적 에너지 생산의 75%인 석탄 연소로부터 발생한다(Seip et al. 1999). 황산염 농도는 중국의 남부나 북부 양쪽 모두 빗물에 매우 높다. 황산염의 높은 농도에도 불구하고, 북부 중국의(예를 들어 베이징에서) 비는 NH_3와 $CaCO_3$ 먼지로 인한 중화반응 때문에 평균 pH 6.5를 가진다. [Galloway et 등(1987)은 중화반응이 없으면 베이징에서 pH 값은 3.5이었을 것이라고 평가했다.]

그러나 더 습한 남부 중국에서는 흙먼지와 NH_3도 더 적은데, pH는 < 4.5이다(Seip et al. 1999; Rodhe et al. 2002). 황산으로부터 온 공기 오염은 건강 위해 요인이며, 나무와 작물에 피해를 주었다. 1994~1997년에 중국 남부의 구이양과 충칭 가까이에서 황산 침적은 8~12 g-S/m^2 · y이었으며, 이는 폴란드의 오염 지역에서 가장 높을 때의 침적률의 2배이다. Ca^{2+} 또한 지역 먼지나 산업으로부터 높은 경향이 있다. 그림 3.31은 오염된 중국의 비의 조성과 오염된 노르웨이의 비와 심각하게 오염된 폴란드의 비를 비교해서 보여주고 있다(Seip et al. 1999). Rodhe 등(2002) 또한 인도에서 산성비는 먼지가 없는 지역에서 pH 4.3을 가진다는 점을 주목했다. 또한 남아프리카에도 산성비를 가진 지역이 있다.

약한 산성비(pH 4.4~4.5)가 기록된 브라질 남동부 피라시카바강 유역의 네 곳을 보면, 이곳은 아열대 지역에 있는 개발 지역으로 거대한 토지 이용 변화가 과거 30년 동안 급속한 도시화와 산업화에 의해 수반되어 왔던 곳이다(Lara et al. 2001). 현재 그 지역은 85%의 농경지, 5%의 도시 지역, 그리고 원래의 열대 우림 9%로 되어 있다. 산성도의 한 가지 공급원은 계절적인 사탕수수의 연소(태움)인데, 땅 면적의 30% 이상에서 발생하고 빗물에 질산을 만들어낸다. 이런 종류의 산성은 바이오매스 소각에 의해서도 만들어지는 높은 농도의 KCl을 가진 비도 연관이 있다. 원래 열대 우림과 숲 경작 지역을 가진 또 다른 지역에서 산성도는 유기산으로 산화되는 생물기원의 배출로부터 유래하는 것으로 보인다. 이런 지역의 산성비는 높은 용존 유기탄소(dissoled organic carbon, DOC)를 가지고 있다. 산업화된 지역에서는 남미의 비와 더욱 유사하게 황산과 질산으로부터 만들어진 산성비를 갖는다.

자연적인 산성비와 오염에 의한 산성비를 구별하기

미국 서부(아이다호, 네바다 서부, 유타, 사우스다코타)에 pH 5.7(그림 3.31 참조)을 가진 지역들이 많이 있다. 그러나 이 지역들 모두는(그림 3.5 참조) 먼지가 많고 Ca^{2+} 농도가 높아서 산성도를 중화시켜 주는 경향이 있을 것이다. 산성도에 대한 먼지의 중화반응 효과는 Rodhe

등(2002)에 의해 최근에 다시 주목을 받아왔다.

대기에 인간 활동에 의한 산(acid)들이 널리 퍼져 있는 미국과 유럽 같은 지역에서는 비의 자연적인 pH가 대기 이산화탄소와 평형으로부터 예측된 것처럼 실제로 약 5.7일지, 아니면 여러 많은 연구자들이(Kerr 1981a; Charlson and Rodhe 1982; Galloway et al. 1982; Galloway et al. 1984) 제안해왔던 것처럼 자연적으로 발생한 산들의 존재 때문에 더 낮은 pH를 실제로 갖게 될지 알기가 어렵다. 산성비(pH < 5.7)는 여러 외딴 지역에서 발견되어 왔다. 그러한 지

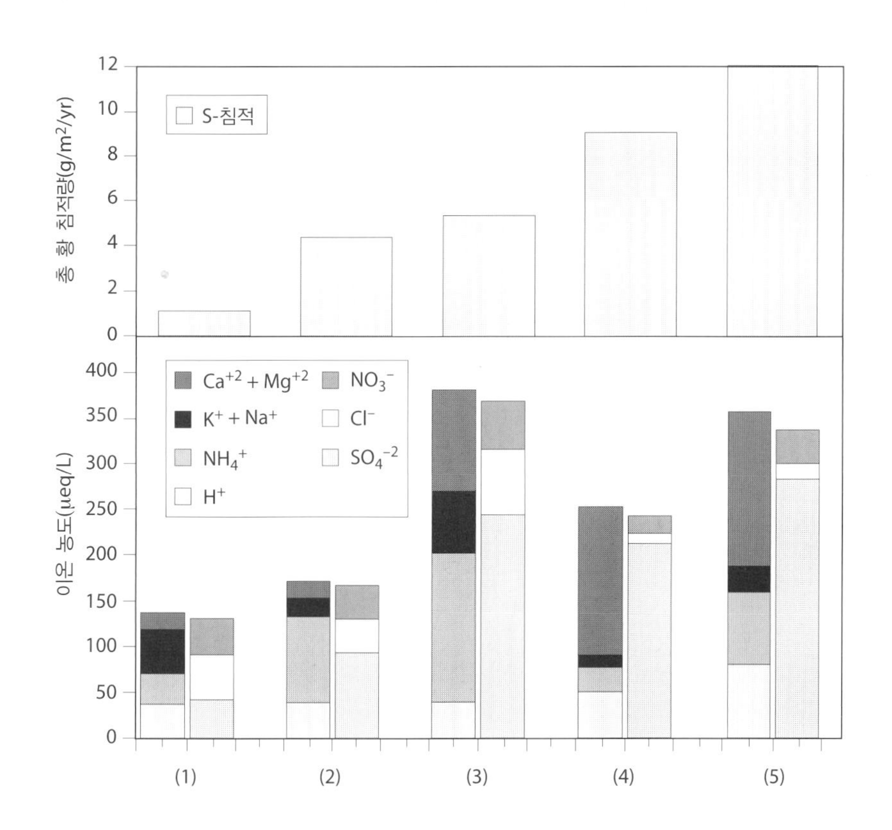

그림 3.31 위 도면의 막대들은 총 황 침적량을 g/m^2/yr으로 보여준다. 아래 도면의 막대들은 노르웨이, 폴란드 그리고 중국의 몇몇 측정 장소에서 강우에서의 가중 평균 이온 조성(μeq/L)을 보여준다. 왼쪽 막대는 양이온들(Ca^{+2}+Mg^{+2}, K^+, Na^+, NH_4^+, H^+) 그리고 오른쪽 막대는 음이온들(NO_3^-, Cl^-, SO_4^{-2})을 대표한다. (1) Birkenes(1993~1994년 자료)는 산성비에 의해 가장 많은 영향을 받는 국가의 영역인 노르웨이 최남단의 한 지역을 보여준다. (2) Brenna 그리고 (3) Ratanica(1991~1994년 자료)는 유럽 남쪽 지역의 남부 폴란드이며, 장거리 수송과 지역 오염물질들에 의해 야기된 가장 높은 황 침적이 있는 곳에 있다. (4) Liu Chong Guan(구이양 근처)(1992~1995년 자료), (5) Tie Shan Ping(충칭 근처)(1995~1997년 자료).

출처 : Seip et al. 1999 (fig. 3).

역의 산성비에 대한 여러 가지 자연적 요인들은 다음과 같다. (1) 해양과 육상 모두로부터 환원형 황화물의 자연적인 방출, (2) 식생이나 해양의 생물기원 공급원으로부터, 특히 열대 지역에서 유기산의 자연적인 방출. 유기산은 육상에 침적된 후 미생물에 의해 빠르게 소비되어 생태계를 산성화시키지 않는 경향이 있다.

북태평양 연안에서 이루어진 해양 대기 덩어리로부터 내린 비가 워싱턴 연안의 한 지역에서 측정되었다(Vong et al. 1998). 그 빗물은 pH = 5.1을 가졌고, 아마도 대양 위에서 생성된 해양의 생물기원의 황산염으로부터 비롯된 과량의 황산염 탓인 것으로 보인다. Savoie와 Prospero(1989)에 따르면, 태평양 중위도 위에서 비해염 황산염의 80%는 생물기원 황에 의한 것이며, 나머지는 인간 활동에 기인한 아시아 대륙기원으로부터 온 것이다.

중앙 인도양의 암스트레담섬(남반구)은 pH 5.08의 약한 산성의 비가 내린다(Moody et al. 1991). 여기 산성은 주로 황산, 염산, 유기산(각각 25%), 질산(12%)이다. 황산은 거의 확실하게 해양 생물기원의 환원형 황기체(DMS)이다(Nguyen et al. 1992). 유기산과 암모니아 또한 해양 생물기원 공급원을 가진 것으로 보인다. 염산은(HCl) 오존 또는 산들과 해염 에어로졸과의 반응으로부터 온 것이다(Keene et al. 1990). 질산염의 공급원은 명백히 아프리카 대륙에서 3,500~5,000 km 떨어진 곳이거나 또는 마다가스카르에서 생물연소에 의한 것이다.

환원형 황화합물 등의 자연적인 배출은 브라질 아마존강 유역(Stall and Edmond 1981) 황산비(평균 pH 5.05)의 원인으로 생각된다. pH 4.7~5.7은 pH 범위가 4.4~4.6인 미국 북동부 지역 오염에 영향을 받은 비의 pH보다 상당히 더 높다. 아마존 유역의 이 지역은 적은 먼지를 갖고 오염 공급원이 없다(어떠한 농업 관련 연소를 포함한). 그리고 열대 우림이 있기 때문에 환원형 생물기원 황의 높은 배출을 가질 것으로 기대될지도 모른다. 이것은 (아마도 생물기원 황의 배출 때문에) 자연적으로 산성인 대륙의 비의 발생에 대한 가장 잘 기록된 발생일 것으로 보인다.

몇몇 외딴 지역들은 오염으로 인한 산성비를 갖게 된다. 예를 들면 (1) 지역적인 화석연료의 연소, (2) 매우 먼 장거리 수송으로 먼 곳의 인간 활동에 의한 공급원으로부터 황산염과 질산염, 에어로졸의 수송, (3) 농업 활동에 의한(인간 활동에 의한) 것과 자연적인 생물연소 등이다. 산성비는 중국 티베트 지방처럼 먼 지역에서 지역적인 화석 연소로부터 발생할 수 있다. 멀리 떨어진 인간 활동에 의한 공급원들로부터 황산염 에어로졸의 장거리 수송이 다른 여러 지역들에서 산성비의 원인으로서 지적되어 왔다. 예를 들면 북대서양의 버뮤다에서 빗물의 평균 pH는 겨울에 4.9이며, 이는 1,100km 떨어진 북미 지역으로부터 황산염 에어로졸들의 장거리 수송으로 인한 것이다(Moody and Galloway 1988; Galloway et al. 1987). 그러나 바하마 가까이에 있는 북대서양에서 기원한 폭풍으로부터 온 비 또한 산성으로(pH 4.84) 그것은 아마도 이 지역에서 관찰되는 높은 농도의 해양 생물기원의 황(DMS) 때문인 것으로 보인다.

산성비는 또한 북태평양의(Miller and Yoshinaga 1981; Kerr 1981a) 하와이에서도 발견되었는데 이곳에서 pH는 고도가 증가할수록 해수면에서 5.2로부터 2,500 m 고도에서 4.3으로 감소했다. 이는 동쪽으로 수천 km 떨어진 아시아 공급원으로부터 황산이(> 2,000 m) 높은 고도에서 대륙권 중간층을 통해 태평양을 가로질러 동쪽으로 전달되었을 것으로 생각된다. 이 산의 비에 의한 씻김이 높은 고도의 하와이 고지대들에서 나타나는 낮은 pH를 설명해줄 수 있다[낮은 고도의 하와이 고지대들에서는 지역적인 화산 분출에 의한 황산염을 제외하면 황산염의 90%는 해양의 생물기원이다(Savoie and Prospero 1989)].

북극에서는 겨울과 봄에 지속적으로 안개가 발생하고, 이는 북부 유라시아의 공업 지역들로부터 황산염 에어로졸을 5~10일간의 이동 시간 혹은 약 5,000 km가 넘는 매우 긴 거리를 수송하는 원인이 된다(Barrie 1986). 이는 순환 패턴이 장거리 수송에 유리할 때 오염원을 제거하기에는 강수가 너무 적은 곳에서 발생한다. 알래스카의 포인트 배로(Point Barrow)에서 비의 pH 값은 5.1이었다(Dayan et al. 1986). Galloway 등(1982)은 알래스카 Poker Flat의 내륙 지점들의 빗물이 주로 황산에 의해서 pH 5.0의 평균값을 갖는다고 하였다. 황산은 북극 안개의 에어로졸, 70 km 떨어진 페어뱅크스(Fairbanks)에서 오는 지역적인 황산염 오염, 태평양 생물기원 공급원, 그리고 러시아와 일본에서 인간에 의해 먼 거리를 운반되어 온 것 등으로부터 나온 것이다. 알래스카에서는 지역적으로 발생하는 폭풍 속에 있는 유기산의 유입도 상당량이다(Keene and Galloway 1988).

인간 활동에 의한 생물연소는 확실히 남미(베네수엘라와 브라질) , 아프리카(콩고와 아이보리 코스트) 그리고 오스트레일리아(Crutzen and Andreae 1990)를 포함한 여러 대륙의 열대 지역에서 산성비를 만들어낸다. 이러한 비들의 pH는 4.3~4.8이며, 산성도는 주로 유기산(개미산과 초산)과 질산에 의한 것이다. 그 효과는 계절에 따라 다르며, 건조한 계절 동안에 생물연소가 있고, 습한 계절이 시작될 때쯤 빗물에 특히 높은 산성도가 수반되는 계절성을 보인다(Lewis 1981; Galloway et al. 1982; Lacaux et al. 1987). 몬순 지역의 비는 중화시켜 줄 염기성 양이온들이 매우 적어서 매우 묽은 경향이 있다. 오스트레일리아 캐서린(Katherine)(Likens et al. 1987)에서 내리는 비는 pH 4.73을 가졌고, 산성도의 64%는 유기산에 의한 것이다. 저자는 산성도를 육상의 식물 생장에 따른 방출에 의한 것으로 보았으나, 건조한 계절 동안 이곳에서는 바이오매스의 소각이 있었고 습한 계절의 초기에 유기 산성도가 가장 높았다. 북대서양의 외딴 지역인 아이슬란드의 비는 pH 5.5를 가졌다(화산 분출이 없을 때)(Gislason and Eugster 1987). 이는 아마도 대기 중 이산화탄소와 단순한 평형을 이루고, 다른 산성 기체들의 공급이 거의 없을 때의 pH 5.7과 매우 근접한 값이다.

요약하자면, 인간 활동에 의한 공급을 제거하고 나면 자연적인 비의 평균 pH는 아마도 5.0 이상이다. 이것은 Galloway 등(1982)과 Charlson과 Rodhe(1982)의 결론들과 일치하며, 중화시키는 토양의 먼지가 적으며 종종 상당한 해양 생물기원의 황산염 공급이 있는 곳인 해양의 오염되지 않은 연안의 비에 가장 잘 해당된다. 위의 아마존에 대한 예를 제외하면 자연적으로 산성인 대륙의 비는 거의 예를 찾기 어렵다. 인간 활동에 의한 바이오매스의 연소는 불행히도 도시로부터 멀리 떨어진 많은 열대의 청정 지역으로 추정되는 지역에 영향을 준다. 다양한 기원의 산성비(pH < 5.7)가 도시로부터 멀리 떨어진 지역에 있다는 것은 아주 드문 일은 아니다. 그러나 자연적인 산성비는 오염의 영향이 명백한 비에 비해서 산성이 덜한 것으로 보아 대부분의 대륙 지역과 몇몇 해양 지역의 산성비의 주요한 공급원은 오염이다.

산성비의 영향

산성비의 여러 가지 심각한 영향들은 금속의 부식이나 건물들의 풍화와 같은 구조물의 손상 증가부터 호수, 토양들, 그리고 식물상에 끼치는 영향까지 다양하다. 산성비가 잎사귀로부터 영양염들의 침출을 증가시킨다거나 잎의 생리나 식물의 성장을 방해할 수 있다는 증거가 있다. 특히 산성비로 인한 토양으로부터 Ca^{2+}, Mg^{2+}, Al^{3+}의 증가한 양이온의 침출은 잘 알려져 있다(Cronan and Schonfiel 1979).

산의 침적은 매우 강한 산성 안개에 노출된(전형적인 pH = 3.6; Mohnen 1988) 뉴욕의 애디론댁산(Adirondack Mountains)과 같은 고지대의 붉은 전나무 숲의 퇴락에 영향을 줄 수 있다고 알려져 왔다. 이 같은 pH 값에서는 잎의 손상이 발생할 수 있다. 산성비는 화석연료의 연소에 의한 대기 오염원들, 특히 오존과 독성 금속들과 가뭄, 추운 날씨 그리고 곤충 등에 의한 자연적인 스트레스 등과 더불어 숲의 퇴락을 일으키는 스트레스 중의 하나이다(Likens 1989; Cowling 1989). 덧붙여서 과도한 영양염 물질들, 특히 비로부터 질소는 식물들에 의해 흡수될 수 있고, 성장을 촉진시켜서 양이온 부족을 야기할 수 있다(Schultze 1989).

무엇보다 중요한 것은 산성비는 호수와 강들을 산성(pH < 5)으로 만든다는 것이다. 예를 들면, 애디론댁산(Kramer et al. 1986; Mohnen 1988; Schindler 1988)과 스칸디나비아(Wright and Gessing 1976)의 호수들처럼 높은 산성도 탓에 발생한 어류 자원의 감소가 산성비 문제에 많은 관심을 집중하게 만들었다(Schofield 1976; NRC 1986; Schindler 1988). 노르웨이 호수들에 대한 연구를 해온 Henriksen(1979)은 북미와 북부 유럽에 흔한 유형인 pH 6.5, 2.0 mg/L Ca^{2+}와 1.1 mEq/L HCO_3^-를 가진 중탄산칼슘 호수는 장기간 평균 강우가 4.6 이하일 때 pH < 5를 가진 산성이 될 것이라고 결론지었다. 그러므로 평균 pH 4.6의 비는 수생 생태계에 피해를 주는 대략적인 경계 수준이다. 유사하게, Schindler(1988)는 담수 생태계에 대한 산성 습성 침적 경계치는 H_2SO_4로는 0.3~0.47 g-S/m^2/yr로 그 이상이 되면 손상이 생긴다고 하였고, 이것은 19~31 mg-H^+/m^2/yr와 같은 것이다. 1년에 평균 강우량 1 m/yr을 가진 미국 동부에서는 이 값이 pH 4.6~4.7을 가진 비가 내리는 경우에 해당될 것이다. pH 4.4~4.5의 비를 가진 미국 북동부의 일부는 아직 이 한계치를 웃돌고 있다. (산성 강우의 호수와 토양에 대한 영향들에 대한 추가적인 토의는 제6장 산성 호수 부분 참조.)

CHAPTER

4

화학적 풍화 : 광물, 식생과 수화학

서론

화학적 풍화의 과정은 지구 환경의 모든 주요 구성 요소인 암석권, 대기권, 수권, 생물권 사이의 모든 상호작용이다. 화학적 풍화는 토양수, 지하수 및 하천수의 화학적 조성, 육상 식물의 성질과 밀도, 그리고 장기간에 걸친 대기의 이산화탄소 수준, 해양의 화학적 조성과 생물, 그리고 다양한 암석 종류의 형성을 좌우한다. 이 장에서는 이러한 상호작용이 어떻게 발생하는지 살펴본다. 근본적인 중요성 때문에 우리는 물과 물순환에 우선 초점을 맞춘다.

지면에 떨어진 빗물이 이동할 수 있는 경로에 대한 개념은 그림 4.1과 같다. 식물에 의해 차단된 후 떨어지는 물은 **수관통과수**(throughfall)라 정의한다. 토양에 침투한 물을 **토양수**라고 하며, 가장 가까운 하천으로 직접 들어가는 물을 **지표 유출수**라고 한다. 일단 토양에 들어가면, 물은 아래로 흐르거나 식물과 나무 뿌리에 의해 흡수된다. 후자의 경우, 물은 나무를 통해 위로 운반되어 결국 잎 표면에서 증발한다. 이러한 방식으로 물은 대기로 되돌아가고, 전체적인 과정은 **증산**(transpiration)이라고 알려져 있다. 토양을 통해 아래로 흘러내리는 물은 결국 모든 공극이 물로 채워지는 토양이나 기반암의 수위와 마주친다. 이때 물은 **지하수**가 되고, 암석이나 토양은 **물로 포화되었다**고 하며, 이러한 현상이 일어나는 물 높이가 **지하수면**이다(그림 4.1). (지하수면 위의 공극이 공기와 물의 혼합물에 의해 채워져 **불포화대**를 형성한다.)

지하수는 지하수면이 지표면과 교차할 때까지는 지하로 흐르며 지표를 흐르는 물은 샘, 강, 늪, 호수 형태의 지표수가 된다. 각 수원을 떠나는 지표수는 **지표 유출**(runoff)로 알려져 있다. 호우와 다음 호우 사이에 중요한 지하수의 강에 대한 지속적인 유입은 **기저 유량**(base flow)이라고 한다. 지하수는 수원에 새로운 빗물이 재충전되어 형성된 정수두(hydrostatic head)의 상

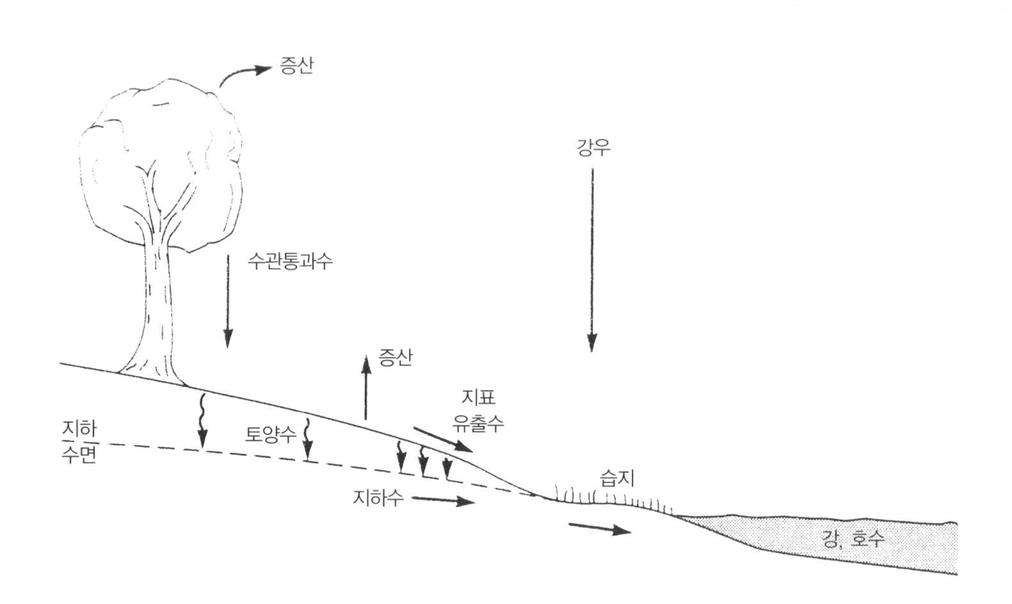

그림 4.1 지표면 근처의 물의 경로.

승으로 계속해서 흐르게 된다. 일주성, 계절성 및 장기적 기후 변화로 인해 강우량 유입 및 결과적으로 지하수면의 위치가 변동할 수 있지만 지하수를 저장할 수 있는 지하 암석의 용량에 따라 변동 정도와 시기가 상당히 감소하고 지연될 수 있다[지하수 수문학에 대한 자세한 내용은 Todd와 Mays(2005) 참조].

암석(그리고 암석으로부터 파생된 토양)과 접촉하는 물은 암석 안에 포함된 1차 광물과 반응한다. 광물은 다양한 범위로 용해되며, 용해된 성분 중 일부는 서로 반응하여 새로운 또는 2차 광물을 형성한다. 용해는 주로 식물 활동과 세균 대사에 의해 제공되는 산(그리고 오염 지역에서는 산성비에 의해)에 의해 발생하며, 이런 전체 과정을 **화학적 풍화**라고 한다. 생물학적 요인 외에도 화학적 풍화는 암석을 부수고 더 넓은 광물 표면적을 풍화 용액에 노출시키는 물리적 과정의 도움을 받는다. 이것은 **물리적 풍화**로 알려져 있으며, 주요 과정은 균열 안에서 동결에 동반되는 팽창에 의한 암석의 균열이다. 따라서 고위도와 높은 고도에서는 물리적 풍화가 가장 중요하다. 화학적, 생물학적, 물리적 풍화는 암석의 붕괴와 토양의 형성을 초래한다.

암석과 물의 상호작용은 비록 훨씬 더 느리기는 하지만 깊은 곳까지 지속될 수 있으며, 결과적으로 **부식암석**(saprolite)이라고 불리는 모암의 조직을 간직한 두껍고 풍화된 잔여물의 형성을 야기한다. 지하수면과 지하수는 부식암석 내에 있을 수도 있고 모암 내에 있을 수도 있다. **토양**이라는 단어는 엄격하게 식물의 뿌리와 거대 동물군이 **생물학적 교란**으로 알려진 과정을 통해 모암 조직을 파괴하는 얕은 지표구역으로 정의된다. 토양과 부식암석을 합한 공식적인 용어는 표토층(regolith)이지만, 이 책에서는 표토층을 단순히 토양으로 지칭한다.

토양 형성 외에도 화학적 풍화는 토양수와 지하수의 조성에 급격한 변화를 초래한다. 이러한 변화는 1차 광물의 조성과 광물 용해를 유발하는 생물학적 활성의 정도를 모두 반영한다. 비록 제한적인 용해가 1차 광물과 순수한 빗물의 반응에 의해 발생할 수 있지만, 대부분의 풍화와 그로 인한 물 조성의 변화는 생물학적 활동에 의해 직간접적으로 발생한다고 말해도 무방하며, 우리가 이 장에서 먼저 논의할 것은 암석, 물, 그리고 생명 사이의 밀접한 상호작용이다. 본질적으로, 이것은 풍화에 대해 '나무의 눈'으로 본 관점이다.

산림에서의 생지화학적 순환

숲이 우거진 지역에서, 자연수의 화학 조성은 식물에 의한 영양분의 흡수, 저장, 배출에 의해 영향을 받는다. (영양소는 생물이 필요로 하는 요소이다.) 숲은 하천수의 기저 유출에서 영양 원소의 유입과 배출 간 영양 원소의 저장고로 간주될 수 있다. 따라서 물순환과 식물의 영양 원소 순환의 상호작용이 일어나는 생지화학적 순환이 존재한다. 상호작용의 정도는 다양하며, 경우에 따라서는 생물학적 순환은 풍화 과정과 대체로 독립적일 수도 있다.

식물이 필요로 하는 주요 영양 원소는 성장에 필요한 농도 순으로 표 4.1에 나와 있다.

생명체는 탄소, 수소, 산소의 주요 공급원인 물과 이산화탄소 없이는 존재할 수 없다. 또한 단백질, 핵산, ATP와 같은 생명체의 필수 구성 요소들은 질소, 인, 황을 필요로 한다. 이들 원

표 4.1 식물의 필수 영양 원소

원소	적절한 농도(% 조직 내 건중량)
탄소	45
산소	45
수소	6
질소	1.5
포타슘	1.0
칼슘	0.5
인	0.2
마그네슘	0.2
황	0.1
염소	0.01
철	0.01
망간	0.005
아연	0.002
붕소	0.002
구리	0.0006
몰리브덴	0.00001

출처 : Zinke 1977.

소들을 결합하여 $C_{1200}H_{1900}O_{900}N_{35}P_2S_1$(표 4.1의 데이터 기반)의 육상 식물에 대한 전체 평균 조성(몰 수 기준)을 생성한다. 다른 주요한 요소들은 식물 세포벽의 구조와 강도에 필수적인 요소인 칼슘, 식물이 광합성에 사용하는 엽록소의 필수적인 성분인 마그네슘과 다양한 생화학적 과정에 중요한 포타슘을 포함한다. Ca와 K의 상대적인 양은 식물마다 다르다(표 4.1의 자료는 대략적인 전 지구적 추정치이다). 예를 들어, Rennie(1955)의 유럽 나무와 Homann 등(1992)의 오리나무(red alder) 및 더글러스 전나무에 대한 결과들은 나무에 K보다 Ca가 2~3배 많음을 보여준다.

숲이 우거진 지역에서 원소의 일반화된 생지화학적 순환은 그림 4.2와 같다. 나무는 내부와 외부로부터 영양분을 흡수한다. 내부 공급원(Likens and Bormann 1995)은 생물학적 과정에서 발생한다. 여기에는 땅에 떨어진 낙엽의 미생물 분해 및 땅에 다다른 영양분이 풍부한 수관통과수를 통해 토양수에 영양분을 첨가하는 것과 뿌리에 의한 삼출을 통하는 것이 포함된다. 주요 외부 유입은 대기 가스, 비, 포집된 대기 먼지 및 기반암이다. 대기 가스와 비는 황, 질소, 인의 일부를 제공하는 반면 대기 먼지와 암석은 화학적 풍화를 통해 포타슘, 마그네슘, 칼슘, 소듐, 실리콘의 대부분을 제공한다. 숲에서의 손실은 지하수 흐름과 하천을 통해 발생한다.

또한 유기물과 점토와 같은 2차 광물의 표면에 흡착된 이온 및 분자로서 영양소 가용성의 중간 상태로 존재한다. 흡착은 토양수와 일정한 교환 평형을 이루는 영양소의 저장고를 나타낸다. 결정 화학, 유기 작용기의 존재(예 : -COOH), pH, 온도 등 많은 요인들이 흡착에 영향을

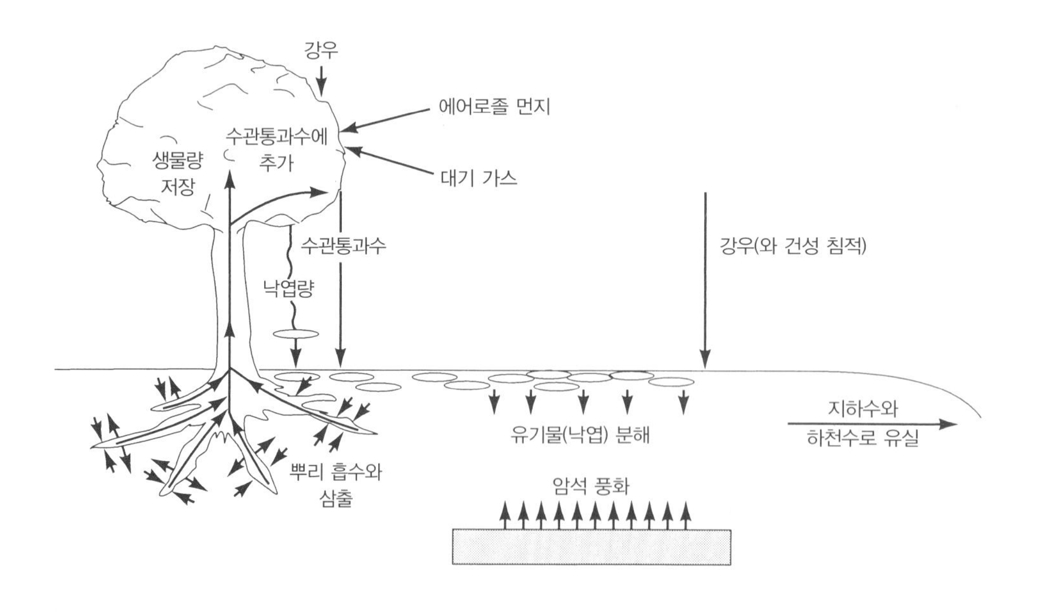

그림 4.2 산림에서의 생지화학적 순환.

미친다. [토양에서의 흡착에 대한 적절한 처리 및 관련 공정, 이온 교환에 대한 자세한 내용은 Sparks(2003) 참조.]

만약 숲이 정상 상태(steady state)에 있다면(즉, 만약 숲이 성장하지 않거나 영양염을 저장하지 않는다면) 유입은 배출과 동일하고 빗물에서 하천수로 전달되는 물 조성의 변화는 암석 풍화(및 대기 먼지 용해)에 의한 원소 배출에 기인한다. 대규모 산림 지역의 경우, 정상 상태의 가정은 아마도 유효하지만 인간의 삼림 벌채(전 지구적 주요 문제가 되고 있는)가 없는 경우에만 유효하다. 단일 소규모 유역의 경우 생물학적 활동의 연도별 변화는 지표 유출수 조성에 큰 영향을 미칠 수 있으며, 하천수 또는 지하수의 조성으로부터 암석 풍화 정도를 예측하기 전에 생물체 안의 저장(또는 배출)에 대한 보정이 이루어져야 한다.

숲의 발달 단계 변화에 따른 영양염 거동 변화는 원래 묘목으로 식재해서 20년간 개발한 작은 실험 숲을 연구한 Balogh-Brunsted 등(2008)에 의해 입증되었다. 그들은 풍화가 지배적인 가장 초기 단계 동안에는 지표 유출수로 빠져나가는 것이 별로 없이 나무들에 의해 암석기원 영양소인 Ca, Mg, K가 빠르게 흡수되었다는 것을 발견했다. 중간 단계에서 단위 면적당 나무의 생물량이 커짐에 따라 생물학적 순환이 지배적이었고 지표 유출로의 영양소 손실은 거의 없었다. 마지막으로, 나무 윗부분을 확실하게 잘라내고 제거한 후에는 뿌리와 토양 표면에 의해 비축되어 있던 많은 영양염의 배출이 발견되었다.

바이오매스 저장을 보정하여 풍화율을 추정하는 예는 애팔래치아 남부 지역의 풍화에 대한 Taylor와 Velbel(1991)의 연구이다(Velbel 1985 참조). 주요 양이온(Ca, Na, Mg, K)에 대한 일련의 질량 보전식을 통하여, 그들은 이 지역의 암석에서 주요 광물의 풍화율을 계산하기 위해 광물 조성 및 생물량 조성과 함께 하천수 및 빗물 화학을 함께 사용하였다. 그들은 바이오매스 저장을 무시하고 계산하면 4배나 낮은 광물 풍화율이 계산된다는 것을 발견했다.

다양한 유입과 배출의 상대적인 중요성, 그리고 결과적으로 얻어진 원소의 저장 또는 방출은 지역과 원소 모두에 따라 달라진다. 예를 들어, 숲이 우거진 뉴햄프셔 지역(허버드 브룩 실험 유역)에서 Likens와 Bormann(1995)은 칼슘, 마그네슘, 포타슘, 소듐의 하천 배출의 80~90%가 암석 풍화에서 발생하는 반면, 질소와 황은 거의 전적으로 비와 대기 기체에서 발생하며 풍화작용은 거의 또는 전혀 영향이 없음을 발견했다. (이 지역에서는 상대적으로 습한 기후 때문에 대기 먼지 유입이 적은 것으로 추정되었다.) Likens와 Bormann은 또한 바이오매스 저장에 대해 보정 후 계산된 총풍화의 정도는 단순히 지표 유출수에 들어 있는 농도로부터 강우에 포함된 것을 빼서 산출한 것보다 훨씬 더 크다는 것을 보여주었다.

Graustein과 Armstrong(1983)은 건조한 저지대로 둘러싸인 뉴멕시코의 산악 지대에서 에어로졸로부터 훨씬 더 많은 양의 유입을 발견했다. 가문비나무와 전나무는 많은 양의 바람에 날린 먼지를 가둬놓았는데, 이 먼지는 강수에 의해 씻겨 (나무에 의해 순환되고 잎에서 배출된 원소와 함께) 수관통과수의 일부가 되었다. 부분적으로 Sr 동위원소 연구를 통하여, 그들은 칼슘의 2/3는 나무에 포집된 먼지, 나머지 1/3은 생물학적 순환에 기인함을 밝혔다. 따라서 나무에 포집된 먼지 유입을 고려하지 않은 채 단지 하천수에 의해 배출된 양에서 강우로부터의 유입량을 뺀 값으로 칼슘에 대한 화학적 풍화율을 계산하면 이 지역의 암석 풍화량에 대한 추정치가 너무 크게 나왔을 것이다.

영양염 공급원은 경사와 지역적 기복에 따라 달라질 수 있다. Porder 등(2005)은 하와이섬의 암석 풍화에서 유래된 영양소의 비율이 침식되지 않은 고지대보다 침식이 많이 일어나는 언덕 경사면에서 훨씬 더 높다는 것을 발견했다. 침식은 기반암을 뿌리에 더 잘 노출시키는 데 도움이 되는 반면, 특히 하와이처럼 따뜻하고 습한 기후에서 평평한 지역은 영양분이 부족한 두꺼운 점토층이 발달되어 나무 뿌리가 기반암에 도달하기 어렵다. 하와이의 침식되지 않은 고지대에서, 숲의 영양소 대부분은 바람에 날린 먼지 및/또는 강우로부터 얻어진다(Porder et al. 2007).

만약 살아 있는 식물과 죽은 식물에 연간 저장되는 원소와 하천 흐름에 의한 연간 손실되는 원소의 비율로 생물 활동성을 측정한다면, 생물 활동성이 감소하는 순서로 배열한 원소는 다음과 같다.

$$P > N > K > Ca > S > Mg > Na$$

일반적으로 생물학적으로 가장 큰 영향을 받는 원소는 인이며, 질소가 그다음이다. K와 Ca는 식생에 상당한 영향을 받는 반면, Na는 거의 영향을 받지 않는다. 따라서 뉴햄프셔에서는 포타슘에 대한 생물량 저장의 연간 증가가 하천수로 유실되는 것보다 훨씬 큰 반면 칼슘에 대한 증가는 하천수 지표 유출보다 다소 적었다(Likens and Bormann 1995). 또한 식생 내부에서 순환되는 포타슘의 플럭스는 하천흐름에서 손실되는 플럭스의 약 25배인 반면, Ca와 Mg의 경우 지표 유출을 통한 손실의 약 3~6배였다.

낙엽수림이 있는 온대 기후에서는 포타슘과 질소와 같은 원소에 대한 생물학적 영향이 계절적으로 강하게 나타난다. 여름에 숲이 자라는 기간 동안, 강우에 의한 포타슘 유입은 지표 유출수에 의한 포타슘 손실보다 더 크다. 명백히 식물은 토양과 빗물 모두에서 포타슘을 흡수한다. 낙엽이 떨어지는 휴면기에는 강우에 의한 유입보다 지표 유출수로의 손실이 크다. 이는 계절에 상관없이 유입보다 손실이 큰 Ca, Mg, Na, Al과 대조적이다.

많은 숲에서 강수에 의한 인 유입은 식물에 엄청난 양의 인산염이 저장되기 때문에 하천 흐름에 의한 손실보다 더 크다. 다량의 폐기물과 인산비료가 지표 유출수로 유입되는 농업 지역에서만 하천 지표 유출에 의한 유입량이 강수에 의한 유입을 초과한다. 풍화는 Ca, Mg, K, Na 경우만큼 중요한 인산 공급원이 아니다.

비록 삼림 생물군에서 질소의 주요 공급원은 토양 유기물과 토양수로부터 순환된 질소이지만(게다가 점토에 흡착된 NH_4^+), 궁극적인 공급원은 거의 전적으로 대기이다. 질소는 공생하는 뿌리 미생물에 의한 N_2의 직접 고정을 통해 식생과 비에 용해된 질산염과 암모늄의 형태로 대기로부터 유입된다. 고정에 의한 질소 유입의 예는 Vitousek(2005)의 하와이 연구에서 볼

표 4.2 뉴멕시코주 상그레데크리스토산맥의 수풀이 우거진 유역 토양수, 강수 및 수관통과수에서 Na, K, Ca, Al의 농도

물	깊이(cm)	농도(mg/l)			
		소듐	포타슘	칼슘	알루미늄
강수	–	67	120	360	5
수관통관수	–	85	2,800	780	10
토양수	30	710	2,200	4,400	350
토양수	100	1,600	430	1,300	30
토양수	150	3,100	350	1,050	38
토양수	200	3,800	510	2,450	11

출처 : Graustein 1981.

수 있다(질소의 육상 순환에 대한 자세한 내용은 제5장 참조). 암석 풍화로 인한 질소 유입은 거의 없다.

수관통과수로부터의 유입, 식물 뿌리에 의한 제거 및 하향 침투 용액에 의한 수직 이동이 토양수 화학 조성에 미치는 영향과 토양수에 용해된 주요 원소의 농도는 토양의 깊이와 장소에 따라 달라질 수 있다. Graustein(1981)의 연구에서 깊이 변화에 대한 일부 아이디어가 표 4.2에 나와 있다. 참고로, 토양 표층에 수관통과수에 의해 첨가된 K^+와 Ca^{2+}는 뿌리 흡수로 인해 깊이에 따라 결핍되지만, 암석 풍화로 인해 토양 하부층에서는 축적되기 시작한다. 이에 비해 소듐은 식물에 필수적인 영양소가 아니기 때문에, 풍화에 의해 깊이에 따라 지속적으로 증가한다. 표층 토양수에 용해된 Al의 농도가 높은 것은 유기 킬레이트(토양산에 대한 다음 절의 논의 참조) 때문이며, 깊이에 따른 Al의 감소는 수직 이동 시 침전과 킬레이트 분해로 인한 것이다.

낙엽 분해를 통한 영양소의 순환율은 식물의 종류에 따라 달라지며, 이는 결국 기후의 강력한 기능이다. Schlesinger(1997)는 숲 낙엽의 평균 잔류시간을 다음과 같이 나열하였다.

아한대(고위도) 숲	353년
온대 침엽수림	17년
온대 낙엽수림	4년
지중해 관목	3.8년
열대 우림	0.4년

여기서 전체적으로 영향을 주는 것은 연평균 기온으로 토양 유기물의 분해 속도와 영양염의 방출에 영향을 미치기 때문이다. 전 세계적으로 낙엽(55,000 Tg)은 총 토양 유기물(1,500,000 Tg)보다 상대적으로 적지만(Schlesinger 1991), 순환율이 훨씬 빠르기 때문에 영양염 재생에 더 효과적이다(총유기물은 수천 년의 규모로 평균 체류시간을 갖는다).

영양소 순환 외에도 나무는 증산작용을 통해 물 조성에 간접적인 영향을 준다. 증산작용 동안 순수한 물은 잎 표면에서 대기로 증발하며 손실된다. 결과적으로 나무에 의해 흡수되지 않은 Cl^-와 같은 용해된 이온은 토양수에 농축된다. Likens와 Bormann(1995)은 연간 수분 손실의 약 40%를 증산작용(증발 포함)이 차지하는 뉴햄프셔 지점에서 지표 유출수로의 용존 물질의 농도가 최대 60%까지 증가할 수 있음을 보여주었다.

토양수와 미생물 : 산 생산

토양수의 화학 조성은 수관통과수와 강우로부터의 유입, 암석 풍화로부터 유입, 생물학적 활동에 의한 유입과 제거에 의해 영향을 받는다. 이전 절에서 논의된 영양소 순환 외에도 토양 미생물, 특히 토양산의 생성에 의해 야기되는 생물학적으로 유도된 중요한 변화가 있다. 이 산들은 암석 풍화의 주요 원인이 된다. 산은 광물 표면의 양이온을 대체하는 수소 이온을 제공하여 광물의 분해를 유발한다. 또한 일부 유기산은 미네랄에 포함된 특정 원소와 반응하여 킬레이트 또는 가용성의 다중 결합 금속–유기 복합체를 형성한다. 산의 생성은 박테리아, 곰팡이, 방선균, 조류를 포함한 다양한 유기체에 의해 이루어진다[토양 미생물학에 대한 자세한 논의는 Paul (2007) 참조].

토양 미생물에 의해 생성되는 주요 산은 탄산과 황산 그리고 다양한 유기산들이다. 탄산(H_2CO_3)은 미생물에 의한 유기물의 CO_2로의 산화에 의해 생성된다. 다시 말해, 유기 물질을 CH_2O로 표현하면 반응식은 다음과 같다.

$$CH_2O + O_2 \rightarrow CO_2 + H_2O$$

이 이산화탄소는 물과 결합하여 탄산을 형성하고, 다시 H^+와 HCO_3^-로 부분적으로 분해된다. (즉, 이는 약한 산이다.)

$$CO_2 + H_2O \leftrightarrow H_2CO_3$$
$$H_2CO_3 \leftrightarrow H^+ + HCO_3^-$$

황산(H_2SO_4)은 황화 광물의 박테리아 촉매 산화에 의해 생성되며, 황화 광물 함량이 높은 암석에서 발달된 토양에서는 이 황산 농도가 높아 결과적으로 낮은 pH 값을 초래할 수 있다. 광산 개발이 황화물의 강한 산화를 유발하는 곳에서 특히 그렇다(황산 풍화에 대한 자세한 내용은 이 장의 뒷부분 참조).

유기산은 다양한 과정에 의해 형성된다. 여기에는 식물 뿌리 표면에서 H^+의 생성, 미생물에 의한 작은 분자량 산의 분비, 죽은 식물 잔해에서 유래된 유기물의 부분적인 분해가 포함된다. 후자의 과정은 휴믹산과 풀브산의 형성을 유발한다(Schnitzer and Khan 1972; Sparks

2003). 이들은 토양수와 킬레이트에 특징적인 갈색과 노란색을 유발하고 여러 금속 원소(예 : Fe, Al)를 수용화하는 고분자량의 물질이다. 산의 침전은 부엽토의 형성을 유발한다.

풍화의 대부분은 다양한 유기체에 의해 분비되는 낮은 분자량의 유기산에 기인한다(E. K. Berner et al. 2004). 예를 들어, 나무 뿌리에 사는 공생균(ectomycorrhizae)은 옥살산($H_2C_2O_4$)을 분비하는데, 옥살산은 H^+를 제공하고 또한 철 및 알루미늄 광물과 반응하여 철 및 알루미늄 옥살산 킬레이트를 형성한다(Drever and Vance 1994). 불용성이 매우 큰 철과 알루미늄은 옥살산염이 더해진 미생물에 의해 CO_2와 HCO_3^-로 분해될 때까지 옥살산염에 의해 토양층 하부로 이동되어 침전된다. 옥살산염의 순 효과는 철과 알루미늄을 아래로 이동시키는 것이며, 휴믹산, 풀브산 및 기타 토양산에 의해서도 수행되는 이러한 이동은 토양을 특정한 층으로 분화시키는 주요 과정 중 하나이다(토양 형성에 관한 아래 절 참조).

유기산에 의한 풍화는 와이오밍주의 화산재 연구 결과에 의해 직접 입증된다(Antweiler and Drever 1983; Drever and Vance 1994). 그들은 다공성 컵 증발산량계를 사용하여 추출된 토양수에서 용존 Al(또는 Fe)과 용존 유기물 사이의 우수한 양의 상관관계와 pH와 용존 유기물 사이의 양호한 음의 상관관계를 발견했다. 이것은 Al과 Fe의 유기 킬레이트화가 중요하고 토양수 pH가 유기산 해리에 의해 영향을 받는다면 예상할 수 있는 결과이다.

토양산에 대한 주제를 마치기 전에, 인간 활동이 토양에 과도한 산을 첨가하는 결과를 초래했다는 점에 주목해야 한다. 여기에는 산성비의 H_2SO_4 및 HNO_3와 석탄 또는 금속 황화물 광업의 H_2SO_4가 포함된다. 이러한 인위적 기원에 대한 논의는 제3장(비)과 제5장(강)에 제시되어 있다.

화학적 풍화

풍화에 관여하는 광물

암석과 광물의 화학적 풍화는 어떤 암석과 광물이 관련되어 있는지에 대한 정확한 설명 없이 이전의 논의 내내 언급되었다. 참고로 표 4.3과 4.4에 풍화와 관련된 가장 일반적인 광물 목록이 제시되어 있다. 1차 광물(표 4.3)은 풍화에 의해 부식되는 광물이고, 2차 광물(표 4.4)은 풍화에 의해 형성되는 광물이다. (기술적으로 말하면, 모든 광물은 풍화에 의해 부식될 수 있지만, 2차 광물은 가장 저항성이 크다.)

표 4.3을 해석할 때 지질학적 배경이 없는 사람들은 암석을 단순히 광물의 집합체로 시각화하는 것이 도움이 될 수 있다. 암석에는 화성암, 퇴적암, 변성암의 세 가지 기본 유형이 있다. **화성암**은 고온에서 용융물의 결정화에 의해 형성되며, 일반적인 암석 유형, 화강암(Na-장석, K-장석, 석영, 흑운모), 현무암(Ca-사장석, 휘석, 감람석)을 포함한다. **퇴적암**은 지구 표면의 물에 퇴적되며 사암과 같은 기존 암석(예 : 석영과 장석)의 침식된 잔해, 셰일과 같은 풍화

표 4.3 풍화를 겪는 일반적인 1차 광물

광물	일반적인 조성	풍화되는 암석 종류	주요 반응
감람석(olivine)	$(Mg, Fe)_2SiO_4$	화성암	철의 산화 산에 의한 조화 용해
휘석(pyroxenes)	$Ca(Mg, Fe)Si_2O_6$ 또는 $(Mg, Fe)SiO_3$	화성암	철의 산화 산에 의한 조화 용해
각섬석(amphiboles)	$Ca_2(Mg, Fe)_5Si_8O_{22}$ (일부는 Na과 Al)	화성암 변성암	철의 산화
사장석(plagioclase)	$NaAlSi_3O_8$ (albite)와 $CaAl_2Si_2O_8$ (anorthite) 간 고용체	화성암 변성암	산에 의한 부조화 용해
칼리 장석(k-feldspar)	$KAlSi_3O_8$	화성암 변성암 퇴적암	산에 의한 부조화 용해
흑운모(biotite)	$K(Mg, Fe)_3(AlSi_3O_{10})(OH)_2$	변성암 화성암	산에 의한 부조화 용해 철의 산화
백운모(muscovite)	$KAl_2(AlSi_3O_{10})(OH)_2$	변성암	산에 의한 부조화 용해
흑요석(volcanic glass)	Ca, Mg, Na, K, Al, Fe-silicate	화성암	산과 물에 의해 부조화 용해
석영(quartz)	SiO_2	화성암 변성암 퇴적암	잘 용해되지 않음
방해석(calcite)	$CaCo_3$	퇴적암	산에 의한 조화 용해
돌로마이트(dolomite)	$CaMg(CO_3)_2$	퇴적암	산에 의한 조화 용해
황철석(pyrite)	FeS_2	퇴적암	철과 황의 산화
석고(gypsum)	$CaSO_4 \cdot 2H_2O$	퇴적암	물에 의한 조화 용해
경석고(anhydrite)	$CaSO_4$	퇴적암	물에 의한 조화 용해
암염(halite)	NaCl	퇴적암	물에 의한 조화 용해

에 의해 형성된 미세한 2차 광물(예 : 산화철과 점토), 석회석과 같은 유기체의 골격 잔해(주로 $CaCO_3$), 그리고 증발암과 같이 해수침전물(석고 및 암염)을 포함한다. 변성암은 높은 온도와 압력에서 용융 없이 퇴적암과 화성암의 재결정과 변질에 의해 형성되며, 각섬석, 백운모, 흑운모, 석영, 장석을 포함한 많은 다양한 광물을 포함한다.

또한 표 4.3에는 각 1차 광물이 겪는 주요 풍화 반응이 포함되어 있다. 풍화 반응은 공격 물질의 특성 및 1차 광물이 단순히 용해되는지 여부 또는 그 일부가 재침전하여 2차 광물 또는 광물을 형성하는지 여부에 따라 분류된다. 단순 용해를 조화 용해(congruent dissolution)라고 하며, 광물의 일부 성분을 재침전시키는 용해를 부조화 용해(incongruent dissolution)라고 한다. 공격 물질은 토양산, 용존 산소, 물로 구분된다. 용존 산소는 주로 철, 황과 같은 원소의 환원된 형태를 포함하고 산화를 거쳐 새로운 광물을 형성하는 광물만을 공격한다. 비록 대부분의 광물들이 주로 토양산에 의해 공격을 받지만, 몇몇 매우 가용성인 것들은 단순히 물에 녹는다(표

표 4.4 토양에서 풍화에 의해 형성되는 일반적인 2차 광물

광물	조성
적철석	Fe_2O_3
지오타이트	$HFeO_2$
깁사이트	$Al(OH)_3$
카올리나이트	$Al_2Si_2O_5(OH)_4$
스멕타이트	$(^1/_2\ Ca, Na)\ Al_3MgSi_8O_{20}\ (OH)_4 \cdot nH_2O$ (평균 조성)
질석	수화된 양이온들에 의해 K^+이 치환된 기본적으로 흑운모 또는 백운모 조성
방해석	$CaCO_3$
오팔	$SiO_2 \cdot nH_2O$
석고	$CaSO_4 \cdot 2H_2O$

4.3). 또한 이러한 가용성 광물은 건조한 조건에서 재침전될 수 있고, 이것이 석고가 1차 광물과 2차 광물로 표에 등장하는 이유이다.

광물들은 풍화에 대한 저항력의 정도에 따라 나열될 수 있다. 즉, 두 광물이 같은 토양에 존재하고 같은 기간 동안 같은 산의 공격을 받을 때 하나는 다른 것보다 더 빨리 파괴될 것이다. 부분적으로 풍화된 암석과 토양 관찰 및 다양한 기후 조건에 대한 반응에 기초하여, 풍화에 대한 저항력이 커지는 순서로 광물을 표 4.5에 나열하였다(예 : Goldich 1938; Loughnan

표 4.5 현장 관측에 근거한 광물 풍화도

암염
석고, 경석고
황철석
방해석
돌로마이트
흑요석
감람석
사장아목
휘석
Ca-Na 사장석
각섬석
Na-사장석
흑운모
칼리 장석
백운모
스멕타이트
석영
카올리나이트(고령석)
깁사이트, 적철석, 지오타이트

주의 : 풍화도는 위로부터 아래로 내려갈수록 감소한다. 정확한 순서는 하나 또는 두 자리로 바뀔 수 있으며, 이는 입자의 크기, 기후 등에 의한 것이다. Goldich 1938, Loughnan 1969 참조.

표 4.6 실험에 근거한 pH 5에서 직경 1 mm의 규산염 광물의 내구성

광물	평균 수명(1 mm, pH = 5)(년)
감람석	2,000
각섬석	10,000
휘석	16,000
Ca-사장석	80,000
휘석	140,000
Na-사장석	500,000
백운모	720,000
칼리 장석	740,000
석영	34,000,000

출처 : Lasaga 1984; Brantley 2004.

1969). 토양이 다르면 순서가 일부 다를 수 있지만, 전체적으로 표시된 순서는 잘 확립된 것으로 간주된다. Goldich(1938)는 화성 규산염 광물의 순서가 용융된 마그마로부터의 형성 온도와 유사하다고 지적했다. 즉, 가장 빨리 풍화되는 규산염 광물(예 : 감람석)은 원래 가장 높은 온도에서 형성된 것들이다. 이러한 상관관계에 대한 이유는 명확하지 않지만, 일반적인 설명(예 : Goldich 1938)은 지구 심부에서 생성된 광물은 지표면에서 불안정하여 더 빨리 풍화된다는 것이다. 이 설명은 목록의 맨 아래에 있는 일반적인 2차 광물의 위치와 일치하지만 지표면 조건에서도 형성되는 암염, 석고, 방해석, 황철석과 같은 비규산염 광물의 높은 풍화도를 설명하지는 않는다.

표 4.5의 자료와 일반적으로 일치하는 것은 실험에서 측정한 특정 규산염 광물의 용해 속도이다. 표 4.6은 Lasaga(1984)와 Brantley(2004)에서 발췌한 자료로, pH 5에서 1 mm 직경의 결정에 대한 잔류시간으로 풍화 속도의 차이에 대한 정량적 아이디어를 보여준다. 그러나 이러한 시간은 야외에서의 풍화 속도에 영향을 미치는 많은 복잡성 때문에 문자 그대로 받아들여져서는 안 된다(그리고 현장보다 실험실에서 광물이 훨씬 더 빨리 용해된다는 사실은 풍화 속도에 대한 아래 절을 참조하라).

규산염 풍화 반응 : 2차 광물 생성

규산염 광물은 대부분의 주요 암석 유형의 기본 성분을 구성하기 때문에 그것들이 어떻게, 무엇으로 풍화되는지에 대해 자세히 알아보는 것이 중요하다. 표 4.3에서 언급한 바와 같이, 일부 풍화 반응은 물 또는 산에 의한 단순한 조화 용해를 포함한다. 규산염 광물의 경우 조화 용해는 드물며, 상대적으로 철이 없는 감람석, 각섬석, 휘석에만 한정된다. (석영도 조화 용해되는 경우가 드물다.) 이 경우 탄산에 의한 공격이라고 가정하면 다음과 같은 반응을 가진다.

$$Mg_2SiO_4 + 4H_2CO_3 \rightarrow 2Mg^{2+} + 4HCO_3^- + H_4SiO_4 \quad (4.1)$$

$$2H_2O + CaMgSi_2O_6 + 4H_2CO_3 \rightarrow Ca^{2+} + Mg^{2+} + 4HCO_3^- + 2H_4SiO_4 \quad (4.2)$$

[여기서 용해된 실리카는 H_4SiO_4로 표현되며, 이는 용액에서 발견되는 실제 형태를 나타낸다. 때로는 화학식 $Si(OH)_4$로 표현되기도 한다. 흔히 용액 내 실리카를 SiO_2로 표시하지만 여기서는 그렇게 하지 않을 것이다. 그 이유는 석영과 혼동될 수 있기 때문이다.]

대부분의 다른 규산염 광물들, 특히 알루미늄을 포함하는 광물들은 최종 산화철 및/또는 점토 광물 형성이 수반되는 부조화 용해를 한다. (**점토 광물**들은 미세한 알루미늄 규산염에 적용되는 일반적인 용어이며, 고령석, 스멕타이트, 질석과 함께 여기서는 논의하지 않은 녹니석과 같은 다른 광물들을 포함한다.) 지각에 가장 풍부한 규산염 광물은 사장석으로, 쉽게 풍화를 겪는다. 이를 바탕으로 우리는 Na-장석 또는 조장석을 통한 풍화 반응에 대한 논의를 시작한다.

조장석($NaAlSi_3O_8$)이 유기산인 옥살산($H_2C_2O_4$)에 의해 공격을 받는다고 가정하면, 먼저 옥살산은 해리되어 H^+ 이온을 형성한다.

$$H_2C_2O_4 \rightarrow 2H^+ + C_2O_4^{2-} \quad (4.3)$$

이러한 H^+ 이온은 조장석을 공격하여 구성 원소를 용액으로 방출한다.

$$4H^+ + 4H_2O + NaAlSi_3O_8 \rightarrow Al^{3+} + Na^+ + 3H_4SiO_4 \quad (4.4)$$

옥살산염 이온($C_2O_4^{2-}$)이 쉽게 Al^{3+}와 반응하여 킬레이트를 형성하기 때문에, 다음 반응을 갖는다.

$$Al^{3+} + C_2O_4^{2-} \rightarrow Al(C_2O_4)^+ \quad (4.5)$$

반응 (4.3)~(4.5)를 결합하여 H^+ 이온을 상쇄하면 다음과 같다.

$$2H_2C_2O_4 + 4H_2O + NaAlSi_3O_8 \rightarrow Al(C_2O_4)^+ + Na^+ + C_2O_4^{2-} + 3H_4SiO_4 \quad (4.6)$$

이것은 대부분의 온대 토양의 가장 윗부분의 고도로 산성인 부분에서의 용해 반응 특성이다.

그러나 용액 내의 옥살산염 알루미늄과 옥살산염 이온은 박테리아 분해로 인해 불안정하다. 토양수가 이동하며 아래로 통과할 때, 옥살산염은 박테리아에 의해 산화되고, 토양에서 발견되는 대부분의 pH 용액에서 불안정한 Al^{3+}는 침전되어 $Al(OH)_3$ 또는 점토 광물을 형성한다. 여기서 일반적인 점토 광물인 고령석($Al_2Si_2O_5(OH)_4$)이 형성되었다고 가정하면,

$$2C_2O_42^{2-} + O_2 + 2H_2O \rightarrow 4HCO_3^- \quad (4.7)$$

$$2Al(C_2O_4)^+ + O_2 + 2H_4SiO_4 \rightarrow Al_2Si_2O_5(OH)_4 + 4CO_2 + H_2O + 2H^+ \quad (4.8)$$

반응 (4.6)에 2를 곱하고 반응 (4.7)과 (4.8)을 더하면 다음과 같은 전체 반응을 얻을 수 있다.

$$4H_2C_2O_4 + 2O_2 + 9H_2O + 2NaAlSi_3O_8 \rightarrow$$

$$Al_2Si_2O_5(OH)_4 + 2Na^+ + 4HCO_3^- + 2H^+ + 4CO_2 + 4H_4SiO_4 \quad (4.9)$$

위와 같이 이 반응은 완전하지 않다. H^+와 HCO_3^-는 서로 빠르게 반응하기 때문에, 우리는 다음을 고려해야 한다.

$$H^+ + HCO_3^- \rightarrow CO_2 + H_2O \quad (4.10)$$

반응 (4.10)에 2를 곱하고 반응 (4.9)를 더하면, 우리는 조장석에서 고령석의 옥살산에 의한 풍화에 대한 최종적인 전체 반응을 얻는다.

$$4H_2C_2O_4 + 2O_2 + 7H_2O + 2NaAlSi_3O_8 \rightarrow$$
$$Al_2Si_2O_5(OH)_4 + 2Na^+ + 2HCO_3^- + 4H_4SiO_4 + 6CO_2 \quad (4.11)$$

반응 (4.11)은 공격산이 옥살산임에도 불구하고 용액에 Na^+, HCO_3^- 및 H_4SiO_4만 생성된다는 점에 유의하라. (CO_2는 토양에서 기체로 쉽게 소실된다.) 이것들은 만약 물이 토양층을 벗어나 지하수가 되고 결국에는 하천과 강물이 된다면 발견될 수 있는 용존 이온들이다. 옥살산염은 나타나지 않고, 조장석이 실제로 탄산과 반응한 것처럼 보인다.

$$2H_2CO_3 + 9H_2O + 2NaAlSi_3O_8 \rightarrow$$
$$Al_2Si_2O_5(OH)_4 + 2Na^+ + 2HCO_3^- + 4H_4SiO_4 \quad (4.12)$$

사실, H_2CO_3가 반응에 의해 형성된다는 것을 상기하면

$$H_2O + CO_2 \rightarrow H_2CO_3$$

반응 (4.11)과 (4.12)의 유일한 차이점은

$$4H_2C_2O_4 + 2O_2 \rightarrow 8CO_2 + 4H_2O \quad (4.13)$$

이것은 옥살산의 산화 분해 반응이다.

위에서 옥살산과 조장석에 대해 언급한 것은 모든 유기산과 규산염(및 탄산염) 광물에 해당된다. 따라서 광물을 공격하는 실제 산이 유기 기원이기는 하지만, 대부분의 지하수와 하천수 조성에 관한 한 전체적인 반응은 H_2CO_3뿐인 것처럼 나타낼 수 있다. 다시 말해, 우리는 대부분의 지하수와 강에서 C_2O4^{2-}가 아닌 HCO_3^-를 발견한다. (무거운 유기물 생산의 늪지대를 흐르는 일부 강에서는 유기산과 그 음이온이 박테리아 산화를 버텨 강에서 어느 정도 거리를 이동할 수 있다. 제5장 참조). 이 추론에 의해 제공된 단순화는 실제로 1차 광물을 공격하는 유기산의 종류에 상관없이 지하수에서 이온의 기원을 예측할 수 있게 한다. 따라서 규산염 풍화가 탄산염(및 황산)에 의한 공격으로만 구성된다는 가정은 자세히 살펴보면 정당화될 수 있다. 유기산은 공격의 많은 부분에 관여하지만, 결국 사라진다. 지금부터 풍화에 대한 논의에서 우

리는 H_2CO_3의 측면에서 이야기하며, 이것은 훨씬 더 복잡한 일련의 화학 풍화 반응을 나타내는 간단한 방법일 뿐이라는 것을 기억해야 한다.

풍화가 탄산이나 유기산에 의해 이루어지든 간에, 위의 반응들에 의해 보여진 순 효과는 생물기원의 탄소가 용존 중탄산염으로 전환되는 것이다. 생물기원 탄소(탄산이나 유기산)의 궁극적인 기원은 광합성에 의한 대기 중 CO_2의 고정이기 때문에, 규산염 풍화 과정에서 CO_2가 대기에서 제거되어 하천수에 용해된 중탄산염을 형성하기 위해 손실된다는 것을 의미한다. 만약 중탄산염이 강에 의해 바다로 운반된다면(제8장), 탄산칼슘과 대기 중의 이산화탄소가 대기에서 지질학적 기록에서 영구적으로 손실될 수 있다. 이는 지질학적 시간에 걸쳐 대기 중 CO_2 농도에 영향을 미치는 주요 과정이다(제2장 참조).

위의 예에서, 우리는 장석 용해에 의해 용출된 모든 알루미늄이 침전되어 2차 광물을 형성한다고 가정했다. 이것은 대부분의 토양에 대한 합리적인 가정이다(예 : Loughnan 1969). 킬레이트 수송을 수반하는 국소적인 재분배를 제외하고, 알루미늄은 용액 내에서 상당한 거리를 이동하지 않으며 일반적으로 풍화가 진행됨에 따라 토양에 축적된다. 사실 토양에서 알루미늄에 대한 다른 원소의 비율 변화는 풍화에 의한 손실 정도의 척도로 종종 사용된다(예 : Goldich 1938). 철은 용해된 O_2가 존재할 때 불용성이기 때문에 산화철처럼 토양에 축적된다. 용액에서 손실이 거의 없기 때문에 관례대로 모든 전반적인 풍화 반응을 계속하여 Al과 Fe를 2차 광물에만 할당하고 용액에 아무것도 나타나지 않도록 해야 한다.

모든 Al은 재침전되어 2차 광물을 형성하지만, 항상 고령석일 필요는 없다. 다른 두 가지 일반적인 알루미늄 풍화 생성물은 깁사이트, $Al(OH)_3$ 및 복합 양이온 Al-규산염인 스멕타이트이다(표 4.4 참조). (질석은 흑운모와 백운모로부터 K^+의 손실로 형성되며 여기서 논의하지 않을 특별한 구조적 차이를 가진다.) 이러한 광물들이 형성될 것으로 예상되는 조건들은 다소 단순한 추론에 기초하여 추론될 수 있다. 깁사이트, 고령석 또는 스멕타이트에 대한 1차 알루미늄 규산염의 풍화는 세 가지상의 조성에서의 근본적인 차이 때문에 다른 조건에서 발생해야 한다. 스멕타이트는 Al, Si 및 다양한 양이온을 함유하고 있으며, 고령석은 Al과 Si만을 함유하고 있고, 깁사이트는 Al만 함유하고 있다(표 4.4 참조). 또한 Si/Al의 비율은 고령석보다 스멕사이트 내에서 더 높다. 따라서 우리는 용액에서 H_4SiO_4의 증가가 깁사이트보다 고령석의 형성을 선호하고, 더 높은 값에서는 고령석보다 스멕타이트를 선호할 것으로 예상한다. 또한 양이온(예 : Na^+)의 증가는 스멕타이트를 선호해야 한다. 이러한 아이디어의 정량적 표현은 그림 4.3과 같다.

여기서 괄호가 용액의 몰 농도를 나타내는 $\log[Na^+]/[H^+]$ 대 $\log[H_4SiO_4]$의 그림은 수용액의 조장석뿐만 아니라 다양한 2차 광물에 대한 안정성 영역을 보여준다. 만약 하천수가 $[Na^+]$, $[H^+]$, $[H_4SiO_4]$의 농도를 가지고 있다면, 예를 들어 고령석 영역에 속한다면, 우리는 이 물에서 고령석이 형성되는 것을 발견할 수 있을 것이고 다른 광물들도 마찬가지일 것이다. $[H_4SiO_4]$와 $[Na^+]$가 모두 증가함에 따라(일정한 pH의 경우), 각각 고령석과 스멕타이트가 선

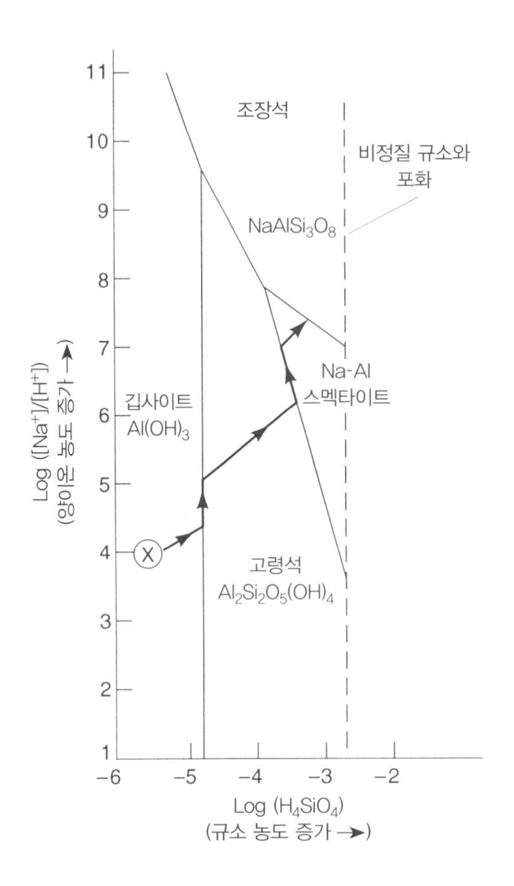

그림 4.3 용액에서 log $[Na^+]/[K^+]$ 및 log $[H_4SiO_4]$의 함수로서 깁사이트, 고령석, 스멕타이트 및 조장석의 안정성 필드. 괄호는 농도를 리터당 몰 단위로 나타낸다. 스멕타이트는 순수한 Na-Al 말단 멤버로 표현되며, 방비석 및 기타 제올라이트 형성은 무시된다. 닫힌계에 대해 취해진 일반적인 풍화 반응 경로는 화살표가 있는 굵은 선으로 표시된다.

출처 : Bricker and Garrels 1965, Helgeson et al. 1969.

호되는 상이 된다. 이 다이어그램을 사용하여 조장석과 반응하는 물의 구성 진화를 예측할 수 있다(자세한 내용은 Helgeson et al. 1969 참조).

그림 4.3을 참조하여, Helgeson 등(1969)의 추론에 따라 일정한 pH에서 풍화되는 동안 조장석(일반적인 1차 알루미늄 규산염을 나타내기 위해 다시 사용)이 용해될 때의 일련의 과정을 예상한다. 만약 우리가 매우 희석된 용액(낮은 Na^+, 낮은 H_4SiO_4)으로 시작한다면, 그 조성은 깁사이트의 안정성 영역에 들어갈 것이다(그림 4.3에 X 표시). 이 경우 풍화 반응은 다음과 같다.

$$7H_2O + H_2CO_3 + NaAlSi_3O_8 \rightarrow Al(OH)_3 + Na^+ + HCO_3^- + 3H_4SiO_4 \quad (4.14)$$

물이 암석과 계속 반응하면 Na^+, HCO_3^-, H_4SiO_4의 농도가 쌓이고 용액 성분이 화살표로 표시된 경로를 따라 도형의 북동쪽으로 이동한다. 깁사이트와 고령석의 경계에 도달하면 깁사이트는 실리카를 첨가하여 고령석으로 전환되기 시작한다.

$$2H_4SiO_4 + 2Al(OH)_3 \rightarrow Al_2Si_2O_5(OH)_4 + 5H_2O \tag{4.15}$$

이 반응 동안 조장석 용해에 의해 용출된 모든 실리카는 깁사이트를 고령석으로 전환하는 데 사용되며, 이것이 다이어그램의 용액 경로가 갑자기 북쪽으로 변하는 이유이다. 모든 깁사이트가 고령석으로 전환된 후, 고령석과 스멕타이트의 경계에 도달할 때까지 북동쪽 추세를 따라 다시 진행한다. 다시 실리카와 소듐의 첨가에 의해 모든 고령석이 스멕타이트로 전환될 때까지 고령석–스멕타이트 경계를 따른다. 그런 다음 조장석에서 조장석–스멕타이트 경계에 도달할 때까지 다시 북동쪽으로 진행한다. 이 시점에서 용액은 조장석으로 포화되어 용해가 더 이상 진행될 수 없으며, 따라서 풍화가 중단된다.

위에서 설명한 시나리오는 물이 항상 조장석과 접촉할 경우(그리고 2차 광물의 침전에 운동학적 문제가 없다면) 예상되는 것이다. 다시 말해, 이것은 비커에 물과 조장석을 첨가하고 조장석 용해도에 도달할 때까지 반응하게 하는 것과 유사하다. 그것은 닫힌계이다. 반면에, 토양은 물이 쉽게 흘러 물이 조장석(또는 다른 1차 광물)과 접촉하는 동안에는 농도가 증가하지만, 물이 빠지면 더 이상의 축적은 중단된다. 암석이 물로 빨리 씻길수록 1차 광물과의 접촉 시간이 짧아지고 유출수의 용존 농도가 낮아진다. 용해에 의한 첨가 속도와 물 흐름 속도 사이에 일정한 상태가 유지되므로, 이 두 속도의 상대적 크기에 따라 조장석을 포함하는 토양수의 조성이 그림 4.3의 반응 경로를 따라 어느 곳에나 떨어질 수 있다. 깁사이트 형성은 양이온과 실리카를 모두 제거하는 높은 수준의 씻김을 나타내야 하며, 고령석은 실리카가 덜 제거되는 덜 빠른 씻김을 나타내야 하며, 스멕사이트는 실리카와 양이온의 현저한 축적이 일어날 수 있도록 다소 정체된 물 흐름 상태를 나타내야 한다. 또한 주어진 씻김 속도의 경우, 용액에 더 많은 실리카와 양이온을 제공하는 보다 신속한 반응 광물은 깁사이트보다 스멕타이트 또는 고령석의 형성이 선호된다.

이러한 예측은 실제 토양에서 확인된다. 일반적으로 깁사이트는 높은 강우량과 높은 기복으로 인해 배수가 잘되어 매우 빠른 씻김이 있는 지역에만 형성된다. 예를 들어, 산악 지형에서 높은 강우량을 동반한 강한 풍화의 결과로 보크사이트(주로 깁사이트와 같은 광물로 구성된 알루미늄 광석)의 귀중한 퇴적물이 형성되는 자메이카섬이 있다. 강도가 덜한 씻김은 여전히 모든 양이온을 제거할 수 있을 정도로 대부분의 열대 및 아열대 토양에서 발견되며, 여기서 특징적인 2차 광물은 예측된 바와 같이 고령석이다.

스멕타이트(smectite)는 반건조 지역과 풍화를 받는 주요 물질이 화산 유리인 지역 토양의 특징적인 광물이다. 반건조 지역에서는 강우량이 적고 물이 토양 알갱이에 오랫동안 달라붙어 있다가 새로운 물로 대체된다. 화산 유리는 알려진 것 중 가장 반응성이 높은 규산염이며 매우 빠르게 풍화된다. 다시 말하지만, 두 관측치 모두 우리의 예측과 일치한다.

물에 의한 씻김이 단일 암석 유형의 풍화에 미치는 영향에 대한 좋은 증거는 Sherman(1952)과 Mohr와 van Baren(1954)의 연구에서 볼 수 있다. Sherman(1952)은 하와이섬의 현무암에서 발달한 토양의 점토 광물학이 평균 연간 강우량과 매우 관련이 있다는 것을 발견하였다. Mohr와 van Baren(1954)은 같은 종류의 암석과 같은 강우량에서 인도네시아섬의 토양이 배수의 정도에 따라 다른 점토 광물을 보인다는 것을 발견했다. 배수가 잘되는 고지 토양은 고령석으로 구성된 반면, 배수가 잘 되지 않거나 늪지대에 있는 토양은 스멕타이트로 구성되었다. 이는 예측대로 예상되는 것이다.

씻김의 중요성에 대한 추가적인 설명은 Velbel(1985)의 연구에서 볼 수 있다. 미국 애팔래치아산맥 남부의 언덕 경사면에서 Velbel(1985)은 물의 흐름 경로의 차이가 똑같은 기후와 똑같은 기복의 사장석이 풍부한 암석에 대하여 서로 다른 점토 광물의 형성을 초래한다는 것을 발견했다. 깁사이트는 유로가 작아 물 체류시간이 짧은 지표면 지역에 형성됐고, 깁사이트와 카올리나이트는 물이 이동하는 거리가 훨씬 더 먼 곳에서 발견되었다. 약간 풍화되어 깊이 파묻힌 암반에 물이 고여 있는 것은 오랜 거주 시간과 스멕타이트의 형성으로 이어졌다.

규산염 용해 기작

모든 광물 중에서 규산염이 가장 풍부한 암석 유형을 구성하기 때문에 풍화 연구에서 가장 많은 관심을 받아왔다. 그러나 1차 규산염이 풍화되는 동안 어떻게 용해되는지는 이견이 많다. 한 이론은 규산염 용해가 각 광물 입자에 변질된 조성의 보호 표면층 형성을 통해 발생한다는 것이다(예 : Luce, Bartlett, and Parks 1972; Paces 1973; Busenberg and Clemency 1976; Chou and Wollast 1984; 많은 후속 저자들). 이 층은 너무 단단해서 용존 이온들이 1차 광물의 표면으로 이동하는 것을 심각하게 억제하는 것으로 추정되며, 이러한 방식으로 보존적이다. 이 층은 기본적인 1차 광물의 구성 요소로 형성되며, 풍화가 진행됨에 따라 두께가 증가한다. 원래는 용해 실험의 결과(모의 풍화)를 설명하기 위해 사용되었는데, 용해율은 아마도 변질된 조성의 보호 표면층이 두꺼워졌기 때문에 시간이 지남에 따라 감소하는 것으로 보였다.

실제 토양에서 채취한 대부분의 광물 입자(예 : Berner and Holdren 1977, 1979; Berner and Shott 1982; Blum et al. 1991) 또는 중성 pH의 실험에서 채취한 광물 입자의 표면에 적용할 때(Shott et al. 1981), 전자 현미경과 표면 화학 기술을 모두 사용하여 변질된 조성과 두께를 가진 보호 표면층의 존재를 증명하려는 시도는 실패하였다. 토양을 대표하는 pH 값(예 : pH = 6)에서, Schott 등은 Mg-휘석의 변질된 조성층은 기껏해야 몇 개의 원자층 두께여야 한다고 결론 내렸다. 대조적으로, 보다 최근의 실험 및 이론적 연구(Brantley 2004 참조)에서는 상당히 두꺼운 변형층의 표면 형성을 강조했지만, 대부분의 토양에서 발견되는 정상 pH 범위 밖의 낮은 pH 실험에 대한 결과에 거의 전적으로 기반을 두고 있다.

Hellmann 등(2003)은 고해상도 및 에너지 필터 투과 전자 현미경을 사용하여 낮은 pH(1.0)의 사장석 용해에서도 장석과의 결정 화학적 연속성이 없고 포용 광물의 용해에 대한 보호 가능성이 낮은 재침전 실리카 풍부층이 형성된다는 것을 발견했다. 이는 낮은 pH에서 완화휘석과 투휘석의 용해 실험에 대해 유사한 결과를 얻은 Schott 등(1981)의 연구 결과와 일치한다.

직접적인 생물 접촉이 없는 상황(아래 참조)에서 대부분의 규산염 광물(적어도 장석, 휘석, 각섬석)의 풍화 과정에 실제로 일어나는 것으로 보이는 것은 토양 용액이 침투성(비보호성) 점토층을 통해 1차 광물 입자의 맨 표면으로 침투하여 이들과 반응한다는 것이다. 표층 보호 이론에 의해 예측된 바와 같이, 입자의 일반적인 형태를 생성하기 위해 표면의 모든 장소에서 용해가 발생하는 것이 아니라, 대신 전위의 돌출부와 같은 과도한 에너지가 있는 표면의 부분에만 영향을 미친다(위축은 약간 밖으로 나온 결정에서 원자의 열이며 따라서 더 에너지가 넘친다). 선택적 식각의 결과로, 결정학적으로 제어된 뚜렷한 식각 피트가 광물 표면에 형성되고 성장과 결합이 흥미로운 특징을 형성한다. 토양 장석과 휘석에 대한 연구에서 가져온 몇 가지 예가 그림 4.4에 나와 있다.

이 식각 구덩이들은 아래 놓인 광물의 결정 구조를 반영하기 때문에 모양이 규칙적이고 특정 방향으로 정렬되어 있다(토양 광물의 현미경 연구에 대한 일반적인 논의는 Nahon 1991 참조).

일부 광물, 특히 석류석의 경우 보호 표면층 용해 메커니즘이 적용될 수 있다. Velbel(1993)은 용해 중인 1차 광물의 몰 부피에 대한 2차 풍화 생성물의 몰 부피의 비율이 보호층을 통한 용해가 가능한지 여부에 대한 핵심 요소임을 보여주었다. 대부분의 1차 광물의 경우 모든 타당한 풍화 산물(예 : 점토 광물 및 수분이 많은 알루미늄 및 산화철)은 1차 광물 표면을 덮기에 충분한 부피를 가지고 있지 않으므로 보호층을 제공한다. 일반적인 광물 중에서 석류석만이 표면의 전체적인 피복에 필요한 기준을 충족하는 것으로 보인다. 이 예측과 일치하는 것은 남부 애팔래치아산맥의 토양에서 귀석류석 알갱이의 표면에 에칭이 부족하고 깁사이트와 침철석이 촘촘하게 덮여 있다는 것을 발견한 것이다.

따라서 토양 용액에 의한 1차 광물의 용해는 주로 에치 피트 형성과 피트의 성장을 통해 발생한다. 만약 피트가 주로 전위의 돌출부에 위치한다면, 풍화 중에 주어진 광물의 용해에 대한 근본적인 제어 요인은 전위의 밀도이다. (다른 광물의 용해는 여전히 화학 조성의 차이에 의해 제어된다.) 이는 동일한 토양 조건에서 유사한 조성의 광물이 용해되는 다양한 속도를 설명하는 데 도움이 될 수 있다. 예를 들어, Holdren과 Berner(1979)의 연구는 칼리 장석($KAlSi_3O_8$)이 실험실에서 불산(토양산의 시뮬레이터)과 반응하는 속도가 $KAlSi_3O_8$과 본질적으로 동일한 화학 조성을 가진 미사장석보다 훨씬 느리다는 것을 보여주었다. 두 광물 사이의 주요 차이점은 미사장석에는 수많은 트윈 탈구가 존재하고 방장석에는 거의 없다는 것이다. 또한 전자 현미경 연구(Berner and Schott 1982)는 공존하는 자소휘석과 보통휘석(같은 토양에 있는 두 개

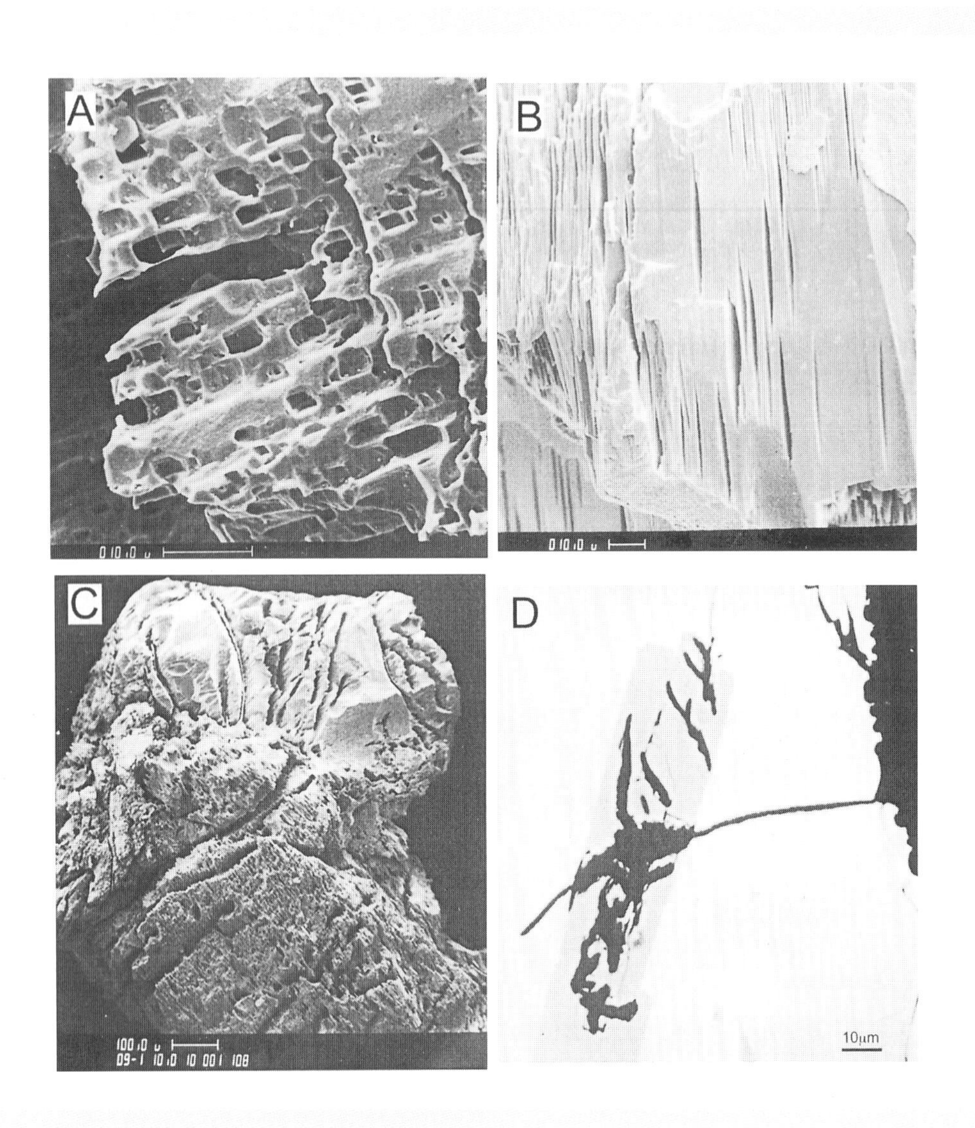

그림 4.4 토양에서 부분적으로 풍화된 광물 입자(초음파 세척으로 제거된 미세 토양 입자)의 전자 현미경 사진. (A) 사장석의 전위에서 발달된 사각형(프리즘) 식각 구덩이(X3,000), (B) 각섬석 전위에서 발달된 렌즈형 식각 구덩이(X1,000), (C) 2개의 휘석 알갱이가 함께 결합된 휘석 알갱이. 보통휘석에서 전위의 밀도가 높기 때문에 위쪽(자소휘석) 알갱이보다 더 심하게 식각된다(X50). (D) 식물 뿌리에서 나온 균사체에 의해 유리질 현무암으로 둘러싸인 길쭉한 Ca-장석 결정의 선택적 식각(X500).

출처 : Berner and Holdren 1977, 1979; Berner and Schott 1982; Berner and Cochran 1998.

의 휘석 광물)이 서로 다른 속도로 풍화된다는 것을 보여준다. 이는 그림 4.4c에 설명되어 있다. 보통휘석이 더 많은 식각 피트를 가지고 있고 풍화가 더 빠른 이유는 광물의 c축에 수직인 서로 다른 성분의 용출층 사이의 경계에 구조적으로 맞지 않기 때문이다.

대부분의 풍화는 단순히 토양수와 광물 표면 사이의 반응에 의해 발생하지 않는다. 나무 뿌리와 관련된 균사체와 같은 특정 미생물상은 분비된 킬레이트산을 사용하여 광물에 직접 구멍을 뚫어 미세 기공을 생성할 수 있다. 이 미생물들의 놀라운 행동은 기반암 안에서 영양 성분을 우선적으로 찾는다는 것이다. Jongmans 등(1997)은 인을 얻기 위해 미량 인회석을 선택적으로 용해시킨 화강암에 대한 균사체 침입을 언급한다. Leake 등(2008)은 실험적인 광물 혼합물에서 외생균근에 의한 인회석의 유사한 생체 감지 및 선택적 공격을 발견했다. 그림 4.4d는 유리질 현무암이 균사체에 의해 공격받고 칼슘이 풍부한 현무암을 선택적으로 공격하는 것을 보여준다. 하와이섬의 현무암(Berner and Cochran 1998)에 대해 기록된 이러한 유형의 풍화는 노출된 암석 풍화의 초기 단계에서 중요한 것일 수 있지만, 근권으로 알려진 식물 뿌리 영역 내에 제한된다.

규산염 풍화율

유역의 화학적 풍화율을 계산하고, 수질 조성을 설명하고, 풍화에 의한 대기 중 CO_2 소비율을 계산하기 위해 작은 유역에서 대륙에 이르는 지역의 화학적 풍화율을 결정하는 것에 많은 관심이 있어왔다(Suchet et al. 2003). 대륙과 전 지구적 풍화율은 큰 강의 화학 조성에 대해 논의하는 제5장에서 다루고 있다. 이 절의 목적은 작은 유역 규모의 풍화율과 그것들이 어떻게 얻어지는지에 대한 주제를 다루는 것이며, 풍화율에 대한 자세한 내용은 White와 Brantley(1995) 그리고 White(2004)에서 확인할 수 있다.

풍화율을 결정하는 가장 간단한 방법은 암석의 화학 성분을 측정하여 풍화된 암석과 비교하고, 풍화된 물질의 나이를 결정하는 독립적인 방법을 사용하는 것이다. 산악 지대에서 연대를 측정한 결과, 초기 빙하 활동에 의해 기반암이 깨끗하게 긁어내졌기 때문에 풍화 기간을 연대와 동일하게 추정할 수 있다. 또 다른 접근법은 동위원소 방법을 통해 지구조 상승의 영향을 받은 해양 또는 강가 단구의 연대를 측정하는 것이다(예 : White et al. 2005). 동위원소적으로 연대측정된 현무암 흐름의 풍화가 연구되었다(Porder et al. 2007).

지난 20년 동안 개발된 풍화율을 결정하는 새로운 방법은 우주선의 피폭을 받은 광물에서 생성된 방사성 핵종 사용이다(Lal 1991). 가장 일반적으로 사용되는 광물은 석영으로 피폭 시 ^{10}Be를 생성한다. 토양 내에서 우주선과 ^{10}Be이 형성될 수 있는 평균 자유 경로는 불과 몇 센티미터이다. 따라서 토양에 ^{10}Be가 축적되는 정도는 대기에 노출되는 시간의 척도가 된다. 우주선 표면 피폭, 침식 및 방사성 붕괴 사이에 정상 상태가 가정되며, 이를 통해 침식 속도를 계산할 수 있다(Brown et al. 1995). (대부분의 침식 속도에서 방사성 붕괴에 대한 보정은 미비하다.) 모암과 파생 토양에서 주어진 원소의 함량을 결정하고 지르코늄과 같은 불활성 원소에 대해 표준화시킴으로써 화학적 풍화율을 물리적 풍화와 화학적 풍화의 합과 동일한 총 삭박 속도로 계산할 수 있다(Riebe et al. 2003).

유역 규모의 풍화율을 측정하기 위한 또 다른 절차는 평균 연간 유량 및 유역의 하천하구에 있는 수질의 화학적 조성으로부터 비와 눈으로부터의 유입 유량과 생물학적 저장 또는 방출에 대한 보정을 결합한 입력-출력 예산을 계산하는 것이다. 하천 생산량과 강우량 입력 사이의 차이와 생물학적 방출은 광물 용해를 나타내는 것으로 가정된다. 이러한 유형의 연구의 예로는 미국 애팔래치아산맥 남부 지역에 대한 Velbel(1985)의 연구가 있다. 주요 양이온(Ca, Na, Mg, K)에 대한 일련의 질량 보존식을 통하여 이 지역의 암석에서 주요 광물의 풍화율을 계산하기 위해 하천과 빗물 화학을 광물 조성 결정 및 바이오매스(생물량)의 조성과 결합할 수 있었다.

현장 연구 외에도 풍화율과 메커니즘을 계산하기 위한 이론적 모델이 있다(예 : Sverdrup and Warfvinge 1995; Soler and Lasaga 1996; Fletcher et al. 2006; Lebedeva et al. 2007; Maher et al. 2008). 이러한 풍화율은 실험적 운동 속도 자료와 열역학적 평형으로부터 계산되며, 이로부터 pH, 온도, 불포화도, 유기산을 포함한 용존 반응 종의 농도와 같은 중요한 변수에 대한 함수 관계가 도출된다. 이들은 다른 토양 연구에서 측정되거나 예측된 암석 및 토양/부식암석의 특성과 결합된다. 여기에는 침식률, 투수도 및 간극수 유량, 용존 및 기체 확산, pH 및 토양수의 화학적 조성, 온도 및 각 용해 광물의 표면적 등이 포함된다. 이러한 연구에서 결과는 현장에서 관찰된 풍화 특성과 비교된다. Maher 등(2008)의 연구와 같은 일부 연구에서 이론적 예측과 현장 측정 사이에 좋은 상관성이 발견되었다.

광물 용해율 실험은 항상 동일한 광물의 현장 용해율보다 훨씬 느리다(White and Brantley 1995). 물/광물 접촉을 억제하는 점토에 의한 광물 표면 코팅과 같은 것들 때문에 불일치가 발생한다. 토양 수문학은 매우 중요하며 실험실과 현장 결과 사이의 많은 차이를 설명할 수 있다(Velbel 1993). 토양에서 다양한 흐름 경로와 광물 표면의 젖음 및 마름은 상당히 불포화된 교반 용액에 부유 입자가 지속적으로 노출되는 실험실 연구와는 매우 다르다. 강우 사이에 작은 토양 공극에 포획된 용액은 용해가 진행되는 광물과 평형을 이룰 수 있으므로 용해가 본질적으로 중단된다. 새로운 비가 오면 이 공극들을 씻어낼 수 있다. 게다가 토양의 유로는 토양생성 점토층, 벌레와 설치류 굴, 뿌리 곰팡이, 탈수 균열, 일차층과 같은 불균일성으로 인해 복잡하다. 이는 강우 강도의 변화로 인한 토양 수분의 공간적, 시간적 변화와 결합되어 실험실 용해 자료를 사용하여 현장의 풍화 속도를 정확하게 예측하기 위해 광물 표면의 습윤 정도와 지속 시간을 추정하기 어렵게 한다.

많은 중요한 요소들이 화학적 풍화 속도에 영향을 미친다. 여기에는 (1) 온도와 강우로 대표되는 기후, (2) 신선한 암석의 감소와 박리 및 풍화에 대한 노출을 증가시키는 물리적 침식, (3) 서로 다른 광물의 용해 속도를 나타내는 암질, 그리고 (4) 광물 용해를 가속화하는 식생이 포함된다. 이러한 각 과정의 효과를 조사하려면 대부분의 조건에서 어려운 나머지 과정을 일정하게 유지해야 한다. 이 작업이 완료되면 풍화 속도에 영향을 미치는 여러 요인을 고려하는 다차원 접근법을 통해 풍화 연구를 수행할 수 있다(West et al. 2005).

간단한 화학적 추론을 통해 온도 상승은 더 빠른 광물 용해를 가져올 것으로 예상된다. 이는 실험실 실험(요약은 White 2004 참조)과 현장 연구에 의해 입증된다. 풍화에서 온도의 역할에

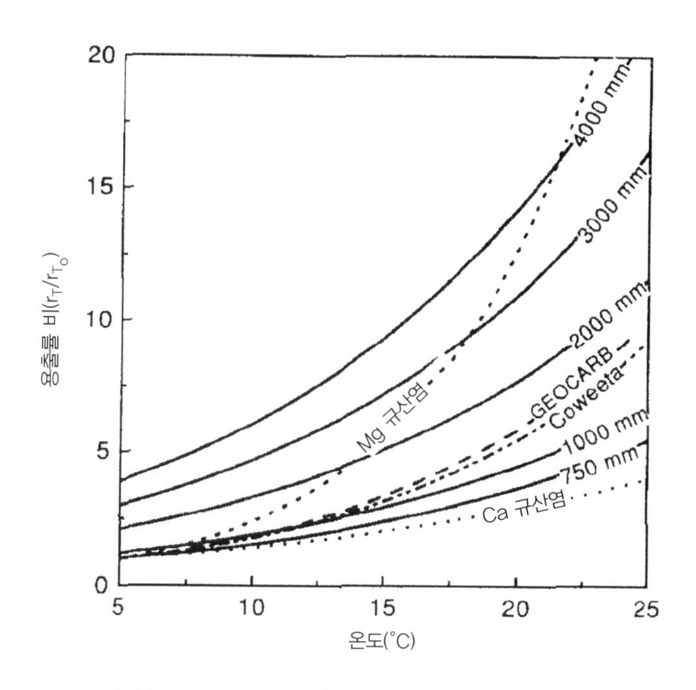

그림 4.5 화강암의 풍화 중 실리카 용출률 비(평균 연간 온도 및 강우량 함수). 표준 상태는 5°C의 온도(rTo), 강우량은 1,000 mm이다. 비교를 위해 실선과 점선은 노스캐롤라이나주 코위타(Coweeta)의 현장 연구인 Ca와 Mg 규산염의 실험 용해와 이론적 모델(GEOCARB)을 통한 예측을 기반으로 한 다른 연구의 결과(온도만)를 보여준다.

출처 : White and Blum 1995.

대한 고전적인 현장 연구는 Jenny(1941)의 연구이다. 그는 미국 동부의 남북 횡단을 따라 비슷한 강우하에서 화성암에서 발달한 토양의 점토의 비율을 측정함으로써 강우와 암질로부터 온도의 영향을 분리했고, 점토의 발달과 온도의 명확한 양의 상관관계를 발견했다. White와 Blum(1995)은 전 세계 다양한 지역에서 화강암의 풍화 속도를 연구했고 강우의 영향과 온도를 분리할 수 있었다. 그 결과는 그림 4.5와 같다. Desert 등(2001)의 유사한 연구 또한 현무암에서 온도가 증가하고 강우량이 증가함에 따라 풍화 속도가 증가했다.

기온이 풍화 속도에 미치는 영향에 대한 연구에서 문제가 되는 것은 온도의 영향이 풍화 속도에 영향을 미치는 다른 요인들과 완전히 분리되어 연구되지 않는다는 것이다. 온도 효과의 분리는 최근 연구(Gislason et al. 2008)를 통해 달성되었는데, 이 연구에서는 일정 기간(44년)에 걸쳐 수집된 여러 아이슬란드 하천수 화학, 유량 및 연평균 기온에 대한 데이터를 얻었으며 이 기간 동안 각 하천은 온난화를 겪었다. 시간이 지남에 따라 각각의 강을 연구함으로써 암질과 기복의 변화를 피할 수 있었다. 그들은 각 지역의 온도가 1°C 상승하면서 풍화 유량이 4~14% 증가하는 것을 보여준다.

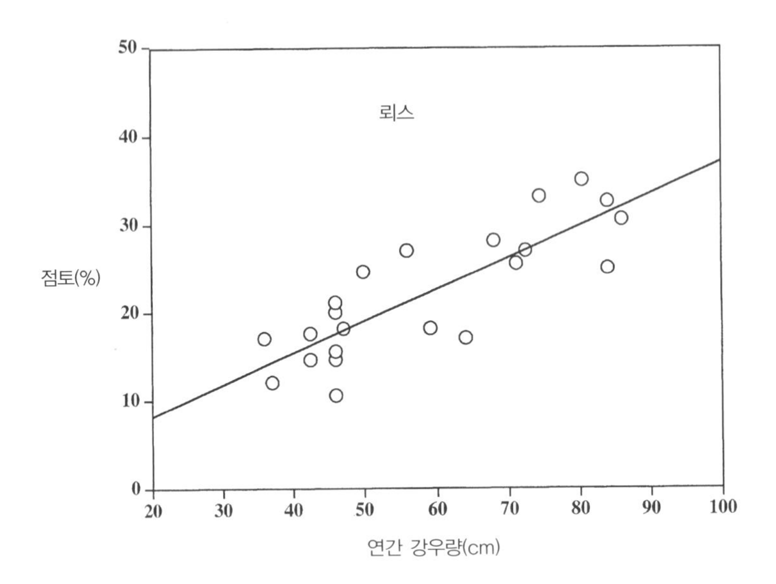

그림 4.6 연평균 강우량의 함수로서 풍화 속도. 결과는 미국 중부를 동서로 관통하는 등온선을 가로지르는 빙하 황토에서 발달한 토양의 점토 비율에 기초한다.

출처 : Jenny 1941.

Jenny(1941)는 강우가 일정 온도, 암질 및 기복에 대한 풍화 속도에 미치는 영향에 대한 고전적이고 독특한 연구를 수행했다. 연평균 기온에 대한 등온선을 따라 미국 중서부를 가로지르는 동서 방향의 바람에 날린 먼지(황갈색)에서 발달한 토양을 분석함으로써 다양한 온도와 암질을 피했다. 그의 결과는 그림 4.6과 같으며 강우량 증가가 풍화율에 미치는 영향은 분명하다.

Stallard(1995)의 연구는 화학적 풍화율을 조절하는 물리적 침식의 역할을 강조했고, 2개의 단성분, 즉 풍화가 제한된 침식과 운송이 제한된 침식을 구분했다. 습한 산악 지역처럼 경사가 가파르고 강우량이 충분할 경우, 급격한 침식으로 거의 모든 토양이 씻겨 기반암이 추가 풍화에 노출될 수 있다. 이것은 풍화가 제한된 단성분이다. 반대의 상황은 저지대에서 발생하는데, 토양이 너무 두꺼워져서 물이 기반암에 도달하는 데 어려움을 겪을 때까지 풍화 생성물이 계속 쌓이는 것이다. 이것은 운송이 제한된 침식과 풍화이다. 침식에 의해 쌓인 토양이 제거될 때까지 추가적인 풍화는 일어날 수 없다. 이것의 좋은 예는 아마존강 저지대이다. 많은 지역에서 기반암 위에 일정한 두께의 토양이 있고 풍화에 의한 토양 생산은 침식에 의한 토양 제거에 의해 균형을 이루는 중간 상황에 도달한다. 이것은 정상 상태(steady state)의 풍화로 알려져 있다. 정상 상태 가정은 현재의 풍화 속도에 우주 생성 핵종을 사용하기 위해 필요하다.

우리가 아는 한 본질적으로 동일한 기후, 식생 및 완화에 따라 화강암 대 현무암의 풍화 속도에 대한 단 하나의 결정적인 연구가 수행되었다. Taylor(2000)의 미국 아이다호 인근 숲이 우거진 화강암과 현무암에서 발달된 토양을 흐르는 물에 대한 현장 연구를 통해 양이온과 실리카 유동이 화강암을 흐르는 물보다 현무암을 흐르는 물에서 약 2~3배 더 높다는 것을 보여주었다. 토양층에 대한 분석을 통해 유사한 결과를 얻었다.

고등 식물이 일정한 기후와 암질을 가진 화학적 풍화에 미치는 영향에 대한 몇 가지 연구만이 수행되었다. 식물과 풍화에 대한 총평은 E. K. Berner 등(2004)에서 보고되었다. Drever와 Zobrist(1992)는 스위스 알프스 남부에서 하천 분석을 통해 풍화 속도를 연구했는데, 규산염 풍화로 인한 중탄산염의 유량이 낙엽성 숲 아래에서 나무 선 위의 이끼가 덮인 바위 아래보다 20배 더 높다는 것을 발견했다. 연평균 기온이 상승함에 따라 감소하기 때문에, 그들은 기온 변화가 풍화율에 미치는 영향을 보정해야 했고, 나무들이 나무 선 위의 다소 척박한 바위 위에서 규산염 풍화를 약 8배 가속화한다는 결론을 내렸다.

아이슬란드 서부에서 식물이 풍화에 미치는 영향에 대한 더 자세한 연구는 Moulton 등(2000)에 의해 수행되었다. 풍화율은 (1) 작은 자작나무, (2) 침엽수, (3) 흩어진 이끼와 지의류가 인근 지역에 서식하는 현무암을 흐르는 하천수를 분석함으로써 결정되었다. 세 지역의 기복, 강우, 암질은 본질적으로 동일했다. 강우에 용해된 유입, 식생에 의한 흡수 및 토양 점토 내 저장에 대한 작은 수정 후, 용해된 Ca와 Mg의 유량은 자작나무와 침엽수에서 거의 동일하며 이끼와 지의류로 덮인 위치에서보다 3~4배 더 높은 것으로 밝혀졌다. 이것은 나무가 풍화에 의해 이온의 용출을 크게 가속화한다는 생각에 추가적인 신빙성을 더해준다.

아무것에도 덮여 있지 않은 땅이나 이끼와 지의류가 차지하고 있는 곳에 비해 나무가 풍화를 가속화하는 이유는 여러 가지가 있다(Berner et al. 2004 참조).

(1) 나무 뿌리는 특히 균근 균류와 함께 있을 때 광물을 용해하고 킬레이트하는 데 효과적인 유기산을 분비한다(그림 4.4d 참조). 나무의 크고 미세한 뿌리 덩어리는 이끼와 지의류의 균사에 비해 식물과 광물 사이의 접촉면이 훨씬 더 넓다. 또한 바위 풍화에 의해 영양분이 공급되는 크고 빠르게 성장하는 식물에 의한 영양분 흡수율은 이끼와 지의류의 영양분 흡수율보다 수백 배, 수천 배 더 높다.

(2) 방대한 나무 뿌리는 토양을 침식으로부터 안정시켜 주고, 추가적인 풍화를 위해 수분을 유지할 수 있게 해준다.

(3) 나무들은 광범위한 증산작용을 겪으며, 이는 숲에서 공기의 습기를 증가시키고 지역적으로 강우량을 증가시킨다. 이것은 추가적인 풍화가 일어날 수 있도록 신선하고 희석된 물을 공급한다.

(4) 나무 아래에서 풍부한 토양 유기물은 산성을 띠며 1차 광물을 공격할 수도 있는 부식성 물질로 변한다.

규산염 풍화 : 토양 생성

토양은 "암석 풍화의 잔여물 외에 공기, 물, 분해 유기물, 살아 있는 식물 및 동물의 복잡한 시스템으로 환경 조건에 따라 명확한 구조적 패턴으로 조직된다"(Loughnan 1969, p. 115)와 같이 정의할 수 있다. 전 세계적으로 토양 형성에 대한 지배적인 요인은 기후이다. 사실, 대부분의 토양 분류는 주로 기후 차이에 기반한다. 일반적인 분류는 표 4.7과 같다.

(토양 분류에 대한 자세한 내용은 Retallack 2001 및 Eswaran et al. 2002 참조.) 기후는 암석의 씻김에 영향을 미치는 강우의 역할(위에서 논의함) 외에도 식물과 토양의 유기물 함량에 대한 제어를 통해 풍화에 중요한 영향을 미친다. 식물의 생장을 촉진하는 높은 강우량과 박테리아 파괴를 지연시키는 낮은 온도 모두 토양에 유기물이 축적되는 것을 선호한다. 유기물은 앞서 언급한 바와 같이 규산염 광물과 반응하는 탄산 및 유기산과 킬레이트 화합물의 공급원이라는 점에서 중요하다. 표 4.7에서 대부분의 산성 토양이 서늘하고 습한 조건에서 형성된 토양, 즉 스포디졸(spodisol)이기 때문이다. [히스토졸(histosol)은 유기물이 더 풍부하지만, 물순환이 부족하기 때문에 풍화는 거의 일어나지 않는다.] 반면, 따뜻한 기후의 옥시졸(oxysol)[라토졸(latosol)과 홍토]은 미생물에 의한 유기물의 거의 완전한 파괴로 인해, 그리고 사막과 반건조 토양[아리도졸(aridosol)]은 뚜렷한 식물 성장의 부족으로 인해 유기물이 덜 축적된다.

우리의 관심사는 주로 풍화와 전 지구적 환경에 있기 때문에, 다양한 토양의 종류와 분류에

표 4.7 토양 분류

엔티졸	엔티졸의 희박한 토양 형성 또는 지배 측면은 시간이 짧거나 지속적인 침식에 노출된 경사 지형에 위치해 있기 때문이다.
인셉티졸	엔티졸과 다른 토양 유형 사이의 중간 개발 단계. 미성숙한 토양.
히스토졸	두터운 부드러운 토양층을 가진 유기질이 풍부한 토양이다. 저지대, 영구적으로 물에 잠긴 지역에서 형성된다.
버티졸	팽창성 점토 광물질인 스멕타이트 등의 강한 계절적 건조로 인해 깊은 균열과 더듬이 지형이 형성된 동일한 두께의 점토질 프로파일이다. 높은 교환성 양이온(염기성)을 가지고 있다.
몰리졸	혼합 클레이와 유기물이 풍부한 기반성 높은 표면층과 하부 클레이, 석회암 또는 석고층으로 이루어진 잘 발달된 토양이다. 습윤하고 반건조한 기후의 풀 지역 식생 아래에서 발견된다.
아리도졸	얕은 석회암, 석고층 또는 염기성 층이 있는 건조한 지역의 토양이다. 종종 바람에 의해 날아오는 먼지를 포함한다.
스포디졸	일반적으로 알루미늄과 철이 풍부한 비기반성 B층과 규석으로 이루어진 강하게 산화된 E층, 그리고 높은 산성 표면 유기층으로 이루어진 강한 지대성을 보이는 토양이다. (이전에는 '포드졸'이라 불렸음.) 보통 온대 기후의 침엽수림 지역에서 발견된다.
알피졸	기본적으로 스멕타이트로 구성된 하부 B층과 잘 정의된 밝은 표면층 A가 있는 숲 토양. 원천 기상 물질(예 : 장석)의 함량이 높다.
얼티졸	(주로 낙엽수) 기반 성분이 부족한(예 : 카올라이트) 진흙으로 이루어진 지하 B 토양층과 따뜻하고 습한 기후에서 광범위한 풍화로 인해 일찍 소멸된 1차 광물이 적은 산림 토양이다.
옥시졸	열대 습한 기후의 (이전에는 '라테라이트'로 불렸던) 붉은색 카올라이트 질감이 풍화가 심한 토양으로 남아 있는 1차 광물이 거의 없다.

출처 : Retallack 2001.

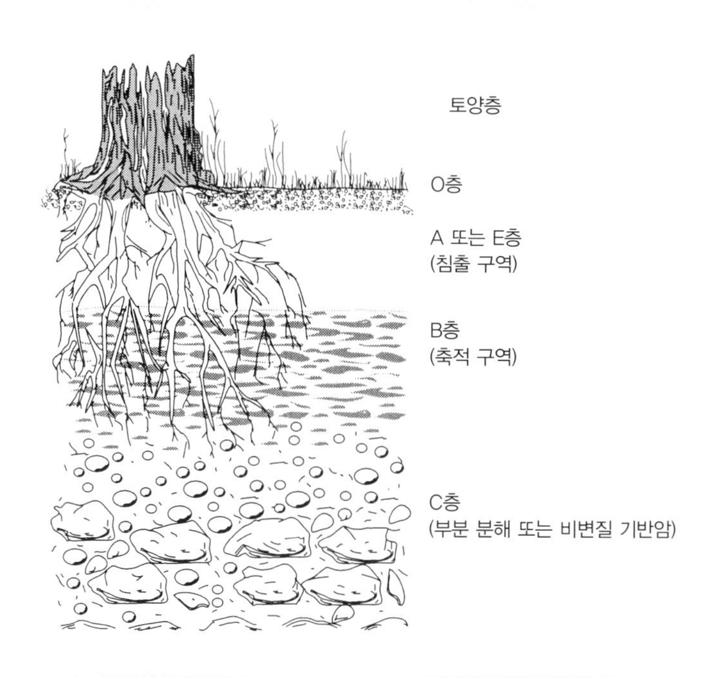

그림 4.7 온대 습윤 기후에서 발달된 전형적인 스포디졸의 단면.
출처 : Drever 1992.

대해 자세히 말할 필요가 없다. 그러나 표 4.7의 토양 중 일부에 관한 몇 가지 추가적인 설명이 필요하다. 습윤 온대 지역의 특징적인 토양은 스포디졸과 알피졸(alfisol)이다. 스포디졸(이전의 회백토)은 강한 수직 구역화를 특징으로 하며, 그 예는 그림 4.7에 나와 있다.

토양의 표층(O층)은 잎더미로 구성되어 있으며, 매몰 시에는 구조화되지 않은 부식토(A층)로 부식된다. 유기층을 통과할 때 강한 산성을 띠는 물의 아래쪽 흐름은 강한 침출과 바로 밑에 있는 물질의 제거를 초래하여 주로 저항성 석영(E층)으로 구성된 잔류물을 생성한다. 양이온, 실리카, 유기물, 심지어 Al과 Fe도 제거된다. 그러나 Al과 Fe뿐만 아니라 일부 실리카 및 용존 유기물(부식산 및 풀브산)은 암석으로부터 제거되지 않고 소위 B층의 깊이에서 침전된다. B층 아래에는 C층(그림 4.7), 즉 암석이 약간 풍화되어 생물학적 활동의 영향을 거의 받지 않는 영역이 있다.

다른 토양 유형에서도 수직 구역화를 경험하지만, 스포디졸에 의해 나타나는 것과는 종종 다르다. 예를 들어, 아습윤 온대 초원의 특징적인 토양인 몰리졸에서는 건조한 기간 동안 여과와 침출보다 증발이 우세하기 때문에 B층의 깊이에서 $CaCO_3$의 침전이 일어나는 경우가 많다.

열대와 아열대 토양에서는 유기물이 거의 매몰되지 않지만, 폭우로 인해 양이온과 실리카가 심하게 침출되어 B층 내(얼티졸과 옥시졸)에 잔류 철과 알루미늄이 축적된다. 사막 토양(아리도졸) 또는 짧은 기간 동안만 풍화를 거친 토양(엔티졸)에서는 상대적인 풍화 부족으로 인해 수직 구역화가 잘 발달하지 않는 경우가 많다. 후자의 토양의 예로는 젊은 빙하 퇴적물이나 비교적 최근의 화산 흐름에서 발달한 토양이 있다.

탄산염 풍화

규산염과 비교했을 때 탄산염 광물은 훨씬 더 간단하게 풍화된다. 용해는 일반적으로 완전 용해이며, 방해석과 돌로마이트에 대한 전체 반응은 탄산(H_2CO_3) 공격(또는 유기산 공격, H_2CO_3로 표현 가능)에 의해 달성된다.

$$H_2CO_3 + CaCO_3 \rightarrow Ca^{2+} + 2HCO_3^- \quad (4.16)$$

그리고 돌로마이트에 대해서는

$$2H_2CO_3 + CaMg(CO_3)_2 \rightarrow Ca^{2+} + Mg^{2+} + 4HCO_3^- \quad (4.17)$$

탄산염 광물은 규산염 광물만큼 풍부하지는 않지만 지하수와 하천수 조성에 지배적인 영향을 미친다. 전 세계적으로 강물에 용해된 Ca^{2+} 및 HCO_3^-은 반응 (4.16) 및 (4.17)을 통한 탄산염 용해에서 발생한다(제5장 참조).

규산염이 주를 이루는 많은 암석들은 미량의 탄산염을 포함하고 있는데, 이것은 풍화로 인한 물의 조성에 큰 영향을 미칠 수 있다. 화강암조차도 초기 풍화와 그에 따른 물 조성을 지배하는 미량의 석회암을 포함할 수 있다(White et al. 1999). 히말라야의 화강암 지형의 초기 풍화는 탄산염이 암반의 약 1%를 차지함에도 불구하고 탄산염 용해가 지배적인 것으로 밝혀졌다(Jacobson et al. 2002).

특정 상황에서 탄산칼슘 용해 후 재침전이 일어날 수 있다. 탄산(및 유기산)의 농도가 높은 토양수와 지하수에서 Ca^{2+}와 HCO_3^-의 농도는 높은 값까지 증가할 수 있다. 물이 용존 CO_2의 탈가스가 발생하는 조건을 만나면 물은 $CaCO_3$에 대해 과포화 상태가 될 수 있다. 탄산은 용해된 이산화 탄소와의 평형을 지속적으로 유지한다.

$$H_2CO_3 \leftrightarrow H_2O + CO_2 \quad (4.18)$$

용액에서 CO_2가 손실되면 반응 (4.18)이 오른쪽으로 이동하여 H_2CO_3를 다 사용하고 결과적으로 반응 (4.16)이 왼쪽으로 이동하여 H_2CO_3를 대체한다. 만약 Ca^{2+}와 HCO_3^-가 충분히 높은 농도로 존재한다면, $CaCO_3$ 침전이 일어날 수 있다.

$CaCO_3$ 재침전의 두드러진 예는 석회암 동굴에서 발생한다. 석회암은 주로 방해석으로 구성된 암석이다. 절리, 균열 및 기타 물 흐름의 경로를 따라 풍화되는 동안 토양에서 유래된 탄산에 의해 조화 용해된다. Ca^{2+}와 HCO_3^-은 일반적으로 암석에서 용출되어, 결과적으로 균열

의 확대와 궁극적으로 동굴의 형성이 일어난다. 동굴이 균열을 통해 대기와 충분히 연결되면 동굴 공기 중에 낮은 대기 값의 CO_2 가스가 유지된다. 이 경우, 높은 수준의 H_2CO_3, CO_2 및 HCO_3^-를 포함하는 물이 동굴 대기에 CO_2를 잃을 수 있다. 결과적으로, $CaCO_3$와의 과포화가 달성되고, 석회암이 침전되어 종유석, 석순 및 다른 동굴 퇴적물을 형성한다. 동굴 퇴적물은 백운암(돌로마이트 암석)에서도 형성되지만, 이 경우 돌로마이트는 재침전되지 않는다. 돌로마이트를 침전시키는 데는 심각한 문제가 있어서 돌로마이트와 방해석에 대해 과포화된 용액에서는 항상 Mg이 용액으로 손실되는 침전물이 된다. 따라서 백운암에서 우리는 돌로마이트가 아닌 방해석 퇴적물을 포함하는 동굴을 발견한다(예 : Holland et al. 1964 참조).

방해석은 토양에서도 침전될 수 있다. (Ca^{2+}와 HCO_3^-는 탄산염이 아닌 규산염의 풍화로 인해 발생할 수 있다.) 이것은 가스를 제거하는 유사한 과정에 의해 발생하지만, 침전은 지표면에 훨씬 더 가까이에서 발생한다. 건조한 기후에서는 토양의 깊이가 수십 센티미터에 불과할 때 아래쪽으로 침투하는 토양의 수분이 탈기되고 CO_2가 손실된다. (CO_2는 더 얕은 깊이에서 유기물 분해로부터 얻어진다.) 그 결과 방해석 침전이 일어나며, 그 결과로 생긴 퇴적물을 칼리치(caliche)라고 한다(토양 탄산염에 대한 논의는 Retallack 2001 참조).

황화물 풍화

황화 광물은 다양한 암석 유형에서 미량이지만 광상에서는 국지적으로 주요량으로 존재한다. 지금까지 가장 풍부한 광물은 황철석(FeS_2)으로, 주로 블랙 셰일로 알려진 유기질이 풍부하고 입자가 고운 퇴적암과 석탄에서 발견된다. 풍화 중에 용존 산소에 노출되면 황철석(및 다른 황화물)은 화학적으로 불안정하고 빠르게 산화 분해된다. 이러한 분해는 황산의 생성을 야기한다는 점에서 중요하며, 이는 다시 규산염과 탄산염 광물의 추가적인 풍화를 가져오는 데 사용될 수 있다. 황산은 다음과 같이 형성된다.

$$4FeS_2 + 15O_2 + 8H_2O \rightarrow 2Fe_2O_3 + 8H_2SO_4 \tag{4.19}$$

$$H_2SO_4 \rightarrow 2H^+ + SO_4^{2-} \tag{4.20}$$

(용액 등에서 Fe^{2+} 또는 Fe^{3+}를 포함하는 다양한 다른 반응이 기록될 수 있지만, 모든 경우 H_2SO_4의 형성으로 인해 pH가 뚜렷하게 감소한다.) 거의 항상 산화는 박테리아에 의해 촉매된다(Stumm and Morgan 1996). 황화물 산화가 일어나는 물을 배출하는 암석의 산성도는 황화물의 함량과 산을 쉽게 중화시킬 수 있는 다른 광물, 특히 탄산염의 존재에 따라 달라진다. 탄광에서 대량의 황철석을 함유한 석탄은 갑자기 산소가 함유된 물에 노출되며, 관련 암석은 일반적으로 탄산염을 거의 포함하지 않기 때문에 탄광 지역을 배출하는 물은 매우 산성이다. 황철석 산화의 세균 촉매에 의한 pH 3 미만의 값은 이러한 광산 배수 물에서 일반적이다(Stumm and Morgan 1996).

대조적으로, 황철석을 포함하고 있는 석회질 암석은 풍화되더라도 상당히 산성인 물을 만들지 않는다. 대신 황산은 $CaCO_3$에 의해 중화된다.

$$4FeS_2 + 15O_2 + 8H_2O \rightarrow 2Fe_2O_3 + 16H^+ + 8SO_4^{2-} \quad (4.21)$$

$$16H^+ + 16CaCO_3 \rightarrow 16Ca^{2+} + 16HCO_3^- \quad (4.22)$$

두 반응식을 합하면, 다음과 같다.

$$4FeS_2 + 15O_2 + 8H_2O + 16CaCO_3 \rightarrow 2Fe_2O_3 + 16Ca^{2+} + 8SO_4^{2-} + 16HCO_3^- \quad (4.23)$$

이러한 방식으로 Ca^{2+}-SO_4^{2-}-HCO_3^- 지하수와 하천수가 발생할 수 있다. 토양수의 증발 농도가 일반적인 건조 및 반건조 지역에서 Ca^{2+}와 SO_4^{2-}의 농도는 종종 석고, $CaSO_4 \cdot 2H_2O$의 침전이 일어나는 지점에 도달한다. 미국 서부 내륙의 석회질 블랙 셰일이 풍화된 농작물에서 석고 결정이 흔히 발생하는 것이 이 과정의 한 예이다.

황산은 또한 규산염 광물에 의해 부분적으로 중화된다. 사실, 규산염에 대한 보다 중요한 풍화 반응 중 하나를 구성하는 것은 이 중화이다. 예를 들어, 조장석에 대하여

$$H_2SO_4 + 9H_2O + 2NaAlSi_3O_8 \rightarrow Al_2Si_2O_5(OH)_4 + 2Na^+ + SO_4^{2-} + 4H_4SiO_4 \quad (4.24)$$

때때로 충분한 황철석(또는 다른 황화물)이 있으면 산도가 너무 높아서 고령석과 산화철과 같은 일반적인 2차 광물이 불안정해지고 용해될 수 있다.

$$6H^+ + Al_2Si_2O_5(OH)_4 \rightarrow 2Al^{3+} + 2H_4SiO_4 + H_2O \quad (4.25)$$

$$6H^+ + Fe_2O_3 \rightarrow 2Fe^{3+} + 3H_2O \quad (4.26)$$

이 경우 백반석, $KAl_3(SO_4)_2(OH)_6$, 철백반석, $KFe_3(SO_4)_2(OH)_6$ 등의 황산염 광물이 형성될 수 있다. 토양에서 이러한 광물을 발견하는 것은 토양이 매우 산성이라는 좋은 증거이다(van Breeman 1976).

지하수와 풍화

지하수가 아래로 스며들면 토양수는 지하수가 된다. 일단 생물학적 활동이 지배하는 부분을 벗어나면 풍화와 암석 용해는 훨씬 느리지만 결코 무시할 정도는 아니다. 충분한 시간이 주어지면, 깊이에서 규산염암이 광범위하게 분해되어 부식암석(saprolite)으로 알려진 점토, 철 산화물 등의 두꺼운 층을 형성할 수 있다. 토양과는 대조적으로, 부식암석은 대체할 암석의 조직(예 :

층)을 유지하는 반면, 토양에서는 뿌리와 토양에 사는 유기체의 굴착 활동에 의해 원래의 조직이 파괴된다.

광범위한 부식암석화의 예는 미국 남동부에서 발견되는 깊은 풍화 단면에 의해 제공된다. 이러한 부식암석화는 탄산의 1차 광물에 대한 공격과 물 자체에 의해 발생하며, 직접적인 생물학적 활동은 거의 수반되지 않는다. (그러나 탄산은 토양의 미생물학적 유기물 분해로부터 간접적으로 유도된다.) 이러한 하층 풍화는 지하수면 위와 아래에서 발생되며 물 조성에 영향을 미친다(Cleaves 1974; Velbel 1985). 지하수는 대기와 접촉하지 않으며, 지속적인 반응의 결과로 산소가 없는 혐기성이 된다. 이 경우 용존 Fe^{2+}와 Mn^{2+}는 용해된 O_2가 부족하기 때문에 용액 내에 존재하며, 그렇지 않으면 산화와 침전에 의해 제거된다. 이러한 지하수는 지표로 양수될 때, 대기로부터 급격한 O_2 흡수가 일어나며 그 결과로 수산화3가철 및 수산화망간으로 침전된다. 이것은 우물물을 사용할 때 자주 발생하는 '녹슨 색'을 설명한다.

Fe^{2+} 용출과 같은 심부에서 일어나는 화학 반응의 결과와 토양 위에서 일어나는 많은 풍화 반응은 지하수 조성에서 함께 나타난다. 많은 상황에서 이러한 반응은 지하수의 화학적 조성으로부터 추론할 수 있으며, 화학적 자료가 풍부하기 때문에(예 : White et al. 1963 참조) 지하수 조성의 기원을 추론하기 위한 다양한 체계를 구성할 수 있다. 그러나 논의 내내 지하수와 빗물 사이의 물 조성의 차이가 단지 암석 풍화에만 기인한다고 가정한다는 점을 항상 염두에 두어야 한다. 이 장의 시작 부분에서 논의한 바와 같이 생물량 증가 또는 감소 또는 바람에 날리는 먼지의 용해로 인한 토양-물 변화의 지하수 조성에 큰 영향이 있는 경우에는 그렇지 않을 수 있다. 다행히도, 몇몇 요소의 경우 지하수 조성에 기초한 예측과 토양의 실제 관측 사이의 좋은 일치에서 보여주듯이 그러한 효과는 종종 무시될 수 있다.

표 4.5에 표시된 광물 풍화도 계열을 연상시키는 원소에 대한 이동성 계열을 구성하기 위해 규산염암을 흐르는 지하수 및 샘물에 대한 연구가 사용되었다. 원소 이동성은 주어진 원소로 구성된 총 용존 물질의 중량 분율을 풍화를 겪는 1차 암석에서 동일한 원소의 중량 분율로 나눈 것으로 정의할 수 있다. Feth, Roberson, Polzer(1964)가 지하수 자료를 많이 조사한 결과 이동성의 순서는 다음과 같다.

$$Ca > Na > Mg > Si > K > Al = Fe$$

즉 Ca, Na, Mg는 가장 유동적이고 풍화에 의해 가장 쉽게 용출되고, Si와 K는 중간이며, Al과 Fe는 본질적으로 이동성이 없고 토양에 잔류한다. 이 순서는 가장 빨리 풍화된 규산염 광물이 Na-Ca 규산염(사장석)과 Mg 함유 규산염(예 : 휘석, 감섬석)인 반면, Al, Fe, Si(후자에서 그보다 낮은 정도)는 2차 광물을 형성하고 토양에 잔류하고, K는 잘 풍화되지 않는 광물, 특히 흑운모, 백운모, K-장석에 잔류한다.

화성암 지하수 조성을 위한 Garrels의 모델

사장석은 지각 내에서 가장 풍부한 광물로 빠르게 풍화되기 때문에 규산염 암석의 자연 지하수 조성의 상당 부분이 사장석 풍화의 관점에서 설명할 수 있다고 추정하는 것이 타당하다. F. T. Mackenzie의 고전적인 연구를 기반으로 Garrels(1967)에 의해 이루어졌으며, 지하수 조성의 기원에 대한 그의 논의는 다음과 같다. (이 장에서 논의된 아이디어에 대한 광범위한 부분은 Garrels and Mackenzie 1971 참조).

캘리포니아 시에라네바다의 화성암을 흐르는 지하수 조성을 조사하면서, Garrels는 설명할 가치가 있는 주요 용존 원소는 Ca^{2+}, Na^{+}, HCO_3^-, H_4SiO_4라고 결론지었다. (흑운모와 각섬석 풍화의 관점에서 더 적은 농도의 K^+와 Mg^{2+}는 설명되었고, 여기서 논의하지 않는다.) 이들 용존 이온에 대한 상대적인 농도를 설명하기 위해 다음과 같은 가정을 했다.

(1) 물 조성(강우 유입 보정 후)은 1차 규산염 광물에 대한 탄산의 공격으로 인해 발생한다.
(2) 사장석은 풍부하고 쉽게 풍화되기 때문에 Na^+와 Ca^{2+}의 유일한 기원 광물이다. (단, 미량의 탄산칼슘 때문에 문제가 발생할 수 있다.)
(3) 용해된 실리카는 거의 전적으로 사장석의 풍화로부터 기인한다(약간은 Fe-Mg 광물에 기인한다).
(4) Na^+에 대한 강우 보정은 측정된 Na^+의 총농도에서 측정된 Cl^-농도에 해당하는 양을 뺀 값이다.

먼저, Garrels는 사장석이 깁사이트, 고령석 또는 스멕타이트를 형성하기 위해 반응하는 일련의 풍화 반응을 구성했는데, 이는 이 장의 앞부분에서 조장석에 대해 논의한 것과 유사하다. 예를 들어, 50% $NaAlSi_3O_8$ 및 50% $CaAl_2Si_2O_8$을 갖는 사장석이 고령석으로 풍화되는 경우,

$$4Na_{0.5}Ca_{0.5}Al_{1.5}Si_{2.5}O_8 + 6H_2CO_3 + 11H_2O \rightarrow 3Al_2Si_2O_5(OH)_4 + 2Na^+ + 2Ca^{2+} + 6HCO_3^- + 4H_4SiO_4 \quad (4.27)$$

이 반응에 따르면 $Na:Ca:HCO_3^-:H_4SiO_4 = 1:1:3:2$의 용액에서 몰 비를 찾을 수 있다. 상이한 Na-Ca 조성의 사장석을 고령석으로 풍화시키는 경우 상이한 비율이 발생하며, 마찬가지로 깁사이트 또는 스멕타이트로 동일하거나 상이한 조성의 사장석의 풍화도 발생한다. 이러한 유형의 많은 반응을 작성한 결과, Garrels는 여기에 그림 4.8에 재현된 다이어그램을 구성할 수 있었다. 이 다이어그램은 깁사이트, 고령석 및 스멕타이트와 별도로 사장석의 풍화에 대해 예측된 $[HCO_3^-]/[H_4SiO_4]$ 대 $[Na^+]/[Ca^{2+}]$의 관점에서 용액 조성을 보여준다.

사장석 풍화도에 천연 지하수 조성을 도시함으로써, Garrels는 자연에서 일어나는 사장석 풍화 반응을 추론할 수 있었다. 자료(그림 4.8)는 지배적인 반응이 고령석, 스멕타이트 또는 둘

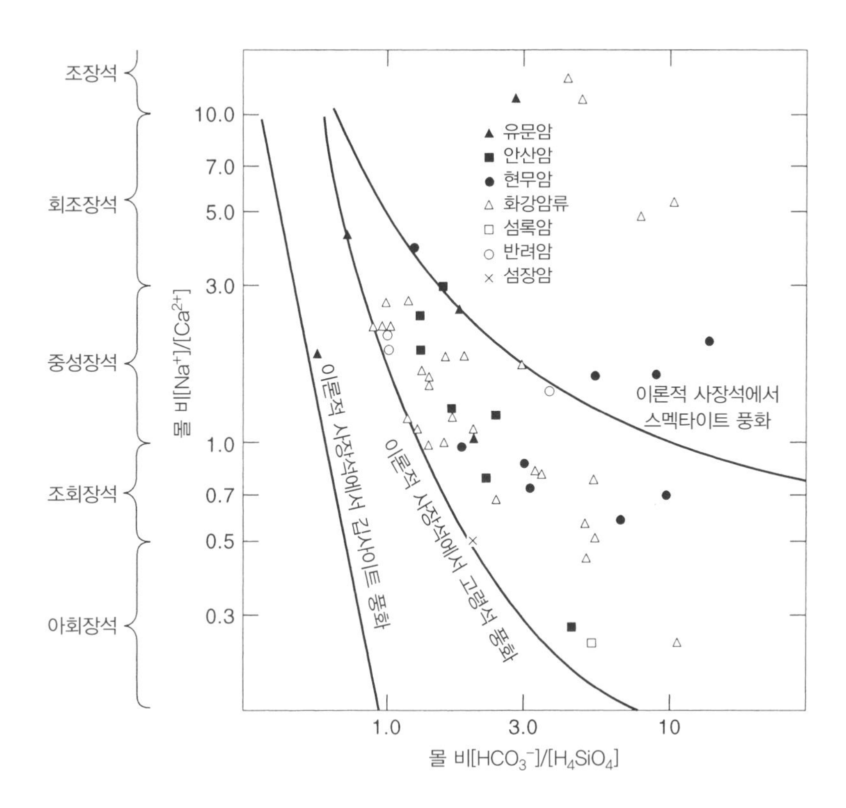

그림 4.8 다양한 종류의 화성암 지하수의 $[HCO_3^-]/[H_4SiO_4]$와 $[Na^+]/[Ca^{2+}]$의 몰 비. (괄호는 몰 농도를 나타낸다.) 암석 유형은 다른 기호로 표시되며, Na^+/Ca^{2+} 비율이 도출된 사장석 조성에 대한 명명법은 왼쪽에 나와 있다. 대부분의 물 성분은 사장석을 고령석과 스멕타이트로 풍화시키기 위한 이론적 곡선 사이에 도시되어 있다.

출처 : Garrels 1967.

모두의 혼합물의 형성과 관련된 반응임을 나타낸다. 이 예측은 대부분의 토양에 대한 광물학적 관찰과 일치하며, Garrels 모델의 기본적인 타당성을 나타낸다.

Garrels는 또한 HCO_3^- 농도에 대한 다양한 매개변수의 그림을 구성했다. 중탄산염 농도는 용액 내 이온 축적 정도를 측정하는 것으로 물과 사장석의 접촉 시간을 측정한다. Garrels는 낮은 HCO_3^- 농도에서 물은 사장석(및 기타 광물)과 고령석의 풍화에 대해 예상되는 HCO_3^-/H_4SiO_4 비율을 갖는 것으로 보이는 반면, 높은 농도의 HCO_3^-/H_4SiO_4 비율은 스멕타이트의 풍화를 시사했다. 또한 낮은 HCO_3^- 농도의 용액은 스멕타이트에 대해 포화도가 낮은 것처럼 행동했고, 높은 농도의 용액은 스멕타이트에 대해 포화도가 존재할 경우 예상되는 일정한 용해도 생성물에 도달하는 것으로 나타났다. 용존 중탄산염 농도가 훨씬 더 높을 때, 석회암에 대한 포화도가 발견되었다. 이러한 관측은 Garrels가 사장석과 물의 적은 접촉 시간('초기 풍화')에서는 1차 생성물이 고령석이어야 하며, 많은 접촉 시간에는 고령석과 스멕타이트가 형성될 수 있다는 결론을 내리게 했다. 더 높은 농도에서 $CaCO_3$ 포화도가 달성되고 석회암이 형성될 수 있다. 이러한 예측은 이 장의 앞부분에서 논의한 바와 같이 현장 연구에서 발견된 것과 완전히 일치한다. 적당히 빠른 씻김은 양이온 축적과 그에 따른 스멕타이트 형성을 방지하는데, 이는 강우량이 중간에서 폭우가 내리는 지역의 잘 배수된 토양에서 상대적으로 존재하지 않는다는 것을 설명한다. 게다가 토양의 석회암 형성은 반건조 혹은 건조한 환경에서만 발견된다.

이러한 계산은 지하수 조성의 화학적 모델링이 화학적 풍화를 연구하는 데 유용한 도구가 될 수 있음을 보여준다. 그러나 Garrels 모델에서 모든 Ca^{2+}는 사장석의 풍화에서 발생하고 모든 HCO_3^-는 규산염의 풍화에서 발생한다고 가정해야 한다. 이는 특정 화성암 유형과 관련된 지하수가 암석의 주요 광물과 접촉했을 뿐 탄산염 광물과 접촉하지 않은 경우에만 타당하다. 미량의 $CaCO_3$가 존재하더라도, 예를 들어 현무암의 단열 충진과 같이 화성암 지하수에서 Ca^{2+}와 HCO_3^-의 기원은 불명확하다. 탄산칼슘은 규산염 광물보다 훨씬 빠르게 용해되며, 암석 내 미량이라도 지하수의 조성을 지배할 수 있다(탄산염 풍화에 대한 앞의 절 참조). 따라서 탄산염 용해와 관련된 문제를 제거하기 위해 규산염 풍화 반응의 화학적 모델링에 사용할 지하수를 선택할 때 주의해야 한다. 가장 좋은 표본은 모든 탄산염이 이전에 제거되고 잘 용탈된 암석에서 추출한 표본일 것이다. 그림 4.8에서 보듯이 탄산염과 규산염의 혼합암을 흐르는 물에서 발견되는 것처럼 매우 낮은 Na/Ca 비율(< 0.5)이 상대적으로 부족하다는 것은 Garrels가 분석한 시에라네바다 지하수가 탄산염 풍화의 영향을 크게 받지 않았음을 시사한다.

CHAPTER 5

강

서론

강은 육지에 내린 빗물과 대륙 풍화의 산물을 바다에 도달시키는 주요 경로의 역할을 하지만 (물순환의 규모로) 지구 전체 물에서 아주 큰 비중을 차지하지는 않는다(제1장 참조). 강의 중요성은 용존상과 부유상뿐만 아니라 물의 운송에서 중요한 역할을 하기 때문이다. 이러한 과정에서 강은 육상으로부터 바다, 대기, 지하수로 이동하는 다른 매개체들보다 중요하다. 강은 침식지에서 퇴적지로 고체 물질을 운반함으로써, 대륙의 지리와 지형을 바꾸는 데 중요한 역할을 한다.

강은 인간의 발전에 중요한 역할을 해왔다. 강이 물 공급과 교통을 모두 제공했기 때문에 역사적으로 강을 따라 정착이 이루어졌다. 인간 활동의 결과로, 강은 농업과 홍수 조절에서부터 인간과 산업 폐기물의 유입에 이르기까지 다양한 활동에 의해 많은 영향을 받았다. 이러한 영향은 최근에 발생한 것일 뿐만 아니라 물과 용존상 및 부유상 물질의 거동에 상당한 영향을 미친다.

강물의 구성요소

바다로 흘러드는 강물은 다음과 같은 여러 가지 요소로 구성되어 있다.

(1) 물
(2) 부유 무기물. 주요 원소들은 Al, Fe, Si, Ca, K, Mg, Na, P를 포함한다.

(3) 용존 주요 이온 : HCO_3^-, Ca^{2+}, SO_4^{2-}, H_4SiO_4, Cl^-, Na^+, Mg^{2+}, K^+은 다음과 같이 세분될 수 있다.

(a) 대기 중에 기체상이 없는 원소(물순환 내 유입과 배출 균형이 더 쉽게 이루어질 수 있는 원소) : Ca^{2+}, Cl^-, H_4SiO_4, Na^+, Mg^{2+}, K^+ 등

(b) 대기 가스(예 : 각각 SO_2 및 CO_2)와 암석에서 유래한 가스상을 가진 원소 : SO_4^{2-} 및 HCO_3^-

(4) 생물학적으로 사용되어 농도가 달라지는 용존 영양원소, N 및 P(및 어느 정도 Si)

(5) 부유 및 용존 유기물

(6) 용존 및 부유 미량 금속(예 : Nriagu and Pacyna 1988; Martin and Whitfield 1981; Gaillardet et al. 2003 참조)

이 장에서 우리는 지구 전체뿐만 아니라 개별 강에 의해 바다로 유입되는 이러한 물질의 플럭스(flux)를 정량화하고자 한다. 결과를 검토할 때 독자는 플럭스 계산이 많은 오류에 취약하다는 것을 미리 주의해야 한다. 여기에는(Meybeck 1988 참조) 특히 유량의 계절적 변화에 대해 확실하게 알지 못함, 용존 및 부유 성분 농도에 대한 부적절한 시료 채수, 표본을 채취하지 못한 다수의 강에 대해 알려진 강의 결과로 추정, 강수의 화학 조성에 대한 부적절한 지식, 인간 효과에 대한 부적절한 추정, 강 하구의 표본 추출 부족(하구보다 상류에서 표본을 채취하면 해안 충적 평야에 강 부유물이 퇴적되는 등 바다에 도달하기 전에 발생하는 과정으로 인해 잘못된 결과를 초래할 수 있다) 등이 포함된다.

강 지표 유출

강은 대륙으로부터의 물의 **지표 유출**로 형성된다. 지표 유출은 길이 단위로 표현되며, 단위 시간당 주어진 면적에서의 물의 부피이다. 강 자체는 궁극적으로 강수에서 발생하며, 그중 일부는 땅에서 증발하고, 일부는 얕은 깊이(표면 흐름)로 땅을 지나 강으로 흘러가며, 일부는 훨씬 더 오래 땅에 남아 강(지하수)으로 들어가기 전에 더 깊은 깊이에 도달한다. 전 세계적으로 볼 때, 대륙 지표 유출은 대부분 강을 통한 유출이며, 바다로 직접적으로 방출되는 소량의 지하수를 포함하고 바다에서 증발된 총량에서 바다로 직접 내리는 강우의 양을 뺀 것과 같다고 볼 수 있다(Meybeck 1984). 이러한 과잉의 해양 증발은 수증기가 대륙으로 이동하는 결과를 초래하며, 수증기가 비로 변환되어 내린 뒤 다시 증발되지 않은 부분은 궁극적으로 강의 유출로 빠져나가 물의 순환이 균형을 이룬다(제1장 참조). 따라서 육지의 초기 강우량은 바다의 증발 속도(전체 증발량의 85%)와 태양열(그리고 온도)의 위도 차이에 의해 움직이는 수증기의 전 지구적인 순환에 의해 결정된다.

대륙 규모에서 강의 지표 유출이 나타나기 위해서는 육지의 강수량이 증발산량을 초과해야

한다. 평균 육지의 증발 속도는 온도에 따라 달라지며 위도가 증가함에 따라 급격히 감소한다(제1장 참조). 강우량은 수증기의 대기 순환에 의존하기 때문에 모든 지역에서 균일하지는 않다. 결과적으로 강수량이 증발을 초과하는 2개의 주요 대(즉, 순 양의 강수량이 있는 곳)가 있으며, 이러한 곳이 대부분의 큰 강이 발생하는 지역이다. 하나의 대는 적도 부근(10°N~10°S)에 있으며 높은 강우량(수증기 농도가 높기 때문에)과 높은 증발량(고온으로 인해)을 보이고 강우량이 증발량을 초과한다. 이로 인해 아마존과 자이르와 같은 큰 강이 만들어진다. 두 번째 대는 온대(북위 30°~60°)에 있다. 여기서는 일반적으로 적절한 강우량(수증기의 공급)과 낮은 증발률(낮은 평균 표면 온도 때문에)을 보인다. 이 지역에서 발원하는 2개의 주요 강은 미시시피강과 양쯔강이다. 이 2개의 주요 대 사이에는 아열대(북위 15°~30°, 서경 15°)의 강의 유출이 낮은 지역이 있으며, 증발이 강수량을 초과하여 사막이 형성된다. 이 지역은 상당히 높은 표면 온도와 높은 증발량을 가지고 있다. 북위 60°에서 북위 70° 사이의 아북극 한랭지 지역은 강의 유출이 상대적으로 적으며(10~20 cm/yr) 매켄지강과 레나강이 포함된다. 이곳의 강수량은 낮지만, 추운 온도 때문에 증발량도 매우 낮다.

지표 유출률은 평균 강우량(단위 면적당) 대비 평균 하청 유출량(단위 면적당)의 비율이다. 세계 평균치는 약 0.46으로, 땅에 도달한 빗물의 약 50%가 증발에 의해 직접 대기로 되돌아가 강에 도달하지 않는다는 것을 시사한다. 그러나 위에서 설명한 요인으로 인해 대륙별로 유출 비율에 상당한 차이가 있으며, 아시아(높은 산과 몬순 기후 지역)의 최고 0.54에서 아프리카(사막 지역이 넓고 강우량의 대부분이 저지대 지역)의 최저 0.28까지 차이가 있다. 남아메리카(0.41), 유럽(0.42), 북아메리카(0.38)는 중간 유출률을 가지고 있다.

아대륙 규모에서 발생하는 하천 지표 유출량 변화의 또 다른 유형은 일반 대기 순환의 시간에 따른 주기적 변동에 의해 발생한다(Probst and Tardy 1989). 고기압과 저기압 이상은 대륙을 가로질러 이동하며 각각 낮은 유출과 높은 유출과 상관관계가 있다. 이는 엘니뇨를 발생시키는 남태평양 진동과 관련이 있다.

강의 지표 유출량에 영향을 미치는 대륙 규모의 요인에 중첩되는 것은 시공간적 강우량의 분포로 인한 여러 국지적 영향이다. 지형적으로 강우량 분포의 차이는 주로 산의 바람이 불어오는 쪽에 많은 양의 비가 내리고 바람이 불어가는 쪽에 아주 적은 양의 비가 내리는 것에 기인한다. 지리적 이질성은 유출을 20%까지 증가시킬 수 있다(Holland 1978). 연평균 강우량이 동일한 두 대륙의 경우, 강우량의 지리적 변동이 큰 대륙은 증발로 인한 강우 손실이 적고 따라서 더 많은 유출이 있을 것이다. 강우의 계절성은 또한 증발에 의한 연간 손실이 적기 때문에 유출을 증가시킨다. 이에 대한 극단적인 예는 남아시아의 몬순 기후로, '평균' 월 강수량은 계절적으로 약 1 cm에서 69 cm까지 다양하다(Miller et al. 1983). 이것은 갠지스강과 브라마푸트라강과 같은 강을 발생시키며, 이 강들은 계절에 따라 유속이 크게 변동하며 자주 홍수가 난다.

화석연료의 연소로 인한 지구온난화는 지구의 평균 기온 상승을 야기하고 있다. 이것은 온도 상승이 물순환을 가속화할 것이기 때문에 전 지구적 유출수에 큰 영향을 미칠 것이다. 바다는 더 따뜻해질 것이고, 더 많은 비와 유출수의 생산을 가져오는 더 많은 증발과 더 많은 수증기가 만들어질 것이다. 그러나 초과적인 강수량 벨트의 지리적 분포는 달라질 수 있으며, 결과적으로 미국 내륙과 같은 특정 지역의 유출이 적을 수 있다. 예를 들어, Lambert 등(2004)은 인류의 활동에 의해 만들어진 20세기 강수량의 증가를 발견하지 못했다.

Labat 등(2004)은 웨이블릿 변환을 사용하여 비교적 적은 수의 강의 샘플을 분석해 지난 75년 동안 지구의 연간 온도와 전 지구적 강 유출 사이의 상관관계를 발견했는데, 지구 기온이 1℃ 상승하면 전 지구적 유출량은 4% 증가했다. 모델링에 기초하여 Gedney 등(2006)은 대륙 하천의 유출 증가는 식물의 증산 억제에 기인하며, 이는 다시 대기 중 이산화탄소의 높은 농도에 의해 유도된 기공 폐쇄에 기인함을 확인했다.

하지만, Legates 등(2005)과 Peel과 McMahon(2006)은 하천 지표 유출 자료를 너무 적게 사용하고 인류에 의한 물의 사용과 같은 비기후 변화를 포함하고 있다는 사실을 근거로 Labat의 결론을 반박했다. (하천유출 또는 유량은 단위 시간당 강의 이동량을 측정한 것이다.) Milliman 등(2008)은 1951년부터 2000년까지 137개의 강의 흐름을 분석했지만, 전 지구적 대륙 유출량의 유의미한 변화 경향을 발견하지 못했다.

Dai 등(2009)은 1948년부터 2004년까지 전 세계의 73%를 차지하는 925개의 큰 강을 연구했다. 관찰된 강수량은 일반적으로 하천유출과 상관관계가 있는 하천 흐름의 중요한 요인이다. 강수는 일반적으로 기후를 반영하며 하천 흐름보다는 인간에 의한 변화에 영향을 덜 받는다. 200개의 가장 큰 강 중 3분의 1은 통계적으로 유의미한 변화 경향을 보여주었는데, 방류량 감소가 증가의 2.5배에 달했다. 감소 추세를 보이는 강으로는 콩고강, 갠지스강, 컬럼비아강, 니제르강이 있으며, 미시시피강, 예니세이강, 파라나강, 우라가이강은 증가했다. 북극 지방의 상승 추세는 강수량의 증가(특히 시베리아에서)와 일치하는 것이 아니라 온난화 및 눈에 덮인 면적의 감소와 일치했다.

세계 주요 강들

표 5.1에는 바다로 직접 흘러드는 주요 세계 하천이 대략적인 유량 순서로 나열되어 있다. 대륙에서 바다로 배출되는 물의 총량은 약 37,288 km^3/yr(Dai et al. 2009; Dai and Trenberth 2002), 또는 38,540 km^3/yr(Syvitski et al. 2005)이다. 위에서부터 13개의 강(연간 총 14,000 km^{3}의 유량)은 전체의 약 36%를 차지한다. 가장 주목할만한 것은 아마존강 하나가 전체 유량의 16%를 차지하고 미시시피강 유량의 10배가 넘는다는 점이다. 또한 세계에서 가장 큰 강들의 대부분은 저개발 국가들에 있기 때문에 그 결과 잘 연구되지 않았다.

Vorosmarty와 Sahagian(2000)은 저수지 생성, 관개, 수력 발전 및 항행 개선에 의한 대륙 물순환의 인위적 변질에 대해 논의한다. 이러한 변화의 대부분은 수천 년 전에 중동과 중국에서 시작되었다. 전 세계 물 사용량은 인구 증가와 경제 발전에 따라 기하급수적으로 증가했으

표 5.1 유량별 세계 주요 강들

	물[a] km^3/y	물[b] km^3/y	용존물질 Tg/y	부유 물질 Tg/y	유역 면적 10^6 km^2
1. 아마존강	5,444	6,265	290	1193	5.85
2. 자이르강(콩고강)	1,270	1,268	42	43	3.70
3. 오리노코강	996	1,088	28	173	0.94
4. 장강(양쯔강)	907	893	205	479	1.79
5. 브라마푸트라강	643	510[c]	52	540[c]	0.58
6. 미시시피강	552	487	125	400(210)	3.27
7. 예니세이강	588	617	69	13	2.58
8. 파라나강	517	458	49	90	2.60
9. 레나강	532	517	59	20	2.44
10. 메콩강	312	547	123	160	0.76
11. 오비강(러시아)	402	388	51	16	3.03
12. 갠지스강	371	493[c]	90	520[c]	1.05
13. 이라와디강(미얀마)	272	428	98	259	0.41
14. 세인트로렌스강	230	338	57	5	1.08
15. 아무르강(러시아)	307	348	19	52	1.75
16. 매캔지강	286	308	64	99	1.79
17. 펄강(서강, 시장강, 주장강, 중국)	207	259	58	78	0.37
18. 컬럼비아강	167	239	27	15(10)	0.67
19. 홍강(베트남)	–	119	18	109	0.15
20. 인더스강	–	100(27)[d]	27	250(59)	0.941
21. 나일강	–	110(30)[d]	32	120	2.03
22. 황허강	–	47	19	1,101	0.77

출처 : 물[a] = 1948~2004년 평균 유량(Dai et al. 2009). 물[b], 유역 면적, 부유물질(가능한 댐 건설 이전)(Syvitski and Milliman 2007). 용존물질(Gaillardet et al. 1999, Meybeck and Ragu 1996 이후). [c]유량 및 부유물질(Gaillardet et al. 1999, Meybeck and Ragu 1996 이후). [d]댐 건설 이후 유량(Vorosmarty et al. 2003).

주의 : 괄호 안의 값은 댐 건설 이후. 지류는 제외. Tg = 10^6tons = 10^{12}g.

며, 2000년에는 대륙 유량의 약 13%인 4,000~5,000 km^3/yr에 달했다. 관개 중 물 증발로 인한 물 손실(소비)은 물이 빠져나가는 경우의 60%로 추정된다.

Vorosmarty 등(2003)에서는 특히 댐이 배수량과 부유 퇴적물의 양을 크게 줄였다고 지적하고 있는데, 이에 대해서는 나중에 논의하기로 한다. 그들은 인간이 초래한 물 손실이 전 지구적 물 배수량의 6%에 해당한다고 추정한다. 나일강과 콜로라도강의 물 배수량은 특히 큰 저수지의 영향을 받았다. 나일강의 유속은 댐 이전 83 km^3/yr에서 댐 이후 30 km^3/yr로 감소했다. 콜로라도는 18.5 km^3y/yr에서 0.1 km^3/yr로, 리오그란데(미국-멕시코 국경을 형성하는)도 18 km^3/yr에서 0.7 km^3/yr로 감소하는 등 더 큰 영향을 받았다.

Dai 등(2009)에 따르면 487 km^3/yr(Syvitski and Milliman 2007 기준)의 방류량을 가지고 있던 미시시피강은 1948~2004년 평균 방류량이 552 km^3/yr이다. 1953년에서 1963년 사이에 미시시피의 주요 지류인 미주리강에 댐을 3개 건설했음에도 불구하고, 유출량은 약간 증가했다(Walling 2006). Raymond 등(2008)은 1940년 이전의 미시시피강의 평균 배수량이

493 km^3/yr이었고, 1980년 이후에는 578 km^3/yr임을 알아냈다. 그들은 미시시피강 유량의 증가는 농업 관행의 변화로 인한 농업 유역으로부터의 방수량 증가 때문이지, 단순한 강수량의 증가 때문은 아니라고 말한다.

강에서의 부유 물질

부유물의 양

Syvitski 등(2005)은 인류에 의한 교란이 일어나기 이전에 강에 의해 바다로 운반된 총 부유 하중은 14.03 Gt/yr(1 Gt = 10^9 미터톤)이라고 추정했다(표 5.2 참조). 인간과 댐이 없었다면 더 큰 토양 침식으로 인해 강에 의해 운반되는 퇴적물은 16.2 Gt/yr로 증가했을 것이지만, 댐 건설로 인해 퇴적물이 정체되어 현재 바다로 유입되는 부유 퇴적물 부하량은 12.6 Gt/yr로 감소했다. 따라서 전체 댐은 1950년경부터 인류 이전의 부유 부하량을 약 1.4 Gt/yr로 감소시켰다. Syvitski 등은 관측치를 사용하여 전체 배수량의 70%에 대한 부유 퇴적물 부유량과 모델을 통해 나머지를 구했다. Vorosmarty 등(2003)은 1950년과 1968년 사이에 대형 저수지에 갇힌 퇴적물의 양이 5%에서 15%로 3배 증가했고 1985년에는 30%에 도달했다고 추정했다. Stallard(1998)는 많은 강 퇴적물(그리고 탄소)이 저수지에 갇혀 있으며, 이는 탄소 할당에서 고려될 필요가 있다고 지적했다. 저수지를 고려하여, 현재 바다로 유입되는 부유 퇴적물 총량을 13.4 Gt/yr로 추정했다. Seitzinger 등(2010)은 2000년 총 하천 부유 퇴적물 부하량에 대해 14.5 Gt/yr을 얻었다. Walling(2006)은 가장 최근의 육상-해양 부유물 운송량 자료를 수집했고 12.6~24 Gt/yr 범위를 구했다.

현재의 총 부유 부하량(12.6×10^9톤/년)을 총 물 유량[Syvitski and Milliman(2007)의 38,540 km^3/yr 또는 Dai et al.(2009)의 37,288 km^3/yr]으로 나눔으로써 327 mg/L(Syvitski and Milliaman) 또는 338 mg/L(Dai et al.)의 전 지구적 강의 평균 부유 퇴적물 농도를 제시했다.

이러한 결과는 세계 강의 부유물 농도에 대한 중앙값이 250 mg/L(Milliman and Meade 1983)이며, 이는 205 mg/L(Canfield 1997)의 미국 하천 유량 평균과 유사하다고 언급한 Canfield(1997)와 비교할 수 있다. Martin과 Meybeck(1979)은 전 지구적 평균 부유 퇴적물 농도로 410 mg/L를 추정했다. 요약하면, 전 세계 부유 퇴적물의 평균 농도는 약 200~400 mg/L라고 말할 수 있다.

총 부유 퇴적물 하중은 대륙의 기계적 침식률을 계산하는 데 사용될 수 있으며, 이는 1,000년 내에 약 5.85 cm의 고도 감소이다(평균 암석 밀도를 2.7로 가정하고 더 긴 지질학적 시간 동안 발생하는 지각 균형의 상승을 무시한다).

강에 의해 대륙에서 바다로 퇴적물 유량비는 토양 침식의 총속도와 같지 않다. 고지대에서

표 5.2 강에 의해 운반되는 부유 퇴적물(단위 : metric tons)

대륙	부유 퇴적물					
	범위[a] ($10^6 km^2$)	하천 유량[b] (km^3/y)	인류 이전 하중 ($10^6 t/y$)	현생 하중[c] ($10^6 t/y$)	인류 이전 부하량 (t/km^2)	유출수 (m/y)
북아메리카	21	5,820	2,350	1,910	112	.28
남아메리카	17	11,540	2,680	2,450	158	.68
유럽	10	2,680	920	680	92	.27
아시아	31	9,810	5,450	4,740	176	.31
아프리카	20	3,800	1,310	800	66	.19
오스트랄라시아	4	610	420	390	105	.15
대양의 섬들	0.01	20	4	8	400	2.0
인도네시아	3	4,260	900	1,630	300	1.4
전 세계	89*	37,288**	14,030	12,610	158	

출처 : Syvitski et al.(2005) 이후; *Stallard(1998) 이후, 바다로 물을 용출시킬 수 있지만 그러지 않는 사막을 제외; **Dai and Trenberth(2002)와 Dai et al.(2009) 이후.

[a] 3 mm/y 이상의 유출수를 가진 수문학적으로 활발한 유역 면적.

[b] 35년 평균.

[c] 현생은 인류세; 70% 관측값, 30% 모델 예측값.

많은 퇴적물이 침식되어 바다에 닿지 않고 저지대, 하천 계곡, 범람원, 저수지 등에 퇴적되기 때문이다. Meade와 Parker(1985) 그리고 Stallard(1998)는 미국에서 침식된 퇴적물의 10%만이 바다에 도달하고, 30~40%는 저수지와 호수의 육지에 퇴적된다고 말한다.

인류 이전의 부유 퇴적물 유동이 다른 지역에서 유입되는 것을 고려하면, 아시아가 가장 많은 부유 퇴적물을 생산하며 그다음으로 남아메리카와 북아메리카이다. 다양한 대지의 인류 이전의 부유 퇴적물 발생량(퇴적물 하중/유역, 배수 유역의 침식성 측정치)도 표 5.2에 제시되어 있다. 인도네시아와 대양의 섬들은 지금까지 가장 많은 퇴적물 발생량을 가지고 있으며, 둘 다 가장 많은 지표 유출량(유량/유역)을 보인다. 인도네시아의 유속은 1.4 m/yr이고 오세아니아섬의 유속은 2.0 m/yr이다. 89×10^6 km^2(표 5.2 참조)의 외부 배수로 면적을 기준으로 전 세계적으로 평균 158 $t/km^2/yr$이다. [Kao와 Milliman(2008)은 150 $t/km^2/yr$을 전 세계 평균 퇴적물 부하량으로 사용한다.] 따뜻한 온대 지역은 가장 높은 퇴적물 부하량을 가지고 있으며, 전 세계 퇴적물의 2/3를 바다에 공급한다. 높은 산(3,000 m 이상)을 흐르는 유역은 퇴적물의 60%를 바다에 공급한다. 그림 5.1은 다양한 세계 하천 유역의 총 부유 퇴적물 하중 및 부유 퇴적물 부하량을 보여준다.

표 5.1에 나타난 가장 큰 퇴적물 하중을 운반하는 개별 강은 아마존강, 황허강, 브라마푸트라강, 갠지스강, 양쯔강 순이고 다음으로 이라와디강과 미시시피강이다. 황허강은 현재 세계 총 퇴적물 하중의 8%를 차지하며, 전체 하천 유량의 0.1%만을 차지한다. 황허강의 경우 중국 중북부에서 침식되는 많은 경작지의 뢰스(바람에 날린 빙하 기원의 먼지가 많은 토양)가 원인이다(Holeman 1968; Milliman et al. 1987).

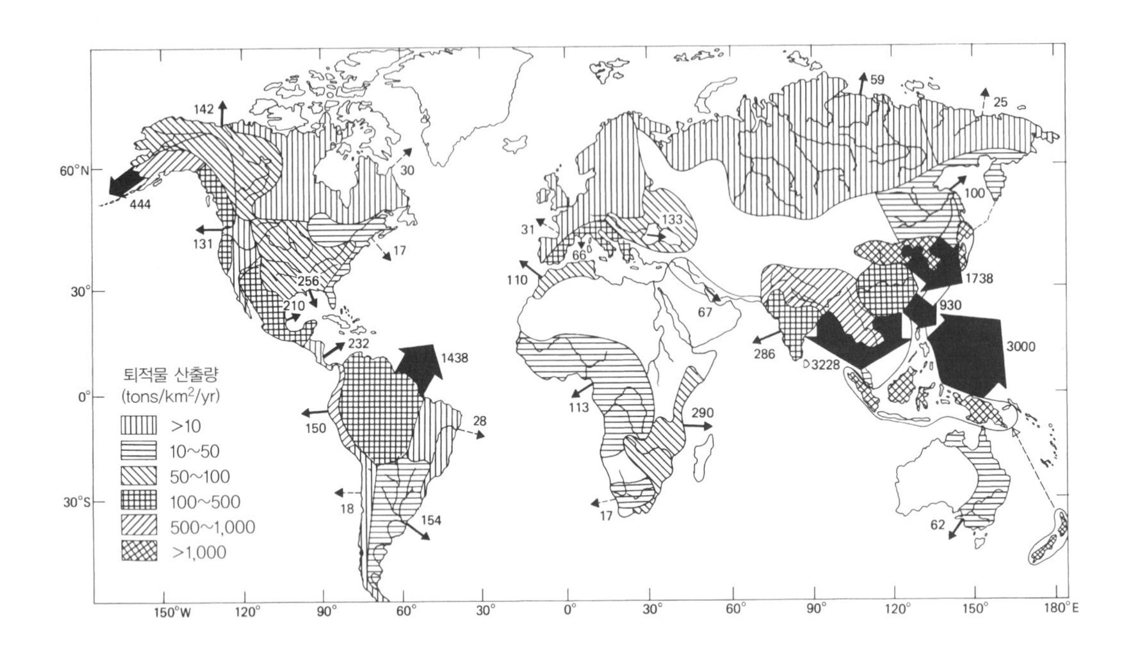

그림 5.1 화살표로 표시된 세계 배수 분지들의 부유 퇴적물 배출량(10^6톤/년). 다양한 배수 분지에 대한 퇴적물 산출량(t/km^2/y)도 적절한 패턴으로 표시했다(그림 참조). 패턴이 없는 부분은 본질적으로 바다로 퇴적물이 배출되지 않는다는 것을 나타낸다. 이러한 부유 퇴적물 하중 값의 대부분은 댐과 관련이 있다. 부유 퇴적물 하중의 업데이트된 값은 표 5.1과 5.2를 참조하라.

출처 : Milliman and Meade 1983.

갠지스강과 브라마푸트라강은 계절성 강우량(몬순)이 많고 지표 유출이 많은 지역에서 세계에서 가장 높은 히말라야산맥의 쉽게 침식될 수 있는 고원을 흐르기 때문에 큰 퇴적물을 운반한다. 아마존강은 브라질 저지대가 아닌 안데스산맥(Gibbs 1967)에서만 대부분의 퇴적물을 받는다 그 결과로 아주 큰 강인 아마존이 특별히 높은 퇴적물 산출량을 보이지는 않는다.

하천의 부유 퇴적물 양을 좌우하는 자연적 요인은 여러 가지가 있다(Syvitski and Millian 2007; Syvitski et al. 2005; Syvitski et al. 2003; Millian and Syvitski 1992). 즉 (1) 유역 면적, (2) 유역의 최대 기복, (3) 유역의 평균 온도, (4) 유량, (5) 지질, 특히 암질과 빙하 침식, (6) 강 수로에 따른 호수의 존재 등이다. 대부분의 강의 부유 하중은 이러한 요인들 중 하나 이상의 조합에 의해 영향을 받는다. 또한 토양 침식을 증가시키는 삼림 벌채와 농업, 퇴적물을 가두는 댐 건설과 같은 인간의 활동은 매우 큰 영향을 미쳤다.

Syvitski와 Milliman(2007)은 하천 부유 하중(Q_s)을 좌우하는 요소들을 표현하는 공식을 설정했다.

$$Qs = 0.0006BQ^{0.31}A^{0.5}RT, \ T \geq 2^\circ C$$

여기서 B = 지질 및 인적 요인, Q = 유량(km^3/yr), A = 강 유역 면적(km^2), R = 최대 유역 기복(km) 및 T = 유역 평균 온도(°C)이다. 이 공식은 $T < 2°C$에 대해서는 약간 다르다.

퇴적물 하중(및 퇴적물 부하량)을 결정하는 가장 중요한 요인은 유역 면적과 하천 간 부유 하중에서 변동의 57%를 차지하는 기복(하천 유역 높이의 최대 차이로 표현)이다. 암석 종류는 8%를 차지하고 빙하는 현재 1%에 불과하다. 기후 요인(유역 온도 및 지표 유출)은 하천 간 부유 퇴적물 하중 변동의 14%를 차지하며, 온도가 더 중요하다. 저수지 퇴적물 포집과 토양 침식을 통한 인간의 영향은 16%를 차지하며 거의 동등하게 중요하다(Syvitski and Milliaman 2007).

Milliman과 Syvitski(1992)는 유역 면적이 증가함에 따라 퇴적물 부하가 증가(그리고 퇴적량이 감소)하지만 분산이 매우 크다는 것을 발견했다. 하중과 면적의 상관관계는 기복을 고려할 때가 훨씬 더 좋다. 가장 큰 퇴적물 부하량은 3,000 m 이상의 높은 산의 강에서 발생하며, 하중은 감소하고 해안 평원의 강(100 m 미만)까지 감소한다. 이 효과는 유역에 대한 최대 기복으로 표현된다. 갠지스-브라마푸트라강, 인더스강, 양쯔강, 메콩강, 이라와디강과 같은 매우 높은 히말라야산맥을 흐르는 남부 아시아의 강은 특히 높은 퇴적물 부하량을 가지고 있다. 남아시아와 오세아니아의 산악 하천들(큰 태평양 섬)은 다른 산악 지역보다 퇴적물 부하량이 2~3배 더 많다. 이것은 인간의 활동(탈림과 농업), 몬순 기후, 지질(빙하에서 먼지가 많은 토양 또는 뢰스)의 복합적인 영향 때문이다.

바다에서 조금 떨어진 곳에 위치한 작은 산의 하천들은 가파른 경사와 범람원에 퇴적물 저장을 위한 면적이 거의 없어 퇴적물 부하량이 매우 높다. 남아메리카에서는 태평양으로 흘러드는 가파른 안데스산맥 경사면의 강이 이러한 효과를 보여준다(그림 5.1). 현재 알려져 있는 퇴적물 부하량이 가장 많은 미국 강(2,070 t/km^2/yr)은 태평양에서 가까운 2,000 m 이상의 고도에 이르는 해안 범위를 배수하는 캘리포니아 북부의 일강(Syvitski and Milliman 2007)이다.

큰 강에서는 하구에서 멀리 떨어진 곳에 높은 고도가 있는지 여부가 퇴적물 유출에 영향을 미칠 수 있다. 예를 들어, 안데스산맥 기슭의 침식은 기슭이 하구로부터 수천 킬로미터 떨어져 있음에도 불구하고 아마존강(Gibbs 1967)의 부유 물질의 양과 조성 모두를 지배적으로 좌우하는 요인으로 여겨진다. 대조적으로, 지속적으로 낮은 수위의 지역에 있는 강들은 매우 낮은 퇴적물 부하량을 가지고 있다. 유라시아 북극의 강(7~8번째로 큰 강인 예니세이강과 레나강)은 광대한 저지대에 위치해 있으며 퇴적물 부하량이 매우 낮다(각각 5 t/km^2/yr, 8 t/km^2/yr)(Syvitski and Milliman 2007). Wilkinson과 McElroy(2007)는 Summerfield와 Hulton(1994)의 자료를 사용하여 평균 유역 고도와 최대 퇴적물 부하량을 고려했고, 상승률이 미터당 0.12% 증가한다는 것을 발견했다.

강 유역의 지질은 퇴적물 하중에 매우 중요한 영향을 미칠 수 있다. 가장 명백한 사례는 모든 퇴적물 부하량 중에서 가장 큰 강 중 하나인 중국 북부의 황허강으로, 매우 쉽게 침식되고 경작이 심한 뢰스의 광대한 지역을 흐른다. 마찬가지로, 뢰스로 구성된 미국 중서부의 일부 강(아이오와, 일리노이 등)은 비정상적으로 높은 부유 퇴적물 농도를 가지고 있다(Meade and Parker 1985). 조구조작용은 기복을 증가시키는 것 외에도 침식 가능한 물질을 생성하는 경향이 있으며, 이는 퇴적물 하중과 부하량 증가로 이어진다. 화산 활동과 쉽게 침식되는 화산재의 생성, 느슨한 산사태 잔해의 형성으로 이어지는 지진 등이 그 예이다. 컬럼비아강의 부하량은 세인트 헬렌스산의 화산재 분출로 인해 크게 증가했다(Meade and Parker 1985).

활동적인 빙하의 존재는 또한 빙하에 의한 연마로 쉽게 침식되는 암석 파편(모레인, 이동 등)의 생성 때문에 강의 퇴적물 부하량을 증가시킨다. 예를 들어 빙하에서 흘러나오는 알래스카의 강은 평균 1,000톤의 퇴적물 부하량을 보여준다. 알래스카산맥을 흐르는 3개의 강(코퍼, 유콘, 수시트나)은 미시시피강(Meade and Parker 1985) 다음으로 미국에서 가장 많은 퇴적물을 가지고 있다. 비슷하게, 남유럽의 강들(론강, 포강)은 대부분의 유럽 강들보다 훨씬 더 큰 퇴적물을 운반한다. 그러나 현재 빙하가 있는 강 유역의 수는 10% 미만이며, 따라서 강에 따른 부하량 변화에 대한 빙하의 전체적인 영향은 작다(1%). 주요 빙하기에는 빙하 효과가 더 중요했을 것이다. 아마도 홍적세 동안 강에 대한 빙하의 영향은 퇴적물의 양을 몇 배 증가시켰을 것이다(Syvitski and Milliaman 2007). (대조적으로, 암설류가 빙하에 의해 제거된 지역인 북아메리카 북동부와 유라시아 북극은 퇴적물 부하량이 매우 낮은 경향이 있다.)

큰 강 유역의 경우, 부유 퇴적물 부하량은 지형의 지질학적 연대(Pinet and Souriau 1988)와 상관관계가 있을 수 있다. Pinet과 Souriau는 분지 기복의 구조적 제어를 강조하며, 마지막 조산대가 2억 5,000만 년 전에 있었던 산악 지역을 흐르는 강(히말라야, 안데스, 알프스를 흐르는 강)은 오래된 산을 흐르는 강보다 평균 분지 고도가 훨씬 높고 부유 퇴적물 부하량이 더 높다고 지적한다. 사실, 그림 5.1에서 가장 많은 퇴적물이 산출되는 지역은 모두 젊은 구조 활동 지역이다.

대만은 세계에서 가장 높은 곳 중 하나로 평균 9,500 t/km^2/yr, 최대 7만 1,000톤의 하천을 보유하고 있으며, 부유물 생산량으로 높은 산과 가파른 경사, 잦은 지진, 침식 가능한 암질, 사면 이동, 특히 저기압성 폭풍으로 인한 폭우를 가지고 있다(Kao and Milliman 2008; Lin et al. 2008). 대만은 현재 구조적으로 매우 활동적이며, 운반된 침전물은 빠르게 가라앉고 재순환된다. 이러한 부유 퇴적물 부하량은 융기 속도 5.5 mm/yr(Li 1975) 중에서 약 1.5 mm/yr의 고도를 낮추는 것으로 해석된다. 대만의 강은 산악 섬 지역의 많은 아시아 강들의 전형적인 형태로, 전 세계 부유 퇴적물의 20~25%를 차지한다(Syvitski and Milliaman 2007).

부유 하중에 대한 기후 영향은 연평균 기온, 유량 및 강우 계절성의 조합으로 인해 발생한다. 유역 온도는 화학적 풍화와 토양 형성 속도, 동결-해동 주기, 해빙, 강수 강도, 몬순과 태풍, 증발, 식생에 영향을 미친다. 유량(및 지표 유출)은 퇴적물 부하에 2차적인 영향을 미치는 것으로 보이는 반면, 유량이 아닌 강수는 부유 하중과 전혀 관련이 없는 것으로 보인다(Syvitski et al. 2003; Pinet and Souriau 1988). 만약 두 유역의 크기, 기복, 온도가 같다면, 유량이 더 큰 유역은 퇴적물을 더 잘 운반할 수 있을 것이다. 건조한 강 유역은 퇴적물을 가두는 경향이 있고 운송이 제한적이다. 또한 사막 지역의 강은 비가 올 때 부유 퇴적물 농도가 높지만 (물이 부족하기 때문에) 오스트레일리아와 아프리카 대륙의 대규모 건조 지역의 경우와 마찬가지로 총 퇴적물 부유량이 낮다. 따뜻하고 습한 지역은 더 큰 화학적 풍화와 더 많은 물리적 침식을 보인다. 반면에, 남아시아의 몬순 기후와 관련된 것과 같은 계절적 강우와 유량은 큰 부유 퇴적물 부하의 원인이 된다. 대부분의 세계 강 유역은 건조 지역과 아건조 지역이며 유출률이 0.4 m/y 미만이다(Syvitski and Milliman 2007).

호수가 강을 따라 존재할 때, 호수는 바다에 닿기 전에 부유 퇴적물을 가둬 강의 퇴적물 부유량을 크게 줄인다(Milliman and Meade 1983). 예를 들어, 세인트로렌스강, (라인강 퇴적물의 대부분을 가두는) 콘스탄스 호수, 그리고 자이르강을 따라 있는 호수에 대한 오대호의 영향이 있다. 더 큰 규모로 볼 때, 흑해는 북극권이 아닌 유럽에서 흘러온 퇴적물의 절반 이상을 가두고, 지중해는 나머지의 대부분을 가둬서 침전물이 대서양에 도달하는 것을 막는다.

인간의 영향

인간의 활동은 부유 퇴적물 부하를 증가시키거나 감소시킬 수 있다. 증가는 (1) 삼림 벌채와 토지 경작, (2) 과도한 방목, (3) 건설로 인한 것이다. Syvitski 등(2005)은 이러한 활동을 통해 14 Gt/yr의 인류 이전의 하천 부유 하중이 16.2 Gt/yr로 증가했다고 추정했다. 부유 하중의 감소는 (1) 퇴적물을 가두는 댐과 저수지의 건설, (2) 하천의 제방 안정화, (3) 토양 보존 관행에 기인한다. 북극 하천을 제외한 대부분의 세계 하천의 부유 하중은 인간 활동에 의해 변했다(Vorosmarty et al. 2003; Walling 2006; Syvitski and Milliman 2007; Milliman and Syvitski 1992).

인간에 의한 초기 효과는 삼림 벌채와 경작지로의 전환을 통해 부유 퇴적물의 양을 증가시키는 것이었다. 이러한 효과는 로마 시대까지 거슬러 올라가서도 볼 수 있는데, 당시 사람들의 활동으로 인해 이탈리아 호수에 침전물이 많이 쌓였다(Judson 1968). 인도와 중국의 강과 같이 많은 양의 침전물을 운반하는 많은 주요 강들은 수 세기 동안 농업의 영향을 받아왔다(Milliman and Meade 1983). 예를 들어, 중국 북부의 황허 유역에서 쉽게 침식되는 빙하 뢰스 지역에서 경작하는 것은 1,400 BP부터 강의 부유 하중을 3배에서 10배까지 증가시켰다[그러나 1970년 이후로 유량과 부유 하중은 댐에 의해 거의 0으로 감소했다. 그림 5.2(Walling 2006) 참조]. 마찬가지로, 흑해로 흘러드는 강에서의 삼림 벌채와 농업의 시작은 약 2,500년 전에 시작하여 약 1,000년 전에 최대에 도달하는 약 4배의 퇴적물 이동을 증가시켰다(Degens et al. 1991). 그러고 나서 퇴적물 이동은 원래 양의 약 3배로 감소했다. 그러나 현재의 퇴적물 유동은 댐(아래 참조)에 의해 거의 '자연적' 수준으로 감소되었다(Walling 2006). 퇴적물 유동량은 평평한 해안 평야 지역의 농업에 의해 5배에서 10배, 황토 지형에서는 100배 증가한다(Stallard 1998).

미국 동부에서 유럽 정착민들의 정착과 일치하는 침식의 증가가 관찰되었다(Trimble

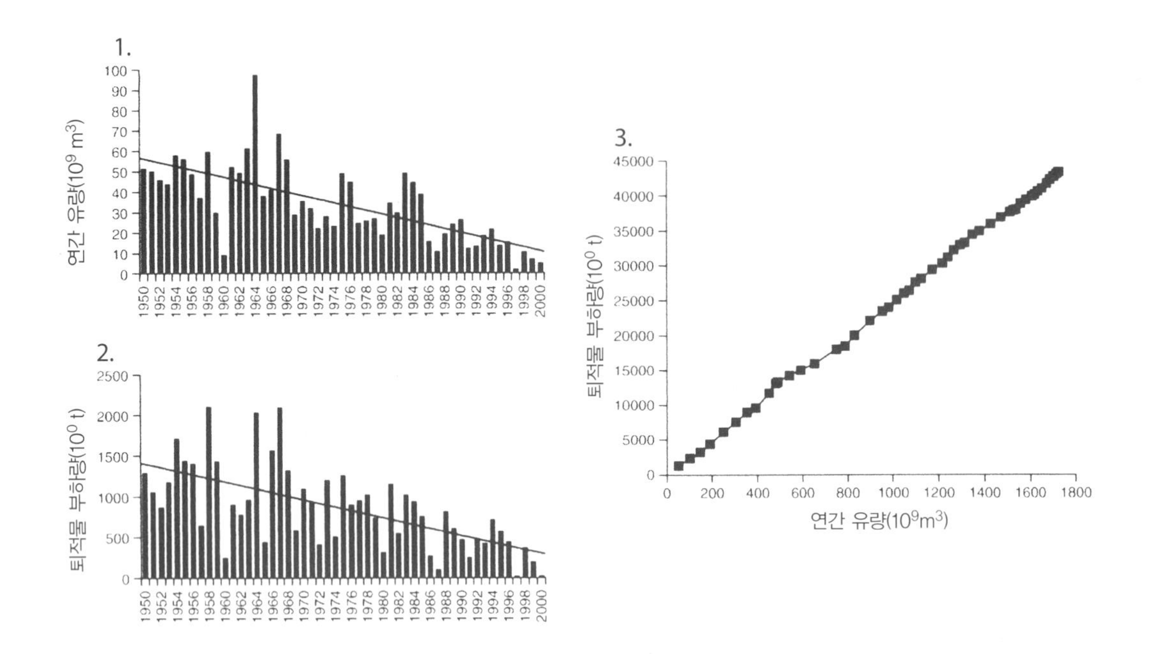

그림 5.2 (1) 연간 유량, (2) 연간 퇴적물 부하, (3) 퇴적물 부하 대 지표 유출의 시계열로 입증된 중국 황허 하류의 최근 퇴적물 부하 변화. 1 Gt = 10^9 m^3.

출처 : Walling 2006, fig. 1a, p. 194.

1975). 그러나 인간의 활동으로 인해 증가된 침식률(고지대 지표면에서 토양이 제거되는 속도)과 바다로 떠내려가는 퇴적물의 하천 수송률 사이에는 차이가 있다. 미국 남동부에서는 유럽인 정착으로 인해 늘어난 침식 하중을 하천이 감당하지 못한 것으로 보이며, 고지대 경사면에서 침식된 물질 중 부유 퇴적물로 바다에 유입된 것은 5%에 불과하다. 침식된 퇴적물의 대부분은 대신에 저지대 계곡과 범람원에 붕적토와 충적토로 퇴적되었다(Trimble 1975). Trimble(1983)은 위스콘신주 쿤 크릭 분지의 연구에서 농업에 의해 침식이 가속화된 1850년 이후 침식된 퇴적물의 10% 미만이 분지에서 유입되었음을 발견했다. 이후의 연구에서 Trimble(1999)은 1853년부터 1993년까지 140년 동안 쿤 크릭 유역에서 미시시피강으로 유입되는 퇴적물 유동량이 거의 일정하다는 것을 발견했다. 그러나 1975년부터 1993년까지 이 유역의 퇴적물 저장량은 1930년대의 6%에 불과했으며, 이는 기후가 더 습했음에도 불구하고 토양 침식을 덜 초래한 토양 보존의 개선 때문이라고 그는 보고 있다. 게다가 하천의 홍수 최고점은 나중에 더 낮아졌는데, 그는 이것이 더 나은 토지 관리 덕분이라고 생각한다. Trimble(1999) 그리고 Trimble과 Crosson(2000)은 쿤 크릭의 증거가 주로 모델링을 기반으로 Pimental(1995)이 제안한 미국 토양 침식률 증가를 뒷받침한다고 생각하지 않는다(아래 논의 참조).

농업에 의한 토양 침식량의 세계 연평균 값은 잘 알려져 있지 않지만 Wilkinson과 McElroy(2007)에 따르면 75 Gty/yr 또는 60 cm/10^3yr로 추정된다. 이 수치는 비교적 짧은 폭풍 사건 동안 측정된 미국 토양 손실과 모델링에 기초한다. 예를 들어 Pimental(1995)은 농지에서 발생하는 미국의 토양 손실을 68 cm/10^3yr로 추정했다. 농지 토양 침식량은 12.6 Gt/yr의 부유 퇴적물, 댐 뒤에 저장된 부유 퇴적물의 3.6 Gt/yr 및 1.6 Gt/yr의 밑짐을 포함하는 약 18 Gt/yr의 전 세계 강 퇴적물 운반량과 비교할 수 있다(Syvitski et al. 2005). 이는 5.3 cm/10^3yr의 전 지구적 기계적 침식률에 해당한다. 침식률과 하천 수송에서 파생된 것의 차이는 하류 계곡과 범람원의 충적 퇴적물에서 농지에 바로 인접한 퇴적물 저장소 때문인 것으로 추정된다. 퇴적물 저장에 필요한 면적은 농업 침식 면적의 매우 작은 부분이면 된다고 제안하는 Wilkinson과 McElroy(2007)에 따르면, 충적 퇴적물의 평균 축적 속도는 1,260 cm/10^3yr이다. Trimble과 Crosson(2000)이 제안한 바와 같이 토양 침식 추정량이 너무 높을 수도 있다. 미국에서 농지는 3.8×10^6 km^2, 즉 미국 인접 지역의 약 40%를 차지하며 주로 미시시피강 유역에 있다. Wilkinson과 McElroy(2007)는 미국의 평균 자연 토양 침식률을 2.1 cm/10^3yr로 추정했다.

현대에서 인위적 영향의 중요성은 인구 밀도, 토지 사용 관행 및 기술 개발 단계와 관련된 사회 경제적 조건으로 측정할 수 있다(Walling 2006). 하천 유역은 인구 밀도와 1인당 GNP(국민총생산)로 순위가 매겨지며, 높은 인구 밀도와 낮은 GNP는 퇴적물 부하 증가와 상관관계가 있다(Syvitski and Milliman 2007).

최근에 인류는 많은 양의 강 부유 퇴적물을 가두는 거대한 댐을 건설해왔다. Vorosmarty 등(2003)에서는 강의 유량의 40%가 더 큰 댐(< 0.5 km^3)에 의해 차단된다고 추정한다. 전 세계적으로 48,000개의 대형 댐(높이 15 m 이상)이 있으며, 대부분 1950년대 이후 건설되었다. 미시시피강과 중국 양쯔강 유역은 모두 50,000개 이상의 다양한 크기의 댐을 포함하고 있으며, 이 댐들은 수력 발전, 홍수 조절, 관개에 사용된다. 미시시피강의 부하량은 3분의 1로 감소했다(표 5.1 및 그림 5.3; Walling 2006 참조). 2008년에 완공된 양쯔강 삼협댐은 부유 하중의 70%를 가둬 부하량을 188 Mt/yr로 줄일 것이다. 이 값은 현재 값인 300~320 Mt/yr보다 작으며 1960년대 값인 480 Mt/yr(Walling 2006)보다 훨씬 작다. 콜로라도강, 나일강, 인더스강, 그리고 리오그란데강을 따라 있는 댐들은 원래 전체 강 퇴적물 부하의 10%에 달했던 바다로의 퇴적물 전달을 거의 완전히 막았다(Syvitski and Milliman 2007).

그러나 댐에 의해 갇힌 강 퇴적물의 일부는 어쨌든 해양 해안에 도달하지 못하고 범람원과 삼각주에 저장된다. Walling(2006)에 따르면 댐에 의해 갇힌 전체 전 지구적 하중은 25 Gt/yr로 추정되지만, 바다에 도달하는 침전물 하중의 감소는 10 Gt/yr에 불과하다. Vorosmarty 등(2003)은 저수지가 약 4~5 Gt/yr, Syvitski 등(2005)은 댐이 바다에 도달하는 부유 하중을 3.6 Gt/yr, 즉 대략 4분의 1 정도만 감소시킨다고 추정한다.

Walling(2006)은 인간의 영향은 완충 효과에 의해 큰 유역에서 제한되는 반면, 작은 유역에서는 퇴적물 부하의 변화가 더 명확하다고 지적한다. Milliman과 Syvitski(1992)는 지구상의

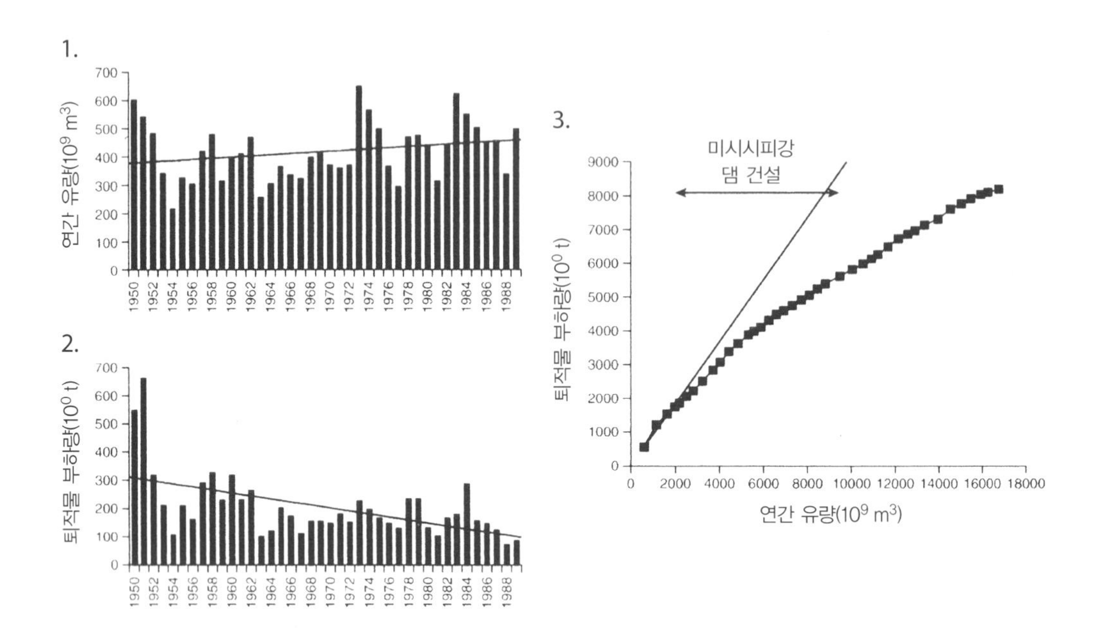

그림 5.3 (1) 연간 유량, (2) 연간 퇴적물 부하, (3) 퇴적물 부하 대 지표 유출의 시계열에서 입증된 미시시피강의 부유 하중의 최근 변화.
출처 : Walling 2006, fig. 5a, p. 202.

부유 퇴적물 부하에 대해 높은 기복을 가진 작은 유역의 중요성을 강조했지만, 이러한 유역은 퇴적물 부하에 인간의 영향 가능성이 더 크다.

Stallard(1998)는 인간이 저수지, 호수, 충적층, 그리고 충적층 퇴적물에 다량의 퇴적물을 저장하면 육지의 탄소 매장량이 0.6~1.5 Gt-C/yr 증가한다고 언급했다. 이것은 30 Gt/yr의 전 지구적 퇴적물 저장과 1.5%의 탄소 함량에 기초한다. 따라서 육지에 퇴적물과 탄소를 저장하는 것은(대부분은 저수지에) 세계 탄소 순환에 영향을 미치고, 세계 탄소량에서 소위 탄소 누락의 많은 부분에 기여할 수 있다.

부유물의 화학적 조성

표 5.3은 강 부유(입자) 물질의 주요 원소에 대한 세계 평균 농도와 대륙별 농도를 보여준다. 표 5.4는 세계 평균 강 부유 물질과 비교하여 대륙 상부 지각의 주요 원소에 대한 농도를 보여준다. 화학적 풍화와 2차 풍화 생성물에서 불용성 원소의 재침전과 결합된 가용성 원소의 용해로 인해 강 부유 물질은 모암에 비해 용해성이 낮은 원소(예 : Al 및 Fe)가 풍부하고 소듐과 같은 용해성이 가장 높은 원소가 극히 결핍되어 있다. 평균 상부 지각암석에 대한 하천 부유 물질

표 5.3 세계 평균 하천 부유 퇴적물의 화학 조성(단위 : %)(P 단위는 mg/g)

	알루미늄	철	칼슘	포타슘	마그네슘	소듐	규소	인
전 세계 평균	8.72	5.81	2.59	1.69	1.26	0.71	25.4	2.01
남아메리카	9.1	5.29	1.5	1.7	0.5	0.4	—	—
북아메리카	8.3	4.5	2.2	1.8	1.1	0.5	—	—
아시아(러시아)	7.1	7.88	2.6	1.9	1.7	1.0	—	—
아시아(중국)	9.5	4.6	1.1	2.5	1.1	0.4	—	—
아프리카	11.3	7.5	2.2	0.9	0.9	0.3	—	—
유럽	6.1	4.3	6.3	1.8	1.3	0.7	—	—

출처 : Viers et al. 2009.

표 5.4 주 원소 : 대륙 지각과 세계 평균 강 입자 부유물 농도

원소	대륙 상부 지각[a](%)	강 부유물 입자[b](%)	강 부유물 입자/상부 지각
알루미늄	8.04	8.72	1.08
철	3.5	5.81	1.66
규소	30.8	25.4	0.82
칼슘	3.0	2.59	0.86
포타슘	2.8	1.69	0.60
마그네슘	1.33	1.26	0.95
소듐	2.89	0.71	0.25
인	0.61[c]	2.01[d]	3.3

[a] Taylor and McLennan 1985, Viers et al. 2009.
[b] Viers et al. 2009.
[c] 지표 암석 내 mg/g(Martin & Meybeck 1979).
[d] mg/g(ppt).

의 다양한 원소 농도 비율도 표 5.4에 나와 있다. 비율이 1.0보다 크면 Al 및 Fe의 경우와 마찬가지로 하천 부유물에 농축됨을 나타낸다. 강 부유 물질에서 소듐은 지각암석 농도의 약 4분의 1까지 강하게 고갈된다. 영양분인 인은 지각암석보다 부유 물질에서 크게 농축되지만, 이것은 아마도 생물학적이고 아마도 오염 효과일 것이다.

총하중(용존과 부유상의 합)과 비교한 주 원소의 부유상 하중의 상대적 크기는 표 5.5에 나와 있다. 부유 하중에서 그들의 농축으로부터 예상되는 바와 같이, Al과 Fe는 거의 전적으로 부유 하중으로 운반되고, Si는 대부분 부유상으로 운반된다. 풍화 과정에서 형성된 점토 광물은 Si를 포함하고, 석영(SiO_2)은 풍화에 강하기 때문에 Si는 Al과 Fe만큼 부유 하중에 농집되어 있다. 다른 극단에서는 지각암석에 비해 강 부유 하중에 가장 많이 결핍된 Na과 Ca은 전체 하천 하중의 약 40%만이 부유상이고, 주로 용존 하중으로 운반된다. K는 입자형의 부유상이 대부분이다(84%). Canfield(1997)가 지적한 바와 같이 포타슘은 대부분의 이동성 원소(Ca, Na, Mg)보다 유동성이 낮다. 예를 들어 흑운모는 빠르게 풍화되는 반면, 백운모는 풍화에 강하다. 또한 K는 토양에 남아 있는 2차 점토 광물을 형성한다. Mg은 가용성 탄산염암과 점토 광물에

표 5.5 강 용존과 입자 하중 및 주 원소 중량 비율

	강 하중(10^6t/y)		원소 무게 비율
	입자상	용존상	입자상/(입자상 + 용존상)
알루미늄	1,308	1.9	0.999
철	872	1.5	0.998
규소	3,816	181	0.95
칼슘	389	500	0.44
포타슘	254	49	0.84
마그네슘	189	125	0.60
소듐	107	192	0.36
인	30	0.93	0.97

출처 : 총 부유물질 부하량 15 Gt/y에 근거한 입자상 부하량(Viers et al. 2009); 강물 37,300 km^3 배출수에 근거한 용존 부하량(Dai et al. 2009)과 표 5.6으로부터의 자연적 용존 농도.

서 발견되며, 입자 Mg은 강 하중의 60%를 차지한다.

Martin과 Meybeck(1979)과 Viers 등(2009)은 강 입자 물질에서 주 원소 농도의 지리적 변화는 강 유역들 사이의 기후와 그에 따른 풍화 체제의 차이로 설명될 수 있다고 믿는다. 이들은 강한 기후를 가진 열대 강 유역과 덜 강한 기후를 가진 온대 및 북극 강 유역을 구별한다. 대륙 간의 부유 하중 조성 변화는 부분적으로 이 때문인 것으로 추정된다(표 5.3 참조). 이들의 입자 물질은 용해성 원소가 용출될 때 남은 불용성 원소가 풍부한 토양 물질에서 유래하기 때문에 열대 강은 Al과 Fe의 농도가 높다. 반면, 온대강과 북극강은 가용성 원소가 더 적게 제거되었기 때문에 부유 물질에서 Al과 Fe의 농도가 더 낮다. 이들의 부유 하중은 특히 산악 지역에서 암설과 거의 풍화되지 않은 물질에서 발생하며, 부유 물질의 조성은 지표 암석의 평균 조성에 더 가깝다. Viers 등(2009)은 Mg, K, Na의 농도는 온대 및 북극 강 입자 부유 물질보다 풍화가 심한 열대 강 입자 부유 물질에서 더 낮다.

Canfield(1997)는 미국 강 부유 물질의 화학적 성질이 지표 유출에 따라 달라진다고 지적했다. 높은 지표 유출량을 가진 강은 심하게 변질된 입자상을 가지는데 Al과 Fe가 부유물에 더 집중되고 Na, Ca, Mg가 결여된다. 이미 언급한 바와 같이 K는 Na, Ca, Mg에 비해 이동성이 낮고, Si도 이동성이 낮다. 부유물의 농도는 지표 유출이 증가함에 따라 감소한다.

기후 외에도, 암석의 원래 종류의 변화와 강 유역의 기복의 영향을 고려해야 한다. 실제로 부유 물질의 Ca 농도가 높은 강들은 또한 용존 Ca 농도가 높기 때문에 강 유역의 암석들은 다른 유역보다 더 높은 Ca를 포함한 석회암 형태임을 지시한다. 또한 일반적으로 퇴적암은 열대 지역보다 온대 지역에 더 많다(Meybeck 1987). 입자상 Al 농도가 높은 열대 강은 용존 SiO_2 농도가 높은 경향이 있는데, 이는 기원지의 규산염 및 알루미늄 암질과 더 높은 온도와 관련된 더 높은 풍화율을 시사한다(Meybeck 1987).

Ca, Na 및 Mg를 제외하고 표 5.5에 나열된 대부분 주요 원소의 경우 전체 수송량의 거의

90%가 입자 하중으로 존재한다. 그러나 강의 주요 용존 이온인 HCO_3^-, SO_4^{2-}는 나열된 원소에 포함되지 않는다. 게다가 바다에서 화학 반응을 위한 주요 원소들의 가용성에 관한 한, 용해된 원소들은 분명히 더 중요할 것이고 부유 하중은 훨씬 더 적을 것이다. 부유물의 많은 부분은 바다에 닿자마자 버려지고 묻힐 뿐이다. 그럼에도 불구하고, 이온 교환과 같은 부유 하중과 관련된 몇 가지 변화가 있으며, 이는 해수 화학에 영향을 미칠 수 있다. (이 주제에 대한 논의는 하구와 해양에 관한 제7장과 8장으로 미뤄진다.)

강의 화학 조성

세계 강물의 평균 화학 조성

Meybeck(1979, 2004)에 따르면 세계 평균 하천수의 화학적 조성은 표 5.6에 나와 있다. 이것은 용존 성분의 바다로의 강 수송을 나타내며, 내부 유역으로의 수송은 포함하지 않는다. 표 5.6의 '자연(Natural)' 세계의 강은 오염에 대해 보정한 값이고 '실제(Actual)' 강은 오염을 포함한다. Meybeck의 자연 하천수 추정치는 이전의 추정치(Livingstone 1963)와 비슷하다. (용존 실리카는 관례에 따라 여기서 SiO_2로 나타내며, 제4장에서 사용된 것과 같이 더 정확한 화학적 형태인 H_4SiO_4로 나타내지 않는다.)

Meybeck(1979, 2004)은 자연적인(인류 이전의) 세계 강의 조성을 추정하면서 미시시피, 세인트로렌스, 라인강과 같은 강의 초기(1900년 이전) 자료를 사용하여 눈에 띄게 오염된 강의 자료를 피하려고 시도했다. 또한 그는 산업 지역의 5개 큰 강 유역의 조성에 대한 시간에 따른 변화와 하천 오염의 직접적인 측정으로부터 인위적인 유입을 추정함으로써 오염에 대한 추가적인 보정을 했다. 그는 다양한 대륙들의 인구와 산업 발전 단계에 따라 오염에 대해 다르게 보정했다. 영향을 받는 주요 성분은 Cl^-, SO_4^{2-}, Na^+이며, 그보다 적은 범위에서는 Ca^{2+} 및 Mg^{2+}이다. 표 5.6에서 볼 수 있듯이, Meybeck은 실제 강물의 Na^+, Cl^- 및 SO_4 농도의 약 30%가 오염에서 발생한 것으로 간주될 수 있다고 추정했다. Meybeck은 각 대륙의 자연 하천수 값만 제시한다. 우리는 여기서 자연 강물 값에 대한 그의 보정을 기반으로 대륙별 실제(오염된) 값을 계산한다.

세계 평균 하천수를 살펴보면 먼저 하천수 중 용존 주요 이온(TDS = 총 용존 고형물)의 총 농도가 약 100 mg/l, 즉 강수 중 농도의 약 20배임을 알 수 있다. 대륙의 빗물이 강물이 되기 전에 추가적인 이온이 더해진다. 그러나 물이 증발을 통해 지면에 도달한 후에, 추가적인 이온이 첨가되지 않더라도 강물은 비보다 더 농축될 것이다. 표 5.6에 제시된 세계 평균 유출 비율 0.46을 사용하여, 우리는 증발만으로 인한 하천 물의 TDS 농도가 빗물의 농도보다 2.2배 더 커야 한다고 계산했다. 이는 실제 발견된 20의 값보다 상당히 낮은 농도 계수이며, 그 차이는 주로 암석 풍화에 기인한다. 특히 이온 Na^+, Cl^- 및 SO_4에 대한 상당한 인위적 유입도 있다.

미국 하천의 Ca, Na, Cl의 10~15%는 비로 인해 발생하며, K의 4분의 1과 황산염의 거의 절반은 비로 인해 발생한다. 이에 비해 SiO_2와 HCO_3^-는 본질적으로 암석 풍화(비로 인한 0%)에 의한 것이다(Berner and Berner 1996).

대륙별 하천 농도에 미치는 지표 유출비의 영향을 고려할 때, 지표 유출비를 기준으로 아프리카 지표수(지표 유출비 = 0.28)는 다른 대륙에 비해 농도가 높고 아시아 지표수(지표 유출비 = 0.54)는 희석될 것으로 예상할 수 있으나, 실제로는 그렇지 않다. 아프리카와 남아메리카의 강물(결정질 암석의 영향이 더 큰)은 모두 아시아, 북미, 유럽의 강물보다 희석(각각 TDS = 61, 55)되어 있으며, 이들 강물은 수용성 퇴적암의 영향을 더 많이 받는다. 따라서 대륙 전체의 경우 지표 유출비는 강의 농도에 지배적인 영향을 미치지 않는 것으로 보인다.

상기 논의는 용존 이온의 총농도뿐만 아니라 화학 조성의 중요성도 강조한다. 세계 평균 하천수의 조성은 Ca^{2+}와 HCO_3^-가 주를 이루고 있으며, 둘 다 주로 석회암 풍화에서 유래한다. Meybeck(1979)은 모든 강물의 98%가 탄산칼슘 유형(즉, Ca^{2+}와 HCO_3^-을 주 이온으로 가지고 있음)이라는 것을 발견했다. 지표수의 2% 미만은 Na^+(Cl^-, SO_4^{2-} 또는 HCO_3^-와 연결됨)를 주 이온으로 가지고 있다. 다음 절에서는 다양한 주요 용존 이온의 기원과 그것들이 (1) 강 유역의 지질과 풍화 기록, (2) 강우량과 증발의 성질, (3) 평균 온도, (4) 물리적 침식률 및 (5) 식생과 생물학적 섭취에 의해 어떻게 영향을 받는지 보여주기 위한 노력의 일환으로 강물의 자연 화학적 조성에 대해 논의할 것이다. 강에 의해 운반되는 용존 이온의 화학적 풍화에 대한 논의는 제4장을 참조하라. 일부 주요 세계 하천의 화학 조성은 표 5.7에 나와 있다.

강의 화학적 분류

표 5.7의 자료 유형에 따라 용존 화학을 기반으로 하천을 분류하려는 시도가 여러 번 있었다. 하천을 분류하는 이유는 강물 화학에 영향을 미치는 여러 자연 환경 요인(즉, 위에 열거된 요인) 중 어느 것이 가장 중요한지를 결정하기 위해서이다. 잘 알려진 강을 연구함으로써, 환경이 덜 알려진 강에 대한 결과를 추론하는 것이 가능하다. 이전 절에서 살펴본 바와 같이, 많은 강에서 총 용존 고형물(TDS)을 증가시키고 HCO_3 및 SiO_2에 비해 Cl, SO_4 및 특정 양이온을 증가시키는 인간의 영향도 또한 많다.

Gibbs(1970)의 분류에 따르면, 세계 지표수 화학을 제어하는 주요 자연 메커니즘은 (1) 조성과 양 모두에서 대기 강수, (2) 암석 풍화, (3) 증발 및 부분 결정화이다. 강은 세 가지 메커니즘에 의해 영향을 받는다. 대기 강수에 영향을 받는 강은 비가 많이 내리는 지역에 있고, 증발-결정화-염수가 있는 강은 건조한 지역에 있으며, 암석이 많은 강은 중간 강우 지역에 있다. 따라서 이 분류는 상당 부분 강우량과 지표 유출량을 기준으로 한다.

Gibbs의 분류는 논란의 여지가 있는 것으로 밝혀졌다. Stallard와 Edmond(1983)는 Gibbs가 강우량을 조절하는 강의 원형으로 사용한 아마존 지류 중 일부는 동일한 강과 인근 빗물

표 5.6 해양으로 유입되는 평균 하천수의 화학 조성

대륙별	하천수 농도(mg/l)[a]									물 방출 10^3 km^3/y	유출 비[b]
	칼슘 이온	마그네슘 이온	소듐 이온	포타슘 이온	염소 이온	황산염 이온	중탄산염 이온	이산화 규소	TDS		
아프리카											
실제 값	5.7	2.2	4.4	1.4	4.1	4.2	26.9	12.0	60.5	3.41	0.28
자연 값	5.3	2.2	3.8	1.4	3.4	3.2	26.7	12.0	57.8	—	—
아시아											
실제 값	17.8	4.6	8.7	1.7	10.0	13.3	67.1	11.0	134.6	12.47	0.54
자연 값	16.6	4.3	6.6	1.6	7.6	9.7	66.2	11.0	123.5	—	—
남아메리카											
실제 값	6.3	1.4	3.3	1.0	4.1	3.8	24.4	10.3	54.6	11.04	0.41
자연 값	6.3	1.4	3.3	1.0	4.1	3.5	24.4	10.3	54.3		
북아메리카											
실제 값	21.2	4.9	8.4	1.5	9.2	18.0	72.3	7.2	142.6	5.53	0.38
자연 값	20.1	4.9	6.5	1.5	7.0	14.9	71.4	7.2	133.5	—	—
유럽											
실제 값	31.7	6.7	16.5	1.8	20.0	35.5	86.0	6.8	212.8	2.56	0.42
자연 값	24.2	5.2	3.2	1.1	4.7	15.1	80.1	6.8	140.3	—	—
오세아니아											
실제 값	15.2	3.8	7.6	1.1	6.8	7.7	65.6	16.3	125.3	2.56	0.42
자연 값	15.0	3.8	7.0	1.1	5.9	6.5	65.1	16.3	120.3	—	—
세계 가중 평균											
실제 값	14.66	3.60	7.20	1.41	8.27	11.47[c]	53.01	10.44	110.06	37.4	0.46
자연 값	13.38	3.31	5.15	1.29	5.75	8.26	52.03	10.44	99.61	37.4	0.46
오염	1.3	0.3	2.0	0.1	2.5	3.2	1.0	0	10.5	—	—
세계 오염률(%)	9	8	28	7	30	28	2	0	—	—	—

출처 : 그의 자료에서 계산된 실제 농도를 제외한 강 농도 및 유량에 대해 Meybeck(1979, 1982)에 근거한 Meybeck(2004).

[a] 실제 농도(1970년 기준)는 오염 포함. 자연 농도는 오염에 대해 보정됨.

[b] 유출 비 = 평균 유출/평균 강수(Meybeck에서 계산됨).

[c] Brimblecombe(2003)는 실제 강 농도에 대해 18.0 mg/l의 황산염 농도를 가짐(황산염에 대해서는 향후 제5장의 토의 참조).

표 5.7 주요 세계 하천의 주요 이온(용존상만) 화학 조성

강	농도(mg/l)										유역 면적	
	칼슘 이온	마그네슘 이온	소듐 이온	포타슘 이온	염소 이온	황산염 이온	중탄산염 이온	이산화 규소	TDS	km^3/yr	$10^6\ km^2$	기원
북아메리카												
콜로라도강(1960년대)	83	24	95	5.0	82	270	135	9.3	703	20	0.64	(1)
컬럼비아강	19	5.1	6.2	1.6	3.5	17.1	76	10.5	139	250	0.67	(1)
매켄지강	33	10.4	7.0	1.1	8.9	36.1	111	3.0	211	304	1.8	(1)
세인트로렌스강(1870년)	25	3.5	5.3	1.0	6.6	14.2	75	2.4	133	337	1.02	(1)
유콘강	31	5.5	2.7	1.4	0.7	22	104	6.4	174	195	0.77	(1)
미시시피강(1905년)	34	8.9	11.0	2.8	10.3	25.5	116	7.6	216	580	3.27	(1)
미시시피강(1965~1967년)	39	10.7	17	2.8	19.3	50.3	118	7.6	265	580	3.27	(1)
프레이저강	16	2.2	1.6	0.8	0.1	8.0	60	4.9	93	100	0.38	(1)
넬슨강	33	13.6	24	2.4	30.2	31.4	144	2.6	281	110	1.15	(1)
러레이도(리오그란데)강	109	24	117	6.7	171	238	183	30	881	2.4	.67	(2)
오하이오강	33	7.7	15	3.6	19	69	63	7.9	221	—	—	(2)
유럽												
다뉴브강	49	9	(9)	(1)	19.5	24	190	5	307	20	0.8	(1)
상류 라인강(오염되지 않은)	41	7.2	1.4	1.2	1.1	36	114	3.7	307	—	—	(3)
하류 라인강(오염됨)	84	10.8	99	7.4	178	78	153	5.5	256	68.9	0.145	(3)
노르웨이의 강	3.6	0.9	2.8	0.7	4.2	3.6	12	(3.0)	31	383	0.34	(1)
흑해의 강	43	8.6	17.1	1.3	16.5	42	136	—	265	158	1.32	(1)
아이슬란드의 강	3.9	1.5	8.8	0.5	4.4	4.8	35.3	14.2	73.4	110	0.1	(1)
남아메리카												
상류 아마존강(페루)	19	2.3	6.4	1.1	6.5	7.0	68	11.1	122	1512	—	(4)
하류 아마존강(브라질)	5.2	1.0	1.5	0.8	1.1	1.7	20	7.2	38	7245	6.3	(4)
하류 네그루강	0.2	0.1	0.4	0.3	0.3	0.2	0.7	4.1	6	1383	0.76	(4)
마데리아강	5.6	0.2	2.6	1.6	0.8	5.6	28	9.4	53	155	2.6	(4)
파라나강	5.4	2.4	5.5	1.8	5.9	3.2	31	14.3	69	567	2.8	(1)
막달레나강	15.0	3.3	8.3	1.9	(13.4)	14.4	49	12.6	118	235	0.24	(1)

표 5.7 주요 세계 하천의 주요 이온(용존상만) 화학 조성(계속)

강	농도(mg/l)									유역 면적		
	칼슘 이온	마그네슘 이온	소듐 이온	포타슘 이온	염소 이온	황산염 이온	중탄산염 이온	이산화 규소	TDS	km^3/yr	10^6 km^2	기원
가이아나의 강	2.6	1.1	2.6	0.8	3.9	2.0	12	10.9	36	240	0.24	(5)
오리코노강	3.3	1.0	(1.5)	(0.65)	2.9	3.4	11	11.5	34	946	0.95	(1)
아프리카												
잠베지강	9.7	2.2	4.0	1.2	1	3	25	12	58	224	1.34	(1)
콩고강(자이르강)	2.4	1.4	2.0	1.4	1.4	1.2	13.4	10.4	34	1,215	3.7	(6)
우방기강	3.3	1.4	2.1	1.6	0.8	0.8	19	13.2	43	90	0.5	(6)
나이저강	4.1	2.6	3.5	2.4	1.3	(1)	36	15	66	190	1.12	(1)
나일강	25	7.0	17	4.0	7.7	9	134	21	225	83	3.0	(1)
오렌지강	18	7.8	13.4	2.3	10.6	7.2	107	16.3	183	10	0.8	(1)
아시아												
브라마푸트라강	14	3.8	2.1	1.9	1.1	10.2	58	7.8	99	609	0.58	(7)
갠지스강	25.4	6.9	10.1	2.7	5.	8.5	127	8.2	194	393	0.975	(7)
인더스강	38.3	9.0	31.5	4.8	33.1	41.9	129.9	14.0	302	90	0.92	(1)
메콩강	40.0	8.8	15.3	1.9	15.9	32.9	140.6	10.0	263	467	0.795	(1)
일본의 강	8.8	1.9	6.7	2.2	5.8	10.6	31	19	86	550	0.37	(1)
인도네시아의 강	5.2	2.5	3.8	1.0	3.9	5.8	26	10.6	58	1,734	1.23	(1)
뉴질랜드의 강	8.2	4.6	5.6	0.7	5.8	6.2	50	7	88	400	0.27	(1)
양쯔강(장강)	30.2	7.4	7.6	1.5	9.1	11.5	120	6.9	194	928	1.95	(10)
황허강	42.	17.7	55.6	2.9	46.9	71.7	182	5.1	424	43	0.745	(10)
시장강(주강)	32.4	4.8	2.7	1.2	3.2	8.2	100.	8.5	161	363	0.437	(9)
오비강	21.	5.0	4.0	3.0	10	9.0	79.	4.2	135	433	2.99	(11)
예니세이강	21.	4.1	2.3	w.Na	9.0	8.6	74.	3.8	123	555	2.5	(12)
레나강	17.1	5.1	5.2	w.Na	12.0	13.6	53.1	2.9	109	525	2.49	(11)
필리핀의 강	31	6.6	10.4	1.7	3.9	13.6	131	30.4	228	332	0.3	(1)

출처 : 오른쪽 순서대로 각 열의 출처는 다음과 같다.

1. Meybeck 1979.
2. Livingstone 1963.
3. Zobrist and Stumm 1980.
4. Stallard 1980.
5. Meybeck 1980.
6. Probst et al. 1992.
7. Sarin et al. 1989.
8. Pandé et al. 1994.
9. Gaillardet et al. 1999.
10. Zhang et al. 1990.
11. Gordeev and Siderov 1993.
12. Telang et al. 1991.

의 재채취 및 재분석을 통해 해염과 다소 다른 구성을 가지고 있음이 입증되었다고 지적한다. Stallard와 Edmond가 해안가와 저지대 아마존강에 대한 자료에서 순환염에 대한 보정을 했을 때, 그들은 그것이 강의 조성에 단지 작은 변화를 일으켰다는 것을 발견했다.

Gibbs 분류의 또 다른 논란의 여지가 있는 점은 염이 많은 강에 관한 것이다. Feth(1971)는 Gibbs의 두 가지 주요 예인 페코스강과 리오그란데강에 대해 증발-결정 과정이 조성과 농도를 제어하는 메커니즘이 아니라고 말한다. Feth는 강물이 이 건조한 지역의 증발산과 관개 용수의 추가로 인해 하류로 점점 더 집중된다는 것에 동의한다. 그러나 그는 텍사스의 페코스강과 같은 염류 하천 하류의 용존 염의 주요 증가는 지하에 있는 암염 퇴적물의 용해를 통해 도출된 나클라인강으로의 지하수 흐름에서 기인한다고 주장한다(Gibbs 1971 및 Feth 1981 참조).

Stallard(1980)는 아마존 유역 데이터를 기반으로 높은 Na/Ca와 높은 TDS 강이 전형적인 '암석 풍화' 강물의 증발 진화보다는 암염(높은 Na/Ca 비율) 풍화의 결과라는 것을 발견했다. Stallard는 아마존강 염화물의 4분의 3이 암염(나머지는 순환 해염)에서 나오며, 이 염화물의 90%는 페루 안데스산맥의 암염을 함유한 다이아퍼(diapir)의 풍화에서 나온다는 것을 발견했다. 암염이 매장되면 염천과 염류 하천을 형성한다. 소금 돔은 건조한 지역(강수량이 약 150 cm/yr)에서 발생하지 않으므로 염분이 많은 강은 건조하지 않은 상태에서 NaCl 풍화로 인해 발생할 수 있다.

Gibbs의 증발-결정 과정은 아스완 댐 건설 이후 나일강에서 일어난 것으로 보인다. Kempe (1988)에 따르면, 나일강의 Cl 농도는 3.6배 증가한 반면, Ca, Mg, HCO_3의 농도는 1.55배 증가하는 데 그쳤다. 나일강의 관개수는 탄산염으로 Ca, Mg, HCO_3를 선택적으로 침전시켜 환수에 Cl과 다른 이온을 남긴다. 농도 증가의 약 3분의 1은 댐 뒤에 있는 나세르 호수의 증발 때문이다.

강물에서 Na와 Ca의 상대적 양을 변경할 수 있는 또 다른 프로세스는 풍화 중에 용해된 Ca에 대한 해양 셰일의 Na의 이온 교환이며, 따라서 강물에서 Na 농도와 Na/Na+Ca 비율이 증가한다(Carling et al. 1989).

암석 풍화에 의한 강의 조성 제어에 대한 증거는 다수의 주요 세계 강의 Gaillardet 등(1999)의 연구에 의해 입증되었다. 연구자들은 세계에서 가장 큰 강 60개의 용존 하중을 이용하여 혼합 모델에서 다음과 같은 주요 암석 공급원의 기여도, 즉 양이온 규산염 암석(주로 화강암과 현무암), 탄산염(석회암과 백운암), 증발암(NaCl과 $CaSO_4$)의 기여도를 계산하였다. 즉 비(순환 해염)와 대기(풍화에 사용되는 CO_2)의 기여는 적다. 그들의 모델은 강의 자료와 단성분의 몰 비율로부터 Ca, Mg, Na, Cl 및 HCO_3의 기원을 계산한다. K와 SO_4는 모델링되지 않았지만 Na에 대한 규산염 유래 성분과 K/Na = 0.1 및 SO_4/Na = 0.2(표준 비율)라는 규산염 풍화에 대한 가정에서 도출되었다. 결과는 그림 5.4에 나타나 있으며, 전체 하중에 대한 규산염 풍화의 기여도에 따라 강의 순위가 왼쪽에서 오른쪽으로 증가한다. 대기 기여도는 탄산염 및 규산염 풍화에 사용되는 대기 중 CO_2에서 파생된 중탄산염의 농도에 기초한다(CO_2와 관련된 풍

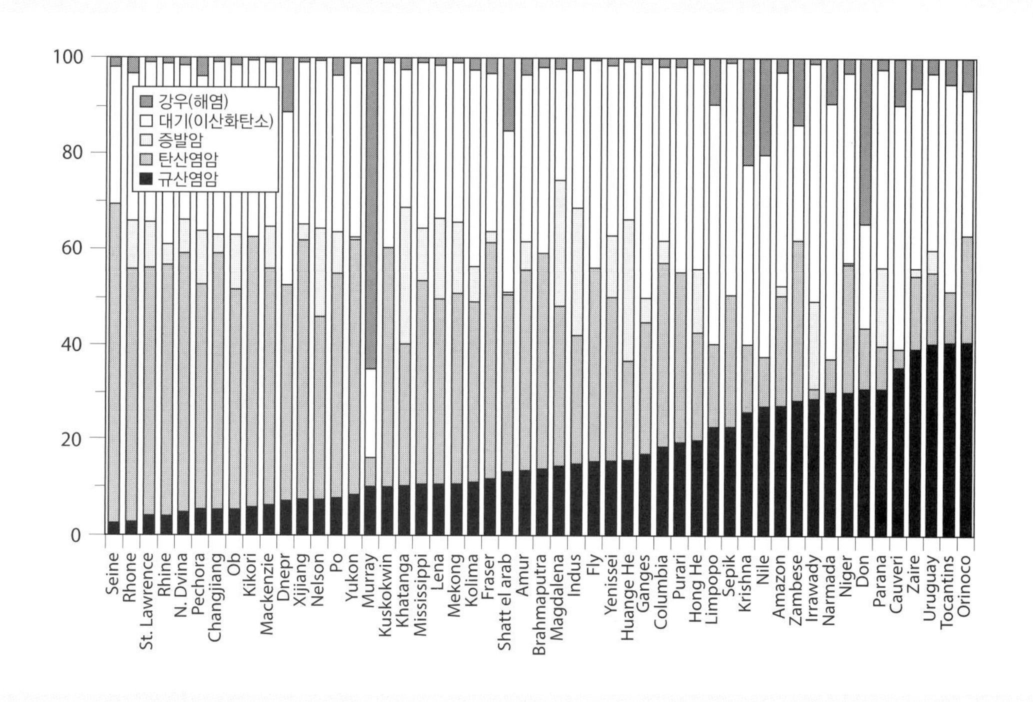

그림 5.4 이 다이어그램은 Gaillardet 등의 연구에서 각 강의 기여율(하천수 mg/L 농도의 백분율)을 보여준다. 강은 총 용존 하중에 대한 규산염 풍화의 기여에 따라 왼쪽에서 오른쪽으로 순위가 매겨진다. 대기 기여는 탄산염과 규산염 풍화에서 유래한 대기 기원의 중탄산염 이온에 해당한다. 비의 기여는 주로 해염 용해에서 파생된 Na 및 Cl에 해당한다.

출처 : Reprinted from J. Gaillardet et al. 1999. Global silicate weathering and CO_2 consumption rates deduced from the chemistry of large rivers. Chemical Geology 159, fig. 5, p.14. Copyright ⓒ 1999, with permission from Elsevier.

화 반응은 제4장을 참조). 비의 기여는 해염에서 유래한 Na와 Cl이다. 결과는 일련의 질량 보존 방정식을 포함하는 모델에서 도출되며, 이는 탄산염, 규산염 및 증발암 풍화 및 대기 유입의 풍화 생성물에서 기인하는 하천 농도의 가정된 비율과 관련이 있다(표 5.8 참조). 전반적으로, 세계 평균 하천수에 대한 Gaillardet 등의 유입 추정치는 표 5.9에 나와 있으며, 탄산염 풍화 및 규산염 풍화에 사용되는 대기 CO_2가 가장 중요하고, 그다음으로 탄산염 풍화, 규산염 풍화 및 증발염 풍화 순이다.

그림 5.5(Gaillardet et al. 1999)는 60개의 가장 큰 세계 강의 표준화된 몰 비율을 보여준다(자료는 주로 Meybeck and Ragu 1997). TDS가 500 mg/L 이상인 하천은 빈 원으로 표시한 센강(프랑스), 라인강(독일) 등 유럽 하천이 다수 포함되며 오염도가 가장 높다. 오스트레일리아의 머레이달링(453 mg/L)과 같이 건조한 지역을 흐르는 강은 증발암 영역 근처에 있는 TDS가 높은 경향이 있다. 증발암, 탄산염 및 규산염에 대한 단성분 강 조성은 하나의 암질을 흐르는 작은 하천에서 추정되어 표시된다. 빗물 단성분은 그림에서 벗어난 매우 다른 화학 조성을 갖는다.

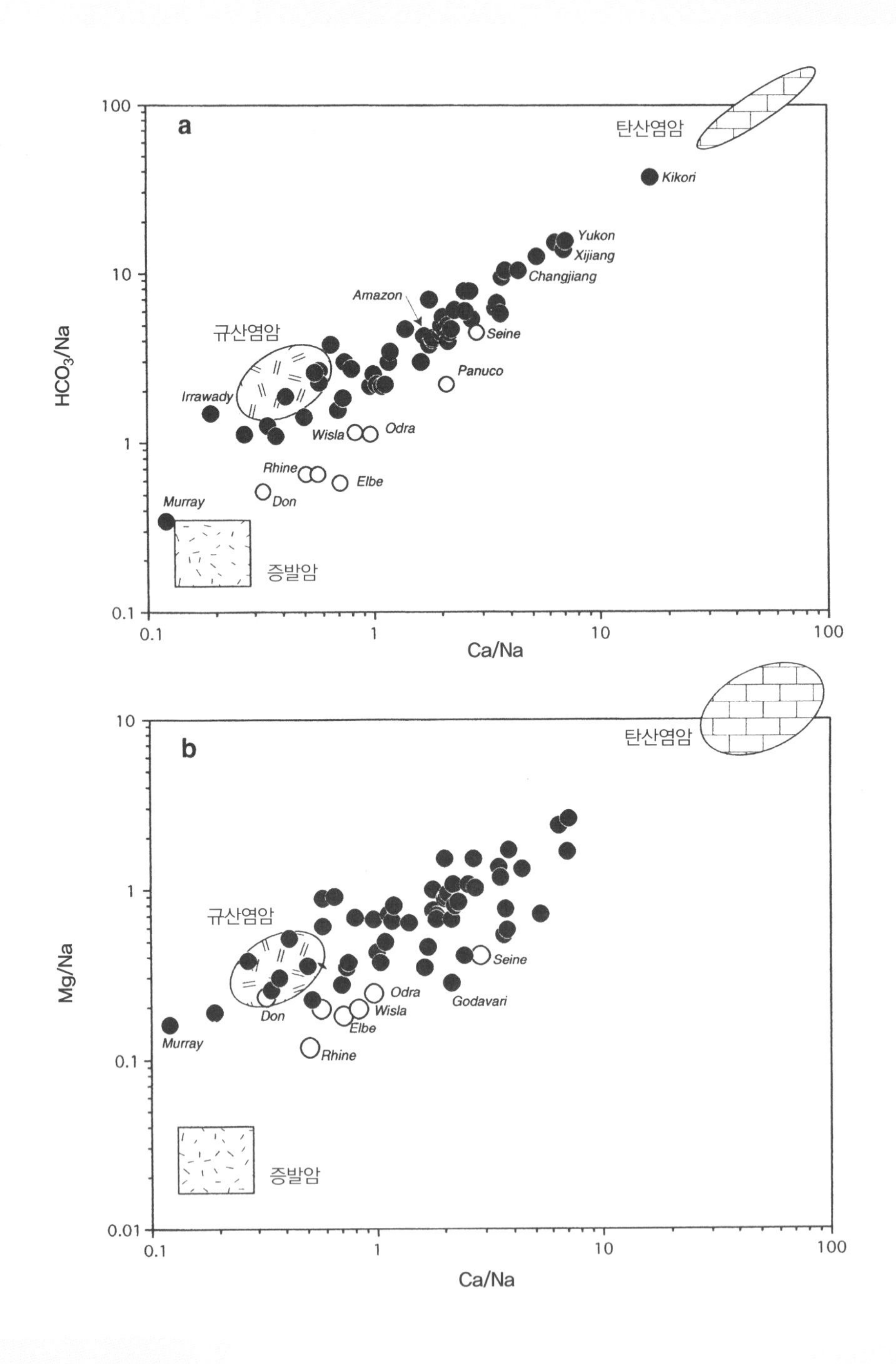

그림 5.5 세계 60대 강의 용존상에서 Na-정규화 몰 비를 사용한 혼합 다이어그램. TDS 값이 500 mg/L 이상인 강(가장 오염된 강)은 다른 강과 구별된다(빈 원). 단성분 영역은 단일 암상(탄산염, 규산염 및 증발암)을 흐르는 소규모 하천에 대한 자료를 사용하여 추정되었다. 빗물(해양) 단성분은 화학적 특징이 매우 다르기 때문에 표시되지 않는다.

출처 : Gaillardet et al. 1999, fig. 2, p. 9.

표 5.8 강 단성분의 화학 조성. 오염되지 않은 하천의 몰 원소 비율 : TDS ≥ 500 mg/l, Cl/Na<1.15(해염비)

탄산염 단성분 : (해염에 대한 수정된 값) : ex. 장강(양쯔강)
칼슘/소듐 = 50
마그네슘/소듐 = 10
중탄산염/소듐 = 120
규산염 단성분 : ex. 오리코노강, 자이르강
칼슘/소듐 = 0.35±0.15
마그네슘/소듐 = 0.24±0.12
중탄산염/소듐 = 2±1
증발암 단성분 : 염소>30μmol/l(1.07 mg/l), 염소/소듐>1.15, ex. 증발암에 영향을 받은 경우 : 인더스강, 황허강
칼슘/소듐 = 0.15~0.30
마그네슘/소듐 = 0.015~0.04
중탄산염/소듐 = 0.15~0.30
빗물 = '대기권 유입' = 해수-염분 비, Cl<30 μmol/l, ex. 머레이강
염소/소듐 = 1.15
칼슘/소듐 = 0.02
마그네슘/소듐 = 0.11
중탄산염/소듐 = 0.004
또한
현무암을 배수하는 강(화산암) : ex. 파라나강, 뉴기니의 강
칼슘/소듐 = 0.5±0.2
마그네슘/소듐 = 0.5±0.2
중탄산염/소듐 = 2±1
오염된 강들 : TDS>500mg/l, 몰 비 Cl/Na>1.15(해수-염분 비), ex. 라인강 · 센강, 미시시피강 · 세인트로렌스강

출처 : Gaillardet et al. 1999.

그림 5.4와 5.5는 모든 큰 강이 탄산염 풍화의 영향을 받는다는 것을 보여주는데, 이는 탄산칼슘(방해석)의 높은 용해도를 반영한다. 큰 강 중에서 중국의 시장강(주강)과 장강(양쯔)이 탄산염 단성분에 가장 가깝고 탄산염 풍화로 조성의 50% 이상을 차지한다는 점에 주목하라. 탄산염이 10% 미만인 강에는 이라와디강(미얀마), 머레이달링강(오스트레일리아), 파라나강(아르헨티나) 등이 있다. 머레이달링은 용질의 70%가 (증발된) 빗물에서 나온다는 점에서 매우 특이하다.

주요 강들 중에서 오리노코강, 우라가이강, 자이르강이 규산염 풍화의 영향을 가장 많이 받는다. (그것들은 기후가 심한 열대 강들이며, 모든 방해석이 제거되었다.) 나일강, 아마존강, 잠베제강, 이라와디강은 모두 규산염 풍화로 조성의 약 40%를 차지한다.

황허강, 인더스강, 막달레나강은 증발암 용해로 인해 TDS의 20% 이상을 생산한다. 나이저강과 파리(파푸아뉴기니)를 포함하여 20개 이상의 큰 강이 증발암 풍화의 영향을 받지 않는다(Gaillardet et al. 1999).

표 5.9 평균 강의 용질 공급원(TDS = 100 mg/L)

규산염 풍화	15 mg/L
탄산염 풍화	35 mg/L
증발암 풍화	8 mg/L
순환염(cyclic salt)	3 mg/L
대기권 이산화탄소로부터의 중탄산염[a]	37 mg/L
	98 mg/L

출처 : Gaillardet et al. 1999.

[a] 탄산염암과 규산염암의 풍화에 의해 소비된 대기 중 이산화탄소 기원의 중탄산염.

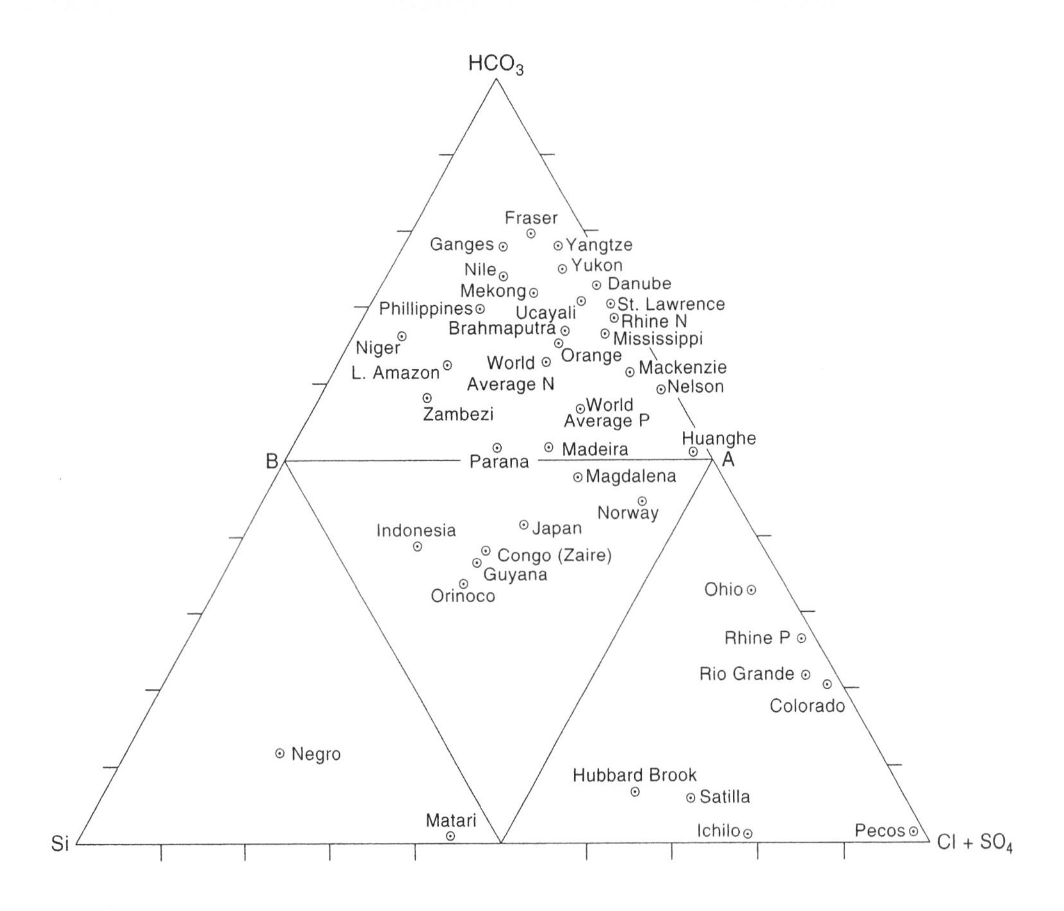

그림 5.6 주요 강들. Si(μmol/l), HCO_3^-(μEq/L), $Cl^- + SO_4^{2-}$(μEq/L)의 퍼센트. 예를 들어, 100% HCO_3^-는 HCO_3^- 꼭짓점에 도시, 50% HCO_3^-와 50% Si는 B점에 도시, 50% HCO_3^-와 50% ($Cl^- + SO_4^{2-}$)는 A점에 도시. 강 TDS는 Si 꼭짓점에서 HCO_3^- 꼭짓점, ($Cl^- + SO_4^{-2}$) 꼭짓점으로 증가한다.

출처 : 표 5.7과 5.15로부터 발췌한 자료.

Drever(1988)와 Garrels와 Mackenzie(1971) 또한 강의 조성을 결정하는 데 암석 유형의 중요성을 강조한다. Drever는 셰일을 흐르는 물이 화성암보다 TDS가 다양하고 총양이온에 대한 Si의 비율이 낮은 것을 특징으로 하는데, 이는 일라이트와 석영(셰일에서 Si의 주요 광물 공급원)이 쉽게 풍화되지 않기 때문이다. 황철석 풍화의 황산염과 포획된 NaCl(아마도 원래 바닷물)의 Cl^-이 주요 셰일 유래 음이온이다.

Meybeck(1984, 1987)은 단일 암석 유형을 흐르는 프랑스의 강을 연구했고, 이 강에서 각 암석 유형별 대표적인 강 조성을 도출했으며, 다시 한 번 강의 조성에 있어 암석 유형의 중요성을 강조했다. Meybeck(1987)은 강 용존 하중을 결정하는 데 있어 표면 돌출 영역보다는 암석 유형이 가장 중요하다고 결론짓는다. 그는 결정질 화성암(심성기원과 화산기원)과 변성암이 용존 강 하중의 12%에 불과하다는 것을 발견했다. 하천 하중의 17%는 증발암(노두 면적의 1.3%), 50%는 탄산염(노두 면적의 16%)이다. 이것은 강물의 화학적 조성에 대한 증발암과 탄산염의 불균형한 기여를 강조한다.

1972년 캐나다의 매켄지강 유역에 대한 연구에서, Reider, Hitchon, Levinson은 염도가 주로 암질에 의해 조절되며, 탄산염과 증발암의 풍화로 인해 더 높은 염도가 발생한다고 결론지었다. 일반적으로 퇴적암(탄산염 포함)을 흐르는 강의 TDS는 결정질(화성암 및 변성암)만 흐르는 강의 TDS보다 최소 2배 이상 높은 경향이 있다(Holland 1978).

삼각 다이어그램에서 강들은 순환염에 대해 보정되지 않기 때문에, 상당한 순환염을 가진 소수의 강들은 오른쪽으로 이동한다(그림 5.6). 그림 5.6에 대한 자료는 앞에서 제시된 표 5.7에서 얻은 것이다. 이 도표는 또한 비교를 위해 세계 평균 강물과 특정한 다른 강들을 포함한다. '자연 세계 평균 하천수'(Meybeck 1979)는 오염(World Average-N으로 표기)에 대해 보정되었으며, 여러 주요 세계 하천(오렌지강, 컬럼비아강, 브라마푸트라강, 상류 아마존 강) 근처에 도시된다. (오렌지강을 이 분류군에 포함시킨 것은 놀라운 일인데, 이는 오렌지강이 건조한 지역에서 왔기 때문이다.) Meybeck(1979) 이후 보정되지 않았거나 오염된 세계 평균 강물(World Average-P로 표시됨)도 표시되며, 이 두 이온이 주요 오염 물질이기 때문에($Cl^- + SO_4^{2-}$) 정점으로 이동하는 것을 보여준다. 마찬가지로 오염되지 않은 라인강(Rhine-N)을 오염된 라인강(Rhine-P)과 비교할 때 Cl^-와 SO_4^{2-}(Zobrist and Stumm 1980의 자료)이 엄청나게 증가한다.

그림 5.6에서 세계 주요 하천의 대부분이 50% 이상의 HCO_3^-를 함유하고 있으며, 10~30% ($Cl^- + SO_4^{2-}$)를 함유하고 있음을 알 수 있다. 따라서 대부분의 큰 강은 퇴적암 풍화에 의해 지배되며, Ca^{2+} 및 HCO_3^- 물은 주로 탄산염 광물에서 기원한다. [적게는 양이온이 풍부한 토양이 형성되는 불완전한 규산염 풍화 지역을 흐르는 강도 이 영역에 도시될 것이다(Stellard and Edmond 1983).] 건조 지역의 강(리오그란데와 콜로라도)은 ($Cl^- + SO_4^{2-}$) 꼭짓점을 향해 ($Cl^- + SO_4^{2-}$)와 HCO_3^- 사이의 축을 따라 그려지고, 페코스강은 사실상 꼭짓점에 도시된다. 황허강 조성은 주로 탄산염의 풍화에 기인하지만 Cl-SO_4 꼭짓점으로 치우치는 점에서 흥

미롭다. 강의 이동 경로 중 건조한 부분에는 광범위한 증발이 있으며, 토양염과 이 지역의 탄산염 침전(Gibbs의 증발-결정화에서처럼)으로부터도 상당한 유입이 있을 것이다(Hu et al. 1982).

그림 5.6에 표시된 다른 강들은 특별한 상황을 나타낸다. Stallard가 마타리강(특히 한 지류인 이치로강)에 대해 설명한 황철석을 포함하는 흑색 세일의 황산 풍화 경향은 온천과 화산 분출물 유입이 있는 일본의 강도 포함한다. 규산염 지형에서 황산비를 받는 매우 작은 강인 허버드 브룩은 동일한 일반적인 추세의 연장선상에 있다(그림 5.6 참조). 콩고강, 과야나강, 오리노코강은 모두 매우 풍화된 규질 지형을 흐르는 열대 강이다. 이 강들은 심한 풍화를 겪으면서 탄산염이 퍼져서 제거되었기 때문에 강한 규산염 풍화 특성을 가지고 있다. 우리는 또한 그림 5.6에서 이전에 상당한 대기 강수량 영향을 미치는 것으로 언급한 사틸라강과 마타리강을 포함했다. 이들이 그림 5.6에 포함된 주된 이유는 둘 다 상당히 산성이기 때문이며, 이로 인해 HCO_3^-의 비율이 매우 낮기 때문이다. (사틸라의 경우 유기 산성 때문이다. 유기질 하천에 대한 나중의 논의를 참조하라.)

기복과 강물 조성

강의 조성을 결정하는 또 다른 가능한 요소는 기복이다. 더 큰 기복은 침식을 받지 않은 바위가 더 큰 물리적 침식과 화학적 풍화에 더 빨리 노출됨을 의미한다. (기복과 화학적 풍화에 대한 추가적인 논의는 제4장을 참조.) 높은 기복에 따라 풍화 물질의 운송이 더 빠르게 일어나기 때문에, 토양에서의 화학적 풍화는 불완전하며 그 양은 얼마나 암석이 분해되는지에 비례한다. 따라서 암석의 종류(탄산염 대 규산염)와 조직이 모두 중요하다. 예를 들어, 거대한 규산염(순상지 암석)은 미성숙 퇴적물이나 화산 쇄설물과 같은 다공성 규산염보다 더 느리게 풍화된다. 또한 Gaillardet 등(1999)은 규산염의 화학적 풍화는 규산염의 물리적 풍화와 관련이 있지만 기복은 탄산염의 풍화에 영향을 미치지 않는다는 것을 발견했다. 후자의 많은 예들은 상대적으로 평평한 지형(예 : 플로리다 중부)에서 동굴 형성을 통한 탄산염 용해에서 볼 수 있다.

완만한 기복에서는 화학적 풍화가 훨씬 더 완성되고, 반응하지 않는 두꺼운 토양과 부식암석이 기반암을 덮어서 지질학적 변화가 덜 중요해진다. 예를 들어, 아마존강 하류 유역을 따라 증발암이 노출되어 있는 경우, 강에 대한 그들의 기여는 안데스산맥의 강에 대한 그들의 현저한 기여에 비해 상대적인 풍부함에 비례하여 상당히 적다(Stallard 1985). (그러나 아마존 분지 저지대에서도 화성과 변성 규산염은 퇴적 규산염보다 더 느리게 기후가 변하며, 탄산염을 배출하는 강은 TDS 농도가 더 높다.)

특정 지역의 기복은 종종 암석 유형, 온도, 식생과 관련이 있으며, 이러한 요인들은 분리하기 어렵다(Driver 1988). 예를 들어 Gibbs(1967)는 아마존강의 화학 성분을 제어하는 주요 요인으로 기복을 지적한다. 아마존강에서 용존 하중의 약 70%는 쉽게 풍화되는 탄산염과 증발암에 의해 저지되는 안데스 고원에서 유래한다(Stallard 1980). 여기서 높은 기복과 쉽게 풍화되는 암석 유형은 상관관계가 있는 경향이 있다. 대조적으로 북미와 다른 지역에서는 강 상류가 화학적 풍화에 강한 결정질 암석이 있는 경우가 많으며, 상류는 매우 농도가 낮은 편이다. 이 강들은 풍화되기 쉬운 바위들을 만날수록 하류로 더욱 집중된다(Livingstone 1963). 미시시피강이 이 효과의 한 예이다.

강물의 주요 용존 성분들

이 절에서는 각 요소에 대한 자세한 논의를 통해 강물의 주 원소 출처를 고려한다. 토론 내내 이 절의 뒷부분에 나와 있는 표 5.10을 반복적으로 참조할 것이다.

염화물과 순환염

암석 속의 염화물은 매우 유동적이고 잘 용해된다. 일단 용액에 들어가면, Cl^-는 별로 활성적이지 않은 지화학적 성질을 가진다. 다른 이온과 거의 반응하지 않으며, 복합체를 형성하지 않으며, 광물 표면에 크게 흡착되지 않으며, 생지화학적 순환(Feth 1981)에서 활성화되지 않는다. 화학적으로 반응하지 않기 때문에 Cl은 특히 바다에서 자연수 질량의 추적자로 사용되며, 지하수와 지표수에서도 사용된다.

강물에서 염화물의 주요 공급원은 (1) 해염, 즉 비와 건조 낙진으로 인한 순환염, (2) 층상 증발암 또는 셰일에 분산된 암염(NaCl)의 풍화 중 용해, (3) 염지하수 및 온천, (4) 사막 분지의 염지각의 재용해, (5) 가정 및 산업 하수, 유정 염수, 광업 및 도로 소금의 오염 등이다.

대기 중 내륙으로 운반되어 비나 눈에 퇴적된 **순환염**은 비퇴적암, 특히 해안을 따라 흐르는 강과 같은 일부 매우 희박한 강에서만 Cl의 주요 공급원이다(Feth 1981). Gaillardet 등(1999)은 60개의 큰 강을 대상으로 한 연구에서 강의 유역에서 증발광상의 지질학적 증거를 확인하여 순환염을 결정했으며, 이를 알 수 없는 곳에서 Cl을 순환염으로 돌렸다. 그들은 또한 유역의 평균 강우량 Cl에 증발량 계수를 곱하여 순환염을 계산했다(Meybeck and Ragu 1997의 평균 강수량에 대한 유량). Gaillardet 등은 세계 평균 하천수의 약 3 mg/L(100 mg/L 또는 3%)이 빗물의 순환염에서 발생한다고 추정한다. 표 5.10은 해염비를 사용하여 총 약 2%로 추정한 순환염에서 오는 세계 평균 강수에서 Cl^- 및 기타 이온의 비율을 제공한다. Gaillardet 등은 큰 강의 경우 빗물의 기여가 일반적으로 5% 미만이라고 말한다. 그들이 추정한 가장 큰 강은 오스트레일리아의 머레이달링강이다. 그들은 60개의 큰 강 중 16%만이 Cl 농도가 30 μmol/L(1.07 mg/L) 미만임을 발견했으며, 빗물이 염화물의 주요 공급원이 되는 한계 값으로 가정한다.

Cl 함량이 순환염에 의해 지배되는 몇몇 예외적인 해안 강들은 아마존 분지의 마타리강, 조

표 5.10 세계 강물 내 주 원소 공급원(실제 농도의 중량 백분율)

	풍화작용				
구성요소	대기 순환 염[a]	탄산염	규산염	증발[b]	오염[c]
칼슘 이온	0.03	65	18	8	9
중탄산염	<<1	61[d]	37[d]	0	2
소듐 이온	0.9	0	21	50	28
염소 이온	1.7	0	0	68	30
황산염 이온	0.2	0	0	29[e]	28
마그네슘 이온	0.11	36	54	<<1	8
포타슘 이온	0.04	0	87	5	7
오르토실리카산	0	0	99+	0	0

[a] Gaillardet et al. 1999, 3% 해염비인 총순환염으로부터.

[b] Meybeck (1987); 셰일과 온천수로부터 NaCl을 포함.

[c] 본문에 기술된 계산에 근거한 황산염을 제외한 값(Meybeck 1979, 1987, 2004).

[d] 탄산염암에 대하여 34%는 방해석과 백운석, 27%는 토양 CO_2 기원; 규산염암에 대하여 모든 37%는 토양 CO_2 기원; 토양 CO_2 기원의 총중탄산염은 64%(표 5.12 참조).

[e] 강황산염의 다른 기원들 : 강우에 의해 육지에 도달하는 자연적 생물기원 배출 5%, 화산작용 5%, 황철석 풍화 33%(Meybeck 1987).

지아의 사틸라강 그리고 캘리포니아 북부 해안의 매톨강 유역(Kennedy and Malcolm 1977)을 포함한다. Cl 유입이 주로 해염에서 나오는 일부 작은 강 유역으로는 뉴햄프셔주 허버드 브룩(Likens et al. 1977), 메릴랜드주 폰드 브랜치(Cleaves et al. 1970), 뉴저지주 파인배런스강(Pine Barrens rivers, Yuretich et al. 1981) 등이 있다.

Gaillardet 등은 빗물에서 아마존강으로 유입되는 5%의 순환염의 기여를 추정한다. 이는 Stallard와 Edmond의 1981년 추정치인 18%보다 훨씬 적은 수치이다. Cl 농도는 대서양 연안에서 급격히 떨어져 내륙 2,000 km 지점부터는 큰 변화가 없다.

순환염과 오염을 설명한 후(나중의 논의 참조), 나머지 강물의 Cl(전체 Cl의 68%, 표 5.10 참조)은 주로 증발암(염화소듐)의 풍화로 인해 발생한다. (Cl^-는 궁극적으로 NaCl 용해에서 나오기 때문에 염분이 함유된 지하수와 열수 샘물의 기여가 여기에 포함된다.) NaCl은 일반적으로 $CaSO_4$ 광물을 동반하는 광물 암염으로서, 그리고 공극수의 포획에 의해 형성된 셰일의 포함물로서 퇴적된 증발암에서 발생한다. NaCl은 광범위하고 매우 용해되기 때문에 지하수와 지표수 모두에서 풍부한 Cl^-원을 제공한다. 증발암 NaCl은 지표면의 돌출부가 일반적으로 용해되기 때문에 지표면 아래에서 가장 흔하게 발생한다. 마찬가지로 셰일은 일반적으로 지표면 근처에서 제거되거나 우선적으로 용해되기 때문에 지표면 아래에 더 많은 Cl^-를 포함한다(Feth 1981 참조). Gaillardet 등(1999)은 증발암 풍화가 세계 평균 하천 물의 총용질의 8%를 차지한다고 추정한다(표 5.9 참조).

강 유역 내 증발 암염 기원의 염화물은 대부분 상당히 국부적이다. 예를 들어, Stallard(1980)는 아마존 분지에서 Cl의 90%(순환염 보정 후)가 페루 안데스산맥에서 온다는 것을 발견했는데, 여기서 Cl은 소금 돔, 매장된 증발암의 염샘물, 심부에서 단층면 위로 이동하는 염수에서 추가된다. 텍사스의 페코스강은 지하 암염을 용출하는 염샘물로부터 엄청난 양의 Cl^-을 공급받는다.

Feth(1981)는 미국 대륙의 3분의 2가 용존 고체 농도(> 1,000 mg/L)가 높은 지하수에 의해 지배되고 있으며 상당한 Cl이 존재한다고 언급했다. 이 염지하수는 NaCl 용해에서 유래한 것으로 보이며 강의 Cl 공급원이 된다. 염화물은 사막 분지의 염 증발 지각의 재용해에 의해 지표수에 첨가되기도 하지만, 염화물은 주요 공급원이 아니며, 단지 2차적이고 농축된 것일 뿐이다. 예를 들어, 갠지스강의 염화물 60%는 반건조 충적 평야의 강에 첨가된 염지각에서 나온 것으로 추정된다(Sarin et al. 1989).

(뉴질랜드에서와 같이) 화산암의 열수 변질은 Cl^-의 추가적인 공급원을 구성한다. 일본에서는 강물에 들어 있는 Cl의 약 5%가 온천과 광천샘물에서 나오는 것으로 추정된다(Sugawara 1967). Meybeck(1984)은 세계 평균 하천수에 대한 열수기원 Cl 유입이 8%라고 추정한다.

오염은 많은 강들에서 중요한 Cl 원천이 될 수 있다. Meybeck(1979, 2004)은 전 세계적으로 강물에 들어 있는 Cl의 약 30%가 오염으로 인해 발생한다고 추정한다(표 5.10 참조). 생활하수는 주로 식탁염의 인간 소비로 인해 상당한 Cl을 함유하고 있다. Feth(1981)에 따르면, 정화를 위한 공공 용수 공급의 염소화는 물의 Cl 농도에 0.5~2.0 mg/L를 추가하고, 가정용은 하수에 20~50 mg/L를 추가한다. 직접적인 하수 배출 외에도 정화조에서 추가적인 침출이 있다.

Cl^- 오염의 다른 원천으로는 도로염, 비료, 산업용 Cl 함유 염류 등이 있다. 1960년대와 1970년대 뉴햄프셔의 강수 내 오염기원 Cl은 석탄 연소에서 발생하여 식물에 저장되었다가 나중에 하천수에 방출되었다(Lovett et al. 2005). 1974~1981년 동안 미국 하천에서 25% 이상의 Cl(및 Na) 증가는 인구 증가와 어느 정도의 상관관계가 있었으며, 특히 중서부 지역에서 크게 증가한 고속도로의 도로염 사용과 높은 연관성을 보였다(Smith et al. 1987). Cl의 증가는 관개 증가와 상관관계가 없었다. Kaushal 등(2005)은 미국 북동부(메릴랜드, 뉴욕, 뉴햄프셔 포함)의 강과 호수의 염분화 증가에 주목한다. 염분화는 담수에서 TDS(총 용존 고형물)가 증가하는 것을 의미하며, 주로 겨울철 제설제로 도로염 사용이 증가하고 도로 및 기타 포장 표면이 더 많이 건설되기 때문에 Cl 농도가 증가하는 것에서 알 수 있다. NaCl은 $CaCl_2$와 함께 주요 도로염이다. Cl의 농도는 여름 동안 자연치의 100배까지 유지된다. 염화물 농도가 250 mg/L를 초과하면 수생물에게 문제가 발생하여 물이 사람이 먹기에 부적합하다(참고로 세계 평균 Cl의 자연 농도는 6 mg/L이고 실제 농도는 8 mg/L이다. 표 5.6 참조).

일부 지역에서는 소금 채굴을 통해 강물에 Cl을 첨가할 수 있으며, 미국 서부에서는 유전 염수가 지역적으로 공급된다. 염화물 오염의 큰 부분을 차지하는 강의 두 가지 주목할만한 예는 세인트로렌스강과 라인강 하류이다. 라인강 하류의 클라인강의 3/4은 포타슘 광산, 석탄 광산, 산업, 하수로 오염된 것으로 추정된다(van der Weijden and Middelburg 1989).

소듐

소듐은 바닷물의 주요 성분이기 때문에 대기 순환염의 주요 공급원이며, 따라서 강물에 나타난다. 그러나 순환염은 하천수에서 Na의 주요 공급원이 아니다. 세계 평균 하천수의 약 3%가 순환염이라고 가정하고(Gaillardet et al. 1999), Cl/Na의 해염비 1.8을 사용하면 하천수 소듐의 약 1%만이 순환염에 기인한다고 계산할 수 있다. 이것은 표 5.10에 나와 있다.

오염은 강물 속 소듐의 중요한 공급원이다. 우리는 Na의 28%가 Meybeck(2004, 1979; 표 5.10 참조) 이후 오염, 주로 NaCl에 기인한다고 가정한다. 실제로 Na^+는 Cl^- 및 SO_4^{2-}와 함께 오염의 영향을 가장 많이 받는 이온 중 하나이다. 대부분의 오염 소듐은 염화소듐의 Cl과 관련이 있기 때문에, 앞서 언급한 Cl 오염의 많은 원인들도 Na 기원이다. 여기에는 생활하수, 암염 채굴, 산업용 염류, 도로염이 포함된다. 예를 들어, Roy 등(1999)은 프랑스 센강에 있는 소듐의 25%만이 자연기원이라고 추정한다(즉, 순환염과 암석 풍화). Na_2CO_3, Na_2SO_4 및 붕사와 같은 다른 Na염은 채굴되어 종이, 비누 및 세제에 산업적으로 사용되고, 다른 제품(Skinner 1969)과 소듐은 또한 제올라이트 소듐 및 Na_2CO_3로서 물 연화제에 사용되며, 공업용수와 가정용수의 Ca^{2+} 및 Mg^{2+}를 Na^+로 대체한다. 이들은 하수에서 Na의 추가적인 공급원을 제공한다.

Na의 또 다른 중요한 공급원은 퇴적암에 있는 암염이다. Na^+는 암염 내 Cl(NaCl)에 동반되는 주요 이온이기 때문에 Cl^-의 암석 공급원에 관한 이전 절에서 언급한 모든 것은 Na을 지칭하기도 한다. 따라서 암염에서 유래한 하천수에서 Na의 비율을 계산할 수 있다. 실제 (오염된) 지구 평균 하천수(표 5.6)의 Cl 농도는 8.27 mg/L 또는 0.233 mM이다. 이 중 68%(0.158 mM)는 자연적인 암염 풍화(표 5.10)에서 유래한다. 거의 모든 자연적인 Cl이 궁극적으로 암염 풍화에서 나온다고 가정하면, Na에 해당하는 몰(0.158 mM)도 암염에서 나온 것이어야 한다. 지구 평균 하천수(표 5.6)의 모든 선원에서 나온 Na의 총농도는 7.20 mg/L 또는 0.313 mM이다. 따라서 이러한 자료에서 NaCl 풍화의 Na 비율은 0.165/0.313 = 0.50 또는 50%이다. 이 값은 표 5.10에 나열된 천연 암염 풍화 값이다.

Na^+가 Cl^-와 다른 점은 규산염 암석의 주요 성분이라는 것이다. 화학적 풍화에 관한 장에서 이전에 논의된 바와 같이, 규산염 암석의 소듐은 주로 사장석의 조장석 성분으로 존재하며, 화학식은 $NaAlSi_3O_8$이다. 사장석은 지하수의 주요 공급원이며, 따라서 하천수의 주요 공급원이기도 하다. 토양수와 지하수에 Na을 공급하고 규산염 풍화에 의해 최종적으로 하천수에 공급하는 방법은 제4장에 요약되어 있다. Gaillardet 등(1999)은 큰 강의 연구를 바탕으로 세계 평균 강의 물에 규산염 풍화의 기여를 추론했다. 그들은 Na의 41%가 규산염 풍화로 인한 것이라고 추정한다. 그러나 우리는 이 값이 너무 높다고 생각한다. 우리는 규산염 풍화에서 기원한 Na의 비율이 21%에 불과하다고 결정했다. 이는 NaCl 풍화(50%), 오염(28%) 및 해수염(1%)에서 파생된 비율과 100%의 차이를 나타낸다.

강물에서 Na의 또 다른 가능한 공급원은 해양 셰일 풍화 중 내륙기원의 점토 광물에 용해된 Ca^{2+}와 Na^{+}의 양이온 교환이다(Carling et al. 1989). 양이온 교환은 규산염 풍화와 유사한 강물의 Cl에 비해 과도한 Na을 생성할 것이다. 그러나 양이온 교환은 교환 가능한 Na을 포함하는 충분한 점토 광물의 전 세계적 규모가 부족하기 때문에 강물의 Na 공급원으로서 아마도 전 지구적으로 중요하지는 않을 것이다(Berner et al. 1990).

포타슘

강물 속의 포타슘은 규산염 광물의 풍화로 인해 주로 나온다(약 87%). 이 값은 오염, 증발염 및 순환염 기여의 합계 100%와의 차이에 의해 도출된다(아래 참조). 주요 광물은 정장석과 미사장석과 같은 K-장석, 흑운모와 같은 운모류이다. 이 규산염 광물들은 퇴적암, 변성암, 화성암에서 발견된다. Meybeck(1984)은 규산염 풍화 K의 약 4분의 3이 퇴적암의 규산염에서, 4분의 1이 화성암과 변성암의 규산염에서 나온다고 추정한다. 포타슘은 대부분의 다른 양이온만큼 빨리 녹아서 방출되지 않는데, 이는 포타슘이 함유된 1차 광물이 Na, Ca, Mg를 함유한 광물보다 더 느리게 풍화되기 때문이다(제4장 참조). Holland(1978)는 평균적으로 규산염 풍화 중에 암석 내 포타슘의 약 50%만이 용액으로 용출된다고 추정한다. 이는 포타슘의 토양 농도가 평균 지표 암석의 약 절반이라는 사실과 일치한다(Berner and Berner 1996; 표 5.5 참조). K는 또한 강물에서는 입자상이 지배적(84%)이다(표 5.4 참조).

우리는 Meybeck(1987)을 따라 K의 5%가 KCl로서 증발암의 풍화에서 나온다고 가정했다. 이것은 규산염 풍화에 비해 경미하다. 포타슘의 비풍화원으로는 오염(7%)과 순환염(1%)의 경미한 기여가 포함된다. KCl과 유사한 염의 희귀 증발광상이 K 비료를 위해 채굴되며, 포타슘의 하천 오염은 K 비료 자체의 사용뿐만 아니라 이러한 채굴로 인해 발생한다. 예를 들어, 라인강의 K 오염[NaCl 오염뿐만 아니라(Meybeck 1979)]에 기여하는 알자스(프랑스)의 KCl 채굴이 있다. 이로 인해 라인강의 약 23%가 오염되어 있다(van der Weijden and Middelburg 1989). 세계의 K_2O 비료용 K염 소비는 크게 증가하다가 2000년에 약 20×10^6 t/y로 안정화되었으며, 특히 중국과 인도에서 K_2O 비료 사용이 증가하였다(Fixen and West 2002). N 비료 사용의 증가는 토양의 균형을 맞추기 위해 K와 P의 증가를 필요로 한다. 이것은 강의 상당한 포타슘 오염을 초래한다.

비록 강물의 포타슘은 궁극적으로 규산염 풍화에 지배적이지만, 비료는 식물 재배에 이용되기 때문에 매우 생물학적인 원소이다. 온대 유역에서는 계절에 따라 K의 농도 변화가 나타나는데, 식물이 자라면서 K를 흡수하는 여름에 식물이 휴면하는 겨울보다 더 낮다. 예를 들어, 뉴햄프셔주 허버드 브룩에서 Likens 등(1977)은 K 농도가 이 효과에서 ± 33% 차이가 나는 것을 발견했다. 포타슘은 나무의 잎에 집중되어 있기 때문에 가을에 나무가 잎을 잃으면 잎더미에서 K가 용출되어 하천수에서 K 농도가 증가하는 경향이 있다(Cleaves et al. 1970; Likens et al.

1977). 또한 대부분의 다른 원소들과는 달리, 포타슘은 나무, 낙엽 및 토양의 상부에서 가용성 염의 용해로 인해 배출 증가(예 : 홍수, 샘 지표 유출 또는 폭우) 동안 농도가 증가하는 경향이 있다(Cleaves et al. 1970; Miller and Drever 1977). 식생에 포타슘이 순 축적되기 때문에[허버드 브룩 지역의 연간 순 생물량 축적은 하천 생산량의 3배에 달한다(Likens et al. 1977; 제4장 참조)], 삼림 벌채는 하천 K 농도의 큰 증가를 초래한다. Tripler 등(2006)은 숲 하천수에서 K와 N(둘 다 중요한 식물 영양소) 사이에 강한 상관관계가 있음을 발견했으며, 생물학적 고정과 방출이 이러한 요소들을 통제하는 데 주요한 영향을 미친다는 것을 시사했다.

전 세계적으로 주요 강 사이의 포타슘 농도의 변화는 거의 없으며, 항상 4대 양이온 중에서 가장 덜 풍부하다(Meybeck 1984). [평균 포타슘 농도는 1.3 mg/L이고 범위는 0.5~4.0 mg/L이다(Meybeck 1980.)] 가장 높은 농도는 건조한 지역(나일, 콜로라도, 리오그란데)의 높은 TDS 강에서 발견된다. 세계의 주요 하천에서 포타슘 농도의 낮은 변동성에 기여하는 요인은 다음과 같다.

(1) 퇴적암[2.0% K_2O(Holland 1978)]과 결정질 화성암[3.2% K_2O(Holland 1978)]의 평균 K 농도는 큰 차이가 없으므로 다양한 유역의 암석 종류는 상대적으로 덜 중요하다.
(2) K는 다른 많은 주요 용존 이온보다 풍화 중에 훨씬 더 천천히 덜 완전히 용출된다.
(3) 규산염 풍화에 의해 방출되는 K는 바이오매스에 의해 상당히 많이 흡수되기 때문에, 하천으로의 방출은 부분적으로 유기 분해에 의해 제어되며, 1년 이상의 하천 배출은 생물학적 흡수와 분해 사이의 균형과 관련이 있어야 한다. 아마도 K 흡수 및 배출을 위해 조절되는 확립된 초목에서, 이것은 K 배출을 연간 기준으로 더 균일하게 만드는 데 도움이 될 것이다.

칼슘과 마그네슘

강물의 칼슘과 마그네슘은 거의 전적으로 암석 풍화에 기원된다. Ca의 9%와 Mg의 8%만이 오염에서 발생하며(표 5.10), Ca의 1% 미만과 Mg는 순환 해염에서 발생한다(표 5.10). Ca의 공급원은 주로 방해석($CaCO_3$)과 돌로마이트[$CaMg(CO_3)_2$]를 포함하는 탄산염 암석으로 구성되어 있으며, 약간의 Ca-규산염 광물(주로 칼슘성 사장석)과 미량의 $CaSO_4$ 광물이다. 주로 각섬석, 휘석, 감람석, 흑운모(제4장 참조)와 같은 Mg 함유 규산염 광물이 Mg의 주요 공급원이다.

Holland(1978), Berner 등(1983), Meybeck(1984, 1987), Gaillardet 등(1999; 규산염만)은 강물에 Ca와 Mg를 기여하는 다양한 광물의 상대적 비율을 계산했다. 처음 4개 연구의 결과는 대체로 일치하며, Berner 등(1983)의 연구 결과는 표 5.11에 포함되어 있다. Holland가 지적한 바와 같이, 이러한 종류의 계산은 퇴적암(화성암과 변성암과는 대조적)이 기반암을 이루는 대륙의 면적, 퇴적암에서 기여, 규산염에 대한 상대적인 탄산염의 풍화 속도, 탄산염과 규

표 5.11 세계 평균 강물 내 Ca 및 Mg 기원물질

기원	총칼슘의 %	마그네슘의 %
풍화		
방해석 탄산칼슘	52	—
돌로마이트	13	36
광물	8	—
칼슘-규산염	18	—
마그네슘-규산염	—	54
순환 해염	<<1	2
오염	9	8
총합	100	100

출처 : 암석 기원에 대한 자료는 Berner, Lasaga and Garrels 1983. 순환 해염에 대한 자료는 표 5.10, 오염에 대한 자료는 Meybeck 1979.

산염 암석의 평균 Mg/Ca 비율 및 $CaSO_4$ 광물의 황산염 풍화 수지와 같은 것들과 관련된 다양한 가정에 의존한다. 따라서 계산에는 다양한 잠재적 오류가 발생할 수 있다. 그럼에도 불구하고 표 5.11에 제시된 값이 가장 정확하다고 생각된다. Gaillardet 등(1999)은 Ca의 10%와 Mg의 21%만이 규산염 풍화에서 유래한다고 추정한다. 그러나 Ca와 Mg 수지의 균형을 맞추기 위해 이러한 값을 사용하면 증발암에서 기원한 Mg에 대한 값이 비현실적으로 커진다.

표 5.11의 자료에서 가장 중요한 발견은 거의 전적으로 퇴적암에서 발생하는 탄산염 광물(방해석 및 돌로마이트)이 강물에서 Ca의 주요 공급원(65%)으로 우세하다는 것이다. 세계에서 가장 풍부한 양이온은 Ca이기 때문에 이 결과는 자연수의 구성에 있어 퇴적기원 탄산염암의 풍화의 중요성을 더욱 강조한다. 대략 1차 근사치로서, 평균 강물은 석회석 용해에서 유래한 $Ca(HCO_3)_2$ 용액으로 특징지을 수 있다.

중탄산염

K, Ca, Mg와 마찬가지로 평균 강물의 거의 모든 중탄산염(HCO_3^-)은 규산염과 탄산염 암석 풍화로부터 얻어진다. 오염은 2%(Meybeck 1979)만 기여하고 순환 해염은 1% 미만이다(산성비가 중요한 경우 오염은 HCO_3^-를 파괴하는 것으로 간주될 수 있다. 뒤쪽의 황산염 오염과 산성 강에 대한 절 참조). 제4장에서 논의한 바와 같이 풍화기원 중탄산염은 두 가지 공급원에서 나온다. 한 가지 공급원은 방해석 및 돌로마이트와 같은 탄산염 광물의 탄소이다. 다른 하나는 토양수와 지하수에 용해된 이산화탄소가 탄산염과 규산염 광물과 반응하여 발생한다. 이산화탄소는 거의 전적으로 토양 유기물의 박테리아 분해에서 유래한다. 두 가지 대표적인 풍화반응(제4장 참조)은 다음과 같다.

$$CO_2 + H_2O + CaCO_3 \rightarrow Ca^{2+} + 2HCO_3^-$$

$$2CO_2 + 11\ H_2O + 2NaAlSi_3O_8 \rightarrow 2Na^+ + 2HCO_3^- + Al_2Si_2O_5(OH)_4 + 4H_4SiO_4$$

이러한 반응에서 알 수 있듯이, 탄산염 풍화에 의한 HCO_3^-와 규산염 풍화에 의한 모든 HCO_3^-의 절반은 토양 CO_2에서 유래한다. 유기체가 광합성적으로 CO_2를 고정시키기 때문에 유기물의 분해로 인한 토양의 CO_2는 원래 대기의 CO_2였다는 것에 주목해야 한다. 따라서, 강물 내 많은 양의 HCO_3^-의 궁극적인 원천은 대기이다.

만약 모든 풍화가 용존 CO_2(탄산의 중간 형성을 통해 반응)에 의해서만 일어난다면, 각 풍화물질로부터 강물에 더해진 HCO_3^-의 양은 위에 주어진 반응의 화학량론에 따라 Na^+, K^+, Ca^{2+}, Mg^{2+} 각각의 용출에 수반되는 것을 계산함으로써 얻을 수 있다. 그러나 일부 규산염 및 탄산염 풍화는 황철석(및 다른 황화물)의 산화에 의해 토양에서 형성된 황산에 의해 발생하기도 한다. 일반적인 반응은 다음과 같다.

$$H_2SO_4 + 2CaCO_3 \rightarrow 2Ca^{2+} + 2HCO_3^- + SO_4^{2-}$$

$$H_2SO_4 + 9\ H_2O + NaAlSi_3O_8 \rightarrow 2Na^+ + SO_4^{2-} + Al_2Si_2O_5(OH)_4 + 4H_4SiO_4$$

이 경우 HCO_3^-는 탄산염 광물의 탄소에서만 발생하며 토양의 CO_2에서는 발생하지 않는다.

강물의 HCO_3^- 공급원에 대한 결과는 표 5.12와 같다. 대부분의 HCO_3^-(64%)은 토양 CO_2에서 유래하며, 유사한 비율이 탄산염 및 규산염 풍화에서 유래한다. 원래 탄산염 광물에 포함된 탄소에서 나오는 비율은 약 절반(34%)에 불과하다. [이러한 비율은 평균 강 조성과 노두 면적에 기초한 Holland(1978)의 유사한 계산과 Meybeck(1987)의 계산과 아주 잘 일치한다.] 특정 강의 경우 Probst 등(1993)은 대기 중 CO_2에서 HCO_3^-의 비율을 아마존의 경우 67%, 콩고의 경우 75%로 추정한다(탄산염 암석은 5%에 불과하다). 강의 HCO_3^-가 대기 중에서 얻은 용해된 CO_2와 탄소를 교환할 수 있다는 사실이 아니었다면, 여기서 계산된 비율은 탄소 안정동위원소를 이용하여 확인할 수 있다. 토양 CO_2의 $^{13}C/^{12}C$ 비율은 탄산염 광물의 비율과 확연히 다르며, 원칙적으로 강수 중탄산염의 $^{13}C/^{12}C$ 비율에 대한 정보는 각 탄소원의 상대적 중요성을 계산하는 데 사용될 수 있다. 불행히도 대기와의 동위원소 교환과 그에 따른 강 $^{13}C/^{12}C$의 변화 때문에 이러한 종류의 계산은 처음에 나타난 것보다 훨씬 더 어렵다. 이러한 연계선에서 제한된 동위원소 연구가 수행되었다는 것은 토양 CO_2와 탄산염 유래 HCO_3^-의 계산된 비율이 본질적으로 정확하다는 것을 시사한다.

Gaillardet 등(1999)은 암석 풍화에 사용되는 토양 CO_2(최종 대기 CO_2)에서 유래한 강물의 HCO_3^- 양을 탄산염 풍화에서 약 51%, 규산염 풍화에서 49%로 독립적으로 추정한다(표 5.16 참조). 그들은 이것을 강의 해양으로의 유기탄소 운송인 0.38 Gt-C/yr(Ludwig et al. 1996)과 비교한다. 이는 강 탄소의 더 중요한 원천이다(강의 유기탄소에 대한 아래 논의 참조). 대륙 규산염 풍화는 HCO_3^-의 주요 공급원이지만 규산염 풍화의 26%는 매우 빠른 속도로 풍화되는

표 5.12 세계 평균 강물 내 암석 풍화 유래 HCO_3^-의 기원물질

풍화	토양 이산화탄소로부터 총중탄산염의 %	탄산염으로부터 총중탄산염의 %
방해석 + 돌로마이트	27	34
칼슘-규산염	13	—
마그네슘-규산염	15	—
소듐-규산염	6	—
포타슘-규산염	3	—
총합	64	34

주의 : 계산 방법은 본문 참조(총중탄산염의 추가적인 2%는 오염에 의함. 표 5.10 참조).

화산호와 해양현무암 섬에서 발생한다.

산성비의 출현 이후로(제3장 참조), 사람들은 강에서 HCO_3^-가 감소했을 것이라고 예상할 수 있다. 그러나 대부분의 주요 강들은 지난 세기 동안 HCO_3^- 농도에 거의 변화를 보이지 않는다(Meybeck 1979; Zobrist and Stumm 1980). 강의 HCO_3^- 농도 감소는 HCO_3^-의 탄산(H_2CO_3)에 대한 H^+의 적정에 의해 발생할 수 있으며, 황산 및 질산 풍화가 영향을 받는 육지 지역의 탄산 풍화를 대체하는 경향이 있기 때문이다. 분명히 이러한 효과는 전 세계적으로 여전히 주목해야 한다. 그러나 라인강 하류는 1930년부터 1975~1984년까지 10%의 HCO_3^- 손실을 보인다(van der Weijden and Middelburg 1989).

Raymond 등(2008)은 미시시피강에서 HCO_3^-가 증가한 것은 부분적으로는 강수량 증가 때문이지만, 농업 관행의 변화(liming, 석회 처리 포함)로 인해 농업 유역에서 유량이 증가했기 때문이라고 지적했다.

탄산염 풍화는 지표 유출이 증가함에 따라 증가한다. 탄산염의 빠른 용해 반응으로 인해 지표 유출이 큰 하천에서는 이온 농도의 희석이 없다. 즉, 탄산염 용해 속도가 매우 빨라 지하수에 의한 씻김이 증가함에 따라 물이 포화 상태에 가깝게 유지된다(예 : Stallard and Edmond 1987). 이것은 높은 지표 유출에서 희석되는 규산염 풍화의 경우에는 해당되지 않는다(바로 다음의 '실리카' 절 참조). 마찬가지로, 기복은 규산염 풍화('실리카' 절 참조)에는 중요하지만 탄산염 풍화에는 중요하지 않은 것으로 보인다. 후자는 평평하고 저지대인 플로리다에서 광범위한 탄산염 용해로 잘 입증된다. 규산염 암석은 미량의 $CaCO_3$를 함유하고 있어 탄산염의 빠른 용해가 결과적인 강 화학 조성을 지배할 수 있다는 점에 유의해야 한다(예 : White et al. 1999).

대기 중 CO_2의 증가는 궁극적으로 규산염과 탄산염 모두의 풍화로 인해 강에 대한 HCO_3^-의 유입을 증가시킬 것이다. 이것은 온실효과로 유발된 더 높은 온도와 특히 높은 위도에서의 더 높은 지표 유출 때문이다. 광물은 온도가 증가함에 따라 더 빨리 녹고, 더 큰 지표 유출은 더 큰 풍화 흐름을 가져온다. 높은 위도의 온난화와 함께 영구 동토층과 얼음으로 뒤덮인 땅이 숲이 되어 풍화 속도를 더욱 가속화시킨다. 또한 대기 중 CO_2가 증가하면 일부 식물의 성장이

촉진되어 식물 매개 풍화 속도가 빨라진다(대기 중 CO_2와 풍화에 대한 자세한 논의는 Berner 2004 참조).

실리카

강물에 용해된 실리카는 거의 전적으로 규산염 풍화에 기인한다. Meybeck(2004)은 용존 SiO_2의 평균 강 농도를 10.44 mg/L로 제시했다. 이 값은 이 책에서 채택한 숫자이다. 결과적인 용존 강 부하는 389 Tg-SiO_2이다(표 5.13 참조). 이 수치는 Beusen 등(2009)이 사용하는 SiO_2의 용존 SiO_2 강 배출(380±40 Tg/yr)과 크게 다르지 않다. DeMaster(2002)와 Treguer 등(1995)은 강 수지 336 Tg-SiO_2/yr과 대기 운송(먼지) 30 Tg-SiO_2/yr, 열수 유입 36 Tg-SiO_2를 제시하며 해양에 대한 총수지 426 Tg-SiO_2를 제시했다. Laruelle 등(2009)은 용존 SiO_2 강 부하 372 Tg/yr과 66 Tg-SiO_2의 생물학적 부유(비정형) 실리카 부하를 추정했다(나중의 논의 참조). 이 두 강의 수지는 총 438 Tg-SiO_2에 달한다. 또한 24 Tg-SiO_2/yr의 해저지하 유출수에 의한 해안으로의 추가 수송, 30 Tg-SiO_2/yr의 대기 수송 및 위에서 언급한 36 Tg-SiO_2/yr의 해양으로의 열수 유입을 포함한다. 따라서 Laruelle 등(2009)에 따르면, 바다로의 총유입량은 528 Tg-SiO_2/yr이다.

많은 강에서 규조류 생산성을 증가시키는 부영양화로 인해 Si가 저수지와 호수에 남아 있기 때문에 실리카 부하가 시간이 지남에 따라 감소하거나 일정하게 유지되었다(Conley 2002). 규조류는 침전되어 바닥 퇴적물에 저장되어 강의 N:P:Si 균형을 변화시킨다(Beusen et al. 2009).

Meybeck(1980)은 강의 용존 실리카 함량이 주로 유역의 평균 온도와 지질에 의해 결정된다고 말한다. 유역의 평균 온도와 강의 용존 실리카 농도(리터당 mg-SiO_2로 표시) 간의 상관관계는 그림 5.7과 같다. 비화산 지역 강의 경우, 북극의 강(평균 기온 $< 4°C$)의 실리카 농도는

표 5.13 강 용존 부하량(10^6 t/yr)

원소	오염되지 않은	오염된
칼슘 이온	500	547
마그네슘 이온	123	134
소듐 이온	192	269
포타슘 이온	48	53
염소 이온	214	308
황산염	308	428
중탄산염	1,940	1,977
규산염	389	389
총 용존 고형물(TDS)	3,715	4,105

출처 : 37,300 km^3/yr 유출량(Dai et al. 2009 이후)과 표 5.6의 세계 평균 용존 강 농도에 근거(Meyback 1979 이후).

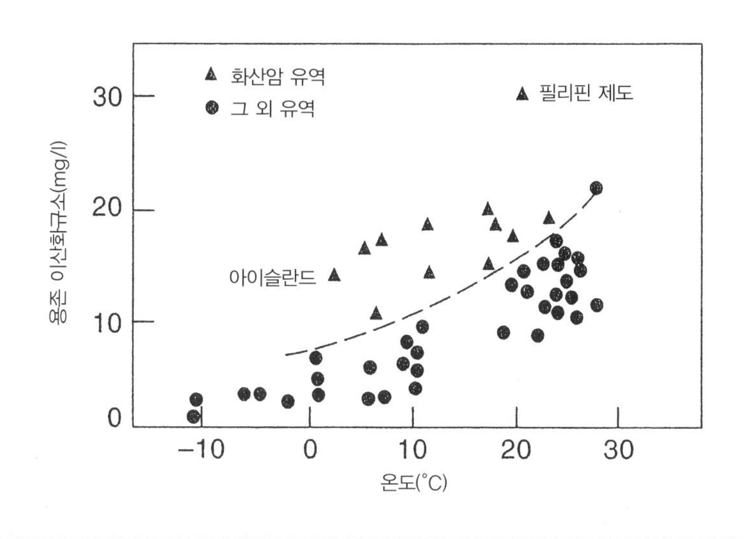

그림 5.7 비화산 및 화산 유역의 평균 온도(°C)에 따른 세계 강의 용존 실리카 함량 변화(mg/L SiO_2).
출처 : Meybeck 1980.

약 3±2 mg/L, 온대 지역 강(평균 기온 4~19°C)의 SiO_2 농도는 약 6±3 mg/L, 열대 지역 강(평균 기온 > 20°C)의 SiO_2 농도는 약 13±4 mg/L이다. 따라서, 화산 지대가 아닌 곳을 흐르는 강의 경우 극지방에서 열대 지역으로 가면서 약 4배 증가된다. Meybeck은 용존 실리카에 대한 온도 효과를 기후대별로 형성된 규산염 풍화 생성물(점토광물)의 차이 때문으로 보고 있다. 열대 지방에서는 화학적 풍화작용이 더 완벽하고 규산염 광물은 고령석으로 풍화되는 경향이 있는데, 이는 온대 지방에서 더 흔한 풍화작용인 스멕타이트로 풍화작용을 하는 1.5배의 용존 실리카를 용출한다. 깁사이트의 형성은 더욱 격렬한 열대성 풍화의 결과이며, 스멕타이트에 풍화하는 것보다 2배나 많은 양의 실리카를 용출할 것이다. (그러나 형성된 점토의 종류는 또한 지표 유출량에 의해 좌우된다.)

Gaillardet 등(1999)은 규산염의 화학적 풍화 속도와 큰 강의 물리적 풍화(침식) 속도 사이의 상관관계를 발견했다(그림 5.8d 참조). 이는 높은 물리적 침식률이 발생하는 지역이 높은 규산염 화학 풍화율(그리고 규산염의 화학 풍화와 관련이 있는 상당한 CO_2 소비)을 유지하기 위해 필요하다는 것을 시사한다. 그러나 White와 Blum(1995)은 규산염 지형을 흐르는 작은 강의 경우 물리적 침식의 영향이 지표 유출과 온도보다 덜 중요하다는 것을 발견했다. 세계적인 규모에서, 온도와 지표 유출은 큰 강 화학에서 추론된 규산염의 화학적 풍화를 제어하는 데 있어 가장 중요한 매개변수가 아니었다(Gaillardet et al. 1999). 그러나 화산섬을 흐르는 작은 강의 규산염 풍화율은 비교를 위해 그림 5.8b에 별로 표시되어 있으며 온도와 상관관계가 있는

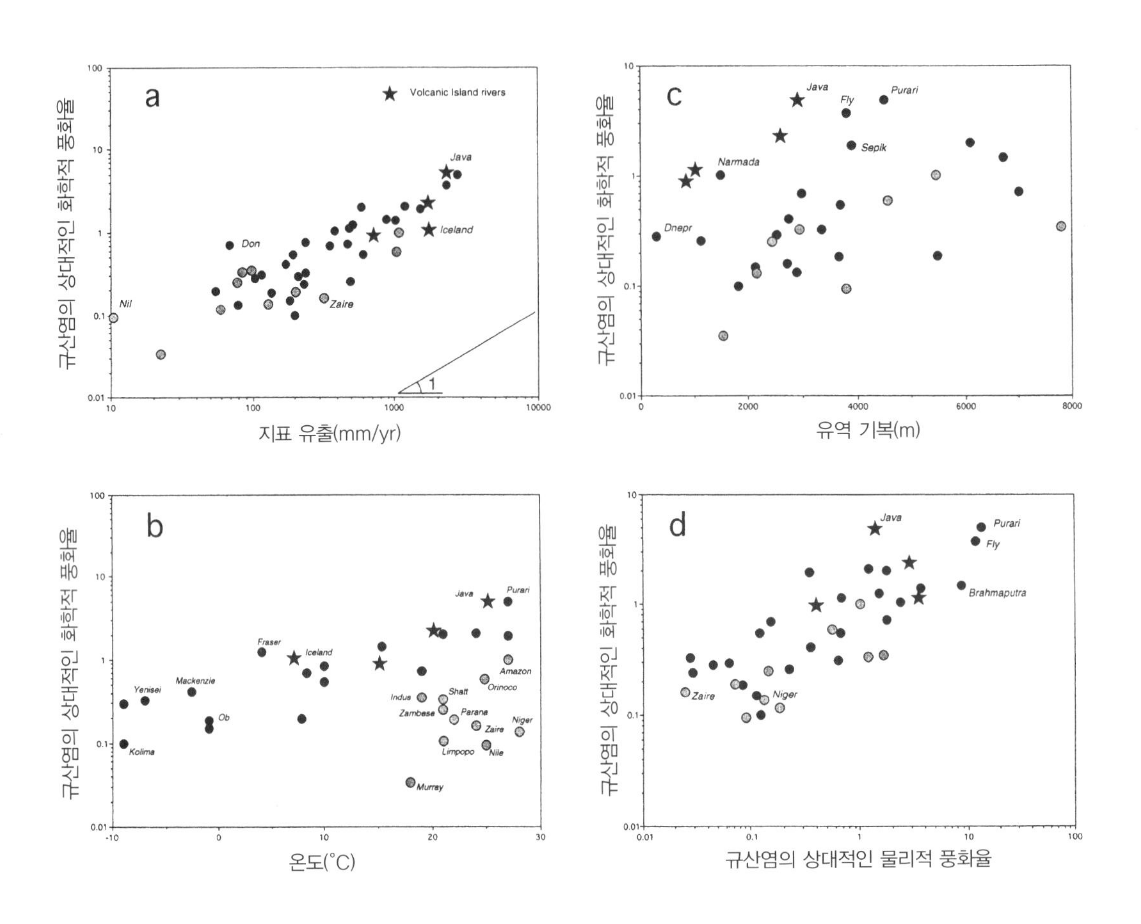

그림 5.8 가장 큰 강에 대한 규산염의 상대적인 화학적 풍화 속도 대 잠재적으로 제어 가능한 변수의 산점도 : (a) 지표 유출, (b) 섭씨 온도, (c) 유역 기복, (d) 규산염의 상대적인 물리적 풍화 속도. Louvat와 Allegre(1997)에서 화산섬을 흐르는 작은 강에 대한 결과를 비교하기 위해 (별과 함께) 그래프로 표시한다. 음영 원은 화학적 규산염 풍화 대 온도 다이어그램의 주요 추세에서 벗어난 강에 해당한다.

출처 : Gaillardet et al. 1999.

주의 : 탄산염 용해가 주인 주요 강(Xijiang, Changjiang, St.Lawrence, Kikori, Seine, Rhone, Rhine, N. Dvina, Magdalena, Yukon 등)은 규산염 풍화율에 근거한 오차가 너무 커서 이 그림에 도시되지 않음.

것으로 보인다(Louvat and Allegre 1997). 규산염 풍화율을 연구하기 위해 큰 강을 사용하는 것은 풍화에 영향을 미치는 변수를 제한하는 것이 더 가능한 작은 강을 연구하는 것만큼 유용하지 않을 수 있다. 규산염 화학 풍화에 대한 자세한 내용은 제4장을 참조하라.

유역의 평균 온도에 따른 하천의 실리카 농도 변화는 규산염 풍화율에 대한 온도의 영향에 의해서도 발생할 수 있다. 실험실 연구(예 : Brady, 1991)와 현장 연구(예 : Velbel, 1994)는 규산염 광물이 더 높은 온도에서 더 빨리 용해된다는 것을 보여주었다. Meybeck(1984, 1987)은 또한 규산염 지역을 흐르는 강에서 평균 고도가 증가함에 따라 실리카 농도가 감소한다는 것을 발견했다. 그러나 이것은 또한 더 높은 고도에서 식물과 토양 덮개가 적거나 물의 순환을 제한하는 눈과 얼어붙은 토양의 존재로 인해 규산염 풍화율이 낮기 때문이다(Driver and Zobrist 1992).

강 유역의 지질은 어떤 온도대에서도 강 규산염 농도의 차이를 제어한다. 같은 온도에서, 화산암의 풍화는 결정질 심성암과 변성암의 풍화보다 실리카의 농도를 2배로 증가시킨다(그림 5.7 참조). Mebybeck(1987)에 따르면 퇴적 규산염(사암과 셰일)의 풍화와 유사한 실리카 농도를 제공한다. 그러나 Stallard(1980)는 화성암 지대와 변성암 지대를 흐르는 강에서 아마존 분지의 퇴적 규산염 강보다 더 많은 규산염 농도를 발견했다. 운모, 점토, 석영과 같은 퇴적 규산염 광물은 심성암과 변성암보다 풍화에 더 강하기 때문에 이것은 타당하다. 화산암에서 대량의 실리카가 배출되는 것은 휘석이나 Ca-장석과 같은 쉽게 풍화되는 광물의 존재와 화산에서만 발견되는 주요 성분인 화산유리가 규산염 광물보다 더 빠르게 풍화된다는 사실 때문이다(제4장 참조). 게다가 화산암은 종종 다공성이고 투과성이 있어 광물과 물의 접촉 면적을 높여 풍화 속도를 높인다.

Gaillardet 등(1999)은 상당한 규산염 풍화가 있는 강의 평균 실리카 농도가 7.62 mg/L임을 발견했다. Meybeck(1980)은 화산암이 실리카 배출에 미치는 영향의 한 예로 매우 높은 실리카 농도(30 mg/L)를 가진 필리핀의 강을 지적한다. 이 강들은 탄산염 풍화에도 영향을 받기 때문에 HCO_3^-에 대한 Si의 비율이 특별히 높지는 않지만(그림 5.6), 화산암의 풍화로 인해 실리카의 농도(및 용해 부하)는 매우 높으며, 탄산염 풍화와 거의 같은 속도이다. 그 밖에 일본의 강(19mg/L SiO_2), 뉴기니의 강(19mg/L SiO_2), 아이슬란드의 강(19mg/L SiO_2) 등이 있다.

규산염으로 구성된 것으로 추정되는 유역에서 화성기원 규산염 암석의 풍화 현상이 많은 저자들에 의해 연구되었다(Dunne 1978; Meybeck 1984, 1987; Peters 1984). 화성암 지대만을 흐르는 강은 지표의 2/3 거듭제곱(Dunne 1978)에 비례하는 화학적 박리율(양이온의 총농도와 용출된 실리카로 측정)의 증가를 보여준다. 이것은 높은 지표 유출에서 풍화 정도의 희석을 크게 반영한다. 그러나 실리카에 관한 한, 지표 유출이 증가함에 따라 실리카 대 양이온의 비율이 증가한다는 사실로 인해 복잡하다. 좋은 예는 규산염 유래 Na에 대한 실리카의 비율이다(Dunne 1978). (규산염 유래 Na는 전체 Na에서 NaCl-Na를 뺀 값이다.) 비율의 증가는 아마도 지표 유출수와 함께 풍화 반응에서의 변화 결과일 것이다. 지표 유출수의 양이 적고 고온 건조한 기후, 높은 증발량은 스멕타이트 형성을 선호하는데, 스멕타이트로 풍화되는 조장석의 경우 스멕타이트에 실리카가 포획되어 절반만 용액에 방출한다. 지표 유출량이 높으면 실리카의 3분의 2를 방출하는 고령석 형성을 선호하며, 매우 높은 지표 유출은 모든 실리카를 용액으로 방출하는 깁사이트[$Al(OH)_3$] 형성을 선호한다. 따라서, 증가하는 지표 유출과 함께 형성되는 2차 풍화 산물의 종류 변화는 실리카 대 Na의 비율의 증가를 초래한다. 이는 또한 농도가 감소하는 양이온과 중탄산염에 비해 지표 유출과 함께 실리카 농도의 변화를 거의 일으키지 않는다(위에서 논의한 2/3 거듭제곱 의존성으로 이어진다). 이러한 결론은 제4장에서 논의된 풍화 연구와 매우 일치한다. 규산염 풍화 제품의 특성은 풍화를 겪고 있는 암석의 씻김 정도에 의해 크게 영향을 받는다는 것을 보여준다.

아마존강 유역에서 안데스산맥 기슭을 흐르는 강의 규산염 농도는 저지대의 심하게 풍화된 두꺼운 토양을 흐르는 강과 거의 같다(Stallard and Edmond, 1987). 구릉지대의 강가 실리카 농도는 토양에 실리카를 유지하고 강으로의 용출을 제한하는 스멕타이트의 형성 때문에 예상보다 낮다[화산재가 풍부한 구릉지대는 빠른 용해로 인해 종종 스멕타이트 형성으로 이어진다(Stellard, 1985). 제4장 참조]. 따라서 아마존 유역의 실리카 농도는 풍화 속도가 증가하더라도 최대 수준(약 12 mg-SiO_2/L)으로 제한되며, 그 결과 안데스산맥 기슭에서 규산염 유래 Na의 고농도를 유발한다.

실리카는 생물학적인 원소로, 지상 식물은 SiO_2를 구조적인 원소인 식물석(phytolith)의 형태로 고정시키고, 이들은 비정질 실리카로 구성되어 토양에 축적된다. 호수, 강, 저수지의 규조류는 외벽 형성에 Si를 사용한다. 우리가 이미 지적했듯이, 바다에 대한 강 기원 반응성 실리카 부하의 일부는 비정질 생물학적 실리카이다(Van Cappellen 2010; Laruelle et al. 2009). 비정질 생물학적 실리카는 규산염 암석(최종 공급원)보다 훨씬 빨리 용해되며, 강 하중의 상당 부분이 생물학적 순환을 거쳤다(Conley 2002).

해양성 실리카 농도는 생물학적 조절에 의해 지배되지만, 강에서는 그 영향이 훨씬 덜하다. 그러나 강의 실리카 농도는 강의 흐름에 따라 호수나 강 자체에 규조류가 존재함으로써 영향을 받을 수 있다. 규조류 매몰 형태의 강의 규산염 제거(시험)도 댐 안의 저수지에서 발생하며 부영양화에 의해 증가한다. 이것은 바다로 용해된 규산염-Si 수지를 감소시킨다(Turner et al. 2003). Meybeck(1984)은 호수에서의 실리카 제거가 실리카의 총 강 수지의 8%에 이를 것으로 추정한다. 다뉴브강과 나일강의 용존 실리카 농도는 댐 이전 값의 절반으로 감소했다(Humborg et al. 2000). Meybeck(1980)은 오대호에 규조류가 존재하면 세인트로렌스강에 도달하는 실리카의 양이 감소할 수 있다고 지적한다. Hu 등(1982)은 중국 황허강 유역 저수지의 규조류가 Si 농도를 낮출 수 있다고 제안했고, Yuretich 등(1981)은 뉴저지의 파인배런스강에 대한 유사한 규조류 영향을 제안했다. Dion(1983)은 규조류 제거로 인해 코네티컷강에서 실리카 농도가 계절에 따라 크게 달라지는 것을 발견했다.

Meybeck(2004)은 실리카가 저수지와 부영양화된 강에서 시간이 지남에 따라 감소하고 있는 반면 N은 비료 사용으로 증가하고 있으며, 이는 큰 강에서 Si 대 N의 비율을 감소시키는 결과를 초래한다고 지적했다. 예를 들어, 미시시피강에서 Si:N 비율은 100년 전 10g-Si/1g-N에서 현재 1g-Si/1g-N으로 떨어졌고, 그 결과 Rabelais와 Turner(2001)가 관찰한 해안 조류 군집의 변화가 일어났다. 이것에 대한 자세한 논의는 하구(제7장)를 참조하라.

황산염

강물의 황산염 공급원은 표 5.10과 같다. 해염의 황산염 함량은 매우 낮다(< 1%). 다른 중요한 원인으로는 암석 풍화(62%)와 오염(28%)이 있으며, 화산 활동으로 인한 소량(~5%)과 자연 생물학적으로 파생된 황산염으로부터 오는 5%가 있다. 암석 풍화원은 퇴적암의 두 가지 주요 형태의 황, 즉 황철석(FeS_2)의 황화물 황, 석고($CaSO_4 \cdot H_2O$) 및 경석고($CaSO_4$)의 황산염 황을 포함한다.

황철석은 황산(H_2SO_4)으로 산화되어 빠르게 풍화되며, 이는 주변 암석의 규산염 및 탄산염 광물과 반응하여 양이온과 황산염을 강물에 방출한다(제4장 참조). 우리는 Meybeck(1987)의 자료를 기반으로 황철석 함유 암석의 자연적(오염되지 않은) 풍화에서 파생된 황산염의 비율을 풍화로 인한 전체 황산염의 54%로 계산했다. 자연 풍화에 의한 총황산염은 오염, 화산 활동, 생물학적 황에 의한 총황산염의 100%와의 차이에 의해 계산된다.

석고($CaSO_4 \cdot 2H_2O$)와 경석고($CaSO_4$) 풍화는 강의 다른 암석 풍화기원이다. 이들은 주로 암염과 관련된 증발광상 내의 층으로 존재하지만, 더 자주 돌로마이트와 방해석과 관련이 있다. Meybeck(1987)의 자료로부터 우리는 천연 암반 풍화 유도 황산염의 46%가 석고와 경석고의 용해에서 유래한다고 계산한다.

서로 다른 황산염의 암석 풍화기원이 강에 미치는 영향은 몇 가지 예에서 볼 수 있다. 석고와 황철석은 퇴적암에서 발생하기 때문에, 퇴적암 풍화는 화성암과 변성암의 풍화보다 오염되지 않은 강에서 훨씬 더 많은 황산염 농도를 생성하는 경향이 있다. 캐나다 강의 예로는 매켄지강(퇴적암)과 노스웨스트준주강(화성암 및 변성암)의 황산염 농도 36 mg/L를 비교한 것이 있으며, 여기서 SO_4의 평균 농도는 2 mg/L이다.

강물에서 황산염의 또 다른 자연 공급원(표 5.10)은 대기에 9 Tg-S/yr을 기여하고(표 3.7 참조) 황산염 강의 약 5%를 기여할 수 있는 화산 활동이다. 황산염 농도에 대한 화산 활동의 영향은 오염이 없더라도 황산염이 상당히 높은(~6 mg/L SO_4) 뉴기니와 뉴질랜드와 같은 일부 화산섬의 강에서 볼 수 있다(Meybeck 1982). 대기 중의 자연적인 생화학적 황 배출은 대륙에서 1 Tg-S/yr, 연안 지역에서 5 Tg-S/yr, 해양에서 15 Tg-S/yr이다(표 3.7). 생물학적 S의 6 Tg만이 육지 근처에 있기 때문에, 우리는 강 유황의 ~5%가 생물학적이라고 가정한다.

Meybeck(2004, 1979)은 강의 오염기원 황산염을 강의 28%로 추정했다. 이 값은 표 5.10에 나열된 값이다. Meybeck(2004)에 따른 총 하천 황 부하는 143 Tg-SO_4-S이며, 이 중 오염 부하는 40 Tg-S(28%)이다(표 5.14 참조). 그러나 Brimblecombe(2003)는 훨씬 더 큰 강 황 부하(225 Tg-S/yr)를 발견했으며, 우리는 그의 자료를 통해 오염이 이 부하(표 5.14에 표시된 135 Tg-S)의 60%를 차지한다고 추정한다. Brimblecombe는 석탄 연소(75 Tg-S)로 인한 대기 황 퇴적 외에도 농업에서 발생하는 상당한 황이 있으며, 주로 S 비료와 살충제(30 Tg-S/yr), 폐수(30 Tg/yr)로 인한 산업 S가 있다고 지적했다. 강에 있는 천연 황은 90 Tg-S/yr이다. 그러면

표 5.14 강물의 황과 오염기원 황

Meybeck 2004 : SO_4-S in Tg-S/yr		(강물의 SO_4 = 11.47 mg/L)	
실제 값	143		
자연 값	103		
오염	40(28%)		
Brimblecombe 2003 : in Tg-S/yr		**(강물의 SO_4 = 18.0 mg/L)**	
	실제의	오염	자연의
풍화에 기인한 강물 속 황산염 이온	75	0	75
대기 침적에 기인한 황산염 이온	90	75	15
폐수	30	30	0
비료	30	30	0
총합	225	135(60%)	90

출처 : Meybeck(2004, 1982, 1979), Brimblecombe 2003.

어떤 값이 오염 기여도에 대해 더 정확한지 의문이 생긴다. 전반적으로 석탄 연소로 인한 SO_2 유입 감소로 인해 1980년대 중반 이후 미국과 유럽에서 대기 및 비에 대한 오염성 황 투입이 상당히 감소했으며, 이로 인해 강물의 SO_4와 그에 따른 자연수의 산성화도 감소했다는 점에 유의해야 한다(아래 참조 및 제3장 참조). 그러나 불행하게도, 아시아에서는 석탄 연소가 증가하여 그곳에서 오염된 SO_2를 생산하고 있다(Brimblecombe, 2003). Berner와 Berner(1996)는 또한 더 많은 오염을 추정했는데, Meybeck의 1979년 추정치인 강 황산염(11.5 mg/L)의 54%였다.

강 유역에 대한 황산염의 비 유입은 강 용존 황산염 배출보다 상당히 클 수 있다. 이러한 차이는 조지아주의 유기질이 풍부한 사틸라강(Beck et al. 1974)의 하천 유기물의 황 수송과 메릴랜드주 폰드 브랜치의 육지의 바이오매스 황 저장에 기인한다(Cleaves et al. 1970). 생물학적 황 기체(H_2S, DMS 등)의 방출은 아마존 분지 저지대 강(Stellard and Edmond 1981)에서 황이 손실될 가능성이 있는 방법으로 제안되었으며, 강 생산량보다 강수 황산염 유입량이 더 많다. 그러나 대기로 방출된 황은 비에 의해 재활용될 것이고 육지의 전반적인 황 균형을 바꾸지는 않을 것이다.

황산염 오염과 산성 강

황산비는 특히 미국 북동부, 캐나다, 북유럽과 같은 지역의 강에서 황산염 오염의 원인이 되어왔다. 그러나 1980년부터 1995년까지 황산염 강하의 일반적인 감소는 미국과 유럽의 산성 지표수를 감소시켰다(Stodard et al. 1999). 영국을 제외한 모든 유럽 지역에서 하천 내 황산염 농도가 감소했으며, 1990년대에는 1980년대보다 더 강한 하향 추세를 보였다. 그러나 황산에 의해 파괴된 알칼리도는 1995년까지 미국 하천에서 단 한 지역(뉴잉글랜드)에서만 회복되었는데, 이는 대기 퇴적물의 염기 양이온이 황산염보다 더 빨리 감소했기 때문이다. 그럼에도 불구

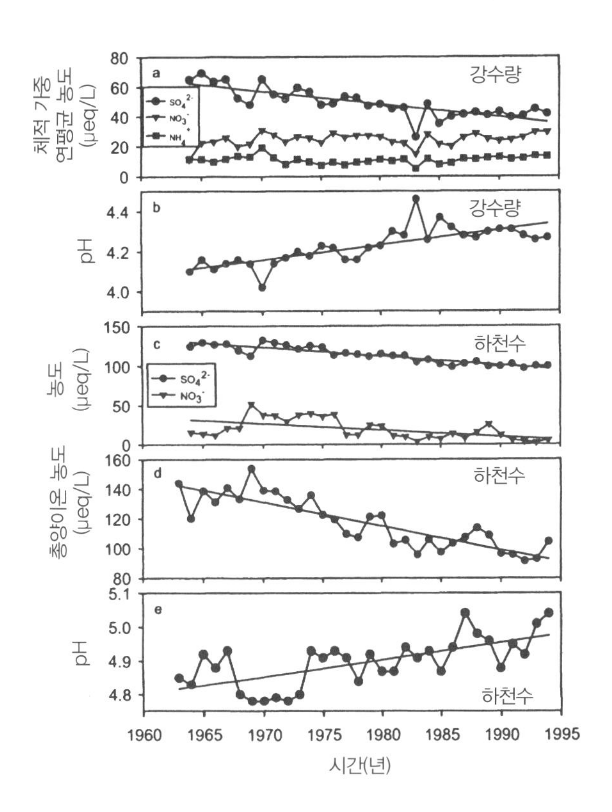

그림 5.9 1963~1994년 동안 (a) 체적 가중 연평균 SO_4^{2-}, NO_3^- 및 NH_4^+ 농도, (b) 총강수량 pH, (c) SO_4^{2-} 및 NO_3^-, (d) 양이온의 합(C_B) 및 (e) 허버드 브룩 실험림의 유역 6의 하천 물 pH.

출처 : Driscoll et al. 2001.

하고 1990년부터 2000년까지 황산염 침적이 감소하면서 미국과 유럽 모두에서 산성 강이 감소하였다(Skjelkvale et al. 2003). 산성 지표수의 이러한 변화는 제6장의 산성 호수에 관한 부분에서 더 자세히 논의된다(산성비에 대한 제3장 내용 참조).

Driscoll 등(2001)에서는 1970년 이후 SO_2 배출량 감소가 미국 북동부와 강과 호수의 습성 및 건성 강하에서 SO_4를 감소시키는 방법에 대해 논의했다. Driscoll 등(2001)의 그림 5.9는 1963년부터 1994년까지 뉴햄프셔주 허버드 브룩의 강수와 지표수 추세를 보여준다. 강수 내 황산염은 해당 지역에 도달하는 SO_2 배출량이 감소함에 따라 감소했다(그림 5.9a). 동시에 강수량의 pH는 약 4.1에서 4.3으로 증가했다(그림 5.9b). 1963년부터 1994년까지 하천수 내 SO_4 농도(그림 5.9c)는 약간 감소했다. 전반적으로, 허버드 브룩의 SO_4 및 NO_3 감소에 대응하여 하천수의 pH도 증가했지만(그림 5.9e), 양이온의 동시 감소로 인해 제한되었다(그림 5.9d). 이전에 저장된 생물학적 S가 바다로 배출되기 때문에 강에서 황산염의 실제 유역 손실은 황 강하보다 크다(Driscoll 1998).

비슷한 변화가 애디론댁산맥과 캐츠킬스에서도 일어났다(Stodard et al. 1999). 그러나 지표수는 뉴잉글랜드보다 개선되지 않았는데, 이전의 뉴욕에서 더 많은 산성 퇴적 부하가 있었고 산성 퇴적물을 중화시키는 염기 양이온이 더 많이 고갈되었기 때문이다.

1965년부터 1980년까지 더 큰 규모로 미국 전역의 미개발 하천 유역에 있는 47개의 미국 지질조사국 수문 기준 측정지점에서 황산염, 알칼리도(HCO_3^-) 및 pH 농도의 추세를 연구했다(Smith and Alexander 1983). 미국 북동부 전체에서, 이 기간 동안 SO_2 배출량이 감소한 지역의 하천에서 황산염(및 HCO_3^- 알칼리도 증가)의 작은 감소가 발생했고, SO_2 배출량이 증가한 남동부 및 서부 지역에서 황산염(및 알칼리도 감소)의 작은 증가가 발생했다. 황산염과 중탄산염의 농도는 역상관되는 경향이 있는데, 이는 산이 HCO_3^-를 중화시키고 이 관계가 저알칼리도 측정지점에서 가장 강하기 때문이다. 주요 양이온 농도(Na, K, Ca, Mg의 합)에 대한 HCO_3^-의 비율은 산성화의 민감한 지표이며, H_2SO_4(및 HNO_3)에 의한 것에 비해 H_2CO_3에 의한 풍화의 중요성을 측정하는 척도이기 때문에 하천 유역에서 산성이 증가함에 따라 감소한다. 주요 양이온 농도에 대한 HCO_3^-의 비율은 미시시피강 서쪽의 대부분의 하천에서 감소했으며 미국 북동부의 대부분의 역에서는 황산염 변화를 거의 역으로 증가시켰다. 그러나 일부 경우 산성화는 H_2SO_4가 아닌 HNO_3에 기인하기 때문에 이러한 흐름의 pH 변화가 항상 황산염 변화를 따르는 것은 아니다.

일반적으로, 주어진 산성 퇴적물의 유입에 대해 하천의 반응은 지역 기암반 지질과 산성을 중화하는 관련 광물의 능력에 따라 크게 달라진다. 이를 바탕으로 지역 기반 하천의 산성 민감도는 다양한 암석 유형의 상대적인 노두와 관련이 있다(Bricker and Rice 1989). [하천과 호수에 대한 산성 퇴적의 영향에 대한 보다 일반적인 논의는 Shindler(1988)과 제6장의 '산성 호수' 절 참조.]

뉴햄프셔주의 허버드 브룩(Driscoll et al. 2001; Likens et al. 1977)은 반응성이 낮은 암반을 흐르는 강의 예이다. 총 용존 고형물에 비해 황산염 농도가 비정상적으로 높았으며(표 5.15 참조) 산성을 띠었다. 그것은 얇은 빙퇴토로 덮힌 빙하작용을 받은 결정질 기반암의 지역에 있는 매우 희석된 강이다. 탄산염암이 부족하고, 규산염 풍화는 황산비를 중화시키기에 충분하지 않았다. 그러나 황산 규산염 풍화는 황산염 외에도 강물에 용해된 실리카와 Ca^{2+}의 비교적 높은 농도를 초래하며(표 5.15 참조) Al도 용해된다. 결정질 유역의 또 다른 희석된 강인 메릴랜드주 폰드 브랜치(Clives et al. 1970)도 황산 비(pH 4.6)를 받았지만, 여기서는 두꺼운 토양 덮개와 비를 중화하기에 충분한 규산염 풍화가 유역에 존재하며, 그 결과 강의 pH는 6.7이었다. 이 강은 높은 실리카 농도와 황산 비에 의한 풍화의 결과로 해염에 대한 상당한 Mg^{2+}, K^+, SO_4^{2-} 기여를 가지고 있었다(표 5.15 참조).

석탄 채굴 지역에서 황철석 풍화는 석탄에 포함된 비교적 많은 양의 황철석의 노출과 채굴로 인한 물순환 증가에 의해 크게 가속화된다. 만약 황철석이 풍부한 석탄층을 순환하는 지하수

표 5.15 본문에서 언급된 일부 낮은 pH 황산염 및 유기물 부하 강의 조성

강	pH	농도(mg/L)											주석, 비고	출처
		칼슘 이온	마그네슘 이온	소듐 이온	포타슘 이온	염소 이온	황산염	규산염	중탄산염	TDS	용존 유기 탄소	강우 pH		
Hubbard Brook, N.H.	4.9	1.7	0.4	0.9	0.3	0.55	6.3	4.5	0.9	19	1.0	4.1	황산비 풍화	Likens et al. 1977
Pond Br., Md.	6.7	1.4	0.8	1.7	0.9	2.1	1.3	9.3	7.7	25	—	4.6	황산비	Cleaves et al. 1970
X-14, Elbe Basin, Czech.	4.9	17.2	6.0	5.2	1.6	3.7	66.8	16.4	0	108	—	4.2(3.2)[b]	황산비	Paces 1985
Ichilo R., Amazon basin	5.28	4.4	2.0	2.4	0.9	0.2	23.7	8.3	0.6	44	—	4.8~5.0	자연 황철석 풍화	Stallard 1980
Moshannon R., Pa.	2.9	44	21	4	1	10	300	7	0	387	—	acid	광산배수 황철석 풍화	Lewis 1976
Satilla R. Ga.,	4.3	1.3	0.7	4.1	0.8	5.4	1.2	6.85	—	20	24	acid	유기산 우세	Beck et al. 1974
Pine Barrens, N.J.	4.5	1.1	0.6	2.7	0.6	4.7	6.4	4.3	—	20	2.2	4.4	유기산과 황산	Yuretich et al. 1981
U. Negro (above Branco), Amazon basin	4.64	0.4	0.06	0.3	0.26	0.25	0.19	3.4	—	5	12	4.8~5.0	유기산 우세	Stallard 1980; DOC-Leenheer 1980
Negro R. (above Manaus), Amazon basin	5.36	0.17	0.16	0.4	0.24	0.24	0.15	4.3	0.55	6	10	4.8~5.0	유기산 우세	Stallard 1980; DOC-Leenheer 1980
Matari R., Amazon basin	4.7	0.14	0.13	0.67	0.15	1.14	0.125	2.4	—	5	(5)[a]	4.8~5.0	유기산과 해상 비	Stallard 1980

[a] 용존 유기 탄소는 색도 측정에 의한 대략의 예측값; [b] 건성 침적을 포함한 실제 pH.

가 생성되는 황산을 중화시키기에 충분한 HCO_3^-(이전의 탄산염 풍화로 인한)을 포함하지 않는다면, 근처의 하천으로 스며들 수 있는 극도의 산성수(pH < 3)가 발생한다. 황철석 산화를 통한 산 생성은 박테리아(예 : Kleinmann and Crerar 1979)에 의해 크게 가속화된다. 펜실베이니아주 탄광 지역의 서스퀘한나강 서부 지류인 모샤논 크릭(Moshannon Creek, 표 5.15 참조)은 황산염 농도(300 ppm)가 매우 높고 pH(2.9)가 낮은 광산 배수의 예이다(Lewis 1976). 석탄 채굴로 인한 황산염 오염의 추가적인 증거는 노천 채굴을 통한 지표 석탄 생산 증가와 관련된 미국 중서부의 많은 강에서 1974년부터 1981년까지 SO_4^{2-}가 증가함으로써 나타난다(Smith et al. 1987).

황철석이 풍부한 흑색 셰일의 자연 풍화는 황철석이 황산으로 산화되기 때문에 높은 황산 농도와 상당히 산성인 하천수를 생성할 수 있다(제4장 참조). 극단적인 예로는 아마존 분지의 마데이라강 배수의 이치로강이 있다(Stellard 1980; 표 5.15와 그림 5.6 참조). 이곳은 황산염 농도가 매우 높으며(몰 기준 Ca 농도의 2배 이상), pH는 5.28이다.

강의 유기물질 : 유기산도

강의 유기물은 용존상과 입자상으로 존재한다. 강에서 용존 유기물의 농도는 일반적으로 용존 유기탄소(DOC)로 표현된다. 표 5.16은 앞서 HCO_3^-에서 논의한 용존 무기탄소(DIC)와 DOC의 전 지구적 강 수지를 비교한다. Seitzinger 등(2010)은 유역에서 전 지구적 영양염 배출 모델에서 2000년 동안 DOC의 총 강 수지를 164 Tg-C/yr(표 5.16 참조) 또는 평균 농도 4.32 mg/L DOC로 추정했다. Ludwig 등(1996)은 DOC의 총 강 수지를 Meybeck(1993)의 5.3 mg DOC/L 또는 200 Tg DOC/yr 추정과 유사한 210 Tg-C/yr로 추정했다.

DOC 수지는 유역 강도(단위 면적당 유량), 유역 경사 및 토양에 저장된 탄소량에 의해 제어된다. DOC 수지는 유량/유역 면적 증가, 평탄한 경사, 토양 C 증가에 따라 증가한다. 경사가 더 가파르면 지표 유출이 더 많고 토양 접촉이 더 적다. DOC 수지에는 상당한 변동이 있으며, 주로 강수량 및 온도와 관련된 유역 강도의 변화로 인해 발생한다(Ludwig et al. 1996). 유량은 DOC보다 가변적이기 때문에 주로 DOC 수지를 제어한다. DOC의 원천인 토양 C는 하천 유역마다 크게 다르지 않기 때문에 DOC도 마찬가지다.

건조한 기후에서 습한 기후로 이동하면 DOC 농도는 일반적으로 감소한다(Ludwig et al. 1996). 그러나 이 효과는 온대 기후에서는 그다지 뚜렷하지 않다. 높은 농도의 DOC는 극지역 강(10 mg/L)과 툰드라강, 타이가강(7 mg/L DOC)에서 발견된다. 습윤 온대(4.43mg/L), 건조 온대(4.75 mg/L), 습윤 열대(4.89 mg/L) 강은 약 4.5~5.0 mg/L DOC이며, 건조 열대 강(6 mg/L DOC)에서 더 높은 농도가 발견된다. 늪지대를 흐르는 강(조지아의 사틸라강과 같은)의 농도가 가장 높다(~25 mg/L DOC). 인공적인 효과는 장강(12.4 mg/L)과 인더스강(14.4 mg/L)의 높은 DOC 농도에서 볼 수 있다.

표 5.16 탄소 수지(Gt-C/yr, Gt = 10^{15} g)

전 세계 육상의 순 1차 생산력[a]			48~65
전 세계 경작[a]			4~12
땅에 매장된 유기탄소[e]			0.6~1.5
강에서 대양으로의 수출			
중탄산염으로서 총 암석 풍화 플럭스(유입량)[b]			0.288
탄산염 풍화(육상의)		0.148	
규산염 풍화		0.140	
육상의 규산염 풍화[c]	0.104		
화산호와 해양섬 현무암	0.036		
연안으로의 총 유기탄소 유입량[d]			0.304
용존 유기탄소(DOC)		0.164	
입자 유기탄소(POC)		0.140	
해양으로의 강의 총 탄소 유입량[f]			0.592

[a] Stallard 1998, Warnant 1994.
[b] Gaillardet et al. 1999.
[c] Ca와 Mg 함유 규산염 풍화는 0.085 Gt-C/yr를 사용.
[d] Seitzinger et al. 2010.
[e] Stallard 1998; Battin 2009(0.6 Gt-C/yr).
[f] Sarmiento와 Gruber(2006, fig. 6.3)는 0.8 Gt-C/yr 제시; Battin(2009)은 0.9 Gt-C/yr 제시.

용존 유기탄소 외에도 부유 하중과 관련된 입자 유기탄소(POC) 형태의 유기물 수송도 상당하다. Seitzinger 등(2010)은 2000년 강의 POC 부하를 140 Tg-C/yr(또는 3.73 mg/L POC)로 추정했다. DOC와 POC의 총 하천 하중은 거의 동일하며 유기 유량(DOC + POC)은 DIC보다 크다(표 5.16 참조). Ludwig 등(1996)은 강 입자 유기탄소 부하를 170 Tg-POC/yr로 추정했는데, 이는 Meybeck(1993)의 172 Tg-POC/yr 추정치와 거의 동일하다.

POC의 수지는 일반적으로 단위 유량당 평균 % POC를 구한 다음 평균 유량을 곱하여 결정된다. POC의 유량은 부유 퇴적물의 평균 % POC에 부유 퇴적물 수지(TSS)를 곱하여 결정할 수도 있다(Ludwig et al. 1996). POC는 단위 면적당 유량, 강우 강도 및 유역 경사에 따라 달라지는 부유 퇴적물 수지의 함수이다. 토양 탄소는 DOC와 마찬가지로 POC의 주요 공급원이다. 강의 부유 퇴적물 부하가 증가함에 따라 POC 함량은 총 부유 퇴적물의 백분율로 감소한다(Meybeck 1982, 1988). Ludwig 등(1996)은 또한 비선형 관계에서 이러한 효과를 발견했다(그림 5.10 참조). 이러한 관계는 매우 탁한 강에서의 산사태 침식에 의해 증진된 암석 침식에 의한 희석 때문이다. 이러한 관계의 다른 가능한 원인은 생물학적 활동-토양 덮개에 사용할 수 있는 빛의 양의 감소로 탁한 물 안에서 현장 탄소를 생성하는 강 식물 플랑크톤에 의한 광합성이 덜 발생한다는 것이다(Meybeck 1988; Ludwig et al. 1996).

평균적으로 부유 퇴적물 하중의 약 1%는 POC이다(Meybeck 1993). Ludwig 등(1996)은 대부분의 강의 POC 범위가 0.5~5.0%이지만, 값 > 1.5%는 낮은 부유 퇴적물 강(<300 mg/L)에서만 발생한다는 것을 발견했다.

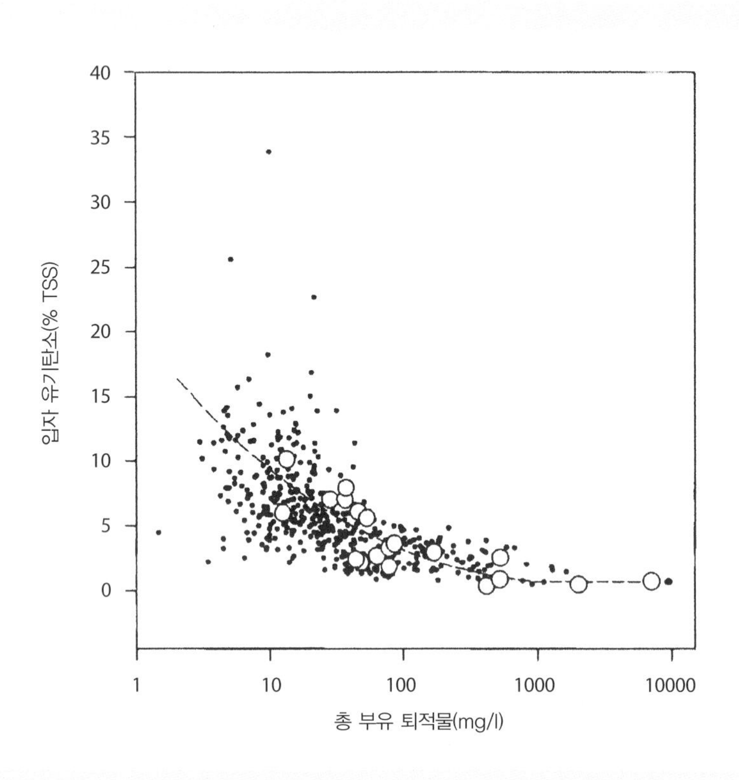

그림 5.10 TSS(총 부유 퇴적물) 농도 대 TSS에서 POC(입자 유기탄소)의 백분율 그림. 원은 다음 하천에 대한 유량 가중 연간 평균이다(TSS 농도 증가 순서) : 세인트로렌스, 와이카토, 자이르, 엠스, 루아르, 감비아, 아마존, 오렌지, 라인, 파라나, 니제르, 오리노코, 가론, 매켄지, 유콘, 브라조스, 창장, 인더스, 황허. 점들은 브라조스, 황허, 가론, 인더스, 매켄지, 니제르, 오렌지, 파라나, 세인트로렌스, 와이카토 강에서 약 450개의 개별 치수를 나타낸다.

출처 : Ludwig et al. 1996, fig. 3, p. 32.

Meybeck(1993)은 POC의 총 강 하중을 55%의 젊은 침식 토양 POC와 45%의 화석 암석 POC로 나눈다. 고대 유기질이 풍부한 퇴적암의 풍화는 하천 유기탄소의 중요한 원천을 제공할 수 있다. 암석 유기물은 산화되어 ~0.1 Gt-C/yr(Kramer 1994)을 생성할 수 있으며, 이는 Meybeck의 화석기원의 탄소의 추정치와 같은 양의 POC를 생성할 것이다(Ludwig et al. 1996). 강의 POC 중에서, Ittekot(1988)은 유기탄소의 35%만이 불안정하거나 분해 가능하고 강, 하구 또는 바다에서 대사될 가능성이 있으며, 나머지는 고도로 분해되고 반응성이 없다고 추정한다.

Seitzinger 등(2010)은 2000년 동안 해양에 대한 유기탄소의 총 강 수지 304 Tg-C/yr를 DOC 부하 164 Tg/yr과 POC 부하 140 Tg/yr로 추정한다(표 5.16 참조). 가장 큰 유기탄소 수율(부하/면적)은 오세아니아(인도네시아 포함)에서 왔다(Seitzinger et al. 2005). 가장 높은 총 탄소 수지는 남아메리카에서 온 것으로, 주로 더 높은 유출로 인해 발생한다. 비교를 위해, Ludwig 등(1996)은 해양에 대한 유기탄소의 총 강 수지를 380 Tg/yr로 추정하고, Meybeck(1993)은 총 자연 부하를 370 Tg-C/yr(198 Tg-DOC + 176 Tg-POC)로 추정하며, 추가적인 오염 수지는 100 Tg-TOC/yr로 추정한다.

DIC의 강 풍화 수지를 강 유기탄소 수지(0.304 Gt-C)에 HCO_3^-(0.288 Gt-C)로 추가하면 바다의 총 강 탄소 수지는 0.592 Gt-C/yr이 된다(표 5.16 참조). 이는 Battin 등(2009)이 제공한 강 탄소 수지(0.9 Gt-C/yr) 또는 강 수지(0.8 Gt-C/yr)보다 적다(Sarmiento and Gruber, 2006; 그림 7.3).

또한 인간에 의해 크게 가속화된 내륙 퇴적물(표 5.16)에 유기탄소가 매장된 것은 600~1,500 Tg-C/yr에 달한다(Stellard 1998). 전체 탄소 매장량의 약 65%는 사람의 개입에 의한 것으로 농업용 논, 저수지 퇴적물, 충적층 등에서 다량의 탄소 저장이 발생하고 있다. 지표수의 부영양화는 매장 가능한 탄소를 증가시킨다. 지구상의 퇴적물 중 탄소 저장은 아마도 탄소 수지에서 '실종된 탄소 싱크'의 상당한 부분일 것이다. Battin 등(2009)은 호수 퇴적물의 매장률을 600 Tg-C/yr로 추정하고 내륙 해역의 생물군에 의한 종속영양 호흡으로부터 대기로의 추가 방출을 1.2 Gt-C/yr로 추정한다.

하천의 총(무기) 용존 고형물에 대한 용해 유기탄소의 평균 비율(DOC:TDS = 1:19)이 낮기 때문에, 유기물과 주요 무기 이온 사이의 화학적 연관성은 대부분의 강의 전체 화학에 큰 상대적 영향을 미치지 않는다. (반면, 미량 금속 이온의 거동은 강하게 영향을 받는다.) 그러나 총 용존 고형물이 적고 DOC 농도가 큰 하천에서는 유기물이 하천 수질을 지배할 수 있다. 예를 들어, 미국 조지아주 남동부의 해안 평원 하천, 특히 늪지대를 배수하는 사틸라강(표 5.15 참조)은 pH(4.3)가 낮고 총 용존(무기) 고형물(20 mg/L) 대비 용해된 유기탄소(24 mg/L)의 비율이 약 1:1이다(Beck et al. 1974). 중요한 것은 사틸라에 용해된 유기탄소의 절대량이 아니라 용해된 무기 고체에 대한 매우 높은 비율이다.

사틸라강과 같은 유기질이 풍부한 강 수질을 제어하는 용존 유기물은 주로 휴믹산과 풀빅산의 혼합물로 구성된다. 두 물질 모두 카르복실기와 페놀기를 포함하는 복잡한(그리고 잘 알려지지 않은) 고분자량 유기 중합체의 혼합물이다. (휴믹산은 강산에 불용성인 반면, 풀빅산은 산에 용해성인 것으로 정의된다.) 사틸라강의 낮은 pH(3.8~5.0)는 부식성 및 풀브산 산성 카르복실기(-COOH)의 해리로 인한 것이다. 유기산(R-COOH)은 수소 이온을 잃고 음전하를 띤다.

$$\underset{\text{유기산}}{(R\text{-}COOH)} \rightarrow \underset{\text{짝산 음이온}}{(R\text{-}COO)^-} + H^+$$

강에는 중탄산염(HCO_3^-)이 거의 없거나 전혀 없는데, 이는 유기산 해리로부터 H^+를 중화하는 데 사용되기 때문이다.

$$HCO_3^- + H^+ \rightarrow H_2O + CO_2$$

따라서 유기산과 HCO_3^-의 전반적인 반응은 다음과 같다.

$$(R\text{-}COOH) + HCO_3^- \rightarrow (R\text{-}COO)^- + H_2O + CO_2$$

하류의 탄산염을 흐르는 지류에 의해 더 많은 HCO_3^- 이온이 첨가됨에 따라 유기산 해리에 의해 생성된 수소 이온이 중화되고 강 pH가 상승하여 다량의 유기 음이온이 생성된다.

주요 무기 양이온(Na^+, Mg^{2+}, K^+, Ca^{2+}, H^+)의 전하의 합이 주요 무기 음이온의 전하의 합(Cl^-, SO_4^{2-}, HCO_3^-, NO_3^-)보다 커서 무기 음이온의 전하의 명백한 결핍을 초래한다. 그러나 강의 전기적 균형이 있어야 하기 때문에 과잉 무기 양이온 전하는 유기 음이온에 의해 균형을 이루게 되며, 이는 위에서 논의된 바와 같이 유기산 카르복실기의 해리로부터 비롯된다. 따라서, 유기 지배하의 강에서 전체 전하 균형은 다음과 같다.

$$\sum \text{inorg. cations} = \sum \text{inorg. anions} + \sum \text{organic anions}$$

유기질이 풍부한 강의 또 다른 특징은 '용존' 철과 알루미늄이 다른 강에 비해 많이 농축되어 있다는 것이다. Fe 및 Al은 유기 물질과 혼합된 용존 유기 복합체 또는 콜로이드 옥시수산화물을 형성하며, 이는 움직이지 않고 불용성인 Fe 및 Al의 이동성 및 거동으로 이어진다.

유기 물질이 주인 다른 강을 식별하는 기준으로 사용될 수 있는 유기 물질이 풍부한 사틸라강(Beck et al. 1974)의 주요 특징은 다음과 같다.

(1) 용존 유기 물질(DOC)과 용존 무기 물질(TDS)의 농도 비율이 높다(약 1:1).
(2) 유기 음이온 전하에 의해 균형을 이룬 것으로 추정되는 총 무기 음이온 전하에 비해 총 무기 양이온 전하가 초과된다.
(3) 강은 산성을 띠는 경향이 있지만 산성을 띠는 강은 유기적이지 않은 경우가 많다(표 5.15 참조).

유기산 강

아마존 지류 중 일부는 산성이며 화학적으로 유기물이 주를 이룬다. 전형적으로 유기물이 풍부한 검은색으로 이름 붙여진 아마존 유역의 네그루강이 한 예이다. Stallard(1980)는 네그루강 상류(pH 4.6~4.8)와 네그루강(pH 4.95~5.4)에 대한 주요 용존 무기 이온의 농도를 제공한다(표 5.15 참조). 이 두 강 모두 무기 음이온 전하보다 상당히 큰 무기 양이온 전하를 가지고 있다. 네그루 상류의 DOC 농도(Leeenheer 1980)는 12 mg/L이고 TDS는 5 mg/L이다. 따라서 네그루강 상류의 DOC 대 TDS의 비는 2.4:1.0으로, 유기적으로 우세한 강에 대한 기준에 적합하다. 마찬가지로, DOC 대 TDS 비는 1.7:1.0이다. TDS(4.8)와 pH(4.7)가 낮은 또 다른 아마존 지류인 마타리강은 무기 음이온 전하보다 무기 양이온 전하가 상당히 크며, 어두운색(Stallard 1980)은 유기물의 농도가 크다는 것을 시사한다.

강과 호수의 영향 중 일부는 고농도의 유기물(예 : Krug and Frink 1983)로 인한 오염성 황산(및 질산) 비에 기인하는 것인지에 대한 상당한 논의가 있었다. 유기 하천을 인식하기 위해 위에 제시된 기준은 주어진 산성 강이나 호수가 높은 DOC 함량으로 인해 자연적으로 산성인지 여부를 테스트하는 데 사용될 수 있다. 예를 들어, 허버드 브룩(위에서 황산 비의 영향을 받는 것으로 논의했다. 표 5.15 참조)에는 DOC 대 TDS 비가 1:20(세계 평균 강수 미만)이며 무기 양이온 전하와 무기 음이온 전하 사이의 필수적인 균형이므로 유기적으로 제어되지 않는 것으로 보인다. 이는 알프스 산록의 북동부 숲에서 토양과 지하수의 전하 균형의 75%가 유기 음이온이 아닌 황산염(산성비로 인한)에 의해 달성된다는 일반적인 관측과 일치한다(Cronan et al. 1978).

뉴저지의 파인배런스강(Yuretich et al. 1981; Crerar et al. 1981; 표 5.15 참조)은 낮은 pH(4.5), 갈색 물, 상당히 높은 농도의 유기물(2.2 mg/L), 낮은 TDS(20 mg/L), 높은 농도의 SO_4(6.4 mg/L)를 가지고 있다. DOC 대 TDS 비는 1:10으로, 세계 평균 하천수보다 유기질이 풍부하지만 위에서 논의한 유기질이 풍부한 하천의 1:1 비율에는 미치지 못한다. 따라서 파인배런스강의 낮은 pH는 자연적으로 용존 유기물의 존재보다는 매우 높은 황산염 농도에 기인한다. 이것은 Johnson(1979)의 연구와 일치하는데, Johnson은 1963년부터 1978년까지 산성비로 인한 파인배런스 하천의 산성도가 증가한 것을 발견했다. 그러나 지하수, 그리고 아마도 강이 산성비가 오기 전에 이미 적당한 산성을 띠었을 것이라고 의심할만한 이유가 있다. (철은 유기물과 함께 운반되었을 가능성이 가장 높다.)

강의 pH 감소는 유기물의 과도한 미생물 분해로 인한 CO_2 농도 증가로 인해 발생할 수 있다. 이러한 현상은 라인강 하류에서 발생하며, 오염은 유기물 생산을 크게 증가시키는 영양염, 특히 인산염을 제공한다(Buhl et al. 1991; Kempe 1988).

하천-물 조성에서 도출된 대륙의 화학 및 총삭박

강물에 용존 이온의 총농도를 사용하여 유역, 대륙, 심지어 전 세계의 화학적 삭박률을 계산할 수 있다. 화학적 삭박에 대한 다양한 원소의 상대적 기여도(HCO_3^-제외, 아래 참조)에 대한 아이디어는 표 5.13의 수지 값으로 표시된다. 삭박률은 단위 시간당 단위 면적당 제거된 용존물의 질량으로 표현되며, 이온의 총농도에 유량을 곱한 값을 유역면적으로 나눈 값이다. 석회암이나 증발암과 같이 완전히 용해되는 암석에 대해서는 이 접근법이 유일하다. 그러나 수질은 매우 짧은 시간, 즉 현재에만 일어나는 과정의 기록이라는 것을 항상 명심해야 한다. 강의 화학적 성질은 기후, 인간의 토지 이용 등과 같은 유역 내 풍화에 영향을 미치는 요소들이 변화함에 따라 시간에 따라 변할 수 있다. 시간이 지남에 따라 규산염암의 화학적 삭박을 측정하는 더 정확한 방법은 시간이 지남에 따라 형성, 침식 및 퇴적된 점토 등의 형태로 풍화 생성물의 질량을 정량화하고 원래 암석을 풍화 산물로 변환하여 손실된 물질의 질량을 계산하는 것이다. 불행하게도 이것은 종종 불가능하기 때문에, 보통 사용되는 두 번째로 좋은 방법은 강물의 조성을 연구하는 것이다.

화학적 삭박률은 기반암과 기후의 함수이며, 후자는 강우와 지표 유출, 식생, 온도에 영향을 미친다. 지표 유출은 중요하다. 개별 하천을 보면, 화학적 삭박률은 지표 유출이 증가함에 따라 증가하는 경향이 있다(Dunne 1978; Holland 1978; Meybeck 1980). 이것은 그림 5.11 (Meybeck 1980)에 나와 있다. 용존 이온의 총농도는 희석으로 인해 지표 유출이 증가함에 따라 감소하지만, 총부하에 대한 이러한 영향은 운반되는 물의 부피가 증가함으로써 보상된다.

강 유역의 지질(암석 조성과 풍화 기록)은 화학적 삭박률에 중요하고 아마도 지배적인 영향을 미칠 것이다. 그림 5.11과 같이, 퇴적암(탄산염 및 증발암) 유역의 단위 면적당 강의 총 용존 부하량은 결정질(화성 및 변성) 암석의 하중보다 약 5.0배, 최근 화산암(Meybeck 1980)의 하중보다 약 2.5배 더 크다. 혼합원 하천(결정질과 퇴적 기원)은 단일 암석 유형의 강 사이에 도시되지만 일반적으로 퇴적암의 영향이 더 많이 나타난다. 퇴적암의 영향은 주로 탄산염과 증발암의 존재에 기인한다. 탄산염으로부터의 HCO_3^-는 용해된 HCO_3^- 부하의 1/3을 차지하기 때문에 특히 그렇다.

Hu 등(1982)과 Meybeck(1980)의 연구를 통해 화학적 삭박률에 대한 암질의 중요한 영향을 알 수 있다. 가장 높은 화학적 삭박률은 지표 유출이 많고, 기복이 높지만 탄산염과 증발암을 주로 흐르는 강(양쯔강, 브라마푸트라강 등) 또는 최근의 화산암(250 t/km^2/yr의 삭박률을 가진 필리핀의 강과 뉴기니의 강, 185t/km^2/yr의 삭박률을 가진 일본의 강)을 포함한다. 대조적으로, 화학적 삭박률이 매우 낮은 강은 자이르강과 같은 결정성 차폐 지형을 주로 배수하는 강이다. 이러한 다른 강들은 그림 5.11에 표시되어 있으며 암석 유형과 지표 유출에 대해 예상할 수 있는 추세를 따르는 경향이 있다.

우리는 60개의 큰 강에 대한 단임 암석의 대륙 노두 비율로부터 다른 암석 유형의 풍화(Meybeck 1987)와 다양한 암석 유형의 화학적 풍화 강의 하중 비율로부터 전 지구적 평균 화학적 삭박률을 추정했다(Gaillardet et al. 1999). 이 용존 하중은 64%는 앞에서 언급한 바와 같이 풍화의 대기 중 CO_2에서 비롯된 HCO_3(표 5.12 참조)와 오염된 유럽 강의 HCO_3의 기여를 제외한다. 세계 평균 화학적 삭박률은 24 t/km^2/yr이다. 결정질 화성암과 변성 규산염암과 퇴적 규산염암(사암과 셰일)은 평균 화학적 박리율이 7.5 t/km^2/y이다. 이 속도는 탄산염 암석의 경우 91 t/km^2/yr, 증발암의 경우 264 t/km^2/yr의 침식 속도보다 상당히 낮다. 이것은 모두 표 5.17과 그림 5.12에 나와 있다. 주로 현무암(규산염)으로 구성된 화산섬 호와 해양섬의 화학적 삭박률(Gaillardet et al. 1999)도 표 5.17과 그림 5.12에 제시되어 있다. 이 해양 섬들

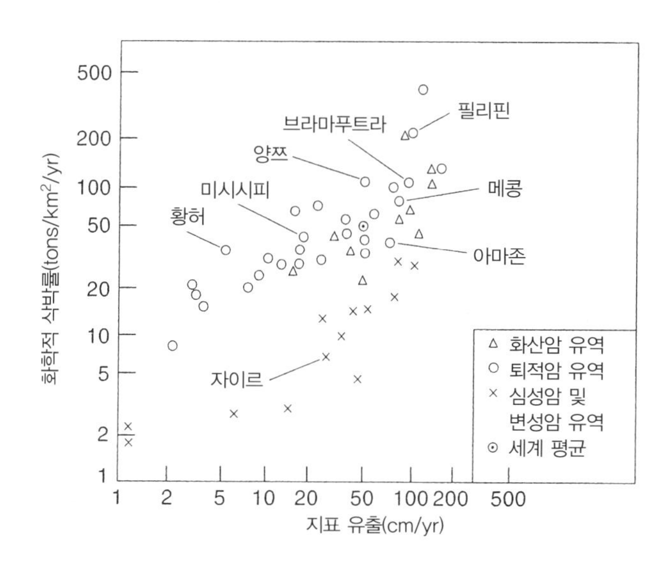

그림 5.11 암석 조성이 단위 면적당 총 용존 하중(화학적 삭박률)에 미치는 영향 대 세계 주요 강과 일부 소규모 유역의 단위 면적당 지표 유출(Meybeck 1980에서 채택). 본문에서 논의된 특정 주요 강들도 포함되어 있다.

출처 : 추가 데이터는 Hu et al. 1982.

은 대부분의 대륙 규산염 암석보다 훨씬 빨리 풍화되며, 화학적 삭박률은 100 t/km^2/y으로 추정된다. 이 섬들의 화학적 삭박률은 대륙 규산염 암석의 총하중에 포함되지 않는다.

삭박률에 대한 기복의 효과는 강 유역의 지질에 따라 달라지는 것으로 보인다. 기복은 규산염 풍화에 중요하며(강의 실리카에 대한 앞선 절 참조) 탄산염 암석의 풍화에는 특별히 중요하지 않다(Holland 1978; Berner 2004). 예를 들어, 광범위한 석회암 용해는 해발 몇 미터에 불과한 플로리다 남부 아래에서 발견된다. 탄산염의 광범위한 분포와 급속한 풍화 속도 때문에, 기복은 대륙 규모(Garrels and Mackenzie 1971; Hay and Southam 1977; Holland 1978)의 총 화학적 박리율이나 부유 퇴적물 부하와 마찬가지로 대규모 유역(Pinet and Souriau 1988)과 상관관계가 없다. 따라서 전 세계적으로 화학적 삭박률에 대한 지배적인 영향은 기복보다는 지질과 기후일 것이다.

식생은 화학적 삭박에 중요한 영향을 미친다. 토양에 CO_2와 유기산을 공급하여 화학적 풍화를 증가시키고, 증발산 강화 강우를 통해 국부적으로 물 재활용을 가속화하여 토양 내 광물과의 물 접촉 시간을 증가시킨다(Berner et al. 2003). 식물은 또한 토양을 안정시키고 토양의 수분을 유지하며 물리적 침식이 심한 지역의 화학적 풍화율을 증가시킴으로써 풍화에 영향을 미친다. 특히 열대의 경사면에서의 식물의 또 다른 효과는 증발산을 통해 토양수에 더 높은 용존 농도를 가져오는 것이다. (풍화에서 식물의 역할에 대한 자세한 논의는 제4장을 참조하라.)

표 5.17 암석 유형별 화학적 삭박률(t/km²/yr)

암석 유형	노출 지역[a] 10^6 km²	용존 하중[b] 10^6 톤	삭박률 톤/km²/yr
규산염암[c]	73.7	550	7.5
탄산염암	14.2	1,290	91.0
증발암	1.1	290	264.0
총합	89.0	2,130	23.9[f]
해양섬과 화산호	1.5[d]	150[d]	100.0[e]

출처 : Gaillardet et al. 1999, Meybeck 1987.

[a] Meybeck 1987; 바다로 흐르는 총 대륙 면적은 89×10^6km².

[b] Gaillardet et al. 1999; 풍화에서 대기 CO_2 기원의 중탄산염을 제외한 총 용존 부하량은 $2{,}130 \times 10^6$ 톤/yr.

[c] 33% 화성기원과 변성기원 규산염암, 66% 퇴적기원 규산염암, 변성기원 규산염암은 대리석을 포함함.

[d] 화산섬(아이슬란드와 하와이)과 화산호(캄차카와 필리핀의 화산호)의 자료 출처는 Gaillardet et al. 1999. 이들 강은 내륙을 흐르는 60개 주요 강의 총규산염에 포함되지 않음.

[e] 아이슬란드, 아조레스 제도, 자바섬, 레위니옹섬의 값은 Gaillardet et al. 1999.

[f] 총 암석 평균.

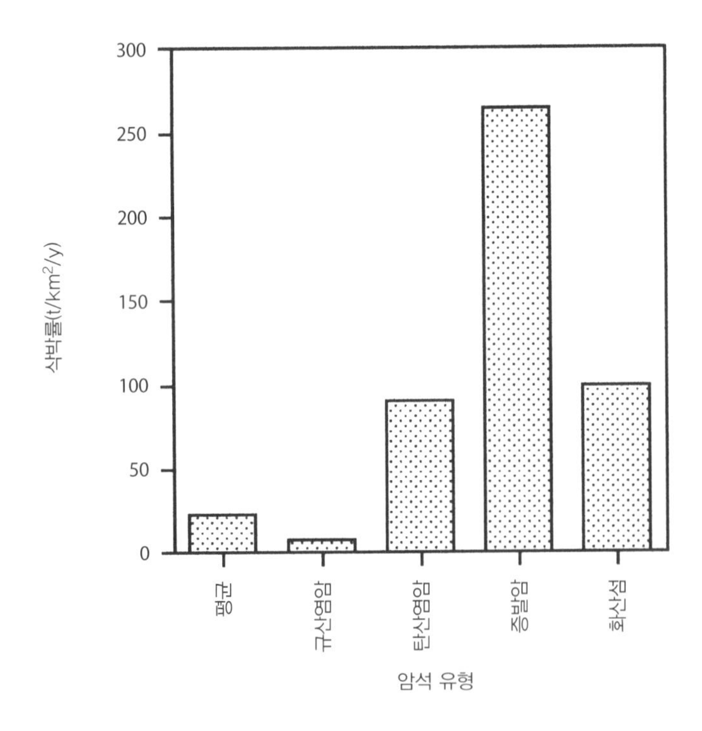

그림 5.12 평균 속도와 비교한 다양한 대륙 암석 유형의 t/km²/yr 단위의 상대적 화학적 삭박률. 대양 화산호와 대양섬의 삭박률도 화산섬으로 포함된다.

출처 : 표 5.17의 자료.

화학적 삭박에서 온도의 역할은 강우(지표 유출) 및 식생과 같은 다른 기후 요인과 종종 관련이 있다는 점에서 명확하지 않다. 그럼에도 불구하고 실험 연구(제4장 참조)를 통해 10°C가 증가하면 규산염 광물 용해율이 평균 2~3배 증가할 것으로 계산할 수 있다(Berner 2004). 더 근본적으로, 온도의 영향은 높은 위도와 높은 고도에서 화학적 풍화보다 물리적 풍화가 우세함이 잘 보고되었다. 강들이 대서양의 높은 위도 지역(Biscaye 1965)에 운반한 고령석과 같은 강한 풍화 산물의 비교적 낮은 함량은 추운 기후에서 화학 풍화의 상대적인 비효과성을 더욱 증명한다.

인류 이전의 부유 퇴적물 또는 물리적 삭박률 또는 퇴적물 하중은 약 158 t/km^2/yr이다(표 5.2 참조). 따라서서 대륙의 기계적 삭박률과 화학적 삭박률 또는 총삭박률은 182 t/km^2/yr 또는 16,287 Tg/yr(표 5.2에서 외부 유역 면적 89×10^6 km^{2}로 가정)에 달하며, 이 중 화학적 삭박률 24 Tg/yr는 약 13%에 불과하다. 전체 삭박률은 평균 암석 밀도가 2.7이라고 가정할 때 1,000년에 약 6.8 cm의 대륙 고도 감소로 해석할 수 있다.

현재와 같은 화학적 삭박에 대한 물리적 삭박의 우세가 지질학적 과거에도 항상 그랬던 것은 아닐 수도 있다. 부유 하중은 기복에 크게 의존하는 반면 용존 하중은 적다. 따라서 현재 대륙이 상당히 높을 때는 기계적 침식이 지배적이다. 대륙의 고도가 낮았기 때문에(과거 여러 시기에 해당되었을 수도 있음) 화학적 침식이 더 중요할 수 있었다(Holland 1978). 콩고강과 브라마푸트라강에 대해 용존 총하중의 백분율을 단순 비교하면 용존 하중의 중요성에 차이가 있음을 알 수 있다. 브라마푸트라강은 쉽게 용해되는 탄산염과 증발암을 포함하는 높은 기복 지역에 있지만 용존 하중은 전체 하중의 10% 미만이다(표 5.1 참조). 반면에, 낮은 기복과 풍화된 결정질암 지역을 흐르는 자이르강의 용존된 하중은 전체 하중의 약 절반이다. Wilkinson과 McElroy(2007)는 Summerfield와 Hulton(1994)의 데이터를 사용하고 최대 유역 고도와 총침식률을 고려하여 최대 유역 고도에서 총침식률이 미터당 약 0.15% 증가했음을 발견했다.

강물 속의 영양염

여기서 논의될 강물의 두 가지 주요 영양염은 질소와 인이다. 이러한 요소에 대한 논의의 몇 가지 측면이 다른 유형의 물과 겹치기 때문에, 여기서는 빗물과 대기(제3장), 호수(제6장), 하구(제7장) 및 바다(제8장)의 주제에 따른 질소와 인의 추가 처리를 참조한다.

하천의 질소 : 육상의 질소 순환

강물에서 질소의 기원은 대부분의 다른 원소들에 비해 상당히 복잡한데, 질소는 여러 가지 다른 형태로 용액에 존재하고, 대기의 주요 구성 요소이며, 식물과 동물 모두에서 생조직의 필수 구성 요소로서 생지화학적 순환에 밀접하게 관련되어 있기 때문이다. 용존 질소의 주제는 다양한 질소원에 대한 연구를 포함하며, 논리적으로 육상 질소 순환에 대한 연구로 이어진다. 이 순환의 정성적 도식 표현은 그림 5.13과 같다. 우리는 이미 제3장에서 육상 질소 순환의 대기-토양 부분에 대해 자세히 논의했기 때문에 여기에는 관련 부분에 대한 간략한 검토만 포함한다. 대기의 주요 부분인 질소 가스(N_2)는 생물학적으로 일반적으로 이용할 수 없으며, 육지의 식물과 유기체가 사용하기 위해서는 수소, 산소, 탄소와 고정되거나 결합되어야 한다. 육상 질소 순환을 좀 더 자세히 살펴보면(표 5.18), NO_3^-와 NH_4^+와 같은 형태의 고정 질소의 주요 육상 유입이 세 가지 있음을 알 수 있다. 여기에는 생물학적 고정, 비료(산업적으로 고정된 질소)의

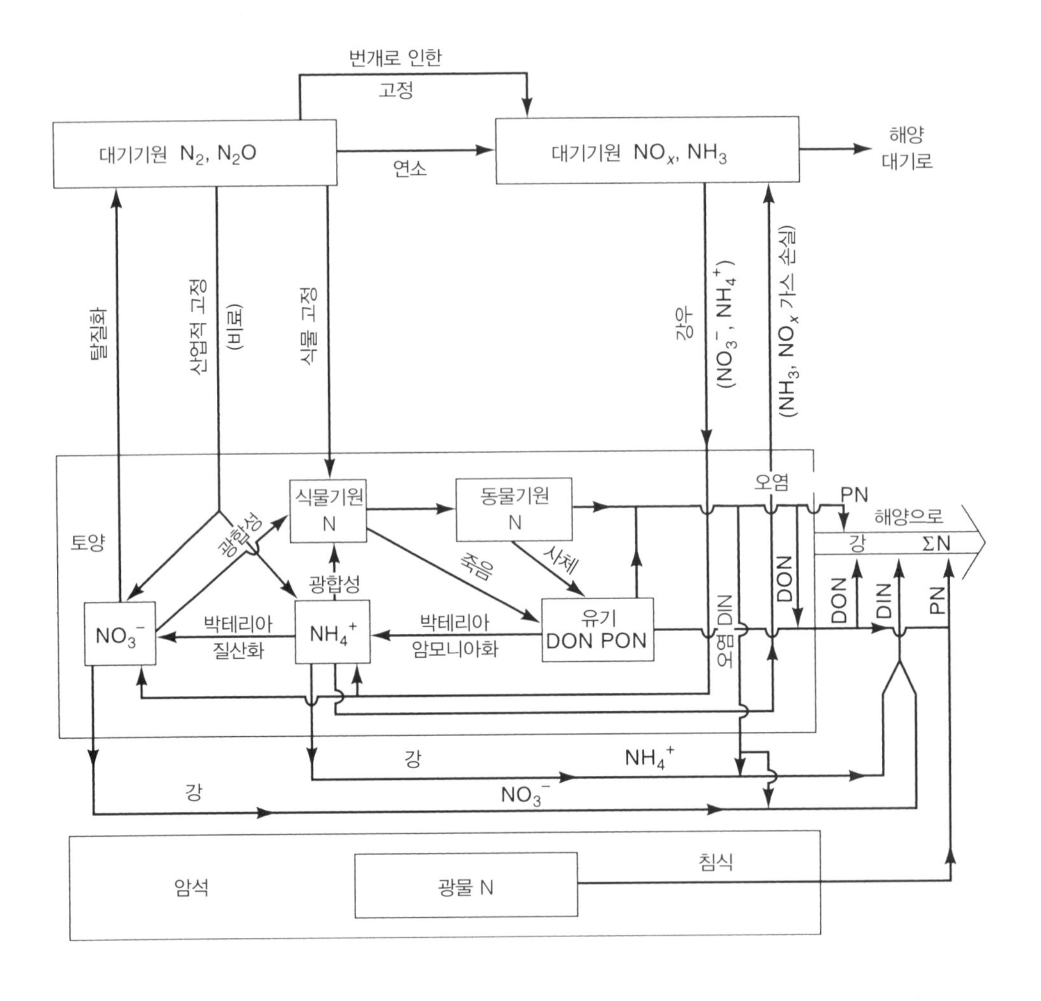

그림 5.13 육상의 질소 순환. DON = 용존 유기질소, DIN = 용존 무기질소, PON = 입자 유기질소, PN = 입자상 질소, ΣN = 총질소. (강 배출에 대한 자세한 내용은 표 5.18과 5.19를 참조).

적용, 이전에 고정된 질소의 침전 및 건성 침적이 포함된다.

생물학적 고정은 육상의 고정 질소(~50%)의 주요 공급원이다(표 5.18 참조). 이것은 고등 식물(특히 콩과)에서 공생적으로 살고 있는 미생물과 나무에서 살고 있는 이끼에 의해 이루어진다. 2005년 전체 생물학적 고정도(150 Tg-N/yr) 중 콩과 벼와 같은 작물을 심음으로써 인간 전체가 약 40 Tg-N/yr의 원인이 되었다(Galloway et al. 2008; Gruber and Galloway 2008). Galloway 등(2008)은 또한 인간이 심은 작물의 생물학적 질소 고정이 1995년(31.5 Tg-N)에서 2005년(40 Tg-N)으로 증가했다는 점에 주목한다. 인류 이전의 생물학적 질소 고정률은 128 Tg-N/yr였을 것이다(Galloway et al. 2004).

인간은 2005년에 N_2를 NO_3^-와 NH_4^+로 산업적으로 고정하여 약 121 Tg-N/yr을 비료로 생산하였다(Galloway et al. 2008). 비료 사용은 2000년에 약 80 Tg-N 수준으로 증가하고 있다(그림 3.24 참조). Tilman 등(2001)은 2000년 비료 사용량을 87 Tg-N으로 추정했으며 2020년에는 136 Tg-N, 2050년에는 236 Tg-N이 될 것으로 예측했다. Galloway 등(2008)은 Haber-Bosch 공정에 의해 비료의 NH_3로 고정된 N이 1995년(100 Tg-N)에서 2005년(121 Tg-N)까지 20% 증가했다고 추정했다.

강수(그리고 건성 침적)는 육상 고정 질소의 또 다른 공급원이다. 침전 중의 질소는 용해된 NO_3와 NH_4로 발생한다. Dentener 등(2006)은 2000년 대기 침적에서 육지로 전달된 총 고정 질소가 105 Tg-N이라고 추정한다. 2005년(표 5.18)은 전체적으로 인간의 영향이 비료, 농작물 및 화석 연료 연소에서 육지로 유입된 총 고정 질소의 60% 이상을 차지했을 것이다. Galloway 등(2004)은 비료 사용, 작물 및 화석 연료 사용의 증가를 통해 2050년에 인간이 생산하는 고정 질소 양이 2005년의 약 1.5배가 될 것으로 예측한다.

일단 땅에 도달하면, 질소는 육상 질소 순환의 다양한 변화에 관여한다(그림 5.13). 우리가 언급했듯이, 일부 질소는 식물에 고정됨으로써 대기로부터 직접 유기물에 통합된다. 식물은 또한 용해된 NO_3^-와 NH_4^+(비료, 비 또는 유기물 순환)를 식물 유기물로 전환하며, 그중 일부는 동물이 먹고 동물 유기 질소가 된다. 1차 순생산에 사용되는 질소의 양(1,073 Tg-N/yr, Melillo et al. 1993)은 연간 투입되는 질소의 양(315 Tg-N/yr)보다 훨씬 많기 때문에 생물권 내에서 많은 양의 질소가 재활용된다.

식물과 동물들이 죽으면, 그들의 유기물은 박테리아에 의해 암모니아로 분해되는데, 그중 일부는 NH_4^+로 토양 물에 용해되고 일부는 NH_3 가스로 토양에서 빠져나간다. 박테리아는 또한 토양에서 NH_4^+를 NO_2^-와 NO_3^-로 산화시킬 수 있다(탈질화). 유기물 붕괴로 인한 NH_4^+와 NO_3^-의 대부분은 식물에 의해 재활용된다. 그러나 질소는 가스를 포함한 질소의 형태로 땅에서 대기로 직접적으로 손실될 수 있으며(제3장에서 본 바와 같이), 강물에서 손실될 수도 있다(여기서 우리의 주요 관심사). 토양에서 배출되는 질소의 약 80%는 기체이며(표 5.18), 탈질작용은 토양의 질산염을 분해하여 N_2(주요 기체 생산량)와 N_2O를 방출하며, 질소 순환의 다양한 단계에서 적은 양의 NH_3와 NO_x 가스도 방출된다.

표 5.18 1990년대 반응성 질소 수지(N_r)에 대한 육상 질소 수지(표 3.8 및 표 3.17 참조)(Tg/N/yr, Tg = 10^{12} g, N_r = NH_3 + NO_x + org N = 생물학적으로 이용 가능한 N)

육상 유입				
과정	**자연의**	**둘 다**	**인간의**	**근원**
육상 질소 고정				
번개 고정	5			(1)
생물학적 질소 고정	110			(1)
농작물 유발 고정			40	(2)
비료와 산업 – Haber-Bosch법			121	(2)
화석연료 연소 :				
NO_x-질소(2005년)			25	(2)
NH_4-N(1990년대)			2.5	(3)
바이오매스 연소				
NO_x-질소			5.9	(4)
질산염-질소			5.4	(3)
총 육상 질소 고정	115		200	
육상의 고정된 질소 총합		*315*		
육상 유출				
과정	**자연의**	**둘 다**	**인간의**	**근원**
탈질화				
육상 :				
질소 분자에 대한 탈질화	100		15	(1)
육상 토양에서의 탈질화		124		(5)
담수(강, 호수, 지하수–물)로부터의 탈질화		110		(5)
강에 의한 육상 질소 손실				
호수로의 강의 유입량 + 내륙 건조 지역		11		(6)
연안으로의 강의 유입량(2000년)		43		(7)
연안으로의 강의 유입량	30		50	(1)
연안으로의 강물 유입량(외양에 영향 없음)		50~80		(8)
육상 유출				
연안으로의 강물 유입량(2000년)		43		(7)
육상과 담수에서의 탈질화		234		(5)
대기. 연안수(8 Tg)와 외양(25 Tg)에서의 퇴적		33		(9)
총 육상 유출		*310*		
대기에서 육지로의 퇴적	*플럭스*			*근원*
1995년 전 지구적 질소(46 Tg)와 암모늄(57 Tg) 침적	100			(10)
전 지구적 질소 침적(질소 산화물 + 암모니아)	105			(2)
2050년 예측된 전 지구적 질소 침적	200			(10)

출처 : (1) Gruber and Galloway 2008, (2) Galloway et al. 2008, (3) Van Ardenne et al. 2001, (4) Jaegle et al. 2005, (5) Seitzinger et al. 2006, (6) Boyer et al. 2006, (7) Seitzinger et al 2010, (8) Duce et al. 2008, (9) Dentener et al. 2006, (10) Galloway et al. 2004.

주의 : 육상(NO_x + NH_3)에 중요한 질소 부하량(침착) = 1,000 mg-N/m^2/yr 또는 10 kg-N/yr(Dentener et al. 2006); 탈질화 = 반응성 N의 생물학적으로 유용하지 않은 N_2로의 변화; 질산화 = 암모니아가 아질산염(NO_2)과 궁극적으로 질산염(NO_3)으로 산화하는 것; Haber-Bosch 과정은 암모니아성 질소를 만듦; '신규 N'은 대기 침착과 질소 고정의 합.

표 5.19 1970년, 2000년 및 2030년 연안으로의 전 지구적 강 질소 운송(Tg-N/yr)

용존 질소	1970년	2000년	2030년[a]
용존 무기질소(DIN)	14.0	18.9	22.2
자연의 생물학적 질소 고정 36%			
인위적 확산 원천 62%			
농업의 고정 15%			
가축 분뇨 18%			
무기 비료 21%			
대기의 질소 퇴적 8%			
인간 활동에 의한 점오염원 2%			
용존 유기질소(DON)	10.3	10.8	11.3
비인위적 원천 86%			
인위적 확산 원천 11%			
인간 활동에 의한 점오염원 3%			
총용존	**24.3**	**29.7**	**33.5**
입자성 질소(PN)	12.4	13.5[b]	12.0
총질소(TN)	**36.7**	**43.2**	**45.5**

'반응성' 질소[c](2000년) = 총 용존 질소 = 29.7 Tg/yr
용존 오염 질소(2000년) = 12.1 Tg(DIN) + 1.5 Tg(DON) = 13.6 Tg-N/yr(총 용존 질소의 46%)

출처 : Seitzinger et al. 2010; 1995년에 대한 질소기원은 Seitzinger et al. 2005.
[a] 'Global Orchestration Scenario'의 모델을 사용. 즉, 큰 생산성 증가는 오염 처리 증가.
[b] 총 부유 퇴적물 부하량 14,500 Tg/yr에 근거(Seitzinger et al. 2010).
[c] 반응성 질소(Nr)는 용존 무기 질소(DIN: NH_4 + NO_x but no N_2O)와 용존 유기 탄소(DON)의 합과 같고, 생물학적으로 활용 가능한 질소임(Galloway et al. 2008; Galloway et al. 2004). Lerman 등(2004)은 총 부유상 유기 질소(PON)의 반응성 질소 50%를 포함시킴. Ittekkot과 Zhang(1989)은 PN 유동의 22%만 반응을 일으킨다고 기술함(즉, 해양에서의 반응성)(Berner and Berner 1996).

연안 해양에 대한 질소의 강 유입은 43~80 Tg-N/yr로 추정된다(표 5.18 및 5.19 참조). 탈질화와 다른 가스 방출 과정 때문에, 이것은 땅에서 발생하는 총 질소 손실의 약 5분의 1에 불과하다. Boyer 등(2006)은 1990년대에 연안 해양으로의 강의 수지를 48 Tg-N/yr로 추정했으며, 추가로 11 Tg-N/yr가 육지와 내륙 수역으로 운송되었다. 2000년의 총 강 수지(Seitzinger et al. 2010에 의해 사용된 모델의 43 Tg-N, 표 5.19 참조)는 질소의 다른 형태로, 즉 (1) 18.9 Tg-N/yr의 전 지구적 강 수지를 가진 암모늄과 질산염으로 구성된 용존 무기질소(DIN), (2) 10.8 Tg-N/yr의 수지를 갖는 용존 유기질소(DON) 및 (3) 13.5 Tg-N/yr의 수지를 가진 입자상 질소(PN)로 나눌 수 있다. 이는 총 부유 퇴적물 하중 14,500 Tg/yr에 기초한다. 총 PN은 자연 및 오염 기원이고 토양과 인간 활동에서 파생된 분해되지 않은 유기 질소를 나타내며, NH_4^+는 K 함유 규산염 광물에 고정되어 있다(Meybeck 1982).

DIN은 1970년부터 2000년까지 35% 증가했으며 2030년까지 17% 더 증가할 것으로 예상된다. DIN은 질소 증가의 80%를 차지하는 주요 오염성 질소 형태이며, 농업에서의 잘못된 비료 관리와 주로 더 많은 동물 분뇨로 인해 발생한다. 1995년 Seitzinger 등(2005)의 질소 기원 추정치를 사용한다. Seitzinger 등(2010)의 2000년 수지에서 우리는 강물에 총 용존 무기질소(DIN) 중 약 45%가 오염 기원이라고 추정한다.

DON은 기원이 덜 오염성이며 1970년에서 2000년 사이에 더 느리게 증가했다(5%). PN 플럭스는 하천의 총 부유 퇴적물 수지와 상관관계가 있으며, 입자상은 더 큰 침식으로 증가하고 하천의 댐 뒤에 있는 저수지에 더 많은 퇴적물이 갇힐수록 감소한다. 1970년부터 2000년까지 증가율은 10%였지만 2030년까지 PN 부하는 11% 감소할 것으로 예상된다. 2030년까지 추정되는 총 질소 수지는 45.5 Tg-N/yr(1970년 수지의 1.2배)이며, 2050년에는 47.5 Tg-N/yr(1970년 수지의 약 1.3배)이다. 용존 실리카(DSI)의 감소는 댐에 의해서도 발생한다.

강의 질소 수지는 인구의 변화와 관련된 인위적 질소 유입으로 인해 대륙에 따라 다르다. 많은 인구와 집약적인 농업, 많은 양의 대기 퇴적물을 가진 아시아는 가장 큰 질소 오염을 가지고 있다(Boyer et al. 2006). 강 질소 수지는 자연 및 오염기원 질소 유입과 직접적으로 관련이 있다(그림 5.14 참조). 게다가 더 습한 지역은 더 건조한 지역보다 더 많은 질소를 배출한다. 바다로의 평균 강 수율(yield)은 $43\ \text{Tg-N}/(89 \times 10^6\ \text{km}^2) = 483\ \text{kg/km}^2/\text{yr}$이다.

Seitzinger 등(2005)은 일부 지역[일본(DON), 유럽 및 미국 북동부(DIN)]에서 높은 오염기원 질소 유입과 다른 지역(오세아니아, 동남아시아, 남아메리카 북부)에서 높은 지표 유출로 인해 질소(kg/km/y)의 수율이 높은 질소에서 '핫스팟'을 발견했다. 높은 인위적 유입과 높은 지표 유출 및 높은 기복은 인도네시아에서 높은 질소 수율을, 높은 자연 DIN 유입량과 높은 지표 유출은 남아메리카에서 높은 질소 수율을 생산했다. 1995년에 바다로 유출된 강의 평균 몰비는 C:N:P = 88:14:1이었지만, 이것은 대륙에 따라 다르다. 2000년에 이 C:N:P 비율은 91:11:1이었다(Seitzinger et al. 2010의 총 C:총 N:총 P 사용). DIN과 DIP만 비교하면 N:P = 30:1의 몰비를 제공한다. N:P의 비율은 개별 하구 생산성에 영향을 미치기 때문에 지역에서 중요하다(제7장 참조).

입자상 질소와 용존 유기질소는 용존 무기물 형태보다 반응성이 낮다(Seitzinger et al. 2005). Seitzinger 등(2002)은 자연 및 인위적 기원에서 하구 플랑크톤에 대한 DON의 생물학적 가용성(반응성)을 연구했다. 반응성 DON-N의 비율은 평균 79%(도시/교외 지표 유출)에서 30%(농업 목초지)이며, 23%가 숲에서 나왔다. 총 반응성 질소(DIN + 생물학적 이용 가능 DON)의 경우, 80%의 총 용존 질소(TDN)는 도시/교외 지표 유출로부터 반응성을 보였고, TDN의 20~60%는 숲과 목초지에서 반응성을 보였다. 토지 사용은 계절과 마찬가지로 생물학적으로 이용 가능한 DIN과 DON의 상대적인 양에 영향을 미친다. Galloway 등(2008)은 반응성 질소를 DIN + DON으로 정의한다. 표 5.20의 반응성 질소와 표 5.21의 반응성 인에 이 정의를 사용하면 반응성 N:반응성 P = 15:1의 몰비를 얻을 수 있다. 이러한 값은 모두 Seitzinger 등(2010)의 값이다. Lerman 등(2004)은 PON 플럭스의 50%를 반응성 질소로 포함하고, Ittekkot과 Zhang(1989)은 PN 플럭스의 22%만이 불안정하다고 말한다(즉, 바다에

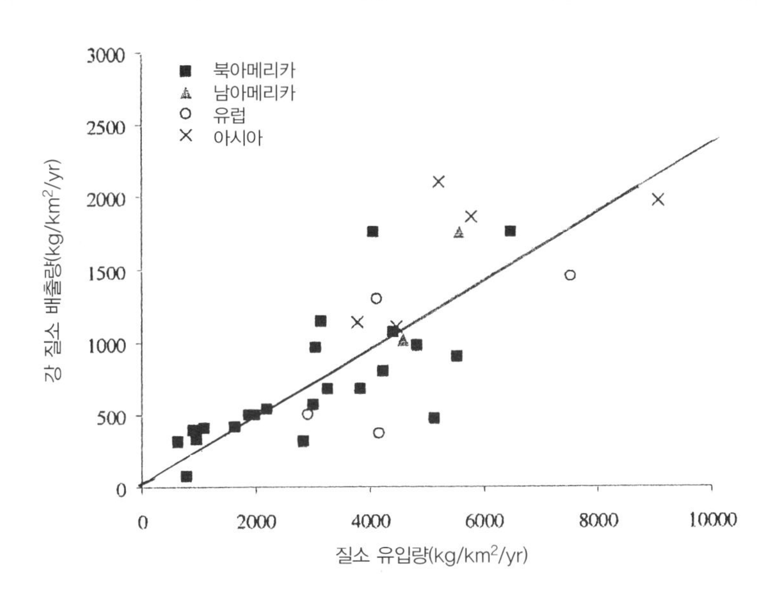

그림 5.14 세계 유역(kg/km^2/yr)에서의 강 질소 수지는 질소 유입이 강 배출(kg/km^2/yr)과 직접적으로 관련이 있음을 나타낸다.

출처 : Boyer et al. 2006, fig. 2.

서 반응성).

표 5.18에 표시된 질소 수지는 2005년 육상 고정 질소의 총 유입 수지와 비교하여 육지에서 질소의 연간 강 및 가스 유출을 독립적으로 추정한다. 2005년 지상 고정 질소의 총 유입 수지는 2000년의 추정 유출 수지에 매우 가깝기 때문에 추정치가 합리적인 것으로 보인다.

대기 중 N_2의 질량이 크고 대사회전율이 매우 느리기 때문에 대기 중에서 N_2의 양이 더해지거나 줄어들어 N_2의 불균형은 명확하지 않을 것이다. 따라서 토양, 지하수, 강, 호수에 고정된 질소가 축적되고 있는 것은 대량의 오염물질이 유입되기 때문에 육상 질소 순환이 균형을 이루지 못할 수 있다. 국가연구위원회(NRC 1972)는 유입과 배출 수율을 바탕으로 질소가 미국 토양과 물(당시 미국 비료 투입량의 20%에 해당하는 양)에 저장되고 있다고 대략 추산했다. 그러나 그 증거는 아직도 지구상의 질소 순환이 가스 방출에 의해 균형을 이루는지(오염성 질소 증가를 보충하는지), 또는 질소가 실제로 지구상의 토양과 물에 저장되고 있는지를 확실하게 말하기에는 충분하지 않다. 환경에 대한 인간의 대량 질소 유입과 호수 및 해안 수역의 부영양화와 같은 잠재적인 환경 문제가 우려의 원인이 되었다(Galloway et al. 2008; Grouper and Galloway 2008; Galloway et al. 2004).

오염된 물에서 발견되는 질소의 종류는 다양하다. 대부분의 오염된 물에서는 질산염이 암

표 5.20 미국 내 인간 기원 반응성 질소 수지(Tg-N/yr)

	1961년	1997년
유입		
무기질소 비료	3.1	11.2
농업(콩류)에서의 질소 고정	4.9	5.9
화석연료 연소(NO_x)	3.8	6.9
총합	11.8	24.0
유출		
연안으로 이동하는 강	3.0	5.0
식량 및 사료 유출	0.6	2.2
대기에서의 유출	0.7	1.3
총합	4.3	8.5
탈질화와 저장소(차이에 의한)[a]	7.5	15.5

출처 : Howarth et al. 2002.
[a] 유입-유출.

모늄보다 더 중요하지만, 과도한 유기물 부하로 인해 산소가 부족한 강에서는 암모늄이 총 용존 무기질소의 80%에 이를 수 있다(질산염, NO_2^-는 훨씬 덜 중요하다). 도시 폐기물은 암모늄이 더 많고, 농업 지표 유출은 비에서의 연소 생성물과 마찬가지로 질산염이 더 많다(Meybeck 1982).

강에서의 질소의 인위적 공급원(표 5.19 참조)으로는 (1) 지방 및 산업 하수, 정화조, 폐기물 덤프 및 동물 사료장과 같이 지표수로 직접 배출되는 **점오염원**, (2) 농촌 및 도시 토지의 침출과 지표 유출수로부터의 분산된 공급원, (3) 호수와 하천으로의 직접 강수 등이 있다.

도시 폐기물과 산업 폐기물은 강으로 직접 배출되기 때문에 특히 도시 지역에서 강 질소를 크게 증가시킬 수 있다. 그러나 하수를 처리하여 질소의 약 40%를 제거할 수 있기 때문에 이 질소원은 확산원보다 제어하기 쉽다. 확산원으로는 토양에서 질산염의 자연 침출(벌채와 경작에 의해 인간이 가속화된 과정), 대기 강하(제3장 참조), 농경지에서의 지표 유출이 포함된다. 농경지에서 나오는 질소는 질소 비료, 동물성 폐기물, 그리고 질소 고정제인 콩과 같은 식물의 재배에서 발생한다. 전 세계적으로 강의 질산염 농도는 강의 유역의 인구 밀도와 관련이 있다(Feierls et al. 1991).

Gruber와 Galloway(2008), Galloway 등(2008) 및 이 장의 앞부분에서 언급한 바와 같이, 인간은 특히 질소 비료의 사용과 화석 연료의 연소에 의해 질소 순환을 상당히 가속화했다. 환경에 질소가 너무 많이 유입되면서 많은 문제가 발생했는데, 특히 육지와 수생태계의 부영양화, 비와 호수의 산성화, 성층권 오존 손실 등이 그 원인이다. 질소는 종종 식물 성장에 제한적인 영양소이기 때문에, 많은 양의 질소를 첨가하면 탄소 순환에도 영향을 미쳐 대기로부터 더 많은 탄소를 흡수할 수 있고, 이를 통해 기후 변화를 완화할 수 있다. 그러나 모델링 연구에 따르면 CO_2에 대한 북반구 육상 저장에 대한 질소 비료의 기여는 미미하다(Grouber and Galloway 2008). 질소의 유입은 또한 해안 해양 시스템의 부영양화를 초래할 수 있다(제7장 참조). Galloway 등(2008)은 또한 바이오연료 사용의 증가가 환경의 질소 문제에 기여할 것이라고 지적한다. 강을 통해 바다에 미치는 육지 영향의 대부분은(제7장에서 논의할 것이다) 외해가 아닌 해안 수역에 국한된다(Duce et al. 2008).

미국 내 반응성 질소 침적 및 하천 수송

그림 5.15(Howarth et al. 2002, 그림 2)는 1961년부터 2000년까지 미국 땅에 유입된 농업 반응성 질소(N_r)를 보여준다. 이 기간 동안 미국에서 무기-N 비료의 사용은 거의 4배 증가했지만 1980년부터 2000년까지의 곡선은 전반적으로 다소 평탄했다. 미국은 1999년에 11.2 Tg-N/yr를 소비했는데, 이는 전 세계 무기-N 비료 사용량의 ~10%에 해당한다(Howarth et al. 2002). 또한 1961년 4.9 Tg-N/yr에서 1999년 5.9 Tg-N/yr로 증가한 콩류(콩, 땅콩, 알팔파, 완두콩)에 의한 콩류의 고정으로부터도 유입이 있다.

1997년 화석연료 연소(6.9 Tg-NO_x-N), 질소 비료(11.2 Tg-NH_3-N), 콩과류(5.9 Tg-N)를 포함한 미국 땅에 대한 반응성 질소의 총유입량은 24.0 Tg-N/yr로 비료가 거의 절반을 차지했다. 이 총 N_r은 1961년(11.8 Tg-N)의 약 2배이다. 질소는 강을 통해 연안 해양(5.0 Tg-N)으로, 대기 중에서는 외해(1.3 Tg-N)로, 식품 및 사료 배출(1.3 Tg-N)로 유입되었다(Howarth

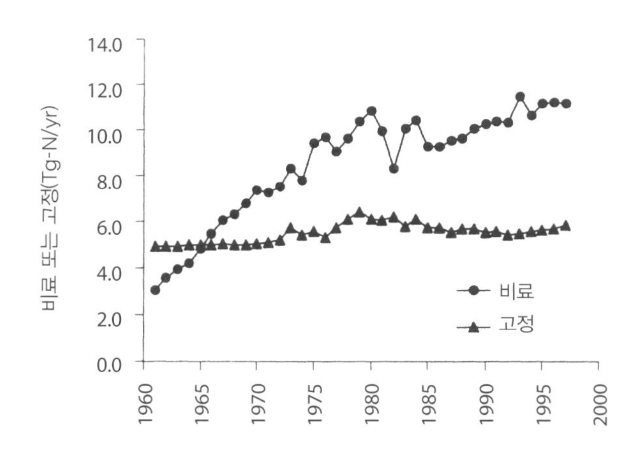

그림 5.15 1961년부터 2000년까지 미국 농업 시스템에서 무기질소 비료 사용과 질소 고정으로부터 반응성 질소 유입(Tg-N/yr).

출처 : Howarth et al. 2002, fig.2.

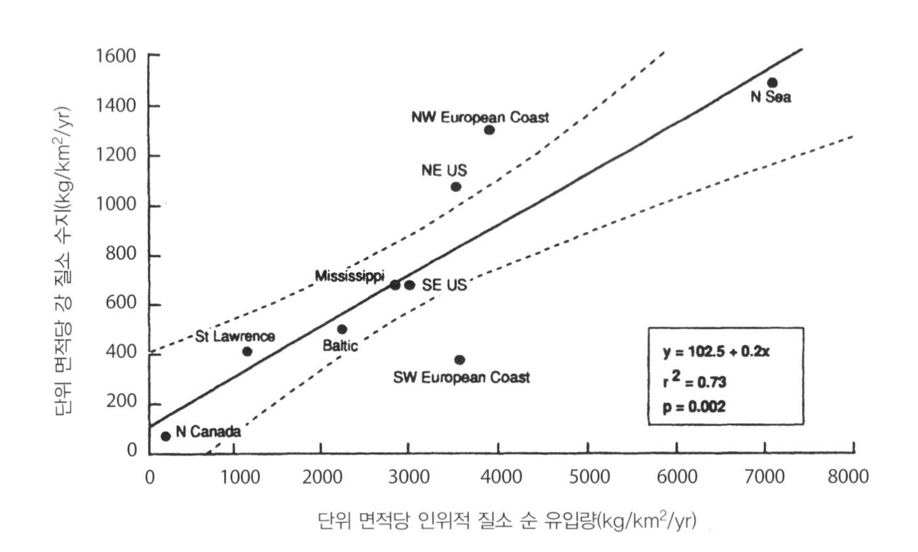

그림 5.16 각 온대 지역(서부 멕시코만을 제외한 모든 유럽 및 북미 지역)에 대한 면적당 인간 유래 질소 순 유입량 그림. 순 유입량은 인위적 NO_x 퇴적, 비료 투입량, 작물별 질소 고정 및 식품/사료 내 질소 순 유입 또는 배출량의 합계와 같다.
출처 : Howarth et al. 1996, fig. 5A.

et al. 2002). 이는 표 5.20과 그림 5.15에 요약되어 있다.

그림 5.16(Howarth et al. 1996, fig. 5A, p. 103)은 각 온대 지역(서부 멕시코만 연안을 제외한 북미와 유럽)에 대한 강의 질소 배출과 인간 기원 유입(화석연료 연소 NO_x-N, 비료 적용, 콩류에 의한 고정, 농산물의 N 수출/수입)을 보여준다. 순수 인위적 질소 유입에 대한 강 질소 수지의 비율은 지속적으로 낮으며 평균 약 0.25(범위는 0.1~0.35)이다. 이는 평균적으로 순수 인위적 질소 유입의 75%가 강 수지에 나타나지 않고 육상에서 탈질되거나 숲에 저장된다는 것을 의미한다(Howarth et al. 1996).

강의 인 : 육상 인 순환

인은 질소(또는 황)와 달리 대기 중에 안정적인 기체 상태가 없다. 이러한 이유로 질소와는 달리, 대부분의 인은 강을 통해 육지로부터 빠져나가며, 평균적으로 강수량에 의해 유입되는 비율은 훨씬 적다. 육상 인 순환의 주요 특징은 인이 담수에서 광합성을 위한 중요하고 종종 제한적인 영양염이라는 사실이다. 또한 매년 유기물에 포함되는 인의 양은 풍화에 의한 생산이나 하천에 의한 손실보다 훨씬 많다. 부족한 부분은 생물학적 순환을 통해 보충된다. 인은 생물학적 시스템에 의해 강하게 보존되는 경향이 있기 때문에 유기 분해에 의해 배출되는 대부분의 인은 유기 물질로 빠르게 전환된다.

인의 주요 궁극적인 공급원은 풍화, 즉 암석으로부터의 공급이다. 그러나 암석과 퇴적물의 인은 인산칼슘 광물인 인회석과 같이 주로 불용성이다. 풍화에 의해 가용성 인산염으로 용출될 때에도, 인은 보통 식물이 접근하기 어려운 불용성 형태를 만들기 위해 철, 알루미늄, 인산칼슘으로 토양에 빠르게 묶여진다. 식물은 낙엽이 떨어지기 전에 많은 양의 P를 흡수함으로써 P 손실을 최소화한다. 인은 상대적인 불용성 때문에 종종 생물학적 시스템에서 제한적인 영양염이다. 인간은 침식을 증가시키는 삼림 벌채, 인비료 사용, 산업 폐기물, 하수 및 세제 생산을 통해 인 순환에 개입해왔다(인 순환에 대한 자세한 내용은 Bennett et al. 2001; Ruttenberg 2003; Seitzinger et al. 2005; Seitzinger et al. 2010 참조). 특히 호수와 연안에서, 인간에 의한 인의 유입은 생산성을 자극하고 부영양화로 이어졌다(제6장과 제7장 참조). 그러나 여기서 우리는 전반적인 육상 인의 순환과 관련이 있기 때문에 육지로부터의 강의 지표 유출에 초점을 맞출 것이다.

강우 내 인의 농도는 0.01~0.04 mg/L로 매우 낮으며, 오염으로 인해 측정이 어렵다. 강수량으로 육지에 전달되는 인의 양은 1 Tg-P/yr(Meybeck 1982, 1993)로 추정되며, 총 인 강하(건성 침적 포함)는 3.2 Tg-P/yr(Graham and Duce 1979)이다. 이는 용존 강 수송량(2 Tg-P/yr)과 같은 규모이다. 대륙에 퇴적된 인의 주요 공급원은 토양 먼지(3.0Tg-P/yr, 총퇴적물의 95%; Graham and Duce 1979)이다. (기타 비에 포함되는 인의 공급원으로는 산업 및 연소, 해염, 생물학적 에어로졸 등이 있다.) 그러나 대기 중의 토양 먼지는 육지에서 풍화되어 발생하기 때문에 순환되며, 육상에 대한 1차적인 유입이 아니다.

강에 의한 해안 바다로의 인 수송은 표 5.21에 요약되어 있다. Seitzinger 등(2010)에 의해 모델로부터 계산된 2000년의 용존 인 부하는 총 2.0 Tg-P/yr이며, 1.4 Tg-P/yr의 용존 무기 인(DIP)과 0.6 Tg-P/yr의 용존 유기 인(DOP)을 포함한다. 부유 입자상 인(PP)은 6.6 Tg-P/yr로 하천 하중을 지배한다. 바다로 운반되는 총 인 부하는 8.6 Tg-P/yr이다. 이는 Meybeck(1982)의 1970년 총 인 하중 추정치 22 Tg-P/yr 또는 Howarth 등(1995)의 추정치(22 Tg-P/yr)보다 상당히 적지만 Seitzinger 등(2005)의 추정치인 1995년 11 Tg-P/yr와 유사하다.

강에 의해 운반되는 입자상 인(무기 및 유기)은 부분적으로 암석, 주로 인회석의 침식과 수산화철 및 점토 광물에 흡착된 인에 기인하지만, 유기 인(Berner and Rao 1994)도 포함한다. 입자상 인(PP)은 하천 부유 퇴적물 하중과 함께 운반되며, PP 수지는 부유 퇴적물 하중의 크기에 따른 함수이다. 입자상 인 수지는 종종 PP인 TSS(총 부유 퇴적물 하중)의 백분율로 결정된다. PP는 POC(Meybeck 1982)의 농도와도 상관관계가 있다. 그림 5.17은 이 상관관계를 보여준다. Beusen 등(2005)과 Seitzinger 등(2005, 2010)은 TSS 수지의 크기로부터 POC를 추정한 후 POC로부터 PP를 추정했다. 입자상 인의 대부분은 삼림 벌채와 농업으로 인한 토양 침식과 운송 증가, 농업과 비료 적용으로 인한 유기물 제거 증가 등 인간의 영향에서 비롯된다. 그러나 댐 뒤의 저수지에 퇴적물을 저장하면 부유 퇴적물 부하와 이에 수반되는 입자상 인 부하가 감

표 5.21 1970년, 2000년, 2030년 동안 강에서 해안으로 이동하는 전 지구적 인 수지(Tg-P/yr)

원천	유입량		
강에서의 인 유출	1970년	2000년	2030년[a]
용존 무기 인(DIP)	1.1	1.4	2.1
자연의 인 풍화 35%			
인위적 점오염원 60.6%			
인위적 비점오염원 4.4%			
가축 분뇨 3.9%			
무기 비료 0.5%			
용존 유기 인(DOP)	0.6	0.6	0.6
비인위적 원천 81%			
인위적 비점오염원 17%			
인위적 점오염원 2%			
총 용존 인	1.7	2.0	2.7
총 입자성 인(PP)[b]	5.9	6.6	5.8
총유출	7.6	8.6	8.5
반응성 인 유출[c]		4.3	

출처 : Seitzinger et al. 2010; 1995년에 대한 기원 비율은 Seitzinger et al. 2005.

[a] 'Global Orchestration scenario'의 모델을 사용. 즉, 높은 생산성 증가는 오염원 처리를 증가시킴.

[b] 입자상 인은 입자상 유기 탄소의 함수로서 총 입자상 인과 총 부유 퇴적물의 부유상 유기 탄소를 이용해 계산됨(Seitzinger et al. 2010).

[c] 총 용존 인과 35% 입자상 인의 합(Berner and Rao 1994; Ruttenberg 2003; 본문 참조).

소하는 경향이 있다. 2030년까지 강의 입자상 인이 감소할 것으로 예상되는 것(표 5.21 참조)은 주로 댐과 저수지 건설이 증가하여 부유 퇴적물 수송이 감소할 것으로 예상되기 때문이다(Seitzinger et al. 2010).

육상 식물 물질은 상당한 인을 함유하고 있으며, 식물은 광합성을 통해 200 Tg-P/yr을 유기물로 전환한다(Richhey 1983). 이 인의 대부분은 순환된 유기물에서 나오지만, 일부는 풍화로 인한 새로운 인이기도 하다. 인의 생물학적 관여의 결과로 용존 강 인의 약 30%와 부유 하중의 일부가 유기물 형태(DOP)이다(표 5.21).

모든 용존 인(유기 및 무기 P) 또는 2 Tg-P/yr, 그리고 아마도 입자상 인(PP)의 35±10%(Berner and Rao 1994; Ruttenberg 2003) 또는 다른 2.3 Tg-P/yr은 반응성 인(생물에 사용 가능)이다. 따라서 총 4.3 Tg P/yr이 생물학적으로 활성화된다. '반응성 인'의 흐름은 육상 생물체에 의해 소실된 인으로 간주될 수 있으며, 이는 육상 생물 순환에 관여하는 인의 약 2%에 불과하다. 이것은 또한 지구 생물학적 보존과 재활용의 효율성을 보여준다.

강에 의해 운반되는 용존 인의 약 70%는 무기 인산염, 일반적으로 오르토인산 음이온(PO_4^{3-}, HPO_4^{2-}, $H_2PO_4^-$)으로 존재하며, 이는 강에서 가장 잘 알려져 있고 가장 일반적으로 측정되는 인의 유형이다(표 5.21 참조). 강에 용존 무기 인산염은 (1) 자연 풍화 및 인산염 광물의 용액(35%), (2) 인간에 의한 토양 침식 및 운송으로 인한 가속 용해, (3) 유기 인로부터 인산염의 자연적 및 인위적으로 강화된 (농업적) 배출, (4) 비료로부터 인 배출 및 (5) 세제 및 가정

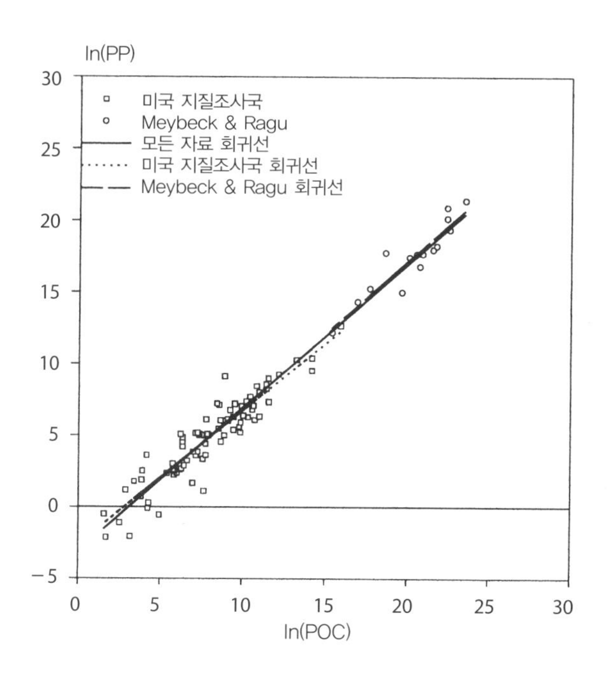

그림 5.17 Meybeck과 Ragu(1996)의 15개 강과 미국 지질조사국(USGS)의 80개 관측소(1996년)에 대한 POC(입자 유기탄소)와 PP(입자상 인)의 관계.

출처 : Beusen et al. 2005, fig.1.

및 산업 폐기물 기원의 가용성 인산염(Stumm 1972) 등이 있다. Seitzinger 등(2005)은 1995년에 용존 무기 인 부하의 65%가 오염된 것으로 추정했으며, 용존 유기 인의 19%만이 오염된 것으로 추정했다. 2000년 수지를 사용하면 용존 인 부하의 약 1 Tg-P 또는 절반, 반응성 인 부하의 1/4이 오염기원이다.

Meybeck(1982)은 1970년에 용존 인의 1 Tg P/yr가 인위적 기원이라고 추정했다. 강에서 자연적으로 용해된 총 인 함량이 낮기 때문에(0.025 mg P/L), 오염기원 인을 추가하면 국소적으로 농도가 크게 증가할 수 있다. 세계의 강 용존 인 부하는 인간의 활동으로 인해 2배로 증가한 것으로 추정되지만, 미국과 북미의 오염된 강에서 많은 곳의 인 농도는 자연 수준의 10배이다(Meybeck 1982).

Esser와 Kohlmaier(1991)는 1985년 전 세계적으로 인산염 암석 채굴을 24.4 Tg-P로 추정했는데, 그중 90%는 비료 제조에 사용되었으며(22.2 Tg-P/yr), 용존 오염물질 인은 모든 세제 P(2.2 Tg-P/yr)와 비료 인(1.5 Tg-P/yr)의 5~10%, 그리고 총 5.0 Tg-P/yr 동안 식품 소비량의 1.6 Tg-P/yr을 포함한다고 추정했다. Richhey(1983)는 오염을 포함하여 물에 대한 총 인 유입을 4~7 Tg-P/yr로 추정했다. Bennett 등(2001)은 1995~1996년에 인산염 암석 채굴

표 5.22 전 지구적 육상 인 수지(Tg-P/yr 단위)

	자연적	인간적	
인 유입			
화학적 풍화	3		
비료용 인산염 채광		12	
총합			15
인 유출			
연안으로의 강 유출량(용존 및 입자성)			9
총합			9

강물 인 유출량(Tg-P/yr), 총고형물질(Gt/yr)

공급원	연도	총인	용존 무기 인	용존 유기 인	입자성 인	총고형물질
Meybeck 1982	1970	22	2	20[a]	17.5	
Howarth 1995	?	22	2	20[b]	15	
Mackenzie 2002	2000	44	11[c]	33[d]		
Turner 2003		4~6	2.6			
Seitzinger 2005	1995	11	1.1	0.7	9[e]	19[f]
						17[g]
Seitzinger 2010	2000	9	1.4	0.6	7	14.5

출처 : 1990년대 인 유입은 Falkowski et al. 2000; 2000년대 인 유출은 Seitzinger et al. 2010.

[a] 입자상 유기 탄소와 P:C 고정비로부터; 강 자료.

[b] 15Gt × 1,275 mg/kg.

[c] 용존 인과 반응성 인; (반응성 인 = 0.5×PP)(Lerman et al. 2004).

[d] 보전적 입자상 인.

[e] TPP = 10; 포획-13%; 입자상 유기 탄소는 총고형물질의 함수, 입자성 인은 입자성 유기 탄소의 함수(Beusen et al. 2005).

[f] 자연기원.

[g] 오염기원.

을 19.8 Tg-P/yr로 추정했고, 그중 18.5 Tg-P/yr가 토양에 도달했다. Fixen과 West(2002)는 비료 사용이 1990년대 초 38.0 Tg-P_2O_5(16.6 Tg-P)로 정점을 찍었고 2000년에는 31.0 Tg-P_2O_5(13.5 Tg-P)로 평준화되었음을 보여준다. Tilman 등(2000)은 2000년에 대한 14.9 Tg-P(34.3 Tg-P_2O_5)의 비료 사용을 추정한다. Falkowski 등(2000)에 의하면 비료용 인산염 채굴 추정치(1990년대 중반)는 12 Tg-P/yr이다(표 5.22 참조).

자연 화학적 풍화는 DIP 수지의 35%(Seitzinger et al. 2005) 또는 0.7 Tg/yr, DOP 수지의 81%(0.6 Tg/yr)를 공급하는 것으로 추정되므로 산업화 이전 총 용존 수지는 1.3 Tg일 것이다. 현재 TSS 수지는 댐에 퇴적물이 갇히기 때문에 자연 TSS 수지보다 13% 적은 것으로 추정된다. 따라서 자연 PP 수지는 13% 또는 1.13×7 Tg만큼 더 높을 것이며, 이는 입자상 인의 8 Tg-P/yr를 초래한다.

Smith 등(1987)은 1974년부터 1981년까지 오대호와 미시시피강 상류 유역에서 도시 및 산업 하수와 같은 오염 지점 발생원의 감소로 인해 총 용존 인이 감소했다는 것을 발견했다. 이러한 감소의 상당 부분은 세제에서 인을 제거했기 때문일 것이다. 대조적으로, 비료 사용, 소 개체 수 밀도 증가, 경작지 토양 침식 증가로 인한 상승된 부유 하중으로부터 유래되는 등 오염 유입이 있는 다른 미국 강에서는 인이 증가했다. 이러한 농업 비점오염원은 점오염원보다 통제하기가 훨씬 어려웠다. 그러나 농업 활동의 증가로 예상되는 인 농도의 증가는 하천 수로의 퇴적물에 결합된 인 저장에 의해 지연되었을 수 있다.

Garnier 등(2010)은 몇 가지 요인으로 인해 1970년과 2000년 사이의 인의 변화에 주목했다. 유럽에서는 첨단 폐수 처리와 인 기반 세제가 세탁기에서 금지되면서 점오염원으로부터의 배출이 감소했다. 그러나 북미와 유럽의 고도로 산업화된 국가들에서 농업의 강화와 현대화로 인해 확산원이 증가했다. Si에 비해 P(및 N)가 증가하면 Si를 필요로 하는 규조류의 개체 수가 감소하고, 이는 바람직하지 않은 조류의 증가를 야기한다. 우리는 이것을 하구에 관한 제7장에서 더 논의할 것이다.

Meybeck(1982, 1993)과 Kempe(1984)는 용존 N과 P 농도가 오염된 강물에서 상관관계가

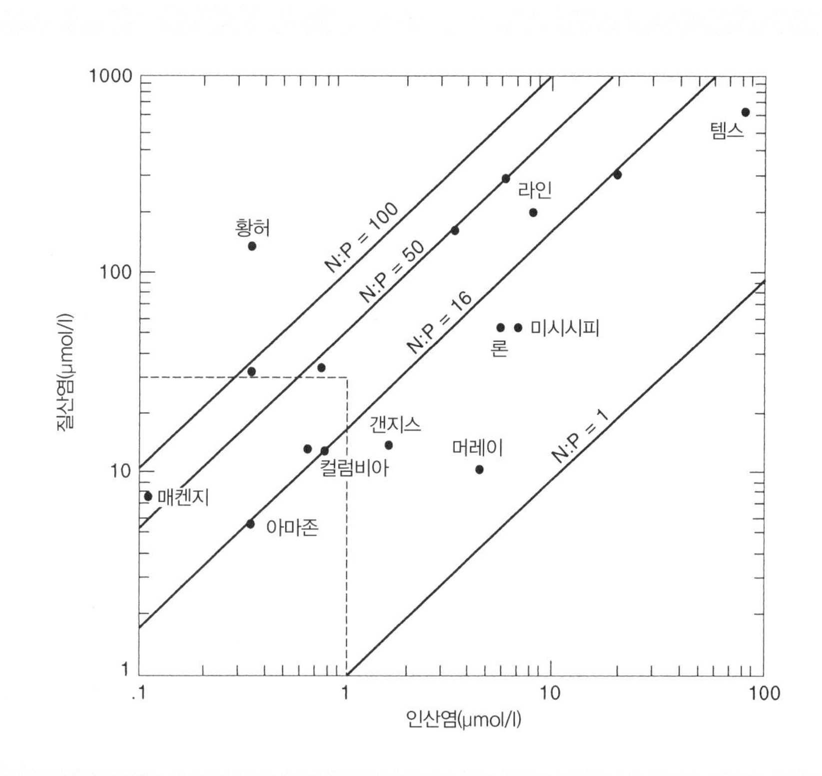

그림 5.18 다양한 세계 강의 평균 질산염 농도 대 평균 인산염 농도. 자연 그대로의 강들은 점선으로 둘러싸여 있다. 대각선은 같은 N : P 비율의 선이다.

출처 : Kempe 1984, Meybeck 1993.

있지만 상당한 산재된 것을 관찰했다. 그림 5.18은 자연적과 오염된 주요 강에서 용존 질산염 대 인산염 농도를 요약한다. 아마존(N:P = 16), 자이르(Zaire)와 같은 열대 강에서 낮은 영양분 농도와 낮은 N:P가 발견되는 반면, 매켄지(Mackenzie)와 같은 북극 강은 낮은 농도와 높은 N:P 비율을 가지고 있다. 산업 및 도시 오염, 예를 들어 템스강에서 발생하는 오염은 농업 오염, 예를 들어 황허강과 양쯔강에서 발생하는 오염보다 더 높은 P 농도와 낮은 N:P 비율을 생성하는 경향이 있으며, 이는 비료로 비료를 사용하기 때문에 높은 N:P 비율을 초래한다.

높은 영양염 농도에서는 원자 N:P 비율이 16 미만인 경우도 있다. 이것은 레드필드 비(Redfield ratio)이며, 해양 식물 플랑크톤이 광합성에 사용하는 영양소 비율이다. 인구밀도가 높은 지역에서는 해수가 오염된 강에서 질소에 비해 과도한 인을 공급받아 강이나 하구에서 질소 제한을 받는다. 질소에 의한 플랑크톤 생성의 제한은 하구의 일반적인 상황이다(제7장 참조).

CHAPTER 6

호수

호수는 지구 표면에 존재하는 전체 물의 0.01%만을 차지함에도 불구하고, 인간의 생활과 밀접한 관계로 인하여 그 중요성은 상대적으로 더 크다고 할 수 있다. 호수는 식수 공급원, 산업용수로 사용되며, 휴양지의 역할을 하며, 하수와 농업용 유출수의 종착지가 되기도 한다. 대체적으로 호수의 크기는 작기 때문에 여러 인간 활동에 의해 급격히 변화할 수 있으며, 그러므로 호숫물의 화학적 연구에는 인간 활동의 영향 또한 고려되어야 한다. 이런 연유로 호수와 관련된 연구는 호소학(limnology)이라는 분야로 발전되었으며 매우 다양한 호수 특유의 현상들이 발견되어 왔다. 이 장에서는 호수의 근본적인 측면에 대해서 논하고 호숫물에 존재하는 화학적 성분이 물리적, 생물학적, 지질학적인 과정으로부터 어떠한 영향을 받게 되는지에 대해 보여주고자 한다. 이를 통해 호소학 연구에 다학제적 접근법의 중요성을 인식하게 될 것이다. (호소학과 관련한 보다 더 자세한 내용은 Horne and Goldman 1994, Cole 1994, Lampert and Sommer 1997, Wetzel 2001, Dodds 2002, Kalff 2002, Dodson 2005, Bronmark and Hansson 2005의 책을 참고하기 바란다.)

호수에서의 물리적 과정들

물 균형

어떤 면에서 호수는 '작은 바다'라고 할 수 있다. 바다와 같이 호수의 물은 강으로부터 유입되고, 수직적인 성층화(stratification)를 보이며, 생물학적 순환과 퇴적을 겪고, 증발로 인해 물을 잃게 된다. 하지만 대부분의 호수는 한 가지 중요한 점에서 바다와 차이를 보인다. 그것은 바

표 6.1 호수에서 물이 유입되고 제거되는 과정들

유입원	유출원
1. 호수 표면의 비와 눈	1. 증발
2. 하천과 강의 흐름	2. 하천과 같은 자연 배출구를 통한 표층에서의 유출(일반적으로 하나의 배출구)
3. 호수 주변의 샘	3. 관개 용수로, 댐 등을 통한 표층에서의 유출
4. 호수 바닥을 통한 지하수 침투	4. 호수 바닥을 통한 유출
5. 하수관을 통한 인위적 유입	

출처 : Hutchinson 1957.

로 호수의 경우 물이 빠져나갈 수 있는 출구가 있다는 것이다. 바다의 경우 증발에 의해서만 물이 손실되지만(제8장 참조), 호수에서는 증발뿐만 아니라 표층 또는 수면 밑의 출구를 통한 물의 손실이 일어난다. 이와 같이 (표층에 배출구가 있는) 호수는 일종의 강물이 '풍부'하고 흐름이 '느린' 부분, 즉 일반적인 강의 수로에 비해 상당히 긴 기간 동안 물이 유지되는 배수 시스템의 부분이라고 할 수 있다. 일부 호수의 경우 매우 건조하고 호수 내부에서 배수량이 많아 출구가 없을 수도 있으며, 이런 경우 바다와 같다고 할 수도 있겠다. 이러한 호수에 유입되는 물의 경우 증발에 의해서만 손실이 일어나며, 바다에서와 같이 높은 염도가 발생할 수도 있다. 그럼에도 불구하고, 대부분의 호수는 직접적인 출구가 있음으로써 담수(fresh water)로 이루어져 있다.

표 6.1은 호수로 들어오고 나가는 물의 다양한 유입원과 유출원을 요약해서 보여준다. 다양한 유입, 유출 과정 중 어떠한 과정이 중요하게 작용하는지는 호수에 따라 다르게 나타날 수 있다. 예를 들어, 위에서 언급한 바와 같이 건조한 지역에 위치한 호수의 경우 종종 물이 배출되는 배출구가 없고 증발에 의해서만 물의 손실이 일어난다. 물의 유입도 다양하게 나타날 수 있다. 아프리카에 위치한 빅토리아호는 아주 적은 양의 강물 유입만이 존재함에도 불구하고 강수량이 높은 지역에 위치함으로써 매우 넓은 면적의 호수가 될 수 있었는데, 전체 물 유입량의 약 3/4 정도가 강우로 인한 공급으로 알려져 있다(Hutchinson 1957). 하지만 대부분의 큰 호수에서 물은 큰 강 또는 작은 하천을 통해 유입되며, 강우를 통한 유입은 작은 부분을 차지한다. 이와 반대로 지하의 샘을 통한 물의 유입으로 형성되는 작은 호수들 또한 존재하며(spring-fed lakes), **카르스트 호수**(karst lake)에서는 지하에서 침출로 인해 물의 손실이 일어나기도 한다. 카르스트 호수는 카르스트 지형이나 석회함이 광범위하게 용해되는 지역에서 발달하며(제4장 참조), 부분적으로 용해된 석회암의 투과성으로 인해 호수 바닥에서 쉽게 물이 스며들거나 빠져나갈 수 있다. 그러나 대부분의 호수 바닥에는 비교적 불침투성의 점토 퇴적물이 존재하기 때문에 호수 바닥을 통한 손실이 크게 일어나지 않는다.

결과적으로 호수에서 물의 부피와 표면 수위는 물의 유입량과 유출량 간의 물 균형에 달려 있다. 만약 물 균형이 잘 유지될 경우 호수 수위의 변동은 거의 없을 것이다. 그러나 해마다 다른 강우량 및 그 외 다른 기후 요인으로 인하여 약간의 변동이 나타날 수 있으며, 호수의 수위

에 영향을 미치는 이런 변동의 정도는 호수의 크기와 물의 유입 및 유출 속도에 따라 달라진다. 대부분의 물이 하천을 통해 들어오는 호수의 경우, 호수에 존재하는 물을 교체하는 데 걸리는 시간, 즉 현재 하천수의 유입 속도로 호수를 채우는 데 필요한 시간을 구할 수 있다. 이런 교체시간(replacement time) 또는 충만시간(filling time)은 수학적으로 다음과 같이 정의된다.

$$\tau_w = V/F_i \quad (6.1)$$

위 식에서 τ_w는 교체시간을 나타내며, V는 호수 내에 존재하는 물의 부피, 그리고 F_i는 추가되는 유량의 속도를 나타낸다.

τ_w 값이 낮을 경우 물 유입에 의한 단기적인 변동이 호수 수위의 변화로 쉽게 나타나게 된다는 것을 의미하며, 반대로 τ_w 값이 높으면 호수 수위(부피)가 물 유입량의 변화에 상대적으로 영향을 받지 않는다는 것을 의미한다. 당연히 작은 호수나 연못에서 낮은 τ_w 값이 나오고, 큰 호수에서 높은 τ_w 값이 나온다는 것은 놀라운 일이 아니다. 대부분의 호수에서 얻어지는 τ_w 값은 1년에서 100년 사이에 있다.

만약 한 호수가 일정한 부피를 계속 유지하고 있다면, 이는 곧 유입량과 유출량이 같다는 것을 의미하며, 이때 그 호수에 존재하는 물에 대하여 **정상 상태**(steady state)에 도달해 있다고 할 수 있다. 이 경우 교체시간을 호수 내에서 물의 **체류시간**(residence time)으로 볼 수 있다. 체류시간은 하나의 물 분자가 호수 내에 들어와 출구를 통해 빠져나가기 전까지 호수에서 보내는 평균시간을 의미한다. 체류시간의 개념은 호소학과 해양학 전반에서 광범위하게 사용되지만, 정상 상태일 경우에 한해서 의미를 가진다는 것을 잊어서는 안 된다. 그렇지 않을 경우에는 교체시간과 같은 더 일반적인 개념이 선호된다.

열 체제와 호수의 분류

담수호에서 나타나는 여러 화학적 특성은 수온 변화로 인한 물의 순환에 큰 영향을 받는다. 호수에서 나타나는 물의 밀도는 주로 수온의 변화에 의해 결정된다. 수온의 변화에 의해 밀도는 변화하게 되며, 이로 인해 만약 밀도가 낮은 물 위에 밀도가 높은 물이 놓이게 되면, 대류(convection) 또는 호수의 물이 뒤집히는 전도 현상(overturn)이 발생하게 된다. 그림 6.1은 수온이 물의 밀도에 미치는 영향을 보여준다. 0~4°C 사이에서 비정상적인 특성이 나타나는 것에 주목하자. 대부분의 액체의 경우 온도가 높아질수록 밀도는 감소하는 특성이 있으나, 담수의 경우 해당 수온의 범위(0~4°C 사이)에서 오히려 밀도가 증가하고 4°C에서 최대 밀도가 나타나는 것을 볼 수 있다. 이후 4°C 이상의 수온에서는 일반적인 액체의 특성과 같이 수온이 증가함에 따라 밀도가 감소한다. 다른 물질과 비교하여 또 다른 물의 특성의 경우 얼음에서 볼 수 있다. 물의 경우 얼음이 차가운 액체의 물보다 밀도가 낮기 때문에 물 위에 떠 있을 수 있다. 이런 물의 이례적인 온도-밀도 간 특성은 담수 호수를 분류하고 전반적인 순환 과정을 설명하는

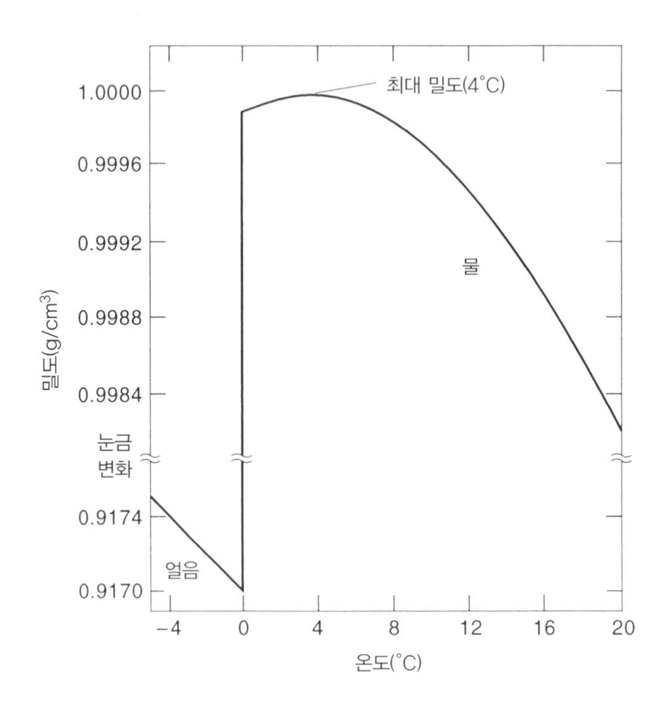

그림 6.1 온도에 따른 물(과 얼음)의 밀도 변화. 최대 밀도는 4°C에서 나타난다.
출처 : Pauling 1953, Hutchinson 1957.

데 기본적인 근거를 제공한다.

이런 비이상적인 물(H_2O)의 밀도 변화가 일어나는 이유는 수소 결합(hydrogen bonding)을 기반으로 한 물의 결합 구조에 있다(Pauling 1953). 얼음의 경우 수소 결합을 통한 물 분자들의 결합으로 가운데에 빈 공간이 생기게 되고, 이를 통해 낮은 밀도를 가지게 된다. 얼음이 녹게 되면, 수소 결합의 일부가 끊어지거나 구부러지게 되고, 그 결과 물 분자들이 더욱 가깝게 존재할 수 있게 된다. 이런 연유로 낮은 온도에서 액체의 물은 얼음보다 밀도가 높아지게 된다. 일반적으로 액체를 가열하면, 열에너지가 증가하고 그로 인해 분자들이 튕겨져 나가며 더 많은 공간을 차지하게 된다. 이런 일반적인 액체의 특성이 0~4°C 범위의 물에서는 나타나지 않는데, 이는 위에서 설명한 바와 같이 0~4°C로 가열될수록 수소 결합이 끊어지면서 물 분자들이 더욱 가깝게 존재하게 되고, 이로 인해 부피가 수축하기 때문이다. 물은 4°C(정확히는 3.94°C)에서 최대밀도가 되며, 4°C 이상에서는 일반적인 액체와 같은 특성이 나타나게 되어 100°C의 끓는점까지 밀도가 지속적으로 감소하게 된다.

호수를 분류하고 호수 내 물의 순환에서 온도의 영향을 더 잘 이해하기 위해, 온대 지역의 일반적인 크기의 호수에서 계절에 따른 수온 분포의 변화에 대해 설명하고자 한다(더욱 자세한

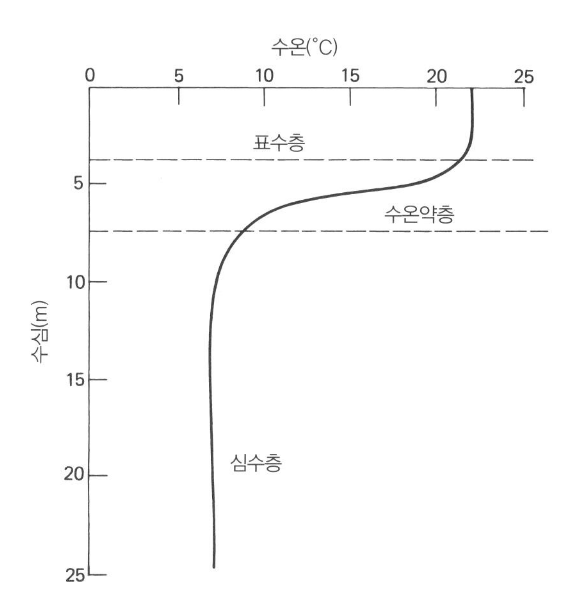

그림 6.2 여름철 담수호에서 나타날 수 있는 수온의 전형적인 연직분포.

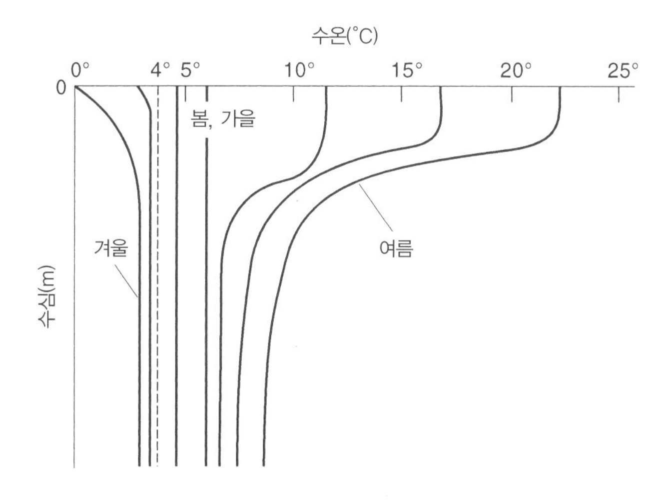

그림 6.3 온대 기후에서 봄과 가을에 두 번의 수직 혼합이 일어날 수 있는 전형적인 복순환호의 수온 연직분포 변화. 점선은 최대 밀도가 나타나는 4°C를 나타낸다.

출처 : Hutchinson 1957, Wetzel 2001.

내용은 Hutchinson 1957 참조). 이와 관련한 그림이 그림 6.2와 6.3에 나와 있다. 우선은 늦여름에 나타나는 수온의 연직분포를 살펴보자(그림 6.2).

기온이 가장 높게 나타나는 늦여름의 경우 호수 표층수의 수온 또한 가장 높은 값을 나타내게 된다. 물이 데워지는 깊이는 바람에 의한 물의 혼합에 따라 결정되고, 이런 혼합은 바람의 영향이 없어지는 곳까지 미치게 된다. 호수에서 바람에 의한 혼합이 일어나는 얕은 부분을 **표수층**(epilimnion)이라 부른다. 이 표수층 아래에서는 수심에 따라 수온이 급격히 변화하는 층을 볼 수 있는데 이 부분을 **수온약층**(thermocline) 또는 **중간층**(mesolimnion)이라고 부른다. 수온약층 아래에 깊고 차가운 물이 존재하는 부분을 **심수층**(hypolimnion)이라고 표현한다. 여름철에는 호수에서 물의 수온이 모두 4°C 이상이기 때문에, 가장 차갑고 밀도가 높은 물은 호수의 가장 아래에 존재하고 있다. 그림 6.2에 묘사된 수심별 수온 분포의 경우 안정적인 밀도의 성층화(stratification)가 나타나는데, 이런 상황에서 물의 수직적인 순환은 잘 일어나지 않게 되며, 이로 인해 심수층은 대기로부터 효과적으로 고립되어 존재한다. 이런 성층화는 대부분의 해양에서는 일반적으로 나타나는 특징이지만, 온대 지역에 존재하는 담수 호수의 경우에는 여름철에만 나타나게 된다.

다음으로 가을철에 기온이 떨어지게 되면 어떤 현상이 일어나는지 살펴보자(그림 6.3). 공기가 차가워지면, 표수층에 존재하는 물 또한 심수층의 수온과 같아질 정도로 차가워질 것이다. 이 경우 수온약층이 사라지고 호수 표면에서 심층까지 일정한 수온이 나타나게 된다. 호수 표층수에 추가적인 물의 냉각이 일어날 경우 표층수의 밀도는 더욱 높아지게 되며, 이로 인해 밀도 분포가 불안정해지면서 수직 대류(vertical convection)가 발생한다. 호수의 물은 위에서 아래로 혼합이 일어나면서 이른바 **전도 현상**(overturn)이 발생하게 되고 이는 일반적으로 가을에 강하게 부는 바람의 영향을 받게 된다. 가을 냉각이 계속되면서 표층에서 심층까지 동일하게 나타나는 수온이 시간에 따라 떨어지게 되고(그림 6.3), 수온이 4°C에 도달하게 되면, 새로운 거동이 나타나게 된다.

표층에 존재하는 물이 4°C보다 더 낮은 수온까지 냉각되게 되면 그 물은 더욱 깊은 곳에 존재하는 물보다 밀도가 낮아지게 된다. 이로 인해 안정적인 성층화가 다시 형성되고, 전도 현상이 멈추게 된다. 결국 표층수가 계속 냉각되고 0°C에 도달하게 되면 물은 얼게 된다. 겨울철 차가운 표층수와 표층수에 존재하는 얼음은 물이 바람에 의해 혼합되는 것을 막게 되어 저층에 존재하는 물이 다시 대기에서 고립되는 결과를 낳는다. 이는 여름에 나타난 성층화와 반대로 **겨울 성층화**(winter stratification)로 알려져 있다. 표층수의 수온이 다시 저층에 존재하는 물과 같아질 경우, 열적 불안정(thermal instability)이 나타나게 되고, 그 결과 봄철 전도 현상이 나타나게 된다(저층수의 수온은 겨울 성층화 이전 바람에 의한 강한 혼합과 겨울철 전도 냉각에 의해 4°C보다도 낮게 존재할 수 있다). 그러고 나서 봄에 안정된 밀도 성층화가 뒤따르게 되고 수직 혼합이 억제될 때까지 표층에서 저층으로 더욱 따뜻해진다. 여름철 추가적인 열의 유입은 이것을 안정화시키게 되고, 늦은 여름까지 여름 성층화가 형성되며 계절적인 순환의 한 주기가 이렇게 완료된다.

위에서 설명한 계절에 따른 수온의 변화가 그림 6.3에 나타나 있으며, 이 그림처럼 온대 호수의 경우 두 번의 전도 현상 특성이 나타나고, 이런 현상이 나타나는 호수를 복순환호(dimictic lake, 1년에 두 번 혼합이 일어남)라고 한다. 다른 기후를 가진 환경에서는 다른 현상이 나타날 수 있다. 예를 들어 지중해성 기후와 같은 따뜻한 환경에서는 겨울철 월평균 대기 기온이 4°C 이하로 내려가지 않기 때문에 겨울 성층화 또는 결빙이 나타나지 않는다. 그 결과 겨울에 물이 한 번 전도되고 봄에 성층화가 다시 형성된다. 이후 이 성층화는 여름에서 가을까지 유지된다. 이런 환경에서 수심에 따라 나타나는 수온의 변화는 그림 6.3에서 점선으로 나타낸 4°C 기준 오른쪽의 변화만이 나타나게 되며, 이런 환경을 단순환호(monomictic lakes)라 하고, 1년에 한 번씩 물의 혼합이 이루어진다는 것을 의미한다. 이런 좋은 예로서 이탈리아에 존재하는 호수들을 들 수 있다. 또 다른 종류의 단순환호로서 고산지대 또는 고위도의 추운 기후에서 드물게 나타나는 한랭 지역의 단순환이 있다. 이런 환경에서 수온은 항상 4°C보다 낮게 존재하고, 그 결과 여름철에만 지속적인 혼합이 일어나며 그 외의 시기에는 얼음이 표층을 덮고 있어 겨울 성층화가 존재하게 된다. 이런 환경에서 수심에 따라 나타나는 수온의 변화는 그림 6.3에서 점선으로 나타낸 4°C 기준 왼쪽의 변화처럼만 나타나게 된다.

1년 내내 대기의 온도 변화가 크지 않은 열대 지역의 경우 위에서 설명한 1년 주기의 수온 변화가 나타나지 않는다. 이런 호수를 빈순환호(oligomictic lake)라 표현한다. 이곳에서의 전도 현상은 여러 예상치 못한 요인에 의해 나타나게 되고 성층화는 장소에 따라 다양한 형태로 나타나기도 한다.

호수에서 나타날 수 있는 모든 밀도 성층화가 계절적 온도의 변화로만 나타나는 것은 아니다. 특정 호수에서는 염수 또는 강물이 유입되고, 이런 상황은 영구층화(meromixis)되었다고 표현된다. 상대적으로 무거운 염수(짠물)가 아래에 존재하게 되면서, 영구층화 호수(meromictic lake)는 전도 현상이 발생하지 않으며, 위에서 기술한 다른 호수들, 즉 적어도 1년에 한 번 이상은 전도 현상이 일어나는 호수들과는 근본적으로 상반된 특성을 가지게 된다. 적어도 1년에 한 번 이상은 전도 현상이 일어나는 호수들을 전순환호(holomitic lake)라 표현하기도 한다.

이렇게 위에서 서술한 다양한 호수들의 형태를 정리한 내용이 표 6.2에 나타나 있다. 추가적으로 이례적인 형태를 가지는 두 종류의 호수들 또한 기재되어 있다. 하나는 매우 얕은 호수로서, 이런 형태의 호수는 너무 얕기 때문에 바람에 의해 항상 섞이게 되고 이로 인하여 성층화 또는 심수층이 발달하지 않는다.

이와 반대되는 것이 매우 깊은 수심을 가진 호수이다. 이런 호수에서는 매우 깊은 수심에 의하여 바람에 의한 물의 혼합이 아래쪽까지 충분히 전달되지 못하고, 심수층의 가열 또는 냉각이 매우 적거나 아예 나타나지 않는다. 즉, 심층수는 영원히 대기로부터 고립되어 존재하기 때문에 열의 완충제(thermal buffer) 역할을 하고 있다. 이런 형태를 가진 호수의 한 예로 동아프

표 6.2 담수호의 분류

I. 전순환호(담수표층수와 수온약층 아래 수층의 혼합)
  A. 복순환호(1년에 두 번 혼합)
  B. 단순환호(1년에 한 번 혼합)
    1. 따뜻한 단순환호
    2. 차가운 단순환호
  C. 빈순환호(불규칙적으로 혼합)
  D. 얕은 호수(연속적으로 혼합)
  E. 매우 깊은 호수(대부분의 깊은 호수에서 수온약층 아래 수층의 상부에서만 혼합)
II. 영구층화 호수(담수표층수와 수온약층 아래 수층의 혼합이 없음)

주의 : 자세한 내용은 Hutchinson 1957 참조.

리카 협곡에 존재하는 세계에서 두 번째로 큰 호수인 탕가니카호(Lake Tanganyika)를 들 수 있다. 탕가니카호는 최대 수심이 1,410 m이고, 지난 반세기 동안 심층의 수온이 23.4°C로 일정하게 유지되며 영구적인 수온 성층화가 나타나며, 150 m 아래의 수심에서는 용존 산소가 고갈되어 있는 환경을 가진다(아래 내용을 참조). 무역풍 계절 동안에는 용존 산소가 존재하는 수온약층의 위쪽 물에서 물의 냉각과 수직 혼합이 일어나지만, 아직까지도 심층에서 물의 혼합에 대한 증거는 없다(Edmond et al. 1993).

일부 수심이 매우 깊은 온대성 호수들 또한 심층까지 물이 혼합되긴 하지만, 매년 또는 반년처럼 주기적으로 나타나지는 않는다. 동시베리아에 위치한 바이칼호(Lake Baikal)는 세계에서 가장 깊은 호수이지만(1,623 m), 이렇게 깊음에도 심층수의 평균 체류시간은 8년 정도밖에 되지 않는다(Weiss et al. 1991). 매우 깊은 담수호에서 혼합의 결과로 인해 특정 수심에서 나타날 수 있는 최대 밀도는 수심에 따라 증가하는 압력에 의해 낮아지게 된다(그림 6.4). 표층수가 심층수보다 더 차갑고 4°C보다 낮으며, 두 수괴의 경계면에서 아래에 존재하게 되는 심층수가 그 수심에서 나타날 수 있는 최대 밀도 수온(temperature of maximum density)보다 낮을 경우에는 안정화된 성층화가 나타나게 된다(그림 6.4a). 하지만 바람에 의해 물이 아래쪽으로 섞이게 되면, 두 경계면이 최대 밀도와 수심 간의 관계선을 지나 더 깊은 특정 수심에 존재하게 된다(바이칼호에서는 250 m 정도). 이 수심에서 위에 존재하는 차가운 물은 불안정해지고, 결과적으로 저층으로의 순환이 이루어지게 된다(그림 6.4b).

저층으로의 비주기적인 혼합이 일어나는 깊은 수심을 가진 또 다른 호수로서 미국 캘리포니아–네바다에 위치한 타호호(Lake Tahoe)를 들 수 있다. 타호호는 최대수심이 505 m이고 가장 추운 겨울철에는 모든 수괴가 4°C에 도달한다. 비록 이 호수에서 저층으로의 혼합은 매년 일어나지는 않지만, 몇 년에 한 번씩 발생하는 극심한 겨울철 폭풍에 의해 발생한다(Goldman 1988).

호수에서 물의 혼합에 대한 전반적인 설명 중, 성층화가 일어난 호수에서는 심층의 물이 대기에서 고립(isolation)되어 있다는 것을 언급하였다. 이것은 특히나 중요한 특징으로 대기로부

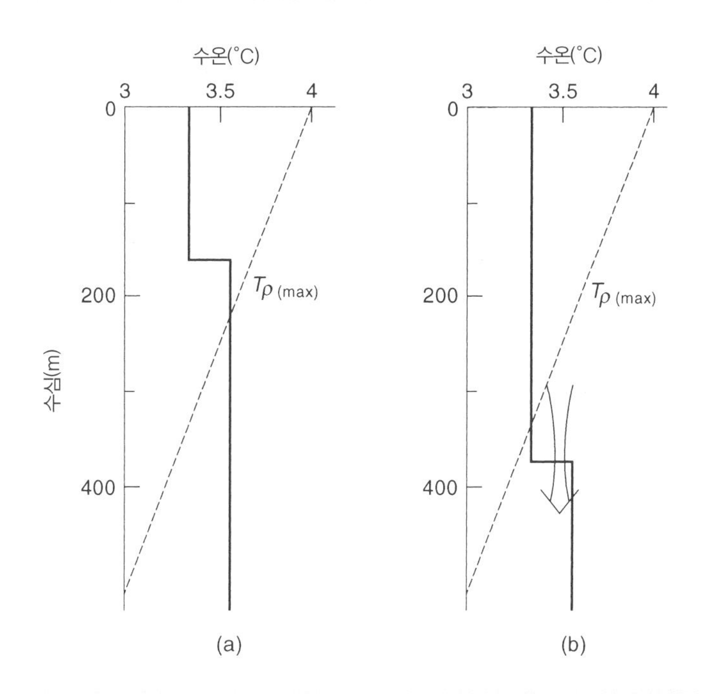

그림 6.4 수심이 매우 깊은 담수호에서의 혼합. 점선은 최대 밀도 수온($T\rho max$)이 수심에 따라 어떻게 감소하게 되는지를 나타낸다. (a) 표층수와 심층수 두 수괴의 수온이 둘다 최대 밀도 수온이 나타나는 수심보다 충분히 얕은 곳에 위치하여 안정적인 성층화가 나타남(점선). (b) 강한 바람에 의해 표층의 물이 보다 깊은 심층의 물보다 밀도가 더 크게 되며 이로 인해 심층으로의 대류가 나타남.

출처 : Weiss et al. 1991, fig. 2a,c.

터 고립이 있으면 심층은 생물학적 산소의 소비로 인해 용존 산소의 농도가 매우 낮게 존재할 것이다. 만약 이런 고립이 지속될 경우, 모든 용존 산소는 결국 소비되고 그 결과 심층의 물은 무산소 환경(anoxic)이라는 드라마틱한 변화를 겪을 것이다. 이런 변화들은 매우 중요하며 이 장의 뒤쪽에서 다시 설명할 것이다. 하지만 이런 물리적인 요인에 의한 성층화가 화학적 변화 또한 야기한다는 것을 기억해야 한다.

호수의 모델들

호수에서는 물 이외의 다른 물질들의 첨가 또는 제거가 일어난다. 용존 물질들은 강과 지하수에 의해 호수로 운반되고, 화학적인 반응을 겪게 되며, 저층으로의 퇴적 또는 호수 배출구를 통한 물의 배출이 나타난다. 이런 물질의 유입률과 제거율은 박스 모델(box modeling)을 통해 수치적으로 나타낼 수 있다. 이런 박스 모델에서는 호수의 일부분 또는 전체가 잘 혼합된 하나의 큰 '박스'에 균일한 구성물질이 존재한다고 가정한다. 각 박스에서의 첨가율 또는 제거율은 박스 내부에서의 혼합과 비교하여 충분히 느리기 때문에, 첨가되는 물질은 기원지 주변에 고농도로 쌓이지는 않는다. (하지만 이 상황이 항상 지켜지는 것은 아니다. Imboden and Lerman 1978 참조.) 이 '박스'에서 특정 물질의 농도는 유입과 유출이 어느 정도로 이루어지느냐에 따라 조절된다. 만약 유입과 유출이 균형을 이룰 경우에는 그 박스에서 특정 물질의 농도는 정상상태(steady state)를 나타내어, 시간에 따른 농도의 변화는 없고 균일한 농도를 유지할 것이다. 이는 (똑같진 않지만) 이전에 설명한 물의 정상 상태와 매우 유사하다고 할 수 있다.

이런 박스 모델의 가장 단순한 개념은 하나의 박스가 하나의 호수 전체를 대표하는 것이다. 이런 경우에 용존 물질의 유입은 하천을 통해 들어온다(지하수와 강우를 통한 유입은 무시한다). 유출은 표층에 존재하는 배출구를 통한 유출이 있으며, 물질의 제거는 저층 퇴적물로의 침강, 마지막으로 추가적인 물질의 첨가로서 부유입자 또는 퇴적된 입자의 재용해 및 박테리아에 의한 재생산을 고려할 수 있다(그림 6.5 참조). 이런 일련의 과정은 다음과 같은 식으로 표현할 수 있다.

F_i = 하천을 통한 물의 유입률(단위 시간당 유입량)
F_o = 배출구를 통한 물의 배출률
M = 호수에서 용존 물질의 총량
R_p = 침전 또는 퇴적에 의한 제거율(단위 시간당 질량)
R_d = 퇴적 또는 저층에 가라앉은 입자로부터 용해에 의한 물질의 첨가율(단위 시간당 질량)

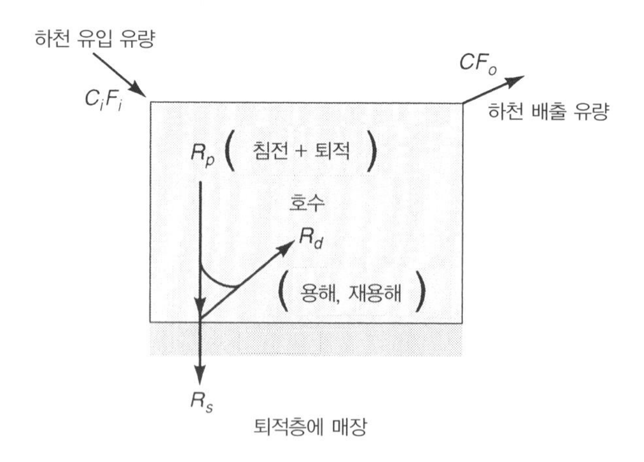

그림 6.5 호수에 대한 한 박스 모델(기호에 대한 설명은 본문을 참조).

C_i = 호수로 유입되는 물에 존재하는 용존 물질의 농도(단위 부피당 질량)
C = 호수에 존재하는 용존 물질의 농도
t = 시간

호수에서 시간에 따른 양적 변화율($\Delta M/\Delta t$)은 아래와 같이 나타낼 수 있다.

$$\Delta M/\Delta t = C_iF_i - CF_o + R_d - R_p \tag{6.2}$$

만약 용존 물질이 정상 상태일 경우, $\Delta M/\Delta t = 0$이므로 아래와 같이 나타낼 수 있다.

$$C_iF_i - CF_o + R_d - R_p = 0 \tag{6.3}$$

최종적으로, 만약 입자의 용해가 이전에 이미 저층으로 침전되거나 퇴적되었던 입자로부터 재용해되는 경우에는 아래와 같이 나타낼 수 있다.

$$R_s = R_p - R_d \tag{6.4}$$

이때, R_s는 퇴적물로 제거되는 제거율을 나타낸다(단위 시간당 질량).

예를 들어 한 오염물질 (P)의 농도가 특정 레벨을 초과하지 않을 경우, 측정을 통해 얻어진 물의 유입률과 퇴적률을 이용, 식 (6.3)을 통해 이 오염물질의 최대 허용 농도 (C_i)를 계산할 수 있다. 만약 작은 규모의 하천수가 호수로 유입되는 유입률 (F_i)가 100 m^3/sec일 경우, 호수에 존재하는 물의 양을 유지하기 위해 물의 배출률 (F_o) 또한 100 m^3/sec일 것이다. 이때, 퇴적물로 제거되는 오염물질 P의 제거율 (R_s)는 250 mg P/sec라 하고, 호수에 용존상으로 존재하는 이 오염물질 P의 농도 (C)가 5 μg P/L를 넘지 않는다고 가정해보자(단위를 바꿀 경우 이는 5 mg P/m^3와 같으며, 부영양화를 초래하지 않을 정도로 낮은 농도임). 이런 조건에서 식 (6.3)과 (6.4)를 정리할 경우,

$$C_i = (CF_o + R_s)/F_i$$
$$C_i = [(5\ mg\ P/m^3) \times (100\ m^3/sec) + (250\ mg\ P/sec)]/(100\ m^3/sec)$$
$$C_i = 7.5\ mg\ P/m^3$$

또는

$$C_i = 7.5\ \mu g\ P/L$$

그러므로 호수로 유입되는 오염물질의 농도 (C_i)는 7.5 μg P/L를 초과하지 않는다.

물 자체에 적용할 수 있는 2개의 유용한 개념으로 교체시간과 체류시간을 들 수 있다. 교체시간은 특정 물질 전부가 갑자기 제거된 경우 물이 흘러 들어와 해당 용존 물질의 원래 양으로 돌아가는 데 걸리는 시간을 의미한다. 이를 통해 유입되는 물질의 농도 (C_i) 또는 유입률 (F_i)의

변화에 따른 호수에서 농도 C의 민감도를 평가를 할 수 있다. (하지만 더 복잡한 상황으로서 미적분을 사용, 유입량의 변화를 통해 특정 물질의 농도를 줄이는 데 필요한 시간을 구하는 것과 혼동해서는 안 된다.) 용존 물질의 교체시간은 다음과 같이 정의된다.

$$\tau_r = \text{호수에 존재하는 양/하천을 통해 유입되는 물질의 첨가율} = M/C_iF_i$$

식 (6.1)을 이용할 경우 물의 교체시간은 아래와 같이 표현할 수 있다.

$$\tau_w = V/F_i \tag{6.5}$$

V는 호수의 부피를 나타내며, $M = CV$이므로, 식 (6.5)는 아래와 같이 다시 적을 수 있다.

$$\tau_r = (C/C_i)\tau_w \tag{6.6}$$

만약 특정 용존 물질(그리고 물)이 호수에서 정상 상태로 존재할 경우, 교체시간인 τ_r(그리고 τ_w)은 체류시간으로 볼 수 있다. 다른 말로, 정상 상태에서 τ_r 값은 호수에서 용존 물질이 퇴적 또는 배출을 통해 제거되기 전까지 걸리는 평균시간을 의미한다.

추가적인 개념으로 상대 체류시간(relative residence time)은 매우 유용하게 활용될 수 있다(Stumm and Morgan 1981). 상대 체류시간은 호수에 존재하는 물과 비교하여 특정 용존 물질이 얼마나 체류하는지를 의미한다.

$$\tau_{rel} = \tau_r/\tau_w \tag{6.7}$$

또는 식 (6.6)을 통해 아래와 같이 표현할 수 있다.

$$\tau_{rel} = C/C_i \tag{6.8}$$

상대 체류시간은 특정 물질에 대한 거동의 형태를 예측하는 지표로 활용될 수 있다. 특정 물질의 상대 체류시간(τ_{rel})이 1일 경우 이 물질은 호수에서 화학적인 반응이 없다는 것을 의미하며($R_d = 0$, $R_p = 0$), 이 물질은 단순히 호수의 물과 함께 이동, 배출구를 통해 배출된다. 이런 경우 이 물질은 물의 움직임을 추적하는 추적자로 활용될 수 있다(예 : 용존 Cl^-). 만약 τ_{rel}이 1보다 작을 경우, 이 물질은 호수에서 퇴적과 같은 제거 과정을 거치고($R_s > 0$), 이는 화학적 반응성을 의미한다(예 : 용존 Al). 만약 τ_{rel}이 1보다 클 경우, 이 물질을 함유한 물이 호수에서 제거된 이후에도 호수 안에 갇혀 있다는 것을 의미한다. 이는 호수에서 침전과 퇴적 과정으로 저층으로 제거되었다가($R_p > R_d$), 다시 용해되고($R_d > R_p$), 다시 퇴적되는 일련을 과정을 거치며 순환할 경우 나타날 수 있다. 이는 주로 생물학적 과정에 관여되는 원소가 대표적이며, 예를 들어 P, N, Si, Ca과 같이 호수에서 생물학적 순환을 하는 원소들의 경우 이들의 상대 체류시간은 확연히 1보다 크게 나타난다.

다양한 호수의 평균 속성을 나타내는 데 적절한 한 박스 모델은 특히 성층화가 일어나지 않

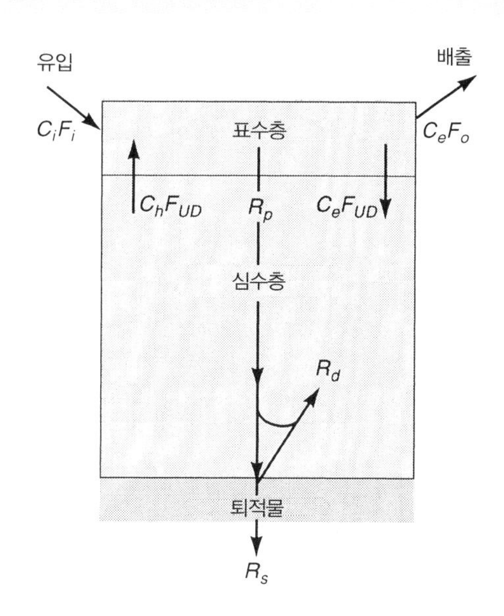

그림 6.6 호수에 대한 두 박스 모델(본문 참조).

는 얕은 호수에서 가장 정확한 대푯값들을 제시해준다. 성층화가 나타나는 더 일반적인 호수들의 경우 두 박스 모델이 더 적절하다(예 : Imboden and Lerman 1978; Stumm and Morgan 1981). 하나의 박스는 표수층을 대표하고, 나머지 하나의 박스는 심수층을 대표한다. 이와 관련한 그림이 그림 6.6에 나타나 있다. 두 박스 모델에서는 전체 호수에서의 유입과 배출과 더불어 2개의 저장고(박스) 간의 플럭스 또한 존재한다. 그림 6.6은 생물에 이용되는 원소인 인 또는 질소의 예를 보여준다. 표수층에서 용존 물질은 하천을 통해 유입되고, 배출구를 통해 배출된다. 그리고 그림 6.6에서 짧은 화살표로 나타낸 것과 같이 용존 물질은 심수층과 표수층 사이에서 위아래로 교환이 이루어진다(실제 교환은 계절적 변화로 인한 전도 현상으로 간헐적으로 일어나지만, 모델의 경우 연간 평균으로 나타냄). 마지막으로 화학적인 반응 또한 존재한다. 표수층에서 침강하여 물질이 제거되고 아래쪽으로 이동되며, 심수층에서 일부는 다시 용존상으로 용출되고 나머지는 퇴적물에 묻히게 된다.

두 박스 모델의 호수에서 수학적 수식은 위에서 언급한 한 박스 모델과 유사하지만, 한 박스 모델에서 정의된 항목들 외에도 추가적인 항목들이 포함된다.

F_U = 심수층에서 표수층으로 이동하는 물의 이동률
F_D = 표수층에서 심수층으로 이동하는 물의 이동률
R_p = 표수층으로부터 침전 또는 퇴적으로 인한 제거율

R_d = 용해로 인해 심수층으로 유입되는 물질의 유입률
M_e = 표수층에 용존상으로 존재하는 물질의 총량
C_e = 표수층에서의 농도(단위 부피당 질량)
M_h = 심수층에 용존상으로 존재하는 물질의 총량
C_h = 심수층에서의 농도(단위 부피당 질량)

두 박스에서 물에 대하여 정상 상태를 가질 경우(표수층과 심수층이 시간에 따른 부피의 변동이 없을 경우), 아래와 같이 나타낼 수 있다.

$$F_U = F_D$$

그리고 우리는 두 이동률을 F_{UD}로 표현할 수 있다(그림 6.6).

위에 나타낸 정의를 이용하여 그림 6.6에 적용할 경우, 각 박스에서 용존상으로 존재하는 물질의 시간에 따른 양적 변화율은 $\Delta M_e/\Delta te$와 $\Delta M_h/\Delta t_h$로 아래와 같이 나타낼 수 있다.

$$\Delta M_e/\Delta t_e = C_iF_i - C_eF_o + (C_h - C_e)F_{UD} - R_p \quad (6.9)$$

$$\Delta M_h/\Delta t_h = R_d - (C_h - C_e)F_{UD} \quad (6.10)$$

정상 상태에서 용존상, 입자상의 형태와 더불어 물질의 용해가 퇴적되는 입자의 재용해를 의미할 경우, 아래와 같이 표현이 가능하다.

$$C_iF_i - C_eF_o + (C_h - C_e)F_{UD} - R_p = 0 \quad (6.11)$$

$$R_d - (C_h - C_e)F_{UD} = 0 \quad (6.12)$$

$$R_s = R_p - R_d \quad (6.13)$$

측정으로부터 얻어진 농도 및 반응속도를 기반으로 이 수식들을 이용할 경우 우리는 호수에서 일어나는 여러 과정들의 반응속도를 더욱 상세히 알아볼 수 있게 된다.

호수에서 물의 구성에 영향을 줄 수 있는 생물학적 과정들

광합성, 호흡, 그리고 생물학적 순환

호수의 저층수와 표층수가 다른 화학적 조성을 가지는 가장 큰 이유로 각각 다른 생물학적 과정들에 대한 영향을 들 수 있다. 그 과정은 광합성으로부터 시작한다. 식물은 태양 빛 에너지를 이용하여 광합성을 통해 CO_2와 H_2O를 유기물질로 변환시킨다. 식물에 의해 합성된 유기물질은 탄소, 수소, 그리고 산소뿐만 아닌 질소와 인으로 대표되는 다른 필수 영양염 원소들 또한 포함한다. 호수에서(또는 바다에서) 일어나는 광합성의 전반적인 과정은 다음과 같이 나타낼

수 있다(예 : Stumm and Morgan 1981).

$$106CO_2 + 16NO_3^- + HPO_4^{2-} + 122H_2O + 18H^+ \\ + \text{미량원소와 에너지} \rightarrow C_{106}H_{263}O_{110}N_{16}P_1 + 138O_2 \tag{6.14}$$

(여기에서 나타낸 원소들의 화학적 비율은 단순한 설명을 위해 해양 플랑크톤의 평균치를 가져옴.) 이를 통해 광합성은 용존 CO_2, 인산염, 질산염을 흡수하고 O_2를 생산한다는 것을 알 수 있다(질소와 인은 다른 용존상의 형태로부터도 흡수될 수 있다).

광합성과 함께 나타나는 과정은 유산소 호흡이다. 호흡은 유산소 환경에서 식물, 동물, 그리고 박테리아를 포함하는 모든 유기체에서 일어나며 그 반응은 위에서 나타낸 광합성의 반응과 반대로 나타난다고 할 수 있다. 광합성이 유기물질의 형성에 관여한다면, 호흡은 유기물질의 분해와 관련이 있다고 할 수 있다. 수환경에서 광합성률과 호흡률을 비교할 경우 대부분은 광합성이 조금 더 높게 나타난다. 호수의 표층에서 나타나는 과잉 광합성은 죽은 유기물질이 아래쪽으로 이동하는 결과를 낳게 된다. 광합성은 태양 빛이 투과될 수 있는 얕은 수심에서만 일어나게 된다. 이보다 깊은 수심에서는 광합성이 없다. 호수의 충분히 깊은 수심(아니면 탁한 호수, murky)에서는 광합성보다 호흡이 더욱 우세하게 나타나며, 이는 대부분의 유기물질이 퇴적물로 퇴적되기 전 분해되는 것을 돕는다. 다른 말로, 충분히 깊은 호수에서는 순 광합성이 표층에서 일어나고 순 호흡이 깊은 수심에서 일어나며, 호수에서 성층화가 나타날 경우 표층과 깊은 수심에서 물의 조성은 확연히 다르게 나타날 수 있다.

광합성이 표수층에서만 일어나는 성층화된 호수를 생각해보자(두 박스 모델을 제시한 그림 6.6 참조). 영양염인 인과 질소는 표수층의 물에서 유기물질을 형성하며 제거되고 이렇게 형성된 유기물질의 일부는 동물 플랑크톤, 물고기, 그리고 다른 유기체에 의해 섭취된다. 이 후 일부 유기물질은 박테리아에 의해 분해되고 나머지는 심수층으로 떨어지며, 이 심수층의 물 또는 호수의 바닥에 존재하는 박테리아에 의해 추가적인 분해가 발생한다. 이런 분해에 의해 인과 질소는 다시 용존상으로 나오게 되며, 분해되지 않은 일부 유기물질은 퇴적물에 묻히게 된다. 심수층에서 용존상으로 다시 돌아온 인과 질소의 경우 광합성이 불가능한 깊은 곳에 존재하기 때문에 식물에 의해 곧바로 사용되지는 않는다. 하지만 인과 질소는 결국 전도 현상에 의해 천천히 표수층으로 올라오게 된다. 이런 과정들에 의해, 호흡이 발생하는 심수층에서 인과 질소의 농도는 광합성이 발생하는 표수층의 농도와 비교하여 높은 농도로 존재한다. 이런 생물적 순환은 농도의 차이를 유지시키며, 오직 전도 현상이 발생하는 동안에만 균질한 농도가 나타나게 된다.

인과 질소 이외의 다른 원소 또한 이런 생물적 순환에 의해 농도 차이가 나타난다. 표수층에서 용존 산소는 대기로부터 유입되기 때문에 고갈이 일어나지 않는다. 반대로, 심수층은 대기와의 접촉이 없기 때문에 호흡에 의한 용존 산소의 손실이 다시 보전되지 않는다. 용존 산소와 인과의 상관관계가 그림 6.7에 나타나 있다. 이 결과를 보게 되면, 심수층에서의 용존 산소 농

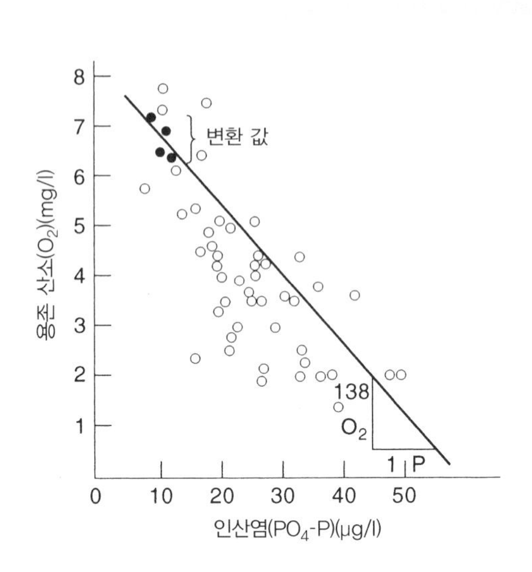

그림 6.7 수심이 깊은 호수(게르사우 호수, 스위스)에서 측정된 용존 산소(O_2)와 인산염(PO_4-P) 농도의 상관관계. 검은색 실선은 138 O_2 : 1 P의 비를 나타내며, 이는 호흡에 의해 조절되는 것으로 추정된다(식 6.14 참조). (1몰의 O_2는 1몰의 P와 거의 같은 질량을 가지므로 O_2 : P의 몰 비와 질량 비는 같다.)

출처 : Stumm and Baccini 1978, H. Ambühl 1975.

도는 낮게 나타나게 되며, 죽은 유기물질의 분해 정도에 의해 용존 산소의 농도가 0 mg/l까지도 나타나게 된다. 용존 산소가 모두 고갈되면, 무산소 환경에 의해 박테리아가 관여하는 화학적 반응이 나타나게 된다. 무산소 환경에서 나타나는 유기물질의 분해에 의해 콜로이드상의 철 화합물과 Mn^{+4} 산화물이 용존상의 Fe^{2+}와 Mn^{2+}로 환원되고, SO_4^{2-}는 H_2S로 환원되며, 메탄의 생성 등의 결과가 나타난다. 무산소에 의해 나타날 수 있는 화학적 변화의 예를 표 6.3에 나타내었다(무산소 환경에서 박테리아의 의해 나타날 수 있는 여러 과정에 대한 더 자세한 내용은 제8장을 참조; Clay and Kaplan 1974, Fenchel and Blackburn 1979, Berner 1980). 또한 무산소 환경의 형성은 뒤의 부영양화에서 다루어질 것처럼 심층이나 저층에 서식하는 고등 유기체에 치명적인 영향을 미칠 수 있다.

유기물질 자체로부터 동반되는 화학적 변화로서는 광합성을 하는 유기체에 의한 광물질의 합성이 있다. 오팔 규소(opaline silica, 유기체의 골격에서 발견되는 무정형 형태의 SiO_2로서 석영과는 차이가 있음)는 규조류(diatom)로 대표되는 미세 부유 유기체로부터 분비된다. 탄산칼슘(calcium carbonate)은 몇몇 조류(algae)에 의해 분비된다. 이 물질들은 일반적으로 깊은 물속으로 침강하면서 용해가 일어난다. 표수층에서 형성된 이 물질들은 심수층에서 용해되면서 표수층과 심수층 간 용존 H_4SiO_4, Ca^{2+}, 그리고 HCO_3^-의 농도 차이가 발생하게 된다. 게다가 표수층에서는 생물적 요인과는 관계가 없는 $CaCO_3$의 침강 또한 발생한다. 심수층에서

표 6.3 무산소 환경에 의해 일어날 수 있는 화학적 변화들

박테리아의 질산염 환원(탈질화 작용)	
	$5CH_2O + 4NO_3^- \rightarrow 2N_2 + 4HCO_3^- + CO_2 + 3H_2O$
박테리아의 황산염 환원	
	$2CH_2O + SO_4^{2-} \rightarrow H_2S + 2HCO_3^-$
박테리아의 메탄 생성	
	$2CH_2O \rightarrow CO_2 + CH_4$
철 환원	
	$CH_2O + 7CO_2 + 4Fe(OH)_3 \rightarrow 4Fe^{2+} + 8HCO_3^- + 3H_2O$
망가니즈 환원	
	$CH_2O + 3CO_2 + H_2O + 2MnO_2 \rightarrow 2Mn^{2+} + 4HCO_3^-$
황화철 침전	
	$Fe^{2+} + H_2S \rightarrow FeS + 2H^+$
망가니즈와 철의 탄산염 침전	
	$Mn^{2+} + 2HCO_3^- \rightarrow MnCO_3 + CO_2 + H_2O$
	$Fe^{2+} + 2HCO_3^- \rightarrow FeCO_3 + CO_2 + H_2O$
인산철 침전	
	$8H_2O + 3Fe^{2+} + 2PO_4^{3-} \rightarrow Fe_3(PO_4)_2 \cdot 8H_2O$

주의 : CH_2O는 분해되는 유기물질을 의미함(표 8.4 참조).

$CaCO_3$의 용해는 호흡으로 인한 CO_2의 발생으로 인해 잉여의 탄산이 생성, 상대적으로 산성을 나타나게 됨에 따라 발생하게 된다. 이 반응은 다음과 같이 나타난다.

$$C_{organic} + O_2 \rightarrow CO_2$$
$$CO_2 + H_2O \rightarrow H_2CO_3$$
$$H2CO_3 + CaCO_3 \rightarrow Ca^{2+} + 2HCO_3^-$$

오팔 규소의 경우, 호수에 존재하는 물에 규소가 불포화되어 있을 때 용해된다(표층수에서 오팔 규소의 형성은 오직 광합성을 가능하게 하는 태양 에너지의 유입을 통해서만 발생함).

부영양화

역사적으로 호수는 영양염의 농도 또는 유기물질 생산성을 기준으로 빈영양(oligotrophic) 또는 부영양(eutrohpic)으로 구분되었다(Hutchinson 1973; Vallentyne 1974; Rodhe 1969). 빈영양 호수는 영양분이 매우 적게 유입된 것으로 질소와 인과 같은 영양염 원소들의 낮은 농도가 나타난다. 영양염의 부족은 적은 식물, 즉 광합성에 의한 유기 물질의 형성이 적어지는 결과로 나타난다. 빈영양 상태의 호수는 일반적으로 깊고, 상대적으로 플랑크톤이 적어 투명하게 보이며, 용존 산소가 풍부하다. 반대로 부영양, 즉 '영양분이 많이 함유된' 호수는 영양염의 농도가 높게 나타나며, 생산성이 높아 플랑크톤 또한 많다. 부유 플랑크톤이 많기 때문에 상대적으로

표 6.4 빈영양 호수와 부영양 호수

기준	빈영양	부영양
1. 식물영양소 농도(질소, 인)	'잘 못 먹음', 저농도의 영양염, 인<10 μg/L[a]	'잘 먹음', 고농도의 영양염, 인>20 μg/L[a]
2. 유기물 농축	낮은 유기물 농도	호수에서 생산되거나 호수로 운반되는 높은 유기물 농도
3. 식물 플랑크톤 광합성에 의한 생물학적 생산력(유기물 생산력)	낮은 생산력–낮은 영양소 때문에 식물(식물 플랑크톤)이 거의 없음, 1차 생산력<250 g-C/m^2/y, 엽록소 A(식물 플랑크톤)<3 μg/L[a]	높은 생산력, 높은 식물 농도, 즉 플랑크톤(청록조류) 및/또는 대형 식물(뿌리가 있는 식물), 1차 생산력>250 g-C/m^2/y, 엽록소 A(식물 플랑크톤)>6 μg/L
4. 호수의 깊이(부피)	깊고 큰 부피(깊이 15~25m 이상)	얕고 작은 부피(깊이 10~15 m 이하)
5. 물	맑고 푸른, 투명도>5m[a]	탁하고 어두운, 투명도<3m[a]
6. 여름에 수온약층 아래 수층의 산소	산소가 잘 공급된 수온약층 아래 수층, 여름철 성층화 후 산소 포화도 50% 이상[a]	유기물 분해를 위한 높은 산소 요구량으로 인한 수온약층 아래 수층에서 고갈된 산소, 성층화 후 산소 포화도 (<1 mg-O_2) 10% 이하[a]
7. 저서 동물군	다양한 저서 동물군, 심해 물고기, 북극곤들메기, 송어	낮은 산소 조건에 내성이 있는 저서 동물군
8. 바닥 퇴적물	모래로 뒤덮인, 무기물, 낮은 질소	질소함량이 높은 진흙이 많은 유기물
9. 예시	슈피리어호(미국), 휴런호(미국), 제네바호(스위스), 그레이트베어호(캐나다 북서부), 그레이트슬레이브호(캐나다 북서부)	이리호 서부(미국), 루가노호(스위스/이탈리아)

출처 : Chapra and Dobson 1981(표시된 경우), 다른 출처는 본문 참조.
[a] Chapra and Dobson 1981에 의해 오대호 연안에서 얻어진 값의 반올림 값.

탁하고, 때때로 산소의 고갈이 나타나게 된다[호수에서 부영양과 빈영양 사이의 중간단계를 표현하기 위해 중영양(mesotrophic)이라는 용어 또한 사용됨].

최근에는 부영양화 과정이 보다 광범위하게 정의되어, 개발에 의한 호수 부피의 감소와 함께 영양염이나 유기물의 유입량 증가로 인해 나타나는 높은 생물학적 생산성으로 정의되고 있다(Likens 1972). 그러므로 이 정의에서는 호수 내부에서 생성되는 유기물질이 아닌 주변 지역에서 유입되는 많은 양의 유기물질로 인해 부영양화가 나타나는 특정 호수들을 포함한다. 자연적으로 발생하는 부영양화는 오랜 시간 유기물이 풍부한 퇴적물이 퇴적되어 최종적으로 늪이 되면서 사라지는 호수들에서 나타난다. 하지만 인간은 호수에 너무 많은 영양염과 풍부한 과잉 유기물을 유입시킴으로써 인위적인 부영양화를 촉진시켰다(Hasler 1947). 빈영양, 부영양 상태인 호수의 특성을 표 6.4에 정리하였다.

자연적 발생의 부영양화(그림 6.8 참조)는 10,000~15,000년 전 발생한 빙하의 후퇴로 형성된 미국 북부의 특정 호수들을 통해 설명할 수 있다(Hutchinson 1973; Vallentyne 1974). 초기 빈영양 호수는 투명하고, 깨끗한 호수의 저층을 가지고 있었으며, 적은 식물 플랑크톤(수중 미소식물), 동물 플랑크톤(수중 소형 동물), 그리고 물고기 또한 존재하였을 것이다. 유기체가

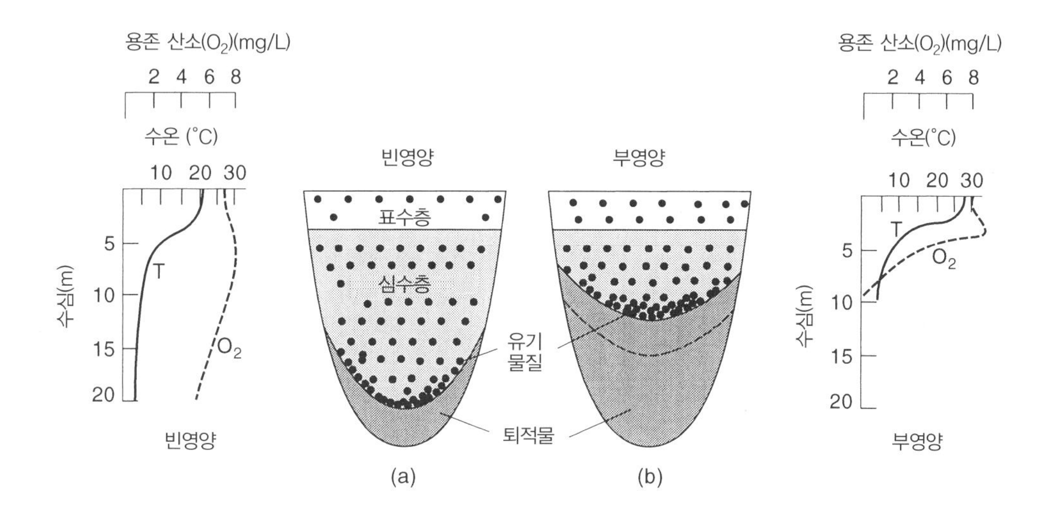

그림 6.8 늦여름 빈영양 호수(a)와 자연적인 부영양화의 호수(b) 간의 비교. 유기물질이 표수층을 거쳐 심수층으로 떨어지고, 특정 깊이에서 축적되는 것을 나타낸다. (a) 빈영양 호수는 산소가 풍부한 심수층을 가지며 수심에 따라 약간 감소한다(그래프 참조). (b) 부영양 호수는 수심이 깊은 호수에 퇴적물이 채워진 상태이거나(실선으로 표시), 일시적으로 얕아진 호수(점선으로 표시)이다. 작은 크기의 심수층에서 일어나는 유기물의 분해는 산소 공급을 고갈시킨다(그래프 참조).

출처 : G. E. Hutchinson 1973, p. 270.

죽을 때, 이들의 사체는 호수 주변에서 유입되는 유기물 잔해와 함께 심수층의 바닥에 쌓인다. 초기에는 침전되는 유기물을 빠르게 매장하고 영양염이 다시 호숫물에 용존상으로 재생산되는 것을 막는 빙퇴석류의 침식이 있었다. 이런 첫 번째 단계 이후에 토양과 유기 잔존물로부터 유래한 영양염이 지속적으로 호수에 운반되면서 일정한 생물학적 생산성이 유지되게 된다. 전형적인 복순환호의 경우, 봄과 가을에 호수에서 전도 현상이 발생할 때 영양염은 표층으로 운반되어 식물 플랑크톤의 성장을 자극시킨다. 여름철 호수의 물은 점점 성층화가 나타나고, 죽은 플랑크톤과 유기물 잔해는 바닥에 쌓이고 분해되며 심수층의 산소를 소비하여 영양염이 다시 용존상으로 돌아오게 된다. 이런 과정을 통해 유기물이 풍부한 퇴적물이 점진적으로 쌓이게 된다(빙하기 이후 10~15 m; Vallentyne 1974). 만약 호수가 깊을 경우, 심수층은 큰 부피를 가지며 유기물 분해에 필요한 산소를 적절히 공급할 것이다. 이런 상황에서 호수는 빈영양 상태로 남게 된다.

하지만 만약 호수가 얕을 경우에는 유기물 잔해가 심수층을 채우게 되어 유기물 분해에 필요한 산소의 충분한 공급이 어려울 정도로 심수층의 규모는 작아지게 되며, 그 결과 여름철 호수의 바닥에서 산소의 고갈이 나타나게 된다. 게다가 유기물이 풍부한 퇴적물은 점점 무산소화를 진행시킨다. 무산소 환경은 인산염의 가용화(solubilization)를 향상, 부영양화를 가속화시킨다. 호수의 퇴적물에서 가용화된 영양염이 표층으로 다시 재공급되는 정도는 호수의 저층 면적이 상대적으로 크고 물의 순환이 잘 일어나는 곳에서 증가하게 된다(매우 얕은 호수에서는 심수층이 사라짐).

얕은 수심을 가진 호수의 경우 적당한 부영양 상태가 되며, 인간의 영향을 받지 않은 자연적 부영양화는 이런 방식으로 수천 년간 지속될 수 있다(그림 6.8 참조). 이런 호수에서의 생물 생산력은 빈영양 상태의 호수의 10배 이상으로 나타나지만, 인위적인 부영양화보다는 미비한 수준이다. 궁극적으로, 매우 얕고 자연적으로 발생한 부영양 호수는 많은 퇴적물로 인해 바닥이 채워지고, 이후 뿌리 식물들이 바닥에서 뿌리를 내리고 성장할 수 있겠지만, 저층의 산소 고갈이 커짐으로 인해 대부분의 물고기는 그곳에서 살 수 없을 것이다. 최종적으로 그 호수는 늪 또는 습지가 될 것이다. 인간은 땅의 경작과 삼림 벌채 등으로 호수에 더 많은 퇴적물, 영양염, 유기 물질의 유입을 증가시켜 이런 '자연적인' 부영양화를 종종 가속화시키곤 한다. 이는 호수에서 퇴적률과 생물생산력을 증대시킨다.

호수에서 인간 활동에 의해 야기되는 **인위적인 부영양화**는 하수, 농업, 공업으로부터 많은 영양염과 유기물질을 호수에 유입시켜 부영양화 자체를 매우 빠르게 발달시킨다. 이 결과로 매우 증가된 생물 생산력이 나타난다. 자연적인 부영양 호수가 75~250 g-C/m^2/yr를 생산할 때 인위적인 부영양 호수는 700 g-C/m^2/yr까지 나타날 수 있다(Rodhe 1969). 남조류(blue-green algae) 띠의 층은 부영양 호수에서 전형적으로 발생한다. 자연적인 부영양화 호수에서의 산소 공급은 물고기들이 서식 가능한 수준이 될 수 있지만, 인위적으로 부영양화가 진행된 호수에서 산소의 공급은 산소 부족에 내성이 있는 물고기와 저서동물을 제외한 다른 동물들에게는 부족하게 된다. 인위적인 부영양화의 시간적 변화는 매우 짧고 이로 인해 호수는 '죽은' 호수로 변할 수도 있다. 하지만 이런 과정은 만약 영양염의 공급이 줄어들 경우 다시 되돌릴 수 있다. 반면, 자연적인 부영양화는 매우 느리게 나타나며 호수에 채워진 퇴적물이 관여되므로 되돌리기 어렵다.

Chapra와 Dobson(1981)은 호수의 영양 상태 평가를 위해서는 성층화가 진행된 (여름의) 심수층에서 용존 산소가 어느 정도 고갈되는지 알아보는 것 또한 중요하다고 지적하였다. 10%의 산소 포화도(≈1 mg/L 용존 O_2)가 다양한 생물적, 화학적 과정에서 산소의 최소 요구량이기 때문에, 여름철 성층화 동안 호수 심수층의 산소 농도가 이 값보다 떨어질 경우 호수는 부영양화가 진행되었다고 정의된다[하지만 차가운 물의 물고기는 50% 이상의 산소 포화도를 필요로 한다(Beeton 1969)]. 빈영양은 50%를 넘어서는 산소 포화도(≈6 mg/L 용존 O_2)가 나타날 때 시작된다. 용존 산소는 심수층의 두께가 얇은 호수에서 문제가 될 수 있다. 성층화가 시작되는 얕은 호수는 제한된 산소를 저장하게 된다. 그 예로 얕은 수심을 가진(18 m) 미국 이리호(Lake Erie)의 중앙 부분은 여름철 성층화가 나타난 기간 중 심수층에 심각한 산소의 고갈이 나타나지만(위에서 언급한 용존 산소의 포화도에서 부영양 상태), 이때 표층의 물은 다른 특성을 나타내어(생산력 등) 이 호수를 중영양 상태의 호수로 분류되게 한다. 그러므로, 호수의 같은 지역에서도 어떠한 영양 상태의 기준을 따르는지에 따라 그 특성이 다르게 분류된다.

제한 영양염

호수에서 광합성에 의해 생성되는 유기화합물은 탄소, 수소, 산소, 질소, 인 등으로 구성된다(이전 절 참조). 수소와 산소는 쉽게 구할 수 있다. 탄소 또한 대기로부터 유래한 이산화탄소로부터 얻을 수 있다. 광합성을 위해 필요한 원소 중 쉽게 획득하기 어려운 원소로는 질소와 인이 있다. 상대적으로 적은 양의 질소와 인으로 많은 양의 유기물질 생산이 이루어진다. 예를 들어, 100 g(건중량)의 조류가 합성되기 위해서는 오직 7 g의 질소와 1 g의 인이 필요하다(식 6.14 참조). 생성된 유기물질의 총량은 가장 얻기 어려운 영양염 원소가 어느 정도 있느냐를 가지고 평가할 수 있으며 이를 **제한 영양염**(limiting nutrient)이라 표현한다. 영양염의 유입으로 유기물의 생산이 증가할 경우 제한 영양염일 가능성이 높다. 반면, **비제한 영양염**(nonlimiting nutrient)이 증가하더라도 유기물 생산량에는 변동이 없다.

Vallentyne(1974)은 호수(봄철 조류의 증식이 일어나기 이전)에 존재하는 식물(조류, 규조류, 뿌리 식물 등)이 강으로부터 유입되는 영양염의 양과 비교하여 얼마나 더 많은 영양염을 필요로 하는지에 대해 비율로써 평균화하였고, 이를 표 6.5에 나타내었다. 인, 질소, 탄소 그리고 규소의 경우 늦겨울 이들의 필요량은 유입량과 비교하여 1,500배 이상 필요한 것으로 나타났다. 여름철 유기체가 영양염을 가장 필요로 할 때, 인과 질소는 이보다 100배 더 많이 필요하였으며 탄소는 20% 이상 높아야 한다는 것이 밝혀졌다. 인의 경우 필요량과 유입량의 비가 가장 크게 나타났으며(80,000), 이는 인이 호수에서 왜 가장 강한 제한 영양염으로 나타나는지를 의미한다. 인 다음으로 나타날 수 있는 제한 영양염은 질소이다(30,000). 그러므로 이들 영양염의 추가적인 유입이 발생하게 될 경우에는 생물 생산력의 증대 및 부영양화의 결과로 나타날 수 있다. 규조류의 껍질을 형성하는 데 필요한 규소 또한 규조류가 존재하는 환경에서는 제한 영양염으로 작용할 수 있다. 하지만 Lewis와 Wurtsbaugh(2008)에 의해 지적된 바와 같이, 강물에 존재하는 원소들의 양이 호수에서 이들의 생물가용성(bioavailability)을 반드시 반영하는 것은 아니다. 예를 들어, 철의 필요량 대 유입량의 비는 18:1로서 인의 2,400:1과 비교하여 현격히 낮지만, 호수에서 철은 거의 녹지 않기 때문에 제한 원소로서 인식되고 있다.

Schindler(1974, 1977)는 캐나다 오지에 존재하는 여러 호수에서 다양한 영양염(인, 질소, 탄소)의 첨가로 나타나는 영향에 대해 연구하였다. 그는 대부분의 호수에서 유입되는(하천, 강수 등) 영양염들의 비를 고려하였을 때 질소 또는 탄소 제한이 예상되었음에도 인이 가장 제한 영양염으로 존재하며, 식물 플랑크톤의 총생체량이 총인의 농도와 비례한다는 것을 발견했다. 이는 탄소 결핍이나 질소 결핍은 호수에 존재하는 생물학적 기작으로 해결할 수 있기 때문이다. 대기로부터 유래하는 이산화탄소를 통해 다른 기원으로부터의 탄소 결핍을 만회할 수 있다. 질소의 결핍(낮은 N:P 비)은 호수에 존재하는 남조류(시아노박테리아)가 대기의 질소를 고

표 6.5 담수 식물의 조직에서 식물의 성장에 필요한 필수 원소들의 농도(수요)와 강물에서의 평균 농도(공급), 수요/공급 농도의 비

원소	식물 수요(%)	물 공급(%)	수요/공급
산소	80.5	89	1
수소	9.7	11	1
탄소	6.5	0.0012	5,000
규소	1.3	0.00065	2,000
질소[a]	0.7	0.000023	30,000
칼슘	0.4	0.0015	<1,000
포타슘	0.3	0.00023	1,300
인[a]	0.08	0.000001	80,000
마그네슘	0.07	0.0004	<1,000
황	0.06	0.0004	<1,000
염소	0.06	0.0008	<1,000
소듐	0.04	0.0006	<1,000
철	0.02	0.00007	<1,000
붕소	0.001	0.00001	<1,000
망가니즈	0.0007	0.0000015	<1,000
아연	0.0003	0.000001	<1,000
구리	0.0001	0.000001	<1,000
몰리브덴	0.00005	0.0000003	<1,000
코발트	0.000002	0.000000005	<1,000

출처 : Vallentyne 1974.

[a] 물에서 무기 형태의 농도만 표시함.

정하는 기작을 통해 만회할 수 있다. 실제로 Schindler의 실험 결과 총 질소 유입의 20~40%가 질소 고정(nitrogen fixation)으로부터 유래한 것으로 나타났다.

남조류의 중요성은 다양하게 나타날 수 있다. Smith(1983)는 여러 호수에서 진행된 연구 결과를 토대로, 총질소와 총인의 비(N:P 비)가 2.9보다 작게 나타나는 환경에서만 남조류가 우세종으로 존재한다는 것을 발견하였다. 남조류 또한 수면에 불쾌한 남조류띠 층을 만들 수 있으나, 질소가 충분히 존재하는 호수에서는 녹조류로 대체된다.

여러 호수에서 질소와 인의 상관관계를 보게 되면, 질소보다 인이 먼저 소진된다는 것을 볼 수 있다. Hecky 등(1993)은 극지방부터 열대 지방까지 다양한 크기의 담수호에서 입자상의 C:N:P의 비를 측정해본 결과, C:N 비와 N:P 비는 해수에서 나타나는 비와 비교하여 전반적으로 크고 다양한 비율로 나타난다고 결론지었다(해수에서의 비는 호수와 비교하여 매우 일정하게 나타남). 호수에서 N:P 비의 중간값은 19:1로 나타났으며, 이 비가 > 22일 경우 인이 매우 고갈된 환경으로 여겨졌다. 비록 담수호에서 인의 고갈은 가장 흔하게 나타났으나, 몇몇의 예외적인 환경 또한 발견되었다. 열대 호수의 입자상에서 얻어진 비율은 레드필드 비와 비슷한 값을 나타내었으며, 이런 호수들의 경우 질소와 인이 동시에 제한인자로 존재하거나 또는 둘 다 제한인자로 나타나지 않은 것으로 나타났다(둘 다 제한인자로 존재하지 않는 환경의 경우

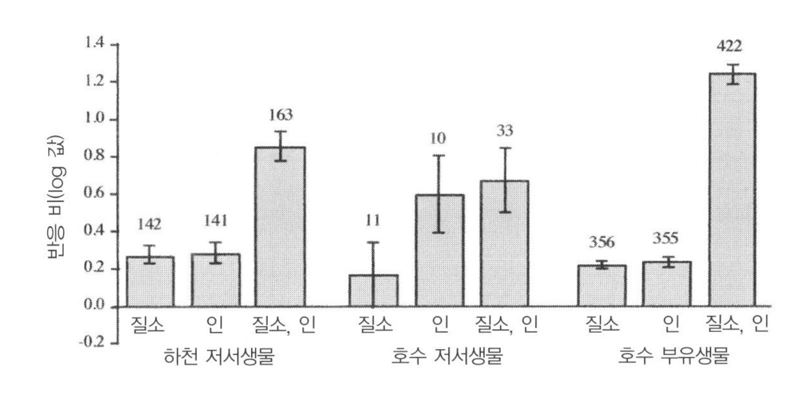

그림 6.9 영양염 첨가 실험은 질소와 인을 따로 넣어주는 것보다 같이 넣어줄 때 유기체의 반응이 더 크다는 것을 보여준다. 반응 비는 영양염을 첨가하였을 때와 첨가하지 않았을 때의 비를 의미한다. 시료 개수는 그래프의 숫자로 표시되어 있다.

출처 : Sterner 2008, Elser et al. 2007.

빛과 같은 다른 요인이 유기물 생산을 제한할 것이다).

다년간의 시간 개념으로 볼 경우 (특히나 빈영양 호수에서) 인이 가장 궁극적인 제한 영양염으로 여겨지는데 이는 질소와 탄소, 철의 경우 대체 기원을 통해 유입될 수 있지만 인은 그렇지 못하기 때문이다. 하지만 짧은 시간상에서는 각각 인과 질소의 유입에 따른 조류의 성장 증가가 나타나고, 질소와 인이 같이 유입될 경우 통상 더욱 큰 시너지를 보인다(Sterner 2008). 철은 담수에서 질소의 동화에 영향을 끼치므로 중요하다. 빛의 제한과 식물 플랑크톤을 섭취하는 소비자들의 존재 또한 식물 플랑크톤의 개체 수에 영향을 끼친다. 100여 개의 호수에서 진행된 영양염 첨가 실험(Elser et al. 2007; Sterner 2008 참조)은 질소와 인을 따로 첨가하는 것과 비교하여 둘을 같이 첨가하였을 때 유기체의 반응이 더 크게 나타난다는 것을 보여준다(그림 6.9 참조). 인의 제한과 질소의 제한에 대한 반응은 이와 비교하여 작지만 비슷한 결과를 보여줬다. 이는 대부분의 호수에서 인이 홀로 제한인자로 존재하는 것이 아닌, 질소와 인이 동시에 제한인자로 존재하고 있다는 가설을 뒷받침한다.

그림 6.10은 여러 호수에서 얻어진 총질소(TN)와 총인(TP)의 비를 보여준다(Downing and McCauley 1992). 총질소와 총인은 용존상 입자상을 모두 포함한다. 그림 6.10a를 보면 일반적으로 낮은 질소와 낮은 인 농도를 가지는 빈영양 호수에서 높은 TN:TP 비가 나타나고, 높은 질소와 높은 인을 가지는 부영양 호수에서는 낮은 TN:TP 비가 나타난다는 것을 알 수 있다. 이는 비료가 첨가되지 않은 자연상의 토양으로부터 기원하는 유출수가 하수와 비교하여 50배 높은 N:P 비를 가지는 것을 반영한 것이다. TN:TP 비는 TP가 증가하면서 감소한다(그림 6.10b 참조). 게다가 탈질화(denitrification)는 부영양 호수에서 더 크게 나타나며, 이는 TP

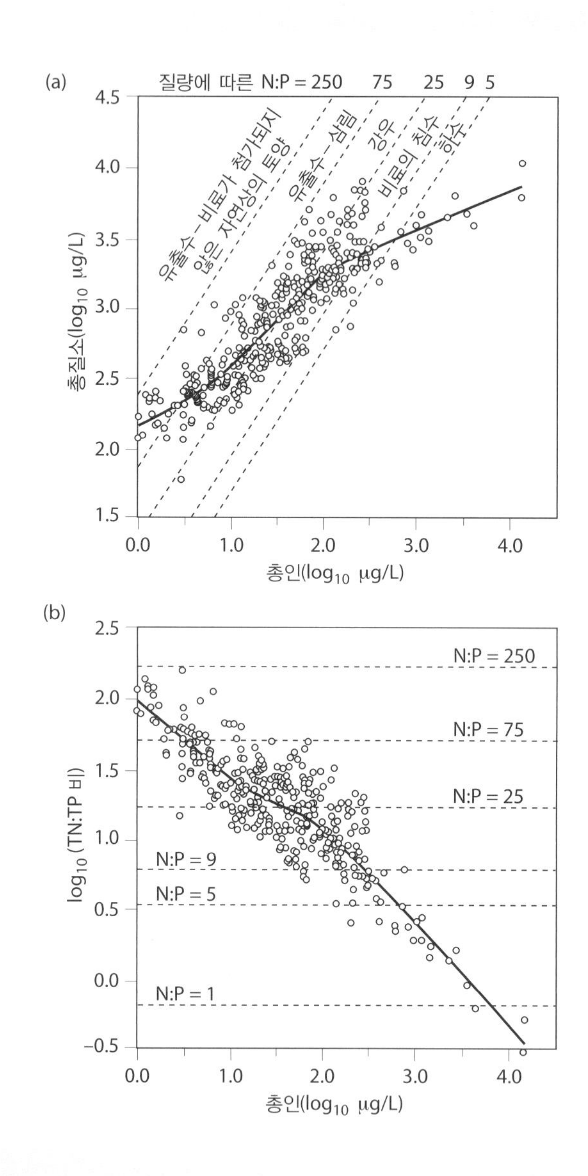

그림 6.10 (a) 전 세계 호수에서 획득한 여름철 표층수에서 총질소(TN)와 총인(TP)의 평균 농도(μg/L) 관계. 데이터의 평균 추세선은 실선으로 나타내었다. 점선은 호수에 유입되는 영양염들의 N:P를 보여준다. μg/L 단위의 TN을 14로, μg/L의 TP를 31로 나누거나 TN:TP 비에서 2.21을 곱할 경우 μmol/L과 몰 비율로 변환이 가능하다. (b) 전 세계 호수의 표층수에서 얻어진 TN:TP의 질량비와 여름철 TP 농도(μg/L)와의 관계. 실선은 평균 추세선을 나타내며, 점선은 N:P 질량비의 예를 보여준다.

출처 : Downing and McCauley(1992).

가 높은 곳에서 TN:TP의 비를 빠르게 감소시킨다. Guildford와 Hecky(2000)의 결과에 의하면, 호수에서 질소 제한은 TN:TP < 9일 때 발생하며, 인 제한은 TN:TP > 22일 때 발생한다.

Sterner(2008)에 의하면, TP < 10 μg/L인 호수의 대부분은 P가 제한되어야 하며, TP > 1 mg/L인 호수는 대부분 N 제한이 나타나야 한다. 그 사이의 값에서 호수는 질소와 인의 제한이 다양하게 나타난다. 인 제한과 관련된 규칙들은 부영양 호수보다는 빈영양 호수에서 더 잘 맞게 나타난다.

Lewis와 Wurtsbaugh(2008)는 빈영양 호수 및 부영양 호수 두 곳 모두에서 질소가 인과 함께 식물 플랑크톤의 성장을 제한할 수도 있다는 결과를 제시했다. 결과적으로 식물 플랑크톤의 성장은 질소와 인을 동시에 첨가할 때 가장 크게 나타났다. Lewis와 Wurtsbaugh는 인의 경우 오직 전체 인의 일부만이 유기체에서 활용 가능하기 때문에(반응성이 있기 때문에) TN:TP 비를 활용하는 것에 대해 몇 가지 문제를 제기하였다. 이렇게 '반응성이 있는 인(Reactive P)'은 용해 가능한 무기 인과 일부 용존 유기 인(DOP), 그리고 입자상의 인을 포함하지만, 이는 총인의 농도를 넘진 않는다. 질소 또한 비슷한 문제를 가지고 있다. 용존 질산염과 암모니아는 생물이 활용할 수 있지만, 용존 유기 질소(DON)는 오직 일부만이 활용 가능하며 대부분 식물 플랑크톤에 포함된 입자상 질소가 사용되기 위해서는 분해가 필요하다. 호숫물에 존재하는 질소와 인의 많은 부분은 사용이 불가능한 형태로 존재한다.

영양염은 통상 엽록소와 관계성을 가진다. 호수에서는 플랑크톤의 생체에 필수 구성요소인 총인과 엽록소 *a*의 지수함수적 관계성이 나타나는데, 이는 엽록소 *a*의 경우 유기물에 의한 인의 흡수 없이는 나타나지 않기 때문이다. TP와 엽록소 *a* 간의 관계성은 만약 인의 농도가 식물 플랑크톤이 필요로 하는 인의 농도보다 낮게 존재할 경우 더욱 밀접하게 나타날 것이다. 게다가 총질소에서 반응성이 없는 질소는 총인에서 반응성이 없는 인보다 더 많이 존재하기 때문에 TN과 엽록소 *a*의 관계성은 TP와 엽록소 *a*와의 관계성과 비교하여 상대적으로 덜 강하게 나타난다.

플랑크톤의 군집구조는 질소와 인의 가용성에 대한 작은 차이에서 나타난다. 빈영양 호수에서 질소와 인의 제한은 동일한 빈도로 나타난다. 시아노박테리아에 의한 질소 고정을 통해서는 질소의 고갈을 완벽하게 보충할 수 없으나, 낮은 N:P 비와 높은 인의 농도는 종종 질소 고정 박테리아의 우점을 야기한다(Lewis and Wurtsbaugh 2008),

지구온난화로 인한 증발량의 증가와 물의 필요량 증가는 미국 중부와 서부를 포함한 많은 지역에서 물의 흐름이 줄어드는 결과를 야기했다. 1998~2003년 사이 미국 대평원은 극심한 가뭄에 시달렸다. 이는 낮아진 호수의 수위가 강의 흐름을 저하시켰고, 호수에서 물과 영양염의 보유 시간이 커졌기 때문이었다. 부영양화가 나타나는 호수에서 영양염의 체류시간은 더 길게 나타나므로(Schindler 2006), 이런 지역에서 지구 온난화는 더 큰 부영양화를 야기할 수 있다.

호수에서 인의 기원

많은 호수에서 인은 제한 영양염으로 나타나므로, 인의 기원을 자세히 알아볼 필요성이 있다.

호수에서 인(그리고 질소)의 주된 기원은 직접적으로 호수에 내리는 강우와 강설 그리고 주변 지역에서 배수되어 호수로 유입되는 배출수이다. 빈영양 호수에서 배출수를 통해 유입되는 대부분의 인은 암석의 풍화 또는 토양으로부터 온다. 하지만 인간의 영향을 받는 지역의 경우 농업 유출수(비료와 가축 분뇨에 인이 포함)와 하수(생활 폐수, 세제, 공업 폐수 등에 인이 포함)와 같은 추가적인 인의 유입원이 존재하며, 이들은 직접적으로 호수에 배출되거나 지류에 배출되어 호수에 도달한다(육상에서 인의 거동, 인 오염의 유입원, 인의 순환에 대해서는 제5장을 참조).

특히 풍화에 의해 많은 영양염이 유입되기 힘든 화강암질 주변에 존재하며 지류의 면적과 비

표 6.6 여러 호수에서 연간 총유입량 대비 인과 질소의 기원별 백분율

인				
호수	**강수량**	**도시 유출/폐기물**	**농촌 유출/폐기물**	**총유출**
교란된				
이리 호수	4			96
온타리오 호수	4			96
온타리오 호수[a]	10			90
유럽의 호수[b]	1	70	29	99
멘도타 호수	6	35	59	94
캐넌다이과 호수	2	46	52	98
부영양 호수[c]	7			93
교란되지 않은				
슈피리어 호수	46			54
휴런 호수	27			73
빈영양 호수[c]	50			50
질소				
호수	**강수량**	**도시 유출/폐기물**	**농촌 유출/폐기물**	**총유출**
교란된				
이리 호수	18			82
온타리오 호수	28			72
유럽의 호수[b]	3	37	60	97
멘도타 호수	17	11	66	77
캐넌다이과 호수	3	6	91	97
부영양 호수[c]	12			88
교란되지 않은				
슈피리어 호수	47			53
휴런 호수	62			38
빈영양 호수[c]	56			44

출처 : Likens et al 1974.
[a] Robertson and Jenkins 1978.
[b] Vollenweider 1968; Stumm 1972.
[c] 18개 호수 종합.

교하여 매우 큰 크기를 가진 빈영양 호수에서는 대기 침적이 인(그리고 질소)의 중요한 기원이 될 수 있다. Likens, Eaton, Galloway(1974)는 빈영양 호수에 존재하는 인의 50%가 대기 침적으로부터 유래한다는 것을 발견하였다. 인위적인 영향이 증가하면서 유출수의 중요성은 더 커졌는데, 그 결과 부영양 호수에서 대기 침적이 기여한 정도는 인의 경우 7%, 질소의 경우는 12% 정도밖에 되지 않았다. 여러 호수에서 나타나는 영양염의 기원을 표 6.6에 정리하였다.

Chapra(1977)는 1800년부터 1970년까지 모델링을 통해 미국 오대호에서 인의 기원 변화를 조사하였다. 인간 활동에 가장 많은 영향을 받은 미시간, 이리, 온타리오호(Lakes Michigan, Erie, Ontario)에 대한 그 결과를 그림 6.11에 나타내었다. 인의 유입 증가는 두 단계를 걸쳐 이루어진다. 첫 번째로 1850년경 숲을 농경지로 개간함으로써 육상 유출수를 통하여 인이 대량으로 유입되었다. 두 번째 단계는 1945년경 인구의 증가로 인해 하수의 배출이 증가하였고, 인산염을 포함하는 세제 등의 오폐수가 직접적으로 호수에 유입되었다. 미국 이리호는 인의 가장 많은 유입이 발생하였으며, 이로 인해 호수 서부에서는 부영양화가 진행되었다(Chapra and Dobson 1981). 이리호는 온타리오호의 상류에 위치해 있었기 때문에, 중영양 단계에 있던 온타리오 또한 이후 인의 유입이 증가하는 결과를 낳았다(Chapra and Dobson 1981).

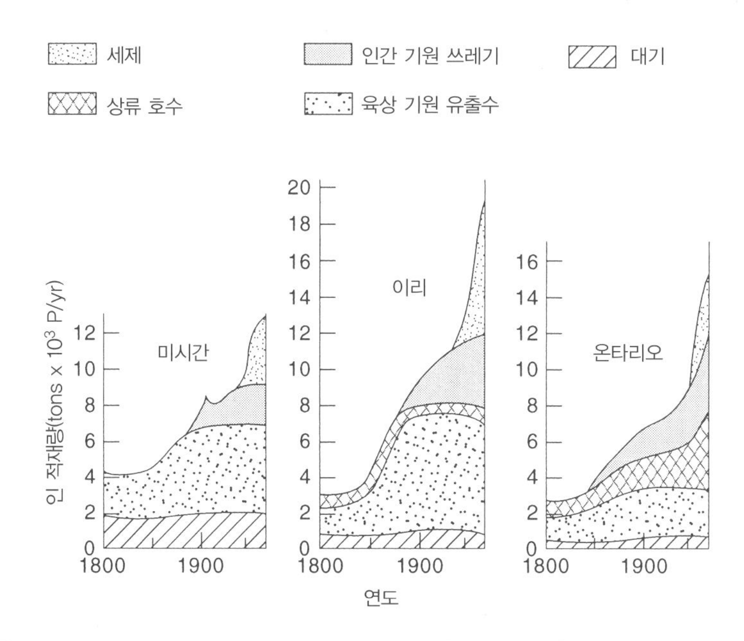

그림 6.11 모델 계산을 통해 얻어진 1800년부터 1970년까지 미시간, 온타리오, 이리 호수에 대한 총인의 적재량.
출처 : Stumm and Morgan, 1981, S. C. Chapra 1977.

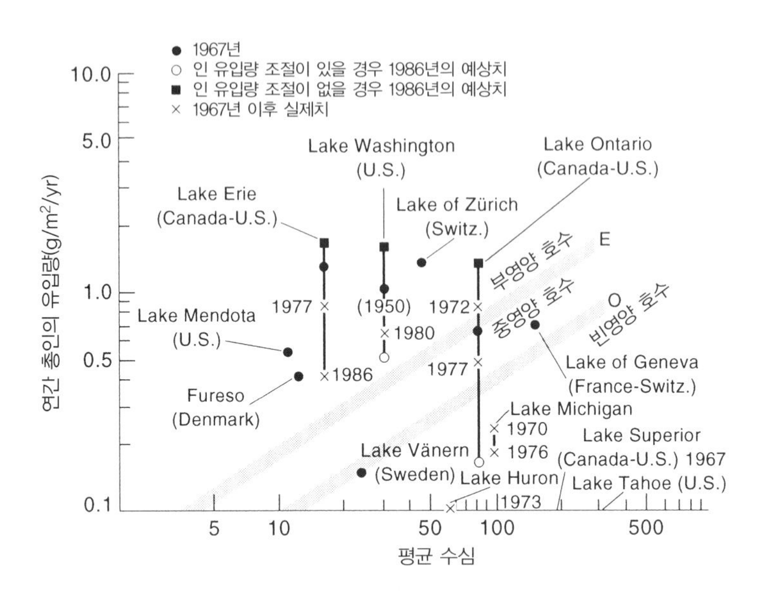

그림 6.12 북미와 유럽 호수에서 연간 인 유입량과 호수의 수심 간의 관계. 빈영양 호수는 O선 아래에 위치하며, 부영양 호수는 E선 위에 위치하고, 중영양 호수는 두 선 사이에 위치한다.

출처 : Diagram, 1967 data, and 1986 predictions from Vollenweider 1968; diagram modified by Vallentyne 1974. Great Lakes data after 1967: Lake Huron in 1973 from Vollenweider et al. 1974; Lake Michigan in 1970 from Chapra 1977 and in 1976 from Eisenreich et al. 1977; Lake Ontario in 1972 from Chapra 1980, and in 1977 from Fraser 1980; 1978 (see also Charlton 1980) and in 1986 from Laws 1993. Lake Washington data, Edmonson and Lehman 1981.

Vollenweider(1968)는 어떤 호수가 앞으로 부영양 상태의 호수가 될지 예측하기 위해 연간 인의 호수 유입량과 호수의 평균 수심 간의 상관관계를 조사하였다(그림 6.12). 그는 또한 인산염의 유입을 조절할 경우 1968년에서 1986년의 기간 동안 이리호와 온타리오호에 존재하는 인의 양이 얼마나 감소할 수 있을지에 대해서도 평가하였다. 그의 예측은 미국과 캐나다에서 인간 활동에 의해 호수 물의 화학적 조성이 어떻게 변화했는지, 그리고 인의 오염에 인간 활동이 얼마나 많은 영향을 끼쳤는지에 대한 경각심을 불러일으켰다.

Vollenweider의 예측 이후, 미국과 캐나다 사이의 오대호에서 물의 조성에서는 상당한 변화가 있었다. 오대호에서의 가장 높은 인의 유입은 1972년에 나타났다(그림 6.12 참조). 미국과 캐나다에서는 1972년 오대호로 유입되는 하수에서 인을 저감하기 위한 방안을 마련하였고(Charlton et al. 1993), 이를 통해 1960년대 6 mg-P/L였던 인의 농도는 1975년에서 1980년 사이 2 mg-P/L로, 1980년대 이후에는 1 mg-P/L로 감소하였다(Chapra 1980). 덧붙여, 1973년에는 오대호로 배출되었던 세제에 포함된 인의 함량 또한 크게 감소하였다.

오대호에서 인의 조절 방안을 마련한 이후 그 결실을 온타리오호에서 볼 수 있었다(온타리오호에 존재하는 물의 체류시간은 약 7년이며, 수심은 깊고, 저층수의 경우 산소가 풍부하기 때

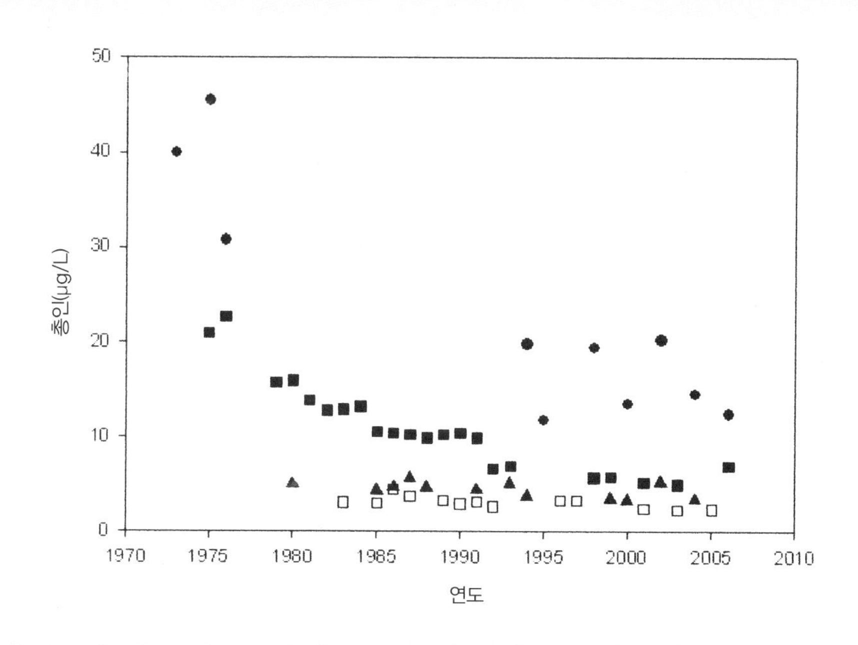

그림 6.13 슈피리어호(흰색 네모), 휴런호(검은 삼각형), 이리호(검은 원), 온타리오호(검은 네모)의 표수층(0~20 m)에서 1974~2006년 기간 동안 총 인 농도의 변화. 데이터 제공은 NWRI, Environment Canada.

출처 : Hecky et al. 2007.

문에 무산소 환경 저층 퇴적물에서 나타나는 P의 반응이 없음)(Chapra 1980). 온타리오호에서의 인 농도는 1973년 부영양 단계인 25 μg-P/L에서 1980년 상위 중영양 단계인 16 μg-P/L로 급격히 감소하였다(Kwiatkowski 1982). 여기서 나타난 인의 35% 감소는 조류의 생체량을 15% 감소시키는 결과로 나타났다. 온타리오호는 1980년대에 실시한 인의 조절 정책 이후 상위 중영양 단계(15~20 μg-P/L)를 유지할 수 있었다. 1992년에는 인의 농도가 7 μg/L까지 감소하였고, 그 이후에는 < 10 μg-P/L를 유지하고 있다(온타리오호를 빈영양 상태로 만듦).

오대호중 가장 얕은 수심을 가진 이리호는 한때 '죽은 호수'라고 여겨졌다. 하지만 1972년에 하수에서 인을 제거하기 위한 협약인 Great Lakes Water Quality Agreement의 결과 총인의 농도가 감소하였고, 이로써 이리호는 부영양 상태에서 중-빈영양 상태의 호수로 변화할 수 있었다. 이 협약은 유해 조류 증식을 제거하고 호수 중앙 분지 심수층의 용존 산소 농도를 다시 회복시키는 것을 목적으로 하였다. 인의 유입량은 1969년부터 감소하기 시작하여, 1974년에는 30%가 감소하였으며, 1977년에는 50%가 감소하는 결과를 낳았다. 호수 중앙의 무산소 저층에서 인이 재순환되는 것을 방지하는 것 또한 하나의 큰 목적이었다. 인이 다시 재순환되는 것은 용존 산소의 농도가 얼마나 긴 시간 동안 < 0.5 μg/L로 나타나는지에 따라 달라진다. 측정 결과, 이리호의 표수층에서 총인의 농도는 눈에 띄게 감소하였다(그림 6.13 참조).

이리호는 인, 질소, 철이 식물 플랑크톤의 성장을 함께 제한하고 있으며, 이는 특히 여름철 성층화가 나타나는 호수의 연안 부근에서 잘 나타났다(North et al. 2007). 인, 질소, 철을 함께 첨가할 경우 인과 질소를 각각 따로 첨가하였을 때보다 더 큰 생체량이 나타났다. 철의 첨가는 식물 플랑크톤의 NO_3^- 섭취를 도와 질소의 제한을 감소시키게 되고, 이로써 인은 더욱 강하게 식물 플랑크톤의 성장을 제한하게 된다. 철은 NO_3^-를 식물 플랑크톤이 가장 선호하는 질소 영양염의 형태인 NH_4^+로 환원시킬 때 활용된다. NH_4^+는 일반적으로 매우 낮은 농도로 존재한다. 이리호에서 질산염의 농도는 인간 활동으로 인한 대기로부터의 질소 유입과 농업에 의해 이리호의 지류로부터 유입되는 질소의 유입으로 급격히 증가하였다.

바다와 호수를 왕복하는 선박의 평형수(ballast water)로 인해(Roberts 1990) 미국 오대호에 얼룩말 홍합(zebra mussels)이 유입되기 시작한 것은 1986년경이다. 이 저서 여과 섭식자(benthic filter feeder)는 근해에서 인을 농축하는 경향이 있다. 이 홍합은 물을 더욱 투명하게 만들었으며 조류가 서식하기에도 알맞은 환경으로 바꿔놓았다. 그 결과 연안환경에서 유해 저서 조류인 Cladophora가 재출현하게 되었다(Hecky et al. 2004, 2007). 이리호는 중영양 상태의 서부와 빈영양 상태인 중부, 동부의 연안에서 여전히 낮은 인 농도를 보이고 있다. 하지만 부영양 상태인 근해 지역은 유해 독성을 생성하는 Cladophora 저서 조류가 많이 존재한다. 휴런호와 온타리오호의 연안 또한 비슷한 영향을 받고 있다. 덧붙여, 이 홍합은 발전소 냉각수 유입 배관에 자리를 잡아 물의 흐름 또한 방해한다.

이리호에 유입되는 인의 75%는 농지의 침식 방지, 동물 폐기물 관리 등으로 조절되어야 하는 농업 유출수와 같은 비점오염원으로부터 오고 있기 때문에 이를 관리하는 것은 더욱 어렵다(Law 1993). 오대호에서 질소의 유입은 인의 유입과 비교하여 비교적 덜 관리되고 있는 실정이다. 예를 들어, 강을 통해 오대호로 들어오는 질소의 경우 1974년에서 1981년 사이에 36% 증가할 때, 인의 유입은 7%가 감소하였다(Smith et al. 1987).

슈피리어호의 서부에서 영양염의 가용성과 관련한 연구가 진행되었다(Sterner et al. 2004). 식물 플랑크톤과 부유 박테리아의 성장은 인이 첨가될 경우 증가하였으나, 철을 첨가하였을 때에는 이런 증가가 보이지 않았다. 하지만 인을 첨가한 경우에도 식물 플랑크톤의 성장은 작은 증가만이 나타났으며, 이는 작은 증가 이후 철이 식물 플랑크톤의 성장을 제한했기 때문으로 나타났다. 하지만 박테리아는 철이 아닌 인의 제한만이 나타났다. 철의 가용성은 생물적 유기 배위자(리간드)의 생성에 의해 조절되는데, 이 유기 배위자는 금속원소를 용존상에 존재할 수 있도록 한다. 철의 가용성은 유기체가 질소를 동화하는 능력을 조절하게 된다.

미국 시애틀 근처에 있는 워싱턴호 또한 하수 조절을 통해 수질이 많이 개선된 호수이다(그림 6.12). 워싱턴호에서 1963년에서 1968년 사이 하수 처리 방식을 개선한 이후 인 유입량은 가장 높았던 1963년의 1.7 $g/m^2/yr$을 기점으로 1980년에는 0.64 $g/m^2/yr$로 감소하였다(Laws 1993; Edmonson and Lehman 1981). 시아노박테리아의 수는 감소하였고, 호수의 인 농도 또한 부영양화를 나타내는 65 mg/m^3에서 중영양화 단계(20 mg/m^3 이하)인 17 mg/m^3

으로 감소하였다(표 6.4 참조). 질소의 경우 전체의 35% 정도만이 하수 기원이며 나머지 대부분은 하천수 등을 통해 유입되기 때문에, 인과 달리 하수 개선으로 감소되는 질소의 양은 크게 감소하지 않았다. 이 호수는 부영양 단계에서 질소 제한을 가졌으나, 하수 개선 이후에는 다시 인 제한의 상태로 돌아가게 되었다.

타호호(그림 6.12 참조)는 미국 캘리포니아-네바다주 사이 시에라 네바다에 위치한 505 m의 깊은 수심을 가지는 극빈영양(ultra-oligotrophic) 호수였으나 현재 인위적 부영양화가 진행될 조짐이 나타나고 있다. 1959년부터 1988년의 30년 기간 동안 이 호수 주변의 인구가 10배로 증가하면서 호수의 질산염의 함량은 급격히 증가하였고, 이로 인해 1차 생산력은 2배 이상 증가하는 결과가 나타났다(Goldman 1988). 1차 생산력을 증대시키고 물의 투명도를 감소시키는 대부분의 질산염은 대기 침적으로 통해 제공된다는 것이 밝혀졌다(Jassby et al. 1994). 이 질산염은 호수의 남부와 서부에 위치한 도시와 농경 지역으로부터 기원하였다. 대기 침적을 통해 유입되는 질산염과 유출수를 통해 유입되는 질산염의 비는 11:1로 나타났다. 인산염(soluble reactive phosphate) 또한 대기 침적을 통한 유입이 우세하였는데 이는 유출수에 의한 인산염보다 2.5배 많았으며, 이는 인산염을 포함한 대기 입자들이 건조한 지역에서 침출되어 유래하였을 것으로 추정되었다. 지표수에 의한 인은 증가하지 않았는데 이는 하수의 배출이 유역에서 나타나기 때문이다. 대기 침적물에서의 N:P 비는 지표수보다 월등히 높기 때문에 호수의 플랑크톤에 대한 질소와 인의 제한은 함께 제한하던 환경에서 인의 제한으로 바뀌게 된다.

호수에서의 오염물질 변화 : 잠재적 부하

호수에서 잠재 오염물질의 유입을 예측하는 것을 잠재적 부하(potential laoding)라고 한다(Stumm and Morgan 1981). 잠재적 부하는 호수의 단위 부피당 인간의 에너지 소비량을 이용하여 표현한다(예 : watts/m^3). 잠재적 부하를 나타나게 위해서는 다음과 같은 수식을 이용한다. 잠재적 부하 = (배수 면적/호수 면적)×(1/호수 깊이)×(거주자 수/배수 면적)×(에너지 소비량/거주자 수).

이 수식은 폐기물의 생산 또는 '오염'이 에너지 소비량과 지수함수적인 관계를 가진다는 것을 전제로 하며, 인당 에너지 소비량은 개발도상국과 비교하여 고도의 산업화가 이루어진 나라에서 더 크게 나타난다는 것을 고려하여 만들어졌다(그림 6.14 참조). 어떤 한 나라에서 인당 에너지 소비량이 대략 일정하게 나타난다면, 호수의 부피당 주변 인구의 밀도는 잠재적 오염물질 부하량에 중요한 척도가 될 것이다. 이 잠재적 부하에 대한 발상은 다양한 잠재 오염물질(Cl, SO_4 등), 부영양화를 야기할 수 있는 인과 질소와 같은 영양염 원소의 유입을 평가하는 데 매우 유용하다. 표 6.7은 여러 호수에서 잠재적 부하와 관련된 항목들의 값을 보여준다. 위에서 아래로 6개의 호수(이리호를 포함하여)는 부영양화가 진행된 것으로 나타났으며 그 외 다른

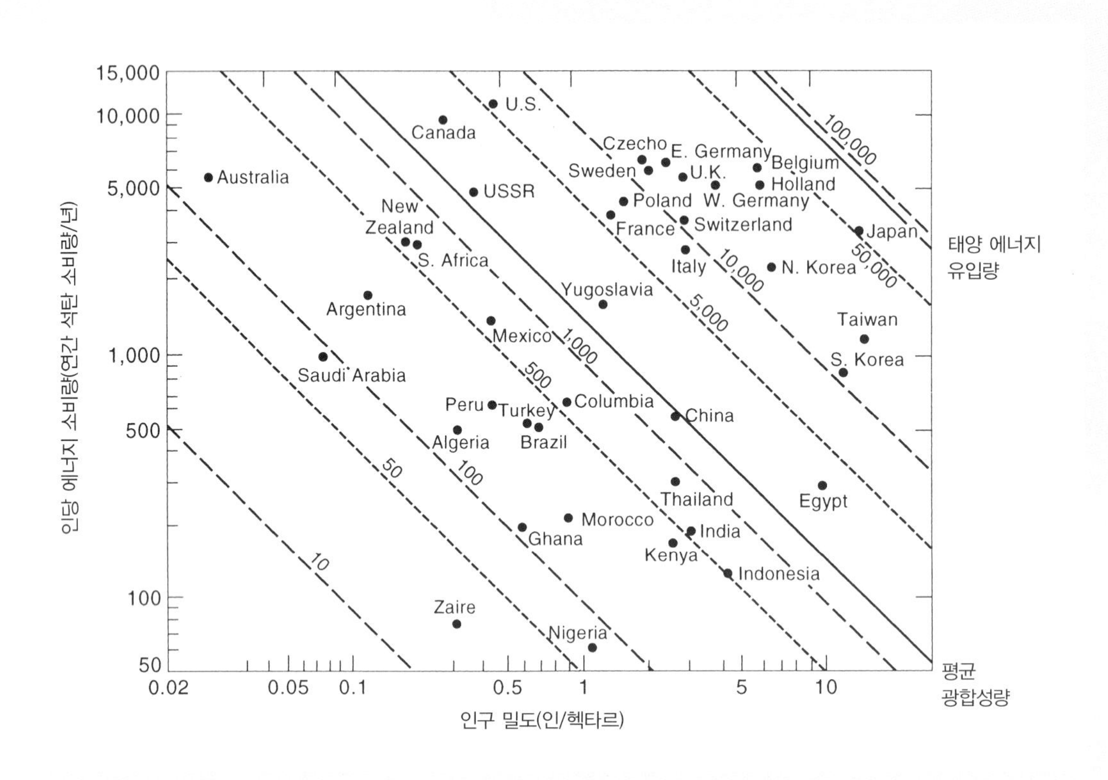

그림 6.14 인당 에너지 소비량(연간 석탄 소비량으로 환산)과 인구 밀도와의 관계(헥타르당 인구, 1ha=10^4 m^2). 헥타르당 연간 석탄 소비량은 약 1.1×10^{-4} watts/m^2으로 환산될 수 있다. 대각선은 상수 값(헥타르당 에너지 소비량)을 나타낸다.

출처 : Stumm and Morgan 1981, Stumm and Baccini 1978, Y. H. Li, 1976.

호수들의 값 또한 제시되어 있다(Stumm and Morgan 1981).

오대호에서 잠재적 오염물질의 부하량은 실제 호수에서의 화학적 조성 변화를 비교해봄으로써 알 수 있다. 이를 위해 비영양염 원소이지만 강과 호수에서 오염에 취약한(제5장 참조) 염소, 황산염, 칼슘, 그리고 소듐 + 포타슘과 같은 원소들이 이용되었다(그림 6.15). 이 원소들의 이온 농도 자료는 140여 년간(1880~1967년) 축적되어 있기 때문에 장기 변화를 평가하기 매우 유용하다. 인간 활동의 영향을 가장 덜 받은 슈피리어호는 시간에 따른 농도 변화가 작게 나타났다(Beeton 1969). 미시간호는 1880~1967년 사이 Cl^-와 SO_4^{2-}의 농도가 특히 증가하였다. 이 기간 동안 시카고에서 배출되는 하수가 호수에서 멀리 떨어진 시카고강으로 배출되지 않았다면 농도는 더욱 컸을 것이다. 슈피리어호와 미시간호로부터 물을 받는 휴런호는 두 호수에서 나타나는 이온 농도의 중간값이 나타나야 할 것이다. 하지만 증가하는 Cl^-와 SO_4^{2-}의 농도는 휴런호가 미시간주로부터 유입되는 배수와 더불어 미시간호의 유입에 의한 영향을 받고 있음을 보여준다. 이리호의 경우 이전에 언급한 바와 같이 심각한 오염이 진행된 호수로, 이로

표 6.7 몇몇 호수에서 1981년 이전에 나타난 항목들의 값

호수/국가	배수 면적/ 호수 면적	평균 수심 (m)	거주자 수/ 배수 면적(m^2)	에너지 소비량 (10^3W/거주자 수)	잠재 적재[a]
그리펜시 호수[b], 스위스	15	19	441	5.2	1.81
워싱턴 호수[b], 미국	15	18	50	11.4	0.48
콘스탄스 호수[b], 스위스/독일/오스트리아	19	90	114	5.0	0.12
루가노 호수[b], 스위스/이탈리아	11	130	264	4.9	0.11
이리 호수[b], 미국	1.3	19	293	10.0	0.21
비와 호수[b], 일본	4.5	41	150	4.4	0.07
위니펙 호수, 캐나다	35	13	3	8.6	0.07
온타리오 호수[b], 미국/캐나다	3.2	85	108	10.0	0.041
미시간 호수, 미국/캐나다	2.3	84	42.6	10.0	0.012
휴런 호수, 미국/캐나다	2.0	59	16.9	10.0	0.0057
티티카카 호수, 남아메리카	14	100	40	0.2	0.001
빅토리아 호수, 아프리카	3	40	70	0.4	0.002
바이칼 호수, 러시아	17	730	5	0.8	0.0005
탕가니카 호수, 아프리카	4	572	50	0.3	0.0001
슈피리어 호수, 미국/캐나다	1.5	145	5	10.0	0.0005

출처 : Stumm and Morgan 1981.

[a] Potential loading $= \frac{\text{배수 면적}}{\text{호수 면적}} \times \frac{1}{\text{호수 깊이}} \times \frac{\text{거주자 수}}{\text{배수 면적}(10^6 m^2)} \times \frac{\text{에너지 소비량}}{\text{거주자 수}}$

$= \text{에너지 소비량/호수 부피}(W/m^3)$

[b] 부영양 호수.

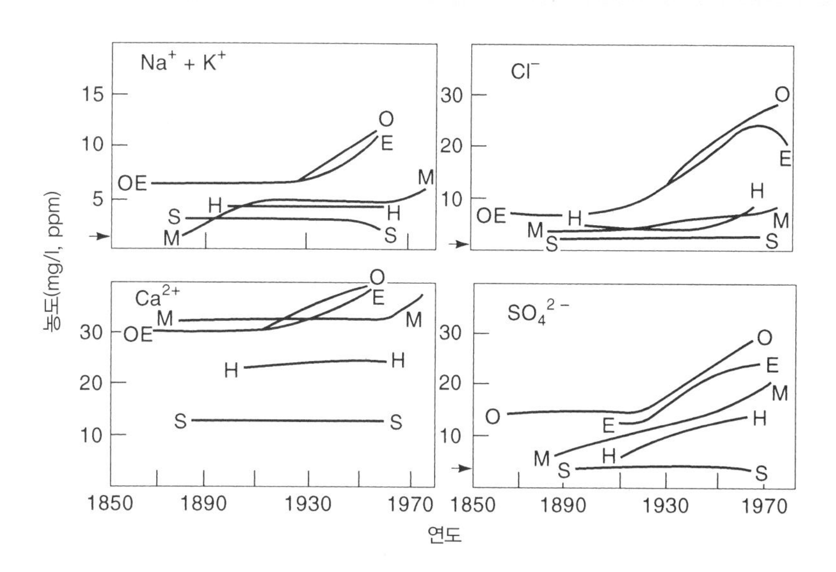

그림 6.15 1850년부터 1980년까지 미국 오대호에서 나타난 화학적 조성 변화. S는 슈피리어호, M은 미시간호, H는 휴런호, E는 이리호, O는 온타리오호를 각각 나타낸다. 화살표는 슈피리어호에서 강우로 인한 이온의 농도를 나타낸다.

출처 : Data from Beeton 1969. Diagram modified from J. R. Vallentyne 1974. Later data: Lake Michigan in 1976 from Bartone and Schelske 1982; Lake Ontario Cl in 1978 from Fraser 1980; northeastern Lake Erie Cl in 1970 and 1978 from Heathcote et al. 1981.

인해 인산염과 염소뿐만이 아닌, 다른 이온의 농도 또한 큰 증가를 보였다. 이리호에서 물을 공급받는 온타리오호의 경우 이리호와 비슷한 경향으로 모든 이온에서 농도 증가가 나타났으나 그 정도는 이리호와 비교하여 작았다. Robertson과 Jenkins(1978)는 온타리오호에 유입되는 Cl^-의 94% 정도가 이리호에서 유입된다고 추정하였다. 그러므로 이리호를 정화하게 된다면, 온타리오호 또한 변화가 나타날 가능성이 있다.

정리하자면, 잠재적 부하량의 결과에서 보여지듯이 오대호(특히나 휴런호와 온타리오호)의 화학적 조성은 주변 배수 지역에서의 영향과 더불어 상류 호수의 오염에 의해 복잡하게 나타난다는 것을 알 수 있다.

산성 호수

1950년대 후반 많은 호수들에서 pH가 크게 감소하는 현상들이 나타났으며, 이는 1970년 중반 어류를 포함한 호수 환경 전반에 심각한 문제를 야기시켰다. 담수호와 하천에서의 산성화는 스칸디나비아 남부, 캐나다 남동부, 미국 북동부의 광범위한 지역에서 나타났으며, 이는 이 주변 지역으로부터 급격하게 늘어난 산성비(pH 4.0~4.6)와 연관되어 나타났다(Wright and Gjessing 1976; NRC 1986; Schindler 1988; Wright 1988; Brakke et al. 1988)(산성비와 관련한 자세한 내용은 제3장 참조). 이후 SO_2와 NO_x 배출을 조절함으로써 많은 호수들이 이런 산성화에서 회복되었다(아래 참조).

미국 뉴욕주 애디론댁산맥에 존재하는 호수들은 산성비로 인해 호수의 산성화가 어떻게 나타나는지를 설명하기 가장 좋은 예이다. 그림 6.16은 1975년에 애디론댁산맥에 존재하는 호수들에서 보여진 pH 값들의 분포이며, 이 중 많은 호수들에서 상대적으로 강한 산성화($pH < 5.5$)가 나타난다는 것을 볼 수 있다. 반면에, 1930년대에는 이보다 적은 수의 호수에서 이 정도의 산성화가 나타났다(Wright and Gjessing 1976). 비록 1930년대에 측정되었던 pH 값의 경우 높은 신뢰도를 가지기 어렵지만, 별개의 두 호수(Big Moose Lake와 Upper Wallface Lake)에서 나타난 시간에 따른 pH 값의 급격한 감소 또한 이런 경향을 잘 보여주고 있다(그림 6.17a).

pH의 변화에 매우 민감하고 호수 퇴적물에 보존되어 있는 규조류(diatom, 규산질 패각을 형성)의 연구 결과들 또한 애디론댁 호수들의 과거 pH 변화를 입증한다. 규조류의 연구에서 얻어진 증거는 이 호수들에서 수백, 수천 년의 기간에 걸쳐 pH가 6.0에서 5.0으로 감소하는 자연적인 산성화가 진행되었다는 것을 보여준다. 하지만 규조류를 통해 유추한 결과에서는 최근 50년간 pH가 0.5~1.0 정도 더 감소했다는 것이 밝혀졌다(Charles and Norton 1986; 그림 6.17b 참조). 애디론댁산맥에 존재하는 10개의 호수에서 얻어진 규조류를 통한 과거 pH 데이터를 보게 되면, 이 중 6개의 호수에서 1930년에서 1970년의 기간 동안 산성 침전물의 영향에

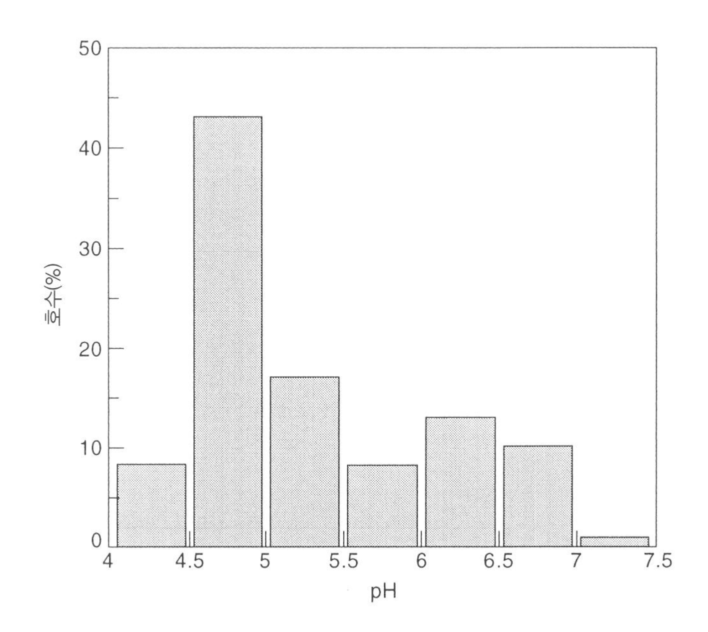

그림 6.16 1975년 미국 뉴욕주의 애디론댁산맥에 존재한 216개 호수의 pH 빈도 분포

출처 : Wright and Gjessing 1976; Schofield 1976a의 데이터에 기반함.

의해 pH가 더욱 산성화된 것으로 나타났다. 이들 호수에서 얻어진 직접적인 pH 측정값(그림 6.17a 참조)과 어류의 개체량(아래 참조) 또한 규조류의 연구 결과를 뒷받침한다(나머지 4개의 호수에서는 pH는 5.2 이상이었으며 시간에 따른 변화 특성은 나타나지 않았음)(NRC 1986).

비록 장기간의 pH 기록이 없더라도 호수의 산성화를 입증할 수 있는 방법으로 어류 개체량의 감소를 들 수 있다(많은 종의 어류들이 산성 호수에서 생존하지 못한다). 예를 들어, 애디론댁 호수들의 90%는 1975년 pH가 5 이하로 나타났으며, 이때 서식하는 어류는 없었다(Schofield 1976a). 여러 애디론댁 호수들에서 pH가 5.2에서 4.8로 감소하였을 때, 어류의 개체량 또한 크게 감소하였다(NRC 1986). 이는 어류가 이 범위의 pH에서 매우 민감하게 반응한다는 것을 의미하며, 추가적으로 산성화는 어류에 독성으로 작용하는 용존 알루미늄을 증가시키고 용존 유기탄소의 감소 또한 동반한다(Davis et al. 1985).

캐나다 온타리오주의 서드베리에 위치한 제련소에서 65 km 정도 떨어져 있는 외딴 호수들은 1960년대 pH가 6.3에서 4.9로 변화하는 매우 급격한 산성화를 겪었으며(Beamish et al. 1975), 이 결과 어류의 급격한 감소를 불러왔다. (이런 호수의 pH 변화는 서드베리에서 더 높은 굴뚝을 완공한 이후 SO_2가 더 멀리 퍼져나가게 되면서 발생하였다.) 하지만 서드베리에서의 SO_2 방출이 2/3로 감소하게 되자, 호수의 알칼리도와 pH는 급격히 증가하였다(Schindler

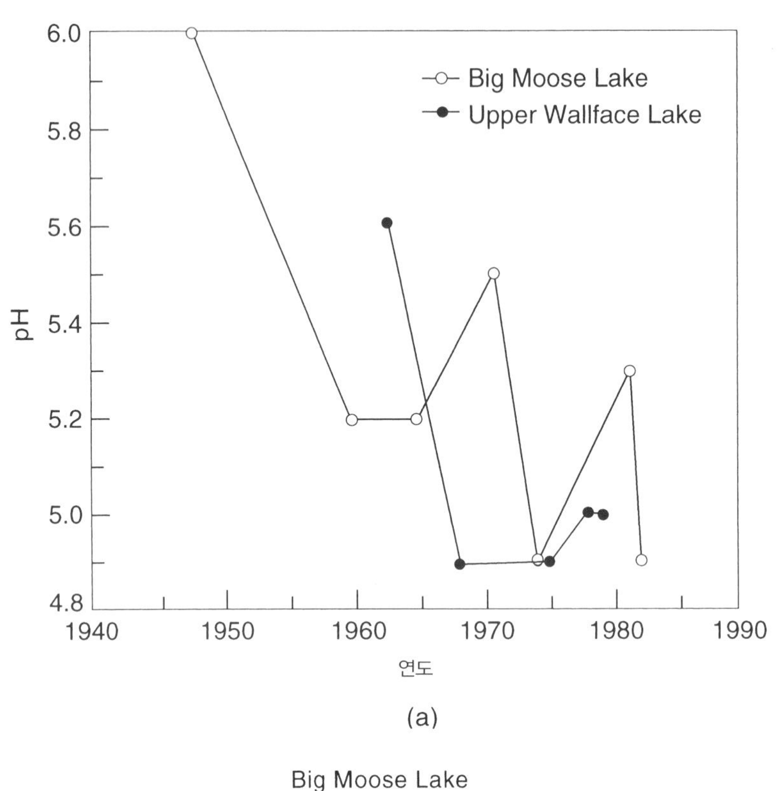

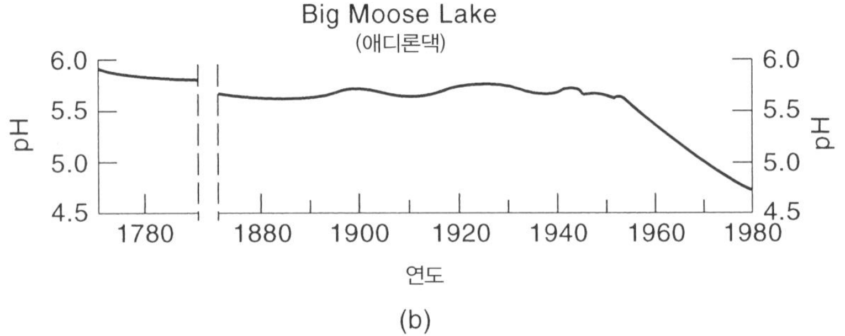

그림 6.17 미국 뉴욕주 애디론댁산맥에 위치한 호수들의 시간별 pH 변화.
(a) Big Moose Lake와 Upper Wallface Lake에서 측정으로 나타난 pH의 빠른 감소.
출처 : NRC 1986.
(b) 규조류를 통해 추측된 1770년부터 1980년까지의 pH 변화 또한 1950년경부터 pH의 빠른 감소를 보여준다.
출처 : NRC 1986, fig. 1.5e, p. 33.

1988).

비록 황산염의 침적이 호수의 산성화에 가장 중요한 요인이라고 할 수 있으나, 그림 6.17에서 나타난 것과 같은 pH의 급격한 감소가 항상 SO_2의 배출이 급격히 증가한 기간과 연계되어 나타나는 것은 아니다. Big Moose Lake에서 규조류를 활용하여 얻어진 pH 변화를 보게 되면 (그림 6.17b), SO_2 방출은 pH의 변화가 나타나기 이전인 1920년과 1940년에 급격한 증가를 나타냈으며, 이는 이 호수에서의 pH 변화가 SO_2가 아닌 다른 물질의 방출과 관련이 있다는 것을 의미한다(NAS 1986). Schindler(1988)는 이 호수에서 산성화가 이 이후에 나타난 몇 가지 요인을 제시하였다. (1) 1950년대 중반 발전소를 위한 대형 굴뚝이 지어졌고, 이는 국지적인 문제를 더 큰 지역의 문제로 바꾸었다. (2) 알칼리성 회분 물질은 미립자를 조절하기 위해 배출물에서 제거되었다. (3) 산성 침전물인 NO_x의 방출 또한 증가하였다. (4) 호수가 가진 산성 중화 능력이 사라지기까지 수년의 시간이 걸렸다.

만성적인 산성 호수와 더불어, 평상시 산성화가 나타나지 않는 호수에서 봄철 산성 해빙 유출수의 유입으로 인한 간헐적인 pH의 감소 또한 존재한다. 이는 산성 침적물이 겨울철 눈 위에 축적되어 높은 농도의 황산이 봄철에 유출되는 것에 기인한다. 애디론댁의 한 호수는 1~2주 정도의 기간에 pH가 7.0에서 5.9로 갑작스럽게 감소하게 되면서 알루미늄 농도를 급격히 증가시켰고, 그 결과 어류의 폐사가 나타났다(Schofield 1980).

비록 애디론댁에 존재하는 호수들의 산성화는 지금까지도 해결되지 않았으나, 산성화가 더욱 진행되지 않은 경우도 있다. Kramer 등(1986)은 미국에 존재하는 큰 규모의 호수에서 알칼리도와 pH의 조사를 진행하였다. 이 조사에서 알칼리도와 pH가 증가하는 호수도 있었으며, 반대로 감소하는 호수들도 있었다. 위스콘신의 호수들의 경우 pH와 알칼리도(HCO_3^-)가 1930년경부터 전반적으로 증가하는 결과를 보였다(도로의 준설 및 건설과 같은 인적 교란일 가능성도 있음)(Schindler 1988). 뉴햄프셔의 호수들의 경우, 알칼리도에서는 큰 변화가 보이지 않았으나, pH에서는 증가하는 경향이 관찰되었다. 뉴욕의 호수들은 평균적으로 pH와 알칼리도가 모두 감소하였다. 데이터를 기반으로 한 예측에 따르면, pH의 감소는 0.74에서 0.12로 계산되었다. 게다가 온타리오의 몇몇 호수들은 알칼리도의 감소를 보였다(Schindler 1988).

산성 호수는 중부와 서부 유럽으로부터 기인한 산성비의 유입으로 인해 스칸디나비아에서도 흔한 현상이다(제3장 참조). 예를 들어, 1986년 노르웨이 남부에서는 호수의 70%가 $pH < 4.7$의 산성 침적물로 인해 중탄산염 완충 능력을 잃었고, 일부 지역에서는 이런 산성 침적물의 pH가 4.3까지 낮게 나타났다(Henriksen et al. 1988).

호수의 산성화는 특징적인 암반 지질과 토양으로 인해 산성 강우에 비정상적으로 민감한 지역에서 발생한다. 이런 암반 지질과 토양은 풍화에 저항력이 있는 화성암과 변성암 또는 비석회질 사암이 기저를 이루고 있으며, 얇은 산성 토양을 가지고 있기 때문에 산성 중화에 도움이 되지 못한다. 게다가 탄산 이온과 중탄산 이온을 내놓아 산성 침적물을 중화시킬 수 있는 탄산칼슘은 고갈되어 간다. (산성 침적물 중화에서 탄산칼슘의 역할은 아래에 더 자세히 기술하였다.) 대조적으로, 산성 침적물이 유입되고 있음에도 석회질 퇴적암(석회석 및 석회질 사암)이 포함된 호수에서는 근본적으로 산성 침적물에 의한 pH의 영향이 없다(Norton 1980).

미국 북동부와 중서부에 존재하는 산성 호수의 변화들

1990년에서 2001년 사이 산성 침적물의 유입을 줄인 결과 미국 북동부와 중서부에 존재하는 호수들의 확연한 회복세가 나타나기 시작했다(Kahl et al. 2004; Warby et al. 2005). 1970년과 1990년 대기오염방지법(Clean Air Act)에 대한 개정안이 통과된 후 침적물에 포함된 황산염과 H^+는 지역 전반에 걸쳐 감소하였다. 1990년 법은 석탄발전소 등으로부터 오는 황산염과 질산염의 배출을 낮춰 산성 침적물을 줄이기 위한 목적으로 제정되었다. 하지만 질산염의 습성 침적량의 변화는 크게 나타나지 않았는데(Stoddard et al. 1999), 이는 질산염의 22%만이 석탄발전소로부터 유래하고, 나머지는 자동차, 비료, 가축 분뇨 등으로부터 유래한다는 것을 고려했을 때 놀랍지 않은 결과였다. 미국 북동부에서 침적물 내 황산염의 감소는 염기 양이온, 특히 Ca^{2+}의 화학양론적 감소를 동반했다.

황산염 침적량의 감소는 미국 뉴잉글랜드, 애팔래치아, 어퍼미드웨스트에 존재하는 호수들에서 황산염의 농도 감소의 결과로 나타났으며, 가장 적은 감소는 뉴잉글랜드, 가장 큰 감소

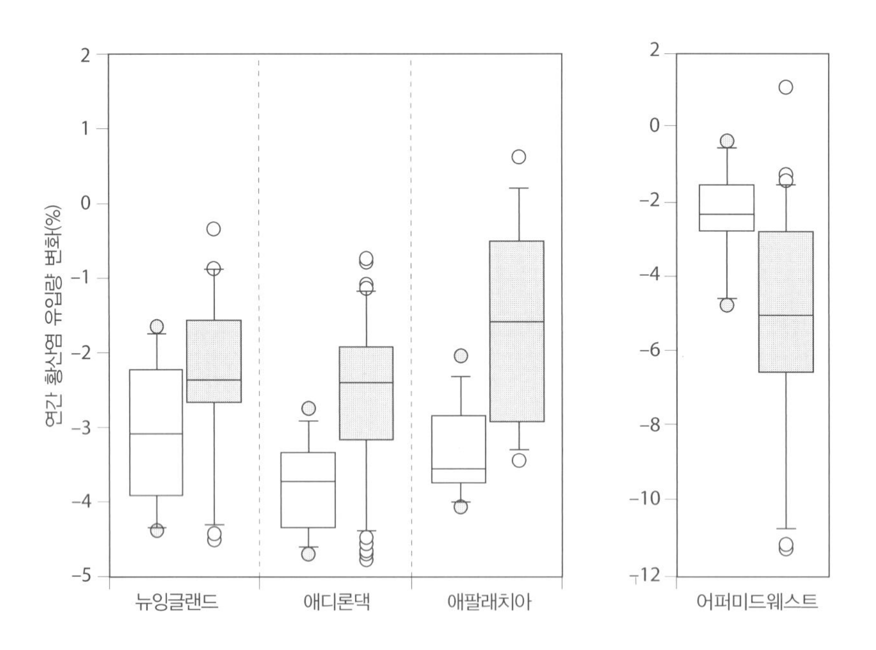

그림 6.18 대기 침적과 표층수에서 황산염의 경향 비교. 어퍼미드웨스트를 제외한 모든 지역에서 황산염의 대기 침적은 표층수와 비교하여 더 크게 감소하는 것으로 나타난다. 1990년에서 2000년 사이 연간 황산염 농도 변화를 보여주며, 여기에서 왼쪽 하얀색 박스는 습성 침적, 오른쪽 회색 박스는 표층수를 나타낸다. 박스의 범위는 각각 지역에서 나타나는 25~75번째 백분위수를 나타내며, 수평선은 중간값을 나타내고, 오차막대는 5번째 및 95번째 백분위수를 나타낸다. 점은 각 지역의 극단값을 나타낸다.

출처 : Kahl et al. 2004, p. 487A.

는 어퍼미드웨스트에서 나타났다(Kahl et al. 2004). 이 결과를 그림 6.18에 나타내었다. 호수들에서 질산염에 대한 변화는 더욱 다양하게 나타나는데, 애디론댁에서는 증가하는 특성이 나타났다. Ca^{2+}의 감소 또한 노스이스트와 어퍼미드웨스트 지역의 호수들에서 보고되었다. 칼슘 감소의 경우 산성 침적물에서의 감소 그리고 대기를 통한 Ca^{2+} 침적량의 감소를 그 이유로 들 수 있다. 토양에서 풍화 또는 교환에 의한 산성 침적물의 중화는 Ca^{2+}(그리고 다른 기타 염기 양이온)을 토양 지표수로 방출하여 결국 호수에 이르게 한다. 그러므로, 토양으로 유입된 산성 침적물의 감소는 호수로 유입될 칼슘의 양을 감소시킨다. 칼슘의 감소는 일반적으로 산성 침적물의 감소와 함께 일어나지만, 뉴욕주의 애디론댁과 캐츠킬에서 가장 잘 문서화되어 있다(Warby et al. 2005; Driscoll et al. 2007). 염기 양이온이 부족한 토양에서는 전하의 중립성을 유지하기 위해 Al^{3+}과 H^{+}가 방출 된다. 따라서, 애디론댁에서 발견된 호수에서 Al^{3+}의 감소는 산성 퇴적물의 감소를 의미한다.

미국 노스이스트 지방에 존재하는 호수들의 pH는 1년에 평균 0.002씩 증가하고, 뉴잉글랜드와 애디론댁에서의 H^{+}는 리터당 0.1~0.2마이크로당량(micro equivalents per liter) 감소하였다. 어퍼미드웨스트와 애디론댁에서 표층수의 산 중화 능력(acid neutralizing capacity, ANC)은 평균 1마이크로당량 증가했으며, 뉴잉글랜드의 경우 이보다 훨씬 적게 나타났다(Kahl et al. 2004). 호수에서 황산염 감소에 수반되어 나타나는 칼슘의 감소는 황산염이 단독으로 감소할 때 예측되었던 것과 비교하여 예상보다 pH의 회복(산 중화 능력)이 덜 강하게 나타났다(Warby et al. 2005). 하지만 많은 연못들은 여전히 만성적으로 산성이거나 산성화에 취약하다.

유럽 산성 호수들의 변화

일반적으로 유럽에서 1980년부터 2001년까지의 황산염 침적량 감소는 호수의 산성화를 둔화시켰다(Stoddard et al. 1999; Skjelkvale et al. 2001, 2005). 영국을 제외한 모든 유럽 지역의 호수와 하천수에서 황산염의 농도는 감소하였으며, 감소율은 1980년대보다 1990년대에 더 강하게 나타났다. 염기 양이온(Ca^{2+}, Mg^{2+})의 대기 침적은 1990년에서 2001년 사이 황산염과 비교하여 비교적 천천히 감소하였다. 유럽에서 1990년에서 2000년 사이 감소된 황산염의 침적으로 인해 표층수의 산성화는 둔화되었다(Skjelkvale et al. 2005). 일반적으로 대부분의 유럽 지역에서 황산염 침적의 감소 %는 표층수에서 감소하는 황산염의 %보다 더 크게 나타났다. 중부 유럽의 동쪽 지역에서 황산염의 침적량 감소는 염기 양이온의 침적량 감소보다 컸으며, 산 중화 능력은 증가하였다. 황산염의 가장 큰 감소는 질산염의 변화는 없지만 알칼리도가 크게 증가한 노르딕 지방의 남부에서 나타났다. 두드러지는 pH 증가는 오직 남부 노르딕의 물에서만 나타났다.

자연적으로 나타나는 산성 호수들

Krug와 Frink(1983)가 지적한 바와 같이, 미국 동부와 유럽 북부 지역은 산성비의 영향을 받으며, 토양과 많은 호수들은 휴믹산(humic acid)으로 대표되는 유기산의 존재로 인해 자연적으로 산성을 나타낼 수 있다. 산림의 재성장은 그 지역에 산성 토양을 생성시킬 것이다. 그렇다면, 어떤 호수가 오염이 아닌 자연적인 과정에 의해 산성화되었다는 것을 어떻게 결정할 수 있을까? 만약 지하수가 호수로 유입될 때 토양의 유기산이 산화되지 않으며, 제5장에서 언급한 바와 같이 강에 유기산이 존재할 경우 이런 (자연적인) 유기산에 의해 호수의 일부 또는 전체에서 산성화가 나타나야 한다. 만약 산성이 유기물에서 기원했다면, 용존 무기물질과 비교하여 더 높은 농도의 용존 유기탄소가 나타날 것이다. 또한 유기 음이온이 음전하 일부를 공급하기 때문에, 주요 무기 양이온의 합은 주요 무기 음이온의 합보다 커야 한다.

대부분의 유기산은 하층 토양에서 미생물에 의해 탄산과 이산화탄소로 산화되고, 토양을 떠난 이후에는 호수의 물속에서 발견되지 않는다. 이런 상황에서도 Krug와 Frink의 주장을 확인해볼 수 있다(Drever 1988). 만약 토양의 낮은 pH가 높은 농도의 유기산에 의한 것이라면, 미생물에 의해 산화되어 생성되는 탄산(H_2CO_3)과 이산화탄소 또한 높은 농도가 나타날 것이다(제4장 참조). 이 경우 지표수의 pH는 호수 또는 하천으로 유입되면서 변화된다. 높은 농도의 용존 이산화탄소를 함유한 물은 이산화탄소가 적은 대기의 공기와 접촉하면서 이산화탄소를 잃어버리게 된다. 이는 다음의 반응을 통해 pH의 상승을 야기한다.

$$HCO_3^- + H^+ \rightarrow CO_2^- + H_2O$$

그러므로, 만약 토양의 산성도가 유기산(그리고 탄산)에 의한 것이라면, 산성 지표수는 호수로 유입되면서 이산화탄소의 소실로 인해 중화될 것이다. 이 경우 산성 토양은 호수를 산성화시키지 못한다. 반대로, 만약 토양의 낮은 pH가 산성비를 통해 유래할 수 있는 H_2SO_4와 HNO_3 같은 강한 산이 존재하여 나타나는 것이라면, 이 토양에는 H^+를 격리시키기 위한 HCO_3^-가 적거나 아예 없을 것이다. (HCO_3^-의 결핍은 강산으로부터 오는 H^+가 이미 HCO_3^-를 H_2CO_3와 CO_2로 변환시켰기 때문이다.) 이렇게 만약 토양의 산성도가 산성비에 의한 것이라면, 이산화탄소가 대기로 방출되어 나타나는 pH의 상승은 나타나지 않을 것이며, 산성 호수는 산성 토양에 의해 나타날 것이다.

노르웨이에 존재하는 호수들에서 진행된 연구 결과, Brakke 등(1987)은 유기산과 황산 모두 산성도에 기여를 하지만, $pH < 5.3$의 호수들은 유기산의 영향에 황산의 영향이 겹쳐진 결과로 나타난다는 것을 발견하였다. 유기산의 산성도는 호수가 시간에 따라 증가하는 대기 황산염의 침적에 대해 더욱 민감하게 반응하도록 만든다. 게다가 유기산에 의한 호수의 산성도 변화는 매우 느리게 진행된다(pH 1이 변화하는 데 몇백에서 몇천 년의 시간이 걸림). 초기 삼림 벌채로 인해 감소하였던 유기산의 산성도는 현재 산림이 회복되면서 다시 증가하고 있다. 하지

만 산림 벌채가 이루어진 실험 지역에서의 결과를 보게 되면, 산림 벌채로 인해 질산화가 증가하고 환원 황 화합물(reduced sulfur compounds)이 산화하여 사실상 산림이 회복될 때보다 높은 산성도가 나타난다는 것이 발견되기도 하였다(Schindler 1988).

미국 플로리다에는 많은 수의 산성 호수가 존재하고(플로리다 전체 호수의 22%), 이들 중 절반의 호수에서는 유기산으로부터 유래한 음이온이 해당 호수에서 지배적인 음이온으로 나타난다. 유기산 호수는 용존 유기탄소(dissolved organic carbon, DOC)가 평균 36 mg/L인 오커퍼노키 습지(Okefenokee Swamp)에서 발생하며 그 외 DOC의 농도가 3 mg/L이지만 염기 양이온의 농도 또한 비례적으로 낮게 나타나는 플로리다의 여러 호수에서도 볼 수 있다(Ellers et al. 1988).

중성염 효과(neutral salt effect)는 바다의 해염(sea salt)에 포함된 NaCl이 대기 침적을 통해 산성 토양에 유입된 다음, Na^+가 산성 토양의 H^+와 교환되고 H^+를 표층수로 내보내는 것을 말하며, 이로 인해 연안 지역에 존재하는 호수의 산성화를 초래한다고 알려져 왔다. 하지만 이런 염 효과는 오직 짧은 기간에 나타나는 기작으로, Na와 Cl의 비가 해염과 비슷하게 나타나는 미국 북동부 호수에서조차 이런 효과가 긴 기간 동안 나타났다고 할 수 있는 증거는 매우 적다(Sullivan et al. 1988).

산성 호수의 화학적 조성

산성 호수는 독특한 화학적 조성을 가진다. 일반적으로 산성 영향이 없는 호수가 칼슘-중탄산 마그네슘의 물인 반면, 산성 호수는 수소-칼슘-황산마그네슘 물을 가지고 있다(Wright and Gjessing 1976; Wright 1988). 산성 호수에서 Ca^{2+}와 Mg^{2+}의 농도 증가는 종종 Al과 중금속의 농도 증가와 함께 나타난다(Wright and Gjessing 1976). 양이온의 증가는 이들 이온들이 산성 침적의 중화로 암석과 토양으로부터 유출되는 것을 반영한다[하지만 산성에 민감한 호수들은 산성화 이전 낮은 HCO_3^- 농도와 유사하게 Ca^{2+}와 Mg^{2+} 또한 낮은 농도를 가질 것이다(Brakke et al. 1988)]. 황산염 농도는 주로 황산(H_2SO_4)으로 이루어진 산성 침적물로 인해 산성 호수에서 더 높게 나타난다(제3장의 '산성비' 절 참조). 황산과 염기성 양이온의 균형이 중요하기 때문에 황산이 감소할 때 만약 양이온 또한 감소할 경우 pH는 낮아지게 된다(Dillon et al. 1987). 이는 황산이 없을 때 양이온은 주로 약 염기성을 띠는 중탄산 이온을 통해 공급되기 때문이며, 그러므로 적은 양이온들은 적은 중탄산 이온을 의미하고 pH는 낮아지게 된다.

산성 호수에서 중탄산 이온이 사라진다는 것은 호수에서 완충 효과(buffering)가 사라진다는 것을 의미한다. 호수에서의 완충 효과는 산(또는 염기)의 유입에 대한 물의 중화 능력을 말한다. 만약 호수가 완충 능력이 있을 때에는 적당한 양의 산(또는 염기)이 첨가되더라도 pH가 크게 변화하지 않는다. 대부분의 호수는 탄산의 화학종(특히 중탄산 이온)에 의해 완충 능력을 가지며 대부분의 호수에서 가장 효과적인 중탄산 이온의 완충 효과는 pH 6.0~8.5의 범위에서

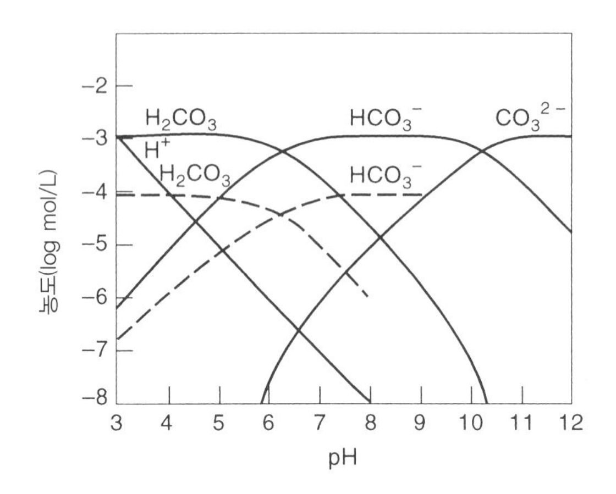

그림 6.19 담수 25°C에서 나타나는 탄산 화학종의 농도(H_2CO_3, HCO_3^-, CO_3^{2-}). (총 탄산 농도 = $[H_2CO_3]$+$[HCO_3^-]$+$[CO_3^{2-}]$ = 10^{-3} mol/L). H^+의 농도 또한 제시되어 있다. 점선은 총탄산의 농도가 10^{-4} mol/L일 경우의 변화를 나타낸다.

출처 : Stumm and Morgan 1981.

발생한다(Hem 1970). 중탄산 이온(HCO_3^-)에 의한 산의 완충 효과는 H^+와 HCO_3^-가 탄산(H_2CO_3)으로 변화하는 반응을 통해 아래와 같이 나타난다.

$$HCO_3^- + H^+ \leftrightarrow H_2CO_3$$

그러므로, 호수의 완충 능력은 HCO_3^-의 농도에 의존한다.

그림 6.19는 특정 담수에서 총탄산이 10^{-3} mol/L($H_2CO_3 + HCO_3^- + CO_3^{2-}$)로 존재할 때, pH에 따라 H_2CO_3와 HCO_3^-의 농도가 어떻게 변화하는지를 보여준다. H_2CO_3와 HCO_3^-의 농도는 pH 6.3에서 동일하게 나타나며, pH가 이보다 높아지게 되면 pH의 변화에 따라 농도에 작은 변화가 나타난다(완충 효과가 잘 작동할 경우). pH 값이 6.0보다 낮을 경우, HCO_3^-의 농도는 pH가 감소함에 따라 급격히 줄어든다. H^+의 농도가 HCO_3^-와 같아지는 지점보다 pH가 더 낮은 쪽에서는 완충작용이 나타나지 않는다(그림 6.19에서 pH 4.65보다 왼쪽). (총 탄산 농도가 더 희석되어 10~4 mol/L의 농도일 경우의 농도 변화는 그림 6.17에 점선으로 나타나 있으며, 이때 일부 호수는 산성화가 진행될 수 있다. 이는 10^{-4} mol/L의 총 탄산 농도의 경우 완충 능력이 pH 5.15 부근에서 사라지기 때문이며, 강우의 경우 대기 이산화탄소와 평형을 이루고 있으므로 더 희석된다. 이 경우 완충 능력이 사라지는 지점은 pH 5.65이다.)

Kramer(1978)는 왜 비석회질 지역과 비교하여 석회질 지역의 호수가 가지는 완충 능력이 훨씬 크게 나타나는지에 대해 설명하였다. 석회질 지역의 호수는 방해석과 같이 H^+에 의해 제거되었던 HCO_3^-를 공급할 수 있는 탄산염 광물을 함유하고 있다. 석회질 지역의 호수는 대기의 이산화탄소와 평형을 이룰 때 pH 8.4가 나오며, HCO_3^-의 농도는 대략 10^{-3} mol/L를 보인다(Garrels and Christ 1965). 이 pH와 HCO_3^-의 농도에서는 높은 완충 능력이 나타난다(그림 6.19 참조).

$$H^+ + CaCO_3 \rightarrow Ca^{2+} + HCO_3^- \quad (6.15)$$

$CaCO_3$의 용해는 산성비와의 반응으로 소실되었던 HCO_3^-를 대체하게 된다. 이런 방법으로 $CaCO_3$는 호수의 완충 능력을 크게 높인다.

식 (6.15)에서 나타나듯이 H^+와 $CaCO_3$의 반응은 Ca^{2+} 이온을 내놓게 된다. 만약 탄산염 광물이 돌로마이트[$CaMg(CO_3)_2$]일 경우, Mg^{2+} 이온 또한 내놓게 된다. 이것이 산성 호수에서 다른 일반 호수와 비교하여 상대적으로 높은 Ca^{2+}과 Mg^{2+}의 이온의 농도가 나타나는 이유이다.

석회질 지역의 호수와 반대로, 비석회질 지역의 호수는 자연적으로 더 낮은 pH(6~7)를 가지며, 더 낮은 HCO_3^- 농도를 가진다(10^{-4} mol/L 정도). 만약 pH 4($H^+ = 10^{-4}$ M)의 산성비가 유입될 경우 HCO_3^-는 사용될 것이다. [적은 양의 HCO_3^-가 탄산과 유기산에 의한 규산질 광물의 풍화로부터 재공급될 수 있으나(제4장 참조), 이는 산성비를 중화하기에는 부족한 양이다.] 그러므로 비석회질 지역의 호수는 완충 능력이 약하며, 유입되는 H^+ 이온을 중화하는 능력 또한 적어 산성으로 변할 수 있다. 그러므로 각기 다른 토양의 특성은 매우 중요하게 작용할 수 있다.

초기의 pH가 6.0~7.0으로 나타나는 비석회질 지역의 호수는 산성 침적에 반응하여 산성화가 일어나는 특성이 나타난다(Wright and Gjessing 1976). 이는 H_2CO_3-HCO_3^- 완충 곡선을 통해 평가되었다(그림 6.19). HCO_3^-의 농도는 H_2CO_3와 비교하여 pH가 6.3보다 높을 경우 더 높게 나타난다. 이는 pH가 변할 경우 조금씩 변화하게 된다. 그러므로, 호수 산성화의 첫 번째 단계로 호수의 pH는 HCO_3^-의 적절한 완충 작용으로 인해 pH 6을 향해 천천히 변화할 것이다. 하지만 호수의 pH가 6.0보다 아래로 내려갈 경우, HCO_3^-의 농도는 급격히 감소할 것이며, 추가적인 H^+의 유입은 저조한 완충작용에 의해 더 빠른 pH의 하락을 야기할 것이다. 호수는 또한 pH 5.0~6.0의 범위에서 일시적인 pH의 변화에도 매우 민감하게 변화하게 된다. pH가 5.0보다 내려가게 되면, 호수는 HCO_3^-의 소실로 인하여 완충작용이 없어지고 만성적으로 산성이 된다. Wright와 Gjessing(1976)은 산성 침적물이 유입되는 호수의 pH(그림 6.16에서 1975년의 애디론댁 참조)는 중탄산 이온(HCO_3^-)의 완충 곡선과 연관되어 나타난다는 것을 확인하였다. 이 결과에서 일부 호수들은 완충작용이 활발히 일어나는 pH 6 이상에 분포하고, 이보다 적은 수의 호수들은 완충이 저조하게 나타나는 pH 5.5~6.0 범위에 분포하며, 많은 수의 산성 호수들은 pH 5.0 이하에서 나타났다.

석회질 광물이 존재하지 않더라도, 토양은 H^+ 이온에 대한 완충 또는 중화가 가능한 이온들을 제공할 수 있다. 이는 양이온 교환과 규산염의 화학적 풍화에 의해 이루어진다(Norton 1980; Galloway et al. 1981). 양이온 교환을 통한 산 중화에는 점토와 유기(휴믹) 물질에 관련된 양이온들을 대체하기 위해 H^+를 흡수하는 것도 있다. 이것은 교환 가능한 양이온이 덜 강하게 유지되기 때문에 풍화보다 더 빠르게 나타난다. 하지만 양이온 교환에 사용되는 토양의 염기성 양이온을 대체하기 위해서는 풍화가 필요하기 때문에, 궁극적으로 규산염 풍화는 산을 중화시키는 유일한 과정이다(Drever 1988).

비교적 최근에 빙하로 덮여있던 뉴욕주 애디론댁산맥의 유역에서 현재의 규산염 풍화율은 토양에서 양이온 교환으로 인해 손실된 양이온을 대체하기 충분하므로, 해당 유역은 쉽게 풍화되는 기반암 광물(장석과 각섬석)로 인해 산성 침적물에 의한 산성화의 위험이 없다. 염기 양이온(Ca, Mg, K, Na) 대신 Sr 동위원소를 사용하여 조사한 결과, 하천수 유역에서 손실된 Sr 중 70%는 암반 광물의 풍화에서, 그리고 30%는 다른 기원에서 유래된 토양 양이온 교환 Sr에서 온다는 것을 확인하였다(Miller et al. 1993). (기반암 풍화에 의한 것이 아닌 Sr의 토양-양이온 교환은 대기 유입과 빙하에 의한 풍화로 유래되며, 암반과는 확연히 다른 Sr 동위원소 구성을 가지고 있었다.)

일반적인 규산염의 풍화(제4장 참조)는 자연적으로 생성되는 H^+와 양이온, 규소를 내놓는 규산염 광물 간의 반응을 포함하지만, 이때 알루미늄은 포함되지 않는다. 산 침적에 의한 풍화는 반대로 알루미늄상의 용해에 의해 용존 알루미늄을 내놓는다(제4장 참조). 예를 들면 아래와 같다.

$$Al_2Si_2O_5(OH)_{4\ \text{kaolinite}} + 6H^+ \rightarrow 2Al^{3+} + 2H_4SiO_4 + H_2O$$

$$4H_2O + NaAlSi_3O_{8\ \text{plagioclase}} + 4H^+ \rightarrow Na^+ + Al^{3+} + 3H_4SiO_4$$

$$Al(OH)_{3\ \text{gibbsite}} + 3H^+ \rightarrow Al^{3+} + 3H_2O$$

이런 반응들의 대부분은 H^+ 이온을 중화하기 위한 양이온 교환으로 용액에 Al^{3+}[또는 $Al(OH)^{2+}$와 같은 수산화물]를 내놓는다. 알루미늄의 용해도는 낮은 pH에서 증가하므로(pH 5.0 이하; Cronan and Schofield 1979), 이 알루미늄은 토양수에서 호수로 운반되고 이로 인해 산성 호수는 비슷한 환경의 일반 호수와 비교하여 높은 알루미늄의 농도를 가진다(그림 6.20). 산성 호수에 존재하는 과도한 알루미늄은 어류의 호흡계에 영향을 주어 어류가 폐사하는 요인이 될 수 있다(Cronan and Schofield 1979; Schofield 1980).

Schindler 등(1985)은 호수의 생물군이 산성화가 진행될 경우 어떠한 변화를 알아보는지 평가하기 위해 작은 호수 하나를 실험대상으로 삼아 8년에 걸쳐 인위적으로 pH를 6.8에서 5.0으로 산성화시켰다. 이 변화로 인해 H^+ 이온이 증가하는 직접적인 반응이 나타났지만, 그 외 다른 이온의 농도의 경우 큰 증가가 보이지 않았다. 어류의 개체량 감소는 생식 실패(pH 5.4

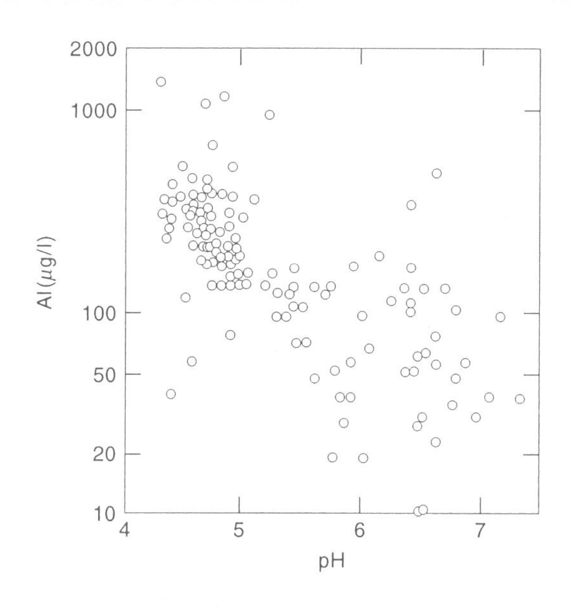

그림 6.20 뉴욕주 애디론댁산맥의 높은 고도에 위치한 호수들에서 알루미늄과 pH의 관계.
출처 : Galloway et al. 1981, Schofield 1976b.

이하)와 어류의 먹이사슬에서 중요한 핵심 종이 사라지게 됨으로써 나타났다. 조류의 띠는 어류가 주로 산란을 하는 얕은 지역에서 나타났다. 하지만 예상과는 반대로, 산성화는 1차 생산력의 감소나 분해율의 감소, 그리고 인 농도의 감소를 야기하지 않았다.

여름철 성층화 기간 무산소 저층수가 존재하는 부영양 호수는 산성화로부터 보호될 가능성이 있다. 인위적으로 부영양화 환경을 조성하고 진행된 캐나다의 두 호수에서의 실험 결과를 보게 되면(영양염과 관련한 이전 설명 참조), 어느 정도의 산 침전을 중화하는 심수층 박테리아의 활동에 의해 알칼리도가 유지될 것으로 나타났다(Kelly et al. 1982). 이는 산 침적물이 황산염과 질산염, 그리고 H^+ 유입의 결과를 낳기 때문이다. 호수의 무산소 부분(무산소층과 퇴적물)에서 박테리아는 유기물을 분해하기 위해 SO_4^{2-}와 NO_3^-를 환원하여 각각 H_2S와 N_2를 생성시킨다. 이런 박테리아에 의한 기작으로 호수에서 H^+를 중화시킬 수 있는 알칼리도의 생성(HCO_3^-) 결과가 나타난다(반응은 표 6.3 참조). 하지만 여름철 성층화된 무산소 저층수의 환경에서 나타나는 알칼리도의 생성은 H_2S가 FeS_2로 전환되고 퇴적물로 영원히 제거되거나 N_2가 저층수에서 빠져나가지 않는 한 일시적인 현상으로 나타난다. 그렇지 않으면 호수의 물이 뒤집히며 유산소 환경이 회복되었을 때 H_2S와 N_2는 각각 SO_4^{2-}와 NO_3^-로 재산화하고, HCO_3^- 알칼리도는 따라서 소비될 것이다. 그럼에도 불구하고, Schindler 등(1986)은 박테리아에 의한 황산염 환원과 질산염 환원이 산 중화를 가져올 수 있다는 것을 확인하였다(Cook et al. 1986 참조).

호수와 하천은 침적물의 산성도가 감소하자 알칼리도를 회복했다. 이런 결과는 캐나다의 호수들에서 보여진다(Schindler 1988). 호수의 회복률은 호수의 물 재생률(water renewal rates)에 의해 평가되었다. 하지만 염기성 양이온(Ca^{2+}, Mg^{2+} 등)이 유역에서 이미 고갈된 경우, 호수의 회복에 걸리는 시간은 더 길 것이다(Dillon et al. 1987). 일반적으로, 새로운 화학적 조성을 가진 물이 유입되어 세 번 씻겨야 새로운 정상 상태에 도달하게 된다(Schindler 1988).

염수호와 알칼리성 호수

건조한 기후에서 호수도 종종 염분을 함유하고 있다. 이는 증발보다 우선적으로 호수의 물이 배출될 곳이 없는 것에 기인한다. 염을 포함한 물이 들어오게 되면, 오직 순수한 물만이 증발되기 때문에 염은 계속 호수에 축적되게 된다. 하지만 건조한 조건이 항상 짠 호수를 만드는 것은 아니다. Eugster와 Hardie(1978, pp. 237-238)에 의하면, 염수호를 형성하고 유지하는 조건은 다음과 같다. "(1) 물의 배출은 제한되어야 하며, 수문학적으로 폐쇄된 환경이어야 한다. (2) 형성 초기 물의 증발량은 유입량을 초과해서 나타나야 한다. (3) 염수호를 유지하려면 물의 수괴가 계속 존재할 수 있도록 충분한 물의 유입이 있어야 한다." 이례적으로 염수호가 나타날 수 있는 환경으로는 건조한 호수가 높은 산 위에 존재하여 침전물이 고이고 지하수가 유입될 수 있는 환경이 있다. 많은 염수호들 가운데 대표적인 염수호는 미국 서부의 산간 분지에 위치한 그레이트솔트호(Great Salt Lake)가 있다. 또한 세계에서 가장 큰 염수호로는 중앙아시아에 위치한 카스피해(Caspian Sea)가 있다.

일반적으로, 염수호에 존재하는 물의 부피는 기후 조건에 따라 계절별, 연별로 자주 변화한다. 그럼에도 불구하고 염을 많이 포함하는 염수호의 물은 샘이나 하천수를 통한 물의 유입과 증발에 의한 물의 유실로 인해 정상 상태 또는 준정상 상태를 보이며, 이때 염은 물과 같이 샘이나 하천수를 통해 유입되고 염 광물로 침강, 제거되며 정상 상태를 보인다. 다른 의미로, 용존 염은 염수호에서 영원히 쌓이지 못하고 용해 가능한 광물들에 대해 포화에 도달한다. 염수호의 여러 특성 중 하나는 이런 광물들이 스스로 형성되고 호수의 퇴적물에서 발견된다는 것이다. 몇몇의 예를 표 6.8에 나타내었다. 표에 나타낸 여러 광물들을 제외하고도, 녹지 않는 규산염 광물[예 : 해포석(sepiolite)과 스멕타이트(smectite)]이 염과 규산염의 잔해 사이의 반응으로 형성된다. 증발 경로는 다른 광물을 형성하거나 호수 물이 다른 조성을 가지기 위해 필요하다. 이와 관련해서는 Eugster와 Hardie(1978), Drever와 Smith(1978), Eugster와 Jones(1979)에서 자세히 다루고 있다.

염수호는 또한 종종 강한 알칼리성이며 높은 pH를 보인다. 반면에 대부분의 담수호(산성 호수와 같은 특수한 경우를 제외)의 pH는 대략 6~8의 값을 보인다(Baas Becking et al. 1960).

표 6.8 염수호에서 형성되는 일부 전형적인 광물질들

광물	구성 요소
암염	$NaCl$
석고	$CaSO_4 \cdot 2H_2O$
방해석	$CaCO_3$
돌로마이트	$CaMg(CO_3)_2$
테나르드석	Na_2SO_4
미라빌석	$Na_2SO_4 \cdot 10H_2O$
글라우버석	$CaNa_2(SO_4)_2$
트로나	$Na_2CO_3 \cdot NaHCO_3 \cdot 2H_2O$
나코석	$NaHCO_3$
피어소나이트	$CaNa_2(CO_3)_2 \cdot 2H_2O$
게이뤼삭석	$CaNa_2(CO_3)_2.5H_2O$
아프티탈라이트	$K_3Na(SO_4)_2$

주의 : 호수 구성에 따라 다양한 광물이 확인되었지만(예 : 붕산염), 공간 부족으로 여기에는 나열하지 않음.

염수호에서의 pH는 10보다도 높게 나타날 수 있다. 이렇게 높은 pH 값이 나타나는 이유에 대해 여러 연구가 진행되었으며(예 : Garrels and Mackenzie 1967), 그 결과 이런 원인은 근본적으로 풍화와 이산화탄소 기체 평형에 의한 자연적인 과정인 것으로 나타났다. 이를 정리하면, 산성 화성암에 기초를 둔 지역에서 탄산에 의한 장석(feldspar)과 흑요석(volcanic glass)의 풍화(제4장 참조)는 지하수에 용존 HCO_3^-를 포함되는 결과를 낳으며, HCO_3^-는 Na^+와 K^+뿐만 아닌 Ca^{2+}, Mg^{2+}와 균형을 맞추며 존재한다. 이때 HCO_3^-의 농도는 Ca^{2+}와 Mg^{2+}의 농도를 합한 것보다 2배 정도 더 많은 농도로 존재한다. 이는 지하수가 호수에 유입된 이후 증발이 이루어지게 되면, 호수는 모든 HCO_3^-를 Ca^{2+}, Mg^{2+}와 결합시켜 침전시키지 못하며, HCO_3^-의 일부는 증발에 의해 농축된 형태로 남아 있게 된다는 것을 의미한다.

Garrels와 Mackenzie(1967)에 의해 제안된 특정 화성암에서 기원한 지하수의 증발에 의해 변화하는 화학 조성의 단계를 그림 6.21에 나타내었다. 초기 물이 증발되는 단계에서 탄산칼슘(calcium carbonate)은 포화단계에 다다르며, 동시에 규산마그네슘(magnesium silicate) 또한 포화단계에 다다르게 된다[그림 6.21에서는 해포석(sepiolite)을 대표해서 나타냄]. 이후 계속된 증발은 탄산칼슘(아래 참조)과 규산마그네슘의 침전을 일으키며 규산마그네슘의 침전과 관련한 반응은 아래와 같다.

$$2Mg^{2+} + 4HCO_3^- + 3H_4SiO_4 \rightarrow Mg_2Si_3O_8 \cdot nH_2O + 4CO_2 + 8H_2O$$

규산마그네슘의 침전은 하나의 Mg^{2+} 이온당 2개의 HCO_3^-를 제거한다는 것을 기억하자. 만약 이산화규소의 농도가 Mg^{2+}의 농도보다 높게 존재하고, HCO_3^-의 농도가 Mg^{2+}의 농도보다 2배 이상 존재할 경우, 결국 증발은 Mg^{2+}의 대부분이 제거되게 만들 것이다(그림 6.19 참조). 규산마그네슘의 침전 도중 또는 그 이후, 탄산칼슘의 침전은 Ca^{2+}와 HCO_3^-가 제거되

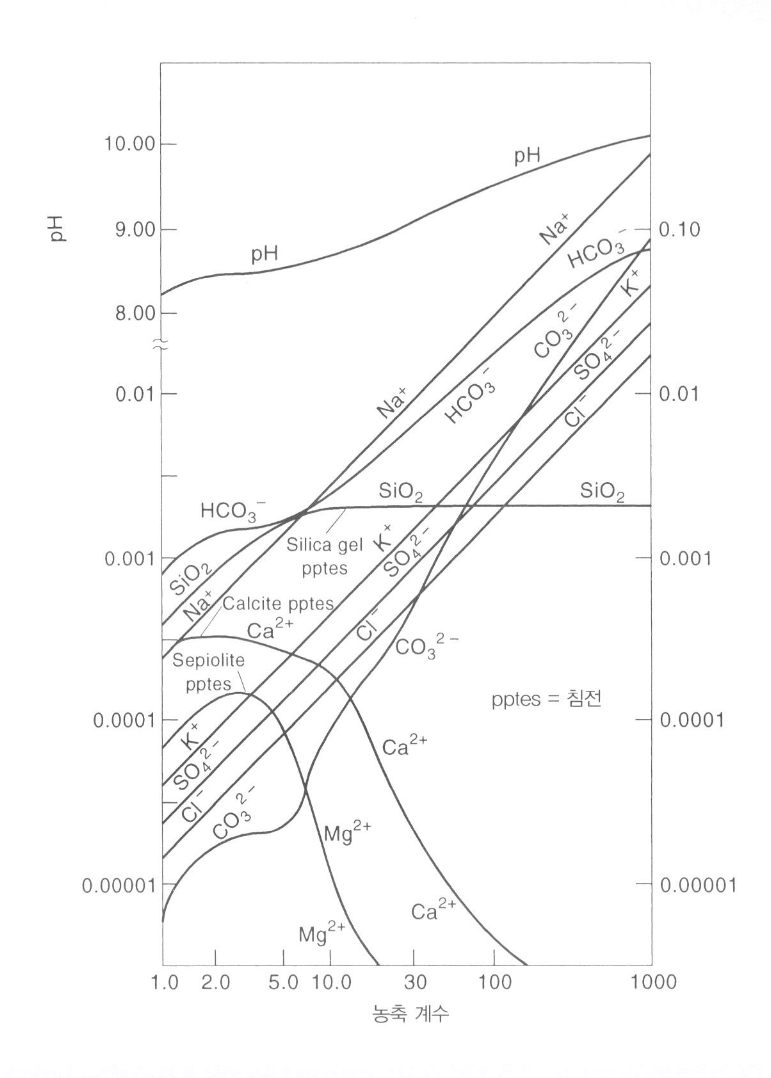

그림 6.21 대기 이산화탄소와 평형을 이루는 화강암 지형에서 전형적인 샘물의 증발에 대한 계산 결과.

출처 : R. M. Garrels and F. T. Mackenzie 1967, p. 239.

는 결과가 나타나며, 그 반응은 아래와 같다.

$$2HCO_3^- + Ca^{2+} \rightarrow CaCO_3 + CO_2 + H_2O$$

규산마그네슘과 유사하게, HCO_3^-은 Ca^{2+}와 2:1의 비로 제거된다는 것을 기억하자. 만약 화성암으로부터 오는 물에 남아 있는 HCO_3^-의 농도가 Ca^{2+}의 농도의 2배 이상으로 존재하고, 이후 추가적인 증발로 인해 Ca^{2+}가 제거되면 결국은 알칼리성 호수가 된다.

규산마그네슘과 탄산칼슘의 형성 이후, 추가적인 증발은 침전 반응과 관련 없는 Cl^-와 같은 속도로 HCO_3^-의 농도를 증가시킨다. 이런 증가가 지속될 경우, pH 또한 증가한다(그림 6.19). 이는 HCO_3^-의 농도 증가가 아래의 반응을 일으키기 때문이다.

$$H^+ + HCO_3^- \rightarrow H_2O + CO_2$$

이 반응의 결과로 H^+ 이온이 없어진다. (이산화탄소는 반대의 반응을 만들어내지 못하지만, 대신 손쉽게 대기로 유실된다.) 이에 의해 알칼리성 호수가 나타나게 된다. pH의 증가는 일부 HCO_3^-가 CO_3^{2-}로 변환되는 결과를 야기시키기 때문에(그림 6.17 참조), CO_3^{2-} 이온의 농도 또한 증가하고 이는 단순한 증발로 인한 예측 농도보다 더 빠르게 나타난다(그림 6.21 참조). HCO_3^-가 CO_3^{2-}로 전환되는 과정은 아래와 같다.

$$2HCO_3^- \rightarrow CO_3^{2-} + CO_2 + H_2O$$

만약 증발이 매우 활발하게 일어날 경우(그림 6.21에서는 나오지 않음), 결국 알칼리 탄산(예 : $NaHCO_3$)은 포화 농도에 도달할 수 있으며, 이럴 경우 이례적인 소다 호수(soda lake)가 나타나게 된다.

위에서 볼 수 있었던 것과 같이 Na-K 규산염(silicates), 특히 풍화가 빠른 흑요석의 풍화가 없다면, 알칼리성 호수의 발달은 그림 6.21에 나와 있는 경향을 따르지 않는다. HCO_3^- 농도가 Ca^{2+}와 Mg^{2+}를 침전시킬 수 있는 농도를 초과하지 않는 상황에서는 계속되는 증발에도 HCO_3^-는 쌓이지 않으며, 높은 pH 값 또한 나타나지 않을 것이다. 이것이 많은 염수호들(예 : 그레이트솔트호)이 강한 알칼리성으로 나타나지 않는 이유이다.

그림 6.21에 나타난 증발 경로는 단순히 Garrels와 Mackenzie(1967)의 계산에 의한 것이지만, 이 '가상실험'은 실제 물을 이용해서 평가되었다. Gac 등(1978)은 아프리카 차드호(Lake Chad)로 흘러 들어가는 차리강의 희석된 물을 증발시킨 결과 실제 증발로 인해 나타나는 농도 변화는 그림 6.21에 나타난 결과와 대략적으로 비슷하게 나온다는 것을 확인하였다. 다만 Gac 등은 강물에 존재하는 쇄설성 점토가 증발 과정 중에 물에서 남아 있을 경우 Garrels와 Mackenzie의 예측과 좀 더 잘 맞아떨어진다는 것을 알아냈다. 점토의 제거는 규산마그네슘의 침전을 상당히 지연시키고 약화시킨다. 확실히 알루미늄성 점토는 증발 중에 Mg^{2+}와 H_4SiO_4와 반응하여 스멕타이트와 같은 Mg-알루미노 규산염(aluminosilicate)을 형성하고, 이는 순수한 규산마그네슘(예 : 해포석)보다 더 쉽게 침전된다.

CHAPTER

7

연안 해양환경 : 하구

서론

연안 해양환경은 외양과는 확실히 다른 염분을 가진 해수의 덩어리들로 둘러싸여 있다. 전반적으로 대부분의 대양에서 해수는 매우 일정한 염분을 가진다(보다 자세한 내용은 제8장 참조). 하지만 대부분의 연안에서 해수는 강물 또는 융빙수의 혼합을 통해 저염분수(subsaline), 즉 기수(brackish water)를 형성하게 된다. 이런 물의 덩어리(water bodies)는 기수로 이루어진 연못이나 작은 석호와 같은 사이즈부터 허드슨만과 발트해 또는 흑해와 같은 다양한 사이즈로 나타나게 된다. 특히 이 중 강어귀에 물에 잠긴 특정 지역을 하구(estuary)라고 표현한다. 하구에서는 강물과 해수가 만나게 되며, 이를 통해 다양한 원소의 순환기작을 결정하는 중요한 역할을 한다. 그러므로, 이 장에서는 하구에서의 화학적인 부분에 대해 집중적으로 논하고자 한다.

연안 해양환경에서 강물의 유입이 매우 적고 증발이 높은 환경에서는 해수 중 많은 양의 물이 유실되어 외양환경과 다르게 염분이 더 높은 짠물이 존재할 수 있다. 이런 환경에서는 해수와의 혼합이 저해되고 매우 높은 염분을 가진 수괴가 발달하게 되어 역하구 순환(antiestuarine circulation)이 일어나게 된다. 이렇게 발달한 가장 대표적인 예로 지중해를 들 수 있다. 비록 기수역의 연안 환경보다 연구가 덜 이루어졌지만, 염분이 매우 높은 환경은 지질학적으로 오래된 과거의 광대한 염과 석고층이 증발과 광물 침전에 의해 형성되었던 고대 증발암 분지와 유사한 현대판 환경이다. 그러므로, 이런 고염분 환경 또한 이 장에서 일부 다루고자 한다.

하구 : 순환과 구분

하구는 강과 바다가 만나는 지역으로서 해수가 희석된 기수(brackish water)가 존재한다. 하구에서의 순환기작은 다양한 형태로 나타나게 되는데, 이는 강물의 유량, 조석의 세기 등에 의해 결정된다(Bowden 1967; Pickard and Emery 1982, 1990; Pritchard and Carter 1973). 조수에 의한 혼합이 적은 환경에서 가장 단순한 예를 들자면, 가벼운(밀도가 낮은) 강물은 바다를 향해 흘러가 상대적으로 무거운 해수의 위에 쌓이게 된다. 하지만 조석의 경우 조석으로 인한 물의 순 이동을 만들지는 않지만 어느 정도의 해수를 담수와 혼합시키며, 이로 인해 일부 해수는 하구 밖으로 강물과 함께 다시 흘러가게 된다. 하구의 물은 채워지지도, 비워지지도 않기 때문에 물을 보존하기 위해 수심이 깊은 곳에 존재하는 해수가 유입되어 해수면의 담수와 함께 손실되는 기수를 대체한다. 이렇게 표층에서 담수와 기수가 바다 쪽으로 이동하고 하부로 해수가 흘러 들어오는 형태가 전형적인 하구의 순환이 된다. 하구에서 특정 염분을 유지하기 위해서는 염 또한 하구에서 유지되어야 한다. 그러므로, 위쪽에서 담수와 혼합에 의해 밖으로 흘러가나가는 염의 손실만큼 아래쪽에서 해수의 유입에 의해 보충되어야 한다.

하구는 강의 흐름과 조류(tidal currents)뿐만 아니라 지구 자전의 영향 또한 받는다(코리올리 힘, 제1장 참조). 코리올리 힘의 영향은 하구역의 너비에 따라 유량의 변화가 나타날 수 있는 넓은 면적에서 크게 나타나게 된다. 북반구의 경우 표층에서 바다 쪽으로 흐르는 담수와 더 깊은 곳에서 육지 쪽으로 흐르는 해수 모두 오른쪽으로 이동하려는 힘이 더 크며, 남반구의 경우는 반대로 왼쪽으로 이동하려는 힘이 더 크다. 이로 인해 북반구에서 해수와 담수 사이의 경계면은 바다를 향해 오른쪽 아래로 경사지게 되는데, 미국 미시시피강 하구와 롱아일랜드 하구에서 이런 예가 잘 나타난다.

개방된 형태의 하구는 각각의 순환 방식과 하구 내에서의 염분 분포에 따라 분류할 수 있다(Stommel and Farmer 1952; 또한 Pritchard and Carter 1973과 Pickard and Emery 1982, 1990 참조). 표 7.1과 그림 7.1에 다양한 하구역의 형태를 구분해놓았다[‰은 parts per thousand(ppt) 또는 g/kg을 나타냄]. 이러한 유형들은 연별, 그리고 하천 유출량에 따라 다양하게 나타날 수 있다. **염수쐐기형 하구**(salt wedge estuaries)는 큰 면적의 하구역에 많은 유량의 강물이 흘러 들어오게 되고 조석으로 인한 혼합이 적을 때 발달하게 된다. 하구역에서, 짠 해수는 강물기원 표층 담수의 아래에 쐐기 형태로 흘러 들어가게 된다. 소량의 해수는 강물과 일부분이 혼합되고, 이로 인해 하구에서 바다 쪽으로 갈수록 염도는 증가하게 되지만 아래쪽에서는 담수가 혼합되지 않으므로, 쐐기 형태로 유입된 해수는 원래의 염분을 유지하게 된다. 그러므로 수심별로 염분의 변화를 보게 될 경우 아래쪽으로 갈수록 급격한 염분의 변화가 나타난다(그림 7.1a). 표층을 통해 일부 적은 양의 염을 포함한 물이 다시 바다 쪽으로 나가는 것을 보전하기 위해, 수심이 깊은 곳에서는 해수가 하구역 안쪽으로 들어오는 약한 흐름이 존재하게 된다. 이런 하구 형태의 한 예로 미시시피강(Mississippi River)을 들 수 있다.

표 7.1 하구의 분류

형태	물순환	물리적 성질	예
A. 열린 하구			
1. 염수쐐기형	강물 흐름 아래 염쐐수기	강물 흐름이 우세	미시시피강 하구
2. 강한 성층형	2개의 층으로 상층으로 혼합이 일어남	조류에 의해 영향을 받는 강물의 흐름	상층부 아래 깊은 둔턱을 가진 피오르
3. 약한 성층형	2개의 층으로 상층과 하층으로 수직 혼합이 일어남	강물 흐름과 조석에 의한 혼합	템스강 하구, 롱아일랜드해협, 체서피크만, 얕은 하구
4. 수직혼합형	수직적으로 균일함, 수평적으로 변동 혹은 균일	조류 우세함, 얕은 수심에 코리올리 효과, 심층에 코리올리 효과 없음	세번강
B. 둔턱이 있는 하구 (낮은 둔턱)	상층으로 혼합되는 표층수, 깊은 수심에서 염수의 제한된 유입(정체된 무산소 수괴가 출현)	조류에 의해 변하는 강물 흐름	얕은 둔턱을 가진 피오르, 흑해

출처 : Stommel and Farmer 1952; Bowden 1967; Pickard and Emery 1982, 1990.

강한 성층형 하구(highly stratified estuary)(그림 7.1b)에서는 강의 흐름이 여전히 우세하지만, 보다 강한 조류에 의해 짠 바다의 물이 경계면 위쪽으로 더 많이 유입되어 표층에 존재하는 강물과 더 많은 혼합이 이루어질 때 나타난다. 이로 인해 표층에 존재하는 물의 경우 더 많은 염분을 가지게 되며, 그 결과 더 많은 염을 포함한 물이 바다 쪽으로 흘러가게 되지만, 담수가 아래쪽으로 혼합되는 정도는 매우 미비하기 때문에 아래쪽 수심에는 여전히 짠 바닷물이 존재하게 된다. 그러므로 강한 염분 구배가 표층과 저층 사이에 존재하게 된다. 저층으로 흘러 들어오는 짠 바닷물에 의해 하구 표층에서 바다 쪽으로 흘러 나가는 물의 양은 강물 자체의 유량과 비교하여 종종 10~30배 정도 더 나타나기도 한다(Pickard and Emery 1990). 깊고 좁은 면적을 가진 하구역에서 이런 형태의 물순환이 일어나게 된다(깊은 둔턱이 존재하는 피오르 포함).

약한 성층형 하구(slightly stratified estuary)는 강물의 흐름과 조석에 의한 혼합이 둘 다 중요하게 작용하는 환경이다. 위쪽의 담수가 아래쪽의 물과 혼합되고, 아래쪽에 존재하는 바닷물 또한 위쪽의 물과 수직 혼합이 이루어진다. 비록 여전히 바다로 향하는 표층수의 흐름과 하구 쪽으로 이동하는 바닷물이 존재하긴 하지만, 표층과 저층 사이의 염분 구배의 경우 상대적으로 가파르지 않게 나타나며(그림 7.1c 참조), 표층수의 경우 저층과 비교하여 약간 낮은 염분을 나타내게 된다. 체서피크만의 제임스강, 롱아일랜드해협, 템스강 하구가 이런 형태의 하구에 해당한다. 하구 위쪽으로부터 바다 쪽으로 갈수록 표층과 저층의 염분은 모두 증가하는 특성이 있다.

수직혼합형 하구(well-mixed estuary)는 조석이 강물의 흐름보다 월등히 우세한 환경에서 나타난다. 이런 특성은 얕은 수심을 가진 하구에서 잘 나타나며, 영국의 세번강 하구(Severn River estuary)가 이런 형태로 잘 알려져 있다. 그 결과 수직적으로 물의 혼합이 잘 이루어져 표층과 저층 사이에 염분 구배가 보이지 않지만, 하구의 위쪽(강 쪽)에서 아래쪽(바다 쪽)으로

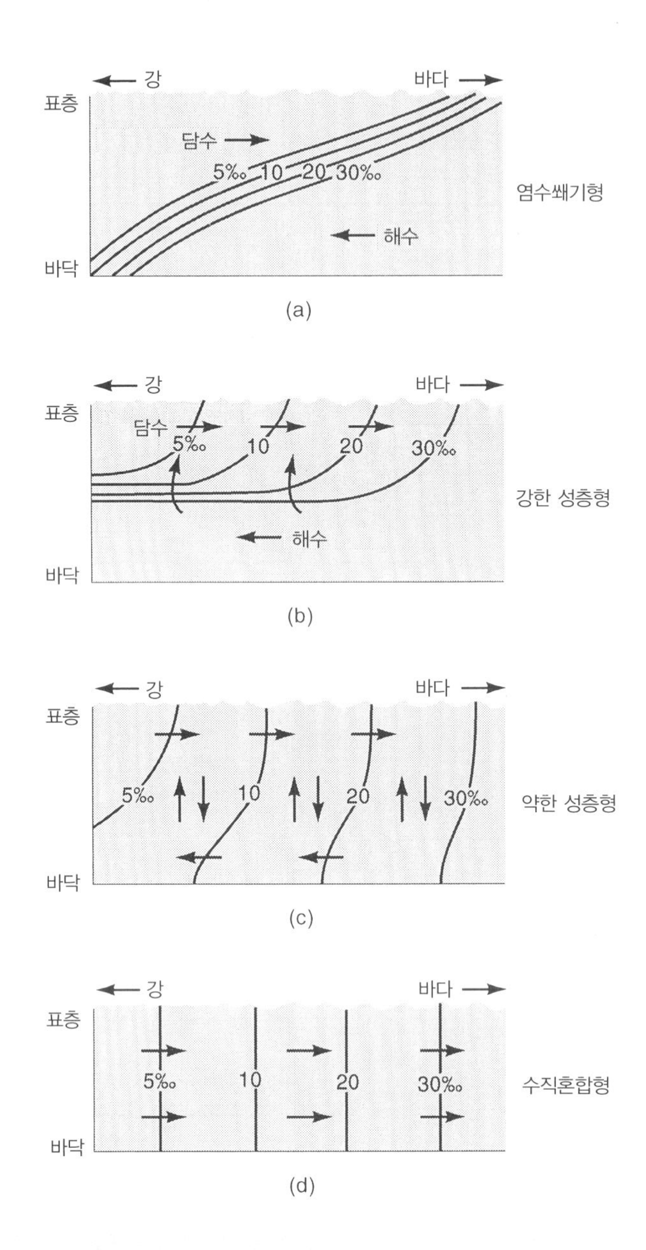

그림 7.1 하구의 형태 : (a) 염수쐐기형, (b) 강한 성층형 하구, (c) 약한 성층형 하구, (d) 수직혼합형 하구. 각각의 하구 형태에서 일반적인 염분의 등염선(‰)의 예를 나타내었다. 화살표는 순 물의 흐름을 나타낸다.

출처 : Pickard et al. 1990.

갈수록 수평적인 염분의 증가가 보이게 된다. 물론 환경에 따라 물의 흐름이 다양하게 나타날 수 있지만, 결과적으로 물의 이동은 모든 수심에서 바다 쪽으로 흐르는 형태로 나타난다(그림

7.1d 참조). 강물은 항상 바다 쪽으로 배출되어야 하며, 염의 하류 수송 또한 존재한다(바다에서 상류 쪽으로 난류 확산에 의해 균형이 이루어짐)(Pritchard and Carter 1973). 이러한 유형의 하구가 넓은 면적으로 존재할 경우, 코리올리 힘에 의해 바다 쪽으로 흘러 나가는 강한 흐름이 하구의 오른쪽에서 형성되며, 왼쪽으로는 육지로 향하는 흐름이 형성된다(북반구의 경우). 하지만 좁은 형태의 하구일 경우에는 코리올리 효과가 그렇게 강하지 않기 때문에, 수평적인 흐름의 변화는 없다.

둔턱형 또는 제한적인 하구(silled or restricted estuaries)는 수심이 얕고 표층과 가까운 부분에 존재하는 둔턱(sill)에 의해 일부 폐쇄적인 특성이 존재하는 환경으로 완전한 하구의 순환이 발달하지 못하는 곳을 말한다(그림 7.2). 이렇게 수심이 얕은 지형 또는 둔턱은 하구역의 바다 쪽 끝부분에 주로 존재하게 되며 이로써 하구의 저층으로 흘러 들어올 수 있는 흐름을 제한한다. 표층에서 담수는 바다 쪽으로 흘러 나가지만, 이런 둔턱이 충분히 얕을 경우 하구 안쪽으로 들어올 수 있는 짠 바닷물은 일정 수심에서 막히게 되고 이로 인해 극히 일부분의 표층 근처의 물만 해수와의 혼합이 이루어지게 된다. 이로 인해 매우 강한 **염분약층**(염분이 급격히 변하는 층)이 존재하게 되고, 저층의 물은 표층의 물과 비교하여 훨신 더 짜고 밀도 또한 무겁게 존재하게 된다(둔턱으로 막힌 하구역이 가장 극단적으로 성층화가 이루어진 환경의 예가 됨). 강한 밀도의 성층화는 표층과 저층 사이의 수직적인 혼합을 막는다. 그 결과 성층화가 발달한 호수와 비슷하게 산소가 결핍된 저층수가 존재하기도 한다. 아주 가끔 바깥쪽의 바닷물이 둔턱을 넘어 저층수로 들어오게 된다.

얕은 둔턱이 존재하여 (적어도 주기적으로) 물의 순환을 제한하고 저층에 무산소 환경을 자주 발생시킬 수 있는 하구 환경으로 피오르를 들 수 있다(훨씬 더 큰 범위의 예로서는 흑해와 발트해의 일부 해역을 들 수 있다). 피오르는 U자 형태의 수심이 깊고 길게 이루어진 분지로 하구역과 바다 사이에 둔턱이 존재한다(Pritchard and Carter 1973). 기존 빙하의 침식에 의해 형성되며, 대표적으로 노르웨이 해안, 캐나다 서부 해안, 칠레 해안가를 들 수 있다. 이런 피오

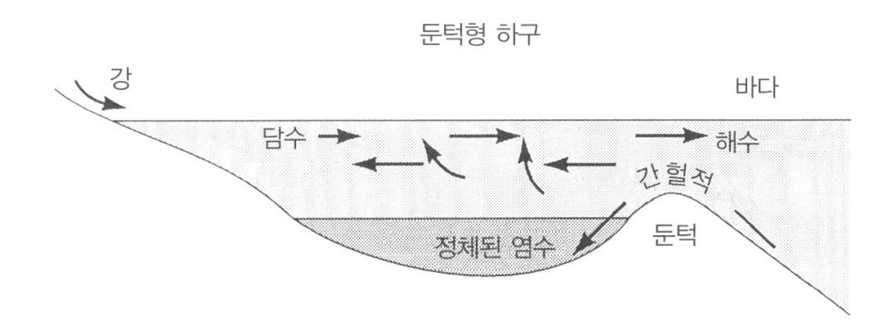

그림 7.2 둔턱이 존재하는 하구의 일반적 모식도.

르는 심층에 얕은 둔턱이 존재하고 약한 강물의 흐름으로 인해 저층에 무산소 환경을 발달시키게 된다(Pickard and Emery 1990).

흑해

흑해는 규모 면에서 다른 하구와 비교하여 매우 크지만, 하나의 하구로 인식할 경우 '둔턱이 존재하는 하구(silled estuary)'로서 설명이 가능하다. 흑해는 몇몇의 큰 강으로부터 강물이 유입되고, 매우 얕은 둔턱을 가진(40~100 m) 보스포러스 해협과 다르다넬스 해협을 통해 지중해(Mediterranean Sea)와 연결되어 있다. 지중해로부터 일부 짠 해수가 흑해의 물을 보충하기 위해 보스포러스 둔턱을 넘어 흑해의 저층부로 흘러 들어간다. 그 결과, 표층과 저층 사이에 급격한 밀도차가 존재하게 되는데, 이는 강물의 영향을 받는 덜 짠물(18 ‰)이 표층에 존재하고, 저층에는 정체된 더 짠물(22 ‰)이 존재하기 때문이다. 이런 강한 염분의 성층화 때문에 염분약층을 넘어가는 물의 혼합은 매우 제한적으로 이루어지며, 이로서 무산소와 풍부한 H_2S의 특성을 가진 물이 80~130 m와 2,000 m 정도 되는 심층 사이에 존재하게 된다. 이로 인해 산소가 풍부한 표층과 무산소의 특성을 나타내는 저층 간의 경계에 화학약층(chemocline)이 형성된다. 흑해의 큰 크기에 비해 매우 적은 양의 지중해 해수가 유입되기 때문에, 저층의 물은 500~1,000년이라는 매우 긴 체류시간(residence time)을 가지게 된다(Falkner et al. 1991).

흑해 표층 아래에 존재한다고 알려진 화학약층의 깊이 변화는 시간에 따라 상당한 변화를 보여주고 있는데, 그 예로 월별의 경우 30~80 m(Kempe et al. 1990), 지난 300년간의 경우 40~50 m(Lyons et al. 1993), 9,000년간의 경우 해수면 상승에 의한 염분의 증가로 인해 이보다 더 크게 변화하였다고 제안되었다(Sinninghe Damste et al. 1993). 이런 화학약층 깊이의 변화가 나타난 원인으로는 (1) 매우 짠 지중해의 물이 무산소의 특성을 보이는 흑해 저층에 침투하는 것, (2) 흑해 표층으로 유입되는 강물의 유입량이 연간 또는 십수 년간에 걸쳐 변화하는 것, (3) 폭풍에 의한 연안 해류의 변화, (4) 화학약층에서의 내부파, (5) 염분의 변화로 인한 플랑크톤의 생산성과 분포의 변화 등을 들 수 있다(Murray et al. 1989; Kempe et al. 1990; Sinninghe Damste et al. 1993).

러시아의 댐 건축에 의해 1950년대 이후 표층으로 유입되는 강물의 양이 15% 정도 감소하고, 농업과 산업의 발전에 의해 플랑크톤의 생산을 촉진시킬 수 있는 영양염의 유입이 증가했기 때문에, 일부 과학자들(Murray et al. 1989; Falkner et al. 1991)은 인위적인 요인에 의한 화학약층의 상승을 제안하였다. 하지만 위에서 언급한 바와 같이 더 많은 자연적인 변화가 발생하였으며, 그러므로 인위적인 요인에 의한 화학약층 수심의 변화를 주장하는 것은 이른 감이 없지 않아 있다. 흑해의 화학약층은 자연적인 요인과 인간이 초래하는 변화에 매우 민감하게 반응하기 때문에 추가적인 연구를 통한 평가 없이는 자연적인 영향과 인위적인 영향을 구분하기 어려운 실정이다.

하구에서의 화학 : 보존적, 비보존적 혼합

하구, 그리고 이와 비슷한 연안 환경은 근본적으로 육지로부터 기원하는 담수(대부분 강물)와 짠 바닷물, 이렇게 지구에 존재하는 두 가지 형태의 물이 만난다. 위에서 본 것과 같이, 하구는 지역적 특성으로 인한 강물의 유입과 조석에 의한 두 물의 혼합이 어떻게 이루어지냐에 따라 다양한 형태로 존재하게 된다. 염분의 변화는 여러 하구역의 환경에 따라서 다양하게 나타나며, 심지어 하구 내부에서도 변화가 나타난다. 덧붙여, 강물의 유입량과 조석의 강약에 따라 시간적인 염분의 변화 또한 나타나게 된다. 강물의 유입은 강수의 양, 홍수의 빈도에 따라 계절주기, 연주기별로 다양하게 변화한다. 이런 시간적 변화가 있기 때문에, 하구에서 화학적 분석을 통한 평가는 1년을 통틀어 진행되거나 또는 몇 년에 걸쳐 진행되어야 한다(Aston 1978).

하구에서는 담수와 염수의 혼합 이외에도, 물의 화학적 조성을 스스로 변화시킬 수 있는 내부적인 프로세스들이 존재한다. 하구 저층에 존재하는 퇴적물과 그 위에 존재하는 물 사이에서는 용존상과 입자상 간의 상호 교환이 일어나게 된다. 덧붙여, 주변의 늪지대와 저층 퇴적물에서는 생물학적인 활동들이 일어난다. 영양염(C, N, P, Si)은 하구 내부에서 생물학적인 요인에 의한 순환이 일어나며, 그 결과 용존상 유기물질과 입자상 유기물질 모두 생성 또는 소비된다. 인간은 도시를 통해 하구에 도달 가능한 다양한 부유 퇴적물과 용존 물질을 배출하여 하구역의 환경 변화를 초래한다(예 : 하수 슬러지)(제5장 참조). 영양염은 일부 오염에 의한 영향을 받으며, 하구는 물을 장시간 유지하기 때문에 호수처럼 부영양화가 진행될 수 있다(제6장 참조). 또한 하구에서는 인위적 기원의 미량 금속에 대한 우려도 존재한다.

강물 기원의 용존 물질 또는 오염물질이 얼마나 오랫동안 하구에 존재할 수 있는지는 이들이 퇴적물과 얼마나 반응하는지, 또는 생물학적인 과정에서 얼마나 이용되는지에 영향을 받게 된다. 퇴적물, 생물학적인 요인에 연관되지 않는 오염물질이 제거되는 데 어느 정도의 시간이 걸리는지는 대체시간(flushing time)을 통해 평가가 가능하다. 대체시간은 하구 전반 또는 일부에 존재하는 담수의 양이 새로운 물로 대체되는 데 걸리는 시간으로 정의할 수 있다(Aston 1978). 그러므로, 대체시간 t는 제6장에서 본 바와 같이 호수에서 물의 교체시간(replacement time)과 유사하다고 할 수 있으며, 하구역 담수의 총부피(V_f)를 하구로 유출되는 강물의 유입률(river discharge rate)인 R로 나눈 것과 같다.

$$t = V_f/R$$

수직적으로 혼합이 잘 이루어지는 하구에서 대표적인 평균 대체시간은 1~10일 정도로 나타나게 된다. 이는 체류시간이 몇 년 단위로 나타나는 대부분의 호수와 비교하여 작은 수치이지만, 대부분의 강과 비교해서는 긴 수치이다.

지화학적인 관점에서 강물에 존재하는 원소의 농도를 통해 얻어지는 원소의 유출 플럭스(flux)가 정말로 하구를 통해 바다로 유출되는 것을 대변하는지, 강물을 통해 유출된 원소의 농도가 하구를 통과할 경우 증가 또는 감소하는지를 평가하는 것은 매우 중요하다. 하구에서 강물과 해수 간 이상적인 혼합 모델로(Boyle et al. 1974; Liss 1976; Officer 1979; Loder and Reichard 1981; Kaul and Froelich 1984) 강물의 용존상에 존재하는 물질의 농도가 하구역에서 보존적인 특성을 갖는다고 알려진 용존 물질과 상관관계를 가지는 것이다(예 : 혼합 과정 중 물질의 추가 또는 제거가 없는 형태). 일반적으로 하구에서 특정 물질의 분석을 위한 시료의 채취는 하구역 내의 강어귀에서 바다 쪽으로 이동하며 이루어진다. 하구 환경에서 보존적인 특성을 가지는 물질은 염분(salinity) 또는 염화물(chloride)의 농도를 들 수 있다. 만약 분석한 물질 또한 보존적(conservative)인 특성을 가진다면, 이 물질의 농도는 강물에서의 농도(C_R)와 바닷물에서의 농도(C_S) 사이에서 바닷물과의 혼합에 의해 증가하는 염소의 농도와 직선의 상관관계가 나타야 한다. 이것이 보존적 물질의 이론적인 희석 라인이며, 이를 그림 7.3에 나타내었다(Liss 1976).

몇몇의 원소는 하구에서 혼합 과정 중 제거되거나 추가되는 비보존적(nonconservative)인 특성을 나타낸다. 만약 어떤 용존 물질이 염분이 증가함에 따라 추가될 경우 희석 라인을 기준으로 위쪽으로 볼록한 형태의 상관관계가 나타날 것이다. 반대로 혼합 과정 중 특정 물질이 제거되는 경우에는 희석 라인을 기준으로 아래쪽에서 움푹한 형태의 상관관계가 나타난다. 이것을 그림 7.3에 나타내었다. 일반적으로 하구역에서 보존적인 특성을 나타내는 물질은 염분(또는 염소의 농도)과 직선의 상관관계가 나타나며, 비보존적인 특성의 물질은 곡선의 상관관계가 나타난다.

하구 환경의 단순 혼합 모델의 경우 단성분(end member)의 농도가 강물과 바다 오직 두 곳에서만 존재한다고 가정한다. 하지만, 만약 그 외 다른 지류로부터 하구역으로 유입될 수 있는 세 번째 단성분이 존재할 경우 특정 용존 물질은 보존적인 관계에서 벗어나 비보존적인 특성으로 나타날 수 있다(Boyle et al. 1974). 게다가 바다 또는 강물에서 단성분의 농도는 매우 다양하게 나타나거나 아직까지 잘 알려지지 않았을 수도 있다. 연안의 해수에서 염분은 대양의 해수보다 낮게 나타날 것이며, 이때 물질의 농도를 모르는 대양의 염분 값(35‰)을 이용하여 단성분의 농도를 유추할 경우, 직선의 상관관계가 아닌 곡선의 상관관계가 나타날 수도 있다(Boyle et al. 1974). 또한 염분 분포에서 실제 해수 마지막 지점을 정하고 시료 채취를 하기 힘든 문제로 인해 특정 물질의 바다 쪽 단성분 농도를 결정하기 어려운 경우가 존재한다. 게다가 강에서의 농도 또한 시간에 따라 다양하게 나타날 수 있다. 미국 플로리다의 오클로크니 하구(Ochlocknee estuary)와 같은 하구 환경에서는 영양염의 농도가 연주기로 사인파 형태의 변화로 나타나기도 하며(Kaul and Froelich 1984), 영국의 타마 하구(Tamar estuary)에서는 비주기적인 오염물질이나 규소의 유입이 나타나기도 한다. 이렇게 강물에서의 다양한 변화는 특히 물의 흐름이 빠르지 않은 하구에서 염분과 곡선의 상관관계로 나타날 수 있다(Officer and Lynch 1981; Loder and Reichard 1981). 이렇게 하구에서 화학적인 프로세스를 파악하기 위해 그림 7.3과 같은 혼합 곡선을 이용할 경우, 위에서 언급한 다양한 요인들을 고려해야 한다.

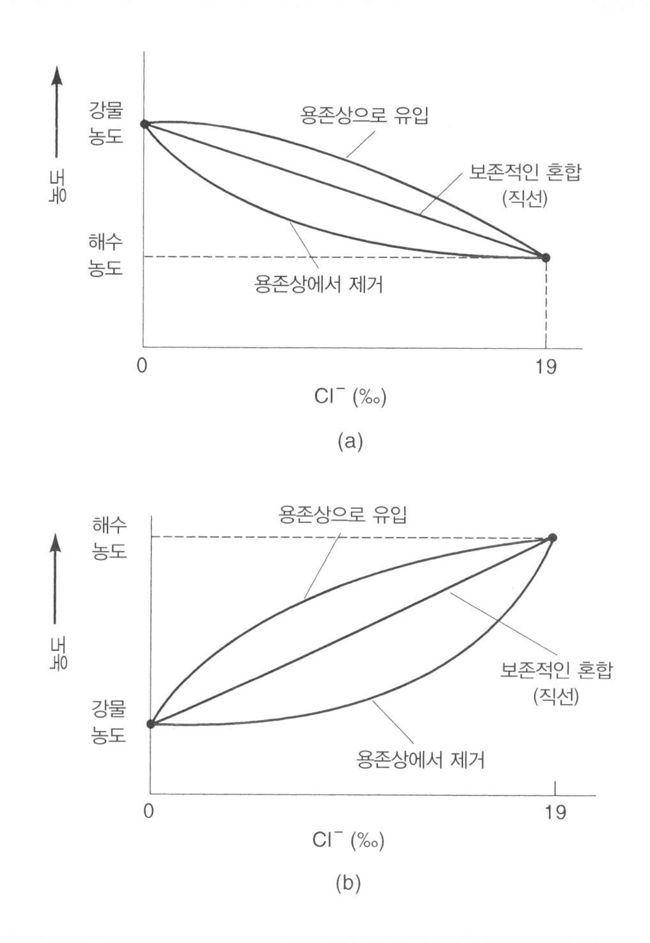

그림 7.3 용존 물질의 농도 대 염화물 간의 이상적인 관계도(담수와 해수 간의 혼합에서 보존적인 특성이 나타나는 예). (a) 바닷물보다 강물에서 농도가 높을 경우(예 : P, N, Si), (b) 바닷물이 강물보다 농도가 높을 경우(예 : Ca, Mg, K).
출처 : Liss 1976.

하구에서의 화학적 프로세스

하구의 물에 존재하는 용존 물질은 크게 두 그룹으로 나눌 수 있다(Liss 1976).

(1) 강물과 비교하여 바닷물에 더 많이 존재하는 물질들(예 : Ca, Mg, Na, Na, K, Cl, SO_4)
(2) 바닷물과 비교하여 강물에 더 많이 존재하는 물질들(예 : Fe, Al, P, N, Si, 용존 유기물질)

해수는 강물에 비해 높은 염분을 가지고 있기 때문에 해수 주성분 원소의 용존상 대부분은 강물보다 해수에서 더 높은 농도를 보인다. 하지만 Fe, Al, Mn(그리고 Zn, Cu, Co 등과 같은 미량원소)과 같은 금속 원소, P, N, Si과 같은 영양염, 그리고 용존 유기물질(DOM)은 일반적으로 바닷물과 비교하여 강물에서 더 높은 농도를 나타낸다. 바닷물에 더 풍부하게 존재하는 원소들의 특성은 제8장에서 다루어질 것이므로 이 장에서는 단순히 언급만 하고 넘어가도록 하겠다. 이 장에서는 바닷물과 비교하여 강에서 더 높은 농도를 보이는 원소들에 대해서 자세히 다룰 것이다.

강물에서 더 높은 농도를 나타내는 용존 원소들이 해수에서 일정한 농도 비를 유지하기 위해서는 해수와 강물이 혼합되는 하구 또는 이후 바다에서 해당 원소들의 제거가 일어나야 한다. 그러므로, Fe, Al과 같은 원소의 제거기작이 하구역에 존재할 것이라 유추할 수 있다.

하구역에서 제거되는 원소들은 무기(비생물적) 프로세스 또는 생물학적 프로세스에 의해 제거가 될 수 있다. Fe, Al, Mn은 주로 무기적인 제거에 해당되며, Si, N, P, 유기물질의 경우 주로 생물학적 요인에 의해 제거가 일어난다. 하지만 특정 상황에서는 무기적인 프로세스에 의해 Si, P, 유기탄소의 제거가 또한 일어날 수도 있다.

하구에서의 무기적(비생물적) 제거

여기에서는 Fe, Al, Si, P, 용존 물질에 한해서 무기적 제거에 대해 논하고자 한다. 우리가 사용하는 **용존상**이라는 단어의 사용은 임의적으로 0.45 μm의 필터를 통과한 물질을 의미한다. 실제 이 용존상에는 콜로이드 물질(colloidal material)과 유기착화합물(organic complexes)뿐만 아닌 실질적인 용존 무기물 형태(truly dissolved inorganic species)를 포함하게 된다. 하구에서 '용존' 철의 무기적 제거는 여러 연구를 통해 밝혀져 왔다(Boyle et al. 1977; Liss 1976; Aston 1978; Burton 1988 참조). 철의 제거는 하구에서 강물과 바닷물이 혼합이 일어나는 염분이 낮은 지역(0~5‰)에서 빠르게 일어나며, 대부분의 제거는 염분이 15‰이 되는 시점에서 끝난다. 그 증거로서 철의 농도와 염분(또는 염소) 간의 상관관계에 나타나는 철의 제거 경향을 들 수 있다. 이 상관관계에서 이론적인 혼합 라인과 비교하여 아래쪽으로 움푹한 형태가 나타난다(이전 절 참조). 이 한 예를 그림 7.4에 나타내었다. 덧붙여, 실험실에서 진행된 강물과 바닷물의 혼합 실험 결과(Sholkovitz 1976; Boyle et al. 1977; Crerar et al. 1981), '용존' 철이 혼합 과정 중에 응집(flocculation) 또는 침전(precipitation)되고 있다는 것이 밝혀졌다. 이런 실험을 통해 얻어진 철의 제거율은 50~95% 정도로 매우 높게 나타났으며, 강물에서 철 농도가 높으면 높을수록 총철의 제거량은 증가하였다(Boyle et al.1977).

Sholkovitz(1976)는 스코클랜드 강의 강물이 바닷물과 혼합될 때 Fe, Al, Mn, P, 유기물질(organic substance)의 응집이 염분이 낮은 곳에서 나타난다는 것을 확인했다. 그는 강물에서 무기물질의 용해도(solubility)와 해수에서의 응집은 이들과 유기물질 간의 관계에서 비롯된다고 생각했다. 이런 응집 프로세스로서 제안된 것이 해수 양이온에 의한 콜로이드 음전하의 중

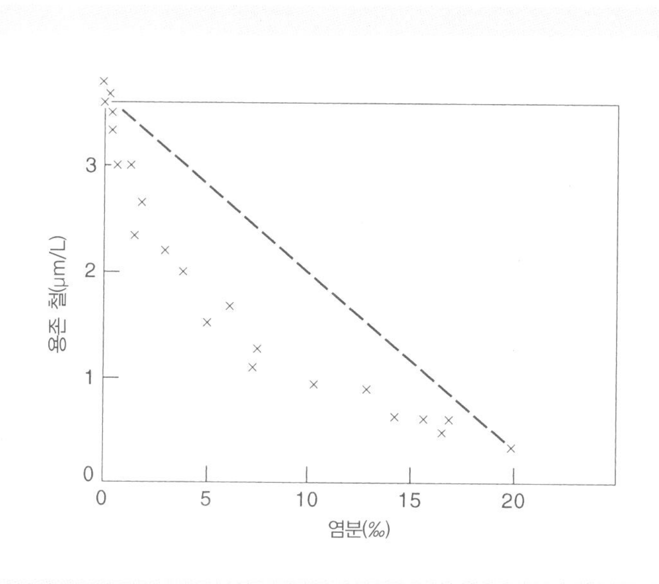

그림 7.4 미국 메리맥(Merrimack) 하구에서 얻어진 총 용존 철(μm/L)과 염분 간의 상관관계. 염분의 증가와 함께 철의 제거로 인한 곡선이 나타난다. 점선은 담수와 해수 간의 단성분에서 보존적인 혼합이 일어날 경우의 이론적인 혼합 라인을 보여준다.
출처 : Boyle et al. 1974.

화로 나타나는 산화철-유기물 콜로이드 혼합물(유기물질에 의해 강물에서 안정화됨)의 응집이다(Boyle et al. 1977). 그들은 미국 동부 연안의 하구에 존재하는 강물기원 '용존' 철의 거의 대부분이 철 산화물 입자와 유기물질이 결합한 형태인 콜로이드로 존재하며, 그러므로 실질적인 용존상(truly dissolved)이 아니라고 생각했다. 육상실험실에서의 실험 결과, Fe, Mn, P의 경우 총농도에서 50% 이상, Al의 경우 10~70% 정도 침전되는 것을 확인하였으며, 반대로 용존 유기물질의 경우에는 오직 3~11%만이 침전되는 결과를 얻었다. 이는 여러 용존 유기물질 중 휴믹산(humic acid)과 같은 고분자 형태의 유기물질만이 침전되어 낮은 비율이 나타난 것으로 설명되었다(Sholkovitz et al. 1978). 이러한 용존 유기물질의 제거는 너무 작아서 용존 유기탄소(dissolved organic carbon)와 염분의 상관관계에서는 명확하게 파악하기 어렵다.

만약 강한 산성화가 일어난 강이 하구를 통하여 바다에 닿을 경우, 이로 인한 pH의 감소는 몇몇 용존상 물질의 침전을 야기할 수 있다. Crerar 등(1981)은 유기물이 풍부하고 산성화가 나타난 미국 뉴저지 파인배런스강(Pine Barrens rivers)(pH 4~5)의 하구에서 응집뿐만 아니라 산의 중화(acid neutralization)를 포함하는 물리-화학적 메커니즘에 의해 Fe, Al, 용존 유기물질이 제거되는 것을 확인하였다. 그들은 이 산성화된 강물에 존재하는 Fe과 Al의 50% 이상이 실질적인 용존상으로 존재하고(철의 경우 대부분이 무기철로 이루어졌으며 일부 작은 부분만이 철-유기착화합물로 존재), 나머지는 콜로이드로 존재(유기콜로이드와 Fe oxyhydroxide의 혼합 형태)한다는 것을 알아냈다. 이렇게 산성화가 진행된 강물이 바닷물과 만나 pH가 증가하게 되면, 용존 무기 Fe와 Al은 과포화(supersaturated) 상태가 되어 기존의 Fe과 Al 콜로이드 및 고분자량의 휴믹물질과 함께 Fe oxyhydroxide 또는 Al oxyhydroxide의 응집으로 침전된다. 비록 Fe와 Al의 경우 많은 부분이 이런 기작을 통해 제거되지만 용존 유기물질의 경우 10% 정도만이 제거된다[Sholkovitz's(1976)와 유사한 정도].

유럽의 벨기에와 네덜란드 사이에 위치한 셀드 하구(Scheldt Estuary)와 같이 많은 오염이 발생하여 저층에 무산소의 물이 존재하게 될 경우(Wollast 1980), 강물을 통해 운반된 Fe^{3+}-hydroxides는 용존상의 Fe^{2+} 이온으로 환원된다. 이때 Fe^{3+}-hydroxides에 흡착되어 있던 인산염(phosphate)은 탈착되어 용존상으로 방출된다. 하구역의 물이 바다 쪽으로 흘러가면서 더욱 산소를 함유하게 될 경우 2가철은 다시 수산화철로 재침전되고, 인산염 또한 다시 재흡착되어 용존상에서 제거된다. 퇴적물과 물 사이의 경계면에서 퇴적물이 무산소와 유산소 환경에 교대로 노출될 경우 비슷한 효과가 나타날 수 있다(Krom and Berner 1981; Klump and Martens 1981). 이는 강한 조류에 의해 퇴적물이 광범위하게 재부유될 수 있는 아마존강과 같은 삼각주 하구 지역에서 잘 나타난다(Fox et al. 1986; Kineke and Sternberg 1995).

Hydes와 Liss(1977)는 영국의 콘웨이 하구에서 염분이 8‰보다 낮은 초기 혼합 과정에서 30%의 '용존' Al이 제거된다는 것을 알아냈다. 그들은 이런 Al의 제거 기작으로 Al이 달라붙어 있는 매우 세립한 점토가 담수에서는 부유 상태로 존재하다가 하구에 도달하면서 다시 응집되기 때문이라고 제안하였다. Dion(1983)은 코네티컷강과 아마존강에서 Al은 휴믹산과 같은 유기착화합물과 결합되어 있다는 것을 알아냈다. 그리고 휴믹산의 응집으로 인한 제거와 비슷한 기작을 통해 Al이 함께 제거되고 있다는 것을 제안하였다(Sholkovitz 1976). 하지만 Dion이 지적한 바에 의하면, Al 등과 결합된 휴믹물질 또한 점토입자에 흡착되고, 그로 인해 이 두 기작이 같아진다고 주장하였다.

Al 응집에 대한 다른 대안으로서 Mackin과 Aller(1984)가 제안한 모델을 들 수 있다. 이 경우 Al은 하구에서 양이온 농도의 증가와 pH의 상승으로 인해 강물기원의 유기화합물에서 대체된다. 이렇게 대체되어 나온 Al은 H_4SiO_4 및 양이온과 반응하여 새로이 알루미늄규산염(aluminosilicates)을 형성하고, 침전된다(더 자세한 내용은 제8장 참조). 또한 저층 퇴적물은 Al의 제거원 또는 유입원의 역할을 할 수 있다. Al은 퇴적물로 확산되어 용존상의 Si와 반응하여 알루미늄규산염을 형성할 수 있다. 하지만 퇴적물이 규소가 고갈된 물에서 재부유할 경우에는 점토가 용해되고 용존 Al이 다시 용존상으로 방출될 수 있다.

하구에서 용존 유기물질과 비교하여 보다 활발한 '용존' Fe과 Al의 제거로 인해 강을 통해 바다로 유입되는 이 원소들의 플럭스에는 상대적으로 많은 관심을 기울이지 않았다. 하지만 하구에서 완전히 제거가 되는지 아니면 이 물질들이 다시 이동하여 하구를 통해 바다로 배출되는지에 대한 의문이 제기되기 시작했다(Boyle et al. 1977; Bewers and Yeats 1980). 파인배런스 하구에서는 강물에 존재하는 Fe의 응집이 활발히 일어났음에도 불구하고, 저층 퇴적물에서 농축된 농도의 Fe은 발견되지 않았으며, 이를 통해 대부분의 응집된 Fe이 해류에 의해 하구에서 바다로 이동되고 있다는 가설이 제기되었다(Coonley, Baker, and Holland 1971; Crerar et al. 1981). 따라서 정리하자면, 하구에서 Fe의 제거는 입자의 제거에 의해 조절되고, 저층 퇴적물에 침전된 2가철 또는 점토 광물의 표면에 흡착되어 퇴적된 Fe은 퇴적물의 환원에 의해 다시 움직일 수 있게 되며, 이후 파도, 해류, 저층 퇴적물에서의 생물학적 교란, 그리고 저층 물로의 확산과 같은 반응을 통해 나오게 된다는 것을 알게 되었다. 그러므로, 하구역의 저층 퇴적물은 Fe의 기원이 될 가능성이 존재한다.

규소의 경우 생물학적인 프로세스에 우선적으로 영향을 받지만, 특정 상황에서는 비생물적 제거 또한 발생할 수 있다(총규소의 대략 10~20%가 이런 무기적인 프로세스에 의해 제거되며, 모든 사례를 통틀어도 30% 이하로 보고됨). Liss(1976)는 규소의 비생물적 제거는 몇몇의 하구에서 나타날 수 있으나, 이는 오직 담수에서 해수 혼합이 처음으로 일어나는 낮은 염분(0~5‰)의 상부 하구역에서만 나타난다고 강조하였다. 또한, 부유물질(suspended matter)이 존재하고 높은 농도의 용존 규소(대략 > 14 mg/L-SiO_2)가 강물 유출수에 존재할 필요가 있다고 언급하였다. Liss는 해수에 의한 희석 전, 강물에 높은 농도로 존재하는 규소를 필요로 하는 일종의 완충(buffering)과 같은 기작이 관여되어 있다고 제안하였다. 완충 기작은 초기 강물과 해수의 혼합에서 생성되는 콜로이드상의 수산화철과 수산화알루미늄에 의한 흡착으로도 나타날 수 있기 때문에 부유물질에 대한 중요성이 더욱 대두되었다(Faxi 1980).

해수보다 강물에 더욱 풍부하게 존재하는 Na, K, Mg, Ca, SO_4에 대한 하구에서의 연구들을 보게 되면, 이 원소들은 근본적으로 강물과 바닷물이 혼합될 때 보존적인 특성을 나타내는 것으로 나타났다(Liss 1976, Aston 1978 참조). 하지만 이는 이들 원소들의 반응이 없다는 것이 아니며, 단지 해수의 단성분 농도가 높게 나타나고 하구역에서 혼합 중에 나타나는 작은 농도 변화를 표준 혼합 모델을 통해 감지하기 어렵기 때문이다(강물기원 입자가 바다로 유입될 때 주성분 이온의 반응에 대한 내용은 제8장의 하구역과 바다의 퇴적물을 참조하길 바란다).

하구에서의 생물기원 영양염

영양염, 특히 N과 P는 일반적으로 바닷물과 비교하여 강물에 더 풍부하게 존재한다(Si는 뒤에서 따로 다루도록 함). 이는 오염물질 또는 암석 풍화물질과 함께 이들이 강으로 유입되고, 바닷물에서는 유기물에 의해 제거가 되기 때문이다. 그 결과 강은 하구에 영양염을 공급하고 하구에서는 이런 영양염의 생물학적 제거가 나타나게 된다. 초소형 식물 플랑크톤(단세포 부유생물), 특히 규조류(diatom)와 조류(algae)는 하구 표층수에서 용존 영양염의 제거를 일으키는 요인이다. 식물 플랑크톤의 활동량은 1년에 m^2에서 몇 g의 탄소가 고정되었는지를 의미하는 1차 생산량(primary production)으로 측정될 수 있다(g-C/m^2/yr). 대양에서 1차 생산량이 적은 해역은 용승(upwelling)이 일어나지 않는 해역으로서 대략 50 g-C/m^2/yr, 또는 이보다 낮은 것으로 알려져 있다(그림 8.4 참조). 하구와 연안 해수에서는 1차 생산량이 이보다 더 큰 230 g-C/m^2/yr 정도로 나타난다(Wollast 1993). 식물 플랑크톤의 생산량은 영양염의 공급이 더 많은 오염된 지역에서 더 크게 나타날 가능성이 있다.

하구에서 식물 플랑크톤의 '증식' 또는 온대 기후 지역의 하구에서 계절적으로 많은 양의 유기체가 발생하기 위해서는 빛이 통과할 수 있을 정도로 표층수가 맑아야 한다. 그러므로 양쯔강과 아마존강과 같이 많은 양의 부유 퇴적물이 존재하는 하구에서는 유기체의 성장이 저해될 수 있으며, 부유 퇴적물이 퇴적되어 물이 맑아진 지역에서 규조류의 증식이 발생하는 경향이 보인다(Milliman and Boyle 1975). 난류가 심한 물 또한 퇴적물이 재부유하기 때문에 퇴적물이 침전될 수 있는 잔잔한 물보다 식물 플랑크톤의 성장에 덜 유리하다. 하지만 미생물은 아마존으로부터 대륙붕으로 운반되는 점토 사이에서도 활동적이다(Aller and Blair 2006; 아래 참조).

하구에서 식물 플랑크톤의 수(즉 1차 생산량)에 영향을 줄 수 있는 또 다른 요인으로서 담수의 대체시간(flushing time)을 들 수 있다(앞부분의 '하구에서의 화학' 절 참조). 대체시간이 길수록 더 많은 식물 플랑크톤의 성장이 일어나게 되며 이로 인해 더 많은 영양염의 제거가 일어난다. 새로이 형성되고 영양염이 풍부한 물의 대체시간은 강물이 빠르게 표층을 따라 흘러 나가 성층화가 진행된 하구보다 잘 혼합된 하구에서 더 길게 나타난다. 대체시간은 또한 영양염의 재생산이 일어나는 것에도 영향을 끼친다. 만약 하구에서 물이 빠르게 빠져나가게 된다면 플랑크톤의 잔해는 바로 하구 밖으로 빠져나가게 되어 영양염이 재생산되기 위한 충분한 시간이 없을 것이다. 또한 매우 성층화된 하구역의 경우 영양염이 재생산되고 저층수로 돌아가지만 성층화로 인해 저층에 축적되게 된다. 이렇게 저층수에 영양염이 쌓이게 되는 것을 **영양염 포착**(nutrient trap)이라고 부른다(Redfield et al. 1963).

용존 영양염이 담수인 강의 유출을 통해 하구로 유입되는 것 이외에도, 하구와 연안환경의 표층에 존재하는 식물 플랑크톤에는 몇몇 추가적인 영양염 유입원이 존재할 수 있다. 이런 유입원은 하구에 따라 다양하게 존재할 수 있다. 즉 (1) 대기 중의 질소(N_2)의 N 고정(Wollast 1983)(예 : 북해), (2) 비에 포함되어 있는 N의 침적(특히나 인구밀도가 높은 지역), (3) 강을 통해 운반된 유기 및 무기입자에 존재하는 영양염의 재생산(용존상으로 다시 변화)(예 : Edmond et al. 1981, Berner and Rao 1993)(예 : 아마존), (4) 연안 용승 또는 수평적 이류를 통한 영양염이 풍부한 심층 해수의 유입 및 하구로의 운반(예 : Van Bennkom 1978)(예 : 자이르강) 등이다. 이와 반대로 하구역에서 내부적인(internal) 요인에 의한 영양염의 유입원은 다음을 포함한다. (1) 내부적으로 생산되었던 생물 잔해의 재생산, (2) 하구역 저층 퇴적물에 퇴적되었던 생물기원 영양염의 재생산(예 : Nixon 1981).

하구역에서 용존 영양염이 완전히 제거될 수 있는 기작은 다음과 같다. (1) 저층 퇴적물에 존재하는 생물학적 잔해의 침전 및 매장, (2) N_2와 N_2O가 대기 중으로 손실되는 탈질화, (3) 무기 인산염의 입자 흡착 및 퇴적물로의 매장(이전 단락 참조), (4) 바다로의 유출 등이다. 하구역에서 형성된 생물 잔해들의 일부 또한 바다 쪽으로 운반되고 바다의 더 깊은 곳에서 재생산이 일어날 수 있다. 이는 해양의 표층 아래에서 이산화탄소가 방출되는 것을 의미하기 때문에, CO_2로 변환될 수도 있는 C를 대기로부터 격리하는 방법으로 제시되었다(Walsh 1991; Wollast 1993).

탈질화(denitrification)는 미생물에 의해 용존 질산염이 N_2로 변환되는 것을 의미하며, 고정된 N를 제거하는 매우 중요한 기작이다. 하구역이나 호수에서 탈질화가 일어나는 정도는 N의 체류시간에 비례하게 된다. 체류시간이 길수록 식물 플랑크톤의 흡수, 퇴적물로의 유기입자 매장 및 탈질화에 의한 N의 반복적인 재활용이 가능해진다.

몇몇의 큰 강의 경우 하구를 건너뛰고 바로 대륙붕으로 물이 배출된다(Nixon et al. 1996). 브라질의 아마존과 토간틴스강, 콩고의 자이르강, 미국의 미시시피강과 컬럼비아강, 중국의 장강과 황허강과 같이 큰 규모의 강으로부터 배출되는 N의 양은 11 Tg-N/yr에 달한다(Bouwman et al. 2005a). Seitzinger 등(2006)은 연안으로 유입되는 N의 총유입량인 46 Tg-N/yr에서 위에서 언급한 큰 규모의(대륙붕으로 직접 배출되는) 강으로부터의 유입량인 11 Tg-N/yr를 뺀 값을 통해 대략 35 Tg-N/yr의 N이 강을 통해 하구로 유입된다고 계산하였다. 하구에서 총 N의 체류시간이 대략 3개월 정도인 것과(그림 7.5 참조) 강으로부터 하구역으로 유입되는 총 N의 유입량이 35 Tg-N/yr인 것을 근거로(표 7.2 참조), 하구역은 8 Tg-N/yr, 총 N의 약 22% 정도를 탈질화시키는 것으로 예측되었다(Seitzinger et al. 2006).

40~80 Tg-N/yr 정도로 강으로부터 연안 해역과 하구로 유입되는 총 N의 연간 유입량은

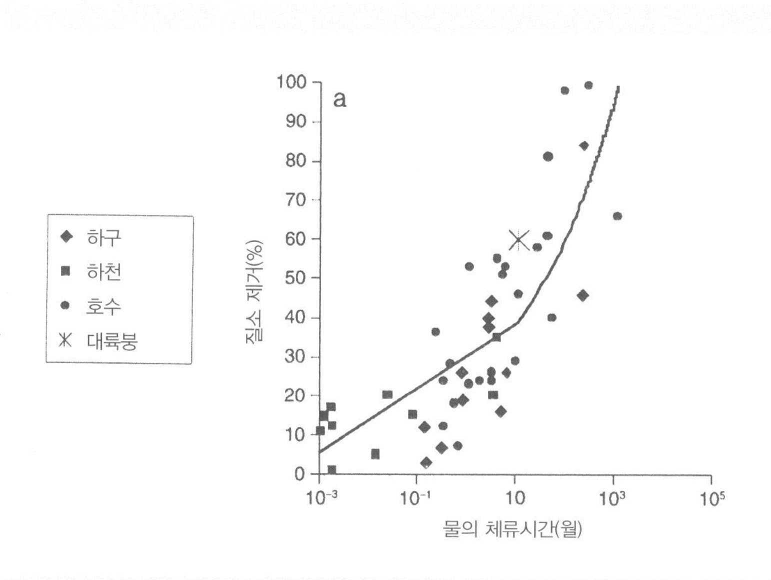

그림 7.5 하구, 하천, 호수 및 대륙붕에서 탈질화에 의해 제거되는 N의 %와 물의 체류시간(월) 간의 상관관계.
출처 : Seitzinger et al. 2006; Seitzinger et al. 2006.

표 7.2 바다로 배출 또는 바다로부터 유입되는 반응성 N의 플럭스(Tg-N/yr)

		Tg-N/yr	출처
유입 플럭스			
전 지구적 연안역으로의 강물 유입		46	(1)
대륙붕으로의 큰 강[a]의 직접 유입	11		(2)
전 지구적 하구역으로의 강물 유입	35		(1)
연안역으로 강물 플럭스(2000년)		43	(3)
연안 해양으로 강물 플럭스		50~80	(6)
연안수에서 대기의 침적		8	(5)
제거 플럭스			
하구역 탈질화 속도		8	(1)
연안 대륙붕 퇴적층의 탈질화(육상의 질소[b]의)		46	(1)
연안 대륙붕 퇴적층의 총탈질화		250	(1)
연안 해양의 질소 기체로의 탈질화		190	(4)
연안 퇴적층에서의 매장		25	(4)
하구에서 질소의 체류시간의 중앙값 = 3개월			(1)
하구역에서 총질소(TN)의 탈질화 속도 = 22% 총질소			(1)

출처 : (1) Seitzinger et al. 2006, (2) Nixon et al. 1996, (3) Seitzinger et al. 2010, (4) Gruber and Galloway 2008, (5) Galloway et al. 2004, (6) Duce et al. 2008.

[a] 대륙붕으로 직접 배출하는 큰 강들 = 아마존, 토칸틴, 자이르, 미시시피, 장강, 황허, 컬럼비아강.

[b] 공급원으로부터 유입량과 동일한 것으로 가정함 : 강 11 Tg-N, 대기 8 Tg-N, 하구 27 Tg-N.

연안 해역에서 발생하는 탈질화의 총량과 비교하여 매우 낮은 수치라는 것을 표 7.2에서 확연하게 볼 수 있다. 그러므로, Seitzinger 등(2006)에 의해 제기되었던 바와 같이 거의 대부분의 강 기원 N는 연안 해역에서 제거되고 있다고 가정할 수 있다.

아마존-기아나 대륙붕을 따라 아마존 삼각주를 넘어 운반되는 아마존강의 유기탄소는 연안 점토 지대에서 강하게 혼합되고 재산화가 일어나게 되면서 대부분의 N과 P가 미생물에 의해 재광물화(재생산)되고 용존상으로 다시 배출된다(Aller and Blair 2006).

제한 영양염 : 질소, 인, 규소

영양염으로 알려진 질소와 인은 식물 플랑크톤에 의해 탄소에 대한 일정 비율로 유기물질을 형성하는 데 사용된다. 해양 플랑크톤의 평균 구성 비율은 레드필드 비(Redfield ratio)로서 $C_{106}N_{16}P_1$으로 잘 알려져 있으나(제8장 참조), 실제 해양 플랑크톤의 영양염 흡수 비는 물에 존재하는 영양염의 가용성(availability)과 성장하는 식물 플랑크톤의 종류에 따라 5N:1P에서 15N:1P 비율로 다양하게 나타난다(Ryther and Dunstan 1971). Ryther와 Dunstan은 북미 연안 해수에서 식물 플랑크톤의 평균 N:P 활용 비를 10:1로 추정하였다. 만약 인이 풍부하게 존재할 경우 식물 플랑크톤은 질소보다 더 많은 인을 사용하게 될 것이며, 이를 인의 사치흡수

(luxury P consumption)라 부른다(Redfield et al. 1963).

제한 영양염(limiting nutrient)은 사용할 수 있는 영양염이 매우 적게 존재하는 영양염을 의미하며, 이 제한 영양염이 어느 정도 존재하느냐에 따라 유기물질이 얼마나 생산될 수 있는지를 가늠할 수 있다. 호수와 비슷하게 하구에서 또한 인이 제한인자로 존재할 수 있다(호수에서의 제한 영양염에 대해서는 제6장을 참조). 하지만 온대 기후의 하구와 연안 해수에서는 인이 아닌 질소가 제한 영양염으로 나타나기도 한다(Ryther and Dunstan 1971; Howarth 1988; Howarth et al. 1995; Howarth and Marino 2006). 그림 7.6(Nixon et al. 1996)은 대부분의 해양환경에서 N이 제한 영양염이라는 것을 보여준다. 이런 상황은 네 가지의 요인으로 나타날 수 있다.

(1) 여러 강, 특히 오염된 강에서 질소와 인의 비(N:P)는 하구역 플랑크톤에서 나타나는 비와 비교하여 상대적으로 낮게 나타난다. 즉, 이런 환경에서는 모든 N이 소비되더라도 잉여의 P가 남게 된다(Howarth and Marino 2006)(그림 5.18).

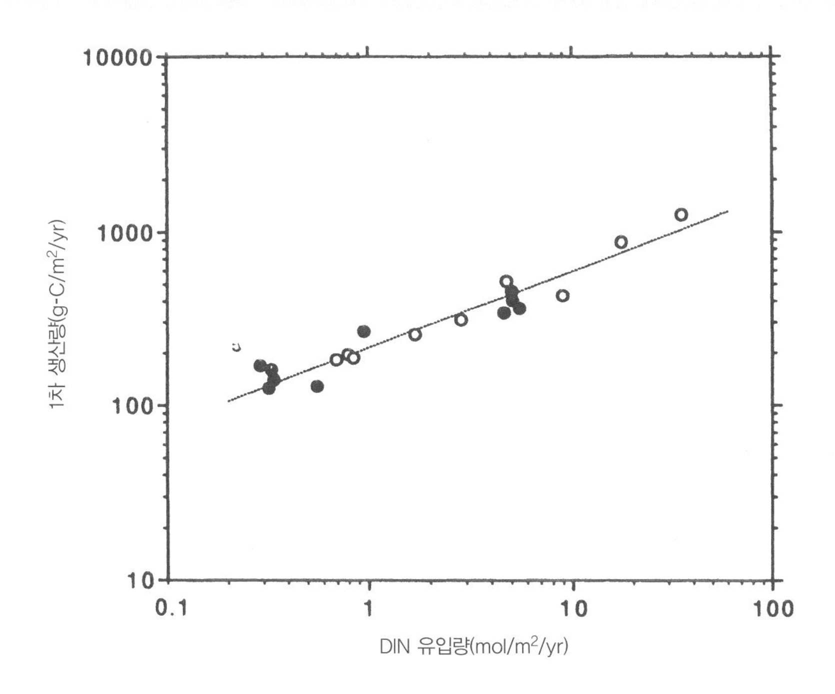

그림 7.6 다양한 해양 생태계에서 단위 면적당 용존 무기질소(DIN)의 유입량과 흡수량을 통해 계산된 1차 생산량(^{14}C 흡수량) 간의 상관관계(Nixon et al. 1996). 하얀색 원은 인위적인 무기질소를 살포한 다음 나타난 다년간의 결과를 보여준다. 검은색 원은 스코틀랜드 대륙붕, 사르가소해, 북해, 발트해, 북태평양, 토말스만 등의 자연 환경에서 나타난 결과를 보여준다.

(2) 탈질화, 즉 용존 NO_3^-가 박테리아에 의해 N_2, N_2O로 환원됨에 따라 영양염 질소(질산염)의 일부분이 하구역에서 소실될 수 있다.

(3) 퇴적이 일어날 때 N은 P보다 더 느린 속도로 재생산되고, 이로 인해 재생산에서의 N:P 비는 플랑크톤에 사용되는 영양염의 N:P 비보다 낮게 나타난다(예 : Krom and Berner 1981). (또한 Krom과 Berner는 퇴적물의 무산소 부분에서 H_2S에 의한 철의 환원에 의해 상당한 양의 PO_4가 퇴적물에서 배출되고 있다는 것을 밝혀냈다.)

(4) 마지막으로, 온대 기후의 하구와 연안 해역에서는 탁한 물로 인한 빛의 제한으로 질소 고정(N fixation)이 적게 나타나게 된다(Howarth 1988; Cloern 2001).

Conley 등(2009)에 의하면, N이 제한 영양염일지라도 염분이 8~10‰보다 큰 하구에서는 (염분이 35‰인 해수와 비교하여) 시아노박테리아에 의한 질소 고정이 나타나지 않는다. 다만, 빛이 저층에 도달할 수 있는 얕은 수심의 저층에서는 질소 고정이 나타날 수 있다(Howarth and Marino 2006).

오염은 여러 하구에서 질소의 고갈 또는 질소가 제한 영양염이 되게 하는 주요 요인 중 하나일 것이다. 미국 동부 해안 부근에 존재하는 강을 통해 오염된 강물이 유입된 결과 인을 풍부하게 만들어 질소와 인의 평균 비율이 5N:1P까지 나타났다(Ryther and Dunstan 1971). 이 비는 같은 지역에서 플랑크톤에 의해 흡수되는 비인 10N:1P의 비보다도 확연히 낮으며, 이로 이해 질소가 제한 영양염으로 작용하게 된다. 미국 동부 대서양 연안에 존재하는 강물에서 1974년부터 1981년까지 N과 P의 상대적 변화를 보게 되면, N은 30%가 증가할 때 P는 변화가 없든지 아니면 감소하기까지 하였다(Smith et al. 1987). 하지만 현재 도심 주변의 강물에 존재하는 N:P의 비는 낮게 나타나고 있다(Howarth and Marino 2006).

추가적인 오염의 유입으로서 대기 침적으로 인해 N이 직접적으로 연안 해수로 유입되는 것이 있다(Paerl 1985; Fisher at al. 1988; Paerl et al. 1990). Galloway 등(2004)은 대기를 통한 전 지구적 N의 유입량은 8 Tg-N/yr이며 이는 총 N의 10~15%를 차지한다고 예측하였다. 질산염이 제한 영양염으로 존재하였기 때문에, 만약 오염으로 인한 N의 증가는 1차 생산량을 증가시킬 수도 있지만, 오염으로부터 기인한 높은 N:P 비의 유입이 지속될 경우 반대로 P가 제한 영양염이 될 가능성 또한 존재한다.

연안해수에서 N과 P의 유입 및 생지화학적 기작은 장소에 따라 매우 다르기 때문에, 특정 상황에서 어떤 영양염이 제한인자로 존재할 수 있는지를 일반화하기에는 많은 예외가 존재한다. 예를 들어, 질소는 북해의 남쪽 만에서 제한인자로 존재하지 않지만, P가 봄철에는 제한 영양염으로 존재하기도 한다(van Bennekom et al. 1975 참조). 게다가 열대에 존재하는 빈영양성 하구와 연안 해역의 경우 P가 탄산염계 퇴적물에 흡착되어 제거되고 시아노박테리아의 높은 질소 고정으로 인해 N 영양염이 생성되어 P가 제한 영양염으로 존재할 가능성이 높다(Howarth 1988; Howarth et al. 1995).

P는 동부 지중해(Mediterranean Sea)에서도 제한 영양염으로 나타나는데, 이는 동부 지중해로 흘러 들어오는 물이 모두 높은 N:P 비를 가지고 있기 때문이다(Krom et al. 1991; Krom et al. 2004). 대기 기원의 경우 117:1의 N:P 비를 가지며, 이 해역의 경우 해수 또는 퇴적물에서 탈질화가 일어나지 않기 때문에 상대적으로 높은 N:P 비는 유지된다. 이 지역의 해수는 시칠리아 해협에서의 역하구 흐름(antiestuarine flow)으로 인해 무산소가 나타나지 않는다. 또한 P가 제한된 환경이므로 질소 고정 또한 일어나지 않는다.

체서피크만(Chesapeake Bay)에서는 계절에 따라 N과 P 중 어떤 영양염이 제한인자로 작용하는지가 바뀌는데, 봄철에는 P와 용존 규소(silicate)가 제한인자로 존재하게 되며, 여름의 경우 P가 퇴적물로부터 빠르게 용출되어 재활용되기 때문에 N이 제한인자로 작용한다(Malone et al. 1996). 멕시코만(Gulf of Mexico)에서는 부영양화의 결과로 N의 제한이 많이 일어난다(Rabalais 2002). 이는 생물이 저층에 가라앉아 분해되면 저층 물의 O_2가 낮아지기 때문이다.

몇몇의 사례에서는 N과 P, Si의 상대적 존재량 변화가 연안 해역과 하구에서 발견되는 식물 플랑크톤의 종을 변화시키기도 한다. 높은 농도의 P는 수질 문제를 일으킬 수 있는 특정 저서 미세 조류의 성장을 초래한다(Conley 2001). 하구에 존재하는 식물 플랑크톤이 Si를 필요로 하는 규조류(diatom)이고 오염에 의한 N의 유입이 있을 경우, Si:N의 비는 1:1까지 나타나기도 한다. 규조류에서 나타나는 Si:N의 비가 16:1인 것과 비교하여, 1:1의 비율은 Si가 제한 영양염으로 작용하게 되고, 이로 인해 해당 해역에 존재할 수 있는 식물 플랑크톤의 우점종은 규조류에서 와편모조류(dinoflagellates)와 같은 유해 조류로 바뀔 수 있다. 이런 사례가 멕시코만 인근 미시시피강 하구(Turner et al. 2003; Rabalais 2002; Rabalais et al. 2002), 발트해 인근 다뉴브강 하구에서 나타났다(Humborg 2000).

강으로부터 바다로 유입되는 전 지구적 평균 N:P 비는 Seitzinger 등(2010)에 의해 계산된 총 N(43 Tg/yr)과 총 P(8.6 Tg/yr)를 이용하여 추정할 수 있다(제5장 참조). 단순 계산을 통한 비는 11N:1P이다. 하지만 대부분의 N과 P는 유기체가 사용할 수 없는 고체상으로 존재하기 때문에 이 비율은 실제 비를 반영하지 못할 가능성이 크다. 영양염 유입에 대한 더욱 유의미한 추정을 하기 위해서는 반응성이 있는 N과 P를 조사하는 것이 필요하다. 여기에서 '반응성(reactive)'의 의미는 용존 N과 P에 강으로부터 운반되는 부유입자로부터 용존상으로 방출되어 돌아오는 N과 P를 더한 값이다. 반응성이 있는 N의 플럭스는 29.7 Tg-N/yr(어떠한 정의를 가지느냐에 따라 차이가 존재함, 표 5.19 참조), 반응성이 있는 P의 플럭스는 4.3 Tg-P/yr(표 5.21 참조)로 계산되었으며, 이는 레드필드 비인 16:1(Redfield et al. 1963)과 근접한 15N:1P로 나타난다. 그 외 추가적인 다른 기작들에 의해 최종적으로는 16:1로 나타나는 것으로 고려되며, 이러한 기작들로는 P가 매우 높을 때 나타날 수 있는 질소 고정, N이 잉여로 존재할 때 나타날 수 있는 탈질화와 P의 재활용 등이 있다(Falkowski et al. 1998).

북대서양 분지에서의 N과 P의 존재량에 대한 연구는 Nixon 등(1996), Howarth 등(1996), 그리고 여러 연구진들에 의해 활발히 진행되었다. 강물 유입의 일부는 하구를 통과하여 대륙붕으로 이동하며, 다른 일부는 직접적으로 연안 해역으로 이동한다. 이 두 상황 모두 영양염은 광합성을 통해 흡수된다. 육지에서 하구를 통해 대륙붕으로 이동되는 N과 P는 하구에서의 체류시간과 역의 상관관계를 가진다. 예를 들어 긴 체류시간은 하구에서 많은 영양염의 소실을 의미한다(N은 그림 7.7, P는 그림 7.8 참조)(Nixon et al. 1996). 하구에서 물의 평균 체류시간은 0.5~12.0개월이다. 일반적으로 육지를 통해 유입되는 P의 45~90% 정도가 하구를 통과하여 대륙붕까지 운반되며(그림 7.8)(Nixon et al. 1996), 나머지는 하구 퇴적물로 묻히게 된다.

하구에서 대부분의 N 유실은 탈질화로 인해 나타나며, 이런 탈질화로 유실되는 N의 비율은 물의 평균 체류시간이 길수록 크게 나타난다. 육지와 대기를 통해 유입되는 총 N의 약 50%가 탈질화로 인해 제거되는 것으로 알려져 있으나 발트해의 경우 75% 정도로 나타나기도 한다. 일반적인 하구에서는 퇴적물로 매장되거나 탈질화로 인해 30~70% 정도의 총 N이 제거되며, 남은 N은 대륙붕으로 운반되는 것으로 알려져 있다.

N과 P의 순환과 관련한 일부 연구는 오염되지 않은, 즉 자연 상태 그대로를 대변할 수 있는 하구에서 진행되었다. Kaul과 Froehlich(1984)는 미국 플로리다에 위치한 수심이 얕고 혼합이 활발한(well-mixed) 오클로크니 하구에서 질산염의 소실과 인산염의 증가로 인한 $3NO_3$-N: $1PO_4$-P의 비를 확인하였다. 하구에서 규조류에 의해 제거되었던 모든 질산염은 용존상으로 재

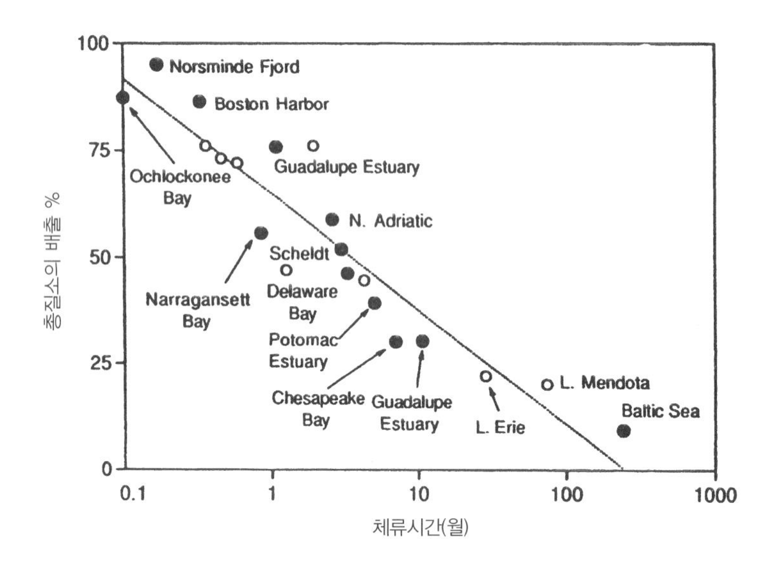

그림 7.7 육지와 대기로부터 여러 하구와 호수로 유입되는 총질소를 100%로 보았을 때 이후 하구와 호수로부터 배출되는 질소 배출량 %와 물의 평균 체류시간과의 상관관계. 하구의 자료는 검은색 원으로, 호수의 자료는 하얀색 원으로 나타내었다.

출처 : Nixon et al. 1996; Nixon et al. 1996의 데이터 참조.

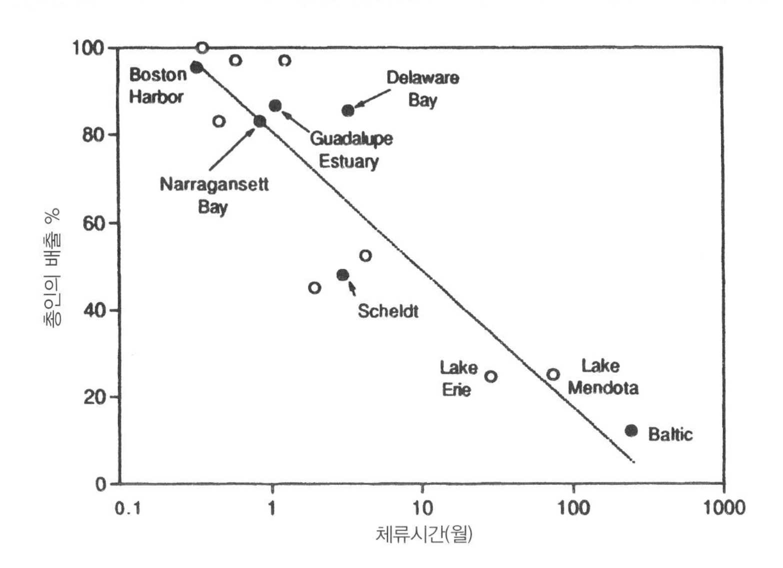

그림 7.8 육지와 대기로부터 여러 하구와 호수로 유입되는 총인을 100%로 보았을 때 이후 하구와 호수로부터 배출되는 인 배출량 %와 물의 평균 체류시간과의 상관관계. 하구의 자료는 검은색 원으로, 호수의 자료는 하얀색 원으로 나타내었다.

출처 : Nixon et al. 1996.

생산되지 않았으며, 반면에 규조류에 의해 제거되었던 인산염의 경우 완전히 재생산되는 것으로 나타났다. 실제로, 저층으로부터 유래하는 용존 인산염의 플럭스는 규조류에 의해 제거되는 것보다 더 크게 나타나는데, 이는 강으로부터 운반된 입자상 P의 재생산이 추가되기 때문이다. Nixon 등(1996)은 오염되지 않은 하구역의 경우 육지와 바다 사이에서 P와 N이 거의 완전하게 이동한다는 것을 발견하였다. 그들은 총질소의 87% 정도가 육지와 대기로부터 하구로 도달하고 바다로 유출되며, 이때 탈질화는 총질소 유입의 11%만을 차지한다고 추정하였다.

하구 영양염 오염에 의한 부영양화

인간은 다양한 용존 오염물질을 하구에 배출한다(예 : 탄화수소, 중금속, 박테리아 등). 여기서는 오직 (1) 영양염, (2) 유기물질의 부화(enrichment)에 대해서만 한정하여 논하고자 한다. 인간에 의한 영양염의 유입(플랑크톤 성장의 인위적인 촉진을 유발할 수 있는)과 유기 폐기물(organic wastes)의 유입은 모두 배양 부영양화(cultural eutrophication)로 불리며(Likens 1972), 여기에서는 이 정의를 적용하여 논하도록 하겠다(부영양화에 대한 정의 및 자세한 설명은 제6장의 호수에 대한 내용에서 설명한 것을 참조).

하구에서 영양염 N의 유입은 오염이 되지 않은 환경과 비교하여 6~50배 정도 증가하였으며, P의 경우 18~180배 정도 증가하였다(그림 7.9). Conley(2001)의 결과에 따르면, 1900년대의 환경과의 비교하여 발트해, 체서피크만, 나라간세트만에서 나타난 P와 N의 유입량 변화는 각각 2~6배, 1.5~4.5배 증가한 것으로 나타났다(그림 7.9). 또한 Conley(2001)는 이런 변화에 의해 N:P 비 또한 감소하고 있다고 강조하였다(그림 7.10).

하구에서 영양염이 풍부해지면 우선적으로 용존 무기 질소와 용존 무기 인이 증가하게 되

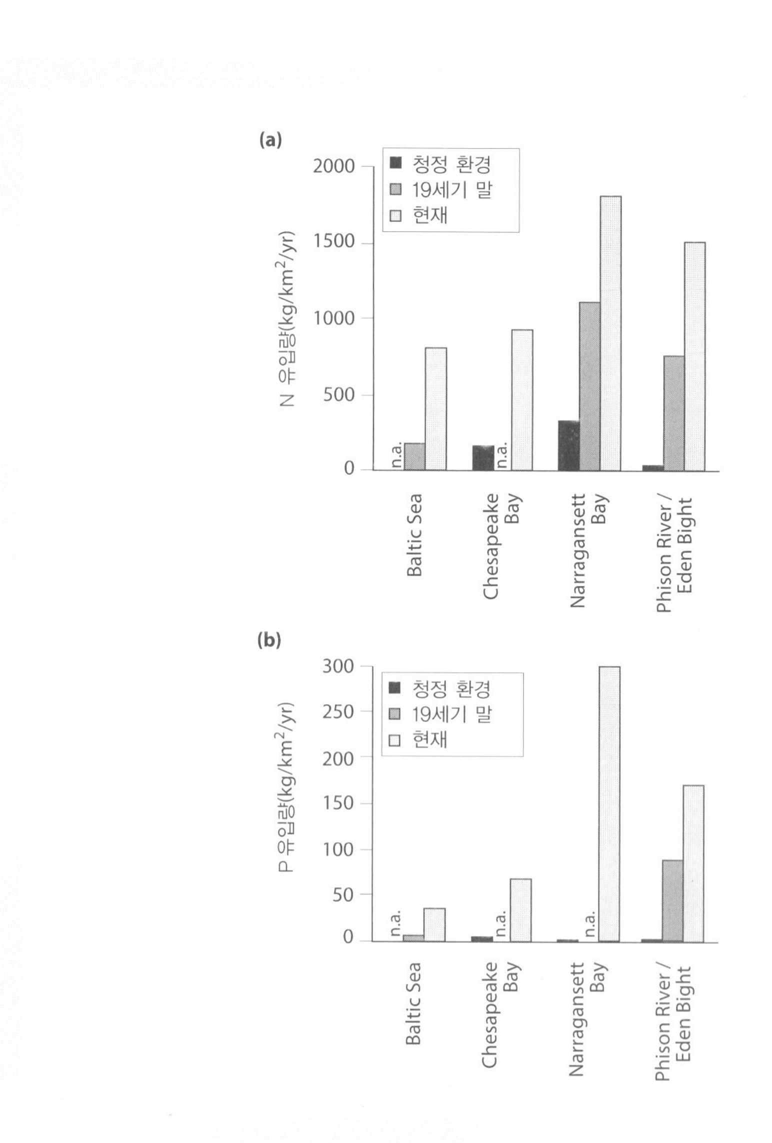

그림 7.9 청정 환경, 19세기 말, 현재의 여러 하구 환경에서 단위 면적당 (a) 연간 N의 유입량과 (b) 연간 P의 유입량 ($kg/km^2/yr$).

출처 : Conley 2001; Conley 2001의 데이터 참조(n.a.는 데이터가 없다는 의미임).

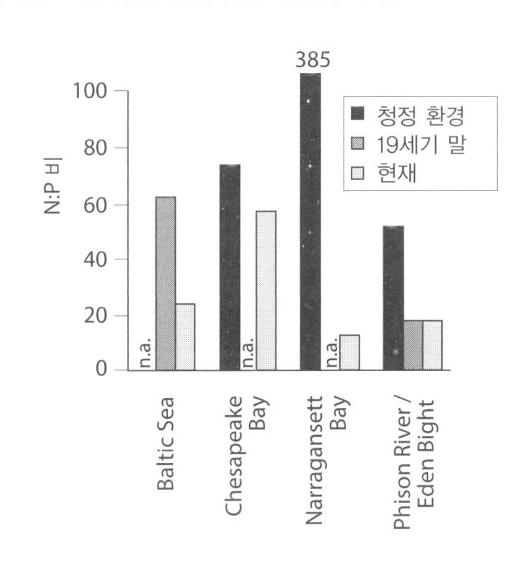

그림 7.10 청정 환경, 19세기 말, 현재의 여러 하구 환경에서 나타난 N:P 유입량 비

출처 : Conley 2001; Conley 2001의 데이터 참조(n.a.는 데이터가 없다는 의미임).

고, 식물 플랑크톤(또는 조류)의 과도한 성장이 일어나며, 최종적으로 용존 산소의 고갈을 초래한다. 보통 영양염의 부화는 용존 무기 질소인 NH_4^+, NO_3^-, 그리고 NO_2^-와 P를 포함한다(때때로 Si도 포함). 하수(sewage)의 경우, 하수처리장에서는 용존 유기물질을 제거하더라도 여전히 N과 P가 남아 있기 때문에 매우 높은 농도의 암모니아와 인산염의 기원이 될 수 있다.

오염으로 인해 기인한 영양염들(N, P, Si)에 의한 식물 플랑크톤의 반응은 유기물질의 증가에 의한 박테리아의 반응보다 더 복잡하게 나타나며, 하구 순환과 초기 영양염의 공급량, 그리고 밸런스에 따라 하구별로 다양하게 나타난다. 일반적으로 질소가 제한인자로 나타나고 식물 플랑크톤이 필요로 하는 N:P 비보다 낮은 N:P 비가 나타나는 미국 동부의 하구와 연안 해수로 오염물질에 포함된 N이 유입되면 N은 식물 플랑크톤에 의해 빠르게 소비되며, 이로 인해 잉여의 PO_4가 물에 남게 된다(Ryther and Dunstan 1971; Nixon 1981). 이런 이유로, 미국 동부 연안해수에 존재하는 잉여 PO_4는 영양염과 유기 오염물질의 추적자(tracer)로 활용되기도 한다. 이 경우, 오염물질에 포함된 P의 환원(reductions)(예 : 세제)은 조류의 성장을 크게 저해하지는 않지만, 오염물질에 포함된 N의 환원의 경우는 성장을 저해시킬 수 있다(Ryther and Dunstan 1971; Howarth et al. 1994). 이에 대응하여 오염된 물에 존재하는 N을 제거하여 더 높은 생산량 및 더 많은 유기물의 퇴적을 유도하는 기작인 탈질화가 나타날 수도 있다. 이런 탈질화로 인해 대기로 N이 이동하여 용존상에 N이 재생산되는 것을 제한하게 된다. 이런 기작은 퇴적물이 무산소 상태가 되어 탈질화에 제약이 생길 때까지 발생하게 된다(Wollast 1993). 따라서 탈질화는 과도한 질소의 유입을 완전히 보상하지는 못한다(Seitzinger and Nixon 1985).

조류의 성장 정도를 평가하기 위해서는 질소와 인의 농도 이외에 다른 요인들 또한 중요하게 고려되어야 한다. 빛의 제한은 플랑크톤의 성장에 기여하는 주요한 요인이다(Cloern 1999). 그러므로, 빛을 차단할 수 있는 높은 농도의 부유물질 또한 조류의 성장을 제한할 수 있다.

영양염의 유입과 부영양화에 의한 연안의 빈산소

이미 언급한 부영양화처럼, 영양염의 부화는 식물 플랑크톤의 더 많은 성장을 야기하고, 이후 저층에서 박테리아가 산소를 소비하여 유기탄소를 분해하게 되며, 그 결과 빈산소 또는 무산소의 환경이 형성된다. 빈산소 구역은 종종 'dead zone'으로 불리는데(Diaz and Rosenburg 2008), 이는 전 세계 연안 해역에서 점점 일상적인 환경이 되어가고 있다. 연안 해역에서 부영양화의 발달은 비료에 포함된 영양염(특히 질산염)이 더 많이 유입되고 화석연료의 연소로 인해 질산염이 많이 함유된 비가 내리게 됨으로써 나타난다. 이런 빈산소 구역의 대부분은 미국, 유럽, 중국, 그리고 일본의 연안에서 발생한다. 세계에서 가장 큰 빈산소 구역은 발트해 연안, 미시시피강이 유입되는 멕시코만 북부, 그리고 북서 흑해로 알려져 있다(Rabalais 2002) .

다뉴브강과 여러 유럽의 강물이 흘러 들어오는 흑해는 깊은 해저에 영구 무산소층을 가지고 있지만, 흑해의 북서부 대륙붕에는 빈산소 구역이 존재하며, 이는 1970년대에서 1980년대 사이에 급격히 발달하여 최대 40,000 km^{2}의 면적을 차지하게 되었다. 하지만 소련이 붕괴되기

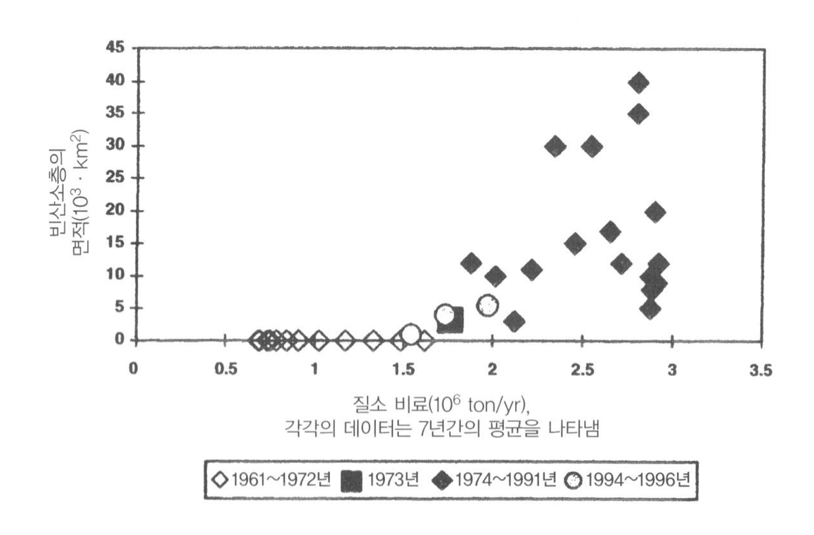

그림 7.11 북해 북서부 대륙붕에서 질소의 유입량과 저층 빈산소층의 면적 간의 상관관계. 각각의 기호는 시기를 나타낸다.

출처 : Rabalais 2002, L. D. Mee 2001.

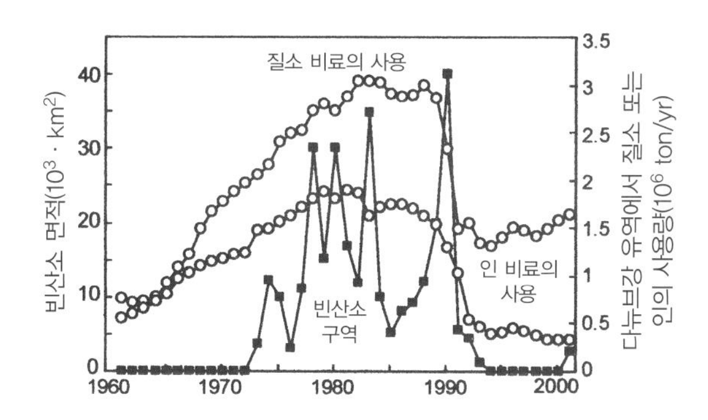

그림 7.12 다뉴브강 유역에서 질소와 인이 포함된 비료의 사용량과 여름철 흑해 북서부 빈산소 구역 면적의 시간적 변화(1960~2001년).

출처 : Kemp et al. 2009, Mee 2006.

시작한 1980년대 말부터 비료에 대한 보조금과 가축을 이용한 농업이 사라지게 되었고, 이로 인해 질산염과 P의 유입은 급격히 줄어들었다. 빈산소 구역은 1990년에 최대로 나타난 이후 점차 감소하여 1996년에는 대부분 사라졌으며, 1999년에는 오직 1,000 km^{2}의 면적으로 존재하였다(그림 7.11, 7.12 참조). Kemp 등(2009)은 이 결과가 N의 유입량 감소로 인한 빈산소 구역의 감소를 보여주는 드문 예라고 언급하였다.

발트해는 북부 유럽에 존재하는 해수의 교환이 제한된, 크고 영구적인 성층화가 나타나는 하구 환경으로, 매우 넓은 면적(86,000 km^2)의 저염분 해역 및 저층에 영구 빈산소 환경을 가지고 있다. 그림 7.13d는 1970년에서 1993년 사이에 총인의 유입량 감소(그림 7.13a)와 용존 무기인(DIP)(그림 7.13b) 감소가 연결되어 빈산소 구역의 면적이 감소되는 것을 보여준다. 1993년부터 2000년까지 용존 무기인은 빈산소 구역의 면적과 함께 증가하였는데, 저층 무산소층이 증가함에 따라 저층 퇴적물에서 철과 결합되어 있던 P가 용출되었기 때문으로 해석된다. 또한 저층수에 용존 산소가 다시 보충되는 기작으로 염수(saltwater)의 유입이 있는데, 1990년대 초반 이런 염수의 유입이 다시 진행되어 염분이 증가되고 성층화가 일어나는 결과를 가져왔다(그림 7.13c). 온도의 상승, 많은 영양염의 유입, 그리고 퇴적물로부터 높은 P의 용출과 함께 이런 요인들은 모두 발트해에서 더 넓은 빈산소층의 발달을 초래한다(Conley et al. 2002; Conley et al. 2009). 발트해에서 넓은 면적의 빈산소층 증가는 산소가 풍부한 물과 산소가 고갈된 물의 경계면에서 탈질화와 혐기성 암모늄 산화로 인한 N의 소실을 증가시킨다. 무산소로 인하여 P는 저층 퇴적물에서 저층수로 용출되고, 겨울철 혼합에 의해 다시 표층수와 혼합된다. N은 식물 플랑크톤의 증식이 일어나는 봄철에 제한 영양염으로 나타날 수 있지만, 많은 양의 유기물질이 봄철에 형성되어 무산소 구역이 유지되고 있는 저층수로 떨어지게 된다.

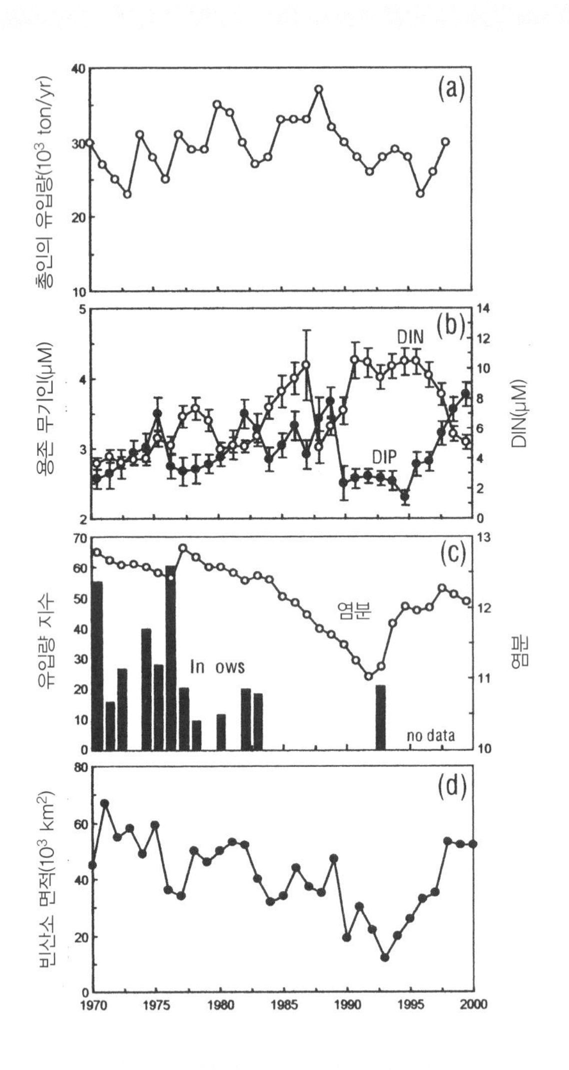

그림 7.13 시간별(1970~2000년 사이) (a) 발트해에서 연간 총인의 유입량 변화, (b) 100 m 미만의 수심에서 나타난 연간 용존 무기인(DIP : 검은 원)과 용존 무기질소(DIN : 하얀 원)의 연간 농도 변화, (c) 발트해로 유입되는 물의 유입량 지수(검은색 막대)와 200 m에서 나타나는 염분의 연간 변화(하얀색 원), (d) 발트해 리가만, 핀란드만에서 나타난 빈산소 구역의 면적 변화.

출처 : Kemp et al. 2009; Kemp 2009의 데이터 참조.

수괴에 존재하는 과잉의 P는 여름철 시아노박테리아의 증식을 야기하여 표층수의 N을 고정한다. 이 새로운 N은 봄철에 다시 플랑크톤의 증식을 유지하게끔 하여 부영양성 주기를 생성한다(Conley et al. 2009). 하지만 아직까지 빈산소 구역을 조절하기 위한 국제적인 노력은 성공하지 못한 상황이다(Kemp et al., 2009).

여름철 북부 멕시코만의 대륙붕 근처에 위치한 미시시피강 배출구에서는 넓은 면적

(22,000 km^2)으로 빈산소 저층수가 발달한다. 이렇게 이 지역에서 낮은 용존 산소가 나타나는 것은 수괴의 성층화와 담수에 포함된 영양염의 유입에 의해 나타나는 높은 1차 생산량에 기인한다. 미시시피강으로부터 유입되는 영양염은(특히나 질산염) 미국 중부 미시시피강을 따라 펼쳐진 넓은 면적의 옥수수 농사의 영향을 받은 것이다. 최근 에탄올의 추출에 옥수수가 사용되면서 옥수수 농사 경작지의 면적은 더욱 증가하였다. 이 빈산소 구역은 1950년대부터 농업에 의한 N 플럭스가 증가하면서 발생하였으며, 계속 그 면적이 증가하고 있다(Rabalais 2002; Rabalais et al. 2002; Turner et al. 2008). 상기한 질산염의 유입량은 여름철 빈산소 구역의 크기와 연관이 있다(그림 7.14 참조). 이런 N의 유입은 1980년부터 2010년까지 증가하였으며 앞으로도 계속 증가가 예상되고 있다. 미국 중부 연간 강수량의 변화는 질산염의 침출과 연간 질산염의 유입량에 영향을 준다(Donner and Scavia 2007 참조). 또한 유기물 축적으로 인한 해양 퇴적물의 O_2 수요가 증가하여 이후 N의 유입과 관련된 시스템을 더욱 민감하게 만들었다. 그림 7.15a(Kemp et al. 2009)는 1993년 이후 N 유입에 따라 빈산소 구역의 면적이 얼마나 커졌는지를 보여준다.

체서피크만은 미국 중부 대서양 연안에 존재하는 큰 하구역으로서 서스퀘나강을 통해 영양염을 공급받는다. 1950년대 초반부터 인구 증가와 농업의 발달로 인해 N의 유입이 증가하였고, 이는 부영양화 및 여름철 저층수 빈산소 구역의 증가의 결과를 가져왔다. 영양염의 유입을 억제하기 위한 노력으로 N 유입량은 1990년부터 약간 감소하였다. 하지만 N의 유입이 감소했음에도 빈산소의 부피는 계속 증가하였으며, 봄철 N의 유입량 기준 빈산소 구역의 부피는

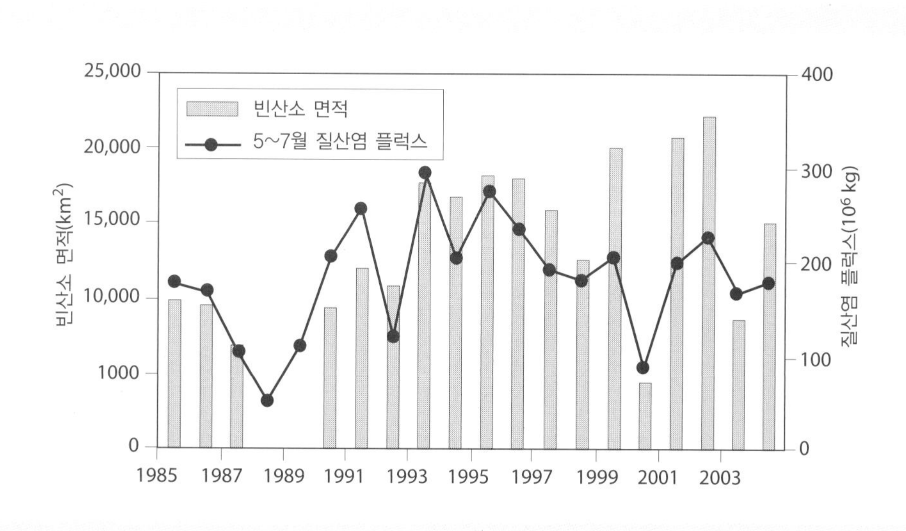

그림 7.14 1985년부터 2005년까지 획득한 5~7월 미시시피강에서 질산염의 플럭스와 이후 여름철에 나타난 계절적 빈산소 구역의 면적 변화. 1988년 빈산소 구역은 40 km^2까지 도달하였다. 1989년 데이터는 없다.

출처 : 빈산소 데이터는 Rabalais 2010; 다이어그램은 Donner and Scavia 2007.

갑자기 2배가 되었다(그림 7.15b)(Kemp et al. 2009). Kemp 등은 이런 급격한 변화에 대한 확실한 원인을 밝히지 못하였다. 하지만 그들은 이런 변화의 시작이 물리적인 요인에 의한 것이라 추측하였다. 그들이 제시한 물리적인 요인으로는 해수면 상승과 멕시코만류의 변화로 인한 저층수 용존 산소 재보충률 하락 및 여름철 바람의 방향과 풍속 변화로 인한 상대적으로 높은 염분과 저층수의 안정화였다. 퇴적물에서 산소를 풍부하게 만드는 굴의 감소와 같은 생태학적 특징과 저층 물의 무산소로 인한 ammonium-N 재활용의 증가 또한 이런 빈산소 구역의 증가에 기여한다.

장기 기후 변화와 10년 주기의 기후 강제력은 온도, 염분, 담수 유입 및 바람의 응력(wind stress) 변화를 초래할 수 있기 때문에 하구 저층수의 용존 산소 농도에도 영향을 줄 수 있다(Rabalais 2010). 예를 들어, 높은 수온은 용존 산소의 용해도를 감소시키고, 높은 박테리아의 호흡률은 용존 산소의 소비를 촉진한다. 더불어, 따뜻한 표층수는 여름에 더 강한 성층화를 발달시킨다. 높아진 해수면은 저층수의 염분을 더욱 높일 수 있으며, 이로 인해 체서피크만에서

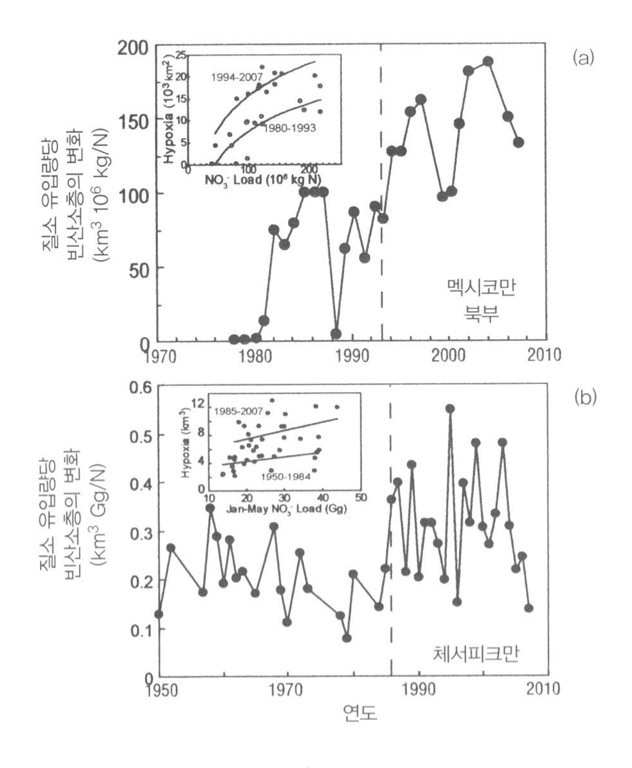

그림 7.15 (a) 미국 멕시코만 북부와 (b) 미국 체서피크만에서 단위 질소 유입량당 빈산소층의 변화에 대한 수십 년간의 데이터.

출처 : Kemp et al. 2009; Kemp et al. 2009의 데이터 참조.

보여지는 것처럼 더욱 안정화되고 혼합이 잘 이루어지지 않는 결과로 나타날 수 있다(Kemp et al., 2009). 전 지구적 기후 변화와 같은 요인에 의해 장기간 담수의 유입이 증가하게 되면 성층화와 영양염의 유입량을 증가시켜 빈산소를 더욱 발달시킬 수 있으며, 반대로 물의 유입량이 감소할 경우에는 (멕시코만에서 보여진 바와 같은) 반대의 결과가 나타날 수 있다(Donner and Scavia 2007). 마지막으로, 대기 기압과 순환의 장기적 변화는 바람의 응력 변화로 나타날 수 있으며, 이는 수직 혼합에 의한 저층수로의 용존 산소 유입을 변화시킬 수 있다.

직접적인 유기물질의 부화는 주로 하수에서 하구로 유입되는 많은 양의 용존, 입자상의 유기탄소와 유기질소에 의해 나타난다. 이전 장에서 이미 논한 바와 같이, 이런 유기물질을 분해하기 위해서는 용존 산소가 소비되며 유기물질이 풍부한 하구에서 물의 순환과 대기-수층 간 기체 교환에 의한 용존 산소의 재공급이 빠르지 않을 경우 용존 산소의 고갈이 나타난다. 용존 산소의 고갈은 저층에서 더 크게 나타나며, 매우 심한 경우에는 완전한 무산소 환경이 나타나게 된다. 이런 예로 벨기에와 네덜란드 사이에 위치한 얕고 탁한 셸드 하구(Scheldt tidal estuary)의 경우 1970년대 초반 영양염과 유기물의 유입 증가로 인해 저층에 30 km가 넘는 무산소 환경이 발달했었다(Wollast 1983). 빛의 제한은 영양염을 흡수하여 성장하는 식물 플랑크톤의 성장을 막는다. 1970년대 중반 하수처리장이 건설되고 나서 O_2는 20년 간격으로 그 이전 수준으로 되돌아갔다(Soetaert et al. 2006).

수질 관련 연구에서는 물에 존재하는 분해 가능한 유기물질의 양을 평가할 때 **생물화학적 산소요구량**(biochecmical oxygen demand, BOD)이라는 용어를 자주 사용하며, 이는 미생물이 유기물질을 분해할 때 필요로 하는 산소량을 의미한다. 하수처리장은 폐수의 BOD를 줄일 수 있다. 예를 들어, 뉴욕항으로 배출되는 하수의 경우 2차 하수처리에서 산소요구량의 3분의 2가 제거된다. 영국 런던의 템스강은 1960~1970년대에 하수처리장으로부터 많은 양의 영양염과 유기물이 배출되었는데, 이로 인해 여름철 매우 낮은 용존 산소 농도를 보였다. 하수처리장에서 2차 하수처리가 시작된 이후로 BOD의 양은 80% 감소하였고, 그 결과 여름철 용존산소의 농도는 더 높은 농도로 돌아올 수 있었다(Kemp et al. 2009)

Kemp 등(2009)은 얕은 수심을 가지고 조류의 영향이 큰 수직혼합형 하구(well-mixed tidal estuaries)에 하수처리장이 존재할 경우 낮은 용존 산소가 더욱 좋게 개선될 수 있다고 언급하였다. 혼합이 활발한 연안 환경은 무기 영양염을 감소시키는 쪽으로 반응하지만, 종종 이 반응은 5~10년의 시간차를 가지고 나타나기도 한다. 하지만 성층화된 하구역과 연안 환경에서 심층으로 확산되는 영양염의 확산을 감소시켜 빈산소를 조절하려는 노력은 성공적인 결과를 보였다(예 : 체서피크만). 용존 산소를 증가시키기 위해서는 영양염의 감소를 통한 식물 플랑크톤의 생체량 생산을 감소시켜야 한다. 이러한 시스템은 영양염 유입량 감소에 대한 빈산소 구역의 비선형적 반응으로 나타난다. 몇몇의 사례에서, N 유입량 기준 빈산소 구역의 갑작스러운 증가는 강으로부터 담수와 영양염의 운반량 증가를 초래하는 기후 변화 때문일 가능성이 있다. 물리적인 변화는 성층화된 저층수의 환기(ventilation)를 달라지게 하거나 식물 플랑크톤이 유기물질을 생성하는 위쪽으로 영양염이 전달되는 정도를 변화시킬 수 있다. 예를 들어, 미국 롱아일랜드 해협에서 바람에 의한 해류의 밀림(current shear)은 성층화와 수직혼합에 의한 심층으로의 용존 산소 유입을 조절하였고, 이를 통해 빈산소가 조절되었다(Wilson et al. 2008). 여름철 바람의 방향은 연별로 다양하게 나타난다.

Conley 등(2009)은 연안 환경에서 빈산소를 줄이기 위해서는 N과 P 모두 조절되어야 한다고 강조하였다. 상류 담수 지역에서 N의 감소 없이 P의 감소만 있을 경우, N은 조류에 의해 제거되지 않고 하류 쪽으로 운반될 것이며, 운반된 N은 연안 환경에서 부영양화를 초래한다. 이로써 연안 환경에서 봄철 증식 시기에 P가 더욱 제한인자로 존재하게 된다. 유해 조류에 의한 N_2 고정이 발생할 수 있는 담수 시스템에서 N의 유입을 제거하기 위한 관리 또한 필요하다. 게다가, 한 영양염을 조절하는 전략이 반드시 다른 영양염을 조절하는 것은 아니다. P를 줄이기 위한 폐수처리 기술은 N에 똑같이 적용되지 않으며, 대기 침적을 통한 N의 유입을 줄이는 것이 P의 유입을 제어하는 것은 아니다.

Duarte 등(2009)은 많은 하구에서 부영양화로 이어지는 영양염의 증가로부터 감소까지 걸리는 시간은 약 30년 정도로 나타났다고 지적하였다. 이 기간 동안 CO_2의 증가는 수온의 증가(0.4°C; Forster et al. 2007)와 해수면 상승(~10 mm)의 결과를 가져왔으며, 이 결과 해초의 소실과 같은 하구역 식생의 변화, 어류와 무척추동물의 소실, 그리고 유기물질의 저층 퇴적물 매장량이 증가하게 되었다. 이는 영양염의 유입량이 감소하더라도 하구 환경이 반드시 원상태로 돌아가지는 않는다는 것을 의미한다.

유해 조류의 증식과 부영양화

유해 조류의 증식(harmful algal blooms, HABs)은 영양염 유입량의 증가 및 N:P, N:Si, DOC:DON과 같은 영양염 비의 변화와 관계가 있다(Anderson et al. 2002; Rabalais 2002). 이 증식은 적조, 갈조, 그리고 독성이 있는 유해 조류의 증식을 포함한다. 독성물질은 조개류와 어류에 농축된 독소, 심지어 물에 존재하는 독소를 섭취함으로써 여러 어류와 조개류 그리고 인간에게 유해한 영향을 초래할 수 있다. 조류의 증식은 저층수 빈산소를 형성하는 데에도 기여한다.

미국 대륙에 존재하는 체서피크만(메릴랜드)과 앨버말-파밀리코 해협(노스캐롤라이나)에서도 이런 영향이 나타났다. 앨버말-파밀리코 해협은 어류를 폐사시키고 독소로 인해 인간 신경계에 위험을 줄 수 있는 와편모조류 Pfisteria와 관련된 문제들을 가지고 있었다. 이것은 하수, 그리고 양계, 양돈 폐기물에서 비롯되었다. 체서피크만에서의 봄철 증식은 강을 통한 영양염의 유입과 관련이 있었다. 북부 멕시코만은 미시시피 강을 통한 높은 용존 유기 N의 유입으로 증식 시기에 나타나는 독소 생성 규조류에 대한 문제가 있었으며, 루이지애나의 폰처트레인호에서의 독소 생성 시아노박테리아 또한 미시시피강의 질소와 관련이 있었다.

유해 조류의 증식을 초래하는 조건은 하구 및 연안 환경에 따라 다양하게 나타날 수 있다. 많은 영양염의 유입과는 별개로 낮은 N:P 비와 같은 영양염 비의 변화는 와편모조류성 적조가 우세하게 나타난다. 높은 N:Si는 다른 종류의 플랑크톤 증식이 우세하게 나타나게 할 수 있으며, DOC:DON의 비 또한 비슷한 결과를 낳는다. 빛의 투과량에 영향을 줄 수 있는 부유 퇴적물의 변화, 물 흐름의 변화 정도, 조류를 섭취하는 동물(grazers), 수온, 그리고 안정된 수괴 등과 같은 요인 또한 조류의 증식과 식물 플랑크톤의 형태(독성 또는 무독성인지)에 영향을 줄 수 있다.

연안 해양환경에서 부유 퇴적물의 퇴적

대부분의 강물 기원 부유 퇴적물은 삼각주, 하구, 그리고 그 외 다른 연안 해양환경에 퇴적된다(Gibbs 1981; Eisma 1988; Milliman 1991). 그러므로, 이런 퇴적물이 어떻게 도달하는지 연구하는 것은 지화학적 순환의 관점에서 매우 중요하다고 할 수 있다. 강물기원의 부유 퇴적물은 무기 입자(점토, 산화철 응집체 등)와 유기 입자 모두를 포함한다. 우리는 이미 하구에서 Fe, Al, Si, N, P의 순환에 대해 논의했으며, 여기에서는 강으로부터 기원하는 무기 및 유기 미세 입자의 제거, 즉 부유 입자의 제거에 대한 논의만 진행할 것이다(Cu, Zn, Pb와 같은 다수의 미량 중금속은 미세 부유 퇴적물과 연관되어 함께 제거되는 경향이 있다. Turekian et al. 1980 참조).

강물기원 외에도 연안과 하구역의 부유 퇴적물에 대한 기원은 다양하게 존재한다(Bokuniewicz and Gordon 1980; Postma 1980; Eisma 1988). 연안 침식은 그중 하나로서, 침식으로 생성된 부유 퇴적물은 연안으로 운반된다(Meade 1972; Milliman 1991). 게다가 유기체는 부유 유기 입자물질을 생성한다. 하지만 여기서는 지화학적 관점에서 가장 중요한 강물에서 기원한 부유 퇴적물의 제거에 대해서 주로 논하고자 한다.

강물기원의 미세 부유 퇴적물이 퇴적되는 것은 주로 삼각주, 하구, 그리고 대륙붕에서 광범위하게 일어나게 된다. 부유 퇴적물의 운반과 퇴적에 영향을 줄 수 있는 요인에는 몇 가지가 존재한다.

(1) 담수에서 해수로 변화하는 과정에서 강물기원 부유입자의 응집을 야기하는 물리화학적인 프로세스
(2) 연안 순환 및 조석, 하구의 단면적 변화로 인한 유속의 변화와 같은 기타 수문학적인 과정
(3) 분립(fecal pellets)과 같은 유기체에 의한 응집

이런 프로세스들의 상대적인 중요성은 상황에 따라 다르게 나타나며 지금도 여러 논쟁이 이어

지고 있는 사안이다(Dyer 1972, 1986; Meade 1972; Kranck 1973; Krone 1978; Burton 1976, 1988; Aston 1978; Bokuniewicz and Gordon 1980; Postma 1980; Eisma 1988).

강물기원 부유입자의 응집(flocculation)은 더욱 큰 입자의 형성에 기여하고, 이로써 부유입자의 침전율이 높아지는 결과가 나타난다. 응집은 두 중요한 요인과 관계가 있는데, 이는 입자의 응집(cohesion)과 입자의 충돌(collision)이다(Kranck 1973; Kranck 1984; Krone 1978; Eisma 1986).

강물에서 부유 콜로이드상으로 운반되는 점토광물(고령석, 일라이트, 스멕타이트)은 다양한 원인으로 인해 표면에 음전하를 띠고 있다. 각각의 점토광물은 전하의 균형을 맞추기 위해 양전하를 띠고 있는 양이온층(Gouy layer)을 끌어들인다. 이 결과로 담수에 존재하는 입자와 비교하여 과잉의 양이온이 각각의 미세입자에 존재하게 된다. 그리하여, 점토광물들은 서로 다가가지 못하고 응집이 일어나지 않게 된다. 반대로 점토광물 간에 서로를 끌어당기는 힘(Van der Waals force) 또한 존재하지만, 이 힘은 각각의 입자 주변에 존재하는 과잉의 양이온에 의해 밀어내는 힘보다 약하게 존재한다. 염수(saline water)는 하전 이온(charged ion)의 농도가 담수보다 월등히 크기 때문에, 강물기원 점토입자가 염분이 높은 물을 마주하게 될 경우 물속 입자의 이온 농도는 증가하게 된다. 이는 양이온층의 붕괴를 가져오게 되며, 이로 인해 각각의 입자들은 서로 가까워지게 된다. 그러므로, 염수에서는 서로 끄는 힘인 'Van der Waals'의 힘이 양전하에 의한 반발력보다 더 강하게 작용한다. 점토 입자는 1~3‰보다 큰 염분 값에서 항상 응집력이 존재하기 때문에, 초기 담수와 염수의 혼합 이후 염분이 증가한다고 하더라고 응집력이 더욱 증가하지는 않는다(Krone 1978).

응집과 상반되는 점토 부유물질의 안정도는 염수의 조건에서 물의 염분뿐만 아니라 점토광물의 종류에 의해 좌우된다. 하구역의 기수(brackish water)에서의 실험 결과, Edzwald 등(1974)은 같은 염분에서 고령석(kaolinite)의 경우 일라이트(illite)와 비교하여 덜 안정적이고 더 많은 응집이 일어난다는 것을 발견하였다[일라이트는 백운모(muscovite)와 비슷한 미세 점토광물이다. 제4장 참조]. 파밀리코강 하구(노스캐롤라이나)에서, Edzwald 등의 결과를 보게 되면 저층 퇴적물에 존재하는 고령석과 일라이트의 분포는 이들의 안정성과 연관이 있는 것으로 나타났다. 덜 안정적인 고령석은 일라이트보다 더 빠른 응집이 나타났으며, 하구의 퇴적물에 더 많이 축적되는 것으로 나타났다. Krone(1978)은 증가한 염도에 따른 응집 순서가 고령석, 일라이트, 스멕타이트(smectite) 순으로 나타나며, 낮은 염도(< 3‰)에서 모두 응집이 일어난다는 것을 언급하였다.

Gibbs(1977)는 아마존강 하구에서 다른 응집 정도에 의해 나타나는 점토광물의 퇴적 배열을 발견하였다. 스멕타이트는 연안에서 거리에 따라 증가한 반면, 일라이트는 크게 감소하였고, 고령석은 감소 폭이 적게 나타났다. 하지만 Gibbs는 점토광물의 수평적인 농도 변화는 점토광물의 응집에 의한 것이 아닌 퇴적물의 크기에 따른 물리적인 분급에 의한 결과로 보았다. 그는 점토광물에 존재할 수 있는 천연 유기물과 금속 수산화물 코팅이 점토 표면이 가지는 특성을 변화시킬 수 있기 때문에 각각의 점토광물이 가지는 다른 응집력은 덜 중요하다고 생각했다. 비록 유기물의 경우 점토광물과 유사하게 담수에서 음전하를 가지지만, 유기물 코팅(특히나 휴믹산)은 입자 표면에서 나타나는 화학적 특성을 변화시킬 수 있다(Burton 1976). Kranck과 Milligan(1980)은 광물입자와 결합된 유기물질이 응집을 초래하고 침전율을 크게 증가시키는 것을 발견하였다[이 장에 언급한 하구역에서의 무기적(비생물적) 제거를 참조].

점토 입자들이 완전히 응집되기 위해서는 입자들 간의 충돌이 있어야 한다. 부유 입자들 간의 충돌은 여러 기작들에 의해 발생한다(Krone 1978). 즉 (1) 열에 의해 발생하는 물 분자 내 미세 입자의 불규칙한 운동(브라운 운동, Brownian motion), (2) 서로 다른 부유 입자들의 각기 다른 침전 속도, (3) 서로 다른 속도의 입자가 충돌하게 하는 속도의 변화 등이다. 매우 높은 부유 입자 농도에서는 입자의 충돌 기작 중 첫 번째와 두 번째 기작인 브라운 운동과 다른 침전 속도가 중요하게 작용하며, 이를 통해 점토 입자의 응집이 발생한다. 입자의 침전은 물이 잔잔할 때나 조수 주기 중 물의 움직임이 거의 없을 때와 같은 제한된 경우에 발생한다. 응집이 약할 경우 입자들은 높은 유속에서 다시 서로 분리될 가능성 또한 존재한다(Krone 1978).

점착성 퇴적물이 고농도의 현탁액(2,000~20,000 mg/L, Dyer 1972)으로 존재하는 것을 의미하는 플루이드 머드(fluid mud)는 브라운 운동과 다른 침전 속도에 의한 충돌로 인해 종종 바닥면에서 발생하게 된다. 플루이드 머드는 아마존강, 차오프라야강, 템스강, 세번강과 같이 퇴적물의 공급량이 매우 많을 경우(그리고 저서 동물의 개체 수가 적을 때) 형성된다(Kineke and Sternberg 1995; Eisma 1988; Wells 1983; Dyer 1972; Meade 1972). 이 플루이드 머드는 아마존 하구에서 나타난 것과 같이 일시적이고 강한 물의 흐름에 의해 교란될 수 있다(Kineke and Sternberg 1995; Kuehl et al. 1992).

조석의 영향 아래 담수가 처음으로 마주하게 되는 하구의 혼합구역에서 유속의 차이는 매우 크게 나타난다. 이런 경우에는 부유 퇴적물 농도가 브라운 운동 및 다른 침전 속도에 의해 응집되는 데 필요한 최저 농도보다 낮더라도 충돌과 강한 응집을 빠르게 형성시킨다. 매우 큰 유속 차이가 나타나는 지역에서 형성된 이런 강한 응집은 너무 커지지 않는 한 분해되지 않는다(Krone 1978). 부유 퇴적물의 농도가 매우 낮을 경우(< 300 mg/L, Dyer 1972), 위에서 언급한 기작들을 통해 응집을 형성하는 입자들이 충돌이 잘 일어나지 못하게 되고, 이때 입자의 퇴적은 생물학적인 제거와 같은 추가적인 기작을 통하여 발생하게 된다.

부유 퇴적물이 연안으로 운반될 때 하구역 순환 과정에 대한 중요성은 Meade(1972)와 Postma(1980)에 의해 강조되었다. 그림 7.1과 같이 수직 혼합 및 하구역 저층에서 육지 쪽으로 흐르는 흐름이 함께 존재하는 성층 하구에서 침전되는 퇴적물은 육지 쪽으로 운반되며 하구에 일시적으로 갇히게 된다. 그 결과, 많은 성층 하구에는 부유 퇴적물의 농도(탁도, turbidity)가 최대로 존재하고, 이를 중심으로 육지 쪽과 바다 쪽으로 낮아지는 특성이 보인다(그림 7.16 참조). 이런 최대 탁도는 저층에서 육지 쪽으로 흐르는 염수가 바다 쪽으로 흐르는 담수와 처음 만나는 지점에서 나타난다(그림 7.17). 최대 탁도는 종종 큰 유속 차이가 나타나 퇴적물이 최대

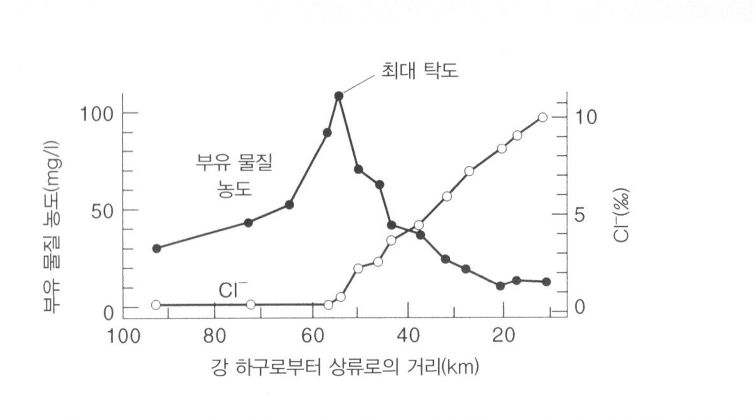

그림 7.16 요크강의 하구에서 부유 물질의 농도와 염소량. 염소량이 거의 0으로 나타나게 되는 지점이 최대로 염수가 침투할 수 있는 거리를 나타내며, 이곳에서 탁도는 최대치를 보인다.

출처 : R. H. Meade 1972, B. N. Nelson 1960.

로 축적되는 구역에서 동반되어 나타난다. 높은 유속은 부유 점토 입자들 간의 더욱 많은 충돌을 유도하므로, 높은 퇴적률은 하구역의 순환과 유속 차이로 인한 응집과 집적의 결과로서 나타날 것이다. 최대 탁도는 조류가 강할 때와 비대칭적인 조석과 함께 나타날 수도 있으며, 이런 하구에서는 만조일 때 썰물 흐름보다 더 많은 퇴적물을 운반한다(Postma 1980).

강물의 흐름이 조석보다 우세한 염수쐐기형 하구에서는 바다 쪽으로 흘러 나가는 위쪽의 강물과 하구 안쪽으로 흘러 들어오는 아래쪽의 바닷물 사이에 약간의 혼합이 발생한다. Meade (1972)는 미시시피강의 강물에 존재하는 많은 부유 퇴적물이 강물에 의해 염수쐐기를 넘어 운반되고 있다고 언급하였다. 담수와 염수 경계에서 나타나는 급격한 밀도 변화와 난류로 인해 강의 부유 퇴적물은 침전되지 않고 바다로 운반되어 미시시피강의 삼각주 저층과 멕시코만의 대륙붕에 퇴적된다. 이는 대부분의 큰 유기 입자들이 표층에서 하구를 통과하여 운반되고 해저 협곡 부근에 퇴적되는 자이르강에서도 동일하게 나타난다(Eisma, Kalf, and van der Gaast 1978; van Bennekom et al. 1978). 몇몇의 염수쐐기형 하구(자이르, 론)에서는 일부 부유 퇴적물이 하구 입구에서 침강하여 바다를 향해 이동하는 혼탁층을 형성하기도 한다(Eisma 1988).

퇴적물을 운반하는 물의 운반력은 물 자체의 유속에 의존한다. 하구역으로 물이 흘러 들어가고 흐름의 단면이 넓어지면, 물의 유속은 감소하고 이 물이 퇴적물을 운반할 수 있는 힘은 감소할 것이다. 이와 반대의 결과가 나타날 수 있는 경우가 흐름의 단면이 좁아지는 것이다. 이런 변화들은 하구로 운반될 수 있는 강물기원 부유 퇴적물과 조류에 의해 하구역의 안과 밖으로 운반될 수 있는 퇴적물에 영향을 준다(Dyer 1972).

극단적으로 발생할 수 있는 수문학적 이벤트들은 종종 연안 퇴적에 매우 중요하게 작용한

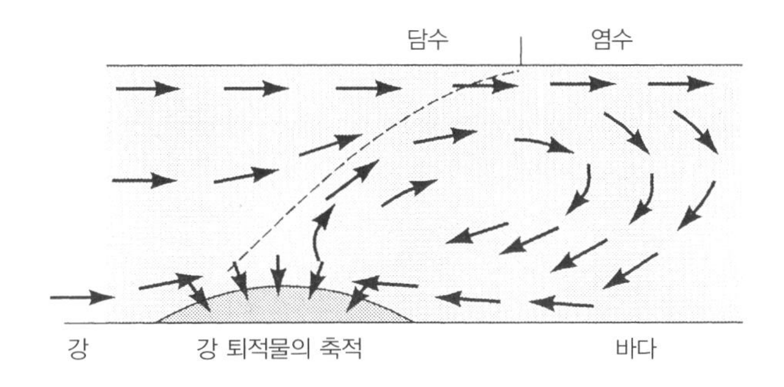

그림 7.17 하구에서 부유 물질의 운송(화살표)과 해수가 침투할 수 있는 위치에 나타나는 퇴적물의 축적. 점선은 담수와 염수의 경계를 나타낸다.
출처 : Meade(1972).

다. 강물이 범람하게 되면, 평소보다 월등히 더 많은 퇴적물의 이동이 있을 것이며, 이 상황에서 며칠간 운반되는 퇴적물의 양은 연평균 퇴적물 이동량보다 더 클 수도 있다. 또한 이런 강의 범람에서 강물의 흐름은 하구역의 순환을 지배하는 가장 큰 요인이 된다. 미시시피강과 같은 하구역에서는 염수쐐기가 하구 밖으로 밀려나게 되며, 이로 인해 육지 쪽으로 이동하는 저층의 흐름은 사라지게 된다(Meade 1972). 이는 더 큰 부유 퇴적물 입자가 하구로 운반되고, 이미 이전에 하구에 퇴적되었던 퇴적물 또한 침식되며, 매우 강한 강물의 흐름에 의해 하구 밖으로 쓸려 나가 해저 삼각주와 대륙붕에 퇴적된다는 것을 의미한다(Dyer 1972).

연안에서 퇴적물이 축적되는 결과를 가져오는 또 다른 요인으로 생물학적 응집(biogenic agglomeration)이 있다. 저층에 서식하는 다수의 생물들은 부유 입자를 섭취하여 미세한 부유입자를 원래의 크기보다 더 크고 밀도가 높은 분립으로 응집시키게 되며 이로 인해 원래 부유 입자보다 더 빠른 침전이 일어나게 된다(Rhoads 1974). 이후 바닥에 퇴적된 분립은 퇴적물 섭식자에 의해 분해되고, 무척추 동물 또는 식물에 의해 다시 바닥에서 부유되거나 응집될 수 있다. 또한 생물학적으로 다시 발생할 수 있는 유기물의 코팅은 일종의 접착제 역할을 하여 입자가 서로 달라붙는 경향을 증가시킨다(Eisma 1988). 분립 형성에 관여하는 저서 생물에는 다양한 이매패류(bivalves)(굴, 조개, 홍합, 가리비 등)와 요각류, 멍게, 따개비 등이 포함된다(Rhoads 1974). 미국 매사추세츠주의 버저드만(Buzzard's Bay) 및 롱아일랜드 해협과 같은 환경에서 퇴적물 섭식자는 퇴적물의 퇴적률보다 더 빠른 속도로 퇴적물을 섭취하여 분립을 형성하기 때문에 바닥 퇴적물의 상당 부분이 분립층으로 이루어지기도 한다(Rhoads 1974). 롱아일랜드 해협의 두꺼운 퇴적물 두께는 빠른 생물학적 과정에 의한 퇴적으로 나타남으로써, 하구역의 순환과는 관련이 없다(Bokuniewicz and Gordon 1980).

하구는 상대적으로 적은 퇴적물 저장 능력을 가지기 때문에, 강으로부터 하구로 운반된 퇴적물의 대부분은 결국 오랜 시간이 지나 하구 밖으로 이동하게 되며, 그 증거로 지질학적 기록에서 하구 퇴적물은 결핍되어 나타난다. 하지만 빙하기 이후 해수면의 빠른 상승에 의해 많은 해안선이 잠긴 현재의 경우, 수심이 상대적으로 깊음에도 불구하고 아직 물이 덜 채워진 하구는 흔하지 않다. 그 결과, 강으로부터 운반되어 온 상당 부분의 퇴적물을 하구에 가두는 사례 또한 많이 존재한다. 이런 예는 셸드 하구(Wollast and Peters 1978), 지롱드 하구(Allen et al. 1976), 롱아일랜드 해협(Bokuniewicz and Gordon 1980)에서 볼 수 있다.

강으로부터 오는 대부분의 부유 퇴적물은 마지막 빙하기 이후 잠겨 있는 대륙 주변부의 넓은 면적에 걸쳐 퇴적되고 있다(그 결과 대부분의 유기탄소 또한 이 지형에 묻히고 있음. Berner 1982 참조)(Burton 1988; Eisma 1988; Milliman 1991). Milliman(1991)은 세계에서 가장 많은 퇴적물을 운반하는 10개의 강을 보았을 때, 총 강물기원 퇴적물의 25~30%만이 대륙붕을 거쳐 심해에 도달한다고 추정하였다. 상당한 양의 퇴적물을 심층까지 배출하는 강은 미시시피강과 갠지스-브라마푸트라강으로 알려져 있다. 대서양과 마주하고 있는 비활성 대륙 주변부(passive margin)의 경우 넓은 연안 대륙붕으로 운반되는 대부분의 퇴적물이 하구와 대륙붕에 갇혀 있는 반면, 태평양 또는 인도양과 마주하고 있는 활성 대륙 주변부(active margin)의 경우 많은 양의 퇴적물이 좁은 해안 대륙붕을 지나 해저 협곡까지 도달하게 된다(예 : 자이르강). 강 하구에 존재하는 얕은 수심의 삼각주는 높은 퇴적물의 유입량, 낮은 조석간만의 차, 그리고 제한된 파도 및 해류 움직임의 결과로 나타난다. 빙하기 해수면이 낮았을 때에는 육상기원 퇴적물이 짧은 시간의 돌발적 융빙수에 의해 발생한 저탁류에 의해 심해로 배출되었다.

인간에 의한 환경 변화는 하구를 통한 강물기원 부유 퇴적물의 운반에도 영향을 주었다. 이런 환경 변화는 준설 또는 투기, 부두 및 방파제의 건설, 댐 또는 저수지에 의한 강물 흐름의 우회 등을 포함한다. 이런 요인들을 포함한 살림의 벌채와 농경은 강물기원 퇴적물의 운송량을 증가시켰다(Dyer 1972; Meade 1972; Simpson et al. 1975; Milliman 1991). 일반적으로 선박의 운항을 위한 강에서의 준설은 저층에서 육지 쪽으로 흐르는 염수쐐기를 발달시켜 하구역의 순환 과정을 변화시켰고, 특히 성층 하구에서는 더 많은 염수가 하구 쪽으로 유입되었다. 퇴적물의 퇴적은 통상적으로 염수가 담수를 만나 발생함에 따라, 이런 변화는 퇴적물이 최대로 퇴적되는 위치를 더욱 육지 쪽으로 이동시킨다(Dyer 1972; Meade 1972). 반대로, 퇴적물의 투기는 (허드슨강의 하구에서 일어난 것과 같이) 저층에서 육지 쪽으로 흘러 들어오는 흐름을 방해하게 되고, 이 결과 제한된 지역에서만 퇴적물의 퇴적이 나타난다(Simpson et al. 1975). 부두 및 방파제의 건설은 유속의 감소를 야기하여 퇴적물이 퇴적되는 결과를 보인다. 댐의 건설은 강물의 흐름을 줄이게 되고 결과적으로 하구역으로 이동하는 퇴적물의 양을 줄이게 된다(예 : 나일강의 아스완 댐). 이는 염분을 높이게 되고 영양염의 유입이 감소되어 연안해역에서 해양 생산성이 감소하는 결과를 초래한다. 또한 줄어든 퇴적물의 유입은 적은 양의 퇴적물 축적으로 인해 더 많은 연안침식과 연안지역의 범람을 초래할 수 있다.

역하구와 증발암의 퇴적

역하구(antiestuary)는 일반적인 하구 순환과는 반대로 고염의 해수 덩어리가 순환하는 것을 의미한다. 예를 들어, 해수가 저층이 아닌 표층에서 하구 쪽으로 흘러 들어오는 것이 있다(그림 7.18). 이런 반대되는 흐름은 특정 상황에 의해 해안 제방 또는 분지에서 발달한다. 즉 (1) 물 분지에서 물의 높은 순 증발량이 나타날 경우(증발량에서 강우나 강물에 의한 유입량을 뺀 값), (2) 둔턱, 사주, 암초 등의 존재로 인해 외양과의 순환이 제한되어 있는 경우 등이다. 순 증발량의 경우 따뜻하고 건조한 기후를 필요로 한다. 물 분지에서 물의 순 손실이 있을 경우, 일정한 물의 양을 유지하기 위해 해양 표층수가 분지 안으로 유입되는 흐름이 발생한다(육지 쪽으로 경사진 수면 참조)(그림 7.18). 분지의 표층에서 해수의 증발이 일어나게 되면 과잉의 염분이 존재하게 되며, 사주와 같은 지형이 해수와의 혼합을 막을 경우 표층수는 점점 무거워지며 결국 분지의 바닥으로 침강할 것이다. 이런 조건에서 분지가 일정한 염분을 유지하기 위해서는 무겁고 염분이 높은 아래의 물이 둔턱을 넘어 밖으로 흘러 나가는 반대방향의 흐름이 존재해야만 한다. 이런 상황에서, 증발에 의한 물의 손실과 저층에서 바다로 향하는 물의 흐름은 표층에서 해수가 흘러 들어오는 것과 같게 된다. 지중해는 이런 반대되는 물 흐름을 보여주는 가장 좋은 예라고 할 수 있다. 지중해의 염분은 대양의 평균 염분(35‰)보다 높은 값(37~38‰)을 유지하고 있다.

만약 증발이 활발한 분지가 완전히 고립되어 해수의 공급이 없어질 경우, 물은 증발에 의해 손실될 것이며 염분은 증가할 것이다. 증가한 염분이 충분히 높아지게 되면, 염(salt)의 침전이 나타난다. 이렇게 해수의 증발에 의해 소금이 침전되는 일련의 과정은 1849년 Usiglio에 의해 최초로 밝혀졌다. 일반적인 해수가 증발하여 원래의 부피에서 19%에 도달하게 되면, 석고(gypsum, $CaSO_4 \cdot H_2O$)가 침전되며, 암염(halite, NaCl)은 초기 부피의 10% 정도에 도달하였을 때 침전하게 된다. 이후 계속된 증발은 각각 Mg와 K로 구성된 간수(bittern)를 침전시킨다. 해수가 완전히 증발할 경우 석고:암염:Mg+K의 생성비는 대략 1:20:5로 나타난다(Hsü

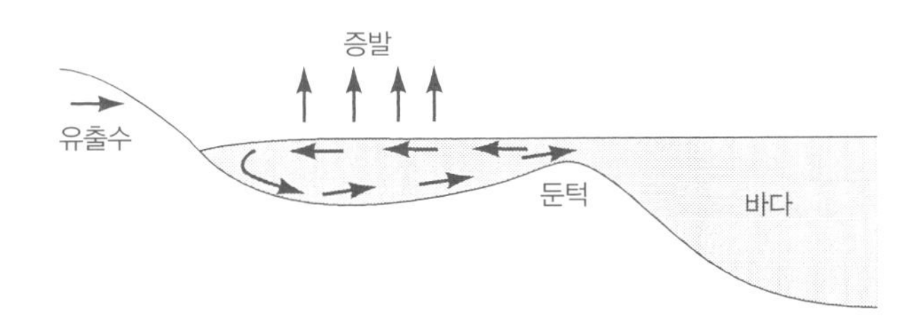

그림 7.18 역하구에서의 순환. 화살표는 물의 흐름을 나타낸다.

1972). 석고와 암염의 침전은 해수에서 Na, Cl, SO_4가 제거되는 데에도 중요한 기작으로 작용한다(제8장 참조).

폐쇄된 분지에서 해수가 완전히 증발하여 1 m의 $CaSO_4$가 쌓이기 위해서는 1,700 m 깊이를 가진 해수가 증발되어야 한다(Hsü 1972). 거기에 1 m씩 $CaSO_4$가 쌓인다면, 이때 암염은 이보다 20배가 더 많고, 간수는 5배가 더 많이 쌓일 것이다. 하지만 고대 증발암 퇴적물에서 이런 비율은 거의 발견되지 않는다. 대신 $CaSO_4$ 또는 암염의 단일 광물성층을 자주 접하게 된다. 이렇게 폐쇄성 분지에서 많은 양의 물을 증발시킬 필요 없이 더 큰 증발암의 침전을 야기하고 두꺼운 단일 광물성층이 형성되는 것을 설명하기 위해 다양한 변형을 포함한 증발함 퇴적 기작이 제안되었다(더욱 자세한 증발암의 침전에 대해서는 Hsü 1972 참조).

이론적으로 폐쇄성 분지는 역하구에서 묘사한 것과 같이 물의 역순환을 가진다. 분지의 물이 높은 염분에 의해 포화되고, 이로서 염 광물을 형성하는 것이 담수에 의한 물의 대체보다 빠르기 때문에 증발암의 퇴적은 바다로부터 물의 이동이 완전히 끊기지 않아도 발생할 수 있다. 매우 높은 증발률이 존재하는 환경에서 물의 균형은 해수의 유입과 그 아래쪽에서 염분이 매우 높은 소금물(일부 염의 침전이 일어난)이 바다 쪽으로 배출되는 것에 의해 유지될 수 있다. 이때, 지속적인 $CaSO_4$의 침강을 위해 필요한 염의 일정한 농도는 유지된다. 이런 결과로 매우 많은 양의 해수가 증발하지 않더라도 두꺼운 증발암 광물이 시간에 걸쳐 퇴적될 수 있다. 이 모델은 염분이 다르게 나타나는 분지에서는 다른 증발암 광물의 퇴적이 나타날 수 있다는 것을 보여준다(그림 7.19 참조). 예를 들어, 해수가 들어온 후 육지 쪽으로 갈수록 염분은 계속 높아지게 되고, 이때 형성되는 광물은 순서대로 $CaCO_3$(방해석, calcite) 또는 $CaMg(CO_3)_2$(돌로마이트, dolomite), $CaSO_4 \cdot 2H_2O$(석고), NaCl(암염)가 된다. 하지만 방해석과 돌로마이트는 증발이 아닌 주로 석회화 유기체(calcifying organism)에 의해 형성된다는 것을 주의해야 한다.

두꺼운 증발암의 퇴적은 지질학적인 관점에서 빈번하게 나타났다. 예를 들어, 중신세(Miocene) 말기에 퇴적된 증발암은 지중해 분지(Hsü 1972), 유럽의 Permian Zechstein (Schmalz 1970), 그리고 미시간 분지인 Silurian Salina 등에서 나타난다. 하지만 현대에 들어서 증발암 형성은 분지의 면적, 해수에서 주요 이온들의 총제거량 등에 의해 매우 제한적으로 나타난다.

현대에는 자연적으로 증발암 광물을 형성할 수 있는 환경이 매우 적게 존재한다. 하지만 페루 연안의 매우 건조한 Bocana de Virrilà는 작은 제한적 분지의 예라고 할 수 있다. 좁고 구불구불한 수역을 가진 이 분지는 이동하면서 증발암을 침전시킨다(Morris and Dickey 1957; Brantley et al. 1984). 해수는 바다로부터 들어오고 증발하여 더욱 짠 염분을 보이게 된다. 방해석의 침전이 먼저 일어나고 이후 석고의 침전이 160‰의 염분에서 나타나며, 마지막으로 표층수의 물이 더욱 짜지면 하구 위쪽에서 암염이 형성된다. 이때 해양으로부터 유입되는 해수가 증발에 의한 물의 손실을 일부 메꾸게 된다. 하지만 하구에서 물의 순환 형태에 대한 연구

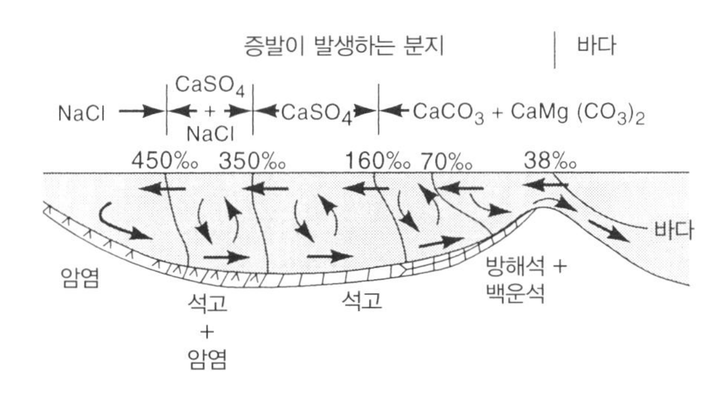

그림 7.19 제한된 흐름을 가지는 분지에서 나타나는 증발암의 퇴적. 화살표는 물의 흐름을 나타낸다. 윤곽선은 대략적인 염분 값을 ‰로 보여준다.

출처 : Scruton 1953.

가 미비했을 때에는 더 짠물이 하구 저층에서 반대로 흐르고 있다는 것을 알지 못했다. Mg과 K는 하구에서 침전되지 않는 것으로 알려져 있기 때문에, 이런 염의 성분은 다른 기작에 의해 제거되고 있다고 여겨진다.

현대에 증발암이 형성되고 있는 것으로 가장 잘 알려진 환경은 연안 건조 조석 평원[coastal sabhka(salina)]이라 불리우며 이 환경은 페르시아만의 Trucial Coast에 잘 발달해 있다(예 : Kinsman 1969; Butler 1969; Shearman 1966, 1978). 여기에서 형성되는 주요 증발암 광물은 경석고(anhydrite, $CaSO_4$)와 석고($CaSO_4 \cdot H_2O$)이며, 일반적인 조수 도달 범위 이상의 광대한 갯벌에서 나타난다. 페르시아만의 건조 조석 평원은 매우 건조한 지역에서 나타난다. 수면에서 1~2 m 이상 떨어지지 않으며, 주로 해안 근처로부터 유래한 짠 염수로 이루어져 있고, 내륙으로 들어갈수록 짠 염수의 염분은 변화하게 된다. 해수는 때때로 폭풍에 의해 건조 조석 평원을 범람시키고 퇴적물 속으로 침투하여 퇴적물 내에서 경석고와 석고를 형성한다. 돌로마이트와 추가적인 석고는 $CaCO_3$와 잔여 염수에 의해 형성된다. 하지만 재용해로 인해 암염은 축적되지 않는다.

CHAPTER

8

해양

서론

이 장에서 우리는 지구 표면의 최대 면적을 차지하는 동시에 지구에 존재하는 물의 대부분을 차지하고 있는 해양에 대해 논의하고자 한다. 앞선 장에서 살펴본 연안 해양환경과 대양을 구분할 수 있는 결정적인 특징은 해수의 상대적으로 균일한 화학적 조성이라고 할 수 있다. 즉, 해수는 지구상의 다른 물과 비교해서 놀라울 정도로 그 조성이 균일하다. 해수의 염분도란 1 kg의 바닷물에 함유된 고형물의 총량을 말하는데, 95% 이상의 해수의 염분은 평균값인 35‰의 ±7% 이하의 미미한 변동폭을 보인다(Svedrup, Johnson, and Fleming 1942). 또한 주요 이온들 간의 상대적인 비율들은 훨씬 일정하다. 이러한 조성의 균일성을 해수의 평균적인 특성으로 간주할 수 있게 됨으로써 이 논의들을 전 세계 해양의 대부분에 적용할 수 있게 된다. 이 장에서 우리는 해수의 조성에 대한 화학적 데이터를 먼저 잘 살펴볼 것이다. 그런 뒤, 이러한 조성이 물리적, 생물학적, 그리고 지질학적 요인들에 의해 어떻게 교란되거나 유지되는 것인지를 알아보도록 한다.

해저 지형을 잘 숙지하고, 해수 화학을 논의하는 동안 참고자료의 틀을 제공하도록, 그림 8.1에 해저의 주요한 지형학적 구획을 보여주는 개략적 모형도를 나타내었다.

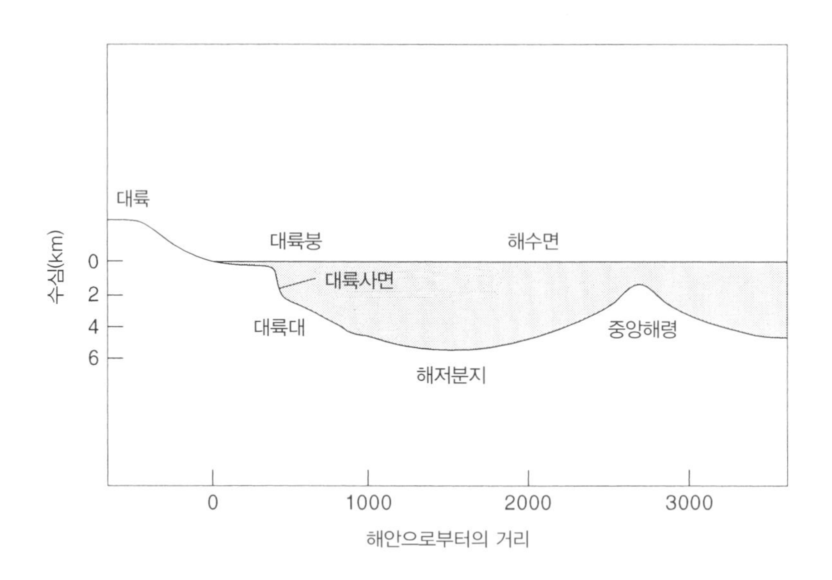

그림 8.1 해저의 주요한 물리지형학적 구분을 보여주는 단면도(가로축과 세로축의 거리가 크게 차이 나는 점에 유의).

해수의 화학적 조성

해수의 주요 용존 성분들인 Na^+, Ca^+, Mg^{2+}, K^+, Cl^-, SO_4^{2-} 및 HCO_3^-은 우리가 앞에서 이미 살펴본 대륙의 물들이 지니고 있는 성분들과 거의 동일하다. ‰는 g/kg 또는 ppt를 뜻하는데, 표 8.1은 35‰의 염분도를 지닌 평균 해수의 주요 이온들의 농도들을 보여준다. 이 농도들은 해수의 염분 총량이 변할 경우 대략 ±10% 편차를 보이기도 한다. 그렇지만 한 이온과 다른 이온의 상대비율은 1% 미만의 극히 적은 변동성을 나타낸다는 점은 매우 특기할만하다(Miller 2006). (중탄산염의 농도는 5~10% 사이의 좀 더 큰 편차를 보이는 경우가 있는데, 이는 이 장의 후반부에 언급될 탄산염 반응 때문이다.) 해수 조성비의 균일성은 그 유명한 챌린저호의 선구적인 탐사에서 획득된 해수 시료들을 분석했던 W. Dittmar(1884)에 의해 처음으로 입증되었으며, 그 이후에도 철저하게 검증되었다. 이런 균일성 덕분에, 오랜 동안 해수의 총염분 산출에는 가장 풍부한 성분인 Cl^-의 농도만 측정하고 다른 이온들의 농도는 이 Cl^-의 농도에 각각의 적절한 상수를 곱한 뒤 모두를 더하는 방식이 일반적으로 사용되어 왔다. (그러나 최근의 총염분 산출은 통상 전기 전도도를 측정하여 얻고 있다. Millero 2006 et al. 참조.)

해수의 주요 구성 성분들은 표 8.1과 같이 이온 형태로 존재한다고 보통 여겨져 왔다. 그러나 Millero(2006) 등은 해수 조성을 논의할 때, 어떤 원소의 '이온'이라는 것은 자유이온뿐만 아니라 이온쌍을 이루고 있는 다른 화학종들도 모두 함께 고려해야만 한다는 신개념의 학설을

표 8.1 35‰의 염분을 지닌 평균 해수의 주요 용존 성분 분포

이온	농도 g/kg	농도 mM[a]	자유이온 백분율
염소	19.353	560	100
소듐	10.784	481	98
마그네슘	1.284	54.1	89
황산염	2.712	28.9	38
칼슘	0.412	10.5	89
포타슘	0.399	10.5	98
중탄산염	0.107[b]	1.8[b]	79

출처 : Millero 2006.
[a] mM = millimoles per liter.
[b] pH = 8.1, P = 1 atm, 25°C.

제안하였다. 실제로 표 8.1에 예시된 각각의 화학종들은 자유이온으로 존재할 수도 있고 또한 반대 전하를 가진 이온들과 결합된 이온쌍으로 구성될 수도 있다. 예를 들어, SO_4^{2-} 이온의 경우 그 농도는 SO_4^{2-}는 물론이고 $NaSO_4^-$, $CaSO4^0$ 및 $MgSO4^0$와 같은 실제 화학종들의 농도들을 모두 합한 것으로 산출되어야 한다는 주장이다(여기에서 0 첨자는 전하를 지니고 있지 않은 이온쌍을 나타낸다). Millero(2006)가 추산한 각 원소들에 대한 이온쌍 형성의 정도는 표 8.1의 우측에 열거되어 있는데, 일례로 SO_4^{2-}의 경우는 자유이온의 비율이 38%에 불과하고 나머지는 이온쌍을 이루고 있음을 의미한다. Millero는 또한 CO_3^{2-}의 14%, HPO_4^{2-}의 30%, 그리고 PO_4^{3-}의 0.15%만 자유이온 또는 짝짓지 않은 이온으로 존재하고 나머지 대부분은 이온쌍을 형성한다는 것을 밝혔다. 그리고 이렇게 높은 비율로 이온쌍을 형성하는 이온들이 자유이온 상태로 주로 존재하는 이온들과 비교했을 좀 특이한 화학적 행동을 보이는 이유가 부분적으로는 짝짓기의 정도 때문이라고 할 수 있다.

주요 용존 성분들과는 달리, 낮은 농도의 용존 성분들은 장소에 따른 Cl^-에 대한 상대비율의 변동성이 크다. 달리 말하면, 미량의 용존 성분들은 비보존성을 보인다. 표 8.2는 1 μM 이상의 농도를 지닌 미량 성분들의 농도 범위를 보여주는데, 각각의 미량 성분마다 변동성의 정도가 매우 상이하다는 사실이 눈에 띈다. 또한 해수에는 1 μM 이하의 매우 낮은 농도를 보이는 극미량 용존 성분들도 존재하는데, 이들에 대한 논의는 이 책의 수준을 넘어서는 까닭에 다루지 않기로 한다. 관심 있는 독자들은 Millero(2006)의 책을 참조하기 바란다.

해수의 주요 성분들은 모두 보전성을 지닌 반면에 미량 성분들이 비보존성을 보이는 이유는 두 가지 측면으로 설명할 수 있다. 우선, 주요 성분들의 용존 농도가 이미 워낙 높은 탓에 대부분의 주요 성분들은 모두 보존성이다. 강물의 유입 또는 해수 내부에서의 화학반응에 의해 초래되는 농도의 변동은 거의 감지되지 않을 정도로 작고, 또한 이런 농도 변화의 가능성조차도 전체 해수의 순환에 수반되는 혼합에 의해 사라진다. 다시 말해서, 주요 성분들은 해수가 혼합

표 8.2 1 μM 이상의 농도를 지닌 미량 성분들과 각각의 농도 범위(1 μM 이하의 극미량 성분은 제외)

구성 성분	농도(μg/kg 또는 ppb)	μM[a]
브롬이온	66,000~68,000[b]	840~880
붕산	24,000~27,000[b]	400~440
스트론튬 이온	7,700~8,100[b]	88~92
불소 이온	1,000~1,600[b]	50~85
탄산염 이온	3,000~18,000	50~300
산소	320~9,600	10~300
질소	9,500~19,000	300~600
이산화탄소	440~3,520	10~80
아르곤	360~680	9~17
규산염 규소	<30~5,000	<0.5~180
질산염	<60~2,400	1~40
아질산염	<4~170	<0.1~4
암모늄 이온	<2~40	<0.1~2
인산염[C]	<10~280	<0.1~3
유기탄소	300~2,000	—
유기질소	15~200	—
리튬 이온	180~185[b]	26~27
루비듐 이온	115~123[b]	1.3~1.4

출처 : Wilson 1975; Kester 1975; Spencer 1975; Brewer 1975; Skirrow 1975; Williams 1975.
[a] μM = micromoles per liter.
[b] 35‰의 염분.
[c] PO_4^{3-}, HPO_4^{2-}, $H_2PO_4^-$ 포함. 농도의 단위는 μg-P/kg.

에 의해 균일하게 서로 섞이는 데 걸리는 시간인 1,000~2,000년에 비해 매우 긴 교체시간을 갖는다(Broecker and Peng 1982). (교체시간이란 어떤 성분이 현재의 속도로 강물에 의해 공급된다고 가정할 때 실제의 평균 농도 수준까지 도달하는 데 필요한 시간이다. 제6장 참조.) 결국, 주요 원소들은 모든 해양에 걸쳐 거의 완전하게 혼합된다고 할 수 있다. 이와는 대조적으로, Fe와 같은 극미량 원소들은 해양의 혼합시간에 비해 너무 짧은 교체(체류)시간을 갖는 까닭에 해역에 따라 상이한 농도를 보일 수 있다. 표 8.3에는 우리가 이 장에서 관심을 가진 해양의 용존 성분들의 교체시간들을 실었다.

비보존성을 보이는 또 다른 주요한 이유로 해수 중의 생물학적 과정을 들 수 있다. 영양염 원소들 중에는 표층수에서 생물학적 흡수에 의해 고갈되는 경향을 보이는 것들이 있는데, 생물들이 죽게 되면 이 원소들이 깊은 수심으로 침강된 뒤에 분해와 용해를 거쳐 다시 해수로 돌아오게 된다. 이런 원소들 중에서 특히 중요한 예로는 N, P, Si를 꼽을 수 있다. 그런데 이런 생물학적 과정의 속도가 해수의 수직적 혼합 속도에 비해 월등하게 빠르기 때문에 영양염 원소들의 수직적 농도는 강한 변동을 보인다. 용존 산소와 탄산염 이온 역시 이런 비슷한 변동을 보여준다는 사실은 해수 조성을 바꾸는 주된 과정의 하나인 생물학적 활동이 얼마나 효율적인지에 대

표 8.3 해수의 주요 성분 및 미량 성분의 강물 유입 대비 교체시간

	농도(μM)		
구성 성분	강물	해수	체류시간(τ_r)[a](천 년)
염소 이온	230	560,000	87,000
소듐 이온	315	481,000	55,000
마그네슘 이온	150	54,100	13,000
황산염 이온	120	28,900	8,700
칼슘 이온	367	10,500	1,000
포타슘 이온	36	10,500	10,000
중탄산염 이온	870	1,800	83
규산염 이온	170	100	21
질산염 이온	10	20	72
인산염	1.8[b]	2	40

출처 : 이 책의 표 8.1 및 8.2; Meybeck 1979, 1982, 2004에 제시된 지구 전체 강물의 평균치.
[a] τ_r = ([SW]/[RW])τ_w, 이 중 τ_w = 물의 체류시간 = 3만 6,000년, RW = 강물, SW = 해수, [ ] = 농도. (단위 : μmoles per liter = μM).
[b] 고형물의 용해작용을 통한 유입도 포함.

한 뚜렷한 증거라고 할 수 있다. 이 중요한 주제에 대한 훨씬 더 많은 논의가 이 장의 뒷부분에서 다루어질 것이다.

해수의 조성은 수압과 수온에 의해서도 어느 정도 영향을 받는다. 원소들은 엄청난 깊이를 지닌 해양에서는 다른 수괴에 비교해서 훨씬 큰 수압의 영향을 받는다. 실제로, 인접한 바다를 제외한 해양의 평균수심은 4,100 m인데, 이런 수심의 바닥에서의 수압은 약 400기압에 달한다(Sverdrup, Johnson, and Fleming 1942). 그런데 해저 바닥으로 침강하는 생물기원의 탄산칼슘은 고압 상태에서 용해되는 성질을 지닌 까닭에 결국 해수의 조성이 수압에 의한 영향을 받게 된다. 한편, 해수의 수온은 일반적으로 수심에 따라 감소하는데, 이러한 수온의 차이에 의해 비롯된 밀도 성층화로 인해 수직 혼합이 제한을 받게 됨으로써 이 또한 해수 조성에 영향을 미친다(제1장 참조)

해수의 산화 준위(Eh, pe)를 정확하게 측정하기는 불가능하지만(예 : Stumm and Morgan 1981), 이 또한 용존 산소에 의해 조절된다는 점에는 의심의 여지가 없다. 실질적으로 모든 외양은 어디에서나 해수의 산화 환원 상태를 조절할 수 있을 만큼 충분한 양의 용존 산소를 지니고 있다.

pH 및 인간에 의한 해양 산성화

해수의 pH는 꽤 일정한 편으로 해양 전반에 걸쳐 약 7.9~8.4까지 변동한다(Skirrow 1975). 일반적으로 pH는 수심이 깊어질수록 감소하는데, 그 값은 용존 중탄산염과 탄산염 이온의 완

충시스템(즉, $[HCO_3^-]$:$[CO_3^{2-}]$ 비율의 변동)에 의해서 해양의 시간 척도(수천 년)에 따라 조절된다. 그런데 인간 활동에 의해 이 완충시스템이 교란됨에 따라 해양의 pH 평균값은 변하고 있다.

제2장에서 보았듯이 화석연료의 연소는 대기의 CO_2를 증가시키고 또한 이런 CO_2는 해수에 녹아든다. 그 결과, 해양의 얕은 수층에서의 CO_2 농도와 총 용존 무기탄소(DIC)가 증가해 왔다. 많은 해양 관측의 결과, 용존 무기탄소는 1750년 이후 현재까지 118±19 Gt-C 정도 증가했음이 밝혀졌다(Sabine et al. 2004).

용존 CO_2는 물과 반응하여 탄산(H_2CO_3)을 만드는데, 이 탄산은 해리되어 수소 이온(H^+)과 중탄산염 이온(HCO_3^-)을 형성한다. 이렇게 만들어진 수소 이온 중의 일부는 다시 탄산염 이온(CO_3^{2-})과 반응하여 중탄산염 이온을 생성할 수 있게 되는 까닭에 기존의 탄산염 완충시스템이 교란되는 결과를 낳는다. 다시 말해서, CO_2 증가는 결국 H^+의 증가 및 CO_3^{2-}의 감소

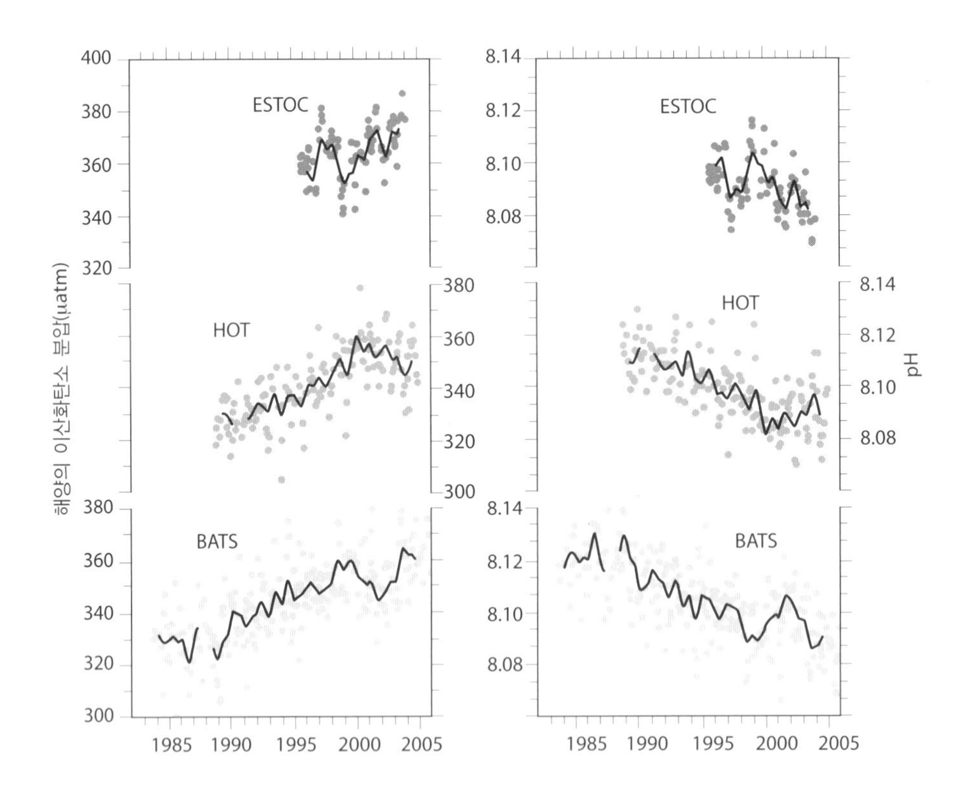

그림 8.2 시기에 따른 해양의 용존 CO_2 농도 및 pH 분포. ESTOC = 해양의 유럽 고정 정점 시계열(북대서양 아열대 해역), HOT = 하와이 해양 시계열, BATS = 버뮤다 대서양 시계열 연구.

출처 : Bindoff et al. 2007.

를 초래함을 뜻한다. 즉, 해양의 용존 무기탄소가 증가함에 따라 pH는 감소해왔다. 세 군데 표층 지역의 1985~2005년 사이의 연속적인 측정값을 보여주는 그림 8.2를 보면 pH가 측정 가능할 정도로 감소함을 알 수 있다. 그리고 향후 대기 중 이산화탄소 증가 수준이 점점 심해지는 점을 고려해서 미래의 pH 변화를 산출해볼 경우, 2100년까지 표층 해수의 pH가 평균 0.3 정도까지도 떨어질 수 있다는 예측도 존재한다(Meehl et al. 2007).

0.3 정도의 pH 감소가 그다지 대단한 게 아니라고 여겨질 수도 있지만, 특정 장소에서의 그만한 감소는 탄산칼슘($CaCO_3$)을 분비하는 생물들의 경우 치명적인 결과를 초래할 수도 있다. 해양생물이 탄산염을 고정하는 능력은 해수의 탄산칼슘에 대한 포화 상태에 달려 있는데, 과포화의 정도가 높을수록 침적(석회화)이 쉽게 이루어진다. 위에서 지적한 대로 pH의 감소는 필연적으로 용존 탄산염의 감소를 수반하는데, 그 결과 포화도 역시 감소하게 된다. 0.3의 pH 감소는 남빙양(southern ocean)의 주된 탄산칼슘 광물인 아라고나이트가 불포화 상태로 바뀌게 되어 용해작용이 유발될 수 있다(Meehl et al. 2007). 중위도 내지는 저위도 해역의 경우 동일한 정도의 pH 감소가 초래하는 포화도의 감소가 약간 덜할 수는 있지만 이 역시 탄산염을 분비하는 산호(Kleypas et al. 1999) 또는 석회질 플랑크톤(Riebesell et al. 2000) 등의 다양한 생물들에게 대단한 손상을 가할 수 있음이 밝혀졌다. 산업혁명 이전부터 이제껏 진행된 0.1 정도의 pH 감소(Zeebe et al. 2008) 및 그에 따른 포화 상태의 감소가 산호초에 다양한 악영향을 끼치기 시작하고 있다는 것은 잘 알려진 사실이다(Kleypas et al. 1999; De'Ath et al. 2009).

해수 조성의 모델링

Sillèn의 평형 모델

해수의 화학적 조성을 설명하고자 다양한 학설들이 제시되어 있다. 한 예로, Sillèn(1967) 등은 해양이란 바로 각각 액체와 기체 그리고 고체에 해당하는 해수, 대기 및 해저에 퇴적된 고형물 사이의 단순한 화학적 평형에 해당한다는 가설을 내세웠다. 달리 말하자면, 해양과 대기 그리고 퇴적물들이 하나의 거대한 반응 용기의 내부에 갇혀 있다는 가정하에서, 그중의 수용액 부분인 해양이 한편으로는 고체 부분인 용존 광물들과 용해 또는 침전의 과정을 통해서 그리고 다른 한편으로는 기체 부분인 상부의 대기와 가스 교환을 통해서 평형 상태를 이루게 되었다는 주장이다. 그런 결과로 생성된 용액의 조성은 양이온과 음이온 사이의 전하 균형을 표현하는 다양한 평형식들의 합산(예 : $CaCO_3$의 용해도곱)과 주어진 염소 함량에 대해 특정함으로써 계산되었다. Sillèn의 경우, 그 당시로서는 이런 방정식에 필요한 다양한 평형상수들의 정확한 값을 구할 수 없었다는 한계가 있었다. 그러나 그는 만약 적절한 상숫값들만 얻을 수 있다면 해수 중의 주요 이온들의 농도에 대한 계산 결과가 실제의 농도와 비슷할 것이라고 주장하면서 이는 결국 해양이 대기 및 몇몇 광물과의 평형을 이루게 된다는 학설을 제안하였다. 이에 해당되는 광물로는 석영, 방해석, 고령석, 일라이트, 스멕타이트, 녹니석, 돌로마이트 또는 필립사이트를 들 수 있는데, 이들 광석들의 조성에 대해서는 표 4.3 및 표 4.4를 참조하기 바란다. (필립사이트는 심해 퇴적물에서 간혹 발견되는 Ca, Na, K의 함수 알루미노 규산염이다.)

Sillèn의 모델은 손쉽게 검증될 수 있다. 어떤 광물이(특히 규산염 광물들) 평형을 유지하기 위해 해수와 즉각 반응한다면, 이러한 반응에 대한 증거를 쉽게 찾아볼 수 있어야 한다. 예를 들어, 만약 강물에 의해 해양에 유입된 어떤 쇄설 광물이 해수와의 평형 상태에 있지 않다면, 광물은 용해되어야만 하고, 그 구성 성분은 용해 과정을 거쳐 그 성분들이 평형 광물을 형성하기 위해 재침전되어야만 한다. 즉, 평형 광물은 해수로부터 만들어진 것이라는 증거를 포함할 수밖에 없고 또한 비평형 광물들은 존재할 수가 없다.

하지만 이러한 예측들은 대부분 오류라는 사실이 드러났다. 대다수 점토 광물의 동위원소 조성은 해수 기원이 아니라 대륙에 존재하던 원래의 암석과 풍화 용액으로부터 비롯된 것임이 밝혀졌다. 그리고 포타슘장석, 오팔린 실리카 또는 깁사이트와 같은 비평형 규산염들은 흔히 해저 퇴적층의 표층부에서 발견된다. 또 다른 문제점으로는 해양생물의 생물학적 활동이 무시되었다는 점을 들 수 있다. 광합성을 일으키게 하는 태양에너지의 영향으로 생물체들은 해수와의 열역학적 평형을 깨는 화합물을 생성하기도 한다.

Sillèn의 모델에 대한 검증이 대부분 부정적이라 할지라도 이 모델이 제시한 이상적인 개념의 효용성이 줄어든 것은 아니다. 충분한 시간이 주어진다면 불안정한 광물들도 해수와 반응하여 안정한 광물로 바뀔 수 있기 때문이다. 그러므로, 이 모델은 비록 특정한 시점에 완전한 화학적 평형을 이루지는 못하더라도, 최소한 해수 조성에 대한 규산염 반응의 중요성은 잘 보여준다.

박스 모델

해수 조성을 설명하는 데 평형 모델이 적절하지 않음이 드러나면서 다른 대안들이 등장하기 시작하였다. 그중 가장 많이 채택된 제안으로는 Broecker와 Peng(1982) 등이 내세운 박스 모델을 들 수 있는데, 이 모델은 이미 앞의 제6장에서 호수에 적용된 바 있다. 이 모델의 경우, 해양은 몇 개의 균일한 조성을 가진 구역, 즉 '상자'로 나뉘는 것으로 가정하고 각 상자 내부에서의 농도 변화는 유입 흐름과 유출 플럭스들 간의 차이로부터 계산된다.

주요 원소 즉 보수성 원소를 다루는 박스 모델의 경우, 전체 해양은 골고루 잘 섞여 있어 매우 균질한 조성을 이루고 있는 하나의 커다란 박스로 간주된다. 이런 박스의 모습은 그림 8.3에 잘 표현되어 있다. 이런 원소의 유입은 주로 강물에 의해 이루어지는 반면, 유출은 주로 해저로의 퇴적작용 또는 해저 화산과의 반응을 통해 이루어지는데, 이때 유입과 유출의 차이가 있게 되면 해수 조성의 변화가 발생한다. 만약 공급과 제거가 상쇄되어 평형 상태가 유지되면, 표 8.3에서 보았듯이 교체시간이 평균 체류시간과 동일하게 나타난다(체류시간에 대한 상세한 설명은 제6장을 참조하기 바란다).

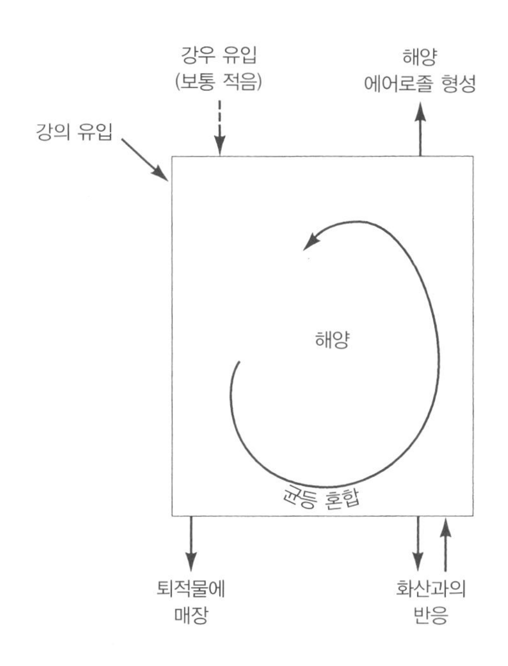

그림 8.3 해수 중 보존성 주요 원소에 적합한 단순한 박스 모델. 제6장에서 다룬 호수들의 경우와는 대조적으로, 이 모델에는 강물이 빠져나가는 출구가 없다는 점에 유의한다. 그리고 강물에 의해 해양으로 유입되는 물질들이 제거되는 방식으로는 해저 퇴적층으로의 침강, 해저 화산과의 반응, 그리고 (훨씬 중요성이 떨어지기는 하지만) 대기 방향으로의 에어로졸 이동을 들 수 있다.

비보존성 원소들은(그중에서도 특히 생물학적 과정에 깊이 관여하는 경우는 더더욱) 해양을 몇 개의 박스로 구분하여 각각의 박스가 균일한 농도를 이루고 있다고 가정하는 접근 방식을 채택하면 편리하다. 제일 단순한 모델로는 표층수와 심층수라는 두 종류의 박스만을 고려하는 경우를 꼽을 수 있는데, 이 경우 급격한 수직적 온도 차이를 보이는 수온약층을 이 두 박스의 경계면으로 설정하는 게 일반적이다. 이 모델은 호수에 흔히 적용되는 모델과 흡사하다. 밀도의 성층화 덕분에, 이 수온약층은 표층수와 심층수의 빠른 혼합을 저지하는 역할을 하게 되어 두 박스 사이의 훌륭한 장벽을 형성하는 셈이다. 또한, 비보존성 생물학적 원소들의 수심에 따른 농도 분포 역시 수온의 분포와 유사하게 표층수와 심층수에서 뚜렷한 차이를 보이는 게 일반적이다. 이러한 특성들 덕분에 두 박스 모델은 비보존성 원소들에 대한 연구에 특히 적합하다.

'심층수'를 수온과 염분을 기준으로 좀 더 자세히 살펴보게 되면, 남극 저층수 혹은 북대서양 심층수 등과 같이 몇 개의 독자적이며 내부적으로 동질인 수괴로 세분할 수 있다(제1장 참조). 결국, 해양의 좀 더 현실적인 상자 모델은 각 수괴마다 하나의 박스를 할당하는 방식을 채택하는 게 적절하다. 하지만 물의 유속 및 수괴 사이의 물질 교환에 관한 정확한 정보 없이 다수의 박스를 상정하는 것은 문제를 야기한다. 그러므로 박스 모델링이란 한편으론 가급적 많은 박스를 가정하여 계산의 정확도를 높이려는 의도와, 이와는 정반대로 가급적 소수의 박스를 가정하여 가장 단순하게 해당 작용을 설명하려는 의도 사이에서 절충점을 찾아내는 과정이라고 볼 수 있다.

박스 모델링은 통상적으로 각 박스에 대한 유입과 유출이 균형을 이루어 평형 상태를 유지하는 것을 가정한다. 고대의 퇴적암을 연구한 결과에 의하면 해양의 주요 원소의 화학적 조성이 시간 경과에 따라 약간 변화한 것을 알려주고 있다(예 : Lowenstein et al. 2001; Horita et al. 2002). 그렇지만 이런 변화는 수억 년에 달하는 시점에서 볼 경우에만 관찰이 될 정도로 그 변화 속도가 느리게 진행된다. 즉, 자연 상태에서의 공급과 제거 간의 불균형이 너무 미미한 탓에 실제로는 이를 무시하고 평형 상태를 유지한다고 가정해도 무방함을 의미한다. 그 결과, 화학해양학(예 : Broecker and Peng 1982) 및 지화학 순환(Garrels and Mackenzie 1971; Holland 1978) 등에서 널리 이용되는 평형 상태 모델들에 대한 설명이 가능하게 되는 셈이다. 그러나 인간들에 의한 범세계적인 오염의 영향으로(CO_2, SO_4^{2-}) 특정 물질들이 해양에 유입되는 속도가 급격한 변화를 겪고 있다. 그리고 그 결과로 초래되는 해당 농도의 변화들을 모델링하기 위해서는 비평형 상태를 가정하는 게 필수적이다. 화석연료의 연소에서 비롯되는 과도한 CO_2의 해수 유입 속도의 현재와 미래를 예측하는 모델은 바로 이런 비평형 상태의 모델링을 이용한 좋은 예라고 할 수 있다(예 : Bindoff et al. 2007).

연속체 모델

해양의 보존성 원소들뿐만 아니라 비보존성 원소들까지도 함께 처리해낼 수 있는 가장 정확한 궁극의 모델링을 기법은 **연속체 모델**이라고 할 수 있다. 이 모델에서는 해양이 사실상 무한 개의 박스로 존재한다고 가정하며, 해수의 농도 변화를 한 곳에서 다른 곳으로 연속적으로 이어지는 변동으로 취급한다. 그러한 모델들은 오로지 깊이에 따른 농도의 변동만 고려할 경우에는 1차원 모델(예 : Craig 1969 참조), 2차원 모델(예 : 수평적 변동만), 또는 3차원 모델(예 : Fiadeiro and Craig 1978 참조)이 될 수 있다. 어떤 특정한 위치에서의 농도 변화는 미분방정식으로 묘사될 수 있는데, 이 식은 바로 난류 확산이나 이류 운송 또는 (생화학적 또는 방사성 붕괴 등을 포함하는) 화학적 과정 등이 농도의 변화에 미치는 영향을 표현한다. 이러한 모델링 기법을 응용할 경우, 온도와 (아무런 화학반응을 보이지 않는 까닭에 농도의 변화가 단지 염분의 변화에 의해 발생하는) 보존성 원소에 미분방정식을 적용함으로써 혼합 비율 및 이류 비율을 얻을 수 있다. 이 비율들은 또한 수반하는 비보존성 원소들을 위한 추가적인 미분방정식들을 풀어내는 데 사용될 수 있다. 이런 장점들을 지니고 있는 연속체 모델은 중요한 기법임에는 틀림없지만 수학적으로 너무 복잡한 까닭에 이 책에서는 다루지 않기로 한다.

화학반응의 에너지원

화학반응은 어디에서나 마찬가지로 화학적 불균형의 결과로서 해양에서 발생한다. 그리고 이 불균형은 태양 또는 지구 내부로부터 유입된 에너지에 의해 유발된다. 해양식물들의 광합성을 통해 태양에너지는 해수와 불평형을 이루는 유기물 및 경각 물질(예 : 오팔린 실리카)을 생성한다. 게다가 해양동물들은 광합성으로 얻어진 유기물을 섭취하고 또한 골격처럼 화학적으로 불안정한 단단한 물질을 만들어낸다. 이러한 동식물의 활동의 결과로서, 해양의 표층수는 특정 원소들이 고갈되고, 심층수의 경우는 생물 사체와 유기물이 가라앉으면서 용해를 통해 화학적 평형을 회복하기 위한 시도로서 같은 원소들이 공급된다. 광합성 활동은 깊은 수심까지 햇빛의 투과가 부족한 탓에, 표층수에서(수심 약 200 m 이내) 집중적으로 일어난다. (심해의 중앙 해령 부근에 위치한 해저 화산 부근에서 어둠 속에 존재하는 광합성이 아닌 방법으로 해양생물들도 유기물을 합성하기는 하지만, 이는 극히 희귀한 편이다.)

해양의 화학적 불평형을 초래하는 또 하나의 주요한 에너지원은 지구 내부의 열이다. 이 열은 해저 화산의 활동이라는 형태로 직접 표출되기도 하는데, 이때는 물의 함유량이 거의 없는 뜨거운 마그마로부터 생성된 현무암 광물과 흑요석이 (화학적으로 불안정한) 해수와 갑자기 접촉하게 된다. 이 경우, 그 결과로 규산염-해수 반응이 시작된다. 이 반응은 고온에서 발생할 수도 있고 또한 해저의 온도인 저온에서 일어날 수도 있다. 해령 꼭대기 부근의 온도 변동에 의해 해령을 통과한 해수의 대류 순환이 일어나고 깊은 수심에서 강한 해수의 가열이 일어나게 된다. 이런 수온의 상승은 또한 현무암-해수 반응을 빠르게 가속시키고 결과적으로 해령에서 나오는 단계에서 해수의 화학적 조성이 크게 변한 상태가 된다.

태양에너지와 지구 내부의 에너지는 또한 해양 조성에 간접적인 영향을 미친다. 태양에너지는 해수의 증발을 유발하는 동시에 수증기를 육지로 운반하여 빗물을 형성한다. 이 빗물은 육지로 떨어져 토양수가 되거나 지하수, 호수 또는 강물로 변한다. 한편, 지층의 융기 혹은 화산활동의 원인을 제공하는 지구 내부의 에너지는 땅 속 깊은 곳에서 생성된 암석을 육지의 상층부로 융기시켜 풍화작용의 영향을 받게 만든다. 이런 불안정한 상태에 놓인 암석은 광합성 녹색 식물이 매개하는 토양수나 지하수와 반응하여 새로운 광물을 생성하기도 한다. 이러한 광물들은 대륙 수계와는 (대체로) 평형을 유지하지만 그 조성이 현저하게 다른 해수와는 평형을 이루지 못하는 경우가 빈번하다. 따라서, 육상에서 생성된 후 강물에 의해 해양으로 이송된 풍화산물은 해수 내부에서 각종 화학반응을 겪게 된다. 그뿐 아니라, 화학적으로 불안정한 화성암 또는 변성암 광물들 중에서 우연히 육상에서의 화학적 풍화를 모면한 경우가 존재할 수 있겠지만 이런 광물들도 일단 해양에 유입된 뒤에는 화학반응을 겪을 수도 있다. 이러한 다양한 방식으로, 태양에너지와 지구 내부의 에너지로 인해 초래되는 육상에서의 과정들이 해수 조성에 영향을 끼칠 수 있다는 사실을 새겨둘 필요가 있다.

해수의 조성을 변화시키는 주요 과정들

강물에 의한 원소들의 공급을 제외하고, 해양의 화학적 성질에 영향을 주는 과정들을 분류해 보면 다음의 여섯 가지 범주로 나눌 수 있다. 이 중 가장 중요한 세 가지를 먼저 나열하자면 (1) 가장 중요한 생물학적 작용(고형성분의 분비 및 유기물의 생성과 분해), (2) 화산과 해수의 반응, 그리고 (3) 육지로부터 운반된 고형물질과 해수의 반응이다. 추가적인 두 가지 과정들은 (4) 순환염의 해양에서 대기로의 이동 및 (5) 증발암 광물들의 침전을 꼽을 수 있는데, 이미 빗물에 대한 제3장과 연안 환경에 대한 제7장에서 논의된 탓에 여기서 또 다루지는 않는다. 마지막으로, (6) 일반적으로 한두 가지 원소에만 영향을 미치는 특별한 과정들을 꼽을 수 있다. 이는 염소 이온과 소듐이 간극수에 매장되는 과정이 좋은 예가 될 수 있으며, 질소 순환과 인 순환에서만 특이하게 관찰되는 탈질화 작용, 질산화 작용, 질소 고정, 빗물 속의 질산염의 추가, 인산염의 산화철에 대한 흡착, 자생 인회석의 생성이 이 범주에 속하는 예로 볼 수 있다. 이러한 특별한 과정들은 여기에서 다루는 대신 해당하는 각 원소의 화학적 수지를 살펴볼 때 따로 논의하기로 한다. 왜냐하면 이 장의 우선적인 목표는 원소들의 화학적 수지를 논의할 때마다 늘 자주 언급되는 처음 세 가지 주요 과정에 대한 이해도를 높이는 데 있기 때문이다.

생물학적 과정

생명 과정들과 긴밀하게 관련되어 있는 해양의 화학반응들은 다음과 같은 해수 성분들의 농도를 조절하는 데 주된 역할을 하고 있다. 즉 Ca^{2+}, HCO_3^-, SO_4^{2-}, H_4SiO_4, CO_2, O_2, NO_3^-, PO_4^{3-} 등이다. (해양생지구화학의 최근의 평가 및 전 지구적 순환 안에서의 해양생지구화학의 역할에 관해서는 Archer 2003 및 Falkowski 2003를 참조.) 철, 망간, 구리, 아연, 니켈과 같은 미량원소들도 다음의 생물학적 작용들의 영향을 받는다(Morel et al. 2003). (1) 무른 조직 또는 유기물의 합성, (2) 사후 유기물의 박테리아 분해, (3) 단단한 골격 고형물의 분비, (4) 고형물의 용해.

(아주 드물게 심해의 화산 분출구 부근에서 유기물이 합성되기는 하지만) 근본적으로 모든 유기물은 표층수에서 광합성 과정을 통해 만들어진다. 이 과정에는 빛의 존재가 필수적인 까닭에 태양광이 투과할 수 있는 수심이 수백 미터 이내인 표층에서만 가능하다. 연안에서 멀리 떨어진 대양에서 광합성을 담당하는 생명체는 광합성에 필수적인 엽록소를 지니고 있는 미세한 부유성 해양식물인 식물 플랑크톤이다. 얕은 바다의 경우에는 암초를 생성하는 석회질 조류와 같은 다양한 저서생물들 역시 광합성에 참여하기도 하지만 이 책에서는 식물 플랑크톤에만 집중하기로 한다.

Redfield(1958)는 대양에 서식하는 식물 플랑크톤의 평균 원소 조성을 그 주요 구성 성분인 탄소, 질소 및 인의 관점에서 몰비로 표현할 경우 C:N:P = 106:16:1 정도가 된다는 사실을 밝혀냈다(최근의 화학량론 연구에 의하면 이 비율이 약간은 차이를 보이기도 한다 — Emerson and Hedges 2008, p. 31). 그렇다면, 해양의 광합성은 아래의 일반화된 반응식으로 대신할 수 있다.

$$106CO_2 + 16NO_3^- + HPO_4^{2-} + 122H_2O + 18H^+ \rightarrow C_{106}H_{263}O_{110}N_{16}P + 138O_2$$

이 반응식에 따르자면 광합성은 CO_2를 제거하여 O_2를 생성하는 한편 질산염 및 인산염과 같은 영양염의 흡수에도 관여한다. 미량금속과 같은 다른 영양염들 역시 흡수되기는 하는데, 해양의 광합성에서 이들이 어떤 역할을 하는지는 아직 정확하게 알려져 있지는 않다. (아래에서 논의될 Fe의 경우는 예외이다.) 대부분의 표층수에는 이산화탄소나 물 그리고 빛이 충분히 존재하기 때문에, 광합성의 활성화에 대한 제한요인은 일반적으로 낮은 농도로 존재하는 질산염 및 인산염이라고 볼 수 있다. (엄밀히 말하자면 NH_4^+, NO_2^- 혹은 용존 유기인과 같은 다른 형태의 질소와 인도 광합성에 쓰이기는 한다. 그러나 이들의 농도는 질산염이나 인산염에 비해 훨씬 낮다.)

표층수에서의 질산염 및 인산염의 농도가 장소에 따라 크게 다르기 때문에, (식물 플랑크톤의 생산성이라고도 알려진) 광합성 효율은 상당히 차이가 날 수 있다. 예를 들어, 페루 부근의 태평양처럼 연안 용승을 보이는 수역은 사르가소해와 같은 대양의 환류 중심에 비해서 그 생산성이 10배에 달한다. 이런 현상은 그림 8.4에 잘 나와 있다. 대양에서의 높은 생산성은 심해의 영양분이 풍부한 심해수를 표층으로 끌어 올리는 해수의 혼합 과정 덕분이며, 연안의 경우는 강물에 의한 영양분의 유입 때문이다(제7장 참조). 그림 8.5와 8.6에서 볼 수 있듯이, 인산염과 질산염의 농도는 표층의 어느 정도 아래 깊이로부터 갑자기 상승하기 때문에, 이런 수심의 해수를 유광층으로 상층부로 끌어 올리는 모든 작용은 당연히 광합성을 도와주는 효과를 발휘한다. 앞의 제1장에서 논의된 바 있는 두 가지 주요 과정들인 연안 용승작용 그리고 심해수의 생성에 관여하는 고위도의 해수 혼합이 그 대표적인 예라고 할 수 있다.

영양염에 의한 플랑크톤 생산성의 제한을 이해하기 위해서는 두 가지 전혀 다른 형태의 공급원을 고려할 필요가 있다. 첫째로는 영양염의 공급원이 바로 주변에 존재하는 식물 플랑크톤이 죽게 될 때 수반되는 분해작용인 경우를 들 수 있다. 실례로, 거의 모든 대양의 가장 중요한 제한 영양염은 질소이다. 식물 플랑크톤의 사후에 진행되는 유산소 분해의 첫 번째 산물은 암모니아인데, 이는 곧 주변의 식물 플랑크톤에 의해 다시 소모된다. 둘째로는 광합성에 필요한 영양염이 다른 장소로부터 공급되는 경우가 있는데, 그 좋은 예로 영양염을 해저로부터 표층으로 끌어 올려주는 용승작용을 들 수 있다(예 : Falkowski 2003; Archer 2003). 해양에서의 질소 공급은 통상적으로 (표층수로부터 해저로 침강한 플랑크톤 사체가 부패하면서 생성된) 암모니아가 박테리아에 의해 산화되면서 만들어지는 질산염 이온의 형태로 이루어진다.

식물 플랑크톤은 동물 플랑크톤에 의해 먹히고, 동물 플랑크톤은 연이어 물고기에게 먹히는 등 꼬리를 잇는 방식으로 먹이사슬이 구축된다. 이런 활동 내내, 고등 생물이든 사체를 먹

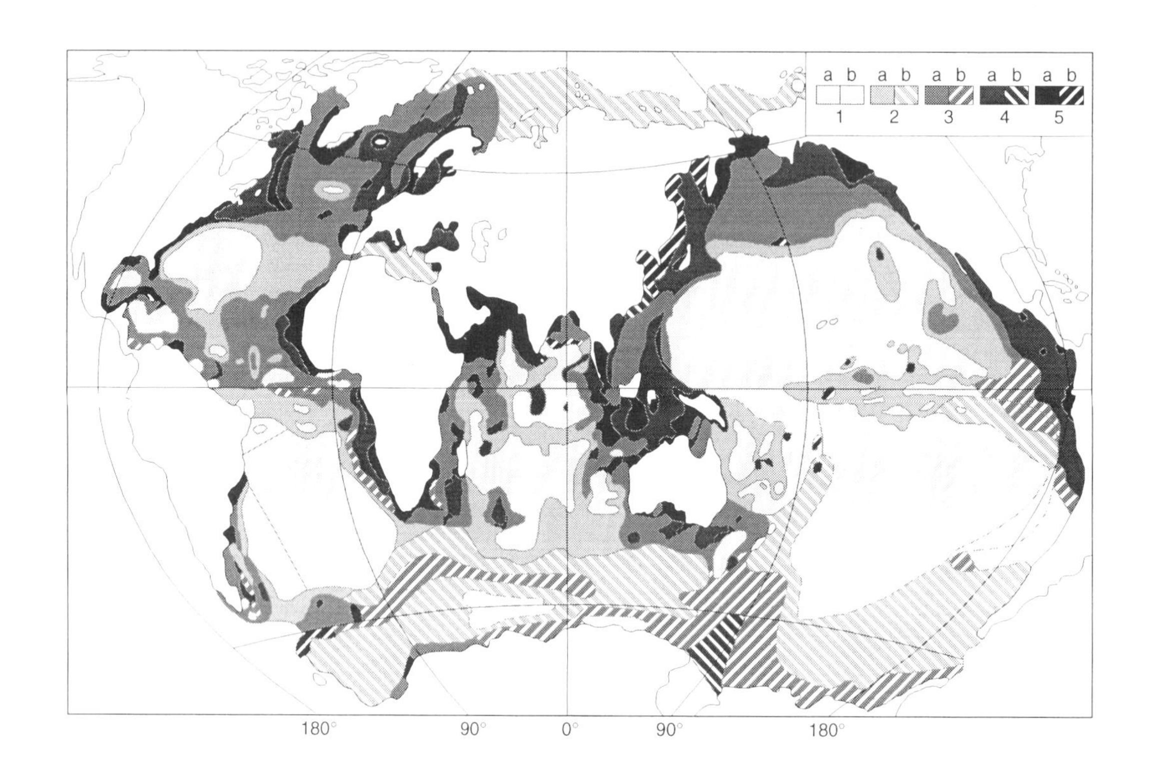

그림 8.4 해양의 유기물 생산성(단위 : mg-C/m2/day). (1) 100 미만, (2) 100~150, (3) 150~250, (4) 250~500, (5) 500 이상. a = ^{14}C 측정 자료, b = 식물 플랑크톤 생물량, 수소 또는 산소 포화도 자료

출처 : Koblenz-Mishke et al. 1970.

고 사는 박테리아든 호흡작용을 한다. 호흡(엄밀한 의미로서의 산소 호흡)이란 광합성의 정반대인 작용으로, 앞에 언급된 광합성 반응의 역반응과 같다고 보면 된다. 즉, O_2를 소모함으로써 CO_2와 질산염 및 인산염이 해수로 해방되는 과정이다. 한편, 광합성과 호흡의 비율은 표층수에서 거의 균형을 이루는 듯 보이지만 실제로는 약간의 차이가 있다. 유기물의 사체 중에서 일부분은 심해로 가라앉게 되는데, 바로 이 양만큼 광합성이 호흡에 비해 생산성 면에서 우위를 차지하는 분량인 셈이다. 이렇게 침강한 유기물은 심해의 박테리아의 호흡작용에 의해 산화되면서 CO_2 및 NO_3^- 그리고 HPO_4^{2-}를 생성한다. 이런 수심에서는 광합성은 물론 일어날 수 없다. 바로 이런 이유 때문에, 심해에서는 영양염의 순 유입이 발생하게 된다. 같은 이유에서, 표층에 비해 심해에서의 CO_2, NO_3^-, HPO_4^{2-}의 농도가 더 높고 대신에 O_2의 농도는 낮게 나타난다. 이런 순환 과정들을 통틀어 생물학적 펌프라고 부르기도 한다(De La Rocha 2003). 그림 8.5와 8.6에서 인산염 및 질산염의 전형적인 수심에 따른 분포를 보여주고 있다. [그림 8.5를 잘 살펴보면 인산염의 농도가 깊은 수심에서 더 높은 농도를 보이다가 더 깊은 수심에서는 어느 정도 낮은 농도로 이어져서 영양염 극대층과 산소 최소층(oxygen minimum)을 이루고 있다. 이러한 농도 역전 현상은 전체 심층수 열염 순환에 따라 깊은 수심에 대비해 높은 농도의 용존 산소와 낮은 농도의 영양염을 가진 표층수가 심해로 공급되기 때문이다. 제1장 참조.]

영양염의 재분포와 더불어, 생물학적 펌프작용은 대기로부터 심해로의 전반적인 탄소 수송을 담당한다. 해수에 녹은 탄소의 궁극적인 원천은 대기인데, 이는 대기 중 이산화탄소가 해수에 녹고 광합성에 의해 흡수되기 때문이다. 이런 탄소 수송의 과정은 대기 중 이산화탄소 수준을 조절하는 하나의 주요한 과정이다(De La Rocha 2003). 한편 생물학적 펌프 활동을 인위적으로 강화함으로써, 화석연료의 연소로 발생하는 대기 중의 추가적인 탄소를 제거하는 방안이 제안되기도 하였다(아래 참조).

외양의 아표층 수심에서, 용존 인산염(P)에 대한 용존 질산염(N)의 비율은 평균적인 플랑크톤에서 관찰되는 그 비율과 거의 동일한데(Redfield 1958), 이는 바로 플랑크톤의 화학량론적인 분해를 입증한다. 또한 광합성이 진행 중인 대양의 많은 곳에서 N과 P가 소모되는 비율이

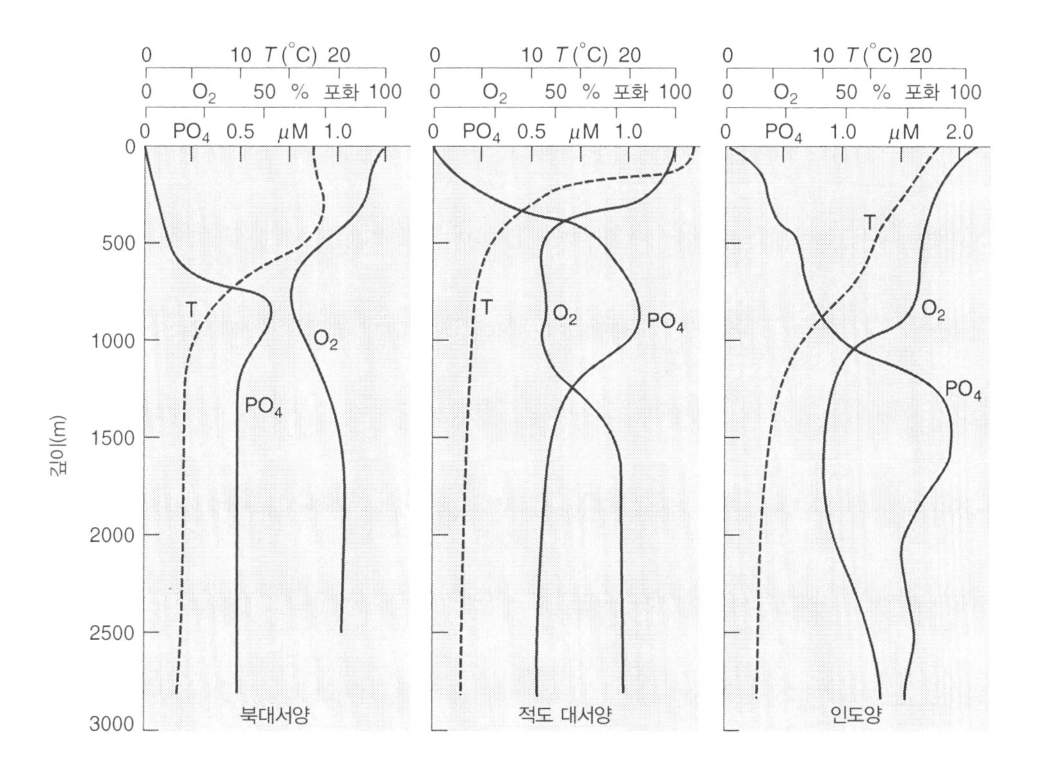

그림 8.5 세 군데 해양에서의 온도, 용존 산소, 용존 인산염의 수심 곡선. 산소와 인산염 곡선의 대칭성, 즉 역상관 관계성에 유의하라.
출처 : Riley and Chester 1971.

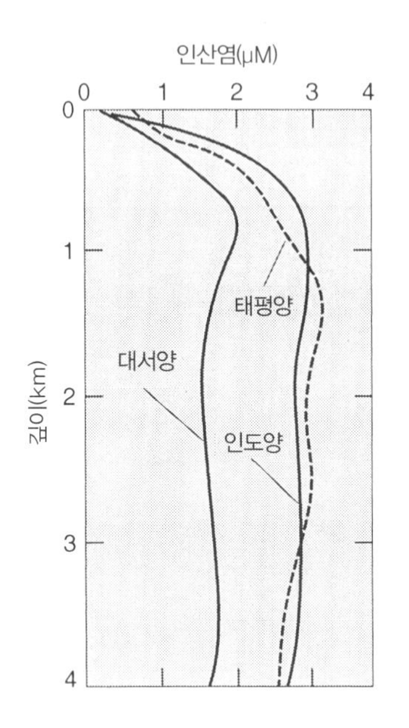

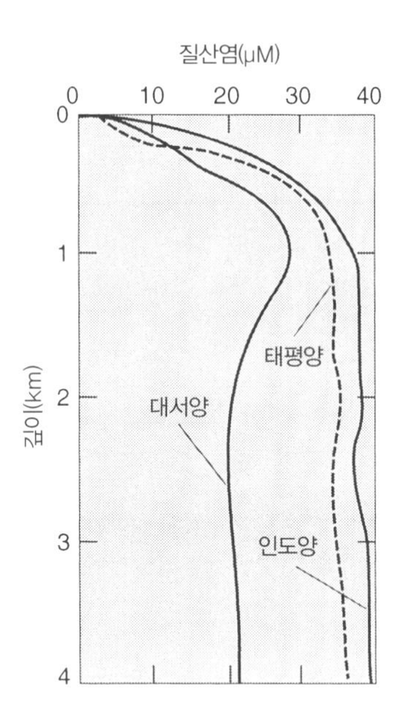

그림 8.6 세 군데 주요 해양의 용존 인산염 및 용존 질산염의 평균 수심곡선.
출처 : Sverdrup et al. 1942.

그 농도 비와 유사하게 관찰되는 것은 결국 이 두 성분의 소비가 동시에 일어나는 것을 의미한다. 달리 말하자면, 이 두 가지 영양염 모두가 제한 요인이 될 수 있음을 뜻한다. 그러나 실제로 일반적으로 P에 비해 N이 아주 약간 결핍된 경우가 많으며, 대부분의 외양의 해수에서 질소 제한 환경이 된다(Falkowski 2003). N-제한은 인산염이 궁극적인 제한 영양염인 대부분 호수의 상황과 대조적이며, 특히 빈영양화된 호수들에서 짧은 시간 수준에서 N과 P 양쪽 모두 제한 요인이 될 수 있다(제6장). 왜 두 영양염들이 외양에서 거의 동시에 제로에 가까울 정도로 낮아지는지 명확하지 않지만, 어쩌면 이는 지질학적 시간에 걸쳐 해양의 플랑크톤이 신체 조성을 해수의 원소 조성에 맞도록 진화적 적응을 한 결과일 수도 있다(Redfield 1958; Falkowski 2003). 하지만 최근 이런 적응의 노력이 인간들의 활동에 의해 교란을 받고 있는 과정에 있다고 여겨진다. 북대서양이나 태평양의 경우, 대륙으로부터 산성비의 질산염의 유입은 물질적으로 생산성이 크게 증가한 상황을 만들었고(Duce et al. 2008), 그리고 제한 영양염도 N보다는 P로 바뀌었다(Fanning 1989).

최근 수십 년에 걸쳐, 남극 부근의 거대한 해양에서의 제한 요인이 N도 P도 아닌 철(Fe)이라는 것이 최초로 Martin 등(1990)에 의해 알려지게 되었다. 이는 표층수에 광범위하게 재공급된 N과 P로 인해 다른 주요 영양염들이 고갈되고, 이 경우엔 Fe이 고갈된 것으로 여겨진다. 이런 Fe의 제한 때문에, Martin 등(1990)은 화석연료의 연소에 기인한 대기 중 잉여의 CO_2를 플랑크톤이 흡수할 수 있도록 남극해에 Fe를 추가로 공급할 것을 제안한 바 있다. 하지만 이런 제안은 현실적인 실행 방안으로서는 논란의 여지가 많다고 밝혀졌다.

유기물 중의 일부는 침강 과정 동안 박테리아 분해를 겪지 않고, 해저에 도달해서 추가적인 유산소 분해가 일어난다. 결국 본래 광합성으로 생성된 유기물 총량의 0.3% 정도인 매우 작은 부분이 이어지는 퇴적작용으로 매장된다(Holland 1978). 그 매장량은 애초의 침강한 양(즉 광합성의 생산성)과 총고형물의 퇴적작용을 통한 매장 속도에 달려 있다. 퇴적 속도가 빠를수록 그렇지 않은 경우 해수 중에 오래 노출되며 분해될 수 있는 유기화합물의 매장을 가능하게 한다. 그리고 대륙붕에 훨씬 더 빨르게 퇴적되는 유기물에 비해 심해저 원양의 퇴적물에 유기물 함량이 일반적으로 낮은 것을 잘 설명해준다. 이 분야에 대한 좀 더 자세한 내용을 알고 싶다면 Muller와 Suess(1979), Canfield(1993)가 수행했던 매장된 유기물의 양, 퇴적(즉 매장) 속도, 그리고 생산성 간의 상관관계에 대한 광범위한 연구를 참조하기 바란다. 그리고 Muller와 Suess(1979)는 해수 중의 유기물이 해저 퇴적물로 매장됨으로써 일어나는 손실이 용승 해역 및 전형적인 해양에서는 거의 발생하지 않음을 지적한 바 있는데, 필자 중의 한 명이 이런 손실은 그 대신 강 어귀의 델타처럼 엄청 빠른 퇴적 속도를 보이는 장소에서 대부분 일어난다는 것을 밝히는 동시에 이런 곳에서는 유기물의 양, 퇴적 속도, 그리고 생산성 사이의 단순한 상관관계 또한 관찰되지 않음을 발표한 바 있다(Berner 1982).

용존 산소를 이용한 유기물의 박테리아 분해는 비록 짧은 시간 동안이긴 하지만, 퇴적물에 매장된 후에도 계속 진행된다. 대부분의 퇴적물 내부에는 유기탄소가 충분히 넉넉하게 매장되어 있는 까닭에, 해수와 퇴적물의 경계면 아래 수십 센터미터 깊이 이내의 퇴적층의 간극수에 존재하는 산소는 이 분해 과정을 거치는 동안 완전히 소진된다. 달리 말하면, 대부분의 퇴적층은 무산소 환경이다. 무산소 환경하에서도, 박테리아에 의한 유기물의 분해는 더 진행되는데, 이 경우에는 용존 산소 대신 다른 화합물에 결합되어 있는 산소를 이용한다(예 : 질산염, 산화 망간, 산화 철, 용존 황산염, 그리고 유기물 자체). 이 과정을 통해 산소를 함유하고 있는 물질들은 환원되고, 유기물은 산화되어 CO_2를 생성한다. 일반적으로 이런 화합물들은 표 8.4에 나와 있는 순서대로, 먼저 하나가 완전히 소모된 후 다음 과정으로 넘어가는 방식으로 순차적인 공격을 받는다. 즉 (1) 질산염 환원(탈질화 작용), (2) 망간 환원, (3) 철 환원, (4) 황산염 환원, (5) 발효(메탄 생성) 순이다. (박테리아 작용들과 그 연쇄 과정의 좀 더 자세한 내용에 대해서는 Emerson and Hedges 2003 참조). 그런데 이 장에서 우리가 주목할 과정은 황산염 환원이다.

연안 또는 대륙 주변부의 퇴적물과 같이, 유기물의 농도가 어느 정도 높은 퇴적물 안에서 가장 활발하게 일어나는 유기물의 분해작용은 박테리아에 의한 황산염 환원이다(Goldhaber and Kaplan 1974; Canfield 1993). 이 작용을 담당하는 박테리아는 엄격한 혐기성 미생물로 극미량의 용존 산소에도 폐사하는 특성을 보인다. 이 반응은 다음의 화학반응식으로 나타낼 수 있다.

표 8.4 해양 퇴적물의 유기물 분해와 관련된 주요 과정들. 이 반응들은 앞의 산화제가 완전히 소모되면 다음 반응이 순차적으로 이어지는 방식으로 진행된다.

과정	반응
산소화(호기성)	$CH_2O + O_2 \rightarrow CO_2 + H_2O$
질산염 환원(주로 혐기성)	$5CH_2O + 4NO_3^- \rightarrow 2N_2 + CO_2 + 4HCO_3^- + 3H_2O$
산화망간 환원(주로 혐기성)	$CH_2O + 2MnO_2 + 3CO_2 + H_2O \rightarrow 2Mn^{2+} + 4HCO_3^-$
철산화물(수산화물) 환원(혐기성)	$CH_2O + 4Fe(OH)_3 + 7CO_2 \rightarrow 4Fe^{2+} + 8HCO_3^- + 3H_2O$
황산염 환원(혐기성)	$2CH_2O + SO_4^{2-} \rightarrow H_2S + 2HCO_3^-$
메탄 형성(혐기성)	$2CH_2O \rightarrow CH_4 + CO_2$

주의 : 이 표에서 유기물은 설명의 편의를 위해 CH_2O로 표현됨.

$$2CH_2O + SO_4^{2-} \rightarrow H_2S + 2HCO_3^-$$

이 식에서 CH_2O는 유기물의 일반화된 표현으로 간주한다. 이 반응이 퇴적물 내에서 벌어지고 있다는 증거로는 간극수의 용존 황산염 농도가 아래로 깊이 내려갈수록 감소한다는 사실을 들 수 있다. 황산염의 환원으로 생성되는 황화수소의 대부분은 퇴적물로부터 빠져나오게 된 뒤, 곧이어 해수 안의 산소를 만나 산화됨으로써 다시 황산염으로 복귀된다. 나머지 미량의 황화수소는 퇴적물 내부의 철광물 쇄설물과 반응하여 다양한 황화철을 형성한 뒤 결국에는 황철석(FeS_2)으로 변환된다. (또한 아주 일부의 황화수소는 유기물과 반응하기도 한다.) 그림 8.7에는 이러한 퇴적 황철석의 형성 과정이 단순하게 도식화되어 있다. 이 그림은 한편으로는 해수의 황산염이 제거되는 주된 방식이 바로 황산염 환원의 결과로 생성된 황철석을 퇴적물 속으로 영구히 매장하는 것임을 보여주고 있다.

그림 8.7에서 보듯이, 황철석 형태로 해수로부터 제거되는 황의 양은 유기물, 황산염, 그리고 철의 이용 가능성에 달려 있다. 유기물은 이것이 없이는 황산염의 환원이 불가능하다는 점에서 가장 중요한 성분이다. 또한 유기물의 반응성 혹은 대사 가능성(metabolizability)에 따라 얼마나 황산염이 빨리 환원되는지, 그리고 그럼으로써 황철석이 얼마나 빨리 형성되는지를 정해준다. 대부분 황철석이 형성되는 곳은 매우 얕은 수심에 풍부한 황산염 해수 중에 존재한다. 그러나 매장이 되는 순간부터 황산염은 박테리아에 의한 환원작용에 의해 제거되기 시작한다. 황철석을 생성하려면 철 광물이 필요하지만, 육상기원 퇴적물에는 (대륙의 풍화작용에서 파생된) 철 광물이 과할 정도로 충분하다. 그러므로, 이곳에서의 제한 요인은 철이 아니라 황산염 환원에 필요한 유기물의 존재라고 할 수 있다. 위의 그림 8.8은 유기탄소와 황철석 황 사이의 양의 상관관계를 잘 보여준다.

H_2S에 가장 쉽게 반응하는 철은 미립자 형태를 갖는 육성기원의 철옥시수산화물로 존재하

는데, 이 철은 쇄설 점토류 또는 장석류 등의 표면에 콜로이드성 피막을 형성하는 방식으로 퇴적층으로 들어온다(Canfield 1989). 유기물이 풍부한 탄산칼슘($CaCO_3$) 퇴적물에서 육상기원의 철이 드문 것은 이 퇴적물에 황철석이 상대적으로 결여된 것을 잘 설명해준다. 그렇지 않다면 H_2S가 높은 높은 농도로 있을 것이다. 요약하자면, 황철석의 생성이 최대로 이루어지기 위해서는 상부의 해수로부터 황산염이 쉽게 보충될 수 있는 적절히 얕은 깊이의 퇴적층에 고농도의 미세입자 철광물과 대사 활동이 왕성한 유기물이 충분히 존재하여 황산염 환원작용이 왕성하게 진행되어야 한다. 이런 과정을 통해, 황이 퇴적층으로 이동하고 또 황철석의 형태로 제거되는 순환이 유지된다(퇴적 황철석에 관한 더 자세한 논의는 Berner 1984 및 Morse et al. 1987를 참조하기 바란다).

이제까지 우리는 생물학적 활동이 광합성과 유기물의 분해에 미치는 영향에만 주목해왔다. 하지만 화학 및 지질학적의 관점에서 모두 중요한, 생물체들의 골격 경각물질의 분비라는 또 하나의 주요 생물학적 작용을 간과해서는 안 된다. 광범위한 종류의 광물과 준광물이 생물체에 의해 분비된다는 사실은 이미 잘 알려져 있지만(예 : Lowenstam 1981 참조), 이 책에서는 해저 퇴적물의 양적인 면에서 중요한 경각물질만 다루기로 한다. (물고기 뼈의 잔해는 퇴적물 형성이나 지구화학적 순환에 그다지 기여하는 바가 없다.) 이런 경각물질로는 방해석($CaCO_3$),

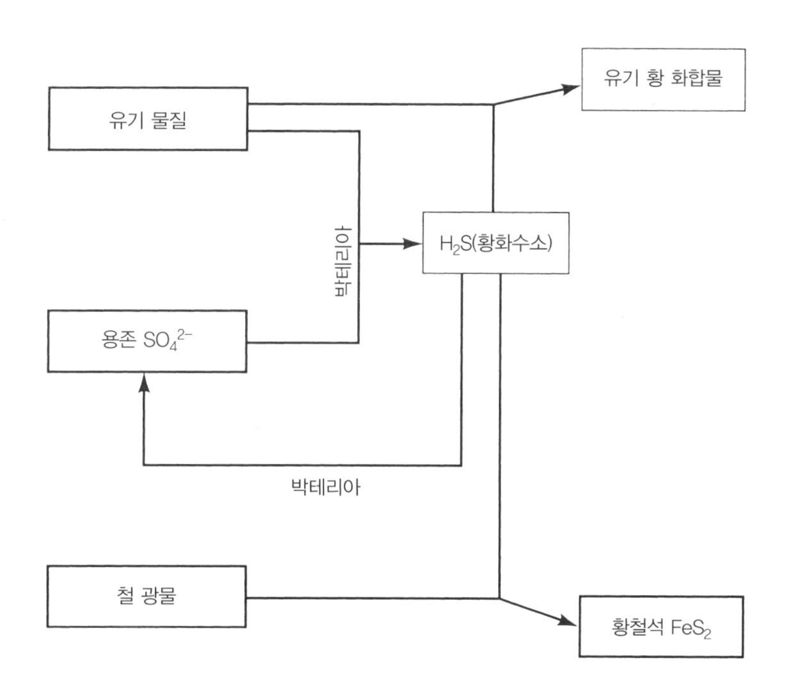

그림 8.7 퇴적 황철석의 생성 과정을 보여주는 개략도(황 원소 및 FeS와 관련된 중간 단계에 대한 설명은 생략. Berner 1970, 1984 참조).

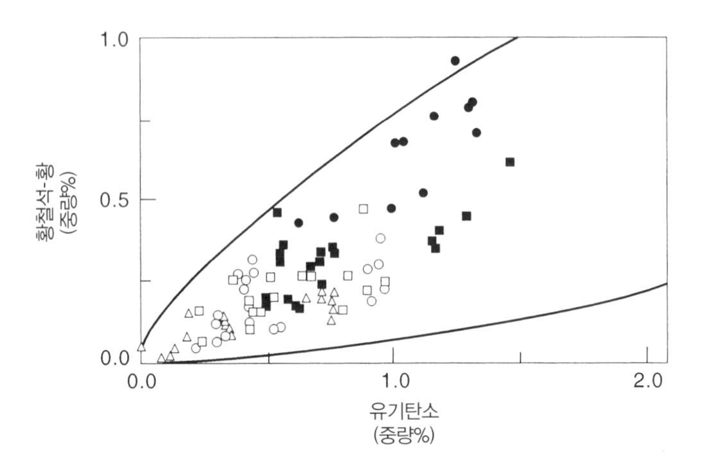

그림 8.8 퇴적물 속의 황철석 S와 유기탄소 간의 상관관계 : 미시시피강의 삼각주 경사면(검은 원), 루이지애나-텍사스 대륙붕 경사면(검은 네모), 서부 멕시코만 퇴적물(흰 원), 남서부 멕시코만 퇴적물(흰 세모), 남부 멕시코만 퇴적물(흰 네모).

출처 : Lin and Morse 1991.

아라고나이트($CaCO_3$), 마그네시아 방해석(여기서 고용체 안에 10 몰 % 이상의 $MgCO_3$가 포함된 방해석으로 정의), 그리고 오팔린 실리카(SiO_2) 등을 꼽을 수 있다. 이런 경각물질을 분비하는 생물체들은 표 8.5에 나열되어 있다.

분비하는 광물의 종류로 이런 생물체들을 구분하는 것도 의미가 있지만, 다른 한편으로는 이들의 서식지를 기준으로 하는 구분도 중요하다. 즉, 바닥에 사는 저서생물과 부유하는 미생물인 플랑크톤의 차이도 유념할만하다. 그림 8.9에는 이런 석회질 플랑크톤의 몇 가지 예가 예시되어 있다.

탄산염 또는 실리카를 분비하는 모든 중요한 동식물은 (저서생물과 플랑크톤 양쪽 다) 광합성이 가능하며, 이 때문에 먹이가 풍부한 200 m 이하의 표층수에 서식한다. 그 결과, 저서생물의 골격 잔해는 대부분 제방, 환초, 또는 대륙붕의 위를 덮고 있는 천해의 퇴적층에 축적된다. 반면에, 수심과 관계없이 어디서든 살 수 있는 플랑크톤의 사체는 심해저로 가라앉을 수 있다. 그런 까닭에, 심해의 퇴적물에는 천해의 퇴적물에 비해 플랑크톤의 골격 사체가 훨씬 많이 포함되어 있다는 점에서 서로 다르고, 이는 두 종류의 퇴적물 간에 뚜렷한 광물학적 차이를 갖게 한다. 심해 퇴적물에는 주로 코콜리드, 플랑크톤 유공충 방해석, 또는 생물기원 실리카가 포함되어 있는데, (탄산염의 분비가 10°C 이하의 수온에서는 급격한 감소를 보이는 탓에) 차가운 고위도의 심해 퇴적물에서는 실리카가 주를 이루게 된다(Honjo et al. 2000). 반면에, 따뜻한 천해의 퇴적물에는 산호-조류-연체동물의 아라고나이트와 마그네시아 방해석이 지배적인 우

표 8.5 방해석, 아라고나이트, 마그네슘 방해석, 오팔린 실리카를 분비하는 대표적인 동식물

광물	식물	동물
방해석	석회비늘편모류[P]	유공충[P]
		연체동물
		이끼벌레(태형동물)
아라고나이트	녹조류	산호
		이끼벌레(태형동물)
		익족류[P]
마그네슘 방해석	산호 (홍)조류	저서성 유공충
		극피동물
		갯지네
오팔린 실리카	규조류[P]	방산충[P]
		해면

[P] 부유성 생물.

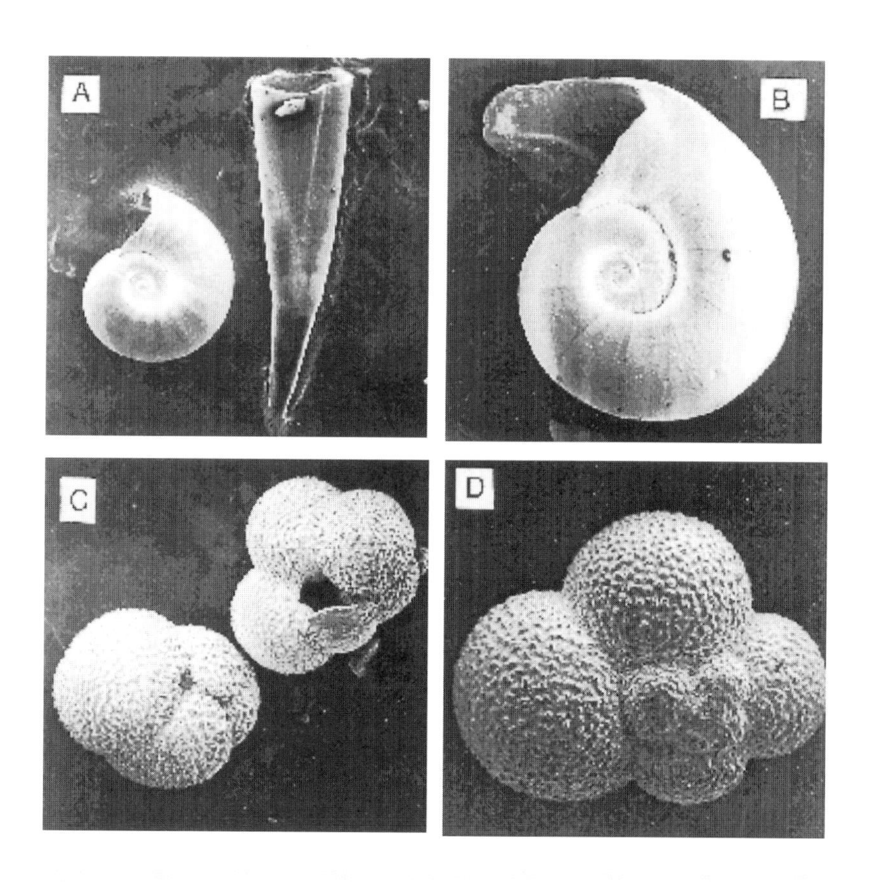

그림 8.9 몇 가지 석회질 플랑크톤의 현미경 사진 : (a) 익족류 껍질(아라고나이트) × 20배율, (b) 익족류 껍질(아라고나이트) × 70배율, (c) 유공충 껍데기(방해석) × 20배율, (d) 유공충 껍데기(방해석) × 100배율.

위를 차지한다. (엄밀히 말해서, 10 몰 % Mg 이상을 가진 마그네시아 방해석과 방해석은 동일한 광물이다. 그러나 서로 다른 조성과 다른 용해 특성 때문에 서로 구별된다.)

두 환경에서 탄산칼슘의 운명 또한 다르게 전개된다. 심해의 경우, 많은 코콜리드와 유공충 방해석, 그리고 (그림 8.9에 보이는) 익족류 아라고나이트의 거의 대부분이 매장되기 전에 용해된다. 반대로, (제방의 상부와 같은) 천해에서는 $CaCO_3$의 용해가 거의 혹은 전혀 일어나지 않는다. 그 이유는 방해석과 아라고나이트가 천해의 경우에는 과포화 상태인 반면에 심해는 불포화 상태이기 때문이다(해수 중 $CaCO_3$와 관련된 더 자세한 화학적 논의를 위해서는 Morse and Mackenzie 1991 및 아래의 칼슘의 해양 수지와 관련된 부분을 참조하기 바란다).

규조류와 방산충이 분비한 오팔린 실리카 역시 수심과는 무관하게 죽음과 동시에 용해가 시작되고, 표층을 포함한 모든 수심에서 용존 규산염(Si)은 규조류에 의해 매우 크게 제거될 수 있어서 제한 영양염이 된다(Archer 2003). 석영에 비해 오팔린 실리카는 눈에 띌 만큼 잘 용해되고 또 해양 모든 곳에서 불포화 상태를 보인다. 무정형 실리카가 불포화된 해수라 할지라도, 플랑크톤이 주변의 오팔린 실리카를 제거할 수 있는 것은 오로지 광합성 에너지의 공급 덕분이다. 규조류와 방산충의 활동 덕분에 실리카의 제거가 천해에서 일어나고, 사후의 침강으로 심해에 도달하게 되면 다시 대부분의 실리카는 용해되어 해수로 복귀한다. 이런 전반적인 과정은 유기물 또는 탄산칼슘의 행동 양식과 유사하다.

생물기원의 원소들이 천해에서 제거되고 또 심해에서 복귀하는 과정은 박스 모델링 기법을 도입하면 정량적인 설명이 가능해진다. 그림 8.10에서 보듯이 Broecker(1971)는 두 박스 모델(two-box model)에 근거한 논의를 최초로 시도한 바 있다. Broecker는 우선 대서양과 태평양을 천해와 심해라는 2개의 구획으로 구분하면서, 광합성과 골격 고형물의 분비가 발생하는 천해와 반면에 유기물의 분해와 광물의 용해가 지배적으로 일어나는 심해의 현저한 차이점을 그 근거로 삼았다. 그는 심해의 저장고가 천해의 20배라고 가정했다(그림 8.10). 그리고 깊은 수괴와 얕은 수괴 사이에서 해수는 통상적인 해류에 동반되는 용승 및 하강에 의해 교환되는데, 심해수의 평균 체류시간을(즉, 해양의 완전한 순환시간을) 1,600년이라고 설정했다. 심해 수괴의 부피 및 유입되는 강물의 속도를 고려해서 계산을 해본 결과, Broecker는 용승 대비 강물의 유입이 20:1이라는 비율을 얻게 되었다. 마지막으로, 천해 수괴로부터 심해 수괴로의 유기물과 고형물의 침강을 포함함으로써 이 순환은 완성된다.

천해 및 심해 수괴 모두가 평형 상태를 이룬다고 가정함으로써, Broecker는 f와 g라는 두 가지 유용한 매개 변수의 값을 각 원소들의 심해 농도, 천해 농도, 그리고 평균적인 강물의 농도로부터 구할 수 있었다. 이 변수들은 아래와 같이 정의된다.

$$f = \text{퇴적물로 매장되는 입자의 플럭스}/\text{천해로부터 심해로의 입자의 플럭스}$$

$$g = \text{천해로부터 심해로의 입자의 플럭스}/(\text{강물 유입의 유량} + \text{용승 유입의 플럭스})$$

여기에서 f 변수는 심해로 침강하는 생물기원의 원소가 도중에 분해나 용해되지 않은 채로 해

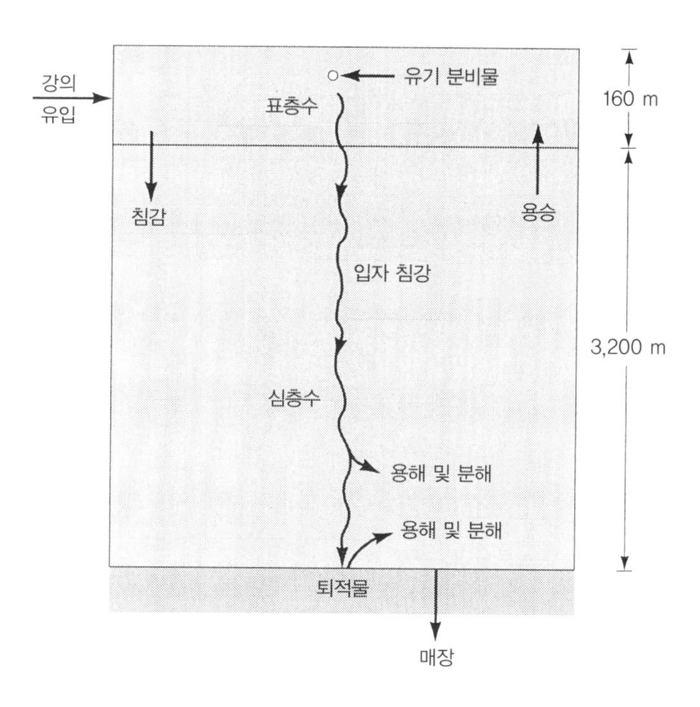

그림 8.10 Broecker(1971)가 사용한 두 박스 모델. 여기에서 화살표들은 상자 사이의 유동을 나타낸다.

저 퇴적물에 투입되는 정도를 나타낸다. 즉, 이는 제거 지시자에 해당한다. 한편 g 변수는 강물 또는 용승에 의해 표층수로 공급되는 원소 중에서 생물학적 분비 및 입자들의 침강에 의해 제거되는 정도를 나타낸다. 다른 말로 하면, 이것은 생물학적 특성의 척도이다. g 값이 1이라는 것은 천해로 공급된 원소의 전부가 생물학적 과정들에 의해 제거되어, 아무것도 하강에 의해 제거되지 않는다는 것을 의미한다. 실제 f 및 g의 값은 Broecker에 의한 방정식을 이용하여 계산된 것이다.

$$f = \{20[(D-S)/R] + 1\}^{-1}$$

$$g = 1-[(20S/R)/(20D/R + 1)]$$

여기에서 S, D, R은 각각 천해, 심해, 그리고 강에서의 농도를 말한다.

태평양에서 관찰되는 인, 질소, 규소, 칼슘 및 (CO_2, HCO_3^-, CO_3^{2-}와 같은) 무기탄소의 농도들을 위의 식에 대입하여 얻은 f 값과 g 값이 표 8.6에 제시되어 있다. (대서양의 경우도 유사한 값들을 보인다.) 예상한 대로, 인과 질소의 g 값이 높게 나온 것은 이 두 원소의 생물기원적 성격이 두드러짐을 보여준다. Si의 g 값도 매우 높이 나타난다. $g = 0.19$라는 상대적으로 낮은 g 값을 보이는 무기탄소는 생물기원 특성이 중간 정도라는 것을 뜻한다. 반면에, 0.01이라는

표 8.6 몇 가지 생물기원성 원소들의 천해 저장고와 심해 저장고에서의 평균 농도와 f 값 및 g 값. 이 수치들은 태평양의 데이터를 Broecker(1971)가 제안한 두 박스 정상 상태 모델에 적용한 결과이다.

	농도(μM)				
원소	천해[S]	심해[D]	강물[R]	f	g
P	0.2	2.5	0.7	0.015	0.92
N	3	35	20	0.03	0.92
Si	2	180	170	0.05	0.99
C	2,050	2480	870	0.09	0.19
Ca	10,000	10090	367	0.17	0.01

출처 : 이 책의 표 8.1, 표 8.2, Broecker 1971, Meybeck 1982. (Broecker and Peng 1982도 참조).

매우 낮은 g 값을 보이는 칼슘은 생물기원 특성이 낮지만, 여전히 생물기원 특성이 있다는 것을 보여준다. (소듐과 같은 비생물기원성의 원소들의 g 값은 실질적으로 0으로 간주할 만큼 측정 불가능한 값들을 가졌다.)

한편 f 값들은 모두 상당히 낮은데, 이는 심해로 가라앉은 생물기원의 물질들이 대부분 해수로 복귀했음을 의미한다. 이 중에서 칼슘과 무기탄소는 그나마 어느 정도 잔존할 가능성을 지닌 듯 보인다. 그러나 이런 현상이 나타나는 것은 심해의 경우 (P, N 및 Si 원소들을 함유한) 유기물이나 오팔린 실리카와 같은 물질들에 비해 $CaCO_3$가 좀 더 완전한 평형을 이루기 때문일 수도 있다. 어쨌든, Broecker의 모델은 해양의 생물기원성 원소들의 행동 양식을 이해하는 데 유용한 도구임에 틀림없다. (이 모델은 생물기원성 원소들 이외의 다른 원소들에게도 적용될 수 있다.)

화산-해수 간 반응

해양의 화산 활동은 그 규모가 대단하며 그 결과로 광범위한 화산재의 분산뿐 아니라 해저의 현무암 용암류 또한 발생한다. 이런 화산작용의 가장 흔한 산출물로는 흑요석, 휘석, Ca-사장석, 감람석 등을 꼽을 수 있는데, 이들 모두는 해수에서 불안정하다. 이런 불안정성 및 광범위한 분포 때문에 이 물질들은 고온 및 저온의 다양한 해수와 반응하여 그 조성을 바꾸거나 다른 새로운 광물을 생성한다. 이러한 화산-해수 반응들은 생물학적 작용 및 강수의 유입과 함께 현대 해양의 해수 조성이 이루어지고 또 유지되는 데 중심적 역할을 하는 세 가지 요소 중의 하나로 여겨지고 있다.

화산-해수 반응들은 주로 해저 확장의 결과로 발생한다(해저 확장 및 이와 관련된 판 구조론에 대한 더 자세한 내용은 Kearey et al. 2008 등을 참조). 대부분 현무암으로 이루어진 새로운 해저는 대양 중앙의 해저 산봉우리 또는 산맥의 화성 활동으로 생성되고 그 후로는 점차 옆으로 이동한다. 한편, 밑으로부터 발산되는 열에 의해 해저 산맥의 축과 측면부를 따라 대류 순환이 일어난다. 차가운 해수는 하강한 후 가열되어 상승하게 된다. 만약 현무암 해저를 덮고 있는 퇴적층이 그다지 두껍지 않고 현무암층의 깊이 또한 얕은 경우라면, 대류 순환을 하는 해수의 양이 꽤 많을 수 있다. 해수가 현무암을 만날 경우 발생하는 화학 반응들을 고려하면, 이러한 대류 순환은 해수와 현무암의 양쪽 모두 조성 면에서 상당한 변화를 유발한다.

열적 순환의 총량과 장소에 대한 통상적인 합의가 이루어지지 않은 탓에, 현무암과 해수 사이의 반응이 초래하는 효과를 수량화하는 것은 매우 어렵다. 여기서 장소가 중요한 이유는 여러 원소들에게 있어 산봉우리의 정상 부근에서 일어나는 고온 반응과 정상으로부터 좀 더 떨어진 측면부에서의 저온 반응이 해수 조성의 변화 면에서 다른 결과를 보이기 때문이다. Sleep 등(1983)이 제안한 열 모델링에 의하면, 산봉우리의 수직 축을 따라 분출되는 열흐름은 전체의 1/10에 불과한 것으로 추산된다. 이런 추산은 축 방향 열흐름이 전체의 1/3 이하일 것이라는 Emerson과 Hedges(2008)의 계산 결과와 크게 벗어나지 않는다. 반면에, 근본적으로 모든 열흐름은(즉, 모든 화학 반응이) 고온의 축 방향 수역에서 발생한다고 하는 Edmond 등(1979)의 추정과 위의 두 견해는 합치하지 않는다.

화산의 수직 축에서 벌어지는 현무암과 해수 사이의 고온 반응(200~400°C)에 대한 연구들은 현무암 조성과 해수 조성의 양 측면에서 활발하게 수행되었다. 아이슬란드의 지열 시추공에서 얻어진 열수의 연구(Holland 1978), 대서양과 태평양의 천연 해저 열수의 연구(요약을 위해 Von Damm 1990 및 German and Von Damm 2003 참조), 그리고 고온 상태에서의 현무암-해수 반응에 관한 실험실 연구(Mottl 1983 참조) 등을 통해 해수 조성의 변화에 대한 증거들이 확보되었다. 표 8.7에는 서로 멀리 떨어져 있는 여섯 해역에 존재하는 해저 열수공으로부터 얻은 시료의 분석 결과를 평균한 농도 값들이 나열되어 있다. (이 여섯 해역은 동태평양 해령의 11°N, 13°N, 21°N 지점들, 갈라파고스 확산 중심부, 동태평양의 후안 데 푸카 해령, 그리고 대서양 중앙해령의 한 장소이다.)

일반 해수의 조성과 이런 열수에서의 조성 차이 측면에서 결과는 아이슬란드의 해수와 실험실의 열수 분석 결과들이 거의 일치하였다. 이 모든 사실은 깊은 곳에서 고온의 현무암-해수 간 상호작용이 해수로부터 Mg^{2+}와 SO_4^{2-}의 완전한 제거와 Ca^{2+}, H_4SiO_4, K^+의 추가와 관련되어 있다는 것을 보여준다. Bischoff와 Dickson(1975)과 Mottl(1983)이 수행한 실험에 따르면, 황산염의 제거는 처음에는 거의 전적으로 $CaSO_4$의 침전에 의해 발생하며(후에 고온에서 일부 황산염은 H_2S로 환원될 수 있다), 이에 대한 칼슘의 공급원은 현무암이다. 그러므로, 해수로 방출된 칼슘의 총량은 해수에서 증가한 Ca^{2+} 농도에 $CaSO_4$의 침전으로부터 비롯된 SO_4^{2-} 농도의 감소량을 더한 값이다. 달리 말하면, 표 8.7에서 보듯이 ΔCa^{2+} 에서 ΔSO_4^{2-}를 뺀 값이다. 몰 농도를 기준으로 할 때, 방출된 Ca^{2+}의 총량이 Mg^{2+}의 흡수량과 동일하다는 점에 주목할 필요가 있다. 나중에 알게 되겠지만 이 점이 무척 유용하다는 점이 드러날 것이다.

해수는 해령의 축으로부터 옆으로 떨어져 있는 저온 상태의 현무암과도 물론 반응한다. 하지만 이런 경우의 수화학적 자료는 훨씬 드물다. 그 이유는 우선 명확하게 기록된 해령과 떨어

표 8.7 고온의 해수가 현무암과 반응할 경우의 몇 가지 주요 해수 성분들의 농도 변화

	농도(mM)		
구성 성분	해수	온천수[a]	Δ^b(mM)
마그네슘 이온	54	0	−54
칼슘 이온	10	36	26
포타슘 이온	10	26	16
황산염 이온	28	0	−28
규산	≈0	20	≈20
△칼슘 이온 − △황산염 이온	—	—	54[c]

주의 : mM = millimoles per liter.
[a] 서로 멀리 떨어진 여섯 군데 해역에 위치한 24개 열수공으로부터 얻은 평균값(출처 : Von Damm 1990).
[b] Δ = 뜨거운 열수와 해수에서의 농도차.
[c] $\Delta Ca^{2+} - \Delta SO_4^{2-}$ = 해수로 빠져나간 Ca^{2+}의 총합.

져 있는 분출공과 관련된 자료들이 별로 없을 뿐 아니라, 저온에서의 실험실 반응들의 속도가 워낙 느리기 때문이다. 하지만 심해 시추로 획득한 변성된 현무암에 대한 연구(Staudigal and Hart 1983) 그리고 퇴적물의 공극수 분석들(Mottl and Wheat 1994; Elderfield et al. 1999) 등을 통해 관련된 증거들이 수집되었다. 이렇게 축(axis)으로부터 떨어진 반응 결과를 조사한 연구들의 결론은 표 8.7에 나오는 원소들의 경우를 볼 때 전반적으로 (해령 축의 배출과는 반대로) K^+의 흡수, Mg^{2+}의 흡수, 그리고 Ca^{2+}의 해수로의 방출이 일어난다는 사실이다.

해령 측면에서 관찰되는 바와 같이, 저온 환경에서는 Mg^{2+}의 흡수가 발생한다는 사실은 다른 연구들의 결과와 대체로 일치한다. 그 첫 번째 사례로, Crovisier 등(1983)은 50°C 환경의 실험실 연구로 1차적인 Mg^{2+}의 흡수는 Mg를 함유한 광물들이 미세한 막의 형태로 변형된 현무암의 표면에 달라붙는다는 사실을 알아냈다. 두 번째로, Perry 등(1976) 및 Gieskes와 Lawrence(1981)는 긴 세월에 걸쳐 생성된 수백 미터 깊이의 (미세한 현무암 가루로 된) 화산재로 이루어진 퇴적층을 조사한 결과, 깊이 내려갈수록 용존 Mg^{2+}와 K^+은 줄어들고 반대로 Ca^{2+}는 늘어난다는 걸 보고하였다. 실제로 Ca^{2+}의 증가와 Mg^{2+}의 감소는 근본적으로 동일한 현상의 동전의 양면으로 간주될 수 있다. 스멕타이트의 형성과 간극수 내의 ^{18}O 함량의 변화는 규산염 광물과의 반응을 의미한다. 그림 8.11은 이러한 농도 변화의 예를 보여준다.

이러한 속성 깊이의 변화(diagenetic depth changes)는 스멕타이트를 생성하는 화산 물질과 간극수의 반응들을 살펴봄으로써 가장 잘 이해될 수 있는데, 이런 반응들은 퇴적물의 내부 및 하부에서 모두 일어날 수 있다. (간극수의 조성 변화 중의 일부는 퇴적층의 밑에 위치한 현무암의 저온 변성에서 비롯된 것으로 볼 수 있다.) 어떤 경우이든, 저온의 화산–해수 반응은 용존 Mg^{2+}의 흡수와 이에 상응하는 Ca^{2+}의 용액으로의 방출 그리고 약간 더 적은 양의 K^+의 흡수를 동반한다. 세 번째로, Seyfried와 Bischoff(1979) 역시 70°C 환경에서 수행한 실험에서 Mg^{2+}의 흡수가 일어나는 걸 보여주었다. 마지막으로, Staudigel과 Hart(1983)는 변성된 현무

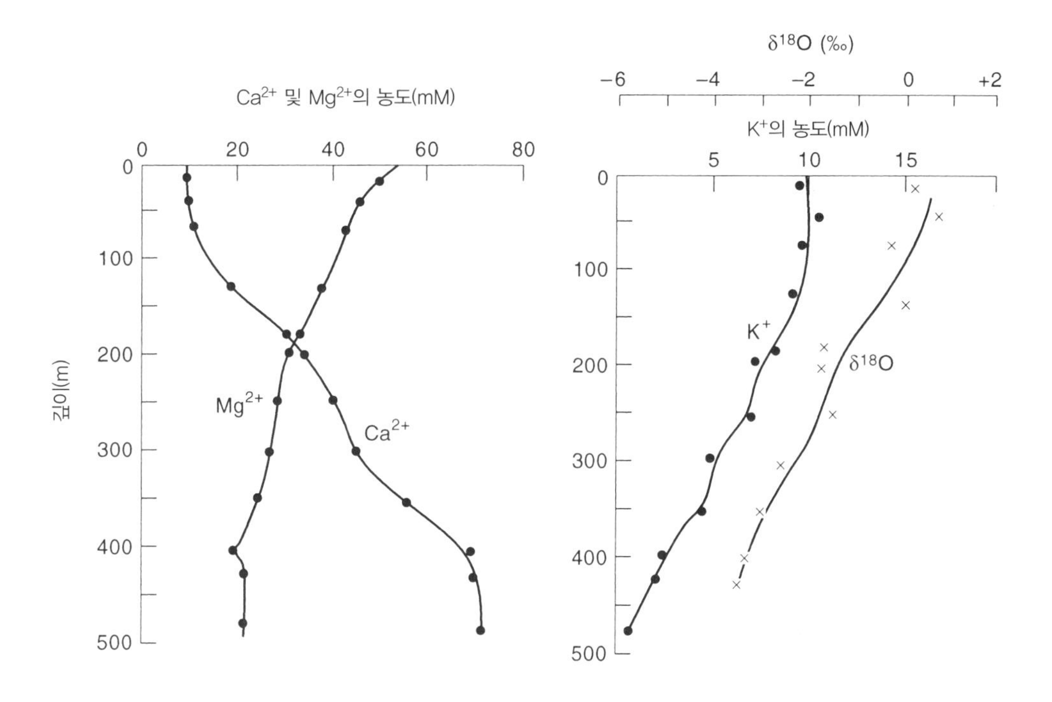

그림 8.11 태평양 심해 중 한 곳에서의 수심에 따른 퇴적물 간극수 내의 Ca^{2+}, Mg^{2+} 및 K^{+}의 농도 분포와(평균 해수와 비교할 때의) 산소 동위원소 ^{18}O의 조성 변화

출처 : Gieskes and Lawrence 1981.

암의 맥을 따라 스멕타이트를 생성하기 위한 Mg^{2+}의 침전량을 측정할 수 없다는 사실은 저온에서의 Mg^{2+}의 방출에 관해서 잘못된 결론을 유도할 수 있다는 점을 시사하였다. 이런 점들을 근거로, 용액으로부터 Mg^{2+}의 흡수는 현무암-해수 간 고온 반응과 저온 반응 양쪽에서 모두에서 발생할 가능성이 있다고 말할 수 있을 것으로 보인다.

이미 앞에서 시사되었듯이, 저온의 화산-해수 반응이 늘 해저 확장과 관련된 현무암층에서만 일어나는 것은 아니라는 점을 간과하면 안 된다. 현무암(또는 다른 화산암) 성분의 미세한 가루로 이루어진 화산재는 대양에 위치한 섬들의 지표면에서 발생한 화산 폭발의 산물로, 이 재들은 바람과 조류에 실려 이동된 뒤 해저에 퇴적된다. 이렇게 침전된 화산재가 해수와 반응하여 생성되는 스멕타이트 광물은 그 주된 결과물이라고 할 수 있다. 이런 과정은 남태평양에서 특히 빈번하게 발생하는데(Peterson and Griffin 1964), 전 지구를 통틀어 볼 때 그 총량이 얼마나 되는지는 아직 미지수이다. 남태평양의 심해, 즉 원양의 퇴적 속도로 미루어보면, 이 과정은 양적으로는 그다지 중요하게 여겨지지는 않는다. 그러나 서인도제도의 경우처럼 폭발력이 강한 화산 활동이 빈번히 일어나고 또한 빠른 퇴적 속도를 보이는 곳들의 경우는 추가적인 정량적 연구가 요구된다. 어쨌든 Gieskes와 Lawrence(1981) 등의 퇴적물 간극수의 농도에 대한 연구를 통해, 화산재–해수 반응으로 해수의 조성이 변한다는 사실이 확인된 점은 주목할 필요가 있다.

고온 반응과 저온 반응에서의 흡수–방출 거동이 상이할 뿐 아니라 (고온의) 해령 상부와 (저온의) 해령 주변부에서 발생하는 해수 순환의 상대적인 양적 중요성에 대한 의견의 차이가 있기 때문에, 화산–해수 반응이 해수의 모든 원소들의 화학적 조성에 미치는 전반적인 총영향을 정량화하기는 매우 어렵다. Edmond 등(1979)이 처음으로 이런 정량화를 시도하긴 했지만 단지 고온 반응만을 대상으로 삼았다는 점에서 한계를 지니고 있다. 왜냐하면, 고온 반응은 해령의 해수 순환 전체의 약 10%에 불과하기 때문이다(Sleep et al. 1983). 한편 화산–해수 반응은 발생 장소와는 무관하게(즉, 해령 상부 혹은 해령 주변부 모두에서), Mg을 해수로부터 제거하고 Ca와 H_4SiO_4를 추가한다. K 플럭스의 전반적인 표시는 더 진전된 연구가 필요하다.

해수 조성의 균형 상태가 장기간 유지된다는 가정하에, 우리는 이 책에서 나름대로의 양적 계산을 시도하였다. 달리 말해서, 수지의 균형을 맞추는 데 화산–해수 반응을 사용하였다. 유동을 계산하기 위해 쓰인 방법들에 대한 자세한 설명은 뒤에 각각의 해당 원소들을 상술하는 부분에 요약되어 있는데, 비교를 위해서 표 8.8에 그 결과들을 나열하였다. 또한 용존 황산염과 실리카의 해양화학에 영향을 줄 수 있는 생물기원 및 화산의 영향에 대해서도 추가적인 논의를 해보고자 한다.

Edmond 등(1979)이 추산한 황산염의 제거 수준은 심각한 문제점들을 내포한다. 실험실에서의 연구 결과에 의하면, 변성 현무암은 상당히 충분한 $CaSO_4$의 농도를 보일 것으로 예측된다. 그러나 실제로 시추나 준설을 통해 채취된 변성 현무암 또는 고대의 해령 봉우리에서 발견된 변성 현무암을 분석한 결과는 이런 예측과는 많은 차이를 보인다(Alt 1995). 아마도 이 $CaSO_4$가 추후에 다른 순환 해수에 의해 다시 용해되었을 가능성도 존재한다(Mottl 1985). 만약, 퇴적암 속으로의 황의 매장을 추가적으로 고려하는 경우라면, (지질학적 연대의 관점에서) 해양의 황 수지가 균형을 이룰 수 있다. 현무암과의 반응에 의한 황산염의 추가적인 제거를 포함한다면 황 수지의 불균형 및 해수 중 황산염 농도의 과도한 변화가 초래된다(이 장의 해양의 황 수지에 관한 부분을 참조).

주로 현무암–해수 반응에 의한 황산염의 제거에는 추가적인 문제점들이 있다. 만약 대부분의 황산염이 Fe^{+2}와 반응하여 현무암에 Fe^{+3}를 생성하는 반응에 의해 환원되어 H_2S로 제거된다면, 지질시대적 긴 세월의 관점에서 볼 때 대기 산소의 커다란 불균형이 발생한다(Berner and Petsch 1998). 마지막으로, 해저 열수공에서 분출되는 H_2S 및 금속 황화물의 황 동위원소 조성에 근거한 질량균형 계산에 따르면, 현무암과의 반응을 통한 황산염의 환원은 맨틀에서 투입되는 황에 비해서는 훨씬 낮은 기여도를 보인다(Ono et al. 2007).

용존 실리카의 경우는 문제가 적은 편이다. Holland (1978)는 아이슬란드 열수에서는 해저 열수공이 공급하는 실리카의 1/3 이하의 플럭스를 보인다는 사실을 규명하였다. 이런 이유들 때문에, 열수 Mg 플럭스의 추정값(표 8.8)과 열수공에서의 Mg와 실리카 농도의 반비례성에 근거하여 별도의 열수 실리카 유속값(56 Tg/yr)을 도출하게 되었다(Von Damm 1990).

해양의 Mg, Ca, K, 그리고 다른 미량 원소들의 지구화학적 순환은 어떤 정량적 추정값을 채택하든 화산 활동에 의해 눈에 띄게 영향을 받는다(Li^+, Rb^+, Ba^{2+} 등에 관한 설명은 German and Von Damm 2003 참조). 또 다른 사례로는, 뜨거운 현무암이 해수와 반응하여 생성된 것으로 생각되는 소듐 함량이 많은 현무암을 **스필라이트**(spilites)라고 하는데, 이 광물이 흔하게 발견되는 것 또한 고온에서의 Na^+ 제거가 관여되었을 가능성을 시사한다. 하지만 현무암-해수 실험들과 변성 현무암과 열수 용액에 관한 연구들로부터 얻어진 조성 자료들은 해수의 소듐에 대한 정량적 효과에 대해 결정적인 논거를 제고하지는 않고 있어 이 주제에 대한 좀 더 많은 연구가 요구된다. 대부분의 열수공에서는 고온에서의 Na^+ 제거가 발생한다는 증거가 존재하는 것은 맞다. 하지만 물 손실에 의한 Cl^-의 증가에 수반되는 Na^+ 농도의 증가에 의해 상쇄된다는 증거도 존재한다(German and Von Damm 2003).

쇄설성 고체들과의 상호작용

강물에 의해 해양으로 운반된 쇄설 광물 중에서 큰 부분을 차지하는 것이 (특히 점토 광물의 형태의) 규산염 광물들인데, 이들은 해수와 평형을 이루지 않는다. 그러므로, 해수에 진입하는 시점부터 화학반응을 일으킨다. 이런 반응 중에는 규산염 광물들의 내외부 전반에 걸쳐 일어나는 경우도 있는 반면에 어떤 경우는 광물의 표면에서만 발생하기도 한다. 전자의 경우는 원래의 쇄설 광물 대신 일반적으로 양이온이 더 함유된 새로운 광물을 생성한다. 이런 과정은 육지의 풍화작용과 유사한 면들을 보이는 까닭에 **역풍화**라고 부르기도 한다(Mackenzie and Garrels 1966). 후자의 경우는 느린 반응 속도 때문에 광물 표면에 국한된 화학적 변화만 일어나게 되는데, 이를 **탈착**(desorption) 또는 (이온이 관여할 경우에는) **이온 교환**이라고 부른다. 강물로 유

표 8.8 대양 중앙 해령과 연관된 현무암-해수 반응의 결과로 비롯되는 주요 해수 성분들의 제거율 및 공급률

	플럭스(Tg/yr)	
구성 성분	Edmond et al.(1979)	현재 연구
마그네슘 이온	−187	−118
칼슘 이온	140	191
포타슘 이온	51	—
황산염 이온-황	−120	—[a]
규산염-규소	90	56

주의 : 제거율은 음수로 그리고 공급률은 양수로 표현되었음. Tg = 10^{12} g.

[a] Edmond et al.(1979)이 제시한 값의 10% 이하.

입된 규산염 쇄설물과 해수 사이에서 일어나는 가장 중요한 세 가지 반응이란 바로 이들 역풍화, 탈착, 그리고 이온 교환이라 할 수 있다.

Mackenzie와 Garrels(1966)에 의해 도입된 역풍화라는 개념은 강물에 의해 바다로 투입된 Na^+, K^+, Mg^{2+}, HCO_3^-, H_4SiO_4와 같은 원소들의 제거 과정을 쉽게 설명하는 데 도움이 된다. 그 추론의 단계는 다음과 같다. 즉 원상태의 규산염에 비해 양이온과 실리카의 함량이 줄어든 알루미노 규산염의 풍화물은 해수를 만나면 양이온과 실리카를 흡수하며 그 과정 중에 HCO_3^-를 CO_2로 바꾼다. 이런 전반적인 반응을 K^+ 입장에서 서술한다면 다음과 같이 일반화된 형식으로 표현할 수 있다.

$$K^+ + HCO_3^- + H_4SiO_4 + \text{Al-silicate} \rightarrow \text{KAl-silicate} + CO_2 + H_2O$$

이 반응은 제4장의 풍화작용에 대한 설명에서 언급된 것과 매우 비슷한데, 차이점이라면 단지 역방향이라는 점이다. 사실, 이런 점 때문에 '역풍화'라는 이름이 붙게 되었다. 하지만 진정한 역풍화와는 한 가지 중요한 차이점이 존재하는데, 그것은 풍화작용에 나타나는 주된 규산염과 이 식에 등장하는 양이온이 증가한 알루미노 규산염이 서로 다르다는 점이다. 달리 말하면, (해수에 불안정한) 장석 또는 휘석 등이 생성되는 것은 아니다. 강물에 의해 투입된 양이온과 실리카를 제거하는 역할을 할 뿐 아니라 (양이온이 결핍된) '산성'의 알루미노 규산염과 반응을 통하여, 역풍화는 HCO_3^-를 CO_2로 변환함으로써 풍화작용 시 발생하는 반대의 과정과 균형을 맞춰주는 역할을 한다.

해양 퇴적물의 벌크 광물학에 영향을 주는 주된 과정으로서, 역풍화라는 개념은 처음에는 검증에서 잘 견뎌내지 못했다. 멕시코의 한 강물에 의해 유입된, 심한 풍화를 겪어 양이온이 결핍된 점토들의 화학 조성 변화를 자세히 조사한 Russell(1970)은 이 점토들이 해수에 진입한 뒤 퇴적이 시작되는 시점에서의 양이온의 순수 흡수량이 거의 검출되지 않을 만큼 미미하다는 것을 밝혀냈다. 그리고 점토 조성의 면에서 관찰되는 유일한 변화는 강에서 기원된 양이온과 해수의 새로운 양이온과의 교환이 단지 점토 표면에서만 이루어진다는 점이다. 이러한 관찰 결과는 이 장의 앞에서 Sillèn의 평형 모델을 설명할 때 언급된 내용과도 일치한다. 해양 환경에서 새로운 점토 광물이 오래된 쇄설 점토 광물로부터 대단위로 생성된다는 증거는 광물학이나 해수 조성 혹은 동위원소의 어떤 관점에서도 찾아볼 수 없다. 게다가 DeMaster(2002)의 연구 결과에 따르면, 강물에 실려온 실리카 플럭스는 (대량의 역풍화를 거론할 필요조차 없이) 해수에서 거의 대부분 오팔린 실리카 잔해의 형태로 제거될 수 있음을 시사한다. 이는 마치 Mg^{2+} 플럭스가 화산-해수 반응에 의해 제거될 수 있는 것과 유사하다.

그러나 Sayles(1979, 1981)는 역풍화의 역할이 기존의 통념에 비해서 더욱 중요할 수 있다는 상반된 견해를 발표한 바 있다. 매우 정밀한 화학 기법을 통해 그는 대서양의 심해 퇴적물과 해수의 경계면 사이에서 다양한 용존 이온들이 (비록 적기는 하지만 검출이 될 정도의) 화학적 농도 변동을 보여준다는 사실을 밝혀냈다. 즉, 그의 연구 자료들은 Mg^{2+}와 K^+의 흡수 그리고 퇴적물로부터의 Ca^{2+}의 방출을 나타내는 증거를 제시한다. 이러한 변화들이 저온의 화산재-해수 반응의 경우에서 예측된 바와 동일한 방향성을 보인다는 사실 때문에 해수-퇴적물 경계면에서의 이러한 미세한 변화들까지도 저온의 화산재-해수 반응의 결과로 간주하기 쉽지만 퇴적물의 대부분은 분명히 화산 활동의 산물이 아닌 까닭에, 관찰된 Mg^{2+}와 K^{+}의 농도 변동은 도리어 역풍화에서 비롯되었을 가능성이 높다.

Sayles(1979, 1981)의 연구에 뒤이어 Mackenzie 등(1981), Rude와 Aller(1989), 그리고 Micalopoulis와 Aller(2004) 등이 발표되었다. Mackenzie 등(1981)은 하와이 오아후섬에 위치한 카네오헤만(Kaneohe Bay)의 퇴적물에서, 비결정형 규산 알루미늄과 철옥시수산화물이 Fe이 풍부하고 Mg이 함유된 스멕타이트로 변형된 지구화학적 및 광물학적 증거를 발견하였다. Rude와 Aller(1989)는 좀 더 광범위한 연구를 통해, 아마존 삼각주의 퇴적물에 포함된 모래 입자들에 입혀진 수산화철 막에 의한 Mg의 흡수를 관찰하였으며, 이는 새로운 자생적 Fe-Mg 규산염의 생성을 보여주는 것으로 추정하였다. 그들은 아마존강에 실려온 Mg의 많은 부분이 이런 규산염의 형태로 제거된다고 보았다. 이 밖에도, Rude와 Aller(1993)는 아마존 퇴적물 내부의 간극용액으로부터의 K^{+} 및 F^{-}의 제거가 (그들이 믿는) 또 다른 자생적 규산염 광물들을 형성하기 위해 일어난다는 사실을 관찰하였다.

Michalopoulis와 Aller(2004)는 아마존 삼각지 퇴적물에서의 자생적 K-Al-Fe 규산염 생성관 관련된 추가적인 증거들을 제시하였다. 이러한 증거로는 규산질 규조류의 잔해로 이루어진 점토 광물의 변성 그리고 용존 K, Mg, 실리카의 간극수 수직분포의 분석을 들 수 있다. 아마존 퇴적물의 경우, 역풍화 반응을 일으키는 용존 실리카는 규조류에 의해 현장에서 공급된다. 원래의 규산질 생물체의 잔해 중 일부 혹은 전부가 K-Al-Fe 점토 광물들로 교체되었다는 사실은 전자현미경 관찰로 확인된다. 매우 빠른 점토의 형성이 신선한 규조류를 아마존 퇴적물에 투입하는 실험들 결과로 밝혀졌으며, 겨우 수년 이내에 점토에 의해 교체된 것을 알아내었다. 그들은 규산질 생물체의 잔해를 변성시켜 K-Al-Fe이 풍부하게 함유된 점토를 형성하는 데 소모되는 K의 양이 아마존강에 의한 K 플럭스 전체의 7~10%에 해당할 것이라는 결론을 내렸다.

Garrels와 Mackenzie(1971)가 처음 언급하고, Rude와 Aller(1993)가 재차 강조한 중요한 점은 역풍화 작용이 K, Mg 등이 중요한 제거원으로 역할을 하려면 주요 하천의 델타(삼각주)와 같이 높은 퇴적률을 가진 지역에서 퇴적된 전체 물질 중 매우 작은 부분이 이 과정에 의해 형성된 새로운 광물을 대표할 필요가 있다는 것이다. 만약 Rude와 Aller 그리고 Michalopoulis와 Aller의 결과가 델타 퇴적층에 적용될 수 있다고 판단될 경우(세계적으로 대부분 퇴적작용은 델타 혹은 근처에서 일어난다), 역풍화작용은 결국 현무암-해수 반응보다 주요한 과정이 될 수 있다. 그러나 역풍화 작용의 정량적인 중요성이 전 지구적 기준에서 확인되기 전까지는, 이 과정은 이 책에서 해수로부터 Mg이나 실리카 제거의 주요 과정으로 다루지는 않을 것이다. 한편, Michalopoulis와 Aller(2004)에 의한 아마존 퇴적물에 존재하는 강물 기원 K의 7~10%가 제거된다는 관측 결과가 다른 주요 삼각주의 경우에도 확대 적용할 수 있다고 가정하면 해양의 K 수지 역시 근사치를 산출하는 것이 가능해진다. 이 장의 K 수지와 관련 항목에서는 이런 추산 방식을 살펴보기로 한다.

강물에 의해 해수 환경으로 운반된 점토 광물들의 표면이 해수와 반응하리라는 것은 자명한 일이다. 그리고 이 장의 관점에서 가장 흥미로운 반응은 양이온 교환이다. 점토 광물은 (몇 시간 내지는 며칠 사이라는) 짧은 시간 안에 외부 표면에 있는 양이온들이 교환되며, 스멕타이트와 같은 일부 점토의 경우는 조성비가 서로 다른 한 종류의 물에서 다른 종류의 물로 이동할 때 층간의 위치에서도 교환이 일어난다. 강물에서 해수로 이동하는 경우의 교환 정도가 높게 나타나는 까닭은 바로 이 두 종류 물 사이의 큰 농도차 때문이다.

강물에서 해수로 유입되는 대표적인 점토 광물의 하나인 스멕타이트가 겪게 되는 양이온 교환은 Sayles와 Mangelsdorf(1977)의 실험을 통해 잘 알려져 있다. 이 실험의 결과는 표 8.9에 나와 있다. (자연 상태의 아마존 점토를 사용한 이들의 추가적인 연구 역시 유사한 결과를 보였다.)

표 8.9에서 가장 눈에 띄는 변화는 점토의 입장에서 볼 때 Na^+의 흡수와 Ca^{2+}의 방출이라고 할 수 있다. 이에 비하자면, K^+와 H^+의 교환은 미미한 수준이다. Holland(1978)는 평균적인 강물의 부유 퇴적물이 보이는 양이온 교환 용량을 대략 18 mEq/100 g 정도로 추정했다. 이 수치를 근거로, 그는 매년 강물에 의해 바다로 유입되는 부유 퇴적물의 총질량을 12,600 Tg으로 추산하였다(제5장 참조). 그리고 Sayles와 Mangelsdorf(1977)가 수행한 스멕타이트의 연구를 통해 알게 된 각 원소들의 비례적 변화를 모든 강물 기원의 퇴적물에 확대해서 적용할 경우, 현재의 해수에서 일어나는 양이온 교환에 의해 초래되는 Ca^{2+}, Mg^{2+}, Na^+, K^+의 제거 비율을 추산해낼 수 있다. 표 8.9에는 이런 추정치들이 예시되어 있는데, 이 중 Na+의 경우를 보면 해양의 총 Na^+ 제거율의 12%에 달하는 상당한 부분임을 보여준다.

표 8.9의 수치들은 강물에 의한 부유 퇴적물의 현재 시점에서의 공급률에 근거하여 계산된 것들이다. 앞의 제5장에서 보았듯이, 이 비율은 농사 활동 및 댐 건설에 의해 영향을 받는다. 인류의 존재 이전에는 그 수치들이 더 낮았을 수도 있고(Garrels and Perry 1974), 아니면 반대로 홍적세의 마지막 빙하작용으로 생성된 엄청난 양의 쉽게 침식되는 암설들로 인해 더 높았을 수도 있다. 어느 쪽이 맞는지에 대한 확증적인 데이터가 없는 한, 현 시점의 수치들을 (수백만 년이라는) 장기적 수지를 산출하는 근거로 삼기로 한다.

위에 언급된 단순한 양이온 교환에 더해서, 담수에서 해수 환경으로 옮겨진 점토들 중의 일부는 약간 다른 형태의 교환 과정을 겪기도 한다. 이를 포타슘 고정이라고 부른다. 단순한 양이온 교환에서는 (점토 표면 또는 층간 위치의) 하나의 수화된 양이온이 용액 중의 다른 하나의 양이온과 교환이 되는 데 반해서, 포타슘 고정의 경우는 점토에 포타슘의 추가는 더해진 포타슘 이온의 탈수가 수반되며, 오직 층간 위치에서만 포타슘에 의한 수화된 양이온의 교체와 그 결과로 교환 능력이 상실된다. 이 과정은 풍화작용에 의해 이미 일정량의 K^+를 상실한 운모에서 주로 관찰되는데, 해수를 만나면 즉시 K^+를 흡수한다. 단순한 양이온 교환과는 달리 이 과

표 8.9 강물에서 해수로 진입한 스멕타이트에서 양이온의 교환 비율 및 제거율

	표층 농도[a](mEq/100g dry wt.)		해양의 제거와(−) 추가(+)	
이온	강물과 평형을 이룬	해수와 평형을 이룬	점토 위의 변화	속도[b](Tg/yr)
칼슘 이온	57.6	15.7	−41.9	+23
마그네슘 이온	18.4	18.1	−0.3	+0.1
소듐 이온	2.3	44.2	+42.0	−23
포타슘 이온	0.6	2.7	+2.1	−3
수소 이온	2.0	0	−2.0	—
모든 이온들(CEC)[c]	80.9	80.8	0	—

[a] 인공적으로 만든 평균 강물에서 미리 7일간 평형 상태에 놓여 있던 스멕타이트를 다시 7일간 해수와 반응시킨 뒤 얻은 수치(mEq = milliequivalents of +1 charge).
[b] 위의 비율들은 연당 12,600 Tg의 퇴적물 유입을 가정한 강물 플럭스 및 건조 중량을 기준으로 할 때 18 mEq/100g의 평균 양이온 교환 용량에 근거한 수치임(Tg = 10^{12} g).
[c] CEC(cation exchange capacity) = 양이온 교환 용량.

정은 불가역적이다. (즉, 해수로부터 K^+를 흡수한 운모를 다시 K^+의 농도가 낮은 담수에 넣어도 이 K^+는 쉽사리 빠져나가지 않는다.)

Hoffman(1979)은 해수 조성의 조절과 관련한 포타슘 고정의 중요성에 대한 정량적 평가를 제공하였다. 그는 미시시피강의 (운모와 유사한) 일라이트 점토가 미시시피 삼각주 위의 해수에 침전되는 과정에서 흡수되는 K^+의 양을 추산할 수 있었다. 이 수치를 매년 강물에 의해 바다로 유입되는 부유 퇴적물의 총질량인 12,600 Tg에 적용할 경우, K^+의 총흡수율은 약 4 Tg/yr로 추산된다. 이 추산치는 강물에 의한 K^+의 전체 투입량의 8%에 불과하긴 하나 그렇다고 무시할 정도는 아니다.

개별 원소들의 화학적 수지

과정들의 요약

이 장의 나머지 부분에서는 그림 8.3에서 언급된 단순한 박스 모델을 이용하여, 해수 중의 주요 원소들의 투입량과 배출량을 정량적으로 산출해보고자 한다. 그러기 위해서는 먼저 두 종류의 상이한 시간적 척도를 이해할 필요가 있다. 즉, (지난 수십 년을 뜻하는) 현재라는 척도와 (지난 수백만 년을 뜻하는) 지질 연대라는 척도의 구분이다. 만약 독립적인 데이터가 충분히 존재하는 경우라면, 수백만 년 시간대에서 공급과 제거 사이의 균형 상태가 유지되었는지를 살펴보게 될 것이다. 그러나 공급량과 제거량이 제대로 알려진 경우가 전체의 25% 이하에 불과한 까닭에, 백만 년 단위의 긴 지질 연대 기간에 나타난 불균형은 무시되어도 좋다. Holland(2005)의 데이터로부터 산출된 지난 5,000만 년에 걸친 불균형은 대략 K^+는 0%,

표 8.10 원소들의 강물에 의한 투입 플럭스(단위 : Tg/yr, Tg = 10^{12} g). '강물 전체' 항목의 수치는 오염을 포함한다.

원소	강물 전체	자연적인 강물
염소 이온	306	213
소듐 이온	266	191
황산염-황	142	102
마그네슘 이온	133	122
포타슘 이온	52	48
칼슘 이온	542	495
중탄산염 이온	1,961	1,924
규산염-규소	180	180

Ca^{2+}는 1%, Mg^{2+}는 1%, SO_4^{2-}는 1% 수준이다. 그러므로 우리는 장기간의 투입량에서 배출량을 정량화하기 위해 안정 상태를 가정한다. 생물학적 원소들의 경우에는 어떻게 농도차의 변화가 얻어지고 유지되는지를 살펴보도록 한다.

해수의 주요 성분들에 대한 논의를 본격적으로 진행하려면 우선 강물에 의한 공급량을 알아야만 한다. 독자들의 이해를 돕기 위해, (자연적이든 혹은 오염에서 비롯된) 강물에서 비롯된 투입량들이 표 8.10에 요약되어 있다. 이 책의 이전 판에서는 다루어졌던 순환염의 해수-대기 수송률이 강물에 의한 수송률의 2%에도 못 미친다는 사실이 개정판을 준비하는 과정 중에 확인되어 생략되었다(제5장 참조).

염소

오늘날 해양의 염소 수지는 몹시 균형을 잃은 상태이며, (무려 8,700만 년이라는 엄청난 Cl^-의 교체시간 덕분에 비록 느리게 진행되기는 하나) 시간이 지날수록 그 농도가 높아지고 있다는 데에는 의심의 여지가 없다. 이런 불균형은 다음의 두 가지 이유에서 발생한다.

(1) 오늘날에는 암염의 침전이 눈에 띌 만큼 발생하는 증발암 분지들이 거의 존재하지 않는 까닭에 [오래된 염 베드(salt bed)들의 용해를 거쳐 강물에 의해 유입되는] 다량의 염소들의 제거가 충분히 일어날 수 없다.

(2) Cl^- 공급량의 약 1/3은 오염에서 비롯된 것인데(제5장 참조), 해양으로서는 아직 이런 추가적인 투입량에 적응할만한 충분한 시간적 여유를 가지지 못 했다.

즉, 염소의 불균형이 심하게 된 이유는 이 두 요인들이 합쳐졌기 때문이다.

이미 알려져 있는 투입량과 배출량을 비교해보면 현재의 Cl^- 불균형이 얼마나 심각한지 쉽게 알 수 있는데, 이에 관한 수치들이 표 8.11에 나와 있다. Cl^-이 제거될 수 있는 중요한 방법

중 유일한 것은 미립 퇴적물의 간극수에 매장되는 과정이다. Holland(1978)에 의하면, 셰일 속의 Cl^- 함량은 0.12%이다. 만약 현재와 과거 모두 미립 고형물의 연간 퇴적량, 즉 강물의 운반량이 12,600 Tg라고 하면, 이 두 수치를 곱함으로써 Cl^-의 매장률을 계산해낼 수 있다. (셰일이 다짐 작용 과정을 거치는 동안 원칙적으로 모든 물은 빠져나가게 되는 반면 염들 중 일부는 선별적 여과에 의해 갇힌 채 남게 된다. 즉, 셰일은 간극수에 포함되어 있던 염들의 궁극적인 매장 장소가 되는 셈이다.)

NaCl, 즉 암염이 매장되는 증발암 분지들이 형성되기 위해서는 높은 염분을 얻을 수 있게 해주는 건조한 기후 및 제한적인 해양과의 물 교환이라는 두 가지 조건이 필수적이다(제7장 참조). 이 두 조건의 결합은 흔히 일어나는 일이 아니기 때문에, 증발암 분지의 형성이란 기본적으로 지질구조적 및 기후적인 요인들 양쪽 모두에 의존해야만 하는 확률적 과정이라고 볼 수 있다. 이런 우발적인 사례가 시기적으로 드문드문 발생하기는 하지만, 오늘날은 세계 어디에서도 본격적인 증발암 분지들을 찾아보기 힘든 시기에 해당한다. 일단 증발암 분지가 형성되면, NaCl(및 후에 언급될 $CaSO_4$)의 침전은 매우 빠르게 진행된다(예 : King 1947). 그 결과, 증발암 퇴적이 본격적으로 일어나는 시기에는 해수의 Cl^- 농도가 급격히 줄어들기도 한다. 이러한 요소들이 적절히 어우러지면 Cl^- 함량의 상당한 변동이 유발되는 탓에 해수의 염분 또한 영향을 받을 수 있다. 하지만 해수의 염분은 지난 6억 년 동안 현재의 수준에서 그다지 크게 벗어나지는 않았음을 고염도나 저염도의 환경에서는 살아남을 수 없는 해양생물들이 이 시기에 생성된 퇴적암에서 발견된다는 사실로부터 알 수 있다. 더욱이, 설사 증발암 퇴적이 장기간에 걸쳐 모두 중지되고 또한 현존하는 암염 덩어리들이 모두 풍화되어 해수로 이송되는 최악의 경우를 가정하더라도, Cl^- 농도는 단지 2배의 증가에 그치게 된다.

아주 장기간의 관점에서 보면, 해수의 평균 Cl^- 함량과 염분은 안정 상태의 균형을 이루고 있다고 말할 수 있다. 그러나 좀 더 면밀히 살펴보면, 증발암 분지들의 존재 유무에 따른 약간의 등락이 있었음을 볼 수 있다. 즉 시간에 따른 Cl^- 함량 변화의 그래프는 대체로 위의 그림

표 8.11 현세와 지질연대적 해양의 Cl 수지(비율 단위 : Tg-Cl/yr). Cl의 교체시간은 8,700만 년이다.

현재 수지			
공급		**제거**	
강물(자연적)	213	공극수 매장	16
강물(오염)	93		
총합	306	총합	16
장기간 (균형 잡힌) 수지			
강물	213	암염 침적	197
		공극수 매장	16
		총합	213

주의 : Tg = 10^{12} g.

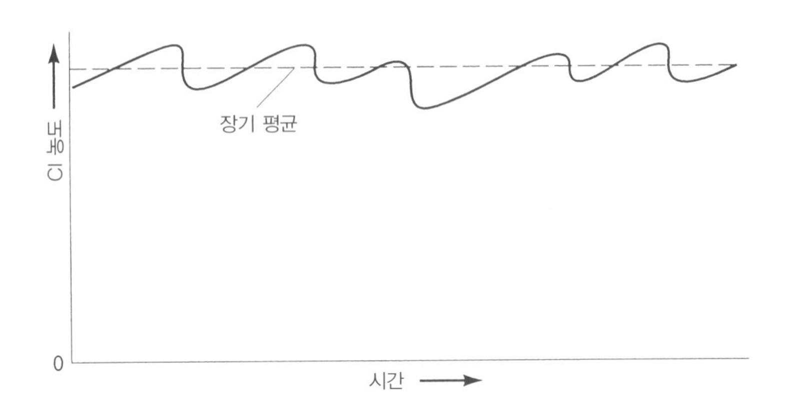

그림 8.12 수백만 년 단위의 지질 연대로 표현한 해수 중 염소 이온 농도. 급작스러운 농도 저하는 증발암 분지들에서 NaCl이 급격히 침전했기 때문이다.

8.12처럼 표현될 수 있다. 오늘날의 자연적인 강물 연간 공급량이 수백만 년에 걸친 과거에도 동일했고 또한 해수가 전반적으로 안정 상태를 유지했다고 가정하면, Cl^- 수지의 장기적인 평균값들을 산출할 수 있다(표 8.11). 이 경우, NaCl의 퇴적은 수지균형을 맞춰주기 위해 이용된다. 즉 지질학적인 시간 동안 평균화되어, 해양으로부터 Cl^-의 주요 제거 과정들은 증발암 암염의 퇴적작용과 함께 대륙의 암염층의 용해로부터 얻어진 NaCl과 함께 주요 제거 과정이었을 것이다.

소듐

염소와는 대조적으로, 소듐은 더 복잡한 원소이다. NaCl의 경우, Na는 Cl과 같은 과정에 참여한다. 하지만 규산염 광물의 주요 성분이기도 한 Na는 암석의 풍화, 양이온 교환, 그리고 경우에 따라서 화산-해수 반응 및 역풍화 등에도 관여된다. (마지막 두 과정에서 Na의 역할은 아직 잘 알려져 있지는 않다.) Na은 규산암과 증발암의 지구화학적 순환들 사이의 가장 흥미로운 연결고리를 제공한다. 오늘날의 Na 해양 수지는 표 8.12에 제시되어 있는 데, 이 표에는 이미 알려져 있고, 정량화가 가능한 제거 방식들만 포함되어 있다. 이 중 Na^+의 양이온 교환값은 앞의 표 8.9에 제시된 수치를 가져온 것이다. Na^+의 공극수 매장값은 앞의 표 8.11에 나오는 Cl^-의 매장값 16으로부터 도출된 것이다. (Na^+와 Cl^-의 몰 질량은 각각 39.34 g과 60.66 g이고, NaCl이 침전된다는 것은 Na^+와 Cl^-이 동시에 제거되는 것을 뜻하기 때문이다.) 앞에서 언급한 것과 같이, 증발에 의한 NaCl 생성은 일어나지 않는 반면 오염에서 비롯된 NaCl의 유입은 증가하는 상황이다 보니 오늘날 해양은 Cl^-의 경우와 마찬가지로 Na^+도 역시 심각한 불균

표 8.12 현세와 지질연대적 해양의 Na 수지(속도 단위 : Tg Na/yr). Na의 교체 시간은 5,500백만 년이다.

현재 수지			
공급		제거	
강물(자연적)	191	공극수 매장	10
강물(오염)	75	양이온 교환	23
총합	266	총합	33
장기간 (균형 잡힌) 수지			
강물	191	암염 침적	134
		공극수 매장	10
		양이온 교환	23
		현무암-해수 반응	24
		총합	191

형 상태를 보이고 있다. 또한 지질 연대적 관점에서 볼 때에도, Na^+의 농도는 앞의 Cl^-의 경우와 거의 유사한 동향을 지닌다고 할 수 있다.

위의 표 8.12의 아래 부분에는 장기간에 걸친 Na 수지와 관련된 항목들이 제시되어 있다. 여기에서 (증발로 인한 'NaCl의 퇴적'이라고 표현된) Na^+의 제거 비율은 앞의 표 8.11에 나온 Cl^-의 수지가 균형을 이루기 위해 요구되는 Cl^-의 제거 비율로부터 도출된 것이다.

Na 수지의 균형을 위해서는, (24/191, 즉 약 13%라는) 비교적 소량의 Na^+이 화산-해수 반응에 의해 제거된다는 가정이 필요하다. 하지만 이러한 화산작용에 의한 Na^+ 제거량은 더 독립적인 정량적 근거가 확보되기 전까지는 잠정적인 추정치로 취급되어야 한다. (스필라이트 등) Na이 풍부하게 함유된 현무암들의 존재를 보여주는 지질학적 기록을 따르자면 Na^+의 흡수가 어느 정도는 발생한 것으로 믿어지지만, Von Damm(1990)이 수행한 열수의 Na 함량에 관한 연구들을 보면 아직 Na의 흡수와 관련된 일관적인 증거가 확인되었다고는 말하기 힘들다.

황

황은 소듐처럼 매우 다목적인 원소이다. 해양에서 황은 여러 가지 다양한 과정에 의해 제거된다. 이는 석고 혹은 경석고를 생성하는 증발에 의한 황산칼슘($CaSO_4$)의 퇴적, 생물기원성 황철석(FeS_2)의 생성, 그리고 (아직 확실하지는 않지만) 고온의 현무암-해수 반응 등을 들 수 있다. 그리고 염소나 소듐처럼 해수에 유입되는 황의 상당 부분은 범세계적인 오염에서 비롯된다. 한편, 염소나 소듐과는 달리, 화석연료의 연소로 인해 생기는 오염 성분의 황이 대기를 통해 해수로 녹아들기도 한다.

표 8.13에 황 수지와 관련된 수치들이 제시되어 있다. 이 중 생물기원성 황철석의 생성에 해당하는 수치인 39 Tg-S/yr는 필자 중의 하나가 산출해낸 것인데(Berner 1982), 이 계산에

표 8.13 현세와 지질연대적 해양의 S 수지(단위 : Tg-S/yr). S의 교체시간은 900만 년이다.

현재 수지			
공급		**제거**	
강물(자연적)	102	생물기원의 황철석 형성	39
강물(오염)	40		
빗물(주로 오염)	28		
총합	170	총합	39
장기간 (균형 잡힌) 수지			
강물	102	생물기원의 황철석 형성	39
빗물(자연적)	6	황산염 칼슘 침적	69
총합	108	총합	108

는 무산소 해양 퇴적물 환경에서의 유기탄소와 (황철석을 구성하는) 황의 비율이 지니는 일정성 그리고 현재의 해양의 유기탄소 제거율의 적분값이 적용되었다. 황철석의 형태로 나타나는 황의 제거는 거의 전부가 대륙 주변부의 퇴적물에서 일어난다. (생물기원성 황철석의 생성에 관한 더 자세한 논의는 이 책의 생물기원성 과정 부분을 참조하기 바란다.) 빗물에 의한 공급과 관련된 값은 제3장에서 나온 수지로부터 가지고 온 것이다. 현무암-해수 반응 도중에 벌어지는 황산염의 제거는 무시해도 좋을 정도라고 가정한다(가정을 점검하기 위한 목적으로). 표 8.13에서 볼 수 있듯이, 오염에서 비롯된 황은 과도하게 투입되는 반면 $CaSO_4$를 함유하는 증발암의 생성은 멈춘 상황이기 때문에, 오늘날 해수의 S 수지는 매우 심한 불균형 상태에 놓여 있다. (결국, 대규모 증발암 분지들의 형성이 중단되었기 때문에 이런 불균형이 유발된 것으로 간주할 수 있다.) 여기에서 보이는 것처럼, 불균형은 또한 제거 과정으로서의 현무암-해수 반응의 생략에 의해 발생할 가능성이 적다.

장기간에 걸친 황 수지 역시 위의 표 8.13에 나타나 있다. 여기에서는 오염에서 비롯된 황은 제외되어 있고, S 수지의 균형은 증발암 분지들에서 발생하는 $CaSO_4$의 제거를 통해 이루어진다. 그 결과, 황산칼슘($CaSO_4$)으로서의 황 제거속도는 황철석(FeS_2)으로서의 제거 속도의 2배 이내이다. 수백만 년의 긴 지질학적 시간 동안, 황철석과 황산칼슘염의 매장 비율이 달라져 대기 중 O_2 수준의 변동에 기여했다(Berner 2004). 그러나 이러한 변화는 전체 황 수지에서 큰 불균형을 초래하지는 않았다. 수백만 년에 걸친 해수 중 황산염 농도의 변동은 충분히 느려(지난 5,000만 년 동안 공급과 제거 사이의 백만 년당 최대 1% 불균형이 생김 — 과정 요약 참조) 평균적으로 전체 황 균형을 가정할 수 있다. 다시 말해, 황철석 황의 공급/제거 불균형은 $CaSO_4$ 황의 공급/제거 불균형에 의해 상쇄된다.

증발암 $CaSO_4$ 침전과 합리적인 장기 균형을 이루면, 현무암-해수 반응은 제거 메커니즘이 필요하지 않다. Edmond 등(1979)에 의해 얻어진 총 현무암-해수 제거 값(120 Tg-S/yr)을 사용하면, 장기 수지가 크게 균형이 맞지 않게 된다. 이러한 이유와 앞서 제시한 화산-해수 반응에 대한 다른 이유들로 인해, 고온의 현무암에 의한 SO_4^{2-} 제거는 해수로부터의 SO_4^{2-} 제거의 주요 메커니즘이 아닌 것으로 생각된다.

마그네슘

소듐이나 황산염과는 대조적으로, 해수로부터 마그네슘의 제거는 화산-해수 반응의 영향을 크게 받는다. 사실 이것은 아마 가장 중요한 제거 과정일 것이다. Mg의 제거에 기여하는 다른 중요한 과정들을 꼽는다면, 생물기원의 마그네시아 방해석의 분비 또는 역풍화 정도를 언급할 수 있는데, 이런 과정들에 관련된 수치들이 표 8.14에 나와 있다.

앞의 표 8.8에서도 지적된 바 있듯이 화산-해수 반응에 의한 Mg의 제거율에 대해서는 아직 논란의 소지가 남아 있는데, 이는 해저 중앙 해령을 통과하는 해수의 플럭스에 관한 의견들이 상충되기 때문이다. 하지만 적어도 변화의 방향성에 대해서만큼은 이견이 없다. 즉, 고온의 화산 상부이건 저온의 해령 주변부이건 상관없이, 현무암에 의한 Mg의 흡수가 발생한다는 점에 대해서는 견해들이 일치한다. 그런데 이 점은 곧이어 논의될 K의 경우와는 대조가 된다. 여기에서 우리는 현무암-해수 반응을 Mg 제거의 가장 우세한 과정으로 가정하고, 정상 상태를 이루기 위해 모든 다른 제거 속도를 총공급에서 빼서 제거 속도를 도출한다(표 8.8 및 8.14 참조). 생물기원성 마그네시안 방해석에서의 연간 제거량은 얕은 수심 퇴적물에서의 $CaCO_3$의 대략적인 침전 속도, 1,000±300 Tg/yr(Milliman 1974; Hay and Southam 1977) 및 이러한 퇴적물에서 1.5 wt%의 평균 Mg 함량(Milliman 1974)에서 얻었다. Mg-방해석 값에서 총공급을 뺀 결과, 화산-해수 반응에 의한 Mg의 제거 속도는 정상 상태 값인 118 Tg/yr이 된다(표 8.14). 이 값은 고온 및 저온의 현무암과의 반응을 모두 포함하고 있다. 어쨌든, Edmond 등(1979)이 제시한 고온 현무암-해수 반응만을 위한 187 Mt/yr 값은 정상 상태에 필요한 값보다 확실히 높으며, 우리는 이를 너무 높다고 생각한다.

자생적 점토 퇴적물에 의한 Mg의 제거 역시 (비록 그 기여도가 미미할지라도) 고려의 대상이 되어야 하지만 이 책에서는 생략되었다. 이 말을 달리 하자면, 화산-해수 반응에 의한 제거율이라고 추정한 118 Tg/yr이라는 수치에는 아직은 덜 알려진 다른 반응들의 기여도가 포함된 것으로 간주할 필요가 있다는 말이다. Rude와 Aller(1989, 1993)는 아마존강 삼각주 퇴적

표 8.14 장기간의 Mg 수지(비율 단위 : Tg-Mg/yr). Mg의 교체시간은 1,300만 년이다.

지난 5,000만 년의 장기간 (균형 잡힌) 수지			
공급		제거	
강물	133	생물기원의 탄산칼슘에	15
		화산-해수 간 반응	118
총합	133	총합	133

물에서 관찰되는 (Fe-Mg 자생 규산염의 생성을 통해 이루어지는) Mg의 제거작용도 양적인 면에서 범지구적으로 중요한 과정이 될 수도 있다는 지적을 한 바 있다. 이 밖에도, 고대의 퇴적암에서 흔히 발견되는 광물인 돌로마이트, 즉 $CaMg(CO_3)_2$로 인한 Mg의 제거 작용 또한 무시되었는데, 그 이유는 이 광물이 지난 수백만 년 전부터 현재까지 생성된 퇴적물에서는 드물게 나타나가 때문이다. 그러므로, 이 책에서 '장기간의 수지'라는 표현을 쓸 때에는 (돌로마이트의 생성이 중요한 작용이었던) 약 1,000만 년 이전의 시기는 제외되는 것으로 생각해주기 바란다(Holland 2005).

포타슘

이 장에서 다루었던 모든 원소들 중에서, 포타슘은 가장 까다로운 주제 중 하나가 아닐까 싶다. 그 이유는 이 K의 제거 과정에 대한 충분한 연구가 아직 부족하기 때문이다. 강물에 의한 해수로의 연간 K 투입량은 52 Tg인데, 무시해도 좋을 정도의 소량이 오염에서 비롯되기도 한다. 그리고 K의 경우, 화산-해수 반응 시 저온 환경에서는 제거되는 반면에 고온의 경우에는 추가가 일어나고 또한 이 각각의 경우에 발생하는 변동값에 대한 연구가 아직 부족한 까닭에, 그 순수 효과 역시 미지수인 상태이다(표 8.8 참조).

연간 3 Tg라는 소량의 K가 점토 광물들의 양이온 교환에 의해 해수로부터 제거된다(표 8.9). 또한 Sayles(1979, 1981), Rude와 Aller(1993) 및 Michalopoulis와 Aller(2004)는 역풍화에 의한 추가적인 제거도 가능하다는 사실을 보고한 바 있다. 특히 Michalopoulis와 Aller(2004)는 아마존강에 의해 투입된 K의 7~10%가 K를 함유한 철알루미노규산염을 생성하는 과정에서 제거된다는 사실을 밝혀냈다. 만약 지구상의 모든 강에서 동일한 현상이 일어난다고 가정한다면, 역풍화로 인한 K 제거율은 대략 3.6~5.2 Tg/yr가 된다(표 8.15). 그러나 K 제거율의 실제 값은 이 보다는 훨씬 클 것으로 생각되는 까닭에 이 수치는 최소값으로 취급한다. 미시시피강 삼각주의 퇴적물의 K 고정 현상을 연구한 Hoffman(1979)은 K 고정에 의한 지구 전체의 K 제거율을 4 Tg/yr로 추산하였다. 하지만 위의 두 수치를 모두 더한 값은 Sayles(1979, 1981)가 간극수의 농도 변동 연구를 통해 도출해낸 수치에 비하면 턱없이 적다. Sayles(1979, 1981)는 남, 북, 중앙 대서양의 심해 퇴적물의 경우 K 고정 혹은 역풍화가 담당하는 K 제거율이 60~75 Tg/yr라고 추산했다. 그러나 이런 퇴적물의 K의 제거율의 최소한 일부는 해수-현무암 반응을 통한 K의 제거의 덕분인지 아닌지에 대해서는 아무런 확정적인 증거가 없다.

일단 더 확실한 데이터가 얻어질 때까지는, 장기간의 K 수지가 근본적으로 균형을 유지하고 있으며 K 제거의 중요한 방식들은 양이온 교환, 속성 작용에 수반되는 K 고정, 그리고 역풍화의 세 가지라고 가정한다. 이 중에서 역풍화는 K 수지의 균형을 맞추기 위해 증가하였다. 일단 고온 및 저온 플럭스에 대한 정보가 더 확보될 때까지는 현무암-해수 반응은 고려에서 생략하기로 한다. 표 8.15에는 장기간의 K 수지에 대한 결과 값들이 나와 있다.

표 8.15 장기간의 K 수지(비율 단위 : Tg-K/yr). K의 교체시간은 1,000만 년이다.

장기간 (균형 잡힌) 수지			
공급		제거	
강물	52	양이온 교환	3
		포타슘 고정	4
		역풍화 작용	45
총합	52	총합	52

칼슘

칼슘은 오늘날의 해양에서는 단 한 가지의 제거 과정만을 보인다는 특징과 또한 이 과정에 관련된 수치들이 정량적으로 잘 알려져 있다는 점에서, 앞에 소개된 원소들과는 참신한 대조를 이룬다. 칼슘의 제거는 생물기원성 $CaCO_3$로 이루어진 골격 잔해들이 해저 퇴적물 속으로 매장됨으로써 달성된다. 광물학적 차이를 보이기도 하고 또 매장되는 생물의 종류도 다르다는 점 때문에, 천해 퇴적작용과 심해 퇴적작용의 두 가지로 구분하기도 한다. 천해의 경우는 저생동물이 생성한 아라고나이트와 마그네시아 방해석이, 심해의 경우는 플랑크톤에 의한 방해석이 퇴적물의 주를 이룬다. (더 자세한 논의는 이 책의 생물기원성 과정에 대한 부분을 참조하기 바란다.) 오늘날의 천해 퇴적물은 (지난 11,000년간 진행된) 후빙기의 급격한 해수면 상승으로 인해 평균보다 훨씬 많은 양의 $CaCO_3$를 공급받고 있으며, 현재의 천해(대륙붕과 대륙사면 위의 해양)에서의 $CaCO_3$ 퇴적률은 1300 Tg/yr 정도라고 발표했다(Hay and Southam 1977). 그런데 같은 천해 환경의 과거 2,500만 년 전부터 시작된 마이오세 이후의 평균 $CaCO_3$ 퇴적률은 600 Tg/yr에 불과하다는 점은 주목할만하다. 한편 심해에서 발생하는 플랑크톤 기원의 $CaCO_3$ 퇴적의 경우에는 마이오세 이후의 평균 퇴적률이 1,100 Tg/yr이고 현재의 심해도 이와 거의 비슷한 퇴적률을 보이는 것으로 추정된다. Ca의 제거와 관련된 여러 수치들은 표 8.16에 잘 요약되어 있다.

이 표 8.16에는 Ca의 공급원들로 강물뿐 아니라, 현무암-해수 반응(표 8.8) 및 양이온 교환(표 8.9)도 포함되어 있다. 화산-해수 반응에 의한 Mg^{2+}의 흡수율과 Ca^{2+}의 방출률이 몰 농도 기준으로 동일하다고 가정한다면, 이미 우리가 알고 있는 Mg^{2+}의 제거율(흡수율)로부터 Ca^{2+}의 공급률(제거율)을 계산해낼 수 있다(표 8.14). 그리고 표 8.16에 아직 남아 있는 또 다른 비율은 증발에 의한 $CaSO_4$의 퇴적에 의해 유발되는 Ca^{2+}의 제거율이다. 이 비율은 SO_4^{2-}의 제거율로부터 도출될 수 있는데(표 8.13), $CaCO_3$의 퇴적으로 제거되는 Ca^{2+}의 제거율에 비하면 훨씬 낮다.

표 8.16의 데이터는 두 가지 흥미로운 관찰 결과를 보여준다. 첫째, 현재의 바다에서 Ca^{2+} 제거가 그 공급보다 상당히 많으며, 이는 후빙하기 해수면의 빠른 상승으로 인해 대륙붕에서 $CaCO_3$의 과도한 침전 때문이다. 반면 장기간(지난 2,500만 년) 동안에는 Ca^{2+} 공급과 제거

표 8.16 해양의 Ca 수지(단위 : Tg-Ca/yr). Ca의 교체시간은 100만 년이다(강물에 국한됨).

현재 수지			
공급		제거	
강물	542	탄산칼슘 침적	
현무암-해수 반응	191	천해	520
양이온 반응	23	심해	440
총합	756	총합	960
과거 2,500만 년에 대한 수지			
강물	542	탄산칼슘 침적	
현무암-해수 반응	191	천해	240
양이온 반응	23	심해	440
		황산칼슘 침적	49
총합	756	총합	729

가 본질적으로 균형을 이루고 있으며, 이는 추정 오차 내에서 잘 이루어져 있다. (침전율 추정치의 오차는 최대 ±50%까지 있을 수 있다.) 이 균형은 지난 5,000만 년 동안 바다의 Ca 함량 변화가 공급 및 제거 플럭스의 약 2% 미만이었기 때문에 예상할 수 있다(Holland 2005). 이로써 칼슘 수지를 구성하기 위해 사용된 독립적인 속도 추정치의 기본적 타당성이 입증된다. 이런 방식으로, 이는 다른 순환(예 : Mg)의 균형을 맞추기 위해 사용된 숫자에 대한 확인을 위해 쓰인다.

한편, 해양에서의 규산염 광물의 퇴적으로 인한 Ca^{2+}의 제거는 (설사 실제로 일어난다고 할지라도) $CaCO_3$의 퇴적을 통한 Ca^{2+}의 제거에 비해 그 중요성이 무시될 정도이기 때문에 표 8.16 아래 부분의 장기적 균형에서도 생략된 것을 볼 수 있다. 강물에 의해 운반된 Ca^{2+}의 일부는 Ca_2SiO_4(사장석)의 풍화로 인해 생성된 것인 까닭에(제5장에서 우리는 강에 의해 운반된 Ca^{2+}의 18%가 규산염 광물에서 나온다고 언급된 바 있다) 해양에서 $CaCO_3$만 제거하는 것은 해양-대기계에서 CO_2의 전체 제거를 의미한다. 그러나 이 CO_2는 깊게 매장되는 동안 가열에 의한 $CaCO_3$의 변성 및 화산작용으로 인해 분해되어 결국 반환된다(규산염-탄산염 순환에 대한 논의를 위해 Berner 2004 참조).

유공충, 코콜리드, 익족류와 같은 플랑크톤들이 분비하는 $CaCO_3$의 대부분은 심해 퇴적물에 매장되지 않는다. 왜냐하면 깊은 수심의 해수는 $CaCO_3$의 농도 면에서 불포화 상태이기 때문이다. 즉, 침강하던 $CaCO_3$가 이런 환경에 마주치면 용해되기 때문이다. 그래서 이런 수심을 탄산염 보상 수심이라고 부르며, 약자로 CCD(carbonate compensation depth)라고도 쓴다(CCD 및 이와 관련한 논의는 Morse and Mackenzie 1990 참조). 해양에서 수심을 따라 침강하다 보면, $CaCO_3$의 농도 면에서 과포화 상태로부터 불포화 상태로 바뀌는 수심을 만나게 된다. 그리고 일단 이 수심을 지날 경우 깊어질수록 $CaCO_3$의 용해율이 증가한다. 다시 말하자면, CCD는 표층으로부터 침강하는 석회질 골격 잔해들의 공급률과 용해율이 균형을 이루는 수심으로, 이 밑에서는 $CaCO_3$가 용해되는 것을 피하기 어렵다. (태평양 등의) 해양 밑의 대규모의 심해저에서 $CaCO_3$를 거의 찾아볼 수 없는 이유 역시 바로 이 때문이다. 그림 8.13은 대서양에서의 CaCO3 농도의 분포를 보여준다.

불포화 상태가 시작되는 수심과 $CaCO_3$의 용해가 시작되는 수심이 CCD보다 상부에 위치한다는 점과(그림 8.14), CCD라는 것이 단순히 상부의 과포화층과 하부의 불포화층의 경계를 의미하는 것은 아니라는 점에 대해서는 대부분의 학자들의 의견이 일치한다. 그 이유는 일단 용해작용이라는 게 순간적으로 일어나는 게 아니고, 또 플랑크톤의 종류에 따라 서로 다른 용해율을 보이기도 하기 때문이다. (고대 퇴적물의 플랑크톤성 미세화석을 분석하기가 매우 복잡한 이유도 이런 후자의 특성 때문이다.) 그렇다면 CCD는 단순히 용해작용이 완성되는 수심이라고 볼 수 있다. 실제로, Berger(1976)는 CCD보다는 얕은 깊이에 위치하지만 주목할 필요가 있는 또 하나의 수심을 발견하여 이를 용해약층(lysocline)이라고 명명하였다. 이 수심에서는 선택적 용해작용이 증가함에 따라 부유성 유공충류의 종 조성이 급격한 변화를 보인다. 그림 8.14에는 CCD, 포화 수심, (현미경 관찰을 통한 유공충 용해의 증거가 처음으로 확인되는 깊이인) Ro 수심, 그리고 용해약층이 도식화되어 있다.

표 8.14에 묘사된 복잡한 상황들을 이해하기는 사실 쉽지 않다. 그런데 추후에 진행된 연구들은 실제 상황이 이보다도 훨씬 더 복잡하게 얽혀 있다는 사실을 밝혀냈다. Morse와 Mackenzie(1990)는 그림 8.14에 제시된 포화 수심들이 1 km 정도는 더 밑으로 내려가야만 한다고 지적하였다. 게다가 포화 수심의 상부인데도 불구하고 용해작용이 일어나고 있는 여러 해역들이 다양한 학자들에 의해 관측되었다(예 : Archer et al.1989).

그리고 익족류의 경우는 $CaCO_3$의 보존 및 매장과 관련하여 또 다른 혼란을 야기한다. 왜냐하면, 살아 있는 익족류가 표층수에서 생성하는 $CaCO_3$의 양은 코콜리드나 유공충의 경우와 비교했을 때 거의 차이가 나지 않는데, 해저의 퇴적물에서는 유독 익족류의 잔해만 거의 발견되지 않기 때문이다. 그 이유는 바로 주로 방해석으로 구성된 코콜리드나 유공충의 껍질들과는 달리, 익족류의 껍질들은 주로 아라고나이트로 만들어져 있기 때문이다. (아라고나이트는 방해석보다 눈에 띄게 더 잘 녹는다.) 그 결과, 익족류의 잔해들은 침강을 하는 도중 더욱 얕은 수심에서 용해되어 사라지게 되는 탓에 수심이 깊은 대부분의 해저까지 도달하지 못하게 된다. 그런데 익족류의 아라고나이트의 침강 비율은, 방해석에 비해서 어쩌면 우리가 통념적으로 추정했던 수치보다 더 높을 수도 있다(Berner and Honjo 1981). 실제로, 북태평양의 중간 수심에서의 관찰되는 과다한 용존 탄산염은(Fiadeiro 1980; Feely et al. 2002) 그 상당량이 익족류의 아라고나이트가 용해된 것으로 추정될 수 있다.

$CaCO_3$의 용해가 발생하는 수심이라는 주제는 아직도 상당한 논란의 여지를 품고 있다. 일부의 학자들은 대부분의 용해가 골격 잔해들이 침강하는 과정 중에 일어난다고 믿고 있는데, 태평양의 심해수에서 관찰되는 용존 탄산염의 증가를 그 근거로 삼고 있다(Feely et al. 2002). 그러나 이런 견해에 상반되는 증거는 수심을 따라 연속적으로 설치한 트랩을 통해 관측한 탄

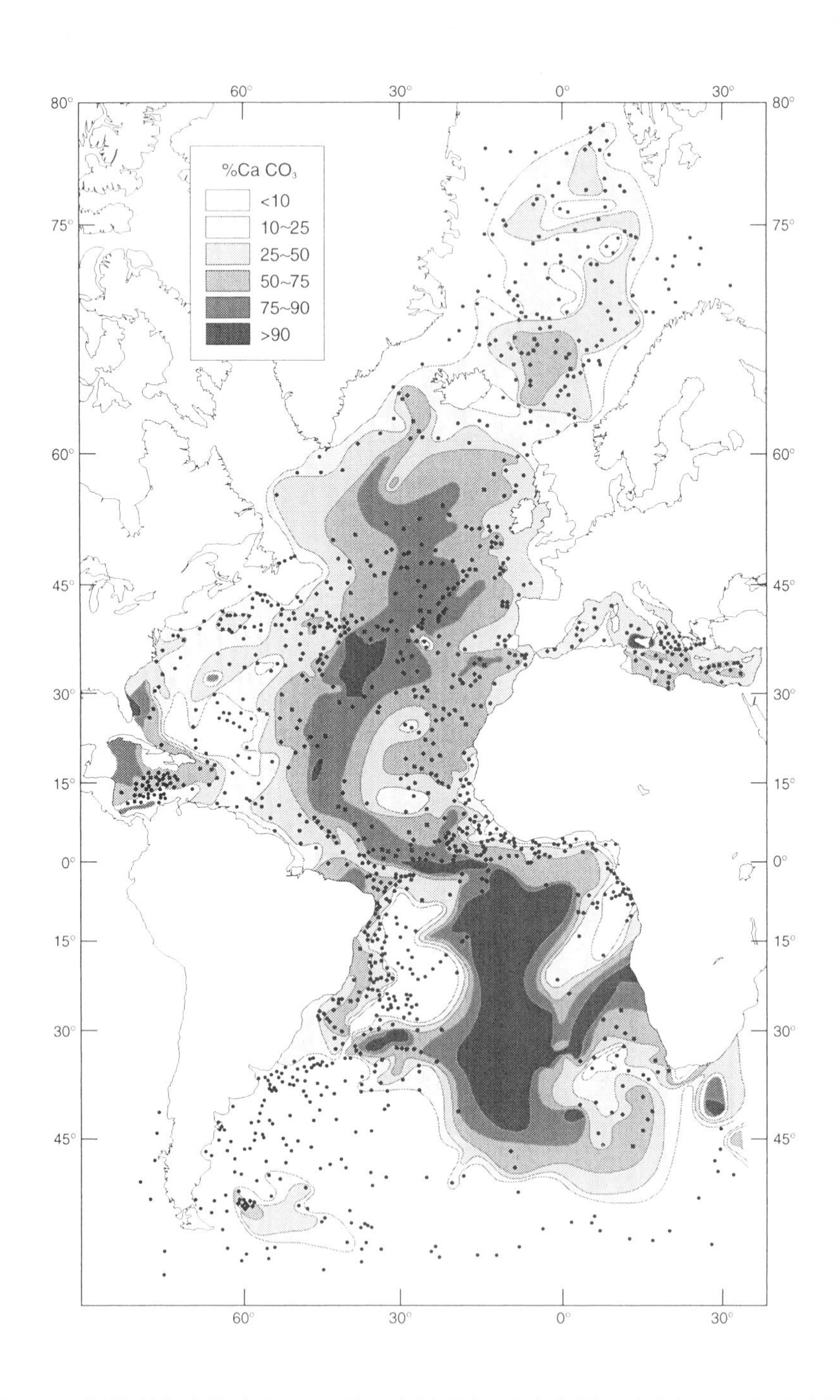

그림 8.13 대서양 심해 퇴적물 속의 $CaCO_3$ 분포. 가장 높은 농도들이 대서양 중앙 해령의 봉우리들이 위치한 최저 수심 해역들에 몰려 있다는 사실은 주목할 점이다.

출처 : Biscaye et al. 1976.

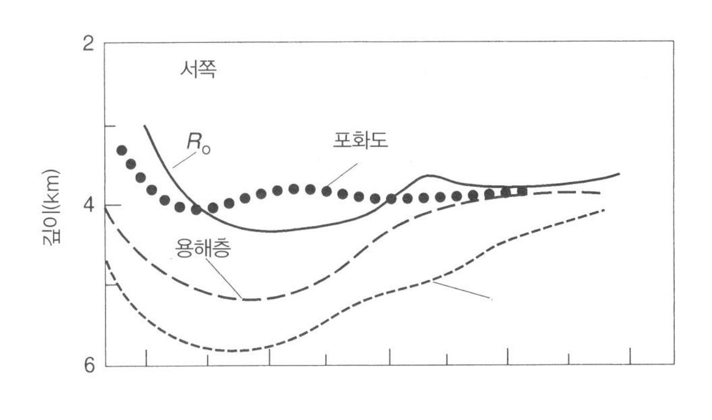

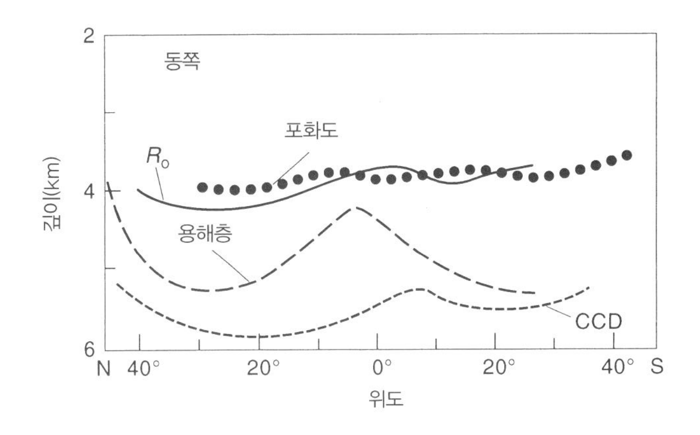

그림 8.14 대서양 심층수의 동쪽과 서쪽의 수심과 위도에 따른 $CaCO_3$의 용해 파라미터. CCD = carbonate compensation depth(탄산염 보상심도), R_o 수심 : 탄산염의 용해가 처음 관측되는 수심, 포화도 : $CaCO_3$의 농도 면에서 불포화가 시작되는 깊이

출처 : Berger 1977.

산염의 플럭스 감소가 나타나지 않는다는 것이다(Archer 2003). 대부분의 학자들은 해저 또는 퇴적물 내부에서의 용해를 강조한다. 이는 유기물 분해로 인해 퇴적물 내에서 생산되는 것이다. 상층수가 탄산칼슘에 대해 과포화되어 있을 때에도 유기물 기원의 CO_2에 의한 상당한 용해가 일어난다는 증거가 있다(Archer et al. 1989). 수층 내, 퇴적물-수층 경계면, 퇴적물 등 세 곳 모두 용해가 중요하다는 것은 사실이지만, 상대적 중요성을 명확히 하기 위해 더 많은 연구가 필요하다.

심해에서 $CaCO_3$가 용해되는 것은 두 가지 이유 때문이다. 첫째로, 심해에서는 광합성에 의한 CO_2의 제거율보다 침강하는 유기물들이 호흡을 하면서 배출하는 CO_2의 연간 공급량이 더 높다는 점 때문이다. 그 결과로 축적된 CO_2가 $CaCO_3$와 반응하면 Ca^{2+}와 탄산이 생성된다.

즉, $CaCO_3$의 용해가 이루어지게 되는 셈이다. 이 과정을 식으로 표현하면 다음과 같다.

$$CO_2 + H_2O + CaCO_3 \rightarrow Ca^{2+} + 2HCO_3^-$$

(이 과정은 바로 표층수에서 일어나는 유기물들의 $CaCO_3$ 분비를 표현하는 화학식의 역방향이다.) 그리고 이 화학 반응은 해수 수층 또는 퇴적물 내부 모두에서 일어날 수 있다.

$CaCO_3$가 용해되는 두 번째 이유는 수압이 높을수록, 즉 수심이 깊을수록 $CaCO_3$의 용해도가 증가하기 때문이다. 예를 들면, 약 400기압에 달하는 심해저 평균 수심에서의 $CaCO_3$ 용해도는 표층의 경우에 비하면 2배 이상이 된다. 즉, 압력이 증가하게 되면 아래의 평형 반응에서 진행 방향이 오른쪽으로 쏠리게 됨을 의미한다는 말과 같다.

$$CaCO_3 \leftrightarrow Ca^{2+} + CO_3^{2-}$$

(그림 8.13의 $CaCO_3$ 등농도는 수심 등고선과 밀접한 상관성을 보여주고 있다.) $CaCO_3$의 함량과 수심의 일반적인 상관관계는 용해작용의 발생에 압력이 얼마나 중요한 역할을 담당하는지를 보여주고, 또한 잠정적인 추정이지만 용해는 퇴적물에 매장된 유기물의 퇴적 과정이나 부패 과정에만 반응하는 것이 아니라 해양의 저층수의 화학에 반응한다는 것을 제시한다.

생성 원인이나 장소와는 상관없이, 심해로 침강하는 모든 형태의 $CaCO_3$의 평균 용해도는 높다. 앞에서 생물학적 과정을 살펴볼 때 언급했던 Broecker(1971)의 연구 결과에 의하면, Ca^{2+}의 f 값(제거 지시자)은 0.17이다(표 8.6 참조). 이는 퇴적된 (또는 퇴적 중인) $CaCO_3$의 83%가 재용해되었다는 걸 의미한다. 이 값은 CCD 밑으로 침강하는 모든 $CaCO_3$와 거의 대부분의 익족류 아라고나이트를 포함하는 수치이다. 그리고 이 수치는 아마도 (해령의 상부 또는 산호초 등과 같은 천해의 안정한 장소에서 머물고 있다가 폭풍에 동반된 파도 및 해류에 의해 용해작용이 발생되는 심해로 이동된) 상당량의 아라고나이트 및 Mg-방해석을 지닌 해저의 잔해들도 함께 고려된 결과치라고 볼 수도 있다(Berner and Honjo 1981). $CaCO_3$의 용해는 추가적인 Ca^{2+}와 HCO_3^-를 심층수로 공급하고, 궁극적으로 다시 천해로 이동된 뒤, 생물학적 분비 과정을 통해 제거된다. 이런 방식으로 해양의 내부의 Ca^{2+}의(또는 HCO_3^-의) 순환이 완성된다.

중탄산염

해양의 용존 HCO_3^- 제거는 근본적으로 다른 두 가지의 방식으로 이루어진다. 한 가지는 다음의 반응식에서 보듯이 HCO_3^-가 H^+와 반응하여 CO_2를 생성하는 과정이다.

$$H^+ + HCO_3^- \rightarrow H_2O + CO_2 \tag{8.1}$$

다른 한 가지는 Ca^{2+}의와 반응하여 탄산염 광물을 생성한 뒤 침전하는 과정이다.

$$Ca^{2+} + HCO_3^- \rightarrow CaCO_3 + H^+ \quad (8.2)$$

첫 번째 과정에서 생성된 CO_2는 광합성에 의해 흡수될 수도 있고 아니면 대기 중으로 방출되기도 하는데, 어떤 경우이든 H^+의(혹은 H^+를 제공할 수 있는 물질의) 공급이 요구된다. (역풍화 이론에서, H^+ 양이온은 양이온이 없거나 혹은 '산성'인 점토에 의해 제공된다.) 두 번째 경우에서는 H^+가 생성된다.

그런데 pH 7~9 범위의 중성을 유지해야만 하는 해수에서는 H^+ 이온들이(혹은 H_2O이 H^+이 되면서 만들어진 OH^-) 축적되지 않기 때문에, 위의 반응이 계속 진행되기 위해서는 소모되는 H^+을 유지할 수 있도록 다른 반응이 수반되어야 한다. 이렇게 H^+의 균형을 맞출 수 있는 가장 간단한 방법은 아래의 반응식과 같이 위의 두 반응식을 합하여 하나로 만드는 것이다.

$$Ca^{2+} + 2HCO_3^- \leftrightarrow CaCO_3 + CO_2 + H_2O \quad (8.3)$$

위의 식은 생물체가 $CaCO_3$를 분비하는 과정에서 벌어지는 전체적인 반응을 나타낸다. 만약 이 반응식의 좌우를 바꾸어 쓰게 되면, 그 식은 $CaCO_3$의 용해 반응을 보여준다(바로 앞의 Ca^{2+} 수지를 참조).

아래의 표 8.17에 제시된 오랜 기간 동안(과거 2,500만 년) HCO_3^- 연간 공급량과 제거량을 살펴보면, 해양의 HCO_3^- 수지는 위의 식 (8.3)이 잘 보여주듯이, 단순하게 HCO_3^-가 $CaCO_3$으로 변함으로써 제거되는 방법 한 가지에만 의존해서 균형을 유지한 셈이다. 즉, HCO_3^-의 제거에는 화산-해수 반응을 고려할 필요가 없다. Edmond 등(1979)은 고온의 현무암-해수 반응을 통해 HCO_3^-가 연간 90 Tg 제거되는 것으로 추산했는데, 이 양은 $CaCO_3$의 연간 제거량인 2,070 Tg 또는 2,920 Tg에 비하면 매우 적은 편이라서 계산상의 오류 범위 안에 드는 수치로 간주할 수 있다. 더욱 중요한 점은, 위의 (8.1) 반응식에 의한 중화를 유지하기 위해 요구되는 H^+ 공급도 역풍화 과정이 불필요하다는 점이다. 원래 역풍화 이론을 개발하게 된 주된 이유 중의 하나가 바로 규산염의 풍화로 인해 바다로 공급된 과다한 HCO_3^-를 제거할 필요성이 있었기 때문이었다. 하지만 만약 강물 및 화산-해수 반응을 통해 공급된 Ca^{2+}가 기여된 모든 잉여의 HCO_3^-를 $CaCO_3$ 형태로 제거할 수 있다면 역풍화는 더 이상 필요가 없게 된다.

표 8.17에서 볼 수 있듯이, 해양의 HCO_3^- 수지는 장기적 및 단기적 면에서 모두 Ca^{2+}의 수지와 매우 유사하다. 단기적으로는, HCO_3^-는 고갈되어 있고 $CaCO_3$ 연간 제거량에 변화가 없다면, 해양의 모든 HCO_3^-(그리고 CO_3^{2-})는 약 200,000년이 걸려서야 제거할 수 있을 것이다. 그러나 $CaCO_3$ 불균형은 지난 11,000년 동안에 발생한 과정들의 결과물이기 때문에, 현재 수지에서 과도한 $CaCO_3$의 제거가 또 다른 200,000년동안 지속될 것 같지는 않을 것 같다. 전체 해양이 $CaCO_3$에 대해 불포화되는 것과 같은 다양한 피드백(되먹임) 메커니즘이 HCO_3^- 이온의 완전 고갈을 막아주는 역할을 한다. 그러나 HCO_3^- 이온의 작은 변화는 대기 중 CO_2의 수지에 주요한 영향을 줄 수 있다(예 : Sarmiento 1993).

표 8.17 해양의 HCO_3^- 수지(단위 : Tg-HCO_3^-/yr). 강물에 의해 투입된 HCO_3^-의 교체시간은 83,000만 년이다.

현재 수지			
공급		**제거**	
강물	1,961	탄산칼슘 침적	
생물기원 황철석 형성	145	천해	1,580
		심해	1,340
총합	2,106	총합	2,920
과거 2,500만 년에 대한 수지			
공급		**제거**	
강물	1,961	탄산칼슘 침적	
생물기원 황철석 형성	145	천해	730
		심해	1,340
총합	2,016	총합	2,070

강물에 의한 공급 외에도, 한 가지 흥미로운 해양에 추가적인 HCO_3^- 공급원은 언급할만한 의미가 있다. 표 8.17에서 보여주듯이, 약 7%의 HCO_3^- 공급은 퇴적물 중 간극수의 황산염이 H_2S으로 박테리아에 의한 환원과 동시에 이루어지는 유기물 산화의 결과이다.

$$2CH_2O + SO_4^{--} \rightarrow H_2S + 2HCO_3^-$$

철 황화물로서 제거되는 H_2S 1몰에 대해, 2몰의 HCO_3^-가 간극수로 배출하고 결국 퇴적층 위 수층으로 유입된다. 현재 황철석으로 39 Tg-S/yr 제거는 해양으로 145 Tg-HCO_3^-/yr 공급을 의미한다.

설사 두 화학종들은 쉽게 서로 상호 변환이 된다고 하더라도, 여기서 제시한 HCO_3^- 수지는 해수 중에 이산화탄소의 수지와 혼동해서는 안 된다. 용존 CO_2는 $CaCO_3$의 침전과 용해에 의해 영향받는 것처럼 유기물의 합성과 분해에 의해 영향을 받지만, HCO_3^-는 후자의 과정에 의해서만 영향을 받는다. 용존 HCO_3^-는 전기적으로 전하를 띠고 있으며, 전기적으로 중성인 유기물을 만드는 광합성 생물에 의해 그 자체로 이용될 수 없다.

실리카

해양의 실리카 수지는 DeMaster(2002)에 의해 상세하게 연구되었는데, 그는 다양한 퇴적물들의 퇴적률, 실리카 함량 등을 분석한 결과 표 8.18에 제시된 Si 수지를 도출해냈다. (H_4SiO_4의 공급과 SiO_2의 제거는 Si로 주어진다.) 여기서 가장 주목할 점은 해양에 유입된 H_4SiO_4의 거의 전부가 다량의 초과분을 제거하는데, 역풍화 혹은 다른 어떤 과정에도 의존하지 않더라도 생물기원의 오팔린 실리카의 형태로 제거될 수 있다는 사실이다. 그럼에도 불구하고, 약간의 불균형처럼 보이는 경우는 역풍화로 설명될 수 있는데, 이 또한 생물기원성 실리카 제거 능력이 저평가된 때문이라고도 설명될 수 있기는 하다. 어쨌든 해양에서의 실리카 제거는, Ca^{2+}의 경우처럼, 압도적으로 생물체에 의해 이루어진다.

$CaCO_3$와는 달리, 오팔린 실리카는 거의 전부가 (방산충과 규조류 같은) 플랑크톤 생물체에 의해 분비되며 모든 수심에 걸쳐 용해된다. 수심과 무관하게 용해가 일어나는 이유는 해양이 실리카의 농도 면에서 포화도가 매우 낮기 때문이다. 실제로, 표층수는 생물들에 의한 제거 때문에 심층수에 비해 더 낮은 포화도를 보인다. 분명히 규조류와 방산충이 화학 반응의 통상적인 예측을 벗어나 불포화 용액 중에 녹아 있는 용존 실리카를 제거할 수 있는 것처럼 보인다. 이것이 가능한 이유는 생합성 과정에 충분한 에너지가 햇빛에 의해 공급되기 때문이다.

일단 규조류나 방산충이 죽게 되면, 그들의 규산질 잔해들은 즉시 용해되기 시작한다. 그리고 $CaCO_3$와는 대조적으로, 규산질의 대부분의 용해는 수층에서 침강하는 동안에 일어난다. 그중 일부만 해저까지 도달하기도 하는데, 매몰된 이후에도 지속적으로 용해된다. 이에 대한 증거로는 거의 모든 퇴적물의 간극수 안에서 H_4SiO_4 농도가 상승한 것을 들 수 있다. (간극수 내부에서의 용해작용은 퇴적층의 상부 2~20 cm에서 대부분 이루어진다. 그러나 DeMaster가 산출한 제거율들은 그보다 더 아래에 완전히 매몰된 퇴적물들의 간극수를 분석한 결과이다.) 표 8.6의 근거가 되는 Broecker의 모델에 의하면 Si의 f 값이 0.05로 추산되는 데, 이는 오팔린 실리카의 경우 침강 과정 중에 95%가 용해된다는 것을 의미한다. 실제로, Si는 어떤 수심에서든 매우 효과적으로 용해되는 성질을 보인다. 또한 표층수에서의 g 값이 0.99라는 것은 생물체들에 의한 실리카의 제거가 99%의 엄청난 효율로 일어나는 것을 뜻한다. 실제로, 이 0.99라는

표 8.18 해양의 Si 수지(단위 : Tg-Si/yr). 강물에 실려온 H_4SiO_4의 교체시간은 21,000만 년이다.

현재 수지			
공급		**제거**	
강물	180	생물기원 규산 침적	
현무암-해수 반응	56		
		남극해	93
		베링해	14
		북태평양	8
		적도 태평양	1
		오호츠크해	6
		캘리포니아만	6
		월비스만	6
		하구역	6~17
		다른 대륙 주변부	50
총합	236	총합	190~201

출처 : 연간 제거량의 경우는 DeMaster 2002.
주의 : Tg = 10^{12} g. Tg-SiO_2의 수치로 바꾸려면 2.14를 곱해주면 됨. 하구의 배출률은 최대치일 수 있음(제7장 참조).

값은 다른 어떤 생물기원성 원소에 비해도 높은 값이다. (화강암 또는 현무암과 같은) 완전히 비생물적 암석의 기본 성분인 실리카가 해양에 투입된 뒤에는 질소나 인보다 더 높은 생물기원성을 보인다는 사실은 정말 놀라운 일이다!

매우 빠르게 용해되는 오팔린 실리카가 축적될 수 있는 장소는 상부 표층수로부터의 공급률이 용해율을 초과하는 곳뿐이다. 그리고 생물기원성인 오팔린 실리카의 생산을 위해서는 인과 질소 등의 양분 공급이 필수적이다. 결국, 생물기원성 실리카의 퇴적은 (질소와 인이 충분하게 녹아 있는) 비옥한 표층수의 아래에서만 이루어질 수 있다. 한편, 양분의 공급이 충분한 해역은 연안 용승이나 해수 순환작용이 활발한 곳들이다. 그러므로 위의 표 8.18에 나열된 실리카 퇴적지 중 여러 곳이 높은 생산성과 다량의 유기물 축적을 보이는 것은 우연이 아니다.

21,000년에 불과한 용존 실리카의 교체시간은 우리가 이 장에서 다룬 그 어떠한 원소보다도 짧다. 이런 짧은 교체시간은 만약 공급과 제거 사이의 불균형이 발생해서 일정 기간 동안 유지된다면, 해수 중 H_4SiO_4의 평균 농도에 변동이 일어나게 된다는 것을 시사한다. 그러나 지난 수억 년간의 지질학적 기록을 조사해보면 그런 큰 농도의 변화가 있었다는 증거는 찾아볼 수 없다. 즉, 실리카의 평균 농도가 오팔린 실리카의 용해도를 초과할 경우 초래되는 광범위한 비생물기원성 실리카 침전이 관찰되지 않는다는 말이다. (그런 현상이 발생하려면 현재의 태평양 심해수가 보이는 실리카 농도의 최대치보다 6배를 초과해야 한다.) 이에 더해서, 플랑크톤 생명체들에 의한 실리카 제거가 최소한 2,000만 년 이상 지속되어 왔다는 증거는 확실하다. 결국, 규산질 플랑크톤은 Si 투입량의 변화에 쉽게 대응할 수 있으며, 또한 그 결과로 용존 실리카의 전반적인 농도를 포화 수준보다 훨씬 낮게 유지할 수 있다고 여겨진다. 앞의 표 8.6에 나오는 0.99라는 높은 실리카의 g 값을 고려하면 얼마든지 신속한 대응이 가능하다는 것은 분명하다.

인

해양의 P 수지는 그 제거 방식이 꽤 독특하다는 점에서 여지껏 논의되었던 원소들의 수지와는 상당히 다르다. 그리고 황의 경우만 제외하고 오염의 영향을 더 심하게 받는다. 인의 채굴 및 비료나 세제 등에 널리 쓰이는 인산염 덕분에(제5장과 6장 참조), 강에 의해 해양에 운반된 인의 대부분은 근원적으로 인간들에 의한 오염에서 비롯된 것이라 할 수 있다. 그 결과, 오늘날의 P 공급률은 표 8.19에서 보듯이 퇴적물로 가라앉는 제거율의 추정값을 약간 초과한다. (오늘날과는 대조적으로, 인류 발생 이전의 P 공급률은 오늘날에 비해 훨씬 낮았다. 그런 까닭에, 그 당시만 해도 퇴적에 의한 P의 제거율이 공급률을 상회했을 것으로 여겨진다. Wallmann 2010 참조).

또 다른 복잡한 요인은 바다로 강물에 의해 운반된 부유성 인(P) 화합물들이 담당하는 역할이다. 부유성 인(P) 화합물에는 입자성 유기인 및 무기인 양쪽이 다 포함되는데, 이 중 무기인은 암석의 풍화에서 비롯된 쇄설성 인회석(인산칼슘)뿐만 아니라 점토 및 산화철에 흡착된 인으로 이루어져 있다. 이러한 부유성 인 입자가 해양에 투입되면 유기인 화합물들의 분해 그리고 산화철 및 점토로부터 인의 탈착을 통해 가용성을 띠게 되어 추가적인 인의 공급이 이루어진다(제7장 참조). Berner와 Rao(1993)는, 아마존 대륙붕의 강 하류 부분에 퇴적되는 도중 혹은 퇴적된 후에 부유물로부터 방출되는 인 때문에, 아마존강에서 해양으로 유입되는 인의 플럭스가 3배나 증가된다는 사실을 밝혀냈다.

표 8.19는 필자들이 추산한 오늘날의 해양에 대한 인의 연간 공급량을 보여준다. 이 표의 강물에 의한 연간 공급량 부분 중에서 용존 유기인, 그리고 반응성 입자성 인과 관련된 수치들은 제5장으로부터 차용하였다. 현재의 해양의 경우, 비 및 낙진에 의한 연간 공급량은 대륙 기원성 광물 에어로졸의 낙진 중에서 '반응성' 혹은 가용성을 지닌 부분에 의한 것인데, 이는 총 0.85 Tg-P/yr의 약 1/3에 해당한다(제3장 참조).

표 8.19의 우측의 나열된 P의 배출 과정들은 앞에서 거론된 다른 원소들의 경우들과는 상당한 차이를 보이기 때문에 좀 더 면밀한 논의가 필요하다. 강물에 의해 운반되었거나 해양에서 광합성에 의해 생성된 유기물 중의 일부는 박테리아 분해를 겪지 않은 채 결국은 해저 퇴적물에 묻히게 된다. 이런 유기물에는 유기인 화합물이 포함되어 있기 때문에 이런 묻히는 과정은 해수로부터 인이 제거되는 방식이 된다. 현재의 해양이 보여주는 유기인의 제거율 2.2 Tg-P/yr라는 값은 Berner(1982)가 추산한 유기탄소의 제거율 130 Tg-C/yr를 묻힌 유기물의 평균 C/P 중량비 58로 나누어줌으로써 구한 것이다. 이 C/P 중량비는 Berner 등(1993)이 전체 해양 퇴적물의 80% 이상을 대표하는 아마존 및 미시시피의 해양 삼각주와 대륙붕 퇴적물들을 분석해서 얻어낸 데이터이다.

Ruttenberg와 Berner(1993)는 상당량의 P가 대륙 주변부에서 흔히 볼 수 있는 해양 점토 속에 미세하게 분산된 인산칼슘(자생적 탄산염 불화인회석)의 형태로 묻혀 있음을 보여주었다. 그리고 이런 퇴적물 속의 평균 P 농도가 50 ppm이기 때문에, 지구 전체의 퇴적률 12,600 Tg/yr를 곱해 주면 위의 표 8.19에 나오는 0.6 Tg-P/yr이라는 제거율을 계산해낼 수 있다. P는 또한 매

표 8.19 해양의 P 수지(단위 : Tg-P/yr). P의 교체시간은 4만 년이다.

현재 수지			
공급		**제거**	
강물			
무기 용존 인		유기 인 매장	2.2
자연적	0.5	산재한 자생적 인회석 형성	0.6
오염으로부터	0.9	철산화물 흡착	0.7
유기 용존 인	0.6	탄산칼슘 축적	0.1
반응성 입자성 인	2.3	인회암	<0.1
빗물과 건조 낙진	0.3	어류 조각	<0.02
총합	4.6	총합	3.6

주의 : Tg = 10^{12} g.

우 높은 생물학적 생산성을 보이는 용승 해역에서 흔히 생성되는 인회암(혹은 탄산염 불화인회석이 농축된 퇴적물) 형태로 제거되기도 하는데, 그 값은 0.1 Tg-P/yr 이하로 훨씬 낮다. 인회암의 생성률이 지질 연대에 따라 변한 것은 분명하지만(Cook and McElhinny 1979), 모든 연대에 걸쳐 인회암에 함유된 P의 양은 엄청난 양의 퇴적암 또는 (화석화된 점토인) 셰일 속에 분산되어 있는 P에 비해 훨씬 적었다는 사실은 쉽게 증명될 수 있다.

Froelich 등(1982)은 조개들이 성장할 때 섭취하는 $CaCO_3$의 성분 중에 P가 포함되어 있으며 죽은 뒤에는 간극수 안에서 P가 흡착된 채 해저로 침전하는 양이 0.7 Tg-P/yr에 달할 것이라고 제안한 바 있다. 그 후에 Sherwood 등(1987)은 이런 $CaCO_3$와 연관된 P의 약 80%가 실제로 껍질 입자들의 표면에 달라붙은 함수 산화철에 흡착된 P의 형태로 존재한다는 사실을 밝혀냈다. 그 결과로, 해수 중의 $CaCO_3$에 함유된 P의 제거율은 단지 0.1 Tg-P/yr에 불과하다.

한편 P는 함수 산화철과 관련이 있는 또 다른 과정, 즉 화산-해수 반응을 통해서도 제거된다(Berner 1973, Froelich et al. 1982, Wheat et al. 1996). 현무암이 고온의 해수와 반응하는 도중에 고온의 산성이고 산소가 없는 물이 철을 함유한 광물을 공격하면 상당량의 Fe^{2+}가 발생한다. 이 물이 상승하여 해저에 도달하면 산소를 함유한 pH 8인 해수와 섞이게 되고 그 결과로 2가철은 산화되어 침강하면서 함수 산화철을 생성한다. 이런 산화물들은 매우 넓은 표면적을 지니고 있기 때문에 해수와 반응할 때 인산염들이 손쉽게 흡착되거나 제거될 수 있다. (이런 방식을 통해서, 해저 확장과 연관된 화산 기원의 과정들과 영양염인 P와 밀접한 관련을 맺고 있는 생물학적 과정들 사이의 연결고리가 형성된다.) 그런데 이 과정이 P의 제거에 기여하는 부분은 0.1 Tg-P/yr에 지나지 않는다. 하지만 이 수치를 $CaCO_3$와 연계된 산화철의 제거 과정에서 비롯되는 P의 연간 제거량에 더하게 되면 총 0.7 Tg-P/yr로 증가하게 된다.

앞에서 이미 살펴본 종합적인 공급-제거 순환과는 별도로, P는 해양에서 중요한 내부 순환을 겪는다. P는 0.92라는 g 값이 말해주듯이 매우 높은 생물기원성을 보이며, 광합성 생산에 필수적인 영양염이다(표 8.6). 그 결과 표층수에서 인산염($H_2PO_4^-$, HPO_4^{2-}, PO_4^{3-}) 또는 유기인 형태의 용존 P가 광범위하게 흡수되며, 반면에 심해에서는 해수로 복귀한다. 실제로 유기물의 구성 성분 혹은 $CaCO_3$ 형태로 바닥에 가라앉는 P의 98% 이상이 해수로 돌아오게 되는데, 그 대부분은 해저 퇴적물로부터 방출된다(Wallmann 2010). 즉, 앞의 표 8.6에 나온 P의 f 값이 0.015이라는 것을 달리 설명한 것이다. 그리고 0.92라는 높은 g 값은 용승을 통해 표층수로 공급되는 P의 공급률이 강물에 의한 공급률의 66배가 되는 것을 의미한다. 호수와 마찬가지로, P(그리고 N)는 퇴적층에 영원히 묻히기 전에 표층수와 심층수 사이를 여러 차례 반복해서 이동한다.

질소

해양의 질소 순환은, 단 한 가지 측면을 제외하고는, 앞에서 거론된 다른 원소들의 경우에 비해 더 복잡하다. 여기에서 덜 복잡한 측면이란 거의 대부분의 N이 해저 퇴적물에 매장된 유기물의 구성 성분으로 제거된다는 점을 말한다. (소량이 점토광물에서 교환 가능한 NH_4^+으로 제거된다.) 이를 달리 표현하면, N을 함유한 퇴적광물이 거의 존재하지 않는다는 말이다. 그렇다면 퇴적물에서의 N의 총제거율은 유기탄소의 제거율과 해양 퇴적 유기물의 평균 C/N 비를 알면 구할 수 있다.

N의 순환은 N_2(혹은 드물게는 N_2O) 기체의 형태로, 대기와 해양 사이를 이동할 수 있다는 점 때문에 다른 원소들의 경우보다 더 복잡한 양상을 보인다. 광합성 과정 중에 일부 생물들은, 특히 시아노박테리아(남조류)는 단백질과 같은 유기질소 화합물을 생성하기 위해 용존 N_2를 고정한다. 이렇게 제거된 해수 중의 N_2는 대기로부터 녹아드는 N_2로 다시 채워진다. 이렇게 N_2를 고정하는 능력을 가진 생물들은 질산염 혹은 다른 질소 함유 영양소가 없는 환경에서도 광합성을 통해 유기물을 계속 만들 수 있다. 그리고 N_2 고정을 통해 제거된 N_2는 탈질화 과정을 거쳐 궁극적으로는 해수 또는 대기로 복귀한다. 탈질화 과정은 주로 퇴적물에서 일어나는데, 가끔은 용존 산소의 농도가 낮은 (동태평양 열대 해역 등의) 수층에서도 관찰된다. 이 탈질화 과정은 질산염을 환원하여 N_2를 생성하는 아래의 반응식으로 표현할 수 있다(표 8.4 참조).

$$5CH_2O + 4NO_3^- \rightarrow 2N_2 + CO_2 + 4HCO_3^- + 3H_2O$$

탈질화는 동시에 소량의 N_2O를 생성한다(육지에서 일어나는 N_2 고정 및 탈질화 과정에 관한 더 상세한 논의는 제3장 참조).

해양의 질소 순환에 있어서 또 하나 고려할 사항은 다양한 산화 상태를 보이는 무기질소들이 순환 과정에 등장한다는 점을 들 수 있는데, 이들 모두는 영양염으로 쓰일 수 있다. N_2라는 특수한 경우 이외에도 질산염(NO_3^-), 아질산염(NO_2^-), 그리고 암모늄(NH_4^+) 등을 예로 들 수 있는데, 이 중 N_2를 제외할 경우 압도적으로 풍부한 것은 질산염이다(표 8.2 참조). 다른 두 가지 주요 영양염인 P나 실리카의 경우는 단지 하나의 산화 상태로 존재한다는 점에서 N과는 매우 대조적이다. 암모늄은 유기 질소 화합물의 부패 및 박테리아에 의한 질산염 환원을 통해 생성되는 반면에 질산염과 아질산염은 해수 중의 O_2를 이용하는 NH_4^+의 박테리아 산화에 의해 만들어진다. 해양의 질소 순환에 관련된 모든 과정들을 도식화한 것이 바로 그림 8.15이다.

N은 P나 Si와 마찬가지로 생물기원성이 매우 높은 원소이며($g = 0.92$), 퇴적물에 매장된 유기질소의 거의 대부분이 심해 환경에서 해수로 복귀한다($f = 0.03$)(표 8.6 참조). 그러므로, N 또한 묻히기 전까지 심층수와 표층수 사이에서 광범위한 순환을 경험한다. 하지만 P나 Si와는 달리, N은 광물들 과의 반응에 참여하는 경우가 거의 없다. 즉, 온전히 생물기원에만 의존한다는 의미이다.

표 8.20은 전반적인 해양에서의 N의 수지를 보여준다. 강물에 의해 운반되는 세 종류 N의 연간 공급량은 제5장의 값들을 차용하였으며, N_2 고정을 통한 연간 공급량 및 인간 활동에 의해 생성된 대기 중의 N_2로부터의 연간 공급량은 Duce 등(2008)의 데이터를 사용하였다. 그리

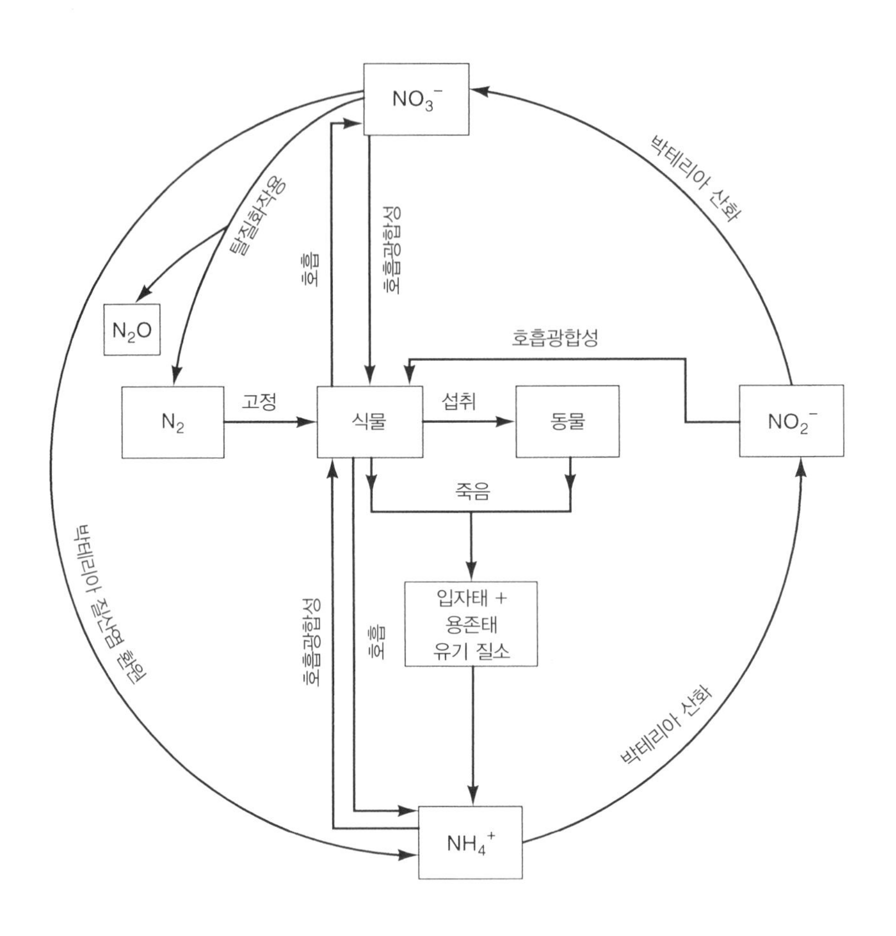

그림 8.15 해양의 질소 순환의 모식도.

고 탈질화에 의한 제거율은 Seitzinger 등(2006)의 데이터들을 채택하였다. 한편 유기질소의 퇴적에 의한 제거율 14 Tg-N/yr는 Berner(1982)가 추산한 유기탄소의 매장률 130 Tg-C/yr를 해양 퇴적물 속의 C/N 중량비 9로 나누어 얻은 값이다(Meybeck 1982).

표 8.20에서 볼 수 있듯이, N_2 고정을 통한 연간 공급량과 탈질화에 의한 제거율 그리고 비나 낙진에 의한 연간 공급량이 다른 수치들에 비해 월등하게 높은 점은 주목할 필요가 있다. 특히, 앞의 제7장에서 살펴본 바와 같이 대부분의 탈질화 과정이 연안 해역에서 일어나는 이유는 대체로 하구역과 연안의 해수에 오염이 집중되기 때문이다. 그리고 제3장과 5장에서 보았듯이, 강물이나 비에 의해 투입되는 N도 주로 인간 활동에서 비롯된 것들이다. 해양의 N_2 고정 값은 잘 알려져 있지 않은데, 이는 표에 나타난 질소 고정 값이 넓은 범위를 보이는 것으로 알 수 있다. 그렇다면 과연 해양의 N 수지가 과연 균형을 이루고 있는 것인지에 대한 의문이 제기

표 8.20 해양의 N 수지(단위 : Tg-N/yr). 강물에 실려 온 NO_3^-의 교체시간은 7,200년이다.

현재 수지			
공급		**제거**	
강물		퇴적층에 유기 질소 매장	14
용존 무기 질소	19	탈질화 반응	
용존 유기 질소	11	연안 퇴적층	250
입자성 질소	12	최저 산소층	81
빗물과 건성 침적	38~96		
질소 고정	60~200		
총합	140~338	총합	345

주의 : Tg = 10^{12} g.

될 수도 있다. 만약 N_2 고정에 의한 연간 공급량이 최소 추정값인 60에 가까운 경우라면, 해양의 N 수지는 지나친 탈질화로 인한 심한 불균형 상태에 처해 있는 상황이라고 할 수 있다. 그렇다면 이는 결국 N이라는 중요한 원소의 순환에 인간들이 끼치는 악영향을 보여준다.

참고문헌

제1장

Bainbridge, A. E., et al. 1976. *Sections and Profile* (vol. 2 of *GEOSECS Atlantic Expedition*, 198. Washington, D.C.: National Science Foundation.

Barry, R. G., and R. J. Chorley. 1998. *Atmosphere, weather, and climate.* 7th ed. London: Routledge.

Baumgartner, A., and E. Reichel. 1975. *The World Water Balance, Mean Annual Global, Continental and Maritime Precipitation, Evaporation and Runoff*, trans. R. Lee. New York: Elsevier.

Berner, E. K., and R. A. Berner. 1987. *The Global Water Cycle: Geochemistry and Environment*. Englewood Cliffs, N.J.: Prentice-Hall.

Broecker, W. S. 1987. Unpleasant surprises in the greenhouse. *Nature* 328:123–26.

Budyko, M. I., and K. Y. Kondratiev. 1964. The heat balance of the earth. In *Research in Geophysics*, 2:529–54. Cambridge, Mass.: MIT Press.

Chahine, M. T. 1992. The hydrological cycle and its influence on climate. *Nature* 359:373–80.

Drake, C. L., J. Imbrie, J. A. Knauss, and K. K. Turekian. 1978. *Oceanography*. New York: Holt, Rinehart & Winston.

Ellis, J. S., and T. H. Vonder Haar. 1976. Zonal average earth radiation budget measurements from satellites for climate studies. *Atmos. Sci. Rep.* 240. Fort Collins, Colo.: Dept. Atmos. Sci., Colorado State University.

Flohn, H. 1977. Man-induced changes in the heat budget and possible effects on climate. In *Global Chemical Cycles and Their Alterations by Man*, ed. W. Stumm, 207–24. Berlin: Dahlem Konferenzen.

Gates, W. L., J. F. B. Mitchell, G. L. Boer, U. Cubasch, and V. P. Meleshko. 1992. Climate modelling, climate prediction and model validation. In *Climate Change 1992. The Supplementary Report to the IPCC Scientific Assessment*, ed. J. T. Houghton, B. A.Callendar, and S. K. Varney, 97–134. Cambridge.: Cambridge University Press.

Gordon, A. L. 1986. Interocean exchange of thermocline water. *J. Geophys. Res.* 91 (C4): 5037–46.

Hubbert, M. K. 1971. The energy resources of the earth. *Sci. Amer.* 224 (3): 60–70.

Ingersoll, A. P. 1983. The atmosphere. *Sci. Amer*. 249 (3): 162–75.

IPCC (Intergovernmental Panel on Climate Change). 2001. *Climate Change, IPCC Third Assessment Report, The Scientific Basis*, ed. J. T. Houghton et al. Cambridge: Cambridge University Press.

IPCC (Intergovernmental Panel on Climate Change). 2007. *Climate Change 2007: The Physical Science Basis, Contribution of Working Group I to the Fourth Assessment Report*, ed. S. Solomon, D. Qin, M. Manning, Z. Chen, M. Marquis, K. B. Averyt, M. Tignor, and H. L. Miller. Cambridge and New York: Cambridge University Press.

Kennett, J. P. 1982. *Marine Geology.* Englewood Cliffs, N.J.: Prentice-Hall.

Knauss, J. A. 1997. *Introduction to Physical Oceanography*, 2nd ed. Long Grove, Ill.: Waveland Press.

Korzun, V.I., et al. 1977. *Atlas of World Water Balance.* UNESCO.

Laws, E. A. 2000. *Aquatic Pollution*, 3rd ed. New York: John Wiley.

Lemke, P., et al. 2007. Observations: changes in snow, ice and frozen ground. In *Climate Change 2007: The Physical Science Basis.*

Lozier, M. S., V. Roussenov, M .S. C. Reed, and R. G. Williams. 2010. Opposing decadal changes for the North Atlantic meridional overturning circulation. *Nature Geoscience* 3:728–34.

Lutgens, F. K., and E. J. Tarbuck. 1992. *TheAatmosphere: An Introduction to Meteorology*, 5th ed. Englewood Cliffs, N. J.: Prentice-Hall.

Lutgens, F. K., E. J. Tarbuck, and D. Tasa, D. 2009. *The Atmosphere: An Introduction to Meteorology*, 11th ed. Englewood Cliffs, N.J.: Prentice-Hall.

Mackenzie, F. T. 2011. *Our Changing Planet*, 4th ed. Englewood Cliffs, N.J.: Prentice-Hall.

Manabe, S., R. J. Stouffer, M. J. Spelman, and K. Bryan. 1991. Transient responses of a coupled ocean-atmosphere model to gradual changes of atmospheric CO_2. Part I: Annual mean response. *J. Clim*. 44:785–818.

McKnight, T. L. 1996, *Physical Geography: A Landscape Appreciation*, 5th ed. Upper Saddle River, NJ: Prentice Hall.

Meehl, G. A., 2007, Global climate projection. In *Climate Change 2007:The Physical Science Basis*, 347–893.

Miller, A., J. C. Thompson, R. E. Peterson, and D. R. Haragan. 1983. *Elements of Meteorology*, 4th ed. Columbus, Ohio: Chas. E. Merrill.

NRC (National Research Council). 1986. *Global Change in the Geosphere-Biosphere*, Washington D.C.: National Academy Press.

Pedlosky, J. 1990. The dynamics of the oceanic subtropical gyres. *Science* 248:316–22.

Peixoto, J. P., and M. Kettani. 1973. The control of the water cycle, *Sci. Amer*. 228 (4): 46–61.

Penman, H. L. 1970. The water cycle. *Sci. Amer*. 223 (3): 98–108.

Pickard, G. L., and W. J. Emery. 1982. *Descriptive Physical Oceanography*, 4th ed. New York: Pergamon Press.

Ramanathan, V. 1987. The role of earth radiation budget studies in climate and general circulation research. *J. Geophys. Res*. 92:4075–95.

Sellers, W. D. 1965. *Physical Climatology*. Chicago: Chicago University Press.

Shaffer, G., and J. Bendtsen. 1994. Role of the Bering Strait in controlling North Atlantic ocean circulation and climate. *Nature* 367:354–57.

Stommel, H. 1958. Circulation of the abyss. *Sci. Amer*. 199 (1): 85–90.

———. 1965. *The Gulf Stream*, 2nd ed. Berkeley: University of California Press.

Street-Perrott, F. A., and R. A. Perrott. 1990. Abrupt climate fluctuations in the tropics: The influence of the Atlantic circulation. *Nature* 343:607–12.

Trenberth, K. E., J. T. Fasullo, and J. Kiehl. 2009. Earth's global energy budget. *Bulletin of the American Meteorological Society* 90:311–23.

Turekian, K. K. 1976. *Oceans*, 2nd ed. Englewood Cliffs, NJ: Prentice Hall, p. 35.

Warren, B. A. 1981. Deep circulation of the world ocean. In *Evolution of Physical Oceanography: Scientific Surveys in Honor of Henry Stommel*, ed. B. A. Warren and C. Wunsch, 6–41. Cambridge, Mass.: MIT Press.

제2장

Ackerman, A.S., et al. 2000a. Reduction of tropical cloudiness by soot. *Science* 288: 1042–47.

Ackerman, A.S., et al. 2000b. Effects of aerosols in cloud albedo: Evaluation of Twomey's parametrication of cloud susceptibility using measurements of ship tracks. *J. Atmos. Sci.* 57:2684–95.

Albrecht, B. A. 1989. Aerosols, cloud microphysics, and fractional cloudiness. *Science* 245:1227–30.

Alley, R. B. 2004. Abrupt climate change. *Sci. Amer.* 291 (5): 62–69.

Alley, R. B., P.U. Clark, P. Huybrechts, and I. Joughin. 2005. Ice-sheet and sea-level changes. *Science* 310:456–60.

Anderson, J. G., D. W. Toohey, and W. H. Brune. 1991. Free radicals within the Antarctic vortex: The role of CFCs in the Antarctic ozone loss. *Science* 251:39–46.

Andreae, M. O., and P. Merlet. 2001. Emission of trace gases and aerosols from biomass burning. *Global Biogeochem Cycles* 15 (4): 955–66.

Archer, D. 2005. Fate of fossil fuel in geologic time. *J. Geophys. Res.* 110, C09S05: 1–6.

Barnett, T. P., et al. 2008. Human-induced changes in the hydrology of the western United States. *Science* 319:1080–82.

Barnett, T. P., and Pierce, D. W. 2008. When will Lake Mead go dry? *Water Resour. Res.* 44:1–10. W03201, doi:10.1029/2007WR006704.

Beerling, D. J., R. A. Berner, F. T. Mackenzie, M. B. Harfoot, and J. A. Pyle. 2009. Methane and the CH_4-related greenhouse effect over the past 400 million years. *Am. J. Sci.* 309:97–113, doi:10.2475/02.2009.01.

Beerling, D. J., T. Gardiner, G. Leggett, A. Mcleod, and W. P. Quick. 2008. Missing methane emissions from leaves of terrestrial plants, *Global Change Biol.* 14:1–6.

Bellouin, N., et al. 2005. Global estimate of aerosol direct radiative forcing from satellite measurements. *Nature* 438:1138–41, doi:10.1038/nature04348.

Berner, R.A. 1982. Burial of organic carbon and pyrite sulfur in the modern ocean: Its geochemial and environmental significance. *Am. Jour. Sci.* 282:451–73.

Berner, R. A. 2004. *The Phanerozoic Carbon Cycle: CO_2 and O_2*. Oxford: Oxford University Press.

Berner, R. A. 2006. GEOCARBSULF: A combined model for Phanerozoic atmospheric O_2 and CO_2. *Geochim. Cosmochim. Acta* 70:5653–64.

Berner, R. A. 2008. Addendum to Inclusions of weathering of volcanic rocks in the GEOCARBSULF model. *Am. Jour. Sci.* 308:100–103.

Bindoff, N. L., J. Willebrand, V. Artale, A. Cazenave, J. Gregory, S. Gulev, K. Hanawa, C. Le Quéré, S. Levitus, Y. Nojiri, C. K. Shum, L. D. Talley, and A. Unnikrishnan. 2007. Observations: Oceanic climate changes and sea level. In *Climate Change 2007:*

The Physical Science Basis. Contribution of Working Group I to the Fourth Assessment Report of the IPCC, ed. S. Solomon, D. Qin, M. Manning, Z. Chen, M. Marquis, K. B. Averyt, M. Tignor, and H. L. Miller, 385–433. Cambridge and New York: Cambridge University Press.

Bishop, J. K. B. 2009. Autonomous observations of the ocean biological carbon pump, *Oceanography* 22 (2): 182–93.

Bopp, L., et al. 2004. Will marine dimethylsulfide emissions amplify or alleviate global warming? A model study. *Can. J. Fish Aquatic Sci.* 61(5): 826–35.

Bond, T. C., et al. 2004. A technology-based inventory of black and oreganic carbon emissions from combustion. *J. Geophys. Res.* 109:D14203, doi:10.1029/2003JD003697.

Bond, T. C., et al. 2007. Historical emissions of black and organic carbon aerosol from energy-related combustion, 1850–2000. *Global Biogeochem. Cycles* 21, GB2018, doi:10.1029/2006GB002840.

Bosquet, P., et al. 2006. Contribution of anthropogenic and natural sources to atmospheric variability. *Nature* 443 (28), doi:1038/nature05132. Supplementary information at www.nature.com/nature.

BP. 2006: *Quantifying Energy: BP Statistical Review of World Energy June 2006*. London: BP P.L.C. http://www.tp.com/productlanding.do?categoryId=6842&contentId=7021390.

Brasseur, G. P., and E. Roeckner. 2005. Impact of improved air quality on the future evolution of climate. *Geophys. Res. Letters* 32, L23704, doi:10.1029/2005GL023902.

Brimblecombe, P. 2003. The global sulfur cycle. In *Treatise on Geochemistry*, vol. 8 (ed. W. Schlesinger), 645–82. Amsterdam: Elsevier.

Broecker, W. S., T. Takahashi, H. J. Simpson, and T. H. Peng. 1979. Fate of fossil fuel carbon dioxide and the global carbon budget. *Science* 206:409–18.

Buermann, W., B. R. Littner, C. D. Koven, A. Angert, J. E. Pinzon, C. J. Tucker, and I. Y. Fung. 2007. The changing carbon cycle at Mauna Loa Observatory. *Proc. National Academy of Sciences* 104 (11): 4249–54.

Byers, H. R. 1965. *Elements of Cloud Physics*. Chicago: University of Chicago Press.

Canadell, J. G., et al. 2007a. Contributions to accelerating atmospheric CO_2 growth from economic activity, carbon intensity, and efficiency of natural sinks. *Proc. National Academy of Sciences* 104 (47): 18866–70.

Canadell, J. G., et al. 2007b. Factoring out natural and indirect human effects on terrestrial carbon sources and sinks. *Environ. Sci. & Policy* 10 (4): 370–84.

Chung, C., et al. 2005. Global anthropogenic aerosol direct forcing derived from satellite and ground-based observations. *J. Geophys. Res.* 110, doi:10.1029/2005/D006356.

Cicerone, R. J. 1987. Changes in stratospheric ozone. *Science* 237:35–42.

———. 1994. Fires, atmospheric chemistry and the ozone layer. *Science* 263:1243–44.

Clement, A. C., R. Burgman, and J. R. Norris. 2009. Observational and model evidence for positive low-level cloud feedback. *Science* 325:460–64.

Cox, P. M., R. A. Betts, C. D. Jones, S. A. Spall, and I. J. Totterdell. 2000. Acceleration of carbon-cycle warming due to carbon-cycle feedbacks in a coupled climate model. *Nature* 408:184–87.

Crutzen, P. J., and M. O. Andreae. 1990. Biomass burning in the tropics: Impact on atmospheric chemistry and biogeochemical cycles. *Science* 250:1669–78.

Davidson, E. A. 2009. The contribution of manure and fertilizer nitrogen to atmospheric nitrous oxide since 1860. *Nature Geoscience* 2:659–62, doi: 10.1038/ngeo608.

Denman, K. L., et al. G. Brasseur, A. Chidthaisong, P. Ciais, P. M. Cox., R. E. Dickinson, D. Hauglustaine, C. Heinze, E. Holland, D. Jacob, U. Lohmann, S. Ramachandran,

P. L. Da Silva Dias, S. C. Wolfsy, and X. Zhang. 2007: Couplings between changes in climate system and biogeochemistry. In *Climate Change 2007: The Physical Science Basis*, 499–587.

Dentener, F., et al. 2006. The global atmospheric environment for the next generation. *Environ. Sci. Technol.* 40:3586–94.

Dlugokencky, E. J., S. Houweling, L. Bruhwiler, K. A. Masarie, P. M. Lang, J. B. Miller, and P. P. Tans. 2003. Atmospheric methane levels off: Temporary pause or a new steady-state? *Geophys. Res. Lett.* 19, doi:10.1029/2003GL018126.

Dueck, T. A., et al. 2007. No evidence for substantial aerobic methane emission by terrestrial plants: A 13C-labelling approach. *New Phytologist* 175 (1): 29–35.

Dueck, T., and A. Van Der Wherf. 2008. Are plants precursors for methane? *New Phytologist* 178:693–95.

Emori, S., and S. J. Brown. 2005. Dynamic and thermodynamic changes in mean and extreme precipitation under changed climate. *Geophys. Res. Lett.* 32:1–5, L17706, doi:10.1029/2005GL023272.

EPICA community members. 2004. Eight glacial cycles from an Antarctic ice core. *Nature* 429:623–28.

Etiope, G. 2004. New Directions: GEM—Geologic emissions of methane, the missing source in the atmospheric methane budget. *Atmos. Environ.* 38 (19): 3099–3100.

Falkowski, P. G., et al. 1998. Biogeochemical controls and feedbacks on ocean primary production. *Science* 281:200–206.

Feely, R. A., C. S. Sabine, K. Lee, W. Berelson, J. Kleypas, V. J. Fabry, and F. J. Millero. 2004. The impact of anthropogenic CO_2 on the $CaCO_3$ system in the oceans. *Science* 305:362–66.

Feng, Y., and J. Penner. 2007. Global modeling of nitrate and ammonium: Interaction of aerosols and tropospheric chemistry. *J. Geophys. Res.* 112, D01304, doi:10.1029/2005JD006404.

Fischer, H., M. Wahlen, J. Smith, D. Mastroilanni, and B. Deck. 1999. Ice core records of atmospheric CO_2 around the last three glacial terminations. *Science* 283:1712–14.

Fitzgerald, J. W. 1991. Marine aerosols: A review. *Atmos. Environ.* 25A:533–45.

Flanner, M. G., et al. 2009. Springtime warming and reduced snow cover from carbonaceous particles. *Atmos. Chem. Phys.* 9:2481–97.

Forster, P., V. Ramaswamy, P. Ataxo, T. Berntsen, R. Betts, D. W. Fahey, J. Haywood, J. Lean, D. C. Lowe, G. Myhre, J. Nganga, R. Prinn, G. Raga, M. Schulz, and R. Van Dorland. 2007. Changes in atmospheric constituents and in radiative forcing. In *Climate Change 2007: The Physical Science Basis*, 131–234.

Goldberg, E. 1971. Atmospheric dust, the sedimentary cycle and man. In *Comments on Earth Science: Geophysics*, 1:117–32.

Graedel, T. E., and P. J. Crutzen. 1993. *Atmospheric Change: An Earth System Perspective*, 2nd ed., 141–48. New York: Freeman.

Halmer, M. M., H.-U. Schmincke, and H.-F. Graf. 2002. The annual volcanic gas input into the atmosphere, in particular into the stratosphere: A global data set for the past 100 years. *J. Volcanol. and Geother. Res.* 115 (3–4): 511–28.

Hansen, J., A. Lacis, R. Ruedy, and M. Sato. 1992. Potential climate impact of Mount Pinatubo eruption. *Geophys. Res. Lett.* 19:215–18.

Haywood, J., and O. Boucher. 2000. Estimates of the direct and indirect radiative forcing due to tropospheric aerosols: A review. *Rev. Geophys.* 38 (4): 513–43.

Hirsch, A. I., et al. 2006. Inverse modeling estimates of the global nitrous oxide surface flux from 1998–2001. *Global Biogeochem. Cycles* 20, GB1008, doi 10.1029/2004GB002443.

Holland, E. A., et al. 2005. US nitrogen science plan focuses collaborative efforts. *Eos* 8 6 (27): 253–60.

Hopkin, M. 2007. Missing gas saps plant theory. *Nature* 447 (3): 71.

Houweling, S., T. Rockmann, I. Aben, F. Keppler, M. Krol, J. F. Meirink, E. J. Dlugokencky, and C. Frankenberg. 2006. Atmospheric constraints on global emissions of methane from plants. *Geophys. Res. Lett.* 33, L15821, doi:10.1029/2006GL026162.

Indermuhle, A., E. Monnin, B. Stauffer, and T. F. Stocker. 2000. Atmospheric CO_2 concentration from 60 to 20 kyr BP from the Taylor Dome ice core, Antarctica. *Geophys. Res. Lett.* 27 (5): 735–38.

IPCC (Intergovernmental Panel on Climate Change). 1990. *Climate Change. The IPCC Assessment,* ed. J. T. Houghton, G. J. Jenkins, and J. J. Ephraums. Cambridge: Cambridge University Press.

———. 1992. *Climate Change 1992. The Supplemetary Report to the IPCC Scientific Assessment*, ed. J. T. Houghton, B. A.Callendar, and S. K.Varney.Cambridge. Cambridge University Press.

———. 2001. *Climate Change 2001: The Scientific Basis, Contribution of Working Group I to the Third Assessment Report of the Intergovernmental Panel on Climate Change*, ed. J. T. Houghton et al. Cambridge. Cambridge University Press.

———. 2007. *Climate Change 2007: The Physical Science Basis, Working Group I Contribution to the Fourth Assessment Report of the Intergovernmental Panel on Climate Change*. Cambridge. Cambridge University Press.

Jaenicke, R. 1993. Tropospheric aerosols, in *Aerosol-Cloud-Climate Interactions*, ed. P. V. Hobbs. San Diego: Academic Press, 1–31.

Jansen, E., and J. Overpeck. 2007. Paleoclimate. In *Climate Change 2007: The Physical Science Basis*, 435–97.

Jickells, T. D., et al. 2005. Global iron connections between desert dust, ocean biogeochemistry, and climate. *Science* 308:67–71.

Junge, C. 1963. *Air Chemistry and Radioactivity*. New York: Academic Press.

———. 1972. Our knowledge of the physico-chemistry of aerosols in the undisturbed marine environment. *J. Geophys. Res.* 77:5183–200.

Kanakidou, M., et al. 2005. Organic aerosol and global climate modeling: a review. *Atmos. Chem. Phys.* 5:11053–123.

Keeling, C. D., and T. P. Whorf. 2005. Atmospheric CO_2 records from sites in the SIO air sampling network. In *Trends: A Compendium of Data on Global Change*. Oak Ridge, Tenn.: Carbon Dioxide Information Analysis Center, Oak Ridge National Laboratory, U.S. Department of Energy. http://cdiac.esd.ornl.gov/trends/co2/sio-keel-flask/sio-keel-flask.htm.

Keeling, C. D., A. F. Bollenbacher, and T. P. Whorf. 2005. Monthly atmospheric $^{13}C/^{12}C$ isotopic ratios for 10 SIO stations. In *Trends: A Compendium of Data on Global Change*. http://cdiac.esd.ornl.gov/trends/co2/iso-sio/iso-sio.htm.

Keppler, F., F. Hamilton, J. T. G. Brass, and T. Rockmann. 2006. Methane emissions from terrestrial plants under aerobic conditions. *Nature* 439:187–91.

Keppler, F., J. Hamilton, W. McRoberts, I. Vigano, M. Brass, and T. Rockmann. 2008. Methoxyl groups of plant pectin as a precursor of atmospheric methane: Evidence from deuterium labeling studies. *New Phytologist* 178:808–14.

Kerr, J. B., and C. T. McElroy. 1993. Evidence for large upward trends of ultraviolet-B radiation linked to ozone depletion. *Science* 262:1032–34.

Khalil, M. A. K., R. A. Rasmussen, and R. Gunawardena. 1993. Atmospheric methyl bromide: Trends and global mass balance. *J. Geophys. Res.* 98:2887–96.

Kirschbaum, M. U. F., et al. 2006. A comment on the quantitative significance of aerobic methane release by plants, *Func. Plant Biol.* 33:521–30.

Kroeze, C., A. Moser, and L. Bouwman. 1999. Closing the global N_2O budget: A retrospective analysis 1500–1994. *Global Biogeochem. Cycles* 133 (1): 1–8.

Kroeze, C., E. Dumont, and S. P. Seitzinger. 2005. New estimates of global emissions of N_2O from rivers and estuaries. *Environ. Sci.* 2:159–65.

Kvenvolden, K. 1988. Methane hydrates and global climate. *Global Biogeochem. Cycles* 2:221–29.

Kvenvolden, K .A., and B. W. Rogers. 2005. Gaia's breath—global methane exhalations. *Mar. Petrol. Geol.* 22:579–90.

Lathrop, J. A., S. J. Oltman, and D. J. Hofmann. 1993. Record low ozone at the South Pole in 1992 and preliminary results on the 1993 ozone hole (abstract). *EOS* 74: 166.

Le Quéré, C., et al. 2009. Trends in the sources and sinks of carbon dioxide. *Nature Geoscience* 2:831–39, doi: 10.1038/NGE0689. Published online 17 Nov. 2009.

Lemke, P., J. Ren, R. A. Alley, I. Allison, J. Carrano, G. Flato, Y. Fujii, G. Kaser, P. Mole, R. H. Thomas, and T. Zhang. 2007. Observations: Changes in snow, ice, and frozen ground. In *Climate Change 2007: The Physical Science Basis*, 337–83.

Levine, J. S. 2003. Biomass burning: The cycling of gases and particulates from the biosphere to the atmosphere. In *Treatise on Geochemistry*, vol. 4 (ed. R. F. Keeling), 143–58. Amsterdam: Elsevier.

Lewis, S. L., et al. 2009. Increasing carbon storage in intact African tropical forests. *Nature* 457:1003–6, doi10.1038/nature07771.

Lohmann, U., and J. Feichter. 2005. Global indirect aerosol effects: A review. *Atmos. Chem. Phys.* 5:715–37.

MacDonald, G. J. 1990. Role of methane in past and future climates. *Climatic Change* 16:247–81.

Manabe, S., R. T. Wetherald, and R. J. Stouffer. 1981. Summer dryness due to an increase of atmospheric CO_2 concentrations. *Climatic Change* 3:347–86.

Manning, A. C., and R. F. Keeling. 2006. Global oceanic and land biotic sinks from the Scripps atmospheric O_2 flask sampling network. *Tellus* 58B:95–116.

Manning, M. R., A. Gomez, and G. W. Brailsford. 1997. Annex B11: The New Zealand measurement programme. In: *Report of the Ninth WMO Meeting of Experts on CO2 Concentrations and Related Tracers Measurement Techniques*, WMO Global Atmospheric Watch no. 132; WMO TD No. 952, 120–23. Melbourne: Commonwealth Scientific and Industrial Research Organisation.

Mano, S., and M. O. Andreae. 1994. Emission of methyl bromide from biomass burning. *Science* 263:1255–57.

Marland, G., T. A. Boden, and R. J. Andres. 2006: Global, regional and national CO_2 emissions. In *Trends: A Compendium of Data on Global Change*.

Martin, J. H., S. R. Fitzwater, and R. M. Gordon. 1990. Iron deficiency limits phytoplankton growth in Antarctic waters. *Global Biogeochem. Cycles* 4:5–12.

McNeil, B., R. J. Matear, R. M. Key, J .L. Bullister, and J. L. Sarmiento. 2003. Anthropogenic CO_2 uptake by the ocean based on the global chlorofluorocarbon data set. *Science* 299:235–39.

Meehl, G.A. 2007. Global climate projection. In *Climate Change 2007: The Physical Science Basis*, 747–893.

Mikaloff Fletcher, S. E., et al. 2006. Inverse estimates of anthropogenic CO_2 uptake, transport, and storage by the ocean. *Global Biogeochem. Cycles* 20 (2), GB2002.

Milly, P. C. D., K. A. Dunne, and A. V. Vecchia. 2005. Global pattern of trends in streamflow and water availability in a changing climate. *Nature* 438:347–50, doi:10.1038/nature04312.

Nakicenovic, N., J. Alcamo, G. Davis, B. Devries, J. Fenhann, S. Gaffin, K. Gregory, A. Gruebler, T. Y. Jung, T. Kram et al. 2000. *IPCC Special Report on Emissions Scenarios*. Cambridge: Cambridge University Press.

Naqvi, S. W. A., et al. 2000. Increased marine production of N_2O due to intensifying anoxia on the Indian continental shelf. *Nature* 408 (6810): 346–49.

NASA. 2008. Ozone hole watch. http://ozonewatch.gsfc.nasa.gov/index.html.

Nevison, C.D., T. Luecker, and R. W. Weiss. 2004. Quantifying the N_2O source from coastal upwelling. *Global Biogeochem. Cycles* 18, GB1018.

Nevison, C .D., N. M. Mahowald, R. W. Weiss, and R. G. Prinn. 2007. Interannual seasonal variability in atmospheric N_2O. *Global Biogeochem. Cycles* 21 (3), GB3017, doi:10.1029/2006GB002755.

Newman, P. A. 1994. Antarctic total ozone in 1958. *Science* 264:543–46.

NOAA (National Oceanic and Atmospheric Administration). 2007. Southern Hemisphere Winter Summary. http://www.esrl.noaa.gov.

NRC (National Research Council). 1991. *Rethinking the Ozone Problem in Urban and Regional Air Pollution*. Washington, D.C.: National Academy Press.

O'Dowd, C.D., et al. 2004. Biogenically driven organic contribution to marine aerosols. *Nature* 431:676–80.

Penner, J. E., R. E. Dickinson, and C.A. O'Neill. 1992. Effects of aerosol from biomass burning on the global radiation budget. *Science* 256:1432–34.

Petit, J. R., et al. 1999. Climate and atmospheric history of the past 420,000 years from the Vostok ice core, Antarctica. *Nature* 399:429–36.

Prather, M., et al. 2003. Fresh air in the 21st century? *Geophys. Res. Lett.* 30:72–74.

Prinn, R. G. 2003. Ozone, hydroxyl radical and oxidative capacity. In *Treatise on Geochemistry*, 4:1–19.

Rahn, K. A., and D. H. Lowenthal. 1984. Elemental tracers of distant regional pollutive aerosols. *Science* 223:132–39.

Ramanathan, V., P. J. Crutzen, J. T. Kiehl, and D. Rosenfeld. 2001. Aerosols, climate, and the hydrological cycle. *Science* 294:2119–24.

Ramanathan, V., et al. 2007. Warming trends in Asia amplified by brown cloud solar absorption,. *Nature* 448:575–79, doi:10.1038/nature06019.

Ramanathan, V., and G. Carmichael. 2008. Global and regional climate changes due to black carbon. *Nature Geosciences* 1:221–27.

Ramanathan, V., and Y. Feng. 2009. Air pollution, greenhouse gases and climate change: Global and regional perspectives. *Atmos. Environment* 43:37–50.

Randall, D. A., et al. 2007. Climate models and their evaluation In *Climate Change 2007: The Physical Science Basis*, 591–648.

Raupach, M.R., et al. 2007. Global and regional drivers of accelerating CO_2 emissions. *Proceedings Nat. Acad. Sci.* 104 (24):10288–93.

Reeburgh, W. S. 2007. Oceanic methane biogeochemistry., *Chemical Reviews* 107 (2): 486–513.

Rex, M., et al. 2006. Arctic winter 2005: Implications for stratospheric ozone loss and climate change. *Geophys. Res. Lett.* 33:L23808, doi:10.1029/2006GL026731.

Rigby, M., et al. 2008. Renewed growth of atmospheric methane. *Geophys. Res. Lett.* 35:L22805, doi:10.1029/2008GL036037.

Rogner, H.-H. 1997. An assessment of world hydrocarbon resources. *Annu. Rev. Energy Environ.* 22:217–62.

Rowland, F. S. 1989. Chlorofluorocarbons and the depletion of stratospheric ozone. *Am. Scientist* 77:36–45.

Royer, D. L., R. A, Berner, and J. Park. 2007. Climate sensitivity constrained by CO_2 concentrations over the past 420 million years. *Nature* 448 (7135): 530–32.

Sabine, C. L., et al. 2004. The oceanic sink for anthropogenic CO_2. *Science* 305:367–71.

Sarmiento, J. L. 1993a. Ocean carbon cycle. *Chem. Eng. News* 71:30–43.

———. 1993b. Atmospheric CO_2 stalled. *Nature* 365:697–98.

Sarmiento, J. L., and E. T. Sundquist. 1992. Revised budget for the oceanic uptake of anthropogenic carbon dioxide. *Nature* 356:589–93.

Schlesenger, W. H. 1991. *Biogeochemistry: An Analysis of Global Change*. New York: Academic Press.

Seager, R., et al. 2007. Model projections of an imminent transition to a more arid climate in southwestern North America. *Science* 316:1181–84.

Shepherd, A., and D. Wingham. 2007. Recent sea-level contributions of the Antarctic and Greenland ice sheets. *Science* 315:1529–32.

Siegenthaler, U., E. Monin, K. Kawamura, R. Spahni, J. Schwander, B. Stauffer, T. F. Stocker, J.-M. Barnola, and H. Fischer. 2005a. Supporting evidence from the EPICA Dronning Maud Land ice core for atmospheric CO_2 changes during the past millennium. *Tellus* 57B:51–57.

Siegenthaler, U., T. F. Stocker, E. Monnin, D. Luthi, J. Schwander, B. Stauffer, D. Raynaud, J.-M. Barnola, H. Fischer, V. Masson-Delmotte, and J. Jouzel. 2005b. Stable carbon cycle-climate relationship during the late Pleistocene., *Science* 310: 1313–17.

Solomon, S. 1990. Progress towards a quantitative understanding of Antarctic ozone depletion. *Nature* 347:347–54.

Solomon, S., R. W. Sanders, R. R. Garcia, and J. G. Keys. 1993. Increased chlorine dioxide over Antarctica caused by volcanic aerosols from Mount Pinatubo. *Nature* 363:245–48.

Solomon, S., D. Quin, M. Manning, R. B. Alley, T. Berntsen, N. L. Bindoff, A. Chen, A. Chidthaisong, J. M. Gregory, G. C. Hegerl, M. Heimann, B. Hewitson, B. J. Hoskins, F. Joos, J. Joutzel, V. Kattsov, U. Lohmann, T. Matsono, M. Molina, N. Nicholls, J. Overpeck, G. Raga, V. Ramaswamy, J. Ren, M. Rusticucci, R. Somerville, T. F. Stocker, P. Whetton, R. A. Wood, and D. Wratt. 2007. Technical summary. In *Climate Change 2007: The Physical Science Basis*, 499–587.

Spahni, R., et al. 2005. Atmospheric methane and nitrous oxide of the late Pleistocene from Antarctic ice cores. *Science* 310:1317–21.

Stallard, R. F. 1998.Terrestrial sedimentation and the carbon cycle: Coupling weathering and erosion to carbon burial. *Global Biogeochem. Cycles* 12(2):231–57.

Stern, D. I. 2005. Global sulfur emissions from 1850 to 2000. *Chemosphere* 58:163–75.

Stevenson, D. S. 2006. Multi-model ensemble simulations of present-day and near-future tropospheric ozone. *Journ. Geophys. Res.* 111:1–23, D8301, doi 10.1029/2005JD 006338.

Stolarski, R., R. Bojkov, L. Bishop, C. Zerefos, J. Staehelin, and J. Zawodny. 1992. Measured trends in stratospheric ozone. *Science* 256:342–349.

Takahashi, T. 2004. The fate of industrial carbon dioxide. *Science* 305:352–53.

Takahashi, T., et al. 2002. Global air-sea flux based on climatilogical surface ocean pCO_2 and seasonal biological and temperature effects. *Deep-sea Res. II*: 49 (9–10), 1601–22.

Tans, P. 2008. NOAA/ESRL CO_2data. www.esrl.noaa.gov/gmd/ccgg/trends/co2_data_mlo.html.

———. 2010. NOAA/ESRL CO_2 data. www.esrl.noaa.gov/gmd/ccgg/trends.

Tans, P. P, I. Y. Fung, and T. Takahashi. 1990. Observational constraints on the global atmospheric CO_2 budget. *Science* 247:1431–38.

Textor, T., et al. 2005. Analysis and quantification of the diversities of aerosol life cycles within the AEROCOM. *Atmos. Chem. Phys. Discuss.* 5: 8331–420.

Tolbert, M. A. 1994. Sulfate aerosols and polar cloud formation. *Science* 264:527–28.

Toon, O. B., and R. P. Turco. 1991. Polar stratospheric clouds and ozone depletion. *Sci. Amer.* 264:68–74.

Trenberth, K. E., and P.D. Jones. 2007. Observations: Surface and atmospheric climate change. In *Climate Change 2007: The Physical Science Basis*, 237–336.

Tsigaridis, K., and M. Kanakidou. 2003. Global modeling of secondary organic aerosol in the troposphere: A sensitivity analysis. *Atmos. Chem. Phys.* 3:1849–69.

Turekian, K. K. 1972. *Chemistry of the Earth.* New York: Holt, Rinehart and Winston.

van de Wal, R. S. W., et al. 2008. Large and rapid melt-induced velocity changes in the ablation zone of the Greenland ice sheet. *Science* 321:111–13.

Vellinga, M., and R. A. Wood. 2002. Global impacts of a collapse of the Atlantic thermohaline circulation. *Climate Change* 54:251–67.

Venke Sundal, A., et al. 2011. Melt-induced speed-up of the Greenland ice sheet offset by efficient subglacial drainage. *Nature* 469:521–24, Doi:10.1038/nature 09740.

Walker, J. C. G. 1977. *Evolution of the Atmosphere.* New York: Macmillan.

Wang, J. S., J. A. Logan, M. B. McElroy, B. N. Duncan, I. A. Megretskaia, and R. M. Yantosca. 2004. A 3-D model analysis of the slowdown and interannual variability in the methane growth rate from 1988 to 1997. *Global Biogeochem. Cycles* 18, GB3011, doi:10.1029/2003GB002180.

Watson, R. T., H. Rodhe, H. Oeschger, and U. Siegthaler. 1990. Greenhouse gases and aerosols. In *Climatic Change: The IPCC Scientific Assessment,* 1–40. Cambridge: Cambridge University Press.

Watson, R. T., L. G. Mena Filho. E. Sanhueza, A. Janetos. 1992. Greenhouse gases: sources and sinks. In *Climate Change 1992. The Supplementary Report to the IPCC Scientific Assessment*, 23–46.

Weatherhead, E. C., and Andersen, S. B. 2006. The search for signs of recovery of the ozone layer. *Nature* 441 (4 May 2006): 39–45, doi:10.1038/nature04746.

Whalen, S. C., and W. S. Reeburgh. 1992. Interannual variations in tundra methane emission: A 4 year time series at fixed sites. *Global Biogeochem. Cycles* 6:139–40.

Willett, K. M., N. P. Gillett, P. D. Jones, and P. W. Thorne. 2007. Attribution of observed surface humidity changes to human influence. *Nature* 449:710–12.

WMO. 2006. *Executive Summary: Scientific Assessment of Ozone Depletion: 2006.* Geneva: World Meteorological Organization, 2006. Reprinted from *Scientific Assessment of Ozone Depletion: 2006*, Global Ozone Research and Monitoring Project—Report no. 50, Geneva, 2007.) http://www.esrl.noaa.gov/csd/assessments/2006.

Zeebe, R. C., J. C. Zachos, K. Caldeira, and T. Tyrrell. 2008. Carbon emissions and acidification. *Science* 321:51–52.

Zhang, X., F. W. Zweirs, G. C. Hegerl, F. H. Lambert, N. P. Gillett, S. Solomon, P. A. Stott, and T. Nozawa. 2007. Detection of human influence on twentieth-century precipitation trends. *Nature* 448:461–65, doi:1038/nature06025.

제3장

Anderson, J. B., R. E. Baumgardner, V. A. Mohnen, and J. J. Bowser. 1999. Cloud chemistry in the eastern United States, as sampled from three high-elevation sites along the Appalachian Mountains. *Atmos. Environ.* 33: 5105–14.

Andreae, M. O., and P. J. Crutzen. 1997. Atmospheric aerosols: Biogeochemical sources and role in atmospheric chemistry. *Science* 276:1052–58.

Andreae, M. O., and P. Merlet. 2001. Emission of trace gases and aerosols from biomass burning. *Global Biogeochem. Cycles* 15 (4): 955–66.

Barrett, E., and G. Brodin. 1955. The acidity of Scandinavian precipitation. *Tellus* 7:251–57.

Barrie, L. A. 1986. Arctic air pollution: An overview of current knowledge. *Atmos. Environ.* 20:643–63.

Barrie, L. A., and J. M. Hales. 1984. The spatial distributions of precipitation acidity and major ion wet deposition in North America during 1980. *Tellus* 36B:333–55.

Bates, T. S., B. K. Lamb, A. Guenther, J. Dignon, and R. E. Stoiber. 1992. Sulfur emissions to the atmosphere from natural sources. *J. Atmos. Chem.* 14:315–37.

Benton, G. S., and M. A. Estoque. 1954. Water vapor transport over North American continent. *J. Meteorology* 11:462–77.

Berner, E. K., and R. A. Berner. 1996. *Global Environment: Water, Air and Geochemical Cycles.* Upper Saddle River, N.J.: Prentice Hall.

Beusen, A. H. W., et al. 2008. Bottom-up uncertainty estimates of global ammonia emissions from global agricultural production systems. *Atmos. Environ.* 42:6067–77.

Bohn, H. L., B. L. McNeal, and G. A. O'Connor. 1979. *Soil Chemistry.* New York: John Wiley.

Bolin, B., ed. 1971. Air pollution across national boundaries: The impact on the environment. In *Report of the Swedish Preparatory Committee for the U.N. Conference on the Human Environment.* Stockholm: Royal Ministry of Agriculture.

Bouwman, A. F., L. J. M. Boumans, and N. H. Batjes. 2002. Estimation of global NH_3 volatilization loss from synthetic fertilizer and animal manure applied to arable lands and grassland. *Global Biogeochem. Cycles.* 16 (2): 1024, doi:10.1029/2000GB001389.

Bouwman, A. F., et al. 1997. A global high-resolution emission inventory for ammonia. *Global Biogeochem. Cycles* 11 (4): 561–87.

Bowen, H. J. M. 1966. *Trace Elements in Biochemistry.* New York: Academic Press.

Boyer, E. W., et al. 2006. Riverine nitrogen export from the continents to the coasts. *Global Biogeochem. Cycles* 20, GB1S91.

Brimblecombe, P. 2003. The global sulfur cycle. In *Treatise on Geochemistry*, vol. 8 (ed. W. Schlesinger), 645–82. Amsterdam: Elsevier.

Buijsman, E. H., F. M. Maas, and W. A. H. Asman. 1987. Anthropogenic NH_3 emissions in Europe. *Atmospheric Environment* 21: 1009–22.

Busenberg, E., and C. C. Langway Jr. 1979. Levels of ammonium sulfate, chloride, calcium, and sodium in ice and snow from southern Greenland. *J. Geophys. Res.* 84 (C4): 1705–9.

Butler, T. J., and G. E. Likens. 1991. The impact of changing regional emissions on precipitation chemistry in the eastern United States. *Atmos. Environ.* 25A:305–15.

Butler, T. J., et al. 2005. The impact of changing nitrogen oxide emissions on wet and dry nitrogen deposition in the northeastern USA. *Atmos. Environ.* 39:4851–62.

Byers, H. R. 1965. *Elements of Cloud Physics.* Chicago: University of Chicago Press.

Carroll, D. 1962. *Rainwater as a Chemical Agent of Geologic Processes:A Review.* U.S.G.S. Water Supply Paper no. 1535-G.

Charlson, R. J., and H. Rodhe. 1982. Factors controlling the acidity of natural rainwater. *Nature* 295:683–85.

Charlson, R. J., T. L. Anderson, and R. E. McDuff. 1992. The sulfur cycle. In *Global Biogeochemical Cycles*, ed. S. S. Butcher, R. J. Charlson, G. H. Orians, and G. V. Wolfe., 285–300. San Diego: Academic Press.

Connor, J. J., and H. T. Shacklette. 1975. *Background Geochemistry of Some Rocks, Soils, Plants and Vegetables in the Conterminous United States.* U.S.G.S. Prof. Paper no. 574-F.

Cowling, E. B. 1989. Recent changes in chemical climate and related effects on forests in North America and Europe. *Ambio* 18:167–71.

Cronan, C. S., and C. C. Schofield. 1979. Aluminum leaching response to acid precipitation: Effects on high-elevation watersheds in the northeast. *Science* 204: 304–6.

Crozat, G. 1979. Sur l'emission d'un aerosol riche en potassium par la fordt tropical. *Tellus* 31:52–57.

Crutzen, P. J., and M. O. Andreae. 1990. Biomass burning in the tropics: Impact on atmospheric chemistry and biogeochemical cycles. *Science* 250:1669–78.

Dayan, U., J. M. Miller, W. C. Keene, and J. N. Galloway. 1985. An analysis of precipitation chemistry data from Alaska. *Atmos. Environ.* 19:651–57.

Denman, K. L., G. Brasseur, A. Chidthaisong, P. Ciais, P. M. Cox., R. E. Dickenson, D. Hauglustaine, C. Heinzie, E. Holland, D. Jacob, U. Lohmann, S. Ramachandran, P. L. Da Silva Dias, S. C. Wolfsy, and X. Zhang. 2007. Couplings Between Changes in Climate System and Biogeochemistry. In *Climate Change 2007: The Physical Science Basis. Contribution of Working Group I to the Fourth Assessment Report of the IPCC*, ed. S. Solomon, D. Qin, M. Manning, Z. Chen, M. Marquis, K. B. Averyt, M. Tignor, and H. L. Miller, 489–507. Cambridge and New York: Cambridge University Press.

Dentener, F., et al. 2006. Nitrogen and sulfur deposition on regional and global scales: A multimodel evaluation. *Global Biogeochem. Cycles* 20, GB4003, doi:10.1029/2005 GB002672,2006.

Driscoll, C. T., G. E. Likens, L. O. Hedin, J. S. Eaton, and F. H. Bormann. 1989. Changes in the chemistry of surface waters, 25-year results at the Hubbard Brook Experimental Forest, NH. *Environ. Sci. Technol.* 23:137–43.

Driscoll, C. T., et al. 2001. Acidic deposition in the northeastern United States: Sources and inputs, ecosystem effects, and management strategies. *BioScience* 51 (3): 180–98.

Duce, R. A., et al. 2008. Impacts of atmospheric anthropogenic nitrogen on the open ocean. *Science* 320:893–97.

Eriksson, E. 1957. The chemical composition of Hawaiian rainfall. *Tellus* 9:509–20.

———. 1959. Yearly circulation of chloride and sulfur in nature, meteorological, geochemical and pedological implications, part 1. *Tellus* 11:375–403.

———. 1960. Yearly circulation of chloride and sulfur in nature, meteorological, geochemical and pedological implications, part 2. *Tellus* 12:63–109.

Evans, C. D., et al. 2001. Recovery from acidification in European surface waters. *Hydrol. & Earth Sys. Sci.* 5 (3): 283–96.

Feller, M. C., and J. P. Kimmins. 1979. Chemical characteristics of small streams near Haney in southwestern British Columbia. *Water Resour. Res.* 15 (2): 247–58.

Ferrier, R.C., et al. 2001. Assessment of recovery of European surface waters from acidification 1970–2000: An introduction to the Special Issue. *Hydrol. & Earth Sys. Sci.* 5 (3): 274–82.

Fixen, P.E., and F. B. West, 2002. Nitrogen fertilizers: Meeting contemporary challenges. *Ambio* 31 (2): 169–76.

Forster, P., V. Ramaswamy, P. Artaxo, T. Berntsen, R. Betts, D. W. Fahey, J. Haywood, J. Lean, D. C. Lowe, G. Myhre, J. Naganga, R. Prinn, G. Raga, M. Schulz, and R. Van Dorland. 2007. Changes in atmospheric constituents and in radiative forcing. In *Climate Change 2007: The Physical Science Basis*, 131–234.

Freyer, H. D. 1978. Seasonal trends of NH_4^+ and NO_3^- nitrogen isotope composition in rain collected in Julich, Germany. *Tellus* 30:83–92.
Galloway, J. N., A. H. Knap, and T. M. Church. 1983. The composition of Western Atlantic precipitation using shipboard collectors. *J. Geophys. Res.* 88 (C15): 10859–64.
Galloway, J. N., G. E. Likens, and M. E. Hawley. 1984. Acid precipitation: Natural versus anthropogenic components. *Science* 236:829–31.
Galloway, J. N., G. E. Likens, W. C. Keene, and J. M. Miller. 1982. The composition of precipitation in remote areas of the world. *J. Geophys. Res.* 87 (11): 8771–86.
Galloway, J. N., D. Zhao, J. Xiong, and G. E. Likens. 1987. Acid rain: China, United States, and a remote area. *Science* 236:1559–62.
Galloway, J. N., et al. 2004. Nitrogen cycles: Past, present, and future. *Biogeochem.* 70:153–226.
Galloway, J. N., et al. 2008. Transformation of the nitrogen cycle: Recent trends, questions, and possible solutions. *Science* 320:889–92.
Gambell, A. W., Jr. 1962. Indirect evidence of the importance of water-soluble continentally derived aerosols. *Tellus* 14:91–95.
Gambell, A. W., and D. W. Fisher. 1964. Occurrence of sulfate and nitrate in rainfall, *J. Geophys. Res.* 69 (20): 4203–210.
———. 1966. *Chemical Composition of Rainfall, Western North Carolina and Southeastern Virginia*. U.S.G.S. Water Supply Paper no. 1535-K.
Garrels, R. M., and C. L. Christ. 1965. *Solutions, Minerals, and Equilibria*. New York: Harper.
Garrels, R. M., and F. T. Mackenzie. 1971. *Evolution of Sedimentary Rocks*. New York: W. W. Norton.
Gatz, D. F. 1975. Relative contributions of different sources of urban aerosols: Application of a new estimation method to multiple sites in Chicago. *Atmos. Environ.* 9:1–18.
Gillette, D. A., et al. 1992. Emissions of alkaline elements calcium, magnesium, potassium, and sodium from open sources in the contiguous United States. *Global Biogeochem. Cycles* 6:437–57.
Gislason, S. R., and H. P. Eugster. 1987. Meteoric water-basalt interactions. II: A field study in N.E. Iceland. *Geochim. Cosmochim. Acta* 51:2841–55.
Goolsby, C. A., et al. 1999. *Flux and Source of Nutrients in the Mississippi-Atchafalaya River Basin*. Washington, D.C.: Report of Task Group 3 to the White House Committee on the Environment and Natural Resources (21 June 1999; www.rcolka.cr.usgs.gov/midconherb/hypoxia.html).
Gordeev, V. V., and I. S. Siderov. 1993. Concentrations of major elements and their outflow into the Laptev Sea by the Lena River., *Marine Chem.* 43:33–45.
Graedel, T. E., and W. C. Keene. 1995. Tropospheric budget of reactive chlorine. *Global Biogeochem. Cycles* 9 (1): 47–77.
Granat, L. 1972. On the relation between pH and the chemical composition in atmospheric precipitation. *Tellus* 24:550–60.
———. 1978. Sulfate in precipitation as observed by the European atmospheric chemistry network. *Atmos. Environ.* 12:413–24.
Granat, L., H. Rodhe, and R. 0. Hallberg. 1976. The global sulfur cycle. In *Nitrogen, Phosphorus, and Sulfur Global Cycles*, ed. B. H. Svensson and R. Soderlund, 89–134. SCOPE Report no. 7. *Ecol. Bull.* (Stockholm) 22.
Graustein, W. C. 1981. The effects of forest vegetation on solute acquisition and chemical weathering: A study of the Tesuque watersheds near Santa Fe, New Mexico. PhD dissertation, Yale University, New Haven, Conn.

Gruber, N., and J. N. Galloway. 2008. An Earth-system perspective of the global nitrogen cycle. *Nature* 451 (17): 293–96, doi:10.1038/nature 06592.

Gschwandtner, G., K. Gschwandtner, K. Eldridge, C. Mann, and D. Mobley. 1986. Historic emissions of sulfur and nitrogen oxides in the United States from 1900 to 1980. *Journ. Air Poll. Control Assoc.* 36:139–49.

Haines, B., C. Jordan, H. Clark, and K. E. Clark. 1983. Acid rain in an Amazon rain forest. *Tellus* 35B:77–80.

Halmer, M. M., H.-U. Schmincke, and H.-F. Graf. 2002. The annual volcanic gas input into the atmosphere, in particular into the stratosphere: A global data set for the past 100 years. *J. Volcanol. and Geother. Res.* 115 (3–4): 511–28.

Hameed, S., and Dignon, J. 1992. Global emissions of nitrogen and sulfur oxides in fossil fuel combustion 1970–1986. *J. Air Waste Manage. Assoc.* 42:159–63.

Handa, B. K. 1971. Chemical composition of monsoon rain water over Bankipur. *Indian J. Meteorol. Geoph.* 22:603.

Haywood, J., and O. Boucher. 2000. Estimates of the direct and indirect radiative forcing due to tropospheric aerosols: A review. *Rev. Geophys.* 38 (4): 513–43.

Healy, T. V., A. C. McKay, A. Pilbeam, and D. Scargill. 1970. Ammonia and ammonium sulfate in the troposphere over the United Kingdom. *J. Geophys. Res.* 75:2317–21.

Hedin, L. O., L. Granat, G. E. Likens, T. Buishand, J. N. Galloway, T. J. Butler, and H. Rodhe. 1994. Steep declines in atmospheric base cations in regions of Europe and North America. *Nature* 367:351–54.

Henriksen, A. 1979. A simple approach for identifying and measuring acidification of freshwater. *Nature* 278:542–45.

Hobbs, P. V. 1993. Aerosol-cloud interactions. In *Aerosol-Cloud-Climate Interactions*, ed. P. V. Hobbs, 33–73. San Diego: Academic Press.

Holland, H. D. 1978. *The Chemistry of the Atmosphere and Oceans*. New York: John Wiley.

Howarth, R. W., et. al. 2002. Nitrogen use in the United States from 1961–2000 and potential future trends. *Ambio* 31 (2): 88–96.

Hutton, J. T., and T. I. Leslie 1958. Accession of nonnitrogenous ions dissolved in rainwater to soils in Victoria. *Australian J. Agr. Res.* 9:492–507.

Jaegle, L., et al. 2005. Global partitioning of NO_x sources using satellite observations: Relative roles of fossil fuels combustion, biomass burning, and soil emissions. *Faraday Discuss.* 30:407–23.

Junge, C. E. 1963. *Air Chemistry and Radioactivity*. New York: Academic Press.

———. 1972. Our knowledge of the physico-chemistry of aerosols in the undisturbed marine environment. *J. Geophys. Res.* 77:5183–5200.

Junge, C. E., and R. T. Werby. 1958. The concentration of chloride, sodium, potassium, calcium and sulfate in rainwater over the United States. *J. Meteorology* 15:417–25.

Keene, W. C., and J. N. Galloway. 1986. Considerations regarding sources for formic and acetic acids in the troposphere. *J. Geophys. Res.* 91:14,466–74.

Keene, W. C., A. A. P. Pszenny, J. N. Galloway, and M. E. Hawley. 1986. Sea-salt corrections and interpretation of constituent ratios in marine precipitation. *J. Geophys. Res.* 91:6647–58.

Keene, W. C., A. A. P. Pszenny, D. J. Jacob, R. A. Duce, J. N. Galloway, J. J. Schultz-Tokos, H. Sievring, and J. F. Boatman. 1990. The geochemical cycling of reactive chlorine in the marine troposphere. *Global Biogeochem. Cycles* 4:407–30.

Kettle, A., and M. Andreae. 2000. Flux of dimethyl sulfide from the oceans. *J. Geophys. Res.* 105: 26793–808.

Kramer, J. R. 1978. Acid precipitation. In *Sulfur in the Environment, Part 1: The Atmospheric Cycle*, ed. J. 0. Nriagu, 325–70. New York: John Wiley.

Kroeze, C., E. Dumont, S. P. Seitzinger. 2005. New estimates of global emissions of N_2O from rivers and estuaries. *Environ. Sci.* 2: 159–65.

Lacaux, J. P., J. Servant, and J. G. R. Baudet. 1987. Acid rain in the tropical forests of the Ivory Coast. *Atmos. Environ.* 21:2643–47.

Lana, A., et al. 2011. An updated climatology of surface dimethylsulfide concentrations and emission fluxes in the global ocean. *Global Biogeochem. Cycles* 25:1–17, doi:10.1029/2010GB003850,2011.

Lara, L.B.L.S., et al. 2001. Chemical composition of rainwater and anthropogenic influences in the Piracicaba River Basin, Southeast Brazil. *Atmos. Environ.* 35:4937–45.

Lawson, D. R., and J. W. Winchester. 1979. Sulfur, potassium, and phosphorus associations in aerosols from South American tropical rain forests. *J. Geophys. Res.* 84 (C7): 3723–27.

Leck, C., and H. Rodhe. 1989. On the relation between anthropogenic SO_2 emissions and concentration of sulfate in air and precipitation. *Atmos. Environ.* 23:959–66.

Lelieveld, J. 1993. Multi-phase processes in the atmospheric sulfur cycle. In *Interactions of C, N, P and S Biogeochemical Cycles andGglobal Change*, ed. R. Wollast, F. T. Mackenzie, and L. Chou, 305–31. Berlin and Heidelberg: Springer-Verlag.

Lenhard, U., and G. Gravhorst, G. 1980. Evaluation of ammonia fluxes into the free atmosphere over Western Germany. *Tellus* 32: 48–55.

Lewis, W. M., Jr. 1981. Precipitation chemistry and nutrient loading by precipitation in a tropical watershed. *Water Resources Res.* 17 (1): 161–81.

Likens, G. E. 1976. Acid precipitation. *Chemical and Engineering News* 54 (48): 29–44.

———. 1989. Some aspects of air pollution effects on terrestrial ecosystems and prospects for the future. *Ambio* 18:172–78.

Likens, G. E., et al. 1998. The biogeochemistry of calcium at Hubbard Brook. *Biogeochem.* 41:89–173.

Likens, G. E., T. J. Butler, and D. C. Buso. 2001. Long- and short-term changes in sulfate deposition: Effects of the 1990 Clean Air Act Amendments. *Biogeochem.* 52:1–11.

Likens, G. E., W. C. Keene, J. M. Miller, and J. N. Galloway. 1987. Chemistry of precipitation from a remote terrestrial site in Australia. *J. Geophys. Res.* 92:13, 299–314.

Likens, G. E., R. F. Wright, J. N. Galloway, and T. J. Butler. 1979. Acid rain. *Sci. Amer.* 241 (4): 43–51.

Lodge, J. P., Jr., J. B. Pake, W. Basbasill, G. S. Swanson, K. C. Hill, A. L. Lorange, and A. L. Lazrus. 1968. *Chemistry of U.S. Precipitation.* Report of Natl. Precipitation Sampling Network, Natl. Center for Atmospheric Res., Boulder, Colo.

Logan, J. A. 1983. Nitrogen oxides in the troposphere: Global and regional budgets. *J. Geophys. Res.* 88 (Cl5): 10785–807.

Lovett, G. M. 1994. Atmospheric deposition of nutrients and pollutants in North America: An ecological perspective. *Ecol. Appl.* 4:62–65.

Lovett, G. M., et al. 2005. The biogeochemistry of chlorine at Hubbard Brook, New Hampshire, USA. *Biogeochem.* 72 (2): 191–232.

Lutgens, F. K., E. J. Tarbuck, and D. Tasa. 2009. *The Atmosphere: An Introduction to Meteorology*, 11th ed. Englewood Cliffs, N.J.: Prentice-Hall.

Lynch, J. A., V. C. Bowersox, and J. W. Grimm.2000. Changes in sulfate deposition in eastern USA following implementation of Phase I of Title IV of the Clean Air Act Amendments of 1990. *Atmos. Environ.* 34:1665–80.

Mason, B. 1966. *Principles of geochemistry*, 3rd ed. New York: John Wiley.

Mason, B. J. 1971. *Physics of Clouds*, 2nd ed. New York: Oxford University Press.

Means, J. L., R. F. Yuretich, D. A. Crepar, D. J. J. Kinsman and M. P. Borcsik. 1981. *Hydrogeochemistry of the New Jersey Pine Barrens*. Dept. of Environmental Protection, N.J., Geol. Survey Bull. no. 76, Trenton, N.J.

Meybeck, M. 1983. Atmospheric inputs and river transport of dissolved substances. In *Dissolved Loads of Rivers and Surface Water Quantity/Quality Relationships*, 173–92. Proceedings of the Hamburg Symposium, August 1983. IAHS Publ. no. 141.

Miller, A. C., J. C. Thompson, R. E. Peterson, and D. R. Haragan. 1983. *Elements of Meteorology*, 4th ed. Columbus, Ohio: Chas. E. Merrill.

Miller, D. H. 1977. *Water at the Surface of the Earth*. New York: Academic Press.

Miller, J. M. 1974. A statistical evaluation of the U.S. precipitation chemistry network. In *Precipitation Scavenging*, ed. R. G. Semonin and R. W. Beadle, 639–61. ERDA Sympos. ser. 41.

Miller, J. M., and A. M. Yoshinaga. 1981. The pH of Hawaiian precipitation, a preliminary report. *Geophys. Res. Letters* 8:779–82.

Mohnen, V. A. 1988. The challenge of acid rain. *Sci. Amer.* 259:30–38.

Moody, J. L., and J. N. Galloway. 1988. Quantifying the relationship between atmospheric transport and the chemical composition of precipitation on Bermuda. *Tellus* 40B:463–79.

Moody, J. L., A. A. P. Pszenny, A. Gaudry, W. C. Keene, J. N. Galloway, and G. Polian. 1991. Precipitation composition and its variability in the Southern Indian Ocean: Amsterdam Island, 1980–1987. *J. Geophys. Res.* 96:20,769–86.

Munger, J. W., and S. J. Eisenreich. 1983. Continental-scale variations in precipitation chemistry. *Environ. Sci. Technol.* 17 (1): 32A–42A.

NADP (National Atmospheric Deposition Program/National Trends Network (http://nadp.sws.uiuc.edu). National Atmospheric Deposition Program (NRSP-3) 2007. NADP Program Office, Illinois State Water Survey, 2204 Griffin Dr., Champaign, IL 61820.

Naqvi, S. W. A., et al. 2000. Increased marine production of N_2O due to intensifying anoxia on the Indian continental shelf. *Nature* 408 (6810): 346–49.

Nevison, C.D., N. M. Mahowald, R. W. Weiss, and R. G. Prinn. 2007. Interannual seasonal variability in atmospheric N_2O. *Global Biogeochem. Cycles* 21 (3), GB3017 doi:10.1029/2006GB002755.

Newell, R. E. 1971. The global circulation of atmospheric pollutants. *Sci. Amer*. 224 (1): 32–42.

Nguyen, B. C., et al. 1992. Covariations in oceanic dimethyl sulfide, its oxidations products and rain acidity at Amsterdam Island in the Southern Indian Ocean. *J. Atmos. Chem.* 15:39–53.

NRC (National Research Council). 1979. *Ammonia*. Washington, D.C.: National Academy of Sciences.

Olsen, S. C., C. A. McLinden, and M. J. Prather. 2001. Stratospheric N_2O–NO_y system: Testing uncertainties in a three-dimensional framework. *J. Geophys. Res.* 106:28,771–84.

Overein, L. N. 1972. Sulfur pollution pattern observed: Leaching of calcium in forest soil determined. *Ambio* 1:145–47.

Paciga, J. J., and R. E. Jervis. 1976. Multielement size characterization of urban aerosols. *Environ. Sci. Technol.* 10 (12): 1124–28.

Pack, D. H. 1980. Precipitation chemistry patterns: A two-network data set. *Science* 208:1143–45.

Pearson, F. J., Jr., and D. W. Fisher. 1971. *Chemical Composition of Atmospheric Precipitation in the Northeastern United States*. U.S.G.S. Water Supply Paper no. 1535-P.
Peixoto, J. P., and M. A. Kettani. 1973. The control of the water cycle. *Sci. Amer*. 228 (4): 46–61.
Penner, J. E., et al 2001. Aerosols, their direct and indirect effects. In *Climate Change 2001: The Scientific Basis, Contribution of Working Group I to the Third Assessment of the IPCC*, ed. J. T. Houghton et al., 289–348. Cambridge and New York: Cambridge University Press.
Petrenchuk, O. P. 1980. On the budget of sea salts and sulfur in the atmosphere. *J, Geophys. Res*. 85 (Cl2): 7439–44.
Petrenchuk, O. P., and E. S. Selezneva. 1970. Chemical composition of precipitation in regions of the Soviet Union. *J. Geophys. Res*. 75 (18): 3629–34.
Pham, M., O. Boucher, and D. Hauglustaine. 2005. Changes in atmospheric sulfate burdens and concentrations and resulting radiative forcing under IPCC SRES emission scenarios for 1990–2100. *J. Geophys. Res*. 110, D06112, doi:10.1029/2004JD005125, 2005.
Prechtel, A., et al. 2001. Response of sulfur dynamics in European catchments to decreasing sulphate deposition. *Hydrol. & Earth Sys. Sci*. 5 (3): 311–25.
Post, D., and H. A. Bridgman. 1991. Fog and rainwater composition in rural SE Australia. *J. Atmos. Chem*. 13:83–95.
Pruppacher, H. R. 1973. The role of natural and anthropogenic pollutants in clouds and precipitation formation. In *Chemistry of the Lower Atmosphere*, ed. S. I. Rasool, p. 162. New York: Plenum Press.
Quinn, P. K., R. J. Charlson, and W. H. Zoeller. 1987. Ammonia , the dominant base in the remote marine troposphere: A review. *Tellus* 39B:413–25.
Quinn, P. K., T. S. Bates, J. E. Johnson, D. S. Covert, and R. J. Charlson. 1990. Interactions between the sulfur and reduced nitrogen cycles over the central Pacific ocean. *J. Geophys. Res*. 95:16,405–16.
Rodhe, H., P. Crutzen, and A. Vanderpol. 1981. Formation of sulfuric and nitric acid during long-range transport. *Tellus* 33:132–41.
Rodhe, H., F. Dentener, and M. Schulz. 2002. The global distribution of acidifying wet deposition. *Environ. Sci. Technol*. 36:4382–88.
Rodhe, H., and Rood, M. J. 1986. Temporal evolution of nitrogen compounds in Swedish precipitation since 1955. *Nature* 321:762–64.
Savoie, D. L., and J. M. Prospero. 1980. Water-soluble K, Ca and Mg in the aerosols over the tropical North Atlantic. *J. Geophys. Res*. 85 (Cl): 385–92.
———. 1989. Comparison of oceanic and continental sources of non-sea-salt sulphate over the Pacific Ocean. *Nature* 339:685–87.
Savoie, D. L., J. M. Prospero, and E. S. Salzman. 1989. Non-sea-salt sulfate and nitrate in trade wind aerosols at Barbados: Evidence for long-range transport. *J. Geophys. Res*. 94:5069–80.
Schindler, D. W. 1988. Effects of acid rain on freshwater ecosystems. *Science* 239: 149–57.
Schindler, D. W., R. W. Newbury, K. G. Beatty, and P. Campbell. 1976. Natural water and chemical budgets for a small Precambrian lake basin in central Canada. *J. Fish. Res. Bd. Can*. 33:2526–43.
Schofield, C. L. 1976. Acid precipitation: Effects on fish. *Ambio* 5 (5–6): 228–30.
Schultze, E.-D. 1989. Air pollution and forest decline in a spruce (*Picea abies*) forest. *Science* 24:776–83.

Seip, H. M., et al. 1999. Acidification in China: Assessment based on studies at forested sites from Chongqing to Guangzhou. *Ambio* 28:522–28.

Seitzinger, S. P., et al. 2006. Denitrification across landscapes and waterscapes: A synthesis. *Ecol. Appl.* 16:2064–90.

Sellers, W. D. 1965. *Physical climatology*, 2nd ed. Chicago: University of Chicago Press.

Sequiera, R. 1976. Monsoonal deposition of sea salt and air pollutants over Bombay. *Tellus* 28 (3): 275–81.

Shacklette, H. T., J. C. Hamilton, J. G. Boerngen, and J. M. Bowles. 1971. *Elemental Composition of Surficial Materials in the Conterminous United States*. U.S.G.S. Prof. Paper no. 574-D.

Shannon, J. D. 1999. Regional trends in wet deposition of sulfate in the United States and SO_2 emissions from 1980 through 1995. *Atmos. Environ.* 33:807–16.

Smith, S. J., H. Pitcher, and T. M. L. Wigley. 2001. Global and regional sulfur dioxide emissions. *Global Planet. Change* 29:99–119.

———. 2005. Future sulfur dioxide emissions. *Climatic Change* 73:267–318.

Stallard, R. F. 1980. Major element geochemistry of the Amazon river system. PhD dissertation, MIT/Woods Hole Oceanographic Inst., WHO I-80-29.

Stallard, R. F., and J. M. Edmond. 1981. Chemistry of the Amazon 1. Precipitation chemistry and the marine contribution to the dissolved load at the time of peak discharge. *J. Geophys. Res.* 86 (C10): 9844–58.

Stedman, D.,H., and R.,E. Shetter. 1983. The global budget of atmospheric nitrogen species. In *Trace Atmospheric Constituents*, ed. S. E. Schwartz, 411–54. New York, John Wiley.

Stensland, G. J., and R. G. Semonin. 1982. Another interpretation of the pH trend in the United States. *Bull. Amer. Meteorol. Soc.* 63:1277–84.

Stern, D. I. 2005. Global sulfur emissions from 1850 to 2000. *Chemosphere* 58:163–75.

Stoddard, J. L., et al. 1999. Regional trends in aquatic recovery from acidification in North America and Europe. *Nature* 401:575–78.

Sugawara, K. 1967. Migration of elements through phases of the hydrosphere and atmosphere. In *Chemistry of the Earth's Crust*, vol. 2, ed. A. P. Vinogradov, 501–10. Israel Program for Scientific Translation Ltd., Jerusalem. Reprinted in *Geochemistry of Water*, ed. Y. Kitano, 227–37. New York: Halsted Press, 1975.

Talbot, R. W., K. M. Beecher, R. C. Harriss, and W. R. Cofer III. 1988. Atmospheric geochemistry of formic and acetic acids at a mid-latitude temperate site. *J. Geophys. Res.* 93:1638–52.

Tanaka, N., and K. K. Turekian. 1991. Use of cosmogenic ^{35}S to determine the rates of removal of atmospheric SO_2. *Nature* 352:226–28.

———. 1994. The determination of the dry deposition flux of SO_2 using cosmogenic ^{35}S and ^{7}Be measurements. *J. Geophys. Res.* 100 (D2): 2841–48.

Van Egmond, K. T. Bresser, and L. Bouwman. 2002. The European nitrogen case. *Ambio* 31 (2): 72–78.

Van Ardenne, F. J. Dentener, J. G. J. Olivier, C. G. M. Klein Goldewik, and J. Lelieveld. 2001. A 1° × 1° resolution data set of historical anthropogenic trace gas emissions for the period 1890–1990. *Global Biogeochem. Cycles* 15 (4): 909–28.

Visser, S. 1961. Chemical composition of rainwater in Kampala, Uganda, and its relation to meteorological and topographical conditions. *J. Geophys. Res.* 66:3759–66.

Vitousek, P. M., et al. 1997. Human alteration of the global nitrogen cycle: Sources and consequences. *Ecol. Appl.* 7 (3): 737–50.

Vong, R. J., H. C. Hansson, D. S. Covert, and R. J. Charlson. 1988. Acid rain: Simultaneous observations of a natural marine background and its acidic sulfate aerosol precursor. *Geophys. Res. Letters* 15:338–41.

Warneck, P. 1999. *Chemistry of the Natural Atmosphere.* San Diego: Academic Press.

Whitehead, H. C., and J. H. Feth. 1964. Chemical composition of rain, dry fallout and bulk precipitation, Menlo Park, Calif., 1957–1959. *J. Geophys. Res.* 69:3319–33.

World Resources Institute. 1988. *World Resources 1988–89: An Assessment of the Resource Base That Supports the Global Economy.*World Resources Institute and International Institute for Environment and Development in collaboration with the United Nations Environment Programme. New York and Oxford: Basic Books.

Wright, R. F., and E. T. Giessing. 1976. Changes in the chemical composition of lakes. *Ambio* 5 (5-6): 219–23.

Wright, R. F., et al. 2005. Recovery of acidified European surface waters. *Environ. Sci. Technol.* 39 (3): 64A–72A.

Zhao, D., and B. Sun. 1986. Air pollution and acid rain in China. *Ambio* 15:2–5.

Zobrist, J., and W. Stumm. 1980. Chemical dynamics of the Rhine catchment area in Switzerland: Extrapolation to the "pristine" Rhine river input into the ocean. In *River Inputs to Ocean Systems*, ed. J.-M. Martin, J. D. Burton, and D. Eisma, 52–63. Rome: SCOR/UNEPIUNESCO Review and Workshop, FAO.

Zverev, V. P., and V. Z. Rubeikin. 1973. The role of atmospheric precipitation in circulation of chemical elements between atmosphere, hydrosphere, and lithosphere. *Hydrogeochemistry* 1:613–20.

제4장

Antweiler, R.C., and J. I. Drever. 1983. The weathering of a late Tertiary volcanic ash: Implication of organic solutes. *Geochim. Cosmochim. Acta.* 47:623–29.

Balogh-Brunstad, C., et al. 2008. Chemical weathering and chemical denudation dynamics through ecosystem development and disturbance. *Global. Biogeochem. Cycles* 22 (1): 1–11.

Berner, E. K., R. A. Berner, and K. Moulton. 2004. Plants and mineral weathering: Present and past. In *Surface and Ground Water, Weathering and Soil* (vol. 5 of *Treatise on Geochemistry*), ed. J. I. Drever, 169–88. Oxford: Elsevier.

Berner, R.A, and M. F. Cochran. 1998. Plant induced weathering of Hawaiian basalts. *J. Sediment. Res.* 68:723–26.

Berner, R. A., and G. R. Holdren. 1977. Mechanism of feldspar weathering: Some observational evidence. *Geology* 5:369–72.

———. 1979. Mechanism of feldspar weathering II: Observations of feldspars from soils. *Geochim. Cosmochim. Acta* 43:1173–86.

Berner, R. A., and J. Schott. 1982. Mechanism of pyroxene and amphibole weathering II: Observations of soil grains. *Amer. J. Sci.* 282:1214–31.

Blum, A. E., M. F. Hochella, A. F.White, and J. Harden. 1991. A comparison between models of mineral dissolution and growth kinetics and morphologic evidence of weathering. *Abstracts Ann. Meeting Geol. Soc.* 105.

Brantley, S. L. 2004. Reaction kinetics of primary rock-forming minerals under ambient conditions. In *Surface and Ground Water, Weathering and Soil*, 74–117.

Bricker, O. P., and R. M. Garrels. 1965. Mineralogic factors in natural water equilibria. In *Principles and Applications of Water Chemistry*, ed. S. Faust and J. V. Hunter, 449–69. New York: John Wiley.

Brown, E. T, R. F. Stallard, M. C. Larsen, G. M. Raisbeck, and F. Yiou. 1995. *Earth Planet Sci. Lett.*:129:193–202.

Busenberg, E., and C. V. Clemency. 1976. The dissolution kinetics of feldspars at 25°C and 1 atm. CO_2 partial pressure. *Geochim. Cosmochim. Acta* 40:41–49.

Chou, L., and R. Wollast. 1984. Study of the weathering of albite at room temperature and pressure with a fluidized bed reactor. *Geochim. Cosmochim. Acta* 48:2205–18.

Cleaves, E. T. 1974. Petrologic and chemical investigations of chemical weathering in mafic rocks, eastern piedmont of Maryland. Maryland Geol. Survey, Report of Investigations no. 25.

Dessert, C., et al. 2001. Erosion of Deccan Traps determined by river geochemistry: Impact on the global climate and the 87Sr/86Sr ratio of seawater. *Earth Planet. Sci. Lett.* 188:459–74.

Drever, J. I. 1992. *The Geochemistry of Natural Waters*, 2nd ed. Englewood Cliffs, N.J.: Prentice-Hall.

Drever, J. I., and G. F. Vance. 1994. Role of soil organic acids in mineral weathering processes. In *Role of Soil Organic Acids in Geological Processes*, ed. E. D. Lewan and E .D. Pittman, 138–61. New York: Springer.

Drever, J. I., and J. Zobrist. 1992. Chemical weathering of silicate rocks as a function of elevation in the southern Swiss Alps. *Geochim. Cosmochim. Acta* 56 (8): 3209–16.

Eswaran, H., T. J. Rice, R. Ahrens, and B. A. Stewart, eds. 2002. *Soil Classification: A Global Desk Reference*. Boca Raton, Fla.: CRCPress.

Feth, J. H., C. E. Robertson, and W. L. Polzer. 1964. *Sources of Mineral Constituents in Water from Granitic Rocks, Sierra Nevada, California and Nevada*. U.S.G.S. Water Supply Paper no. 1535-I.

Fletcher, R. C., H. L. Buss, and S. L. Brantley. 2006. A spheroidal weathering model coupling porewater chemistry to soil thickness during steady-state denudation. *Earth Planet. Sci. Lett.* 244:444–57.

Garrels, R. M. 1967. Genesis of some ground waters from igneous rocks. In *Researches in Geochemistry*, ed. P. H. Abelson, 405–20. New York: John Wiley.

Garrels, R. M., and F. T. Mackenzie. 1971. *Evolution of Sedimentary Rocks*. New York: W. W. Norton.

Gislason, S. R., et al. 2008. The feedback between climate and weathering. *Mineralogical Magazine* 72:321–24.

Goldich, S. S. 1938. A study on rock weathering. *J. Geology* 46:17–58.

Graustein, W. C. 1981. The effect of forest vegetation on solute aquisition and chemical weathering: A study of the Tesuque watersheds near Santa Fe, New Mexico. PhD dissertation, Yale University, New Haven, Conn.

Graustein, W. C., and R. L. Armstrong. 1983. The use of Sr-87 Sr-86 ratios to measure atmospheric transport into forested watersheds. *Science* 219:289–92.

Helgeson, H. C., R. M. Garrels, and F. T. Mackenzie. 1969. Evaluation of irreversible reactions in geochemical processes involving minerals and aqueous solutions 11: Applications. *Geochim. Cosmochim. Acta* 33:455–82.

Hellmann, R., et al. 2003. Av EFTEM/HRTEM high-resolution study of the near surface of labradorite feldspar altered at acid pH: Evidence for interfacial dissolution-reprecipitation. *Phys. Chem. Minerals* 30:192–97.

Holdren, G. R., and R. A. Berner. 1979. Mechanism of feldspar weathering I. Experimental studies. *Geochim. Cosmochim. Acta* 43:1161–71.

Holland, H. D., T. V. Kirsipu, J. S. Huebner, and U. M. Oxburgh. 1964. On some aspects of the chemical evolution of cave waters. *J. Geology* 72:36–67.

Homann, P. S., H. Van Miegroet, D. W. Cole, and G. V. Wolfe. 1992. Cation distribution, cycling, and removal from mineral soil in Douglas fir and red alder forests. *Biogeochem.* 16:121–50.

Jacobson, A. D., et al. 2002. Ca/Sr and Sr isotope systematics of a Himalayan glacial chronosequence: Carbonate versus silicate weathering rates as a function of landscape surface age. *Geochim. Cosmochim. Acta* 66: 13–27.

Jenny, H. 1941. *Factors of Soil Formation*. New York: McGraw-Hill.

Jongmans, A. G., et al. 1997. Rock eating fungi. *Nature* 389:682–83.

Lal, D. 1991. Cosmic ray labeling of erosion surfaces: In situ nuclide production rates and erosion models. *Earth Planet. Sci. Lett.* 104:424–30.

Lasaga, A. C. 1984. Chemical kinetics of water-rock interactions. *J. Geophys. Res.* 89:4009–25.

Leake, J. R., et al. 2008. Biological weathering in soil: The role of symbiotic root-associated fungi biosensing minerals and directing photosynthate energy into grain scale minerals. *Mineralogical Magazine* 72:85–89.

Lebedeva, M. I., R. C. Fletcher, V. N. Balashov, and S. L. Brantley. 2007. A reactive diffusion model describing transformation of bedrock to saprolite. *Chem. Geol.* 244:624–45.

Likens, G. E., and F. H. Bormann. 1995. *Biogeochemistry of a Forested Eco-system*, 2nd ed. New York: Springer-Verlag.

Loughnan, F. C. 1969. *Chemical Weathering of the Silicate Minerals*. New York: American Elsevier.

Luce, R. W., R. W. Bartlett, and G. A. Parks. 1972. Dissolution kinetics of magnesium silicates, *Geochim. Cosmochim. Acta* 36:35–50.

Maher, K., K. Steefel, A. White, and D. Stonestrom. 2008. The importance of chemical equilibrium in controlling chemical weathering rates: Insights from reactive-transport modeling of soil chronosequences. *Abstracts Ann. Meeting Geol. Soc. Am.* 35.

Mohr, E. J. C., and F. A. van Baren. 1954. *Tropical Soils*. New York: Interscience.

Moulton. K. L., J. West, and R. A. Berner. 2000. Solute flux and mineral mass balance approaches to the quantification of plant effects on silicate weathering. *Am. J. Sci.* 300:539–70.

Nahon, D. B. 1991. *Introduction to the Petrology of Soils and Chemical Weathering*. New York: John Wiley.

Paces, T. 1973. Steady-state kinetics and equilibrium between ground water and granitic rock. *Geochim. Cosmochim. Acta* 37:2641–63.

Paul, E. A. 2007. *Soil Microbiology, Ecology, and Biochemistry*, 3rd ed. Oxford: Academic Press.

Porder, S., G. E. Hilley, and O. A. Chadwick. 2007. Chemical weathering, mass loss and dust inputs across a climate by time matrix in the Hawaiian Islands. *Earth Plant. Sci. Lett.* 258 (3–4): 414–27.

Porder, S., A. Payton, and P. M. Vitousek. 2005. Erosion and landscape development affect plant nutrient status in the Hawaiian Islands. *Oecolgia* 142:440–49.

Retallack, G. J. 2001. *Soils of the Past*. New York: Wiley-Blackwell.

Rennie, P. J. 1955. The uptake of nutrients by mature forest growth. *Plant and Soil* 7:49–95.

Riebe, C. S., J. W. Kirchner, and R. C. Finkel., R.C. 2003. Long-term rate of chemical weathering and physical erosion from cosmogenic nuclides and geochemical mass balance. *Geochim. Cosmochim. Acta* 67 (22): 4411–27.

Schlesinger, W. H. 1997. *Biogeochemistry: An Analysis of Global Change*, 2nd ed. New York: Academic Press.

Schnitzer, M., and S. U. Khan. 1972. *Humic Substances in the Environment*. New York: Marcel Dekker.

Schott, J., R. A. Berner, and E. L. Sjoberg. 1981. Mechanism of pyroxene and amphibole weathering—I. Experimental studies of iron-free minerals. *Geochim. Cosmochim. Acta*. 45: 2123–35.

Sherman, G. D. 1952. The genesis and morphology of the alumina-rich laterite clays. In *Problems in Clay and Laterite Genesis*, 154–61. Amer. Inst. Min. Metal. Eng.

Soler, J. M., and A. C. Lasaga. 1996. A mass transfer model of bauxite formation. *Geochimn. Cosmochim. Acta* 60:4913–31.

Sparks, D. L. 2003. *Environmental Soil Chemistry*, 2nd ed. London: Academic Press.

Stallard, R. F. 1995. Relating chemical and physical erosion. In *Chemical Weathering Rates of Silicate Minerals* (vol. 31 of *Reviews in Mineralogy*), ed. A. F. White and S. L. Brantley, 483–564. Washington, D.C.: Mineralogical Society of America.

Stumm, W., and J. J. Morgan. 1996. *Aquatic Chemistry*, 3rd ed. New York: John Wiley.

Suchet, P.A., J. L. Probst, and W. Ludwig. 2003. Worldwide distribution of continental rock lithology: Implications for the atmospheric/soil CO_2 uptake by continental weathering and alkalinity river transport to the oceans. *Global Biogeochem. Cycles* 17, 1038, doi:10.1029/2002GB001891.

Sverdrup, H., and P. Warfvinge. 1995. Estimating field weathering rates using laboratory kinetics. In *Chemical Weathering Rates of Silicate Minerals*, 485–542.

Taylor, A. B., and M. A. Velbel. 1997. Geochemical mass balance and weathering rates in forested watersheds of the southern Blue Ridge, II: Effects of giological uptake terms. In *Weathering and Soils*, ed. M. J. Pavich. *Geoderma* 51: 29–50.

Taylor, A. S. 2000. Chemical weathering rates and Sr isotopes. PhD dissertation, Yale University, New Haven, Conn.

Todd, D. K., and L. W. Mays. 2005. *Groundwater Hydrology*, 3rd ed. New York: John Wiley.

Van Breeman, N. 1976. Genesis and solution chemistry of acid sulfate soils in Thailand. Centre for Agricultural Publishing and Documentation, Wageningen, the Netherlands. Agricultural Research Report no. 848.

Velbel, M. A. 1985. Geochemical mass balances and weathering rates in forested watersheds of the southern Blue Ridge. *Am. Jour. Sci.* 285:904–30.

———. 1993. Constancy of silicate-mineral weathering-rate ratios between natural and experimental weathering: Implication for hydrologic control of differences in absolute rates. *Chem. Geol.* 105:89–99.

Vitousek, P. M. 2005. *Nutrient Cycling and Limitation: Hawaii as a Model System*. Princeton, N.J.: Princeton University Press.

West, A. J., A. Galy, and M. Bickle. 2005. Tectonic and climatic controls on silicate weathering. *Earth. Planet. Sci. Lett.* 235:211–28.

White, A. F. 2004. Natural weathering rates of silicate minerals. In *Surface and Ground Water, Weathering and Soil*, 133–68.

White, A. F., and Blum, A. E. 1995. Effect of climate on chemical weathering in watersheds. *Geochim. Cosmochim. Acta* 59:1729–47.

White, A. F., and S. L. Brantley, eds. 1995. *Chemical Weathering Rates of Silicate Minerals* (vol. 31 of *Reviews in Mineralogy*). Washington, D.C.: Mineralogical Society of America.

White, A. F., M. S. Schulz, and D. V. Vivit. 2008. Chemical weathering of a marine terrace chronosequence, Santa Cruz, California, I. Interpreting rates and controls based on soil concentration-depth profiles. *Geochim. Comochim. Acta* 72:36.

White, A. F., et al. 1999. The role of disseminated calcite in the chemical weathering of granitoid rocks. *Geochim. Cosmochim. Acta* 63:1939–53.

White, D. E., J. D. Hem, and G .A. Waring. 1963. *Chemical Composition of Subsurface Waters: Data of Geochemistry*, 6th ed. U.S.G.S. Prof. Paper no. 440-F.

Zinke, P. J. 1977. Man's activities and their effect upon the limiting nutrients of primary productivity in marine and terrestrial ecosystems. In *Global Cycles and Their Alterations by Man*. ed. W. Stumm, 89–98. Berlin: Dahlem Konferenzen.

제5장

Battin, T. J., et al. 2009. The boundless carbon cycle. *Nature Geoscience* 2 (9): 598–600.

Beck, K. C., J. H. Reuter, and E. M. Perdue. 1974. Organic and inorganic geochemistry of some coastal plain rivers of the southeastern U.S. *Geochim. Cosmochim. Acta* 38:341–64.

Bennett, E. M., et al. 2001. Human impact on erodible phosphorus and eutrophication: A global perspective. *Bioscience* 51:227–34.

Berner, E. K., and R. A. Berner. 1996. *Global Environment: Water, Air and Geochemical Cycles*. Upper Saddle River, N.J.: Prentice Hall.

Berner, E. K. et al. 2003. Plants and mineral weathering: Present and past. In *Surface and Groundwater, Weathering and Soils*, ed. J. I. Drever, 169–88. Vol. 5 of *Treatise on Geochemistry*, ed. H. D. Holland and K. K. Turekian. Oxford: Elsevier.

Berner, R.. A. 2004. *The Phanerozoic Carbon Cycle: CO_2 and O_2*. Oxford: Oxford University Press.

Berner, R. A., E. K. Berner, P. A. Schroeder, and T. W. Lyons. 1990. Comment on Sodium-calcium exchange in the weathering of shales: implications for global weathering. *Geology* 18 (2): 190.

Berner, R. A., A. C. Lasaga, and R. M. Garrels. 1983. The carbonate-silicate geochemical cycle and its effect on atmospheric carbon dioxide over the past 100 million years. *Amer. J. Sci.* 283:641–83.

Berner, R. A., and J.-L. Rao. 1994. Phosphorus in sediments of the Amazon River and Estuary: Implications for the global flux of P to the sea. *Geochim. Cosmochim. Acta* 58 (10): 2333–39.

Beusen, A. H. W., et al. 2005. Estimation of global river transport of sediments and associated particulate C, N and P. *Global Biogeochem. Cycles* 19, GB4505, doi: 1029/2005GB002453.

Beusen, A. H. W., et al. 2009. Global patterns of dissolved silica export to the coastal zone: Results from a spatially explicit model. *Global Biogeochem. Cycles* 23, GB0A02, doi:1029/2008GB003281.

Biscaye, P. E. 1965. Mineralogy and sedimentation of recent deep-sea clay in the Atlantic Ocean and adjacent seas and oceans. *Bull. Geol. Soc. Am.* 76:803–32.

Boyer, E. W., et al. 2006. Riverine nitrogen export from the continents to the coasts. *Global Biogeochem. Cycles* 20, GB 1S91, doi:10.1029/2005GB002537.

Brady, P. V. 1991. The effect of silicate weathering on global temperature and atmospheric CO_2. *J. Geophys. Res.* 96:18,101–6.

Bricker, O. P., and K. C. Rice. 1989. Acidic deposition to streams. *Environ. Sci. Technol.* 23 (4): 379–85.

Brimblecombe, P. 2003. The global sulfur cycle. In *Treatise on Geochemistry*, vol. 8 (ed. W. Schlesinger), 645–82. Amsterdam: Elsevier.

Buhl, D., R. D. Neuser, D. K. Richter, D. Reidel, B. Roberts, H. Strauss, and J. Veizer. 1991. Nature and nurture: Environmental isotope story of the river Rhine. *Naturwissenschaften* 78:337–46.

Canfield, D. E. 1997. The geochemistry of river particulates from the continental USA: Major elements. *Geochim. Cosmochim. Acta* 61 (16): 3349–65.

Cerling, T. E., B. L. Pederson, and K. L. Von Damm. 1989. Sodium-calcium ion exchange in the weathering of shales: Implications for global weathering budgets. *Geology* 17:552–54.

Cleaves, E. T., A. E. Godfrey, and O. P. Bricker. 1970. Geochemical balance of a small watershed and its geomorphic implications. *Geol. Soc. Amer. Bull.* 81:3015–32.

Conley, D. 2002. Terrestrial ecosystems and the global biogeochemical silica cycle. *Global Biogeochem. Cycles* 16 (4): 1121, doi:10.1029/2002GB001894.

Crerar, D. A., et al. 1981. Hydrochemistry of the New Jersey coastal plain, 2. Transport and deposition of iron, aluminum, dissolved organic matter, and selected trace elements in stream, ground, and estuary water. *Chem. Geol.* 33:23–44.

Cronan, C. S., W. A. Reiners, R. C. Reynolds, and G. E. Lang. 1978. Forest floor leaching: Contributions from mineral, organic and carbonic acids in New Hampshire subalpine forests. *Science* 200:309–11.

Dai, A., et al. 2009. Changes in continental freshwater discharge from 1948 to 2004. *J. Climate* 22:2773–92.

Dai, A., and K. E. Trenberth. 2002. Estimates of freshwater discharge from continents: Latitudinal and seasonal variations. *J. Hydometeor*. 3:660–87.

Degens, E. T., S. Kempe, and J. E. Richey. 1991. Summary: Biogeochemistry of major world rivers, I. In *Biogeochemistry of Major World Rivers*, ed. E. T. Degens, S. Kempe, and J. E. Richey, 323–47. SCOPE. Chichester, England: John Wiley.

DeMaster, D. J. 2002. The accumulation and cycling of biogenic silica in the Southern Ocean: Revisiting the marine silica budget. *Deep-Sea Research II* 49:3155–67.

Dentener, F. et al. 2006. Nitrogen and sulfur deposition on regional and global scales: A multimodel evaluation, *Global Biogeochem. Cycles* 20, GB4003, doi:10.1029/2005 GB002672,2006.

Dion, E. P. 1983. Trace elements and radionuclides in the Connecticut River and Amazon River estuary. Ph.D. dissertation, Dept. of Geology and Geophysics, Yale University, New Haven, Conn.

Drever, J. I. 1988. *The Geochemistry of Natural Water*, 2nd ed. Englewood Cliffs, N.J.: Prentice-Hall.

Drever, J. I., and J. Zobrist. 1992. Chemical weathering of silicate rocks as a function of elevation in the southern Swiss Alps. *Geochim. Cosmochim. Acta* 56:3209–16.

Driscoll, C. T., G. E. Likens, and M. R. Church. 1998. Recovery of surface waters in the northeastern U.S. from decreases in atmospheric deposition of sulfur. *Water, Air and Soil Pollution* 105:319–29.

Driscoll, C. T., et al. 2001. Acidic deposition in the northeastern United States: Sources and inputs, ecosystem effects, and management strategies. *BioScience* 51 (3): 180–98.

Duce, R.A., et al. 2008. Impacts of atmospheric anthropogenic nitrogen on the open ocean. *Science* 320:893–97.

Dunne, T. 1978. Rates of chemical denudation of silicate rocks in tropical catchments. *Nature* 274:244–46.

Esser, G., and G. H. Kohlmaier. 1991. Modelling terrestrial sources of nitrogen, phosphorus, sulphur and organic carbon to rivers. In *Biogeochemistry of Major World Rivers*, 297–322.

Fairbridge, R. W. 1968. *Encyclopedia of geomorphology*, 177–186. New York: Reinhold.

Falkowski, P., et al. 2000. The global carbon cycle: A test of our knowledge of Earth as a system. *Science* 290 (5490): 291–96.

Feth, J. H. 1971. Mechanisms controlling world water chemistry: Evaporation-crystallization process. *Science* 172:870–71.

———. 1981. *Chloride in Natural Continental Water—A Review*. U.S.G.S. Water Supply Paper no. 2176.

Fixen, P. E., and F. B. West. 2002. Nitrogen fertilizers: Meeting contemporary challenges. *Ambio* 31 (2): 169–76.

Gaillardet, J., B. Dupré, P. Louvat, and C. J. Allègre. 1999. Global silicate weathering and CO_2 consumption rates deduced from the chemistry of large rivers. *Chem. Geol.* 159:3–30.

Gaillardet, J., J. Viers, and B. Dupré. 2003. Trace elements in river waters. In *Surface and Ground Water, Weathering, Erosion and Soils*, 225–72.

Galloway, J. N., et al. 2004. Nitrogen cycles: Past, present, and future. *Biogeochem.* 70:153–226.

Galloway, J. N., et al. 2008. Transformation of the nitrogen cycle: Recent trends, questions, and possible solutions. *Science* 320:889–92.

Garnier, J., et al. 2010. N:P:Si nutrient export ratios and ecological consequences in coastal seas evaluated by the ICEP approach. *Global Biogeochem. Cycles* 24, GB0A05, doi:10.1029/2009GB003583.

Garrels, R. M., and F. T. Mackenzie. 1971. *Evolution of Sedimentary Rocks*. New York: W. W. Norton.

Gedney, N., et al. 2006. Detection of a direct carbon dioxide effect in continental river runoff records. *Nature* 439:835–38, doi:10.1038/nature04504.

Gibbs, R. J. 1967. Amazon River: Environmental factors that control its dissolved and suspended load. *Science* 156 (3783): 1734–37.

———. 1971. Mechanisms controlling world water chemistry: Evaporation-crystallization process. *Science* 172:871–72.

Gordeev, V. V., and I. S. Siderov. 1993. Concentrations of major elements and their outflow into the Laptev Sea by the Lena River. *Marine Chem.* 43:33–45.

Graham, W. F., and R. A. Duce. 1979. Atmospheric pathways of the phosphorus cycle. *Geochim. Cosmochim. Acta* 43:1195–1208.

Gruber, N., and J. N. Galloway. 2008. An Earth-system perspective of the global nitrogencycle. *Nature* 451 (17): 293–96, doi:10.1038/nature06592.

Hay, W. W., and J. R. Southam. 1977. Modulation of marine sedimentation by the continental shelves. In *The Fate of Fossil Fuel CO2 in the Oceans*, ed. N. R. Andersen, and A. Malahoff, 569–604. New York: Plenum Press.

Holeman, J. N. 1968. The sediment yield of major rivers of the world. *Water Res.* 4 (4): 737–47.

Holland, H. D. 1978. *The Chemistry of the Atmosphere and Oceans*. New York: John Wiley.

Howarth, R. W., H. Jensen, R. Marino, and H. Postma. 1995. Transport and processing of P in near-shore and oceanic waters. In *Phosphorus in the Global Environment: Transfers, Cycles and Management*, ed. H. Tiessen, 323–45. New York: John Wiley.

Howarth, R. W., E. W. Boyer, W. J. Pabich, and J. N. Galloway. 2002. Nitrogen use in the United States from 1961–2000 and potential future trends. *Ambio* 31 (2): 88–96.

Howarth, R. W., et al. 1996. Regional nitrogen budgets and riverine N and P fluxes for the drainages to the North Atlantic Ocean: Natural and human influences. *Biogeochem.* 35:75–139.

Hu, Ming-Hui, R. F. Stallard, and J. M. Edmond. 1982. Major ion chemistry of some large Chinese rivers. *Nature* 289 (5): 550–53.

Humborg, C., et al. 2000. Silica retention in river basins: Far-reaching effects on biogeochemistry and aquatic food webs in coastal marine environments. *Ambio* 29:45–50.

Ittekkot, V. 1988. Global trends in the nature of organic matter in river suspensions. *Nature* 332:436–38.

Ittekkot, V., and S. Zhang. 1989. Pattern of particulate nitrogen transport in world rivers. *Global Biogeochem. Cycles* 3:383–91.

Jaegle, L., et al. 2005. Global partitioning of NO_x sources using satellite observations: Relative roles of fossil fuels combustion, biomass burning, and soil emissions. *Faraday Discuss.* 30:407–23.

Johnson, A. H. 1979. Evidence of acidification of headwater streams in the New Jersey pinelands. *Science* 206 (16): 834–36.

Judson, S. 1968. Erosion of the land. *Amer. Scientist* 56 (4): 356–74.

Kao, S. J., and J. D. Milliman. 2008. Water and sediment discharge from small mountainous rivers, Taiwan: The role of lithology, episodic events, and human activities. *J. Geol.* 116:431–48.

Kaushal, S. S., et al. 2005. Increased salinization of fresh water in the northeastern United States. *Proc. Nat. Acad. Sci.* 102 (38): 13,517–20.

Kempe, S. 1984. Sinks of the anthropogenically enhanced carbon cycle in surface fresh waters. *J. Geophys. Res.* 89:4657–76.

———. 1988. Freshwater carbon and the weathering cycle. In *Physical and Chemical Weathering in Geochemical Cycles*, ed. A. Lerman and M. Meybeck, 197–223. Dordrecht, the Netherlands: Kluver Academic.

Kennedy, V. C., and R. L. Malcolm. 1977. *Geochemistry of the Mattole River of Northern California*. U.S.G.S. Open-File Report no. 78–205.

Kleinmann, R. L. P., and D. A. Crerar. 1979. *Thiobacillus ferrooxidans* and the formation of acidity in simulated coal mine environments. *Geomicrobiol. J.* 1:373–88.

Kramer, J. R. 1994. Old sediment carbon in global budgets. In *Soil Responses to Climate Change*. NATO ASI Seri.,123, ed. M. D. A. Rounsevell and P. J. Loveland, 169–183. New York: Springer-Verlag.

Krug, E. C., and C. R. Frink. 1983. Acid rain on acid soil: A new perspective. *Science* 221: 20–25.

Labat, D., et al. 2004. Evidence for global runoff increase related to climate warming. *Advances in Water Res.* 27 (6): 531–642.

Lambert, F. H., et al. 2004. Detection and attribution of changes in 20th century land precipitation. *Geophys. Res. Lett.* 331, L10203, doi:10.1029/2004GL019545.

Laruelle, G. G., et al. 2009. Anthropogenic pertubations of the silicon cycle at the global scale: Key role of the land-ocean transition. *Global Biogeochem. Cycles* 23:1–17, GB4031, doi:10.1029/2008GB003267.

Leenheer, J. A. 1980. Origin and nature of humic substances in the waters of the Amazon River Basin. *Acta Amazonica* 10 (3): 513–26.

Legates, D. R., et al. 2005. Comments on Evidence for global runoff increase related to climate warming. *Adv. Water Resour.* 28:1310–15.

Lerman, A., et al. 2004. Coupling of the perturbed C-N-P cycles in industrial time. *Aquatic Geochem.* 10:3–32.

Lewis, D. M. 1976. The geochemistry of manganese, iron, uranium, lead-210, and major ions in the Susquehanna River. Ph.D. dissertation, Dept. of Geology and Geophysics, Yale University, New Haven, Conn.

Likens, G. E., F. H. Bormann, R. S. Pierce, J. S. Eaton, and N. M. Johnson. 1977. *Biogeochemistry of a Forested Ecosystem.* New York: Springer-Verlag.

Lin, G.-W., et al. 2008. Effects of earthquake and cyclone sequencing and fluvial sediment transfer in a mountain catchment. *Earth Surf. Process. Landforms* 33:1354–73.

Livingstone, D. A. 1963. *Chemical Composition of Rivers and Lakes.* U.S.G.S. Prof. Paper no. 440G.

Lovett, G. M., et al. 2005. The biogeochemistry of chlorine at Hubbard Brook, New Hampshire, USA. *Biogeochem.* 72:191–232.

Ludwig, W., J. L. Probst, and S. Kempe. 1996. Predicting the oceanic input of organic C by continental erosion. *Global Biochem. Cycles* 10 (1): 23–41.

Mackenzie, F. M., et al. 2002. Century-scale nitrogen and phosphorus controls of the carbon cycle. *Chem. Geol.* 190:13–32.

Martin, J. M., and M. Meybeck. 1979. Elemental mass-balance of material carried by major world rivers. *Marine Chem.* 7:173–206.

Martin, J. M., and M. Whitfield. 1981. The significance of river input of chemical elements to the ocean. In *Trace Metals in Sea Water*, ed. C. S. Wong et al., 265–96. New York: Plenum Press.

Meade, R. H., and R. S. Parker. 1985. Sediment in rivers of the United States. In U.S.G.S. Water Supply Paper no. 2275:49–60.

Melillo, J. M., et al. 1993. Global climate change and terrestrial net primary production. *Nature* 363:234–40.

Meybeck, M. 1979. Concentrations des eaux fluviales en éléments majeurs et apports en solution aux océans. *Rev. Géol. Dyn. Géogr. Phys.* 21 (3): 215–46.

———. 1980. Pathways of major elements from land to ocean through rivers. In *Proceedings of the Review and Workshop on River Inputs to Ocean-Systems*, ed. J.-M. Martin, J. D. Burton, and D. Eisma, 18–30. Rome: FAO.

———. 1982. Carbon, nitrogen and phosphorus transport by world rivers. *Amer. J. Sci.* 282:401–50.

———. 1983. Atmospheric inputs and river transport of dissolved substances. In *Dissolved Loads of Rivers and Surface Water Quantity/Quality Relationships.* Proceedings of the Hamburg Symposium, August 1983. IAHS Publ. no. 141.

———. 1984. Les fleuves et le cycle géochimique des éléments. Thèse de Doctorat (no. 8435), Ecole Normal Supérieure, Laboratoire de Géologie, Univ. Pierre et Marie Curie, Paris 6, France.

———. 1987. Global chemical weathering of surficial rocks estimated from river dissolved loads, *Amer. J. Sci.* 287:401–28.

———. 1988. How to establish and use world budgets of river material, I. In *Physical and Chemical Weathering in Geochemical Cycles*, 247–72.
———. 1993. C, N, and P and S in rivers: From sources to global inputs. In *Interactions of C. N. P and S in Biogeochemical Cycles and Global Change*, ed. R. Wollast, F. T. Mackenzie, and L. Chou, 163–93. Berlin Heidelberg: Springer-Verlag.
Meybeck, M. 2004. Global occurrence of major elements in river water. In *Surface and Ground Water, Weathering and Soils*, 207–23.
Meybeck, M., and A. Ragu. 1996. *River Discharges to the Oceans. An Assessment of Suspended Solids, Major Ions and Nutrients*. Environmental Information and Assessment Report. Nairobi: UNEP.
———. 1997. Presenting the GEMS-GLORI, a compendium of river discharge to the oceans. *Int. Asoc. Hydrol. Sci. Publ.* 243:3–14.
Miller, W. R., and J. I. Drever. 1977. Water chemistry of a stream following a storm, Absaroka Mountains, Wyoming. *Geol. Soc. Amer. Bull.* 88:286–90.
Miller, A., J. C. Thompson, R. E. Peterson, and D. R. Haragan. 1983. *Elements of Meterology*, 4th ed. Columbus, Ohio: Chas. E. Merrill.
Milliman, J. D., and R. H. Meade. 1983. World-wide delivery of river sediment to the oceans. *J. Geol.* 91 (1): 1–21.
Milliman, J. D., and J. P. M. Syvitski. 1992. Geomorphic/tectonic control of sediment discharge to the ocean: The importance of small mountainous rivers. *J. Geol.* 100:525–44.
Milliman, J. D., et al. 2008. Climatic and anthropogenic factors affecting river discharge to the global ocean, 1951–2000. *Global and Planet. Change* 62:187–94.
Milliman, J. D., Y. S. Quin, M. E. Ren, and Y. Saito. 1987. Man's influence on the erosion and transport of sediment by Asian rivers: The Yellow River (Huanghe) example. *J. Geol.* 95:751–62.
NRC (National Research Council). 1972. *Accumulation of Nitrate*. Publication of Committee on Nitrate Accumulation. Washington, D.C.: National Academy of Sciences, National Research Council.
Nriagu, J. O., and J. M. Pacyna. 1988. Quantitative assessment of worldwide contamination of air, water and soils by trace metals. *Nature* 333:34–39.
Paces, T. 1985. Sources of acidification in Central Europe estimated from elemental budgets in small basins, *Nature* 315 (6014):31–36.
Pandé, K., et al. 1994. The Indus River system (India-Pakistan) major ion chemistry, uranium and Sr isotopes. *Chem. Geol.* 116:245–59.
Peel, M. C., and T. A. McMahon. 2006. Continental Runoff: A quality-controlled global runoff data set. *Nature* 444, E14.
Peierls, B. L., N. F. Caraco, M. L. Pace, and J. J. Cole. 1991. Human influence on river nitrogen. *Nature* 350:386–87.
Peters, N. 1984. *Evaluation of Environmental Factors Affecting Yields of Major Dissolved Ions in Streams of the U.S.* U.S.G.S. Water Supply Paper no. 2228.
Pimental, D., et al. 1995. Environmental and economic costs of soil erosion and conservation. *Science* 267:1117–23.
Pinet, P., and M. Souriau. 1988. Continental erosion and large scale relief. *Tectonics* 7:563–82.
Probst, J.-L., and Y. Tardy. 1989. Global runoff fluctuations during the last 80 years in relation to world temperature change. *Amer. J. Sci.* 289:267–85.
Probst, J.-L., et al. 1992. Dissolved major elements exported by the Congo and the Ubangui rivers during the period 1987–1989. *J. Hydrol.* 135:237–57.

Raymond, P. A, et al. 2008. Anthropogenically enhanced fluxes of water and carbon from the Mississippi River. *Nature* 451 (24): 449–52.

Reeder, S. W., B. Hitchon, and A. A. Levinson. 1972. Hydrogeochemistry of the surface waters of the Mackenzie River drainage basin, Canada: 1. Factors controlling inorganic compositions. *Geochim. Cosmochim. Acta* 26:825–65.

Richey, J. E. 1983. The phosphorus cycle. In *The Major Biogeochemical Cycles and Their Interactions*, ed. B. Bolin and R. B. Cook, 51–56. Chichester, England: John Wiley.

Roy, S., J. Gailliardet, and C. J. Allègre. 1999. Geochemistry of dissolved and suspended loads of the Seine River, France: Anthropogenic impact, carbonate and silicate weathering. *Geochim. Cosmochim. Acta* 63 (9): 1277–92.

Ruttenberg, K. C. 2003. The global phosphorus cycle. In *Treatise on Geochemistry*, 8:585–643.

Sarin, M. M., et al. 1989. Major ion chemistry of the Ganga-Bramaputra river systems, India. *Geochim. Cosmochim. Acta* 53:997–1009.

Sarmiento, J. L., and N. Gruber. 2006. *Ocean Biogeochemical Dynamics*. Princeton, N.J.: Princeton University Press.

Schindler, D. W. 1988. Effects of acid rain on freshwater ecosystems. *Science* 239: 149–57.

Seitzinger, S. P., et al. 2002. Bioavailability of DON from natural and anthropogenic sources to estuarine plankton. *Limnol. Oceanog*. 47 (2): 353–66.

Seitzinger, S. P., et al. 2005. Sources and delivery of carbon, nitrogen and phosphorus to the coastal zone: An overview of Global Nutrient Export from Watersheds (NEWS) models and their application. *Global Biogeochem. Cycles* 19:1–11, GB4S01, doi:10.1029/2005GB002606, 2005.

Seitzinger, S. P., et al. 2006. Denitrification across landscapes and waterscapes: A synthesis. *Ecol. Applic.* 16 (6): 2064–90.

Seitzinger, S. P., et al. 2010. Global river nutrient export: A scenario analysis of past and future trends. *Global Biogeochem. Cycles* 24, GB0A08, doi:1029/2009GB003587.

Skinner, B. J. 1969. *Earth Resources*. Englewood Cliffs, N.J.: Prentice-Hall.

Skjelkvale, B. L., et al. 2003. Recovery from acidification in European surface waters: A view to the future. *Ambio* 32 (3): 170–75.

Smith, R. A., and R. B. Alexander. 1983. *Evidence for Acid-Precipitation Induced Trends in Stream Chemistry at Hydrologic Bench-Mark Stations*. U.S.G.S. Circular no. 910.

Smith, R. A., R. B. Alexander, and M. G. Wolman. 1987. Water-quality trends in the nation's rivers. *Science* 235:1607–15.

Stallard, R. F. 1980. Major element geochemistry of the Amazon River system. Ph.D. dissertation, MIT/Woods Hole Oceanographic Inst., WHOI-80-29.

———. 1985. River chemistry, geology, geomorphology and soils in the Amazon and Orinoco Basins. In *The Chemistry of Weathering*, ed. J. I. Drever, 293–316. Boston: D. Reidel Publish. Co.

———. 1998. Terrestrial sedimentation and the carbon cycle: Coupling weathering and erosion to carbon burial. *Global Biogeochem. Cycles* 12:231–57.

Stallard, R. F., and J. M. Edmond. 1981. Geochemistry of the Amazon 1: Precipitation chemistry and the marine contribution to the dissolved load. *J. Geophys. Res.* 86 (C10): 9844–58.

———. 1983. Geochemistry of the Amazon 2: The influence of the geology and weathering environment on the dissolved load. *J. Geophys. Res.* 88:9671–88.

———. 1987. Geochemistry of the Amazon 3. Weathering chemistry and limits to dissolved inputs. *J. Geophys. Res.* 92 (C8): 8293–302.

Stoddard, J. L., et al. 1999. Recent trends in aquatic recovery from acidification in North America and Europe. *Nature* 401 (7): 575–78.

Stumm, W. 1972. The acceleration of the hydrogeochemical cycling of phosphorus. In *The Changing Chemistry of the Oceans*, ed. D. Dyrssen and D. Jagner, 329–46. Nobel Sympos. 20. Stockholm: Almqvist and Wiksell.

Sugawara, K. 1967. Migration of elements through phases of the hydrosphere and atmosphere. In *Chemistry of the Earth's Crust*, vol. 2, ed. A.P. Vinogradov, 501–10. Israel Program for Scientific Translation Ltd., Jerusalem. Reprinted in *Geochemistry of Water*, ed. Y. Kitano, 227–37. New York: Halsted Press, 1975.

Summerfield, M.A., and N. J. Hulton, 1994. Natural controls of fluvial denudation rates in major world drainage basins. *J. Geophys. Res.* 99 (B7): 13,871–83.

Syvitski, J., et al. 2003. Predicting the terrestrial flux of sediment to the global ocean: A planetary perspective. *Sediment. Geol.* 162 (1–2): 5–24.

Syvitski, J., C. V. Vorosmarty, A.J. Kettner, and P. Green. 2005. Impact of humans on the flux of terrestrial sediment to the global coastal ocean. *Science* 308:376–80.

Syvitski, J., and J. D. Milliman. 2007. Geology, geography, and humans battle for dominance over the delivery of fluvial sediment to the coastal ocean. *J. Geol.* 115:1–19.

Taylor, S. R., and S. M. McLennan. 1985. *The Continental Crust: Its Composition and Evaluation*. Oxford: Blackwell.

Telang, S. A., et al., 1991. Carbon and mineral transport in major North American, Russian Arctic, and Siberian rivers: the St. Lawrence, the Mackenzie, the Yukon, the Arctic Alaskan rivers, the Arctic Basin rivers in the Soviet Union and the Yenisei. In *Biogeochemistry of Major World Rivers*, 77–104.

Tilman, D., et al. 2001. Forecasting agriculturally driven global environmental change. *Science* 292:281–85.

Treguer, P., et al. 1995. The silica balance in the world ocean: A re-estimate. *Science* 268:375–79.

Trimble, S. W. 1975. Denudation studies: Can we assume stream steady state? *Science* 188:1207–8.

———. 1983. A sediment budget for Coon Creek basin in the Driftless Area, Wisconsin. *Amer. J. Sci.* 283:454–74.

———. 1999. Decreased rates of alluvial sediment storage in the Coon Creek basin, Wisconsin, 1975–93. *Science* 285:1244–46.

Trimble, S. W., and P. Crosson. 2000. U.S. soil erosion rates—myth and reality. *Science* 289:248–50.

Tripler, C. E., et al. 2006. Patterns in potassium dynamics in forest ecosystems. *Ecol. Lett.* 9:451–66.

Turner, R. E., et al. 2003. Global patterns of dissolved N, P and Si in large rivers. *Biogeochem.* 64:297–317.

Van Ardenne, F. J., et al. 2001. A 1° × 1° resolution data set of historical anthropogenic trace gas emissions for the period 1890–1990. *Global Biogeochem. Cycles* 15 (4): 909–28.

Van der Weijden, C. H., and J. J. Middelburg. 1989. Hydrogeochemistry of the river Rhine: Long term and seasonal variability, elemental budgets, base levels and pollution. *Water. Res.* 23:1247–66.

Van Cappellen, P. 2010. Silica cycle: The land-ocean connection. Goldschmidt Conference Abstracts 2010. A1071.

Velbel, M.A. 1994. Temperature dependence of silicate weathering in nature estimated from geochemical mass balances in two forested Blue Ridge watersheds. *Geology* (in press).

Viers, J., B. Dupré, and J. Gaillardet. 2009. Chemical composition of suspended sediments in world rivers: New insights from a new database. *Sci. Total Environ.* 407:853–68.
Vorosmarty, C. J., and D. Sahagian. 2000. Anthropogenic disturbance of the terrestrial water cycle. *Bioscience* 50:753–65.
Vorosmarty, C. J., et al. 2003. Anthropogenic sediment retention: Major global impact from registered river impoundments. *Global Planet. Change* 39:169–90.
Walling, D. E. 2006. Human impact on land-ocean sediment transfer by the world's rivers. *Geomorphology* 79:192–216.
Warnant, P. L. 1994. CARIAB: A global model of terrestrial biological productivity. *Global Biogeochem. Cycles* 8 (3): 255–70.
White, A. F., et al. 1999. The role of disseminated calcite in the chemical weathering of granitoid rocks. *Geochim. Cosmochim. Acta* 63 (13–14): 1939–53.
White, A. F., and A. E. Blum. 1995. Effects of climate on chemical weathering in watersheds. *Geochim. Cosmochim. Acta* 59 (9): 1729–47.
Wilkinson, B. H., and B. J. McElroy. 2007. The impact of humans on continental erosion and sedimentation. *Geol .Soc. Amer. Bull.* 119 (1–2): 140–56.
Yuretich, R. F., et al. 1981. Hydrogeochemistry of the New Jersey Coastal Plain, 1: Major element cycles in precipitation and river water. *Chem. Geol.* 33:1–21.
Zhang, J. W., W. Huang, M. G. Lin, and A. Zhon. 1990. Drainage basin weathering and major element transport of two large Chinese rivers (Huanghe and Changjiang). *J. Geophys. Res.* 95:13,277–88.
Zobrist, J., and W. Stumm. 1980. Chemical dynamics of the Rhine catchment area in Switzerland: Extrapolation to the "pristine" Rhine river input into the ocean. In *River Inputs to Ocean Systems*, ed. J. M. Martin, J. D. Burton, and D. Eisma, 52–63. SCOR/UNEP/UNESCO Review and Workshop. Rome: FAO.

제6장

Ambühl, H. 1975. Versuch der Quantifizierung der Beeinflussing der Oekosystems durch chemische Faktoren: Stehen Gewässer. *Schweiz. Z. Hydrol.* 37:35–52.
Baas Becking, L. G. M., I. R. Kaplan, and D. Moore. 1960. Limits of the natural environment in terms of pH and oxidation-reduction potentials. *J. Geology* 68:243–84.
Bartone, C. R., and C. L. Schelske. 1982. Lake-wide seasonal changes in limnological conditions in Lake Michigan in 1976. *J. Great Lakes Res.* 8 (3): 413–27.
Beamish, R. J., W. L. Lockhart, J. C. Van Loon, and H. H. Harvey. 1975. Long-term acidification of a lake and resulting effects on fishes. *Ambio* 4 (2): 98–104.
Beeton, A. M. 1969. Changes in the environment and biota of the Great Lakes. In *Eutrophication: Causes, Consequences and Correctives*, 150–87. Natl. Acad. Sci./ Natl. Res. Council Publ. no. 1700.
Berner, R. A. 1980. *Early Diagenesis: A Theoretical Approach*. Princeton, N.J.: Princeton University Press.
Brakke, D. F., D. H. Landers, and J. M. Ellers. 1988. Chemical and physical characteristics of lakes in the northeastern United States. *Environ. Sci. Technol.* 22:155–63.
Brakke, D. F, A. Henriksen, and S. A. Norton. 1987. The relative importance of acidity sources for humic lakes in Norway. *Nature* 329:432–34.
Bronmark, C., and L. A. Hansson. 2005. *The Biology of Lakes and Ponds*. Oxford: Oxford University Press.
Chapra, S. C. 1977. Total phosphorus model for the Great Lakes. *J. Environ. Eng. Div.* (Amer. Soc. Civ. Eng.), 103 (EE2): 147–61.

———. 1980. Simulation of recent and projected total phosphorus trends in Lake Ontario. *J. Great Lakes Res.* 6 (2): 101–12.

Chapra, S. C., and H. F. H. Dobson. 1981. Quantification of the lake trophic typologies of Naumann (surface quality) and the Thienemann (oxygen) with special reference to the Great Lakes. *J. Great Lakes Res.* 7 (2): 182–93.

Charles, D. F., and S. A. Norton. 1986. Paleolimnological evidence for trends in atmospheric deposition of acids and metals. In *Acid Deposition: Long-Term Trends*, ed. G. H. Gibson, 231–99. Washington, D.C.: National Academy Press.

Charlton, M. N. 1980. Oxygen depletion in Lake Erie: Has there been any change? *Can. J. Fish. Aquatic Sci.* 37:72–81.

Charlton, M. N., et al. 1993. Lake Erie offshore in 1990. Restoration and resilience in the central basin. *J. Gt. Lakes Res.* 19:291–309.

Claypool, G., and I. R. Kaplan. 1974. The origin and distribution of methane in marine sediments. In *Natural Gases in Marine Sediments*, ed. I. R. Kaplan, 99–139. New York: Plenum Press.

Cole, G. A. 1994. *Textbook of Limnology*, 4th ed. Long Grove, Ill.: Waveland Press.

Cook, R. B., C. A. Kelly, D. W. Schindler, and M.A. Turner. 1986. Mechanisms of hydrogen ion neutralization in an experimentally acidified lake. *Limnol. Oceanogr.* 31:134–48.

Cronan, C. S., and C. L. Schofield. 1979. Aluminum leaching response to acid precipitation: Effects on high elevation watersheds in the northeast. *Science* 204:304–6.

Davis, R., D. Anderson, and F. Berge. 1985. Loss of organic matter, a fundamental process in lake acidification: Paleolimnological evidence. *Nature* 316:436–38.

Dillon, P. J., R. A. Reid, and E. De Grosbois. 1987. The rate of acidification of aquatic ecosystems in Ontario, Canada. *Nature* 329:45–48.

Dodds, W. K. 2002. *Freshwater Ecology: Concepts and Applications.* London: Academic Press.

Dodson, S. I. 2005. *Introduction to Limnology*. New York: McGraw Hill.

Downing, J. A., and E. McCauley. 1992. The nitrogen:phosphorus relationship in lakes. *Limnol. Oceanog.* 37 (5): 936–45.

Drever, J. I. 1988. *The Geochemistry of Natural Waters*, 2nd ed. Englewood Cliffs, N.J.: Prentice Hall.

Drever, J. I., and C. L. Smith. 1978. Cyclic wetting and drying of the soil zone as an influence on the chemistry of ground water in arid terrains. *Amer. J. Sci.* 278: 1448–54.

Driscoll, C. T., et al. 2001. Acidic deposition in the northeastern United States: Sources and inputs, ecosystem effects, and management strategies. *BioScience* 51 (3): 180–98.

Driscoll, C. T., et al. 2007. Changes in the chemistry of lakes in the Adirondack region of New York following declines in acidic deposition. *Appl. Geochem.* 22:1181–88.

Edmond, J. M., R. F. Stallard, H. Craig, V. Craig, R. F. Weiss, and G. W. Coulter. 1993. Nutrient chemistry of the water column of Lake Tanganyika. *Limnol. Oceanogr.* 38:725–38.

Edmonson, W. T., and J. T. Lehman. 1981. The effects of changes in the nutrient income on the condition of Lake Washington. *Limnol. Oceanogr.* 26:1–29.

Eisenreich, S. J., P. J. Emmling, and A. M. Beeton. 1977. Atmospheric loading of phosphorus and other chemicals to Lake Michigan. *J. Great Lakes Res.* 3 (3–4):291–304.

Ellers, J. M., D. H. Landers, and D. F. Brakke. 1988. Chemical and physical characteristics of lakes in the southeastern United States. *Environ. Sci. Technol.* 22:172–77.

Elser, J. J., et al. 2007. Global analysis of nitrogen and phosphorus limitation of primary producers in freshwater, marine and terrestrial ecosystems. *Ecol. Lett.* 10:1135–42, doi: 10.1111/j.1461-0248.2007.01113.x.

Eugster, H. P., and L. A. Hardie. 1978. Saline lakes. In *Lakes: Chemistry, Geology, Physics*, ed. A. Lerman, 237–93. New York: Springer-Verlag.

Eugster, H. P., and B. F. Jones. 1979. Behavior of major solutes during closed-basin brine evolution. *Amer. J. Sci.* 279:609–31.

Fenchel, T., and T. H. Blackburn. 1979. *Bacteria and Mineral Cycling*. New York: Academic Press.

Fraser, A. S. 1980. Changes in Lake Ontario total phosphorus concentrations 1976–1978. *J. Great Lakes Res.* 6 (1): 83–87.

Gac, J.-Y., D. Badaut, A. Al-Droubi, and Y. Tardy. 1978. Comportement du calcium, du magnésium et de la silice en solution. Précipitation de calcite magnésienne, de silice amorphe et de silicates magnésiens au cours de l'évaporation des eaux du Chari (Tchad), *Sci. Géol. Bull.* (Strasbourg) 31:185–93.

Galloway, J., S. A. Norton, D. W. Hanson, and J. S. Williams. 1981. Changing pH and metal levels in streams and lakes in the eastern U.S. caused by acid precipitation. In *Proc. EPA Conference on Lake Restoration*, 446–52.

Garrels, R. M., and C. L. Christ. 1965. *Solutions, Minerals and Equilibria*. New York: Harper.

Garrels, R. M., and F. T. Mackenzie. 1967. Origin of the chemical compositions of some springs and lakes. In *Equilibrium Concepts in Natural Water Systems*, 222–42. Amer. Chem. Soc. Adv. Chem. ser. 67.

Goldman, C. R. 1988. Primary productivity, nutrients, and transparency during the early onset of eutropication in ultra-oligotrophic Lake Tahoe, California-Nevada. *Limnol. Oceanog.* 33:1321–33.

Guildford, S. J., and R. E. Hecky. 2000. Total nitrogen, total phosphorus, and nutrient limitation in lakes and oceans: Is there a common relationship? *Limnol. Oceanogr.* 45 (6): 1213–23.

Hasler, A. D. 1947. Eutrophication of lakes by domestic drainage. *Ecology* 28: 383–95.

Heathcote, I. W., R. R. Weiler, and J. W. Tanner. 1981. Lake Erie nearshore water chemistry at Nanticoke, Ontario, 1969–1978. *J. Great Lakes Res.* 7 (2): 130–35.

Hecky, R. E., P. Campbell, and L. L. Hendzel. 1993. The stoichiometry of carbon, nitrogen and phosphorus in particulate matter of lakes and oceans. *Limnol. Oceanogr.* 38:709–24.

Hecky, R. E., et al. 2004. The nearshore phosphorus shunt: A consequence of ecosystem engineering by dreissenids in the Laurentian Great Lakes. *Can. J. Fish. Aquat. Sci.* 61:1285–93.

Hecky, R. E., et al. (Univ. of Waterloo Cladaphora Study Team). 2007. Research into the cause and possible control methods of increased growth of periphyton in the western basin of Lake Ontario, Summary Final Report for Ontario Water Works Research Consortium. http://www.owwrc.com/AA.htm.

Hem, J. D. 1970. *Study and Interpretation of the Chemical Characteristics of Natural Water*. U.S.G.S. Water Supply Paper no. 1473.

Henriksen, A., L. Tien, T. S. Traaen, I. S. Sevaldrud, and D. F. Brakke. 1988. Lake acidification in Norway: Present and predicted chemical status. *Ambio* 17:259–66.

Horne, A. J., and Goldman, C. R. 1994. *Limnology*. New York: McGraw-Hill.

Hutchinson, G. E. 1957. *A Treatise on Limnology*, vol. 1. New York: John Wiley.

———. 1973. Eutrophication, *Amer. Scientist* 61: 269–79.

Imboden, D., and A. Lerman. 1978. Chemical models of lakes. In *Lakes: Chemistry, Geology, Physics*, ed. A. Lerman, 341–56. New York: Springer-Verlag.

Jassby, A. D., et al. 1994. Atmospheric deposition of nitrogen and phosphorus in the annual nutrient load of Lake Tahoe (California-Nevada). *Water Resour. Res.* 30 (7): 2207–16.

Kalff, J. 2002. *Limnology: Inland Water Ecosystems*. Englewood Cliffs, N.J.: Prentice Hall.

Kahl, J. S., et al. 2004. Have U.S. surface waters responded to the 1990 Clean Air Act Amendments? *Environ. Sci. Technol.* 38:484A-90A.

Kelly, C. A., J. W. M. Rudd, R. B. Cook, and D. W. Schindler. 1982. The potential importance of bacterial processes in regulating rate of lake acidification. *Limnol. Oceanogr.* 27 (5): 868–82.

Kramer, J. R. 1978. Acid precipitation. In *Sulfur in the Environment, Part 1: The Atmospheric Cycle*, ed. J. R. Nriagu, 325–69. New York: John Wiley.

Kramer, J. R., et al. 1986. Streams and lakes. In *Acid Deposition: Long-Term Trends*, ed. G. H. Gibson, 231–99. Washington, D.C.: National Academy Press.

Krug, E. C., and C. R. Frink. 1983. Acid rain on acid soil: A new perspective. *Science* 221:520–25.

Kwiatkowski, R. E. 1982. Trends in Lake Ontario surveillance parameters, 1974–1980. *J. Great Lakes Res.* 8 (4): 648–59.

Lampert, W., and U. Sommer. 1997. *Limnoecology.* Oxford: Oxford University Press.

Laws, E.A. 1993. *Aquatic Pollution*, 2nd ed. New York: John Wiley.

Lewis, W. M., Jr., and W. A. Wurtsbaugh. 2008. Control of lacustrine phytoplankton by nutrients: Erosion of the phosphorus paradigm. *Internat. Rev. Hydrobiol.* 93 (4–5): 446–65, doi:10.1002/iroh.200811065.

Li, Y. H. 1976. Population growth and environmental problems in Taiwan (Formosa): A case study. *Environ. Conserv.* 3:171–77.

Likens, G. E. 1972. Eutrophication and aquatic ecosystems. in *Nutrients and Eutrophication,* ed. G. E. Likens, 3–13. Amer. Soc. of Limnology and Oceanography Spec. Sympos., vol. 1.

Likens, G. E., J. S. Eaton, and J. N., Galloway. 1974. Precipitation as a source of nutrients for terrestrial and aquatic ecosystems. In *Precipitation Scavenging*, ed. R. G. Semonen and R.W. Beadle, 552–70. ERDA Sympos. ser. 41.

Miller, E. K., J. D. Blum, and A. J. Friedland. 1993. Determination of soil-exchangeable-cation loss and weathering rates using Sr isotopes. *Nature* 362:438–41.

NRC (National Research Council). 1986. *Acid Deposition: Long Term Trends*, ed. G. H. Gibson. Washington, D.C.: National Academy Press.

North, R. L., et al. 2007. Evidence for phosphorus, nitrogen and iron colimitation of phytoplankton communities in Lake Erie. *Limnol. Oceanogr.* 52 (1): 315–28.

Norton, S. A. 1980. Geologic factors controlling the sensitivity of ecosystems to acidic precipitation. In *Atmospheric Sulfur Deposition: Environmental Impact and Health Effects*, ed. D. S. Shriner, 521–31. Ann Arbor, Mich.: Ann Arbor Science.

Pauling, L. 1953. *General Chemistry*, 2nd ed. San Francisco: W. H. Freeman.

Roberts, L. 1990. Zebra mussel invasion threatens U.S. waters. *Science* 249 (4975): 1370–72.

Robertson, A., and C. F. Jenkins. 1978. The joint Canadian-American study of Lake Ontario. *Ambio* 7 (3): 106–12.

Rohde, W. 1969. Crystallization of eutrophication concepts in northern Europe. In *Eutrophication: Causes, Consequences, Correctives*, 50–64. Natl. Acad. Sci./Natl. Res. Council Publ. no. 1700.

Schindler, D. W. 1974. Eutrophication and recovery in experimental lakes: Implications for lake management. *Science* 184:897–99.

———. 1977. Evolution of phosphorus limitation in lakes. *Science* 195:260–62.

———. 1988. Effects of acid rain on freshwater ecosystems. *Science* 239:149–57.

———. 2006. Recent advances in the understanding and management of eutrophication. *Limnol. Oceanogr*. 51 (1, part 2): 356–63.

Schindler, D. W., et al. 1985. Long-term ecosystem stress: The effects of years of experimental acidification on a small lake. *Science* 228:1395–1401.

Schindler, D. W., M. A. Turner, M. P. Stainton, and G. A. Linsey. 1986. Natural sources of acid neutralizing capacity in low alkalinity lakes of the Precambrian shield. *Science* 232:844–47.

Schofield, C. L. 1976a. Acid precipitation: Effects on fish/ *Ambio* 5 (5–6): 228–30.

———. 1976b. *Dynamics and Management of Adirondack Fish Populations*. Final Report, Proj. no. F-28-R, State of New York.

———. 1980. Processes limiting fish populations in acidified lakes. In *Atmospheric Sulfur Deposition: Environmental Impact and Health Effects*, 345–55.

Skjelkvale, B. L., et al. 2001. Recovery from acidification of lakes in Finland, Norway and Sweden 1990–1999. *Hydrol. Earth Sys. Sci*. 5 (3): 327–37.

Skjelkvale, B. L., et al. 2005. Regional scale evidence for improvement in surface water chemistry 1990–2001. *Environ. Poll*. 137 (1): 165–76.

Stoddard, J. L., et al. 1999. Regional trends in aquatic recovery from acidification in North America and Europe. *Nature* 401:575–78.

Smith, R. A., R. B. Alexander, and M. G. Wolman. 1987. Water-quality trends in the nation's rivers. *Science* 235:1607–15.

Smith, V. H. 1983. Low nitrogen to phosphorus ratios favor dominance by blue-green algae in lake phytoplankton. *Science* 221:669–71.

Sterner, R. W. 2008. On the phosphorus limitation paradigm for lakes. *Internat. Rev. Hydrobiol*. 93 (4–5): 433–45, doi:10.1002/iroh.200811068.

Sterner, R. W., et al. 2004. Phosphorus and trace metal limitation of algae and bacteria in Lake Superior., *Limnol. Oceanogr*. 49 (2): 495–507.

Stumm, W., ed. 1985. Chemical Processes in Lakes. New York: John Wiley.

Stumm, W., and P. Baccini. 1978. Man-made chemical perturbation of lakes. In *Lakes: Chemistry, Geology, Physics*, ed. A. Lerman, 91–126. New York: Springer-Verlag.

Stumm, W., and J. J. Morgan. 1981. *Aquatic Chemistry*, 2nd ed. New York: John Wiley.

Sullivan, T. J., C. T. Driscoll, J. M. Ellers, and D. H. Landers. 1988. Evaluation of the role of sea salt inputs in the long-term acidification of coastal New England lakes. *Environ. Sci. Technol*. 22:185–90.

Vallentyne, J. R. 1974. *Algal Bowl: Lakes and Man*. Ottawa: Environment Canada.

Vallentyne, J. R., and N. A. Thomas. 1978. *Fifth Year Review of Canada–United States Great Lakes Water Quality Agreement*. Report of Task Group III, a Technical Group to Review Phosphorus Loadings. Windsor, Ontario: I. J. C.

Vollenweider, R. A. 1968. *Scientific Fundamentals of the Eutrophication of Lakes and Flowing Waters with Particular Reference to Nitrogen and Phosphorus as Factors in Eutrophication*. OECD Report no. DAS/CSI/68.27, Paris, France.

Vollenweider, R. A., M. Munawarily, and P. Stadelmann. 1974. A comparative review of phytoplankton and primary production in the Laurentian Great Lakes. *J. Fisheries Res. Bd. Can*. 31 (5): 739–62.

Warby, R. A. F., et al. 2005. Chemical recovery of surface waters across the northeastern United States from reduced inputs of acidic deposition: 1984–2001. *Environ. Sci. Technol*. 39 (17): 6548–54.

Weiss, R. F., E. C. Carmack, and V. M. Koropalov. 1991. Deep-water renewal and biological production in Lake Baikal. *Nature* 349:665–69.

Wetzel, R. G. 2001. *Limnology: Lake and River Ecosystems*. London: Academic Press.

Wright, R. F. 1988. Acidification of lakes in the eastern United States and southern Norway: A comparison. *Environ. Sci. Technol*. 22:178–82.

Wright, R. F., and E. T. Gjessing. 1976. Changes in the chemical composition of lakes. *Ambio* 5 (5–6): 219–23.

제7장

Allen, G. P., G. Sauzay, and J. H. Castaing. 1976. Transport and deposition of suspended sediment in the Gironde estuary, France. In *Estuarine Processes*, ed. M. Wiley, 2:63–81. New York: Academic Press.

Aller, R. C., and N. E. Blair. 2006. Carbon remineralization in the Amazon-Guianas tropical mobile mudbelt: A sedimentary incinerator. *Cont. Shelf Res*. 26:2241–59.

Armstrong, D. M., et al. 2002. Harmful algal blooms and eutrophication: Nutrient sources, composition, and consequences. *Estuaries* 25 (4b): 704–26.

Aston, S. R. 1978. Estuarine chemistry. In *Chemical Oceanography*, 2nd ed., ed. J. P. Riley and R. Chester, 361–440. New York: Academic Press.

Berner, R. A., and J.-L.Rao. 1993. Phosphorus in sediments of the Amazon River and Estuary: Implications for the global flux of P to the sea. *Geochim. Cosmochim. Acta* 58 (10): 2333–39.

Bewers, J. M., and P. A. Yeats. 1980. Behavior of trace metals during estuarine mixing. In *Proceedings of the Review and Workshop on River Inputs to Ocean Systems*, ed. J.-M. Martin, J. D. Burton, and D. Eisma, 103–15. Rome: FAO.

Bokuniewicz, H. J., and R. B. Gordon. 1980. Sediment transport and deposition in Long Island Sound. In *Estuarine Physics and Chemistry: Studies in Long Island Sound* (vol. 22 of *Advances in Geophysics*), ed. B. Saltzman, 69–106. New York: Academic Press.

Bouwman, A. F., et al. 2005. Exploring changes in river nitrogen export to the world's oceans. *Global Biogeochem. Cycles* 19 (1), GB1002, doi:1029/2004GB002314.

Bowden, K. F. 1967. Circulation and diffusion. In *Estuaries*, ed. G. H. Lauff, 15–36. AAAS Publ. no. 83. Washington, D.C.

Boyle, E. A., J. M. Edmond, and E. R. Sholkovitz. 1977. The mechanism of iron removal in estuaries. *Geochim. Cosmochim. Acta* 41:1313–24.

Boyle, E. A., et al. 1974. On the chemical mass-balance in estuaries. *Geochim. Cosmochim. Acta* 38:1719–28.

Briggs, L. I. 1958. Evaporite facies. *J. Sed. Petrol*. 28:46–56.

Brantley, S. L., N. E. Moller, D. A. Crerar, and T. H. Weare. 1984. Geochemistry of a modern marine evaporite: Bocana de Virrili, Peru. *J. Sed. Petrol*. 54 (2): 0447–0462.

Burton, J. D. 1976. Basic properties and processes in estuarine chemistry. In *Estuarine Chemistry*, ed. J. D. Burton and P. S. Liss, 1–35. London: Academic Press.

———. 1988. Riverborne materials and the continent-ocean interface. In *Physical and Chemical Weathering in Geochemical Cycles*. ed. A. Lerman and M. Meybeck, 299–21. Dordrecht, the Netherlands: Kluwer Academic.

Butler, G. P. 1969. Modern evaporite deposition and geochemistry of coexisting brines, the sabkha, Trucial Coast, Arabian Gulf. *J. Sed. Petrol*. 39:70–89.

Cloern, J. E. 1999. The relative importance of light and nutrient limitation of phytoplankton growth: A simple index of coastal ecosystem sensitivity to nutrient enrichment. *Aquat. Ecol*. 33:3–15.

Conley, D. J. 2001. Biogeochemical nutrient cycles and nutrient management strategies. *Hydrobiologia* 410:87–96.
Conley, D. J., et al. 2002. Hypoxia in the Baltic Sea and basin-scale changes in phosphorus geochemistry. *Environ. Sci. Technol.* 36 (24): 5315–20.
Conley, D. J., et al. 2009. Controlling eutrophication: Nitrogen and phosphorus. *Science* 323 (5917): 1014–15, doi:10.1126/science.1167755.
Crerar, D. A., et al. 1981. Hydrogeochemistry of the New Jersey coastal plain, 2. Transport and deposition of iron, aluminum, dissolved organic matter, and selected trace elements in stream, ground, and estuary water. *Chem. Geol.* 33:23–44.
Diaz, R. J., and R. Rosenberg. 2008. Spreading dead zones and consequences for marine ecosystems. *Science* 321:926–29, doi:10.1126/science.1156401.
Dion, E. P. 1983. Trace elements and radionuclides in the Connecticut River and Amazon River Estuary. PhD dissertation, Yale University, New Haven, Conn.
Donner, S. D., and D. Scavia. 2007. How climate controls the flux of nitrogen by the Mississippi River and the development of hypoxia in the Gulf of Mexico. *Limnol. Oceanogr.* 52 (2): 856–61.
Duarte, C. M., et al. 2009. Return to Neverland: shifting baselines affect eutrophication restoration targets. *Estuaries and Coasts* 32:29–36, doi:10.1007/s12237-008-911-2.
Duce, R. A., et al. 2008. Impacts of atmospheric anthropogenic nitrogen on the open ocean. *Science* 320:893–97.
Dyer, K. R. 1972. Sedimentation in estuaries. In *Estuarine Environments*, ed. R. S. K. Barnes and J. Green, 10–32. London: Applied Science.
Dyer, K. R. 1986. *Coastal and Estuarine Sediment Dynamics.* Chichester, England: John Wiley.
Edmond, J. M., E. A. Boyle, B. Grant, and R. F. Stallard. 1981. The chemical mass balance in the Amazon plume, I: The nutrients. *Deep-Sea Research* 28A (11): 1339–74.
Edzwald, J. K., T. B. Upchurch, and C. R. O'Melia. 1974. Coagulation in estuaries. *Environ. Sci. Technol.* 8 (1): 58–63.
Eisma, D. 1986. Flocculation and de-flocculation of suspended matter in estuaries. *Neth. Jour. Sea Res.* 20 (2/3): 183–99.
———. 1988. Riverborne materials and the continent-ocean interface. In *Physical and Chemical Weathering in Geochemical Cycles*, ed. A. Lerman and M. Meybeck, 273–98. Dordrecht, the Netherlands: Kluwer Academic.
Eisma, D., J. Kalf, and S. J. van Der Gaast. 1978. Suspended matter in the Zaire estuary and adjacent Atlantic Ocean. *Neth. J. Sea Res.* 12:382–406.
Falkner, K. K., et al. 1991. Depletion of barium and radium-226 in Black Sea surface waters over the past thirty years. *Nature* 350:491–94.
Faxi, Li. 1980. An analysis of the mechanisms of removal of reactive silicate in the estuarine zone. In *Proceedings of the Review and Workshop on River Inputs to Ocean System*, ed. J. M. Martin, J. D. Burton, and D. Eisma, 200–10. Rome: FAO.
Falkowski, P. G., et al. 1998. Biogeochemical controls and feedbacks on ocean primary production. *Science* 281:200–206, doi:10.1126/science.281.5374.200.
Fisher, D., J. Ceraso, and M. Oppenheimer. 1988. *Polluted Coastal Waters: The Role of Acid Rain.* New York: Environmental Defense Fund.
Forster, P., V. Ramaswamy, P. Ataxo, T. Berntsen, R. Betts, D. W. Fahey, J. Haywood, J. Lean, D. C. Lowe, G. Myhre, J. Nganga, R. Prinn, G. Raga, M. Schulz, and R. Van Dorland. 2007. Changes in atmospheric constituents and in radiative forcing. In *Climate Change 2007: The Physical Science Basis, Contribution of Working Group I to the Fourth Assessment Report*, ed. S. Solomon, D. Qin, M. Manning, Z. Chen,

M. Marquis, K. B. Averyt, M. Tignor, and H. L. Miller, 131–234. Cambridge and New York: Cambridge University Press.

Galloway, J. N., et al. 2004. Nitrogen cycles: Past, present, future. *Biogeochem.* 70:153–226.

Gibbs, R. J. 1977. Clay mineral segregation in the marine environment. *J. Sed. Petrol.* 47 (1): 237–43.

______. 1981. Sites of river-derived sedimentation in the ocean. *Geology* 9:77–80.

Gruber, N., and J. N. Galloway. 2008. An Earth-system perspective of the global nitrogen cycle. *Nature* 451 (17): 293–96, doi:10.1038/nature 06592.

Howarth, R.W. 1988. Nutrient limitation of net primary production in marine ecosystems. *Ann. Rev. Ecol. Sys.* 19:89–110.

Howarth, R. W., and R. Marino. 2006. Nitrogen as the limiting nutrient for eutrophication in coastal marine ecosystems: Evolving views over three decades. *Limnol. Oceanog.* 51 (1, part 2): 364–76.

Howarth, R. W., H. Jensen, R. Marino, and H. Postma. 1995. Transport and processing of P in near-shore and oceanic waters. In *Phosphorus in the Global Environment: Transfers, Cycles and Management*, ed. H. Tiessen, 323–45. New York: John Wiley.

Howarth, R. W., et al. 1996. Regional nutrient budgets and riverine N and P fluxes for the drainages to the North Atlantic Ocean: Natural and human influences. *Biogeochem.* 35:75–139.

Hsü, K. T. 1972. Origin of saline giants: A critical review after the discovery of the Mediteranean evaporite. *Earth-Sci. Rev.* 8:371–96.

Humborg, C., et al. 2000. Silicon retention in river basins: Far-reaching effects on biogeochemistry and aquatic food webs in coastal marine environments. *Ambio* 29:45–50.

Hydes, D. J., and P. S. Liss. 1977. The behavior of dissolved aluminum in estuarine and coastal waters. *Est. Coast. Mar. Sci.* 5:755–69.

Kaul, L. W., and P. N. Froelich Jr. 1984. Modeling estuarine nutrient geochemistry in a simple system. *Geochim. Cosmochim. Acta* 48:1417–33.

Kemp, W. M., et al. 2009. Temporal responses of coastal hypoxia to nutrient loading and physical controls. *Biogeosciences* 66:2985–3008.

Kempe, S., G. Liebezett, A.-R. Diercks, and V. Asper. 1990. Water balance in the Black Sea. *Nature* 346:419.

Kineke, G. C., and R. W. Sternberg. 1995. Distribution of fluid muds on the Amazon continental shelf. *Marine Geology* 125:193–233.

Kinsman, D. J. J. 1969. Modes of formation, sedimentary associations, and diagnostic features of shallow-water and supratidal evaporites. *Bull. Amer. Assoc. Petrol. Geologists* 53:830–40.

Klump, J. Val, and C. S. Martens. 1981. Biogeochemical cycling in an organic-rich coastal marine basin, 2: Nutrient sediment-water exchange processes. *Geochim. Cosmochim. Acta* 45:101–21.

Kranck, K. 1973. Flocculation of suspended sediment in the sea. *Nature* 246:348–50.

———. 1984. The role of flocculation in the filtering of particulate matter in estuaries. In *The Estuary as Filter*, ed. V. S. Kennedy, 159–75. New York: Academic Press.

Kranck, K., and Milligan, 1980. Macroflocs: Production of marine snow in the laboratory. *Mar. Ecol. Progr. Ser.* 3:19–24.

Krom, M. D., and R. A. Berner. 1981. The diagenesis of phosphorus in a nearshore marine sediment. *Geochim. Cosmochim. Acta* 45:207–16.

Krom, M. D., S. Brenner, N. Kress, and L. I. Gordon. 1991. Phosphorus limitation of primary productivity in the E. Mediterranean Sea. *Limnol. Oceanogr.* 36:424–32.

Krom, M. D., B. Herut, and R. F. C. Mantoura. 2004. Nutrient budget for the Eastern Mediterranean: Implications for phosphorus limitation. *Limnol. Oceanogr.* 49 (5): 1582–92.

Krone, R. B. 1978. Aggregation of suspended particles in estuaries. In *Estuarine Transport Processes*, ed. B. Kjerfve, 177–90. Columbia: University of South Carolina Press.

Kuehl, S. A., T. D. Paccioni, J. M.Rine, and C. A.Nittrouer. 1992. Seabed dynamics of the inner Amazon continental shelf: Temporal and spatial variability of surface mixed layer, *EOS* (abstract), 73:268.

Likens, G. E. 1972. Eutrophication and aquatic ecosystems. In *Nutrients and Euthrophication*, ed. G. E. Likens, 3–13. Amer. Soc. of Limnology and Oceanography Spec. Sympos. 1:3–13.

Liss, P. S. 1976. Conservative and non-conservative behavior of dissolved constituents during estuarine mixing. In *Estuarine Chemistry*, ed. J. D. Burton, and P. S. Liss, 93–130. New York: Academic Press.

Loder, T. C., and R. P. Reichard. 1981. The dynamics of conservative mixing in estuaries. *Estuaries* 4 (l): 64–69.

Lyons, T. W., R. A. Berner, and R. F. Anderson. 1993. Evidence for large pre-industrial pertubations of the Black Sea chemocline. *Nature* 365:538–40.

MacKenzie, F. T., and R. M. Garrels. 1966. Chemical mass balance between rivers and oceans. *Amer. J. Sci.* 264:507–25.

Mackin, J. E., and R. C. Aller. 1984. Processes affecting the behavior of dissolved Al in estuarine waters. *Marine Chemistry* 14:213–32.

Malone, T. C., et al. 1996. Scales of nutrient-limited phytoplankton productivity in Chesapeake Bay. Estuaries 19 (2B):371–85.

McElroy, M. B., et al. 1978. Production and release of N_2O from Potomac Estuary. *Limnol. Oceanogr*. 23 (6): 1168–82.

Meade, R. H. 1972. Transport and deposition of sediment in estuaries. *GSA Memoir* 133:91–120.

Mee, L. 2006. Reviving dead zones. *Sci. Amer*. 295:78–85.

Mee., L. D. 2001. Eutrophication in the Black Sea and a basin-wide approach to its control. In *Science and Integrated Coastal Management*, ed. B. von Bodogen and R. K. Turner, 71–91. Berlin: Dahlem Univ. Press.

———. 1982. Carbon, nitrogen and phosphorus transport by world rivers. *Amer. J. Sci.* 282:401–50.

Milliman, J. D. 1991. Flux and fate of fluvial sediment and water in coastal seas. In *Ocean Margin Processes in Global Change*. ed. R. F. C. Mantoura, J.-M. Martin, and R. Wollast, 69–89. Chichester, England: John Wiley.

Milliman, J. D., and E. Boyle. 1975. Biological uptake of dissolved silica in the Amazon River Estuary. *Science* 189:995–97.

Morris, A., A. J. Bahe, and R. J. M. Howland. 1981. Nutrient distributions in an estuary: Evidence of chemical precipitation of dissolved silica and phosphate. *Est. Coast. Shelf Sci.* 12:205–17.

Morris, R. C., and P. A. Dickey. 1975. Modern evaporite deposition in Peru, *Amer. Assoc. Petrol. Geologists Bull.* 41:2467–74.

Nelson, B. N. 1960. Recent sediment studies in 1960. *Va. Polytech. Inst. J.* 7 (4): 1–4.

Nixon, S. W. 1981. Remineralization and nutrient cycling in coastal marine ecosystems. In *Estuaries and Nutrients*, ed. B. J. Neilson and L. E. Cronin, 111–38. Clifton, N.J.: Humana Press.

Nixon, S. W., et al. 1996. The fate of nitrogen and phosphorus at the land-sea margin of the North Atlantic Ocean. *Biogeochem.* 35: 141–80.

Officer, C. B. 1979. Discussion of the behavior of nonconservative constituents in estuaries. *Est. Coast. Mar. Sci.* 9:91–94.

Officer, C. B., and D. R. Lynch. 1981. Dynamics of mixing in estuaries. *Est. Coast. Shelf Sci.* 12:525–33.

Pearl, H. W. 1985. Enhancement of marine primary production by nitrogen enriched acid rain. *Nature* 315:747–49.

Pearl, H. W., J. Rudek, and M. A. Malin. 1990. Stimulation of phytoplankton production in coastal waters by natural rainfall inputs: Nutritional and trophic implications, *Mar. Biol.* 107:247–54.

Pickard, G. L., and W. J. Emery. 1982. *Descriptive Physical Oceanography*, 4th ed. New York: Pergamon Press.

———. 1990. *Descriptive Physical Oceanography*, 5th ed. London: Academic Press.

Postma, H. 1980. Sediment transport and sedimentation. In *Chemistry and Biogeochemistry of Estuaries*, ed. E. Olausson and I. Cato, 153–86. New York: John Wiley.

Pritchard, D. W., and H. H. Carter. 1973. Estuarine circulation patterns. In *The Estuarine Environment: Estuaries and Estuarine Sedimentation.* J. R. Schubel, convener, iv, 1–7. AGI Short Course. Washington, D.C.: AGI.

Rabalais, N. N. 2002. Nitrogen in aquatic ecosystems, *Ambio* 31 (2): 102–11.

Rabalais, N. N., et al. 2002. Nutrient-enhanced productivity in the northern Gulf of Mexico: Past, present and future. *Hydrobiologia* 475/476:39–63.

Rabalais, N. N., et al. 2010. Dynamics and distribution of natural and human-caused coastal hypoxia. *Biogeosciences* Discuss. 6:9359–9453.

Redfield, A. C., B. H. Ketchum, and R. A. Richards. 1963. The influence of organisms on the composition of sea-water. In *The Sea*, 2:26–77.

Rhoads, D. C. 1974. Organism-sediment relations on the muddy sea floor, *Oceanogr. Mar. Biol. Ann. Rev.* (ed. H. Barnes) 12:263–300.

Ryther, J. H., and W. M. Dunstan. 1971. Nitrogen, phosphorus and eutrophication in the coastal marine environment. *Science* 171:1008–13.

Schmalz, R. F. 1970. Environment of marine evaporite deposition, *Miner. Ind.* 35 (8): 1–7.

Scruton, P. C. 1953. Deposition of evaporites. *Bull. Am. Assoc. Petrol. Geol.* 37:2498–2512.

Seitzinger, S. P., et al. 2006. Denitrification across landscapes and waterscapes: A synthesis. *Ecol. Appl.* 16 (6): 2064–90.

Seitzinger, S. P., et al. 2010. Global river nutrient export: A scenario analysis of past and future trends. *Global Biogeochem. Cycles* 24, GB0A08, doi:1029/2009GB003587.

Seitzinger, S. P., and S. W. Nixon. 1985. Eutrophication and the rate of denitrification and N_2O production in coastal marine sediments. *Limnol. Oceanogr*. 30 (6): 1332–39.

Shearman, D. J. 1966. Origin of marine evaporites by diagenesis. *Inst. Mining Met. Trans*. 375:207–15.

———. 1978. Evaporites of coastal sabhkas. In *Marine Evaporites*, ed. W. F. Dean and B. C. Schreiber, 6–20. SEPM Short Course no. 4. Oklahoma City, Okla.

Sholkovitz, E. R. 1976. Flocculation of dissolved organic and inorganic matter during the mixing of river and seawater. *Geochim. Cosmochim. Acta* 40:831–45.

Sholkovitz, E. R., E. A. Boyle, and N. B. Price. 1978. The removal of dissolved humic acids and iron during estuarine mixing. *Earth Planet. Sci. Lett.* 40:130–36.

Simpson, H. J., S. C. Williams, C. R. Olsen, and D. R. Hammond. 1975. Nutrient and particulate matter budgets in urban estuaries. In *Estuaries, Geophysics and the Environment*, 94–103.

Sinniinghe Damste, J. S., S. G. Wakeham, M. E. L. Kohnen, J. M. Hayes, and J. W. de Leeuw. 1993. A 6000-year sedimentary record of chemocline excursions in the Black Sea. *Nature* 362:827–29.

Smith, R. A., R. B. Alexander, and M. G. Wolman. 1987. Water-quality trends in the nation's rivers. *Science* 235:1607–15.

Soetaert, K., et al. 2006. Long-term change in dissolved nutrients in the heterotrophic Scheldt estuary (Belgium, The Netherlands). *Limnol. Oceanogr.* 51 (1). pt. 2: Eutrophication of Freshwater and Marine Ecosystems (Jan. 2006): 409–23.

Stommel, H., and H. G. Farmer. 1952. *On the Nature of Estuarine Circulation.* Woods Hole Tech. Report no. 52–63 (pt. 3, chap. 7).

Turekian, K. K., J. K. Cochran, L. K. Benninger, and A. C. Aller. 1980. The sources and sinks of nuclides in Long Island Sound. In *Estuarine Physics and Chemistry: Studies in Long Island Sound* (vol. 22 of *Advances in Geophysics*), ed. B. Saltzman, 129–64. New York: Academic Press.

Turner, R. E., et al. 2003. Global patterns of dissolved N, P, and Si in large rivers. *Biogeochem.* 64:297–317.

Turner, R. E., et al. 2008. Gulf of Mexico hypoxia: Alternate states and a legacy. *Environ. Sci. Technol.* 42:2323–27.

Van Bennekom, A. J., G. W. Berger, W. Helder, And R. T. P. De Vries. 1978. Nutrient distribution in the Zaire estuary and river plume. *Neth. J. Sea Res.* 12 (3–4): 296–323.

Van Bennekom, A. J., W. C. Gieskes, and S. B. Tijesen. 1975. Eutrophication of Dutch coastal waters. *Proc. Royal Soc. London B.* 189:359–74.

Walsh, J. J. 1991. Importance of the continental margins in the marine biogeochemical cycling of carbon and nitrogen. *Nature* 350: 53–55.

Wilson, R. E., et al. 2008. Perspectives on long-term variations in hypoxic conditions in western Long Island Sound. *J. Geophys. Res.* 113, C12011, doi:10.1029/2007JC004693.

Wollast, R. 1980. Redox processes in estuaries. In *Proceedings of the Review and Workshop on River Inputs to Ocean Systems*, ed. J.-M. Martin, J. D. Burton, and D. Eisma, 211–22. Rome: FAO.

______. 1983. Interactions in estuaries and coastal waters. In *The Major Biogeochemical Cycles and Their Interactions*, ed. B. Bolin and R. B. Cook, 385–407. Chichester, England: John Wiley.

______. 1993. Interactions of carbon and nitrogen cycles in the coastal zone. in *Interactions of C, N, P and S Biogeochemical Cycles and Global Change*, ed. R. Wollast, F. T. Mackenzie, and L. Chou, 195–210. Berlin Heidelberg: Springer-Verlag.

Wollast, R., and J. J. Peters. 1978. Biogeochemical properties of an estuarine system: The river Scheldt. In *Biogeochemistry of EstuarineSsediments*, ed. E. D. Goldberg, 279–93. Paris: UNESCO.

Zhang, J., et al. 2010. Natural and human-induced hypoxia and consequences for coastal development. *Biogeosciences* 7:1443–67, doi:10.5194/bg-7-1443-2010.

제8장

Alt, J. C. 1995. Sulfur isotopic profile through the oceanic crust: Sulfur mobility and seawater-crustal sulfur exchange during hydrothermal alteration.*Geology* 23: 585–88.

Archer, D. 2003. Biological fluxes in the ocean and atmospheric pCO_2. In *Treatise on Geochemistry*,vol. 6, ed. H. Elderfield, 275–91. Amsterdam: Elsevier.

Archer, D., S. Emerson, and C. Reimers. 1989. Dissolution of calcite in deep sea sediments: pH and O2 microelectrode results. *Geochim. Cosmochim. Acta* 53: 2831–46.

Berger, W. 1976. Biogenous deep sea sediments: Production, preservation, and interpretation. In *Chemical Oceanography*, ed. J. P. Riley and R. Chester, 5:265–387. New York: Academic Press.

_______. 1977. Carbon dioxide excursions in the deep sea record: Aspects of the problem. In *The Fate of Fossil Fuel CO_2 in the Oceans*, ed. N. R. Andersen and A. Malahoff, 502–42. New York: Plenum Press.

Berner, R. A. 1970. Sedimentary pyrite formation. *Amer. J. Sci.* 268:1–23.

———. 1973. Phosphate removal from seawater by adsorption on volcanogenic ferric oxides. *Earth Planet. Sci. Lett.* 18:77–86.

———. 1982. Burial of organic carbon and pyrite sulfur in the modern ocean: Its geochemical and environmental significance. *Amer. J. Sci.* 282:451–73.

———. 1984. Sedimentary pyrite formation: An update. *Geochim. Cosmochim. Acta* 48:605–15.

———. 2004. *The Phanerozoic Carbon Cycle*. Oxford: Oxford University Press.

Berner, R. A., and S. Honjo. 1981. Pelagic sedimentation of aragonite: Its geochemical significance. *Science* 211:940–42.

Berner, R. A., and S. T. Petsch. 1998. The sulfur cycle and atmospheric oxygen. Science 282:1426–27.

Berner, R. A., and J.-L.Rao. 1993. Phosphorus in sediments of the Amazon River and Estuary: Implications for the global flux of P to the sea. *Geochim. Cosmochim. Acta* 58:2333–39.

Berner, R. A., K. C. Ruttenberg, E. D. Ingall, and J.-L. Rao. 1993. The nature of phosphorus burial in modern marine sediments. In *Interactions of C, N, P and S Biogeochemical Cycles and Global Change*, eds. R. Wollast, F. T. Mackenzie, and L. Chou, 365–78. Berlin: Springer-Verlag.

Bindoff, N. L., J. Willebrand, V. Artale, A. Cazenave, J. Gregory, S. Gulev, K. Hanawa, C. Le Quéré, S. Levitus, Y. Nojiri, C. K. Shum, L. D. Talley, and A. Unnikrishnan. 2007. Observations: Oceanic climate change and sea level. In *Climate Change 2007: The Physical Science Basis. Contribution of Working Group I to the Fourth Assessment Report of the IPCC*, ed. S. Solomon, D. Qin, M. Manning, Z. Chen, M. Marquis, K. B. Averyt, M. Tignor, and H. L. Miller, 407–32. Cambridge and New York: Cambridge University Press.

Biscaye, P. E., V. Kolla, and K. K. Turekian. 1976. Distribution of calcium carbonate in surface sediments of the Atlantic Ocean. *J. Geophys. Res.* 81:2595–2603.

Bischoff, J. L., and F. W. Dickson. 1975. Seawater-basalt interaction at 200°C and 500 bars: Implications for origin of sea-floor heavy metal deposits and regulation of seawater chemistry. *Earth Planet. Sci. Lett.* 25:385–97.

Brewer, P. G. 1975. Minor elements in sea water. In *Chemical Oceanography*, 2nd ed., ed. J. P. Riley and G. Skirrow, 1:301–63. London: Academic Press.

Broecker, W. S. 1971. A kinetic model for the chemical composition of seawater. *Quaternary Res.* 1: 188–207.

Broecker, W. S., and T. H. Peng. 1982. *Tracers in the Sea*. Palisades, N.Y.: Eldigio Press.

Canfield, D. E. 1989. Reactive iron in marine sediments. *Geochim. Cosmochim. Acta* 53:619–32.

Canfield, D. E. 1993. Organic matter oxidation in marine sediments. In *Interactions of C, N, P and S Biogeochemical Cycles and Global Change*, eds. R. Wollast, F. T. Mackenzie, and L. Chou, 365–78. Berlin: Springer-Verlag.

Cook, P. J., and M. W. McElhinny, 1979. A re-evaluation of the spatial and temporal distribution of sedimentary phosphorite deposits in the light of plate tectonics. *Econ. Geol.* 74:315–30.

Craig, H. 1969. Abyssal carbon and radiocarbon in the Pacific, *J. Geophys. Res.* 74:5491–5506.

Crovisier, J. L., et al. 1983. Experimental seawater-basaltic glass interaction at 50°C. *Geochim. Cosmochim. Acta* 47:377–88.

De'Ath, G., Lough, J. M., and Fabricius, K. E. 2009. Declining coral calcification on the Great Barrier Reef. *Science* 323:116–19.

De La Rocha, C. L. 2003. The biological pump. In *Treatise on Geochemistry*, 6:1–29.

DeMaster, D. J. 2002. The accumulation and cycling of biogenic silica in the Southern Ocean: Revising the marine silica budget. *Deep Sea Research II* 49:3155–67.

Dittmar, W. 1884. Report on researches into the composition of ocean water collected by *H.M.S. Challenger*. In *Physics and Chemistry* (vol. 1 of *Challenger Reports*), 1–251. London: H.M. Stationery Office.

Duce, R. A., J. LaRoche, and K. Altieri et al. 2008. Impacts of atmospheric anthropogenic nitrogen on the open ocean. *Science* 320:893–97.

Edmond, J. M., C. Measures, R. E. McDuff, L. H. Chan, R. Collier, B. Grant, L. J. Gordon, and J. B. Corliss. 1979. Ridge crest hydrothermal activity and the balances of the major and minor elements in the ocean: The Galapagos data. *Earth Planet. Sci. Lett.* 46:1–18.

Elderfield, H., C. G. Wheat, M. J. Mottl, C. Monnion, and B. Spiro.1999. Fluid and geochemical transport through oceanic crust: A transect across the eastern flank of the Juan de Fuca Ridge. *Earth Planet. Sci. Lett.* 172:151–65.

Emerson, S. R., and J. I. Hedges. 2003. Sediment diagenesis and benthic flux. In *Treatises on Geochemistry*, 6:293–319.

———. 2008. *Chemical Oceanography and the Marine Carbon Cycle*. Cambridge: Cambridge University Press.

Falkowski, P. G. 2003. Biogeochemistry of primary production in the sea. In *Treatise on Geochemistry*, vol. 8, ed. W. Schlesinger, 185–213. Amsterdam: Elsevier.

Fanning, K. A. 1989. Influence of atmospheric pollution on nutrient limitation in the ocean. *Nature* 339:460–63.

Feely, R. A., et al. 2002. In situ calcium carbonate dissolution in the Pacific Ocean. *Global Biogeochem. Cycles* 16, 1144, doi:10.1029/2002GB001866.

Fiadeiro, M. 1980. The alkalinity of the deep Pacific. *Earth Planet. Sci. Lett.* 49:499–505.

Fiadeiro, M., and H. Craig. 1978. Three-dimensional modeling of tracers in the deep Pacific Ocean, I: Salinity and oxygen. *J. Marine Res.* 36:323–55.

Froelich, P. N., et al. 1979. Early oxidation of organic matter in pelagic sediments of the eastern equatorial Atlantic: Suboxic diagenesis. *Geochim. Cosmochim. Acta* 43:1075–90.

Froelich, P. N., et al. 1982. The marine phosphorus cycle. *Amer. J. Sci.* 282:474–511.

Garrels, R. M., and F. T. Mackenzie. 1971. *Evolution of Sedimentary Rocks*. New York: W. W. Norton.

Garrels, R. M., and E. A. Perry. 1974. Cycling of carbon, sulfur, and oxygen through geologic time. In *The Sea*, ed. E. D. Goldberg, 5:303–36. New York: Wiley Interscience.

German, C. R., and K. L. Von Damm. 2003. Hydrothermal processes. In *Treatise on Geochemistry*, 6:181–222.

Gieskes, J. M., and J. R. Lawrence. 1981. Alteration of volcanic matter in deep sea sediments: Evidence from the chemical composition of interstitial waters from deep sea drilling cores. *Geochim. Cosmochim. Acta* 45:1687–1703.

Goldhaber, M. B., and I. R. Kaplan. 1974. The sulfur cycle. In *The Sea*, 5:569–655.

Hay, W. W., and J. R. Southam. 1977. Modulation of marine sedimentation by the continental shelves. In *The Fate of Fossil Fuel CO_2 in the Oceans*, ed. N. R. Andersen and A. Malahoff, 569–604. New York: Plenum Press.

Hoffman, J. C. 1979. An evaluation of potassium uptake by Mississippi River borne clays following deposition in the Gulf of Mexico. PhD dissertation, Case–Western Reserve University, Cleveland, Ohio.

Holland, H. D. 1978. *The Chemistry of the Atmosphere and Oceans*. New York: Wiley Interscience.

———. 2005. Sea level, sediments and the composition of seawater. *Am. Jour. Sci.* 305:220–39.

Honjo, S., R. Francois, S. Manganini, J. Dymona, and R. Collier. 2000. Particle fluxes to the interior of the Southern Ocean in the Western Pacific, sector along 170°W. *Deep Sea Research* 47:3521–48.

Kearey, P., K. Klepels, and F. Vine. 2008. *Global Tectonics*, 3rd ed. Chichester, England: Wiley-Blackwell.

Kester, D. R. 1975. Dissolved gases other than CO_2. In *Chemical Oceanography*, 2nd ed., ed. J. P. Riley and G. Skirrow.,1:498–556. London: Academic Press.

King, R. H. 1947. Sedimentation in Permian Castile Sea. *Bull. Amer. Assn. Petrol. Geologists* 31:470–77.

Kleypas, J. A., R. W. Buddemeir, D. Archer, J.-P. Gattuso, C. Langdon, and B. N. Opdyke. 1999. Geochemical consequences of increased atmospheric carbon dioxide on coral reefs. *Science* 284:118–20.

Koblentz-Mishke, O. J., V. V. Volkovinsky, and J. G. Kabanova. 1970. Plankton primary production of the world ocean. In *Scientific Exploration of the South Pacific*, ed. W. S. Wooster, 183–93. Washington, D.C.: National Academy of Science.

Lin, S., and J. W. Morse. 1991. Sulfate reduction and iron sulfide mineral formation in Gulf of Mexico anoxic sediments. *Am. Jour. Sci.* 291:55–89.

Lowenstam, H. A. 1981. Minerals formed by organisms. *Science* 211:1126–30.

Mackenzie, F. T., and R. M. Garrels. 1966. Chemical mass balance between rivers and oceans. *Amer. J. Sci.* 264:507–25.

Mackenzie, F. T., B. J. Ristvet, D. C. Thorstenson, A. Lerman, and R. H. Leeper. 1981. Reverse weathering and chemical mass balance in a coastal environment. In *River Inputs to Ocean Systems*, ed. J. M. Martin, J. D. Burton, and D. Eisma, 152–87. UNEP and UNESCO, Switzerland.

Martin, J. H., S. R. Fitzwater and R. M. Gordon. 1990. Iron deficiency limits phytoplankton growth in Antarctic waters. *Global Biogeochem.Cycles* 4:5–12.

Meehl, G. A., T. F. Stocker, W. D. Collins, P. Friedlingstein, A. T. Gaye, J. M. Gregory, A. Kitch, R. Knutti, J. M. Murphy, A. Noda, S. C. B. Raper, I. G. Watterson, A. J. Weater, and Z.-C. Zhao. 2007. Global climate projections. In *Climate Change 2007: The Physical Science Basis*, 795.

Meybeck, M. 1979. Concentrations des eaux fluviales en éléments majeurs et approts en solution aux océans. *Rev. Géol. Dyn. Géogr. Phys.* 21:215–46.

———. 1982. Carbon, nitrogen, and phosphorus transport by world rivers. *Amer. J. Sci.* 282:401–50.

———. 2004. Global occurrence of major elements in river water. In *Surface and Ground Water, Weathering and Soils* (vol 5. of *Treatise on Geochemistry*), ed. J. I. Drever, 207–23.

Michalopoulos, P., and R. C. Aller. 2004. Early diagenesis of biogenic silica in the Amazon delta: Alteration, authigenic clay formation and storage. *Geochim. Cosmochim. Acta* 68:1061–85.

Millero, F. J. 2006. *Chemical Oceanography*, 3rd ed. Boca Raton, Fla.: CRC Press.

Millero, F. J., and D. R. Schreiber. 1982. Use of the ion pairing model to estimate activity coefficients of the ionic components of natural waters. *Amer. J. Sci.* 282:1508–40.

Milliman, J. D. 1974. *Marine Carbonates*. New York: Springer-Verlag.

Morel, F., A. J. Milligan, and M. A. Saito. 2003. Marine bioinorganic chemistry: The role of trace metals in the oceanic cycles of major nutrients. In *Treatise on Geochemistry*, 6:113–43.

Morse, J. W., and F. T. Mackenzie. 1991. *Geochemistry of Sedimentary Carbonates*. Amsterdam: Elsevier.

Morse, J. W., et al. 1987. The chemistry of the hydrogen-sulfide and iron sulfide systems in natural waters. *Earth-Sci. Rev.* 24:1–42.

Mottl, M. J. 1983. Hydrothermal processes at seafloor spreading centers: Application of basalt-seawater experimental results. In *Hydrothermal Processes at Seafloor Spreading Centers*, ed. P. A. Rona, K. Bostrom, L. Laubier, and K. L. Smith, 225–78. NATO Conf. ser. 4, vol. 12. New York: Plenum Press.

Mottl, M. J., and C. G. Wheat, C. G. 1994. Thermal circulation through mid-ocean ridge flanks: Fluxes of heat and magnesium. *Geochim. Cosmochim. Acta* 58:2225–37.

Müller, P. J., and E. Suess. 1979. Productivity, sedimentation, and sedimentary organic matter in the oceans, 1: Organic carbon perservation. *Deep Sea Research* 26A: 1347–62.

Ono, S., W. C. Shanks, O. J. Rouxel, and D. Rumble. 2007. S-33 constraints on the seawater sulfate contribution in modern seafloor hydrothermal vent sulfides. *Geochim. Cosmochim. Acta* 71: 1170–82.

Perry, E. A., J. M. Gieskes, and J. R. Lawrence. 1976. Mg, Ca, and 18O/16O exchange in the sediment-pore water system, hole 149, DSDP. *Geochim. Cosmochim. Acta* 40:413–23.

Peterson, M. N. A., and J. J. Griffin. 1964. Volcanism and clay minerals in the southeastern Pacific. *Marine Res.* 22:13–21.

Redfield, A. C. 1958. The biological control of chemical factors in the environment. *American Scientist* 46:205–22.

Riebesell, U., I. Zondervan, B. Rost, P. D. Tortell, R. E. Zeebe, and F. M. M. Morel2000. Reduced calcification of marine plankton in reponse to increased atmospheric CO_2. *Nature* 407:364–66.

Rude, P. D., and R. C. Aller. 1989. Early diagenetic alteration of lateritic particle coatings in Amazon continental shelf sediment. *J. Sediment. Res.* 59:704–16.

———. 1993. Fluorine uptake by Amazon continental shelf sediment and its impact on the global fluorine cycle. *Cont. Shelf Res.* 14 (7–8): 883–907.

Russell, K. L. 1970. Geochemistry and halmyrolysis of clay minerals, Rio Ameca, Mexico. *Geochim. Cosmochim. Acta*. 34:893–907.

Ruttenberg, K. C., and R. A. Berner. 1993. Authigenic apatite formation and burial in sediments from non-upwelling continental margin environments. *Geochim. Cosmochim. Acta* 57:991–1007.

Sabine, C. L., et al. 2004. The oceanic sink for atmospheric CO_2. *Science* 305:367–70.

Sarmiento, J. 1993. Ocean carbon cycle. *Chem. Eng. News* 71:30–43.

Sayles, F. L. 1979. The composition and diagenesis of interstitial solutions, I: Fluxes across the seawater-sediment interface in the Atlantic Ocean. *Geochim. Cosmochim. Acta* 43:527–45.

———. 1981. The composition and diagenesis of interstitial solutions, II: Fluxes and diagenesis at the water-sediment interface in the high latitude North and South Atlantic. *Geochim. Cosmochim. Acta* 45:1061–86.

Sayles, F. L., and P. C. Mangelsdorf. 1977. The equilibration of clay minerals with seawater: Exchange reactions. *Geochim. Cosmochim. Acta* 41:951–60.

Seitzinger, S., et al. 2006. Denitification across landscapes and waterscapes: A synthesis. *Ecol. Appl.* 16:2064–90.

Seyfried, W. E., and J. L. Bischoff. 1979. Low temperature basalt alteration by seawater: An experimental study at 70° and 150°C. *Geochim. Cosmochim. Acta* 43:1937–47.

Sherwood, B. A., S. L. Sager, and H. D. Holland. 1987. Phosphorus in foraminiferal sediments from North Atlantic Ridge cores and in pure limestones. *Geochim. Cosmochim. Acta* 51:1861–66.

Sillén, L. G. 1967. The ocean as a chemical system. *Science* 156:1189–97.

Skirrow, G. 1975. The dissolved gases—carbon dioxide. In *Chemical Oceanography*, 2nd ed., ed. J. P. Riley and G. Skirrow, 2:245–300. London: Academic Press.

Sleep, N. H., J. L. Morton, L. E. Burns, and T. J. Wolery. 1983. Geophysical constraints on the volume of hydrothermal flow at ridge axes. In *Hydrothermal Processes at Seafloor Spreading Centers*, 53–70.

Spencer, C. P. 1975. The micronutrient elements. In *Chemical Oceanography*, 2:245–300.

Staudigel, H., and S. R. Hart. 1983. Alteration of basaltic glass: Mechanisms and significance for the oceanic crust-seawater budget, *Geochim. Cosmochim. Acta* 47:337–50.

Stumm, W., and J. J. Morgan. 1981. *Aquatic Chemistry*. New York: John Wiley.

Sverdrup, H. V., M. W. Johnson, and R. H. Fleming. 1942. *The Oceans*. Englewood Cliffs, N.J.: Prentice-Hall.

Von Damm, K. L. 1990. Seafloor hydrothermal activity: Black smoker chemistry and chimneys. *Ann. Rev. Earth Planet. Sci.* 18:173-204.

Wallman, K. 2010. Phosphorus imbalances in the global ocean? *Global Biogeochem. Cycles* 24, GB4030, doi:10.1029/2009GB003643.

Wheat, C. G., R. A. Feely, and M. J. Mottl. 1996. Phosphate removal by oceanic hydrothermal processes: An update of the phosphorus budget in the oceans. *Geochim. Cosmochim. Acta* 60:3593-3608.

Williams, P. J. 1975. Biological and chemical aspects of dissolved organic material in sea water. In *Chemical Oceanography*, 2:301–63.

Wilson, T. R. S. 1975. Salinity and the major elements of sea water. In *Chemical oceanography*, 1:365–413.

Zeebe, R. E., J. C. Zachos, ,K. Caldeira, and T. Tyrell. 2008. Carbon enissions and acidification. *Science* 321:51–52.

찾아보기

| 기타 |

옮긴이

박미옥

부경대학교 지구환경시스템과학부 교수

University of Rhode Island, 이학박사

김태진

부경대학교 지구환경시스템과학부 교수

University of Tokyo, 이학박사

류종식

부경대학교 지구환경시스템과학부 교수

서울대학교, 이학박사

최원식

부경대학교 지구환경시스템과학부 교수

University of California, Davis, 이학박사